Verlag von Julius Springer / Berlin

Handbibliothek für Bauingenieure

Ein Hand- und Nachschlagebuch für Studium und Praxi⸗

Herausgegeben von

Dr.-Ing. e. h. Robert Otzen

Präsident des Staatlichen Materialprüfungsamtes,
Geheimer Regierungsrat und Professor, Technische Hochschule Berlin

Inhaltsverzeichnis.

I. Teil: Hilfswissenschaften.

II. Teil: Eisenbahnwesen und Städtebau.

** Auf die Preise der vor dem 1. Juli 1931 erschienenen Bände wird ein Notnachlaß von 10%/₀ gewährt.*

*6. Band: Eisenbahn-Hochbauten. Von Regierungs- und Baurat C. Cornelius, Berlin. Mit 157 Textabbildungen. VIII und 128 Seiten. 1921. Gebunden RM 6.40

*7. Band: Sicherungsanlagen im Eisenbahnbetriebe. Auf Grund gemeinsamer Vorarbeit mit Prof. Dr.-Ing. M. Oder † verfaßt von Geh. Baurat Prof. Dr.-Ing. W. Cauer, Berlin. Mit einem Anhang „Fernmeldeanlagen und Schranken" von Regierungsbaurat Privatdozent Dr.-Ing. F. Gerstenberg, Berlin. Mit 484 Abbildungen im Text und auf 4 Tafeln. XVI und 460 Seiten. 1922. Gebunden RM 15.—

*8. Band: Verkehr und Betrieb der Eisenbahnen. Von Prof. Dr.-Ing. Otto Blum, Hannover, Oberregierungsbaurat Dr.-Ing. G. Jacobi, Erfurt, und Prof. Dr.-Ing. Kurt Risch, Hannover. Mit 86 Textabbildungen. XIII und 418 Seiten. 1925.
Gebunden RM 21.—

*9. Band: Bergbahnen. Von Prof. Dr.-Ing. O. Ammann, Karlsruhe, und Privatdozent Dr.-Ing. C. v. Gruenewaldt, Karlsruhe. Mit 205 Textabbildungen und einer Tafel. VIII und 178 Seiten. 1930. Gebunden RM 28.—

10. Band: Der neuzeitliche Straßenbau. Aufgaben und Technik. Von Prof. Dr.-Ing. E. Neumann, Stuttgart. Zweite, umgearbeitete und verbesserte Auflage. Mit 274 Textabbildungen. XII und 474 Seiten. 1932. Gebunden RM 35.50

III. Teil: Wasserbau.

*1. Band: Der Grundbau. Von Prof. O. Franzius, Hannover. Unter Benutzung einer ersten Bearbeitung von Regierungsbaumeister a. D. O. Richter, Frankfurt a. M. Mit 389 Textabbildungen. XIII und 360 Seiten. 1927. Gebunden RM 28.50

*2. Band: See- und Seehafenbau. Von Reg.- und Baurat Prof. H. Proetel, Magdeburg. Mit 292 Textabbildungen. X und 221 Seiten. 1921. Gebunden RM 7.50

3. Band: Gewässerkunde und Flußbau. Von Professor Dr.-Ing. H. Wittmann, Karlsruhe.
Erscheint 1934/35

*4. Band: Kanal- und Schleusenbau. Von Regierungs- u. Baurat Friedrich Engelhard, Oppeln. Mit 303 Textabbildungen und einer farbigen Übersichtskarte. VIII und 262 Seiten. 1921. Gebunden RM 8.50

5. Band: Wasserversorgung der Städte und Siedlungen. In Vorbereitung.

6. Band: Kanalisation und Abwasserreinigung. Von Oberbaurat a. D. Professor Wilhelm Geißler, Dresden. Mit 302 Textabbildungen. VIII und 378 Seiten. 1933. Gebunden RM 31.50

*7. Band: Kulturtechnischer Wasserbau. Von Geh. Reg.-Rat Prof. E. Krüger, Berlin. Mit 197 Textabbildungen. X und 290 Seiten. 1921. Gebunden RM 9.50

8. Band: Wasserkraftanlagen. Erste Hälfte: Planung, Triebwasserleitungen und Kraftwerke. Von Prof. Dr.-Ing. Dr. techn. h. c. Adolf Ludin, Berlin.

9. Band: Wasserkraftanlagen. Zweite Hälfte: Wehre und Talsperren. Von Prof. Dr.-Ing. Dr. techn. h. c. Adolf Ludin, Berlin. Erscheint 1935

IV. Teil: Konstruktiver Ingenieurbau.

*1. Band: Statik der Tragwerke. Von Prof. Dr.-Ing. Walther Kaufmann, Hannover. Zweite, ergänzte und verbesserte Auflage. Mit 368 Textabbildungen. VIII und 322 Seiten. 1930. Gebunden RM 19.50

*2. Band: Der Holzbau. Von Dr.-Ing. Th. Gesteschi, Berat. Ingenieur in Berlin. Mit 533 Textabbildungen. X und 421 Seiten. 1926. Gebunden RM 45.—

*3. Band: Der Massivbau. (Stein-, Beton- und Eisenbetonbau.) Von Geh. Reg.-Rat Prof. Dr.-Ing. e. h. Robert Otzen, Berlin. Mit 497 Textabbildungen. XII und 492 Seiten. 1926. Gebunden RM 37.50

*4. Band: Der Eisenbau. Erster Teil: Grundlagen der Konstruktion, feste Brücken. Von Prof. Martin Grüning, Hannover. Mit 360 Textabbildungen. VIII und 441 Seiten. 1929. Gebunden RM 48.—

---

* *Auf die Preise der vor dem 1. Juli 1931 erschienenen Bände wird ein Notnachlaß von 10% gewährt.*

Handbibliothek für Bauingenieure

Ein Hand- und Nachschlagebuch
für Studium und Praxis

Herausgegeben

von

Dr.-Ing. E. h. Robert Otzen †

Präsident des Staatlichen Materialprüfungsamtes
Geh. Reg.-Rat und Professor, Technische Hochschule Berlin

I. Teil. Hilfswissenschaften. 3. Band:

Weihe †, Maschinenkunde

Zweite Auflage

von

J. Hanner

Berlin
Verlag von Julius Springer
1935

Maschinenkunde

Von

H. Weihe †

o. Professor an der Technischen Hochschule Berlin

Zweite, völlig neu bearbeitete und ergänzte Auflage

von

Dipl.-Ing. Josef Hanner

o. Professor an der Technischen Hochschule Berlin

Mit 634 Textabbildungen

Berlin

Verlag von Julius Springer

1935

ISBN-13:978-3-642-89103-8   e-ISBN-13:978-3-642-90959-7
DOI: 10.1007/978-3-642-90959-7
Softcover reprint of the hardcover 2nd edition 1935

Vorwort zur ersten Auflage.

Das Maschinenwesen ist für den Bauingenieur ein Grenzgebiet; die fortschreitende Entwicklung der Maschinenwirtschaft bringt ihn immer häufiger mit diesem Gebiete in Berührung. Denn die Forderung der Wirtschaftlichkeit zwingt ihn, sich nach Möglichkeit der Maschinenarbeit zu bedienen, weil die Maschine die ihr übertragene Arbeit schneller, billiger und genauer verrichten kann, als der Handarbeiter und demgemäß an Zeit und Geld spart.

Schon lange werden Maschinen, als sog. Baumaschinen, wie Bagger, Rammen, Mischmaschinen usw. in den Baubetrieb eingestellt. Sie sind Sondermaschinen und bestimmten Bedürfnissen angepaßt. Ihr Arbeitsvorgang ist meist einfach; verwickelt werden diese Maschinen erst durch die aus dem allgemeinen Maschinenbau entnommenen Antriebsmittel. In neuerer Zeit hat man immer mehr längstbekannte Betriebsmittel der Maschinenwirtschaft für Bauarbeiten herangezogen; zu erwähnen sind im besonderen Hebemaschinen und Fördervorrichtungen aller Art, Pumpen, Bearbeitungsmaschinen usw. Die Verwendungsmöglichkeit dieser Maschinen ist im wesentlichen dem Elektromotor zu danken, der bei seiner eigenen Anspruchslosigkeit, seinem geringen Gewicht und niedrigen Beschaffungskosten den Maschinenbetrieb auf dem Bauplatze mit seinen meist geringen Leistungen und seiner kurzen Benutzungsdauer erst wirtschaftlich gemacht hat.

Aber nicht nur bei der Ausführung von Bauten, sondern auch an fertigen Ingenieurbauwerken spielt die Maschine oft eine große Rolle. Die Werke des Bauingenieurs dienen ja im wesentlichen der Siedlung und dem Verkehr und erfordern häufig laufende Arbeitsleistungen, die natürlich durch Maschinen zu decken sind. Die Maschine bildet hier einen Bestandteil der Gesamtanlage und die Baugestaltung muß auf ihre Eigenarten und Bedürfnisse Rücksicht nehmen.

Einige Beispiele mögen das erläutern. In Häfen ist die Art der maschinellen Fördermittel von ausschlaggebender Bedeutung für die Planung der Gesamtanlage in wasserbaulicher und eisenbahntechnischer Hinsicht. Im Städtebau ist auf die Energieversorgung entsprechende Rücksicht zu nehmen; hier kann z. B. bei der Notwendigkeit das Gebrauchswasser abzupumpen die Lage und Betriebsart des Pumpwerks für die ganze Kanalisation von wesentlichem Einfluß sein. Ebenso haben bei der Be- und Entwässerung von Ländereien die Bauanlagen erst in dem richtigen Zusammenwirken mit den Schöpfenwerken Erfolg. Im Verkehrswesen haben zwar die Betriebsmittel wegen ihrer Freizügigkeit bestimmte Formen annehmen müssen, so daß ihre allgemeinen Forderungen an die Bauanlage bekannt sind und in jedem Falle nicht mehr der besonderen Prüfung bedürfen, aber technische Fortschritte oder Sonderfälle können auch hier den Eisenbahner zwingen, sich mit maschinentechnischen Fragen zu beschäftigen. Weiter hat der Eisenbau in der Werkstatttechnik und der Fabrikenorganisation weitgehende Berührungspunkte mit dem Maschinenbau. Endlich ist der Ausbau der Wasserkräfte Sache des Bauingenieurs; erst die weitgehende Rücksicht auf die Maschinen und ein sorgfältiges Studium des Betriebes kann einen wirtschaftlichen Erfolg sichern.

Bei allen diesen Anlagen müssen Bau- und Maschineningenieur zusammenwirken, sie können das nur mit Erfolg, wenn jeder für die Arbeiten des andern das nötige Verständnis besitzt. Selbstverständlich ist die Konstruktion und Ausführung der Einzelmaschine Sache des Maschineningenieurs, aber über die an sie zu stellenden Forderungen, die Auswahl und die zweckmäßige Einordnung in die Bauanlage entscheidet der Bauingenieur. In vielen Fällen trägt der Bauingenieur für die Gesamtanlage, die Organisation des Betriebes und die technische Leitung allein die Verantwortung oder wenigstens eine starke Mitverantwortung.

Der vorliegende Band soll dem lernenden und dem praktisch tätigen Bauingenieur das Verständnis für die Grundlagen des Maschinenwesens vermitteln und ihn zum Studium von Sonderwerken befähigen. Es werden auf wissenschaftlicher Grundlage die Arbeitsprozesse der einzelnen Maschinen behandelt, hieraus die Betriebseigenschaften entwickelt und das Anwendungsgebiet unter Berücksichtigung der Wirtschaftlichkeit erörtert. Konstruktive Gesichtspunkte und Einzelheiten der Ausführung sind nach Möglichkeit beiseite gelassen und nur soweit behandelt, als sie für das Verständnis der betreffenden Maschine überhaupt nötig sind. Bei dem knappen Raum konnten nur die wichtigsten Gebiete des Maschinenwesens behandelt werden und mußte von Sondermaschinen, wenigstens vorläufig, abgesehen werden. Für das weitere Studium ist eine Bücherschau am Schluß des Bandes zusammengestellt.

Ein Teil der Abbildungen konnte aus vorhandenen Büchern, die in die Bücherschau aufgenommen sind, entnommen werden, ein großer Teil ist neu angefertigt.

Berlin-Lankwitz, im November 1922.

H. Weihe.

Vorwort zur zweiten Auflage.

Seit der Niederschrift der ersten Auflage sind über 12 Jahre verstrichen. Dieser Zeitraum umschließt bei der raschen Entwicklung der Technik solche Fortschritte, daß für den Neudruck eine vollständige Neubearbeitung und an vielen Stellen erhebliche Änderungen und Ergänzungen erforderlich wurden.

Weil für die Berechnung und Gestaltung der Maschinen der Baustoff von ausschlaggebender Bedeutung ist und inzwischen durch die deutsche Normung an die Stelle schwankender Begriffe eindeutige Bezeichnungen getreten sind, war es angezeigt, den Kapiteln über Maschinenelemente einen Abschnitt über die wichtigsten Werkstoffe des Maschinenbaus mit Angabe ihrer Eigenschaften und Verwendung voranzustellen. Ebenso mußten Anhaltspunkte über die höchstzulässigen statischen Beanspruchungen dieser Werkstoffe gegeben werden, wobei von der Bachschen Tabelle abgesehen wurde und, wie schon mehrfach in den Fachschriften angeregt, Werte eingesetzt wurden, die den Fortschritten des Eisenhüttenwesens besser Rechnung tragen. Ferner wurde ein Abriß über die für den Aufbau von Maschinen üblichen Gewinde und Schrauben gegeben und es wurde ein Kapitel über Rohrleitungen und über die für die verschiedenen Zwecke geeigneten Rohrschalter eingefügt. Die vielfache Verwendung von Druckluft auf Werkplätzen und Baustellen veranlaßte zur Aufnahme eines Abschnittes über Kompressoren. An den einschlägigen Stellen wurde auf die

Arbeiten des Deutschen Normenausschusses hingewiesen, wobei nur die Normblätter genannt werden konnten, die sich der Leser im Bedarfsfall vom Beuth-Verlag, Berlin SW 19, Dresdener Str. 97, beschaffen soll.

Diese vielfachen Ergänzungen waren nicht ohne Erweiterung des Umfangs des Buches möglich, so daß trotz der sehr gedrängten Darstellungsweise den 232 Seiten und 445 Abbildungen der ersten Auflage nunmehr 321 Seiten und 634 Abbildungen des Neudrucks gegenüberstehen.

Da das Buch nicht für Maschinenbauer bestimmt ist, sondern für Leser, für die die Maschinentechnik nur eine Hilfswissenschaft ist, über die sie sich allgemein orientieren wollen, wurde auf leicht verständliche Abfassung Wert gelegt und von für diesen Leserkreis zu weit gehenden theoretischen Erörterungen abgesehen. Vermutete Lücken, wie die fehlenden Ausführungen über Nieten und Schweißen, sind damit zu erklären, daß hierüber im Rahmen dieser Handbibliothek für Bauingenieure an anderer Stelle besonders ausführlich berichtet wird; ebenso, wie auch das umfangreiche Gebiet der Baumaschinen und der Baustelleneinrichtung, deren Fehlen die Kritik der ersten Auflage bemängelt hat, nicht in den Rahmen dieser allgemeinen Maschinenkunde gehört, sondern seiner Wichtigkeit entsprechend gesondert behandelt werden muß.

Die Bearbeitung des Abschnitts über Elektrotechnik ist durch den Oberingenieur für elektrotechnische Konstruktionslehre an der Technischen Hochschule Berlin, Herrn Dipl.-Ing. P. Reinisch erfolgt, dem ich hierfür ebenso Dank schulde, wie meinem Assistenten Herrn Dipl.-Ing. Biernath für die Durchsicht der theoretischen Ableitungen der früheren Auflage.

Berlin, im Oktober 1934.

Josef Hanner.

Inhaltsverzeichnis.

I. Grundlagen.

II. Maschinenteile zur Verbindung.

III. Maschinenteile der mechanischen Triebwerke.

IV. Rohrleitungen und Rohrschalter.

V. Kraftmaschinen.

VI. Arbeitsmaschinen.

VII. Elektrische Maschinen und Kraftübertragung.

I. Einleitung.

A. Maschinentechnische Grundbegriffe.

Definition und Einteilung. Alle Erzeugnisse des Maschinenbaus dienen zur Umwandlung von verfügbaren Energien in eine gewünschte Energieform. Erfolgt dies ohne mechanische Bewegung, so faßt man die Vorrichtungen hierfür unter dem Sammelbegriff Apparate zusammen (ein Dampfkessel wandelt die chemische Energie des Brennstoffs über Wärme in Dampfdruck). Erfolgt die Umwandlung mit mechanischer Bewegung, so nennt man die Vorrichtungen hierfür allgemein Maschinen. Im technischen Sinn haben also Maschinen Energien aufzunehmen und in ständig sich wiederholenden Bewegungen in eine andere Energieform umzusetzen.

Alle Maschinen lassen sich in drei Hauptgruppen einteilen: In Kraftmaschinen, in Übertragungsmaschinen und in Arbeitsmaschinen.

Die Kraftmaschinen nehmen aus den Naturkräften Energie (Wärme, Winddruck, Wassergewicht oder bereits umgewandelte Energie wie elektrischen Strom und Druckluft) auf und setzen sie in mechanische Arbeit mit hin und her gehender oder meist mit Drehbewegung um.

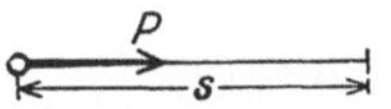

Abb. 1. Mechanische Arbeit.

Die Übertragungsmaschinen, die verschiedenartigen Triebwerke (Wellentriebe, Riementriebe, Zahnradtriebe, Flüssigkeitstriebe u. ä), stellen die Verbindung zwischen Kraft- und Arbeitsmaschinen her, wenn beide nicht zur direkten Kupplung unmittelbar nebeneinander stehen oder wenn ihre Geschwindigkeiten nicht übereinstimmen oder wenn eine Unterteilung der Kraftübertragung auf verschiedene Maschinen nötig ist.

Die Arbeitsmaschinen wandeln die ihnen von Kraftmaschinen zugeführte Arbeit in die gewünschte technisch nutzbare Form um. Hierher gehören Hebe- und Fördermaschinen, Pumpen, Werkzeugmaschinen, Papiermaschinen, Spinnmaschinen u. ä.

Mechanische Arbeit. Die Verrichtung einer mechanischen Arbeit ist ein wesentliches Merkmal der Maschinen. Unter mechanischer Arbeit versteht man das Produkt aus einer Kraft und ihrem Weg in der Kraftrichtung, also mit Bezugnahme auf Abb. 1

$$A = P \cdot s \ (\text{kg m}), \tag{1}$$

wenn s (m) der Weg ist, den ein Körper unter Einwirkung einer in der Wegrichtung wirkenden Kraft P (kg) zurücklegt. Die Maßeinheit der Arbeit ist also das Kilogrammeter (kg m).

Wucht oder kinetische Energie. Erreicht ein bewegter Körper von der Masse m (kg s²/m) die Geschwindigkeit v (m/s), so ist in ihm dadurch eine mechanische Arbeit aufgespeichert. Dieses in ihn gelegte Arbeitsvermögen oder seine Wucht oder, wissenschaftlich ausgedrückt: seine kinetische Energie, hat die Größe

$$A = \frac{m\,v^2}{2} \ (\text{kg m})\,.$$

Dieser Ausdruck stellt lediglich eine andere Form der mechanischen Arbeit dar, wie die Betrachtung eines frei fallenden Körpers (Abb. 2) lehrt. Hier ist zum Heben nötig gewesen: eine Arbeit $A = Q \cdot h$.

Dieselbe Arbeit kann der Körper wieder verrichten, wenn er wieder um die Höhe h sinkt. Wenn er frei fällt, erreicht er eine Geschwindigkeit $v = \sqrt{2\,g\,h}$, demgemäß ist $h = \dfrac{v^2}{2g}$; sein Gewicht ist $Q = m \cdot g$. Demgemäß ist sein Arbeitsvermögen bzw. seine Wucht nach dem Durchfallen der Höhe h

$$A = \frac{m\,g\,v^2}{2\,g} = \frac{m\,v^2}{2}\,. \tag{2}$$

Nachstehende Tabelle gibt Vergleichswerte für die Wucht bekannter Beispiele und damit einen Begriff der zerstörenden Wirkung, die beim Aufprallen solcher Massen auf einen festen Widerstand erfolgt:

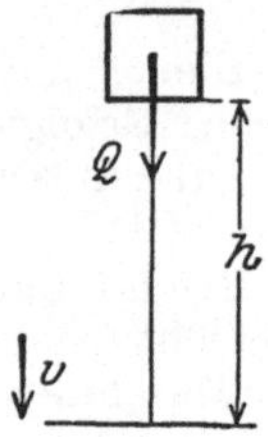

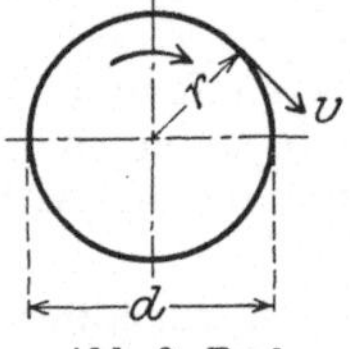

Abb. 2. Freier Fall.

Gegenstand	Gewicht Q kg	Geschwindigkeit v m/s	Wucht $\dfrac{m\,v^2}{2}$ kg m
Infanteriegeschoß .	0,01	900	413
21 cm-Granate . .	120	465	1 320 000
D-Zug mit 5 Wagen	395 000	25	12 600 000
Übersee-Dampfschiff	11 000 000	15	126 000 000

Leistung. Der Energieverbrauch zur Verrichtung einer Arbeit ist abhängig von der dazu aufgewendeten Zeit. Deshalb versteht man unter der Leistung die mechanische Arbeit in der Zeiteinheit, d. h. in einer Sekunde

$$N = \frac{P \cdot s}{t}\ (\text{kg m/s}) = P \cdot v\ (\text{kg m/s})\,, \tag{3}$$

weil s/t die Geschwindigkeit v (m/s) der Kraft ist. Da diese Leistungseinheit (kg m/s) für Maschinenangaben meist zu klein ist, hat man als größere Einheit (in Anlehnung an die englische Leistungseinheit) das 75 fache dieses Wertes eingeführt und Pferdestärke (PS) genannt.

$$1\,\text{PS} = 75\,\text{kg m/s, also}\ N = \frac{P \cdot v}{75}\ (\text{PS})\,. \tag{4}$$

Da Kraftmaschinen vielfach zur Erzeugung elektrischer Energie dienen und Arbeitsmaschinen häufig durch Elektromotoren angetrieben werden, ist die Umrechnung in das elektrische Maßsystem von Interesse:

Abb. 3. Drehgeschwindigkeit.

$$1\,\text{kW} = 102\,\text{kg m/s, demnach}\ N = \frac{P \cdot v}{102}\ (\text{kW})\,. \tag{5}$$

Alle Maschinen machen dauernd wiederkehrende Bewegungen, die sich mit jeder Umdrehung einer Welle oder Kurbel oder mit jedem Hin- und Rückgang (Doppelhub) eines Kolbens wiederholen. Es ist deshalb einfacher und gebräuchlich, ihre Arbeitsgeschwindigkeit bei drehender Bewegung als Umdrehungszahl bzw. Drehzahl und bei hubweiser Bewegung als Zahl der Doppelhübe anzugeben, wobei diese Zahlen stets auf die Minute bezogen werden. Bezeichnet n die minutliche Drehzahl, so ist gemäß Abb. 3 die Umlaufgeschwindigkeit

$$v = \frac{\pi\,d\,n}{60} = \frac{\pi\,r\,n}{30}\ (\text{m/s}), \tag{6}$$

wobei r bzw. d in m zu messen sind oder bei gegebener Umlaufgeschwindigkeit

$$n = \frac{60\,v}{2\,\pi\,r} = 9{,}55\,\frac{v}{r}\,. \tag{7}$$

Demnach ist aus Gleichung (4):

$$N = \frac{P \cdot 2\,\pi\,r\,n}{60 \cdot 75} = \frac{P\,r\,n}{716{,}2}\ \text{PS}\ (r\ \text{in m})\,. \tag{8}$$

In dieser Gleichung ist $P \cdot r$ das Drehmoment M_d in kg m. Wenn es, wie für Festigkeitsrechnungen, in kg cm gemessen werden soll, so ist

$$M_d = 71\,620\,\frac{N}{n}\ (\text{kg cm}). \tag{9}$$

Die Leistung einer Maschine setzt sich gemäß Gleichung (3) aus zwei Faktoren, Kraft und Geschwindigkeit, zusammen. Bei großer Geschwindigkeit ist nur eine kleine Kraft nötig und da die Kraft für die Bemessung aller Teile maßgebend ist, so werden rasch laufende Maschinen kleiner, leichter und dadurch billiger als langsam laufende Maschinen gleicher Leistung. Maschinen, die nur drehende Bewegungen machen, wie Dampfturbinen und elektrische Maschinen, können am raschesten laufen (n bis 4500); auch Schleuderpumpen laufen rasch (n bis 3000). Kolbenmaschinen müssen dagegen wegen der Massenwirkung der hin und her gehenden Teile viel langsamer laufe n, und zwar um so langsamer, je größer die Maschine ist. Deshalb kann man Dampfturbinen mit viel größeren Leistungen (bisherige Höchstleistung 210 000 PS) bauen als Kolbendampfmaschinen, bei welchen für elektrische Zentralen Leistungen von 6000 PS, für Schiffsantrieb von 22 000 PS erreicht wurden, aber aus praktischen Gründen nicht mehr gebaut werden.

Die Energieleistung bzw. der Energiebedarf einer Maschine wird auf die Stunde bezogen, so daß man hierfür als Einheit die Pferdestärkenstunde (PSh) benützt. 1 PSh ist also die Arbeit von 1 PS während 1 Stunde oder von 1/3 PS während 3 Stunden usw.

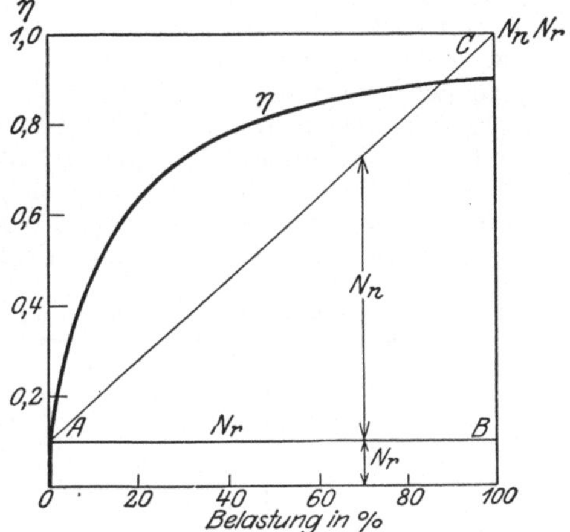

Abb. 4. Wirkungsgrad bei Teilbelastung.

$$1 \text{ PSh} = 75 \text{ mkg/s} \cdot 3600 \text{ s} = 270\,000 \text{ kg m}$$
$$\text{oder} \qquad 1 \text{ kWh} = 102 \text{ mkg/s} \cdot 3600 \text{ s} = 367\,200 \text{ kg m}. \qquad (10)$$

Wirkungsgrad. Jede Maschine und jedes Triebwerk verbraucht — gleichviel ob belastet oder im Leerlauf — Arbeit, um die vorwiegend aus Reibung bestehenden Eigenwiderstände zu überwinden. Demnach ist bei einer belasteten Maschine nicht nur die Nutzarbeit N_n, sondern auch die Reibungsarbeit N_r zu decken, so daß an Arbeit aufzuwenden ist

$$N_a = N_n + N_r.$$

Je kleiner die Reibungsarbeit im Verhältnis zur Nutzarbeit ist, um so vollkommener arbeitet die Maschine. Der Wertmesser hierfür ist das Verhältnis von Nutzarbeit zu Arbeitsaufwand; man nennt dies den Wirkungsgrad

$$\eta = \frac{N_n}{N_a}. \qquad (11)$$

Der Wirkungsgrad η, der stets kleiner als 1 sein muß, ist abhängig von der Konstruktion der Maschine, von der Güte der Ausführung und von dem jeweiligen Betriebszustand. Die gewöhnlich angegebenen Werte setzen günstige Verhältnisse voraus und beziehen sich stets auf den der Konstruktion zugrunde gelegten Belastungsfall, das ist auf Vollast. Bei geringerer Belastung verringert sich die Reibungsarbeit nicht im gleichen Verhältnis, deshalb muß auch der Wirkungsgrad abnehmen, d. h. schlechter werden. Nimmt man die Reibungsarbeit bei allen Belastungsstufen als unverändert an, was jedoch nur annähernd zutrifft, so würde sie in Abb. 4 nach der Linie $A\,B$ verlaufen. Die Gesamtarbeit ist durch die Linie $A\,C$ dargestellt und wird durch $A\,B$ in Nutzarbeit N_n und Verlustarbeit N_r (durch Reibung, Eigenverbrauch der Steuerung, Schmier- und Kühlpumpen usw.) geteilt. Die hieraus nach Gleichung (11) konstruierte Wirkungsgradkurve zeigt den kleinen, d. h. schlechten Wirkungsgrad bei geringer Nutzleistung. Demgemäß ist auch der Energieverbrauch einer Maschine bei geringer Belastung verhältnismäßig größer als bei Vollast. Braucht z. B. ein Elektromotor für eine Nutzleistung von 50 PS bei 90% Wirkungsgrad 55,5 PS = 41 kW oder auf 1 PS bezogen = 0,82 kW, so benötigt er bei der halben

Belastung von 25 PS nicht 27,8 PS = 20,5 kW, sondern etwa 30,5 PS = 22,5 kW oder 0,9 kW je PS. Die Größe des Wirkungsgrades und seine Änderung bei Teilbelastung ist bei allen Maschinen verschieden und kann nicht allgemein angegeben werden.

Wenn in Kraftmaschinen, Übertragungsmaschinen und Arbeitsmaschinen Energien in der Form von Arbeit oder Leistung in andere umgeformt werden, so treten dabei stets Verluste durch unerwünschte Nebenerscheinungen auf, die wir in der Praxis der Technik nicht ausschließen können und im Wirkungsgrad der betreffenden Umwandlung zusammenfassen. Zur Beurteilung dieser Vorgänge müssen in erster Linie die theoretischen, also verlustreichen, Gleichwerte der technisch wichtigen Arbeits- und Leistungsformen bekannt sein. Trotzdem diese in den einschlägigen späteren Abschnitten dieses Buches angegeben bzw. abgeleitet werden, wird zur vorläufigen Unterrichtung und Übersicht nachstehend eine vergleichende Zusammenstellung gegeben:

Tabelle 1. Umwertungszahlen für Arbeit und Leistung.

	Einheiten	kg m	PSh	kWh	kcal
Arbeit = Kraft × Weg	100 kg m = 1 PSh = 1 kWh = 1 kcal =	100 270 000 367 000 427	0.00037 1 1,36 0,00158	0,00027 0,736 1 0,00117	0,234 632 860 1

	Einheiten	kg m/s	PS	W	kW
Leistung $= \dfrac{\text{Arbeit}}{\text{Zeit}}$	1 kg m/s = 1 PS = 1 kW =	1 75 102	0,0133 1 1,36	9,81 736 1000	0,00981 0,736 1

B. Die wichtigsten Werkstoffe des Maschinenbaues.

Die Formgebung und die Bemessung der durch Kräfte beanspruchten Maschinenteile ist von dem verwendeten Werkstoff abhängig. Deshalb muß vor dem Entwurf und der Berechnung solcher Teile der für die Gestaltungsform und für die Beanspruchung zweckmäßigste Werkstoff ausgewählt und bei der Bestellung eindeutig vorgeschrieben werden.

Die noch vielfach üblichen Benennungen, wie Schmiedeisen, Maschinenstahl, Weichguß usw. sind unklare Sammelbegriffe. Deshalb wurden sie nunmehr vom Deutschen Normenausschuß durch eindeutige Werkstoffbezeichnungen ersetzt. Diese geben durch ein Wort die Art des Werkstoffes und durch eine beigesetzte Zahl seine Zerreißfestigkeit bzw. Legierung an und damit zugleich einen Hinweis auf andere wichtige Eigenschaften.

Als **Stahl** bezeichnet man jetzt alle im Erzeugungszustand ohne Nachbehandlung schmied- bzw. walzbaren Eisenkohlenstofflegierungen von etwa 0,1% C bis etwa 0,8% C. Diese Stähle werden in Festigkeitsgruppen unterteilt und die Gruppe durch eine die gewährleistete Mindestzugfestigkeit angebende Zahl gekennzeichnet. So ist Stahl 42 (abgekürztes Normzeichen: St 42) ein schmiedbarer Eisenwerkstoff von einer auf den Quadratmillimeter bezogenen Zugfestigkeit von 42 bis 50 kg und einer entsprechenden Bruchdehnung von wenigstens 24%. Stahl wird vorwiegend gewalzt, geschmiedet und gepreßt; er ist je nach seiner Härte (C-Gehalt) reckbar und bildsam sowie widerstandsfähig gegen Stöße. Stähle mit niedrigem C-Gehalt sind verhältnismäßig weich und zäh; sie sind gut reckbar, schweißbar, aber nicht härtbar. Mit steigendem C-Gehalt wird der Stahl härter, weniger dehnbar, nicht schweißbar, aber härtbar. Diese unterschiedlichen Eigenschaften und dementsprechenden Verwendungsbeispiele sind aus der Übersichtstafel S. 6 ersichtlich.

Einsatzstahl. Man kann einen infolge seines niedrigen C-Gehalts nicht härtbaren, weichen und zähen Stahl (z. B.: St 34 mit $\sim 0{,}1\%$ C) durch längeres Glühen in C abgebenden Substanzen in seiner äußeren Schicht auf $\sim 0{,}6\%$ Kohlenstoff anreichern und diese dadurch gut härtbar machen, während der Kern auch nach dem Härtevorgang (Einsatzhärtung genannt) zähe und weich und dadurch widerstandsfähig gegen ruckweise Beanspruchung bleibt. Stähle, deren Reinheit und niedriger C-Gehalt für diesen Zweck gewährleistet wird, nennt man Einsatzstähle. Die dem Kennzeichnen beigefügte Zahl deutet den C-Gehalt an; z. B. St C 16 mit etwa $0{,}16\%$ C.

Als **Gußeisen** bezeichnet man Eisen mit etwa 2,8 bis $3{,}5\%$ C. Gußeisen ist weder reckbar, noch bildsam, noch biegbar, also spröde, von geringer Festigkeit als Stahl und gegen ruckweise Beanspruchung und Stöße wenig widerstandsfähig. Dagegen ist es bei technisch leicht erreichbaren Temperaturen schmelzbar und es füllt beim Gießen die Formen gut aus. Gußeisen wird deshalb ausschließlich durch Gießen in die Verwendungsform gebracht. Auch die Gußeisensorten werden in Festigkeitsgruppen unterteilt, deren Mindestzugfestigkeit (des Gußstücks) für verantwortlich beanspruchte Gußstücke durch eine dem Kennwort beigefügte Zahl angegeben wird, z. B. Ge 18 (s. S. 8).

Temperguß. Man kann dünnwandige Gußstücke, die infolge des höheren C-Gehalts von $\sim 3{,}2\%$ von geringer Festigkeit, spröde und wenig stoßfest sind, dadurch zäh, biegbar und widerstandsfähiger machen, daß man ihren Kohlenstoffgehalt durch längeres Glühen in Kohlenstoff verzehrenden Substanzen auf den des weichen Stahls von $\sim 0{,}2\%$ verringert. Den Werkstoff derart schmiedbar gemachter Gußstücke nennt man Temperguß und fügt diesem Normbegriff die Mindestfestigkeit der betreffenden Gruppe bei; z. B. Te 38.

Als **Stahlguß** bezeichnet man schmiedbaren Stahl, der bei hoher Temperatur in besonders zugerichtete Gießformen vergossen und dessen Gefüge, Festigkeit und Zähigkeit durch nachfolgendes Glühen „normalisiert" wurde. Auf diese Weise kann man Werkstücke von einer nur durch Gießen herstellbaren Formgebung mit den Eigenschaften des im allgemeinen nur durch Schmieden, Walzen oder Warmpressen verformbaren Stahls ausführen. Dem Normbegriff Stahlguß wird eine Zahl beigefügt, die die zu gewährleistende Zugfestigkeit in kg/mm² angibt; z. B. Stg 52.

Hartguß nennt man Gußstücke mit glasharter Außenschicht. Er wird aus Si-armem Gußeisen erzeugt, indem man es statt in Sandformen in eiserne nur geschwärzte Formen gießt und durch dieses rasche Abschrecken den Kohlenstoff hindert, sich als Graphit auszuscheiden; er bleibt in der Abschreckzone an das Eisen chemisch gebunden und verursacht hier hartes weißes Eisen, während der Kern grau und weich bleibt (Beispiele: die Spurkränze von Rollwagen; Brech- und Verschleißplatten; Glättwalzen).

Die Festigkeitseigenschaften dieser Eisen-Kohlenstofflegierungen können durch Beimischung bestimmter anderer Metalle dem Verwendungszweck angepaßt werden; so macht Mangan das Eisen härter, Nickel zäher, Silizium den Guß dichter und weicher.

Bronzen sind Legierungen von Kupfer mit Zinn, die wegen ihrer Rostfreiheit, Härte und Gleitfähigkeit in bestimmten Fällen als Ersatz für Eisen Anwendung finden. Bronze ist als Werkstoff und in der Bearbeitung teuer. Dem Kennwort wird eine den Zinngehalt angebende Zahl beigefügt, z. B. Gußbronze 10, abgekürzt GBz 10 (mit 10% Zinn).

Rotguß wird legiert aus Kupfer, Zinn, Zink und Blei; er ist dadurch billiger als Bronze. Rotguß wird für Armaturen und weniger hoch beanspruchte Lagerschalen verwendet. Bezeichnung nach dem Zinngehalt, z. B. Rotguß 8, abgekürzt Rg 8.

Messing wird legiert aus Kupfer und Zink. Gegossen ist es spröde und für den Maschinenbau nicht brauchbar. Durch Walzen, Warmpressen oder Ziehen

Auszug aus den Werkstoffnormen						Maschinen-
Bisherige Bezeichnung	DIN-Benennung	Kurzzeichen	C-Gehalt %	Zugprobe Festigkeit σ_B kg/mm²	Dehng. δ_5 %	Eigenschaften
Flußeisen	Stahl 00	St 00	ohne zahlenmäßige Gewährleistung (σ_B meist $37 \div 45$)			Weder kalt- noch rotbrüchig
Weiches Eisen	Stahl 34	St 34	0,12	$34 \div 42$	≥ 30	Einsetzbar und feuerschweißbar. Leicht zu bearbeiten. Grobe Gewinde gut schneidbar.
(Baueisen)	(Stahl 37)	(St 37)	0,18	$37 \div 45$	≥ 25	Übliche Siemens-Martin- und Thomas-Güte. Schweißt nicht immer zuverlässig.
Weicher Stahl	Stahl 42	St 42	0,25	$42 \div 50$	≥ 25	Noch einsetzbar, wenn Kern bereits hart sein darf. Schwer feuerschweißbar. Gewinde lassen sich gut schneiden.
Maschinenstahl	Stahl 50	St 50	0,35	$50 \div 60$	≥ 22	Nicht für Einsatzhärtung geeignet. Kaum feuerschweißbar, wenig härtbar. Meist verwendeter Werkstoff, noch gut zu bearbeiten.
Harter Maschinenstahl	Stahl 60	St 60	0,45	$60 \div 70$	≥ 17	Härtbar, vergütbar, nicht feuerschweißbar. Bearbeitung wegen der Härte teuerer.
Werkzeugstahl	Stahl 70	St 70	0,60	$70 \div 85$	≥ 12	Hochhärtbar, vergütbar, nicht feuerschweißbar. Bearbeitung erheblich teuer.

Die Zahl des Kurzzeichens gibt die Zugfestigkeit in km/mm² an. — Die Streckgrenze
Beanspruchung muß unterhalb der Streckgrenze unter Berücksichtigung des vorlie-

Werkzeugstahl		Wz-St	0,75 bis 1,50	über 80	unter 10	Glashart härtbar. Vielfach schwach legiert.
Einsatzstahl		StC 10 [1] StC 16	$0,11 \div 0,18$ $0,06 \div 0,13$	38 42	≥ 30 ≥ 28	Zuverlässig einsetzbar, da C-Gehalt und Reinheit gewährleistet.
Vergütungsstahl		StC 35 [1] StC 60	0,35 0,60	vergütet $55 \div 65$ 22 $75 \div 90$ 14		Besonders für Vergütung geeigneter Werkstoff Mangangehalt höchstens 0,8%, Siliziumgehalt höchstens 0,35%.
Chrom-Nickel-Einsatzstahl.		ECN 35 [2]	$0,1 \div 0,17$	Im Kern $90 \div 120$	$12 \div 6$	3,5% Ni; 0,75% Cr. Besonders für Einsatzhärtung.
Chrom-Ni.-Vergütungsstahl.		VCN 25 [2]	$0,25 \div 0,4$	vergütet $70 \div 80$	19	2 bis 2,5% Ni; 0,75% Cr. Besonders für Vergütung.

[1] Die Zahl des Kurzzeichens gibt den C-Gehalt in 0,1% an.   [2] Die Zahl des Kurz-

belle 2.

Baustähle	Weitere Angaben in den D. I.-Normblättern und in den Werkstoff-Handbüchern des N. D. I.
	Beispiele für die Verwendung
	Handelsübliche Güte in Eisenhandlungen für untergeordnete Zwecke: Flacheisen, Rundeisen, Bandeisen, Schwarzbleche, Behälterbleche, übliche Handelseisenwaren.
	Für Niete und gedrehte Handelsschrauben (Schraubenweicheisen), für Teile, die hoher Zähigkeit bedürfen, wie Ankerschrauben, Schrumpfringe, Gestänge, Hebel, soweit diese Festigkeit reicht; für einzusetzende Bolzen, Büchsen, Wälzhebel, Steuernocken, Kreuzkopfzapfen; für Teile, die im Feuer geschweißt werden müssen.
	Normalgüte für alle Stab- und Formeisen ⌊ T ● ■ —— I ⊏ ⌐ ◗ sowie für Baubleche I zu Eisenbauzwecken. Für unbearbeitet bleibende Schmiedestücke, da nicht immer rein.
	Für Teile, die zäh sein sollen (Stöße, wechselnde Belastung), aber bereits höhere Festigkeit beanspruchen, wie kleine Pleuelstangen, Kurbeln, Lokomotivkolben; für niedrig beanspruchte Wellen, Stirnräder, Steuerungshebel. Für gewöhnliche Preß- und Gesenkstücke. Für Baubleche II zu Eisenbauwerken.
	Für höher beanspruchte Triebwerksteile und wenn wegen des Verschleißes ein härterer Werkstoff gewählt werden muß: z. B. stärker belastete Wellen, gekröpfte Kurbelwellen, Turbinenwellen, Kolbenstangen und Schieberstangen für Weich- oder Weißmetallpackung, Lokomotiv- und Wagenachsen, größere Pleuelstangen, Exzenterstangen, Steuerwellen, Turbinenradscheiben, ungehärtete Zapfen, ungehärtete Zahnräder usw. sowie Abstechstücke.
	Für vorstehend genannte Teile, wenn sie hoher Beanspruchung, hohem Flächendruck oder starkem Verschleiß ausgesetzt sind, wie Paßstifte, Keile, Zahnritzel, Schnecken, Preßspindeln, Klinken, ungehärtete Büchsen, Steuerventilspindeln, Kolbenstangen für Gußeisenring-Stopfbüchsen, Plunger für hydraulische Pressen. Für wechselnde Beanspruchung ist Vergütung zweckmäßig.
	Für naturhart aufeinander arbeitende Steuerungsteile, naturharte Walzen, naturharte Gesenke, Ziehringe und Preßdorne, für höchst beanspruchte Maschinenteile, aber bei wechselnder Belastung mit Vergütung. Für gehärtete Teile, wie Blatt- und Spiralfedern, Klinken, Stempel, Schneiden, Zapfen und Rollen.
	vorstehender Werkstoffe beträgt im allgemeinen 55% der Zugfestigkeit. Die zulässige genden Belastungsfalles (ruhend, schwellend, wechselnd) vorsichtig gewählt werden.
	Für Teile, die höchste Glashärte erfordern, mit unterschiedlichem Kohlenstoffgehalt je nach der erforderlichen Festigkeit. Für Schermesser, Schlagwerkzeuge, Prägformen, Messerklingen, Räumnadeln, Steinbohrer, Gewindeschneidwerkzeuge, Schnitte, Fräsmesser, Rasiermesser, Münzstempel usw.
	Für einzusetzende Teile, die besonders zuverlässig zähen Kern bei glasharter Oberfläche benötigen, wie Kolbenbolzen, Zahnräder, Steuerungszapfen.
	Für durch Stoß und Wechselbelastung beanspruchte Teile, die zähharten Werkstoff erfordern, wie Steuerungshebel, Vorderachsen, Kardanwellen, Kupplungsbolzen.
	Für hoch beanspruchte Teile, die glasharte Außenschicht und zähharten Kern benötigen, wie Zahnräder, Kreuzkopfzapfen, Kardankreuze.
	Hochbeanspruchte kleine Kurbelwellen, Kurbelzapfen, Hebel, Steuerungsteile, Lenkachsschenkel, Lenkhebel.

zeichens gibt den Ni-Gehalt in $^o/_{oo}$ an.

Tabelle 3.

Auszug aus den Werkstoffnormen						Gußeisen und Stahlguß	Weitere Angaben in den D. I.-Normblättern und in den Werkstoff-Handbüchern des N. D. I.
Gruppe	Kurz-zeichen	Zugprobe		Biegeprobe 30 ∅ × 600 mm			Beispiele für die Verwendung
		Festigkeit σ_B kg/mm²	Dehnung δ_5 %	Festigkeit σ_{bB} kg/mm²	Durchbg. f mm		
Bau- und Handelsguß	Ge	—	—	—	—		Säulen, Fenster, Bauplatten, Herd- und Ofenguß, Geschirrguß, Heizkörper, Röhrenguß, Kanalisation.
Maschinenguß	Ge 12	12	—	24	6		Für allgemeinen Bedarf im Maschinenbau und Schiffbau, für Landmaschinen, Hausmaschinen, Büromaschinen usw., soweit Festigkeit reicht.
Maschinenguß mit besonderer Vorschrift	Ge 18	18	—	34	7		Für besonders beanspruchte Maschinengestelle und Maschinenteile, für Zylinder und Kolben, Weichenböcke, Schienenstühle, Formstücke für inneren Druck, Kolbenringe, Zahnräder.
	Ge 26	26	—	46	8		
	Höhere Festigkeit auf besondere Vereinbarung						
Hartguß							Brechwalzen, hydraulische Kolben, Straßenwalzen, Platten für Kollergänge und Steinbrecher, Feldbahnräder, Profileisen-Walzen, Blechwalzen.
Säure- und alkalibeständiger Guß, feuerbeständiger Guß, Sonderguß, Fein- und Kunstguß nach besonderen Vorschriften.							
Stahlguß (sorgfältig ausgeglüht)	Stg 38	38	20	—	—		Allgemeiner Bedarf des Maschinenbaus, wie Hebel, Lagerschalen, Räder, Führungen, Maschinenständer.
	Stg 45	45	16	—	—		Höher beanspruchte Hebel, Kolben, Zylinder, Kurbeln, Zahnräder, Kreuz-köpfe, Traversen, Ventilgehäuse, Formstücke für Heißdampf.
	Stg 52	52	12	—	—		Hoch beanspruchte Kolben und Preßzylinder, Gleitplatten, Kugelpfannen, Schwungscheiben, Drehzapfen (Stg 52 ist härtbar).
Stahlguß für Sonderzwecke wie Elektromaschinen, Heißdampfarmaturen, Reichsbahn und Marine nach besonderen Vorschriften.							
Temperguß	Te 32	32	2	—	—		Beschlagteile, Kettenhaken, Formstücke, Rohrverbinder, Maschinenteile für Land-, Näh-, Schreibmaschinen, Schlüssel.
	Te 38	38	4	—	—		

Tabelle 4.

Auszug aus den Werkstoffnormen			Bronze — Rotguß — Messing — Weißmetall						Weitere Angaben in den D. I.-Normblättern und in den Werkstoff-Handbüchern des N. D. I.
Gruppe	DIN-Benennung	Kurz-zeichen	Zusammensetzung				Zugfestigkeit		Beispiele für die Verwendung
			Cu	Sn	Zn	Pb	kg/mm²	δ_5 %	
Zinnbronzen Phosphor-(bronzen)	Gußbronze 20 (Glockenbronze)	GBz 20	80	20	—	—	15	0	Teile mit starkem Verschleiß: Spurlager, Verschleißplatten, Schieberspiegel. — Glocken.
	Gußbronze 14	GBz 14	86	14	—	—	20	3	Hoch beanspruchte Lagerschalen, Räder, hydraulische Apparate.
	Gußbronze 10	GBz 10	90	10	—	—	20	15	Allgemeine Verwendung im Maschinen-, Armaturen- und Apparatebau soweit nicht Rotguß genügt.
	Walzbronze 6	WBz 6	94	6	—	—	—	—	Gut bearbeitbar. Drähte, Bleche, Bänder, Stangen für Drehteile. (Weich bis federhart gewalzt oder gezogen.)
Rotguß	Rotguß 9	Rg 9	85	9	6	—	20	12	Allgemeine Verwendung im Maschinen-, Armaturen- und Apparatebau; Rohrleitungsteile, Lager für Eisenbahnzwecke, Armaturen.
	Rotguß 5	Rg 5	85	5	7	3	15	10	Blanke Eisenbahn- und Maschinenarmaturen.
	Rotguß 4 (Flanschenbronze)	Rg 4	93	4	2	1	20	25	Rohrflansche und sonstige hart zu lötende Teile.
Lagerbronze	Bleizinnbronze 10	BlBr 10	86	10	—	4	18	15	Lager für Walzwerke, elektrische Maschinen, Verbrennungsmotoren.
Messing	Gußmessing	GMs 67	67	—	30	3			Gehäuse zu Armaturen für untergeordnete Zwecke.
	Hartmessing	Ms 58	58	—	49	2			Gut bearbeitbar. Stangen für Drehteile; Warmpreßstücke.
	Druckmessing	Ms 63	63	—	27	—			Bleche, Drähte, Profile, Rohre. Kondensatorrohre.
Lagermetall			Cu	Sn	Sb	Pb			
	Weißmetall	WM 70	5	70	13	12	18	—	Für schwer belastete Lager von großen Kolbenmaschinen.
		WM 42	3	42	14	41	15	—	Für gewöhnliche Lager und Gleitschuhe.
	Bahnmetall (zinnfrei)	—	Pb 98	Ca 0,7	Na 0,6	Li 0,05	10	—	Für Bahnwagenlager und ähnlich beanspruchte Maschinenlager.

erhält Messing die Festigkeitseigenschaften von mittelhartem Stahl und findet wegen der Rostsicherheit und der leichten Formgebung und Bearbeitung vielfache Anwendung.

Lagermetalle sind Legierungen aus Zinn, Kupfer, Antimon und Blei mit guter Gleitfähigkeit, und zwar mit um so mehr Blei, je billiger sie für untergeordnete Zwecke sein sollen. Die Normbezeichnung dieser Legierungen ist „Weißmetall" mit einer den Zinngehalt angebenden Zahl; z. B. WM 42. Außerdem gibt es unter Markennamen billigere Bleilegierungen mit Kalzium, Natrium u. a., die üblichen Beanspruchungen gut genügen. Unter diesen verdient das zinnfreie „Bahnmetall" besondere Erwähnung, weil es einen höheren Schmelzpunkt und deshalb größere Sicherheit gegen Ausschmelzen hat wie Weißmetall. Lagermetalle werden für Gleitflächen in Gußeisen-, Stahl- oder Rotgußlagerschalen eingegossen.

C. Zulässige Spannungen in Maschinenteilen.

Für die Bemessung von Maschinenteilen können die zulässigen Spannungen nicht wie für den Stahlbau und den Kesselbau baubehördlichen Vorschriften entnommen werden, sondern es muß für jedes Konstruktionsteil die zulässige Werkstoffbeanspruchung jeweils nach Maßgabe der Belastungsart, des Arbeitsvermögens des Werkstoffs, der Unsicherheit über die Größe der Kräfte, der Formgebung (Kerbwirkung, Gußspannungen), der Betriebsverhältnisse und der aus all diesen Gründen nötigen Sicherheit sorgfältig erwogen werden. Die meisten Maschinenteile sind ruckweiser oder wechselnder Beanspruchung ausgesetzt; vielfach sind die Beanspruchungen nicht durch die Aufgabe des Maschinenteils begrenzt, sondern sie können durch unsachgemäße Überlastung der Maschine wesentlich erhöht werden. Die Fortschritte in der Eisenhüttentechnik und die seit den Normungsarbeiten bessere Werkstoffbewirtschaftung ermöglichen wohl die Zugrundelegung höherer Höchstbeanspruchungen, als die noch allgemein verbreiteten Wöhler-Bachschen Tabellen empfehlen. Die noch

Tabelle 5. Höchste zulässige Beanspruchung in kg/cm^2.

		Stahl					Stahlguß geglüht			Gußeisen	
		St 34	St 37	St 42	St 50	St 60	Stg 38	Stg 45	Stg 52	Ge 12	Ge 18
Zug	ruhend	900	1000	1200	1500	1800	900	1100	1500	300	400
	schwellend	780	830	1050	1200	1350	600	700	950	240	350
Druck	ruhend	900	1000	1200	1500	1800	900	1100	1500	800	900
	schwellend	780	830	1050	1200	1350	600	700	950	500	780
Zug und Druck		600	660	850	950	1050	500	550	750	200	280
Schub	ruhend	720	800	960	1200	1440	760	880	1200	300	400
	schwellend	620	660	840	960	1180	480	560	760	240	350
	wechselnd	480	530	680	760	840	400	440	600	200	280
Biegung	ruhend	900	1000	1200	1500	1800	900	1100	1500	600◥	800◥
	schwellend	780	830	1050	1200	1350	600	700	950	480◥	700◥
	wechselnd	600	660	850	950	1050	500	550	750	400◥	560◥
Drehung	ruhend	660	720	750	930	1080	540	780	900	◣300	◣400
	schwellend	570	600	660	720	810	360	420	480	◣240	◣350
	wechselnd	450	480	540	570	630	300	330	390	◣200	◣280

◥ diese Zahlen gelten für ●-Querschnitt mit bearbeiteter Oberfläche. Für ■-Querschnitt ist das 0,85fache, für I-Querschnitt das 0,72fache dieser Zahlen anzunehmen. Für Teile mit unbearbeiteter Oberfläche sind die Zahlen außerdem mit 0,8 zu multiplizieren.
◣ diese Zahlen gelten für ●-Querschnitt. Sie sind für ○-Querschnitt mit 0,8, für ■-Querschnitt mit 1,4, für ■ und ▪-Querschnitt mit bis 1,6 zu multiplizieren.

keineswegs abgeschlossenen Verhandlungen hierüber[1] gehen nicht mehr von der Bruchfestigkeit der einzelnen Werkstoffe, sondern von deren Streckgrenze und deren Wechselfestigkeit aus. Bei sorgfältiger Feststellung der Belastung kann man bis auf weiteres den Berechnungen vorstehende höchstzulässige Spannungen zugrunde legen, die bei nicht einwandfreien Konstruktions-, Ausführungs- und Betriebsverhältnissen sowie bei stoßweißer Beanspruchung und bei Schwingungsgefahr entsprechend zu ermäßigen sind.

II. Maschinenteile zur Verbindung.

Es sollen hier nur die Gewinde und Schrauben erläutert werden, weil Keil- und Schrumpfungsverbindungen selten vorkommen und die Nietverbindungen entsprechend ihrer Wichtigkeit für den Bauingenieur, ebenso wie die Schweißverbindungen, besonders ausführlich an anderer Stelle dieses Sammelwerks behandelt sind.

A. Gewinde.

1. Gewindearten.

Man unterscheidet:

a) nach der Form des Gewindeprofils: Scharfgängiges-, Trapez-, Sägen- und Rundgewinde;

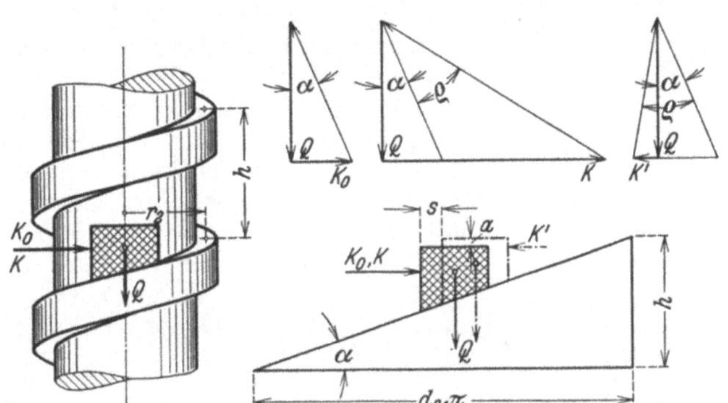

Abb. 5. Kraftverhältnisse am Gewinde.

b) nach der Größe des Gewindegangs bzw. der Steigung: grobgängige, normale und feingängige Gewinde;

c) nach der Zahl der nebeneinander laufenden Gewindegänge: eingängige, zweigängige bzw. mehrgängige Gewinde;

d) nach der Richtung der Gewindesteigung: rechtsgängige Gewinde, bei welchen sich die Schraube im Drehsinn des Uhrzeigers in die Mutter hineinschraubt; linksgängige Gewinde, bei welchen die Schraube entgegen dem Uhrzeiger in die Mutter eingeschraubt wird.

2. Aus der Mechanik des Gewindes.

Die Schraubenlinie entsteht durch Aufwickelung einer auf den Umfang $2\,r_2\pi$ um die Steigung h ansteigenden Geraden um einen Zylinder. Die Tragfläche eines flachen Gewindeganges ist demnach als eine um den Zylinder des Schraubenkerns gewundene schmale schiefe Ebene zu betrachten. Wenn man die sonst auf alle Gewindegänge verteilte Belastung durch die Mutter an einer Stelle eines Gewindeganges vereinigt betrachtet, so ist die Arbeitsgleichung für das Fördern der Last Q kg auf der unter dem Winkel α ansteigenden schiefen Ebene durch eine waagrechte Schubkraft K_0 bei Außerachtlassung der Reibung

$$K_0 \cdot s = Q \cdot a \text{ oder mit } \frac{a}{s} = \frac{h}{2 \cdot r_2 \cdot \pi} = \operatorname{tg}\alpha$$

ohne Berücksichtigung der Reibung: $K_0 = Q \cdot \operatorname{tg}\alpha$ (12)

mit Berücksichtigung der Reibung: $K = Q \cdot \operatorname{tg}(\alpha + \varrho)$,   (13)

wobei $\varrho =$ der der Reibungszahl μ entsprechende Reibungswinkel ($\mu = \operatorname{tg}\varrho$) ist.

---

[1] Siehe Rötscher: Masch.-Bau 1931 S. 79 und Bock: Masch.-Bau 1930 S. 637.

Zum Senken der Mutterbelastung (Lösen der Schraube) ist unter Berücksichtigung der Reibung erforderlich:

$$K' = Q \cdot \text{tg} \, (\alpha - \varrho). \tag{14}$$

Aus diesen Gleichungen ersieht man:

a) aus Gleichung (12), daß die Kraft K zum Anziehen einer Schraube um so größer wird, je größer α ist, d. h. je steiler der Gewindegang ansteigt, d. h. je größer die Gewindesteigung ist. Demgemäß ist eine feingängige Schraube

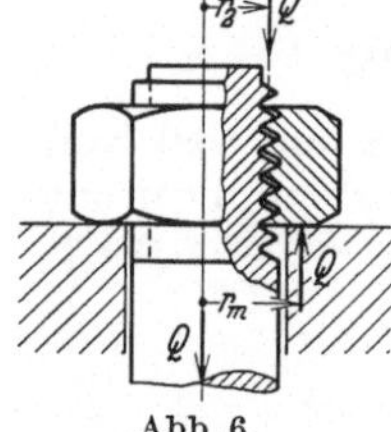

Abb. 6.
Anlageflächen von
Schraubenmuttern.

leichter anzuziehen als eine grobgängige, und eine eingängige Schraube ist leichter anzuziehen als eine zwei- oder gar dreigängige desselben Durchmessers;

b) aus Gleichung (14), daß die Kraft K' zum Lösen einer Schraube um so größer sein wird, je kleiner der Steigungswinkel α (bei gleichbleibender Reibung) ist. Demgemäß wird sich bei Erschütterungen der Verbindung eine grobgängige Schraube leichter lösen als eine feingängige, d. h. die feingängige Schraube bietet größere Sicherheit;

c) aus Gleichung (14), daß eine Gewindeverbindung nur selbsthemmend sein kann, wenn der Steigungswinkel α kleiner ist als der Reibungswinkel ϱ; dann ist zum Lösen eine Kraft K' aufzuwenden. Sobald aber der Steigungswinkel α größer ist als ϱ, wird sich die Schraube von selbst lösen, d. h. die Mutter wird unter der Last zurückgleiten;

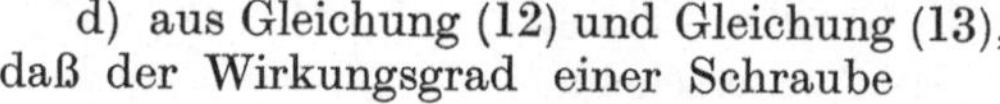

d) aus Gleichung (12) und Gleichung (13), daß der Wirkungsgrad einer Schraube

$$\eta = \frac{\text{tg} \, \alpha}{\text{tg} \, (\alpha + \varrho)} \tag{15}$$

ist, d. h. je größer der Steigungswinkel α ist, um so geringer ist der Einfluß der Reibung auf den Wirkungsgrad. Demgemäß hat eine zweigängige Bewegungsschraube einen besseren Wirkungsgrad als eine eingängige.

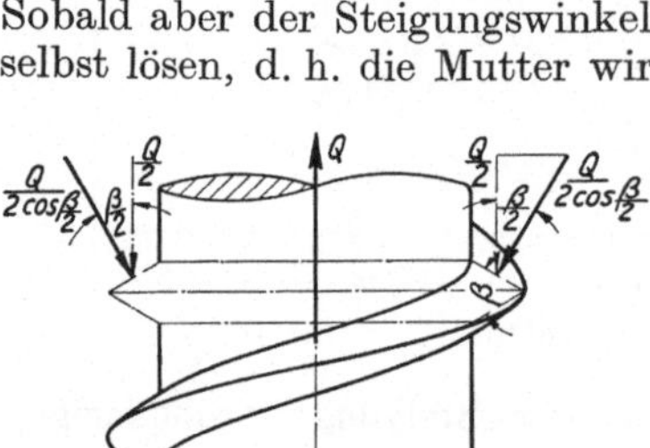

Abb. 7. Kraftwirkung am scharfgängigen Gewinde. (Nach Rötscher.)

Um durch Anziehen einer Schraubenmutter eine Kraft Q zu erzeugen, ist die Mutter auf der Schraube mit einem Drehmoment

$$M_d = Q \cdot r_2 \cdot \text{tg} \, (\alpha + \varrho) \tag{16}$$

zu drehen. Das zum Lösen der Mutter auf der Schraube aufzuwendende Drehmoment ist

$$M'_d = Q \cdot r_2 \cdot \text{tg} \, (\alpha - \varrho). \tag{17}$$

Dazu kommt dann noch in beiden Fällen (Abb. 6) ein weiteres Drehmoment

$$M_{dr} = \mu_1 \cdot Q \cdot r_m,$$

das zur Überwindung der Reibung infolge des Stützdrucks der Mutter (bzw. der Schraubenspindel) auf ihrer Unterlage nötig ist. Zu jeder Kraftäußerung einer Schraube ist also ein Gesamtdrehmoment $= M_d + M_{dr}$ erforderlich. Zum Lösen der Gewindeverbindung ist ein Drehmoment $= M'_d + M_{dr}$ nötig, worin M'_d bei steilgängigen Gewinden negativ werden kann, so daß sie sich von selbst lösen.

Vorstehende Überlegungen über die Gewindereibung gelten nur für flachgängige Gewinde. Da für die Reibung die Belastung durch eine senkrecht auf die Gleitfläche gerichtete Normalkraft maßgebend ist, hat man bei den Whitworth-, metrischen- und Trapezgewinden deren Flankenwinkel β zu berücksichtigen, die eine Neigung β der tragenden Gewindefläche um $27^1/_2{}^0$, 30^0 bzw. 15^0 gegen die Horizontale ergeben (Abb. 7). Für die Reibung sind also die zwei Normalkräfte von je $\dfrac{1}{2} \dfrac{Q}{\cos \dfrac{\beta}{2}}$ wirksam. Die Reibung wird also gegenüber dem flachgängigen Gewinde auf das 1,12fache bzw. 1,15fache bzw. 1,03fache erhöht. Deshalb sind scharfgängige Gewinde als Bewegungsschrauben schlecht geeignet.

3. Gewindeformen.

Von der großen Zahl der während der Entwicklung des Maschinenbaus in den verschiedenen Ländern entstandenen verschiedenartigen Gewindeprofile sind infolge der Normungsarbeiten nur noch folgende gebräuchlich:

a) Das Withworth-Gewinde

hat 55° Flankenwinkel und Gewindesteigungen nach dem englischen Zollmaß. Es wurde wegen seiner großen Verbreitung in die deutschen Normen übernommen. Dabei wurde für Zwecke, für die das Gewinde nicht gegen Druck dichten soll, ein Spiel in den Spitzen vorgesehen (Abb. 8), damit das Gewinde sicher in den Flanken trägt. Nur wenn das Gewinde, wie bei Rohrverbindungen, dichten soll, führt man es ohne Spitzenspiel (Abb. 9) aus.

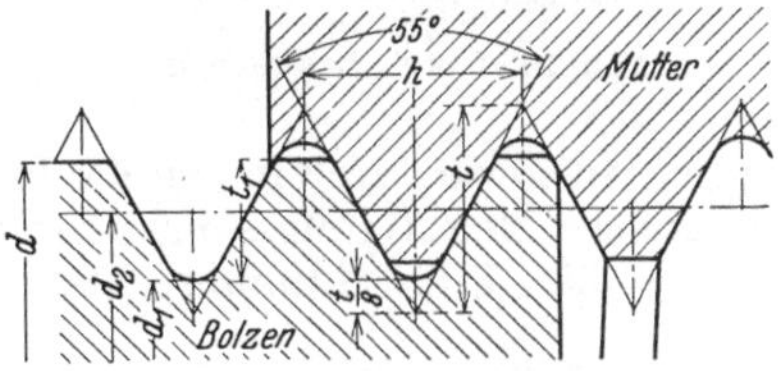

Für normale Befestigungsschrauben sind die Abstufungen des Whitworth-Gewindes mit Durchmessern nach englischem Zoll in DIN 12 genormt. Man

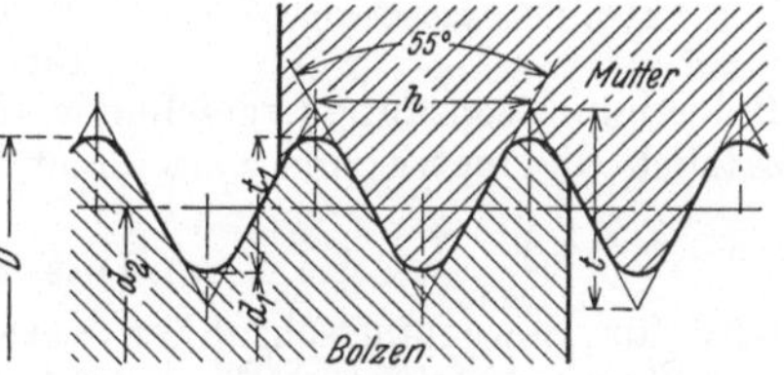

Abb. 8. Whitworth-Gewinde mit Spitzenspiel.

bezeichnet diese Whitworth-Gewinde mit dem in England üblichen Zollzeichen, z. B. $1^1/_4''$.

Für Durchmesser über 2″ (= 50,8 mm) ist (sofern man für solch ungewöhnliche Abmessungen nicht bereits zu metrischem Gewinde übergeht) dem Original-Whitworth-Gewinde das Whitworth-Feingewinde 1 nach DIN 239 vorzuziehen, weil es durch die geringere Gewindetiefe größeren Kernquerschnitt läßt und dadurch den Werkstoff besser ausnutzt, ferner weil es durch die geringere Steigung größere Sicherheit gegen Lockerwerden hat. Es wurde bei durchgängiger Gewindesteigung von $^1/_4''$ mit metrischen Gewindedurchmessern von 65—499 genormt. Als Konstruktions-

Abb. 9. Whitworth-Gewinde ohne Spitzenspiel.

gewinde wurde für Betriebe, die aus Rücksicht auf den Export oder auf die Zoll-Leitspindeln ihrer Drehbänke an der Gewindesteigung in Zoll festhalten wollen, in DIN 240 noch ein Withworth-Feingewinde 2 mit feinerer Steigung nach Zoll in metrischen Durchmesserstufen von 20 bis 189 mm festgelegt. Man bezeichnet die Whitworth-Feingewinde mit Kennbuchstaben W, Durchmesser und Steigung, z. B. W 68 × $^1/_6''$. Der deutsche Maschinenbau sollte auf diese Whitworth-Feingewinde endlich verzichten.

Das in DIN 259 genormte Whitworth-Rohrgewinde hat ein für die dünnen Rohrwandungen geeignetes feingängiges Whitworth-Profil. Die Zollmasse, nach denen die Durchmesserabstufungen benannt werden, haben nicht — wie bei anderen Gewinden — Bezug auf den Gewindedurchmesser, sondern auf die lichte Weite der Eisenrohre, für die sie vor vielen Jahren bemessen wurden. Die Kennzeichnung der Rohrgewinde erfolgt durch ein vorgesetztes R; z. B. R $2^1/_2''$. Als Konstruktionsgewinde dürfen diese nur zur Verbindung von Rohrleitungen üblichen Rohrgewinde nicht benutzt werden.

b) Das metrische Gewinde

hat als Gewindeprofil ein gleichseitiges Dreieck und demgemäß 60° Flankenwinkel. Es ist im Außendurchmesser und in der Gewindesteigung nach Millimetern abgestuft und stimmt weitgehend mit dem 1898 von Deutschland, Frankreich und der Schweiz vereinbarten SJ-Gewinde (Système internationale) überein. Durch die deutsche Normung wurde letzteres in den Durchmessern nach oben

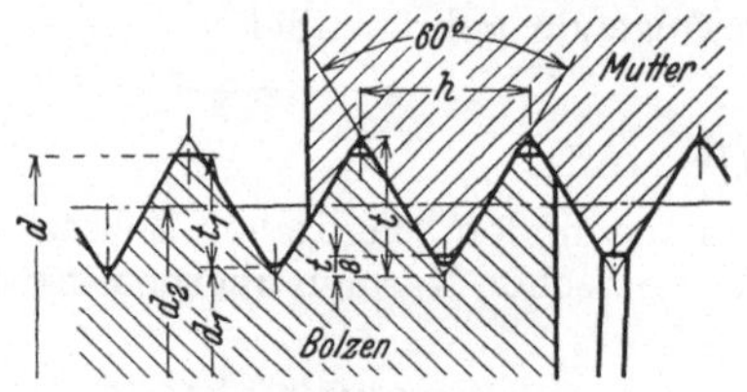

Abb. 10. Metrisches Gewinde.

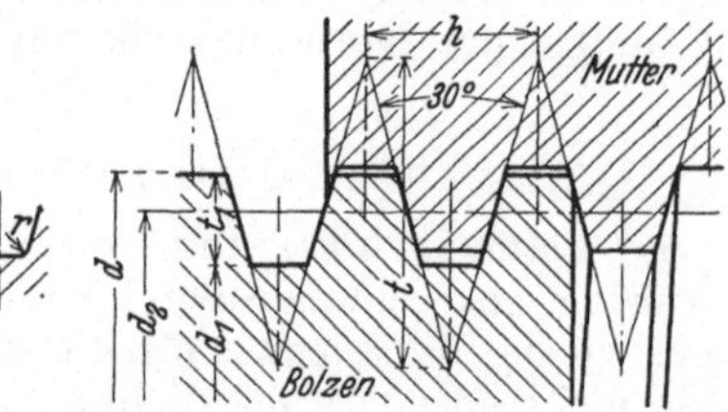

Abb. 11. Trapezgewinde.

und unten sowie durch metrische Feingewinde erweitert. Das metrische Gewinde für übliche Befestigungsschrauben ist in DIN 13/14 festgelegt für Außendurchmesser mit 1 bis 149 mm; man bezeichnet es mit dem Kennbuchstaben M

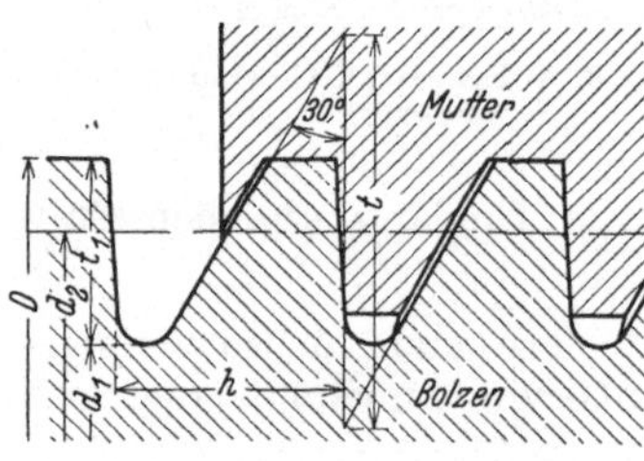

Abb. 12. Sägengewinde.

und dem Außendurchmesser, z. B. M 36. Die mit feineren Gewindegängen ausgeführten metrischen Konstruktionsgewinde 1, 2 und 3 mit Durchmessern bis 300 bzw. 500 mm sind in DIN 241, 242 und 243 zu finden (die feinen metrischen Gewinde 4 bis 9 kommen für den Maschinenbau kaum in Betracht). Diese metrischen Feingewinde werden mit Kennbuchstaben, Außendurchmesser und Gewindesteigung bezeichnet, z. B. M 164 × 6. Auch für Erzeugnisse, die noch mit Whitworth-

Befestigungsschrauben versehen werden, sollten als Konstruktionsgewinde grundsätzlich die metrischen verwendet werden.

c) Das Trapezgewinde

wird für Bewegungsschrauben verwendet, also für Zwecke, für die Schraube und Mutter betriebsmäßig unter Belastung aufeinander gleiten müssen. Hierzu

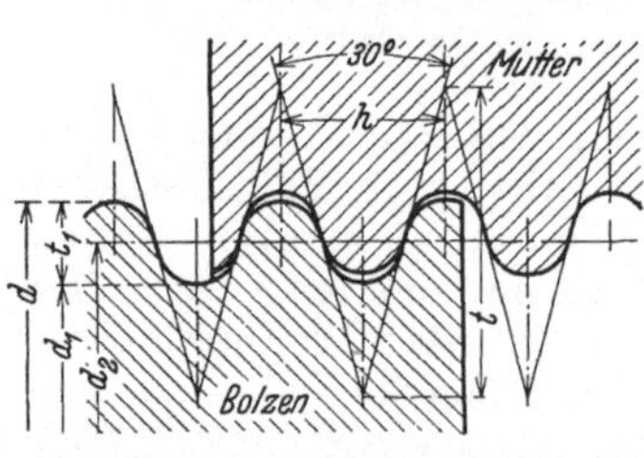

Abb. 13. Rundgewinde.

ist es durch seine größeren wenig geneigten Flankenflächen gut geeignet. Dieses Trapezgewinde ist fertigungstechnisch leichter herstellbar als das früher übliche Flachgewinde und hat es deshalb fast vollständig verdrängt. Bei der Normung wurde es im Gewindedurchmesser und in der Steigung nach metrischem Maß abgestuft; die Bezeichnung erfolgt mit dem Kennwort Trapg, dem Außendurchmesser und der Steigung, z. B. Trapg 65 × 10. Neben dem in DIN 103 festgelegten normalen Trapezgewinde

gibt es in DIN 378 ein feines Trapezgewinde mit kleinerer Steigung, also auch feineren Gewindegängen; ferner für schweren Betrieb, der größere Gleitflächen erfordert, ein grobes Trapezgewinde in DIN 379.

Wenn hoch beanspruchte Bewegungsschrauben mit nur in einer Achsrichtung wirkender Belastung besonders günstigen Wirkungsgrad haben sollen, so ist ein Gewinde mit möglichst senkrecht zur Spindelachse stehender reichlicher Gleitfläche zweckmäßig. Dieser Forderung entspricht das Sägengewinde, das in DIN 513 mit normaler Steigung, in DIN 514 und 515 mit feiner bzw. grober Steigung und dementsprechend feineren und gröberen Gewindegängen genormt wurde. Es wird ähnlich wie das Trapezgewinde bezeichnet, z. B. Sägg 130 × 14. Dieses Sägengewinde sollte aber aus Gründen der Herstellung nur für Sonderfälle verwendet werden, für die das Trapezgewinde nicht genügt, z. B. für Hebewerke, für Spindelpressen u. ä.

Für Zwecke, bei denen die Gewindekanten leicht einer Beschädigung ausgesetzt sind, aber jede dadurch mögliche Störung vermieden werden muß, ist ein Gewinde mit stark abgerundeten Gewindekanten zweckmäßig. Hierfür wurde das Rundgewinde durch Normung in DIN 405 festgelegt. Dieses Rundgewinde ist nach metrischem Durchmesser und Zollsteigung abgestuft. Es sollte nur für die Zwecke, für die es eingeführt und berechtigt ist, verwendet werden, wie für Bremsspindeln und Wagenkupplungen bei der Eisenbahn, für Feuerschlauchverschraubungen und für Ventilspindeln kleiner Wasserzapfventile. Wegen der schmalen Tragfläche der Gewindegänge ist es als Kraft- und Bewegungsgewinde schlecht geeignet.

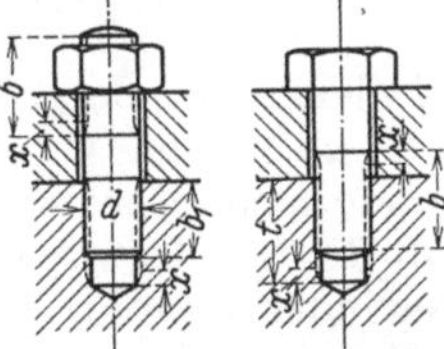

Abb. 14. Gewindelängen und Gewindetiefen.

B. Schrauben.

1. Befestigungsschrauben

dienen zur Verbindung von Bau- bzw. Maschinenteilen. Die deutsche Normung hat die zahlreichen früheren Ausführungsformen auf das Notwendige beschränkt, die Schlüsselweiten und Höhen der Muttern und Köpfe, die Schraubenenden, Gewindelängen und alle sonstigen Teilmasse einschließlich der Schraubenlöcher vereinheitlicht sowie eine Abstufung der Längen festgelegt. Ausführliches über die Normungsarbeit ist in DIN-Buch 3: „Schrauben" zu finden; die sämtlichen Normblätter sind im DIN-Taschenbuch 10: „Schrauben und Zubehör" (Beuth-Verlag, Berlin SW 19, Dresdener Str. 97) abgedruckt.

2. Gewinde.

Als Gewinde für Befestigungsschrauben ist das Whitworth-Gewinde vorherrschend, nachdem die deutsche Industrie versäumt hat, das metrische Gewinde einzuführen, als dies um die Jahrhundertwende noch leicht durchführbar gewesen wäre. Da aber die Whitworth-Gewinde unter $\frac{1}{2}''$ und über 2'' zu grob und deshalb technisch und wirtschaftlich unzweckmäßig sind, sind für Schrauben aller Art nachstehende Gewinde üblich:

1 bis 10 mm metrisches Gewinde nach DIN 13,
$\frac{1}{2}''$ bis 2'' Whitworth-Gewinde nach DIN 11,
über 2'' Whitworth-Feingewinde 1 nach DIN 239 oder besser metrisches Gewinde nach DIN 14.

Nur der Kraftwagenbau, der Flugzeugbau, die gesamte Feinmechanik, der Heeresgerätebau und ein Teil der Werkzeugmaschinenindustrie verwenden bereits metrisches Gewinde für die Befestigungsschrauben aller Größen. Ein allgemeiner Übergang hierzu ist anzustreben.

Für Schrauben, die zum leichten Anziehen, zum Nachstellen oder als Sicherheit gegen Lösen mit feinem Gewinde auszuführen sind, verwende man metrisches Feingewinde 2 nach DIN 242 oder das noch feinere metrische Feingewinde 3 nach DIN 243. Rohrgewinde ist für Schrauben nicht zu verwenden, wenn auch der Normenausschuß hierfür Muttern usw. festgelegt hat; es ist konstruktiv unzweckmäßig.

Die Gewinde müssen stets länger sein, als der tatsächlichen Ausnutzung entspricht, weil die Gewindebohrer für Gewindelöcher ebenso wie die Schneideisen für Schrauben einen Anschnitt x haben, so daß die letzten Gänge der

Gewinde nicht ausgeschnitten werden. Deshalb sind die nach Maßgabe der Werkzeuge festgelegten Gewindelängen b nach DIN 77/930 zu beachten und die Gewindelöcher t zum Einschrauben von Kopf- und Stiftschrauben ausreichend tief zu bohren. Die Einschraublängem b_1 der Schrauben sind so zu bemessen, daß die tragenden Gänge des Gewindelochs der von dem Kernquerschnitt der Schraube übertragbaren Kraft mit Sicherheit standhalten. Man macht demgemäß die Einschraublänge b_1 von Stahlschrauben in gleichwertigem Werkstoff, d. h. in Stahl, Stahlguß und harter Bronze unter Berücksichtigung der Aussenkung für den Gewindeauslauf der Stiftschrauben $b_1 = d$; in Gußeisen, Rotguß und gleichwertigen Werkstoffen ist $b_1 = 1,3\,d$; in Weichmetall, wie Kupfer und Aluminium ist $b_1 = 1,7\,d$ erforderlich; t wird entsprechend tiefer.

3. Ausführung der Schrauben.

Nach der Ausführung unterscheidet man:

a) Rohe Schrauben und Muttern,

bei denen an den warm roh gepreßten oder geschmiedeten Schrauben und Muttern nur die Gewinde bearbeitet sind; die Unterlegscheiben sind aus rohem Bandeisen gestanzt. Bei diesen Schrauben besteht im allgemeinen keine Gewähr, daß die Sitzflächen der Köpfe und Muttern glatt aufliegen, so daß Biegung im Gewindekern und Lockern bei ruckweiser Beanspruchung nicht ausgeschlossen sind. Deshalb sind sie nur für untergeordnete Zwecke gebräuchlich. Als Werkstoff wird für rohe Schrauben meist gewalztes „Schraubeneisen", d. h. Stahl 38 DIN 1613, verwendet; oder das zähere „Nieteisen", d. h. Stahl 34 DIN 1613.

b) Halbrohe Schrauben und Muttern

unterscheiden sich von den rohen dadurch, daß die Sitzflächen der Köpfe und Muttern bearbeitet sind; die Scheiben sind aus gebeiztem Blech gestanzt und entgratet. Dadurch ist bessere Kraftübertragung und größere Sicherheit gegen Lockern ermöglicht. Im übrigen sind diese Schrauben meist mit Glühzunder und Preßnarben behaftet. Sie werden für Rohrleitungen, gewöhnliche Maschinen, Eisenbau und sonstige Verwendungszwecke benutzt, bei denen das Aussehen nebensächlich ist oder durch Farbanstrich verbessert wird.

c) Preßblanke Schrauben

sind Schlitzschrauben und Sechskantschrauben, an deren Schäfte aus gezogenem Stahl (für die Feinmechanik wird auch Messingdraht oder Neusilberdraht verwendet) die Köpfe kalt angestaucht werden und die Gewinde durch Einwalzen der Gewinderillen erzeugt werden. Preßblanke Sechskantschrauben werden bis M 16 (bzw. $^5/_8{}''$) ausgeführt; die Bearbeitung ist auf ein Kalibrieren und Abgraten des Sechskants und auf das Abrunden der Schraubenenden beschränkt; sie werden meist durch Normalglühen oder durch Vergüten in ihren Werkstoffeigenschaften verbessert. Für die preßblanken Schrauben kleinerer Abmessungen für Zwecke der Feinmechanik wird gezogenes Schraubeneisen Stahl 38 DIN 1613 verwendet; größere preßblanke Sechskantschrauben für Apparate-, Maschinen- und Fahrzeugbau werden je nach den Anforderungen aus Vergütungsstahl St C 25 oder St C 35 oder St C 45 DIN 1661 hergestellt und nach dem Stauchen vergütet, wodurch die Zugfestigkeit auf 47 bis 55 bzw. 55 bis 65 bzw. 65 bis 75 kg/mm² bei etwa 25 bis 18% Dehnung gebracht wird.

Blanke Schrauben und Muttern sind ebenso wie die zugehörigen blanken Scheiben allseitig sauber bearbeitet, soweit nicht durch Verwendung blank gezogenen Stahls eine Bearbeitung der Sechskante und Stiftschraubenschäfte sich erübrigt. Sie werden für hochwertige Maschinen und Apparate benutzt, bei denen auf zuverlässigen Sitz und gutes Aussehen Wert gelegt wird. Damit die Sechskante der Muttern durch den Schraubenschlüssel nicht verquetscht werden, werden diese vielfach im Einsatz gehärtet. Blanke Schrauben und Muttern bis etwa 10 mm werden aus gezogenem „Automatenstahl" St Az DIN 266 gedreht. Für gewöhnliche Stiftschrauben wird meist gezogener Schraubenstahl St 38 DIN 1613 verwendet. Stärkere blanke Schrauben und Muttern werden für übliche Beanspruchungen aus gewalztem Maschinenbaustahl St 50 DIN 1611, oder für hohe Beanspruchungen, namentlich für den Kraftfahrzeugbau, aus Vergütungsstahl St C 25 oder St C 35 DIN 1661 hergestellt.

Die Grundformen aller Einzelheiten und Ausführungsformen von Schrauben und Muttern für alle normalen und Sonderzwecke sind im Bild mit Benennung in DIN 918 Bl. 1 bis 3 festgelegt, so daß durch Benutzung und Hinweis auf dieses Normblatt jeglicher Zweifel bei Bestellung und Lieferung ausgeschaltet wird. Von diesen vielen Ausführungsformen können nachstehend nur die wichtigsten als Beispiele erwähnt werden; wegen der Einzelheiten und für weiteren Bedarf sind die Normblätter im DIN-Taschenbuch 10 „Schrauben" einzusehen.

4. Schrauben zur Verbindung von Metall mit Metall.

Zur Verbindung von Metall mit Metall und ähnlichen harten Stoffen verwendet man im allgemeinen die in Abb. 15 dargestellten „Maschinenschrauben", und

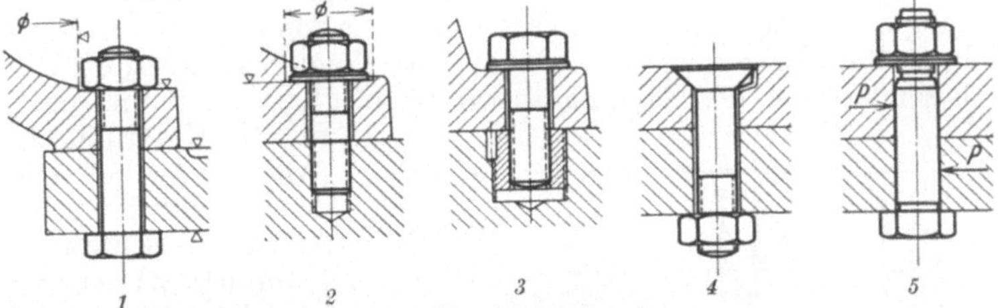

Abb. 15. Maschinenschrauben.
1 Sechskantschraube mit Sechskantmutter, Roh DIN 418, Blank DIN 931. *2* Blanke Stiftschraube mit Sechskantmutter, DIN 938 f. *3* Blanke Sechskantschraube, DIN 931. *4* Rohe Senkschraube mit Nase und Sechskantmutter, DIN 565. *5* Paßschraube.

zwar je nach Wertigkeit und Aussehen der zu verschraubenden Teile in halbroher oder blanker Ausführung.

Zur Vermeidung gefährlicher Biegung im Gewinde ist auf ebenen Sitz für Kopf und Mutter zu achten. Wenn die Sitzfläche nicht im ganzen bearbeitet sein kann (Abb. 15.*1*), was stets vorzuziehen ist, müssen (unschöne und teure) Anfräsungen gemacht werden, die durch Unterlegscheiben auszugleichen sind (Abb. 15.2 und 16). Bei rauhen Flächen sollten stets U-Scheiben (Abb. 15.*3*) verwendet werden. Für den Ausgleich der schrägen Flanschen der Walzprofile (Abb. 16) sind schräge, viereckige Unterlegscheiben zu verwenden, und zwar für U-Träger Vierkant-U-Scheiben nach DIN 434, für I-Träger Vierkant-I-Scheiben nach DIN 435. Für Kopfschrauben, die nicht in einen ihrer Festigkeit mindestens gleichwertigen Werkstoff eingeschraubt werden, sind, besonders falls sie öfters gelöst werden, Gewindebüchsen aus Stahl (Abb. 15.*3*) zweckmäßig.

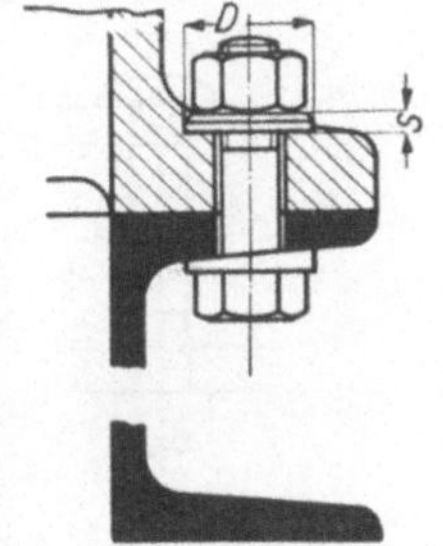

Abb. 16.
Verwendung von Unterlegscheiben.

Wenn Maschinen von ihren Sohlplatten gelegentlich seitlich weggeschoben werden sollen, so verwendet man zweckmäßig Hammerschrauben nach DIN 188. Zum Einhängen der Hammerköpfe in die Sohlplatte (Abb. 17) sind in dieser T-Nuten einzugießen. Auf die zum Einführen des Hammerkopfes nötige Länge dieser Nut und auf die Aussparung im Maschinenfuß zur Aufnahme des Hammerkopfes bei der Montage ist zu achten. Senkschrauben (Abb. 15.*4*) sind nur angängig, wenn die Schraubenköpfe nicht vorstehen dürfen. Die Durchgangslöcher für die Schraubenschäfte sind zur Verringerung der Werkzeughaltung ebenso genormt (DIN 69) wie die Anfräsungen der Mutternsitze und die Senklöcher. Abb. 15.*5* zeigt eine Paßschraube, die ruckweise Kräfte quer zur Schraubenachse durch Reibungsdruck

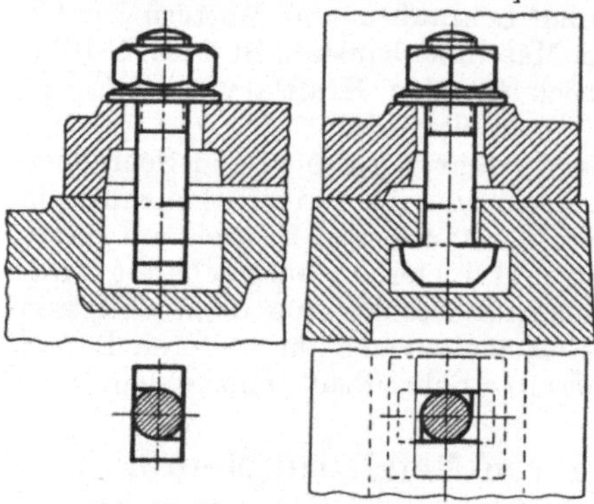

des ins Schraubenloch genau passenden Schaftes aufnehmen kann; diese Schraube ist also außer auf Zug durch die Mutter noch auf Abscherung im Schraubenschaft beansprucht. Wegen der Reibahlen und Meßlehren sind Paßschrauben stets nach dem nächst größeren Normdurchmesser (DIN 3) zu bemessen; wegen der Sonderanfertigung sind sie teuer und deshalb nur angängig, wenn der Zweck nicht durch Paßstifte oder Gewindestifte ausreichend erzielt werden kann.

Abb. 17. Hammerschrauben in der Sohlplatte.

Schlitzschrauben sind nur in kleinen Durchmessern bis M 10 gerechtfertigt. Stärkere Schlitzschrauben sollten nur in Verbindung mit Muttern benutzt werden, denn sie können mit dem Schraubenzieher nicht so fest gezogen werden, wie das ihre Tragfähigkeit erfordern würde. Dies gilt besonders für die Senkschrauben (Abb. 18.*2* und *3*) und noch mehr

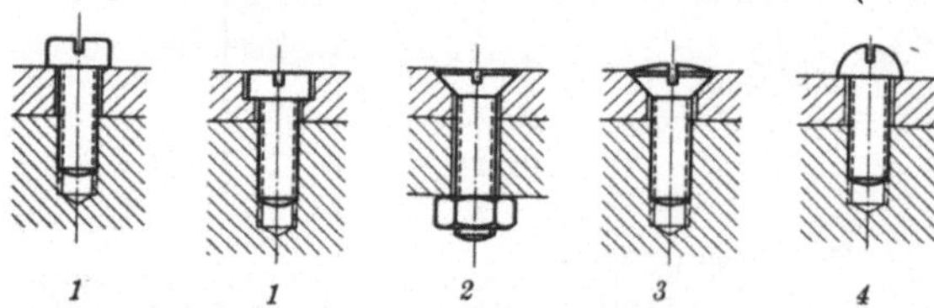

für die Halbrundschrauben (Abb. 18.*4*), bei denen für den Angriff des Schraubenziehers der Schlitz durch die Kopfform zu sehr verkürzt ist. Für die Senkschraubenlöcher sind wegen der Werkzeuge die Normmaße zu beachten.

Abb. 18. Schlitzschrauben.
1 Zylinderschraube, DIN 83, DIN 84. *2* Senkschraube, Din 87.
3 Linsensenkschraube, DIN 88. *4* Halbrundschraube, DIN 86.

5. Schrauben zur Verbindung von Metall mit Holz.

Zur Verbindung von Metall mit Holz und ähnlichen weichen Stoffen muß man zur Geringhaltung der Auflagerdruckbeanspruchung auf dem weichen Werkstoff

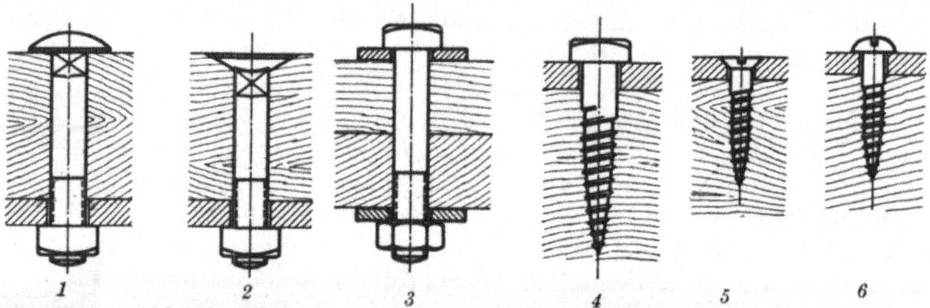

Abb. 19. Schrauben zur Verbindung von Metall mit Holz.
1 Rohe Flachrundschraube mit Vierkantansatz und Vierkantmutter, DIN 559 von M 6 bis ³/₄".
2 Rohe Senkschraube mit Vierkantansatz und Vierkantmutter, DIN 566 von M 6 bis ³/₄". *3* Rohe Vierkantschraube mit Sechskantmutter, DIN 556; mit Vierkantscheiben DIN 436 von M 6 bis 1".
4 Vierkantholzschraube, DIN 570 von ¹/₄ bis 1". *5* Senkholzschraube, DIN 97 von 1,5 bis 10 mm.
6 Halbrundholzschraube, DIN 96 von 1,5 bis 10 mm.

die Druckflächen durch größere Schraubenköpfe oder besondere viereckige Unterlegscheiben nach DIN 436 vergrößern.

Da die solche Holzverbindungen herstellenden Arbeiter meist nicht über das gute Werkzeug der Maschinenbauer verfügen, verwendet man meist

Vierkantköpfe und -muttern. Für Ackergeräte und Baumaschinen sind Vierkantmuttern an exponierten Stellen auch deshalb vorzuziehen, weil sie unter rauhen Betriebsverhältnissen länger ihre Form behalten als Sechskante, die vom Sand rundgeschliffen werden.

6. Schrauben zur Verbindung von Maschinen mit Mauerwerk, z. B. Fundamenten.

Steinschrauben verwendet man für nicht zu große Kräfte, wenn die Schrauben im Mauerwerk festsitzen sollen. Sie werden in ausgesparte oder ausgestemmte Löcher mit Zementmörtel eingegossen. Die handelsüblichen Größen und Längen findet man in DIN 529. Als Ausführungsformen sind nur die vier ersten der Abb. 20 zu empfehlen. Form *1* und *4* sind in erforderlicher Länge jederzeit leicht und rasch vom Schmied bzw. Schlosser herzustellen. Die Formen *2* und *3* sind im Gesenk gepreßt, in Normgrößen handelsüblich und im Zementguß zuverlässig fest. Form *5* ist teuer und unzuverlässig, Form *6* eine fast in allen Büchern zu findende Kuriosität an Werkstoff- und Arbeitsverschwendung. Auch die Formen *7* und *8* erfordern zu viel Schmiedelohn und sie sind wegen Querschnittsminderung bzw. Lockerung unzweckmäßig.

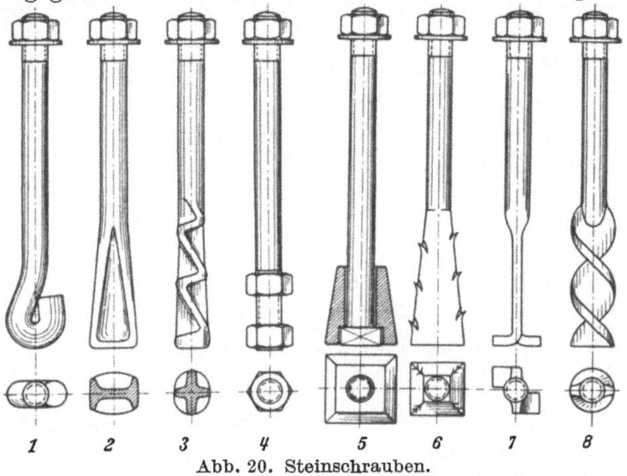

Abb. 20. Steinschrauben.

Fundamentklötze DIN 799 aus Gußeisen verwendet man statt der Steinschrauben, wenn die zu befestigende Maschine zeitweise vom Fundament

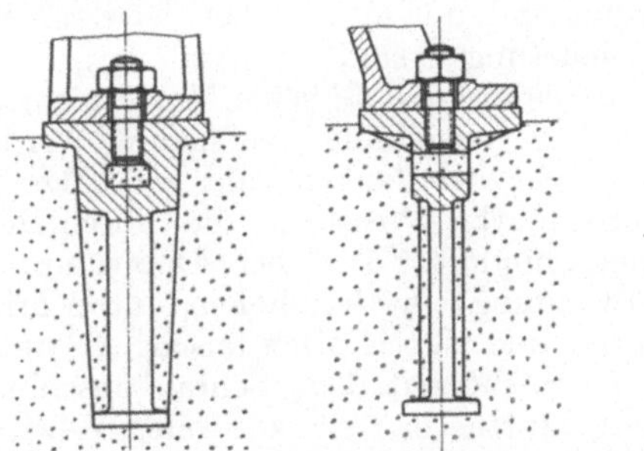
Abb. 21. Fundamentklotz.

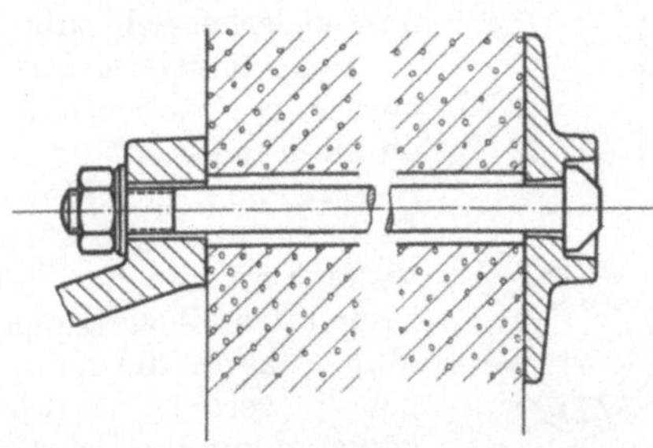
Abb. 22. Wandankerplatte mit Hammerschraube.

entfernt werden muß und nach Wiederaufstellung genau dieselbe Lage einnehmen soll. Diese Fundamentklötze haben Gewinde; zur Befestigung dienen Stiftschrauben oder besser Sechskantkopfschrauben; zur Sicherung der Lage Paßstifte.

Wandankerplatten nach DIN 796 werden in Verbindung mit Hammerschrauben DIN 261 zur Befestigung von Konsolen, Triebwerklager-Wandarmen (hierfür 2lochig DIN 192) usw. an Gebäudewänden benutzt (Abb. 22). Die Schrauben müssen durchgesteckt werden. Ähnliche Ankerplatten nach DIN 794 für Hammerschrauben (2lochig für Triebwerklager-Sohlplatten DIN 191) werden zur Übertragung größerer Kräfte auf Fundamente verwendet; in diese Platten können die Ankerschrauben mit ihren Hammerköpfen nachträglich eingehängt werden. Ankerplatten nach DIN 795 mit Ankerschrauben nach DIN 797 und gußeiserne Ankermuttern nach DIN 798 (Abb. 23) ermöglichen im Gegensatz zu Hammerschrauben eine Einstellung der Ankerschraube auf richtigen Überstand über die obere Mutter; dies ist wegen der geringen Genauigkeit der Maurerarbeit meist notwendig.

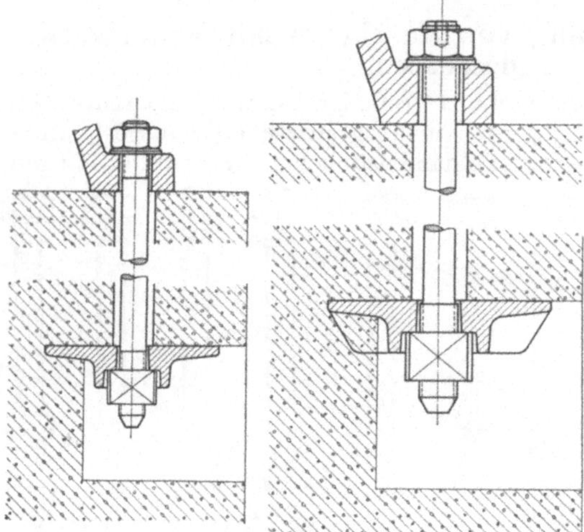

Abb. 23. Ankerplatten mit Ankerschrauben.

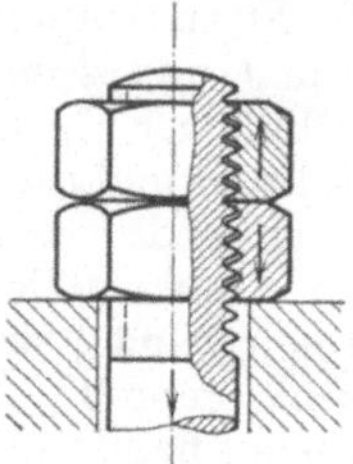

Abb. 24. Wirkung von Doppelmuttern (schematisch).

Zum Einsetzen der Muttern müssen die Ankerplatten durch Fundamentnischen zugänglich sein. Schwere Ankerschrauben versieht man mit Gewindelöchern für Ösenschrauben zum Anhängen; man staucht vielfach auch die Gewindeköpfe an oder man schweißt die Gewindeenden elektrisch an gewalzten Rundstahl vom Kerndurchmesser.

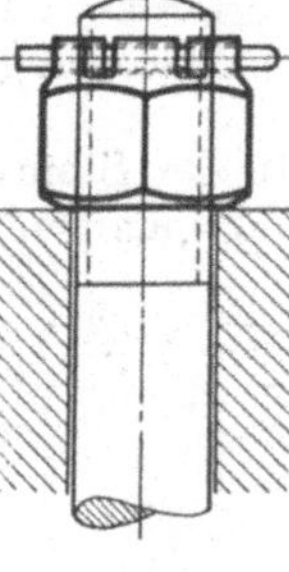

7. Schraubensicherungen.

Schraubenverbindungen, die ruckweise beansprucht oder Erschütterungen ausgesetzt sind, müssen gesichert werden. Von den vielerlei Schraubensicherungen sind zu erwähnen:

Doppelmuttern wirken dadurch, daß beide Muttern mittels zweier Schraubenschlüssel gegeneinander verspannt werden; dadurch entsteht in den Gewindeflanken und zwischen den Stirnflächen der Muttern starke Pressung, die durch hohe Reibung eine Lockerung hindert. Die bei Doppelmuttern vielfach zu findende Verwendung einer halbhohen Mutter bringt keine tatsächliche Ersparnis und ist technisch falsch: Als untere Mutter kann die halbhohe nicht mit dem Schraubenschlüssel gefaßt werden; als obere Mutter hat sie zu wenig Gewindegänge, denn die Schraubenkraft muß durch die obere Mutter übertragen werden, weil gemäß Abb. 24 nur deren Gewinde in Kraftrichtung anliegt.

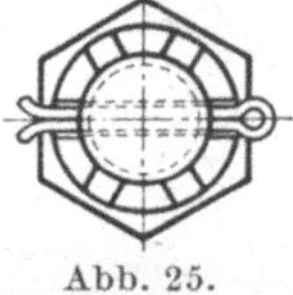

Abb. 25. Kronenmutter.

Kronenmuttern nach DIN 935 (Bl. 1 Metrisch, Bl. 2 Whitworth) werden gegen die Schraube durch Splint am Verdrehen gesichert. Wenn die Kronenmutter sechs Schlitze und die Schraube zwei Bohrungen unter 90° hat, kann man um jeweils $\frac{1}{12}$ Mutterdrehung nachziehen.

Blechsicherungen sind unbedingt sicher und ebenso einfach wie billig, aber an sehr sichtbaren Stellen nicht hübsch. Diese Sicherungsbleche werden durch einen um eine Kante gebogenen oder gegen eine Kante gestützten Lappen bzw.

durch eine in ein gebohrtes Loch eingreifende Nase am Verdrehen gehindert und sie hindern wiederum durch eine mittels Meißel hochgebogene Kante die Mutter am Verdrehen.

Bei Kopf- und Mutterschrauben ist sowohl unter dem Kopf wie unter der Mutter eine solche Blechsicherung nötig.

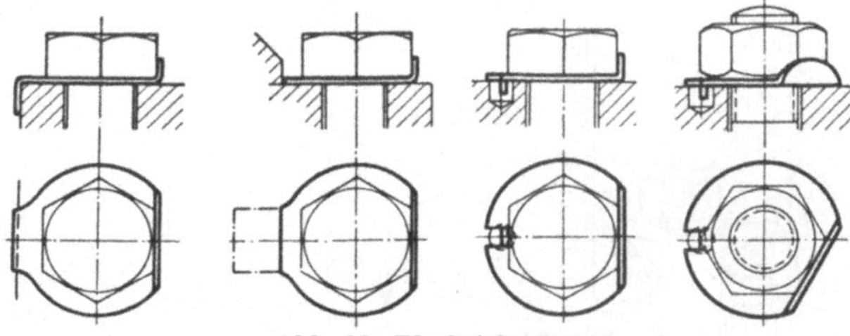

Abb. 26. Blechsicherungen.

Federringe nach DIN 127/126 aus Federstahl werden wie Unterlegscheiben unter die Muttern gelegt. Nach dem Anziehen hindern sie durch ihre in die Auflagefläche und in die weiche Mutter eindringenden Schneiden ein Zurückdrehen der Mutter; selbst wenn sich die Schraube längen sollte, wirken sie noch durch ihre Federung.

Splinte oder Kegelstifte vor der Mutter sichern nicht die Mutter am Verdrehen, sondern hindern sie nur nach dem Lockerwerden am

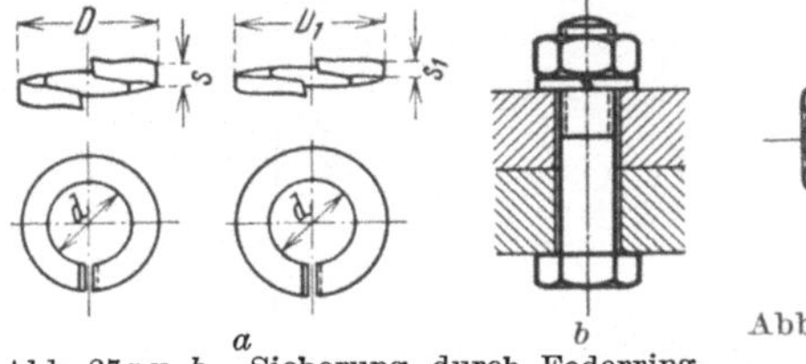

Abb. 27a u. b. Sicherung durch Federring nach DIN 127/128.

Abb. 28. Splint vor der Mutter.

Abfallen. Dies ist also keine Schraubensicherung im eigentlichen Sinn. Das noch häufig zu sehende Durchbohren von Mutter samt Schraube und Durchstecken eines Splints ist für Befestigungsschrauben technisch falsch, weil bei wiederholtem Nachziehen die Löcher nicht mehr fluchten können.

8. Bewegungsschrauben

sind Schrauben, die zur Erzielung einer Arbeit leistenden Bewegung betriebsmäßig unter Belastung gedreht werden. Als Beispiele: Preßspindeln von Spindelpressen (Abb. 29), Hubspindeln von Schraubenwinden (Abb. 31), Leitspindeln an Werkzeugmaschinen. Das Gewinde solcher Bewegungsschrauben muß durch eine gute Gleitfläche einen günstigen Wirkungsgrad ergeben; deshalb sind nur das normale und das grobe Trapezgewinde sowie für Sonderzwecke das Sägengewinde geeignet. Zur Verminderung der Reibung ist als Werkstoff für die Schraube harter Stahl, St 50 oder St 60, und für die Mutter Rotguß oder Bronze sowie ausreichende Schmierung erforderlich.

9. Berechnung der Schrauben.

Diese erfolgt unterschiedlich je nach der Art der Beanspruchung und je nach der Gefahr einer Überlastung.

Abb. 29. Spindelpresse.

a) **Schrauben, deren Mutter ohne nennenswerte Belastung aufgesetzt wird** und die erst nachträglich Zugkräften ausgesetzt werden, wie

z. B. der Gewindeschaft eines Kranhakens (Abb. 30), die Verbindungssäulen hydraulischer Pressen, die Schrumpfanker in Maschinengestellen oder die Halteschrauben von Ausgleichsgewichten, werden lediglich in ihrem Kernquerschnitt f_1 durch einen Zug Q von bekanntem Höchstwert belastet.

$$f_1 = \frac{\pi\, d_1^2}{4} = \frac{Q}{\sigma_{zul}}.$$

σ_{zul} wählt man bei ruhender Belastung zu 0,20 bis $0{,}25\,\sigma_B$ des Werkstoffs; bei schwellender Belastung höchstens 0,8 hiervon.

b) Schrauben, deren Muttern bis zur Erzielung ihrer vollen Wirkung angezogen werden, erfahren im Kernquerschnitt außer der Zugbeanspruchung noch eine Verdrehungsbeanspruchung, weil sie dem zur Erzeugung der Zugkraft Q nach Gleichung (16)

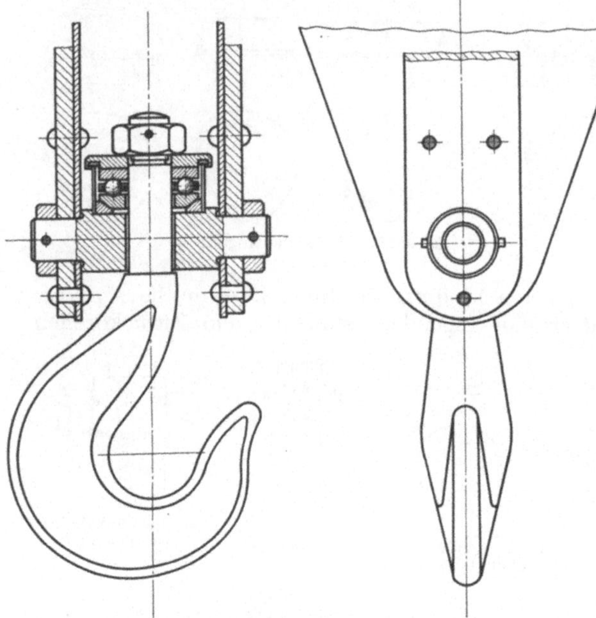

Abb. 30. Aufhängung eines Kranhakens.

an der Mutter aufzuwendenden Drehmoment widerstehen müssen.

Hier ist zu erwägen, ob die Wirkung und damit das aufzuwendende Drehmoment technisch begrenzt ist, wie z. B. bei der Hubschraube der Schraubenwinde (Abb. 31), die keine größere Belastung erfahren kann, als durch das bekannte Gewicht des zu hebenden Stücks. Der Kernquerschnitt ist dann zu ermitteln für gleichzeitige Beanspruchung durch die Spannungen infolge Druck bzw. Knickung und Verdrehung

$$\sigma = \frac{Q}{f_1} \quad \text{und} \quad \tau = \frac{M_t}{W_p}$$

unter der Bedingung, daß die resultierende Spannung

$$\sigma_i = 0{,}35\,\sigma + 0{,}65\,\sqrt{\sigma^2 + 4\,\tau^2}$$

innerhalb der für den Werkstoff zulässigen Spannung σ_{zul} bleibt.

c) Wenn aber das vom Arbeiter aufzuwendende Drehmoment nicht technisch begrenzt ist, wie das bei allen Lager-, Flansch-, Eisenbau- und sonstigen Befestigungsschrauben der Fall ist, so müssen die Schraubenquerschnitte sehr

Abb. 31. Schraubenwinde.

vorsichtig bemessen werden. Der Arbeiter zieht bei solchen Schrauben die Mutter „nach seinem Gefühl" eher zu stark als zu wenig an und unterstützt bei größeren Schrauben seine Muskelkraft gerne durch ein auf den Schraubenschlüssel aufgesetztes Rohr oder gar durch Hammerschläge. Dadurch können schwächere Schrauben leicht überbeansprucht werden, so daß für Betriebsüberlastungen keine Reserve mehr besteht. Deshalb darf man solche Schrauben nicht lediglich nach einer für den Werkstoff zulässigen Beanspruchung bemessen, sondern man wird kleine Schrauben unter $^5/_8''$ sehr gering, mittelgroße Schrauben bis $1''$ mäßig und nur große Schrauben dem Werkstoff entsprechend beanspruchen. Dem trägt die vom Verband der Dampfkesselüberwachungsvereine aufgestellte Erfahrungsformel für den Kerndurchmesser

$$d_1 = c \sqrt{Q} + 0,5 \text{ cm}$$

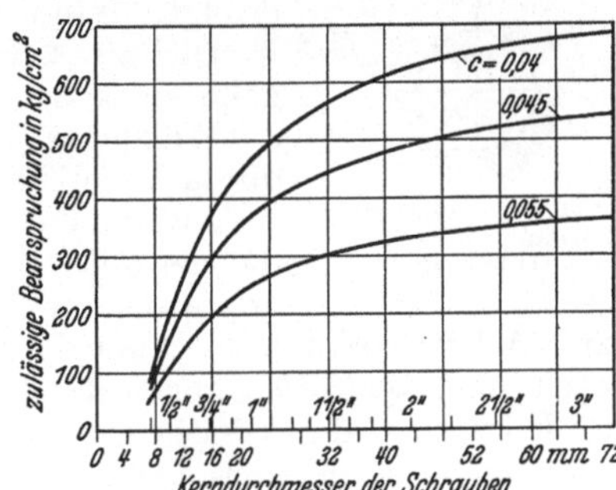

Abb. 32. Zulässige Beanspruchung von Befestigungsschrauben bei verschiedenen Durchmessern.

Rechnung. Dabei ist einzusetzen:

$c = 0,04$ bei bestem zähem Werkstoff von Nieteisengüte (St 34) und bei sorgfältiger Ausführung der Gewinde.

$c = 0,045$ bei gutem Werkstoff und guter Herstellung,

$c = 0,055$, wenn vorstehende Voraussetzungen nicht voll gesichert sind.

Abb. 32 zeigt, wie unterschiedlich die Beanspruchung der verschiedenen Schraubengrößen nach dieser bewährten Formel wird. Starke, sorgfältig hergestellte Schrauben aus Werkstoff von gewährleisteter Festigkeit, wie z. B. vergütete preßblanke Schrauben, vergütete Bolzenschrauben für Heißdampfleitungen, Treibstangenschrauben, Deckelschrauben für Großölmaschinen und ähnliche Sonderausführungen können entsprechend dem verwendeten Werkstoff höher beansprucht werden.

Bei Schrauben für Flansche und sonstige Dichtungsflächen ist zu beachten, daß sie beim Zusammenbau eine „Vorspannung" erzeugen müssen, die auch beim höchsten Betriebsdruck ein Dichthalten gewährleistet. Nach einer Faustformel soll man sie bemessen für das 1,3fache von Druckfläche mal Betriebsdruck.

Nach Ermittlung des erforderlichen Kerndurchmessers ist zu berechnen, wie viele Gewindegänge in der Mutter nötig sind, damit die Flächenpressung auf den Gewindeflanken, die Schubspannung der Gänge am Gewindekernzylinder und die Biegespannung in den als Freiträger zu betrachtenden Gewindegängen in zulässigen Grenzen bleiben. Bei handelsüblichen Befestigungsschrauben sind diese Bedingungen durch die Norm: Mutterhöhe = 0,8 · Gewindedurchmesser erfüllt. Bei Konstruktionsschrauben ist diese Berechnung der Mutterhöhe durchzuführen.

Bei Bewegungsschrauben ist die Zahl i der erforderlichen Gewindegänge außer für diese Festigkeitserfordernisse auch noch zur Erzielung der für die Belastung nötigen Gleitfläche zu ermitteln. Mit den Formelzeichen der Abb. 11 muß sein:

$$Q = i \cdot d_2 \cdot \pi \cdot t_1 \cdot k,$$

wobei der Flächendruck k wie bei mäßig geschmierten Lagern mit geringer Gleitgeschwindigkeit zu 60 bis 80 kg/cm² angenommen werden kann.

III. Maschinenteile der mechanischen Triebwerke.

A. Lager und Zapfen.

1. Einleitung und Allgemeines.

Die Lager dienen zur Unterstützung von sich drehenden oder schwingenden Maschinenteilen (Achsen, Wellen, Hebeln), die hierzu mit ihren Zapfen in den Lagern geführt werden.

Je nach der Richtung des von der Welle auf das Lager ausgeübten Lagerdrucks unterscheidet man:

Querlager (bisher Traglager), wenn der Lagerdruck senkrecht zur Drehachse wirkt;

Längslager (bisher Spurlager, Stützlager), wenn der Lagerdruck in Richtung der Drehachse wirkt.

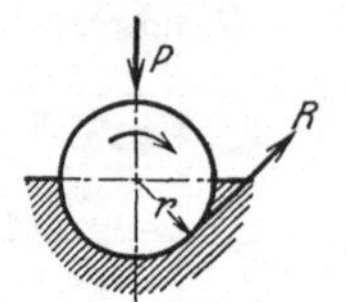

Abb. 33. Reibungswiderstand gegen Drehbewegung.

Je nachdem, ob die Bewegung unmittelbar oder mittelbar erfolgt, unterscheidet man ferner:

Gleitlager, wenn der Zapfen unmittelbar nur unter Zugabe eines Schmiermittels auf der Lagerfläche gleitet;

Wälzlager (Kugellager, Rollenlager), wenn die Bewegung durch Vermittlung zwischengeschalteter Rollkörper erfolgt.

Allgemeine Anforderungen. Die Lager müssen den Zapfen die gewollte Drehbewegung ermöglichen, aber jede weitere unerwünschte Bewegung in ihrer Achsrichtung oder quer zur Achse verhindern. Längsbewegungen begegnet man durch Bunde oder Stellringe; Querbewegungen durch enges Spiel, das um so geringer sein kann, je langsamer die Gleitbewegung und je sorgfältiger die Ausführung ist.

Die bei der Bewegung des Zapfens im Lager auftretenden Reibungswiderstände und die dadurch entstehende Erwärmung und Abnützung müssen möglichst klein gehalten werden. Deshalb ist, namentlich bei Gleitlagern, eine zweckmäßige Ausbildung der Schmiervorrichtung und die Möglichkeit ihrer Überwachung während des Betriebs besonders wichtig. Da trotzdem eine Abnützung der Gleitflächen erfolgen kann, muß diese Abnützung an die Stelle gelegt werden, wo sie durch Nachstellung oder Erneuerung einfacher Teile (Lagerbuchsen, -schalen, -platten) wieder beseitigt werden kann. Hierzu müssen natürlich die Lager zugänglich und leicht auseinandernehmbar sein.

2. Gleitlager.

Zapfenreibung. Der am Umfang eines Tragzapfens auftretende Reibungswiderstand R (Abb. 33) hängt ab vom Zapfendruck P und der Reibungszahl μ und ist

$$R = P\,\mu \ \text{(kg)}. \qquad (1)$$

Das Zapfenreibungsmoment, das der Drehrichtung entgegenwirkt und dadurch das in der Welle wirkende nutzbare Drehmoment verringert, ist

$$M_r = P\,\mu\,r \ \text{(kg cm)}. \qquad (2)$$

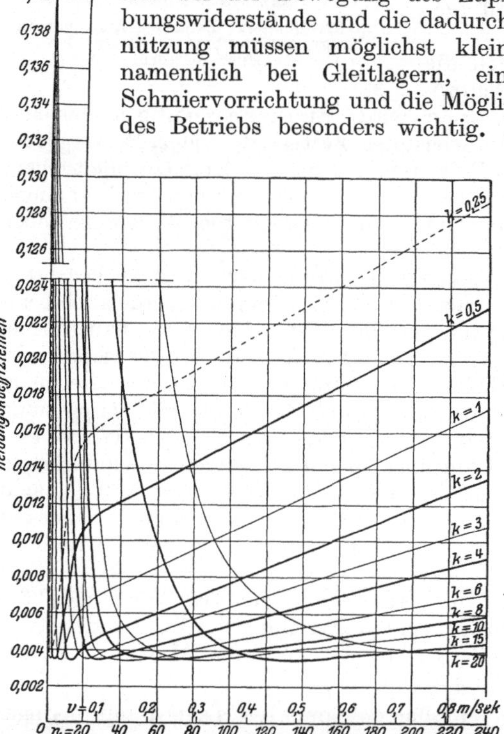

Abb. 34. Zapfenreibungszahlen bei verschiedenen Flächendrücken k und Drehgeschwindigkeiten v.

Die Reibungszahl μ schwankt in den Grenzen von 0,005 bei vorzüglicher Ausführung, Schmierung und Wartung bis 0,1 bei mäßigen Verhältnissen; sie ist abhängig von den Werkstoffen und der Beschaffenheit der gleitenden Flächen, von der Flächenpressung, der Gleitgeschwindigkeit und der Temperatur, und besonders vom Schmiermittel und von dessen Zuführung zur Gleitfläche. Bei kleiner Geschwindigkeit und niedriger Temperatur, also beim Anlaufen der

Maschinen, sind die Widerstände besonders hoch; handwarme Lager mit mittlerer Gleitgeschwindigkeit und mittlerer Flächenpressung haben geringeren Reibungswiderstand, wie Abb. 34 erkennen läßt.

Die Reibungsarbeit, d. h. die Leistung, die infolge des Reibungswiderstands verloren geht, ist

$$L_r = R \cdot v = P \mu \, d\pi \, \frac{n}{60} \; (\text{kg m/s}). \tag{3}$$

Werkstoffe. Die beiden aufeinander gleitenden Teile müssen verschiedene Härte haben, denn gleichharte Werkstoffe, wie Zapfen aus St 34 in einer Büchse aus St 34 laufend, neigen auch bei guter Schmierung zum Fressen. Den Zapfen macht man deshalb härter als die Lagerfläche, um ersteren zu schonen und der etwaigen Abnützung die leichter ersetzbare Lagerschale auszusetzen. Zweckmäßig macht man Zapfen, sofern nicht bei einteiliger Ausführung der Werkstoff der Achse oder der Welle ausschlaggebend ist, aus Stahl 60 oder für besonders hochwertige Lagerstellen (Kreuzköpfe, Steuergelenke u. ä) aus St 34

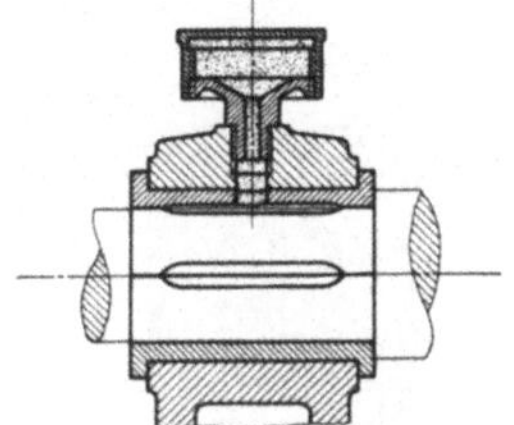

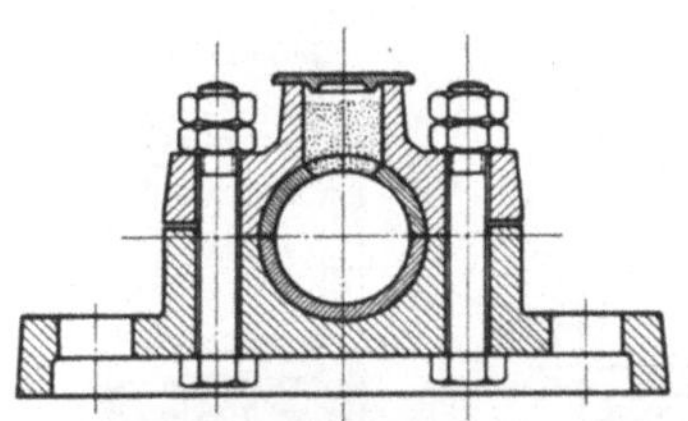

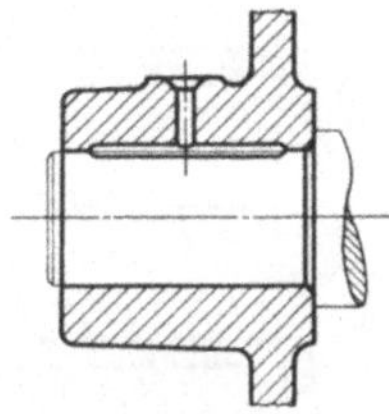

Abb. 35. Lager mit Lagerschalen und Fettschmierung durch Schmierbüchse. Abb. 36. Lager mit Fettkammer und selbsttätiger Fettschmierung. Abb. 37. Augenlager, von Hand zu schmieren.

oder St C 16 mit im Einsatz gehärteter Lauffläche. Die Zapfen sollten zur Erzielung runder und glatter Gleit- und Sitzflächen stets geschliffen bzw. für hochwertige Maschinen poliert werden.

Die Lagerschalen können für gering beanspruchte Lager, z. B. bei Transmissionen, aus gutem weichem Gußeisen gemacht werden, dessen Graphitporen die Schmierung begünstigen. Für mittelstark, aber nicht stoßweise beanspruchte und für rasch laufende Lagerstellen ist ein je nach der Belastung legierter Weißmetallausguß in Gußeisen-, Stahlguß- oder Bronzelagerschalen vorteilhaft. Für ruckweise beanspruchte Lagerstellen z. B. Kreuzköpfe, und für hoch belastete nicht zu rasch laufende Lager wird man die Schalen aus Rotguß oder Bronze anfertigen (s. S. 9).

Schmierung. Lager werden mit Fett oder mit Öl von Hand oder selbsttätig geschmiert; selbsttätige Schmierung ist wegen der größeren Zuverlässigkeit stets vorzuziehen. Durch zweckmäßig angeordnete, gut abgerundete Schmiernuten ist eine gleichmäßige Verteilung des Schmiermittels über die Zapfengleitfläche zu bewirken. Damit der Zapfen auf einer dünnen Schmiermittelschicht (Ölfilm mit Flüssigkeitsreibung) gewissermaßen schwimmen kann, muß diese vom Zapfen aus der Ölverteilungsnut in die Gleitfläche hineingezogene Ölschicht durch eine ununterbrochene Lagerfläche gestützt werden. Deshalb sind Schmiernuten in der Tragfläche des Lagers schädlich; sie sind stets auf der nichttragenden Seite des Lagers anzuordnen.

Die nur für mäßige Gleitgeschwindigkeit geeignete Fettschmierung hat den Vorteil, daß das Lager das Schmiermittel besser hält. Von Hand wird das Fett mittels Schmierbüchsen (Abb. 35) in die Verteilungsnuten der Gleitfläche gepreßt. Selbsttätige Fettschmierung erfolgt derart, daß ein in der Fettkammer des Lagers befindlicher Fettvorrat (Abb. 36) den Zapfen berührt und an diesen, namentlich bei steigender Lagertemperatur, Schmierstoff abgibt.

Ölschmierung von Hand (Abb. 37) ist nur für kurzzeitig laufende, untergeordnete Lagerstellen angängig. Weil für im Dauerbetrieb benutzte Lager

Handschmierung unzuverlässig und mühsam wäre, gibt es hierfür Tropföler mit regelbarem Tropfenfall (Abb. 38), die für den Betrieb jeweils an- und abgestellt werden müssen.

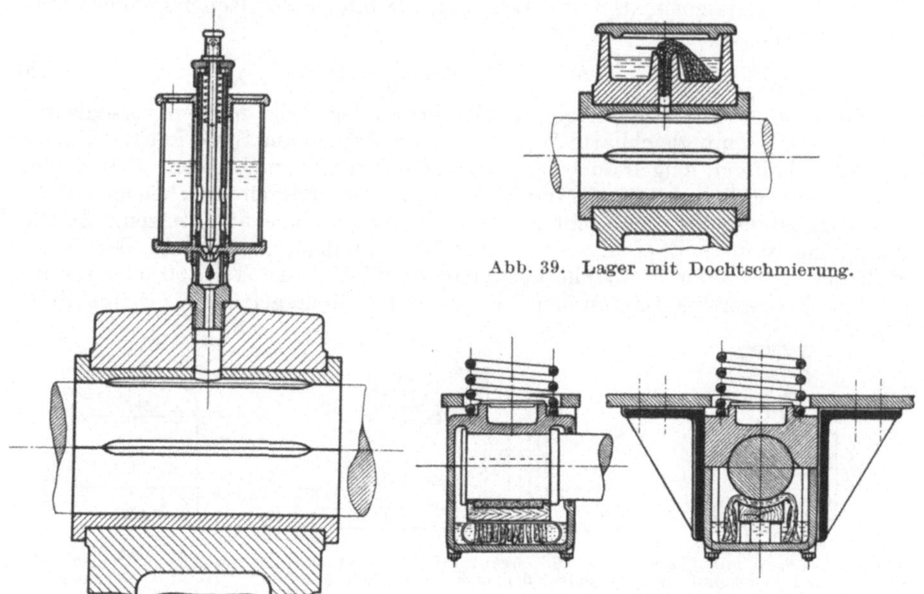

Abb. 39. Lager mit Dochtschmierung.

Abb. 40. Lager mit Dochtkissenschmierung.

Abb. 38. Lager mit Tropföler.

Sparsamer ist die Dochtschmierung, bei der das Öl durch die Saugwirkung eines Dochts der Lagerstelle zugeführt wird (Abb. 39), wobei gleichzeitig Verunreinigungen zurückgehalten werden. Während der Betriebspausen muß der Docht herausgezogen werden; das verbrauchte Öl ist täglich zu ersetzen.

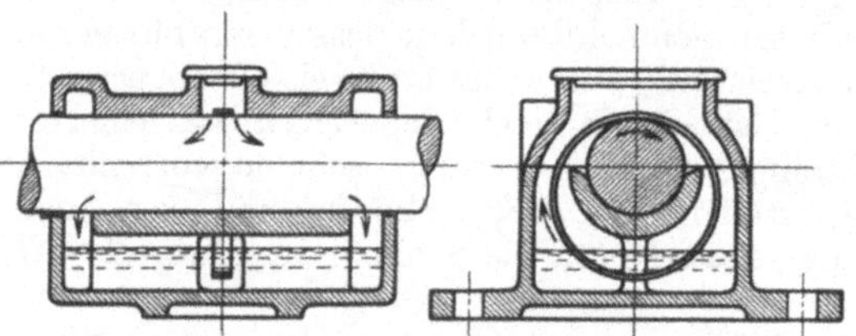

Abb. 41. Lager mit losem Schmierring (schematisch).

Wirtschaftlicher ist es, weil sparsamer und keiner Wartung bedürfend, wenn das Lager unterhalb der Gleitfläche einen Ölvorratsbehälter erhält, aus dem sich der Zapfen während des Betriebs mit Öl versorgt, und in welchen das verbrauchte Öl wieder verlustlos zurückfließt. Man kann hierfür die Saugwirkung eines Dochtkissens (Abb. 40) anwenden, wie dies bei Feldbahnwagen üblich ist. Oder man kann das Öl aus dem Behälter auf den Zapfen durch einen losen Schmierring (Abb. 41) fördern lassen, der nur durch Reibung infolge seines Gewichts mitgenommen wird (nur für höhere Drehzahlen). Oder man ord-

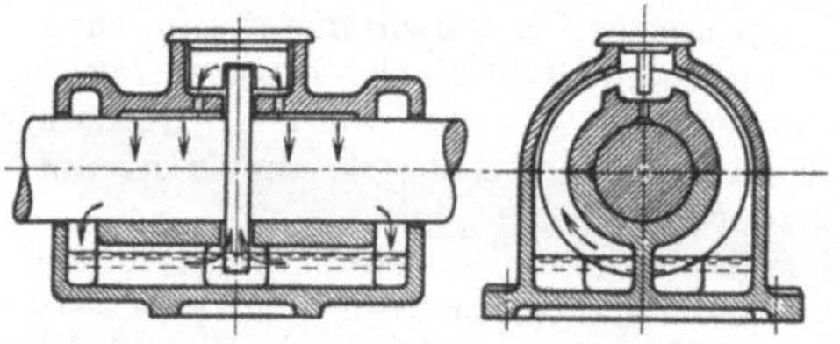

Abb. 42. Lager mit festem Schmierring (schematisch).

net auf der Welle einen aufgeschrumpften oder festgeklemmten Schmierring (Abb. 42) an, der auch bei niederer Drehzahl zwangsläufig Öl fördert, das oben durch Abstreifer oder Rippen abgenommen und reichlich der Gleitfläche zugeführt wird.

Für die Lager wertvoller und betriebswichtiger Maschinen ist es am zuverlässigsten, wenn das Öl von einer Schmierpumpe oder von einem Hochbehälter unter Druck zugeführt wird (Abb. 43). Dies erfolgt bei der Preßschmierung durch eine Pumpe (Abb. 44) sparsam in einer für die einzelnen Lagerstellen einstellbaren Tropfenzahl; bei der Spülschmierung erfolgt dies durch Umlaufpumpe und Hochbehälter überreichlich mit der Absicht, durch das durch die Gleitflächen strömende Öl die Reibungswärme von den Zapfen und Lagerschalen nach einem Ölkühler abzuführen. Ein Absetzbehälter sorgt für Reinigung.

Wesentlich für eine gute Schmierung ist die richtige Anordnung der zur Ölverteilung erforderlichen Schmiernuten. Für umlaufende Zapfen sind diese

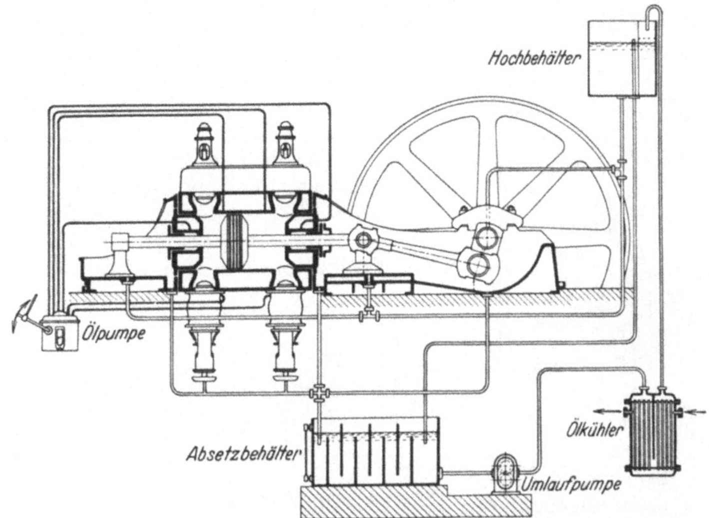

Abb. 43. Zwangsläufige Preßschmierung und Spülschmierung.

Schmiernuten nur in der unbelasteten Lagerfläche so ausreichend vorzusehen, daß der Zapfen auf seiner ganzen Länge mit Öl versorgt wird und dieses in die belastete Lagerfläche mitnehmen kann. Die belastete Lagerfläche muß frei von Schmiernuten bleiben, so daß sich zwischen Zapfen und Lagerfläche ein tragfähiger Ölfilm bildet, der eine metallische Berührung von Zapfen und Lagerschale hindert und dadurch eine sehr niedere Reibungszahl begünstigt. Man nennt diesen Betriebszustand, wenn der Zapfen gewissermaßen auf dem Ölfilm schwimmt, flüssige Reibung im Gegensatz zur metallischen Reibung bei mangelhafter Schmierung bzw. beim Anlaufen. Wenn die Bildung eines solchen tragfähigen Ölfilms bei mittelmäßiger Ausführung oder bei geringer Drehzahl nicht gesichert ist, spricht man von halbflüssiger Reibung.

Zapfen vermitteln das Drehen oder Schwingen von Achsen und Wellen in ihren Lagern. Je nach der Richtung der aufzunehmenden Kräfte unterscheidet man:

Tragzapfen, bei welchen vorwiegend Kräfte senkrecht zur Wellenachse, also Querkräfte, aufzunehmen sind.

Spurzapfen, bei welchen die Kräfte vorwiegend in der Wellenachse als Längskräfte wirken.

Bei den Tragzapfen unterscheidet man Stirnzapfen (Abb. 45) am Ende einer Welle und Halszapfen (Abb. 46) innerhalb einer Welle. Eine axiale Verschiebung der Welle in den Lagern wird durch Schultern oder Bunde, für untergeordnete Zwecke durch aufgeklemmte Stellringe, verhindert, mit welchen sich die Welle am Lager stützt.

Bei der Bestimmung des Durchmessers d und der Länge l ist sowohl auf die erforderliche **Festigkeit** wie auf den zulässigen **Flächendruck** und auf die zulässige **Erwärmung** durch die Reibungsarbeit Rücksicht zu nehmen.

Die Festigkeit ist im allgemeinen nur für Stirnzapfen maßgebend, weil diese am Ende der Welle oder Achse frei auszubilden sind, während Halszapfen gleichzeitig ein Stück Welle darstellen und als solche bereits ausreichende Festigkeit haben müssen.

Der Stirnzapfen wird auf Biegung beansprucht; der gefährliche Querschnitt liegt an der Wurzel, also

$$M_b = W \cdot \sigma_{b\,zul}; \quad P\,\frac{l}{2} = \frac{\pi}{32}\,d^3 \cdot \sigma_{b\,zul} = 0,1\,d^3\,\sigma_{b\,zul}. \tag{4}$$

Da sich die Zapfen unter der Belastung drehen, ist $\sigma_{b\,zul}$ für wechselnde Beanspruchung in Rechnung zu setzen.

Der Flächendruck verteilt sich nicht gleichmäßig über die halbzylindrische Tragfläche, sondern ist in der Scheitellinie am größten und nimmt nach beiden Seiten bis auf Null ab. Der zulässige Flächendruck k kann nur durch Versuche am laufenden Zapfen bestimmt werden. Man bezieht ihn als Mittelwert auf die Projektion der Tragfläche $d \cdot l$, also ist

$$k = \frac{P}{d \cdot l}. \tag{5}$$

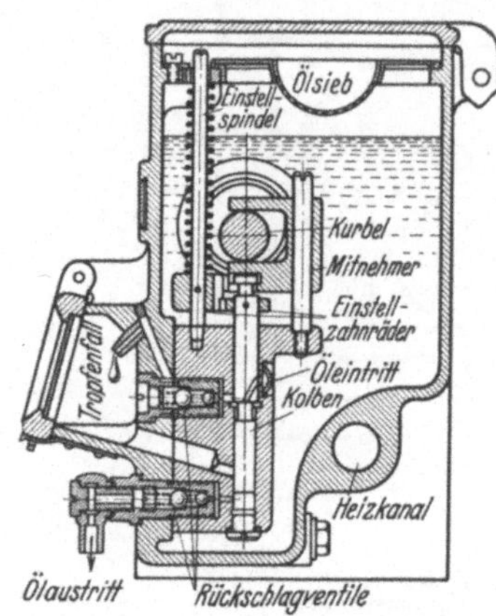

Abb. 44. Schmierpreßpumpe der Schäffer & Budenberg G.m.b.H.

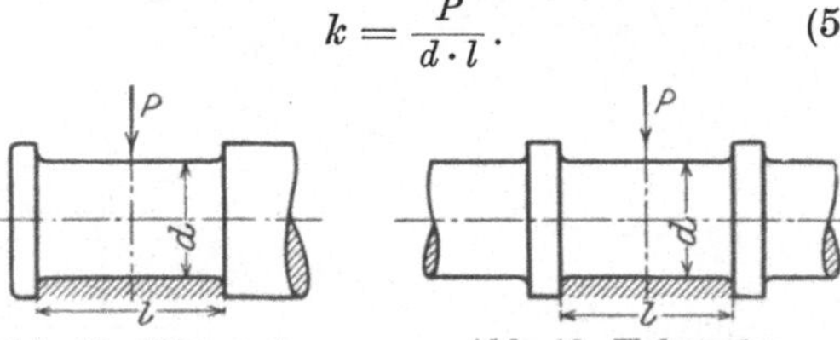

Abb. 45. Stirnzapfen.   Abb. 46. Halszapfen.

Wird k zu groß, so erfolgt durch Wegquetschen des Schmiermittels eine Erhöhung der Reibung und dadurch eine Abnützung und weiterhin ein Fressen, d. h. eine Zerstörung der glatten Lauffläche. Erfahrungsgemäß ist für übliche Lagerausführungen zulässig bei

Stahl 42 auf Gußeisen . . . . $k \lessgtr 25\text{—}30$ kg/cm²
Stahl 50 auf Rotguß 9 bzw. Weißmetall 42 . . . . . $k \lessgtr 40\text{—}45$,,
Stahl 60 auf Bronze 14 bzw. Weißmetall 70 . . . . . $k \lessgtr 50\text{—}60$,,
Gehärteter Stahl auf Bronze 14 bzw. Weißmetall 70 . $k \lessgtr 80\text{—}90$,,

Höhere Flächendrücke sind nur bei häufigen Betriebspausen oder bei besonders guter Kühlung durch Luftzug (Lokomotiven) oder durch Spülschmierung oder durch gekühlte Lagerschalen zulässig.

Die durch Flächendruck und Gleitgeschwindigkeit auf den Gleitflächen entstehende **Reibungsarbeit** setzt sich zum größten Teil in Wärme um; merkbare Abnützung darf im Betrieb nicht auftreten. Wenn die sich bildende Wärme so groß wird, daß sie nicht durch Welle und Lagerkörper ausgestrahlt oder durch künstliche Kühlung abgeführt werden kann, läuft das Lager heiß; die Laufläche wird zerstört und der Zapfen kann brechen. Deshalb darf die auf die Flächeneinheit der Zapfenprojektion entfallende Reibungsarbeit

$$a_r = k\ (\text{kg/cm}^2) \cdot \mu \cdot v\ (\text{m/s}) \tag{6}$$

eine als zulässig erprobte Grenze nicht überschreiten.

Die Kennzahl $k \cdot v$ für die Erwärmung eines Lagers ist bezogen auf die Zapfenabmessungen

$$k \cdot v = \frac{P}{l\,(\text{cm}) \cdot d\,(\text{cm})} \cdot \frac{d\,(\text{m})\,\pi\,n}{60} \cdot \frac{1}{100} = \frac{P\,\pi\,n}{l\,6000} = \frac{P\,n}{l} \cdot \text{konst.} \tag{7}$$

Diese Formel besagt, daß die Reibungsarbeit und damit die Erwärmung unabhängig vom Zapfendurchmesser und umgekehrt verhältnisgleich der Zapfenlänge ist, also nur durch Verlängerung des Zapfens vermindert werden kann. Eine Vergrößerung des Durchmessers bei gleichbleibender Länge würde wohl k verringern, aber v in gleichem Maß erhöhen, so daß die Reibungsarbeit und damit die Erwärmung die gleiche bliebe.

Aus vorstehender Formel kann man, sofern P, n und das zulässige $k \cdot v$ gegeben sind, die erforderliche Zapfenlänge ermitteln:

$$l = \frac{P \cdot n}{k \cdot v} \cdot \frac{\pi}{6000}. \tag{8}$$

Für nicht gekühlte Lager kann man das Verhältnis von Zapfenlänge zu Zapfendurchmesser je nach der Gleitgeschwindigkeit wie folgt annehmen:

Bei geringer Bewegung		$l \sim 0{,}5 - 1\ d$
„ Umfangsgeschwindigkeit $v < 1$ m/s		$l \sim 1{,}5\ d$
„ „ $v = 2$—4 m/s		$l \sim 1{,}75$—$2{,}5\ d$
„ „ $v < 5$ m/s		$l \sim 2{,}5 - 4\ d$

Für $k \cdot v$ sind bei halbflüssiger Reibung folgende Werte erprobt:

An Triebwerken, Räderübersetzungen, Außenlagern		$k \cdot v \sim 10$—$15\ \dfrac{\text{kg}}{\text{cm}^2} \cdot \dfrac{\text{m}}{\text{s}}$
an normalen Dampfmaschinen, Pumpen, Kompressoren	für Kurbelwellenlager	„ ~ 15—20 „
	für Kurbelzapfen	„ ~ 25—35 „
an Verbrennungsmaschinen	für Kurbelwellenlager	„ ~ 20—30 „
	für Kurbelzapfen	„ ~ 30—50 „
an Schiffsmaschinen	für Kurbelwellenlager	„ ~ 30—40 „
	für Kurbelzapfen	„ ~ 50—60 „
an Eisenbahnwagen-Achslagern		„ ~ 35—50 „
an Lokomotiven	Wellen-Traglager	„ ~ 70—80 „
	Äußere Kurbelzapfen	„ ~ 80—120 „

Der Gang der Berechnung ist: Für den Zapfen einer Welle, dessen Durchmesser durch die Belastung der Welle gegeben ist, braucht nur die Länge bestimmt zu werden. Dies muß nach Gleichung (5) nach dem höchstzulässigen Flächendruck k und nach Gleichung (8) für die höchstzulässige Reibungsarbeit $k \cdot v$ erfolgen; man führt den größeren Wert aus. Bei kleinen Drehzahlen ist der Flächendruck, bei höheren Drehzahlen die Erwärmung maßgebend; je schneller ein Zapfen sich dreht, um so länger ist er zu bemessen.

Für einen Stirnzapfen, z. B. einer Achse, ist der Durchmesser zuerst auf Festigkeit zu berechnen; man erhält aus den Gleichungen (4) und (5)

$$\frac{l}{d} = \sqrt{\frac{0{,}2 \cdot \sigma_{b\,zul}}{k}} \tag{9}$$

$$d = \sqrt{\frac{P}{0{,}2\,\sigma_{b\,zul}} \cdot \frac{l}{d}}. \tag{10}$$

Das sich hieraus ergebende l ist dann noch auf Erwärmung zu prüfen. Ergibt sich aus Gleichung (8) ein größerer Wert für l, so ist dieser maßgebend; man muß aber dann für das dadurch größer werdende Biegungsmoment d entsprechend ändern. Nach Gleichung (4) wird

$$d = \sqrt[3]{\frac{P \cdot l}{0{,}2 \cdot \sigma_{b\,zul}}}. \tag{11}$$

Querlager (Traglager) dienen zur Unterstützung von Wellen und Achsen, deren durch das Lager aufzunehmende Kräfte quer, d. h. senkrecht zur Achsrichtung gerichtet sind.

Die einfachsten Lager sind die von Handwinden und derartigen Maschinen, deren Zapfen selten und nur sehr langsam laufen. Hier genügt es, den Zapfen in einer glatten Bohrung des gußeisernen Gestells zu lagern (Abb. 37), die durch ein Schmierloch und eine Schmiernute mit Öl versorgt werden kann. Wenn das Gestell aus Walzprofilen mit Knotenblechen gebildet wird, so kann man die genormten Augenlager und Flanschlager DIN 502 bis 504 (Abb. 47) verwenden. Wenn diese einfachste Lagerung infolge häufigeren Betriebs oder größerer Drehzahlen nicht genügt, dann verwendet man besondere Lagerschalen,

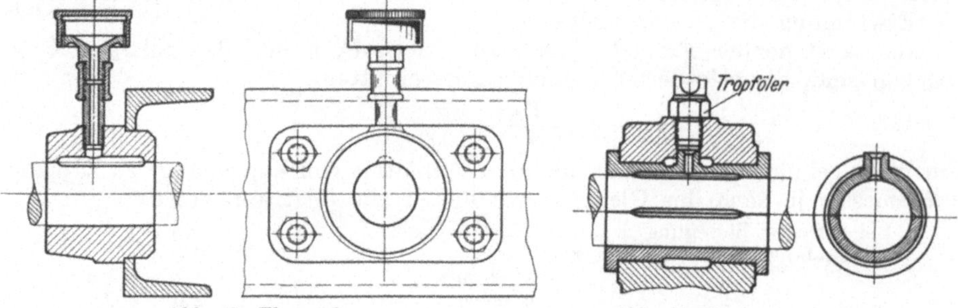

Abb. 47. Flanschlager. Abb. 48. Feste Lagerschalen.

die wegen des leichteren Zusammenbaus und zur Nachstellung zweiteilig ausgeführt werden und die bei zu starker Abnützung ausgewechselt werden können. Solche Lagerschalen (Abb. 48) müssen stets in einem gußeisernen Lagerkörper

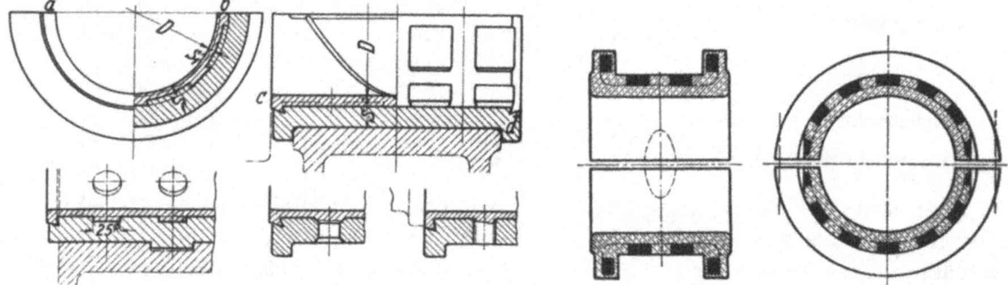

Abb. 49. Lagerschalen mit Weißmetall (Rötscher). Abb. 50. Skelett-Lagerschalen.

durch einen aufgeschraubten Lagerdeckel gehalten werden; sie sind durch Bunde gegen Längsverschiebung und durch Zapfen (die an der oberen Lagerschale sitzen sollen, damit man ohne Ausbau der Welle die untere Lagerschale herausdrehen kann) oder in sonstiger Weise gegen Verdrehen zu sichern.

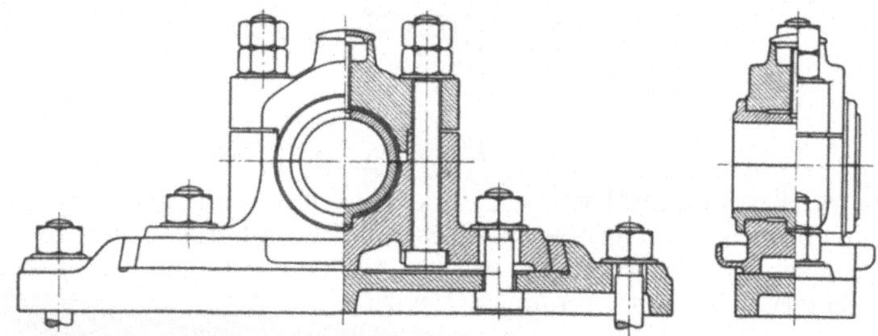

Abb. 51. Stehlager mit festen Lagerschalen für Dochtschmierung.

Bei höheren Drehzahlen versieht man die Lagerschalen mit einem Ausguß aus Weißmetall (Abb. 49), der durch eingedrehte oder eingegossene Schwalbenschwänze oder Bohrungen gehalten wird, oder man umgießt kräftige Skelettbleche aus gelochtem und gebogenem Stahlblech mit diesem Lagermetall (Abb. 50, Glycometall G. m. b. H. Wiesbaden).

Damit der Zapfen eine möglichst große tragfähige Lauffläche hat, muß er im Durchmesser satt umschlossen werden und in seiner ganzen Länge gleichmäßig aufliegen. Deshalb soll man nur kurzen Zapfen feste Lagerschalen

(Abb. 51 u. 52) geben, während für lange Zapfen ($l > 2\,d$), namentlich an sich durchbiegenden Wellen, kugelig bewegliche Lagerschalen (Abb. 53) vorteilhaft sind, damit durch Selbsteinstellung eine Kantenpressung nicht auftreten kann.

Die äußere Form der Lager muß den besonderen Erfordernissen des Verwendungszwecks angepaßt werden. Da für Fabriktriebwerke diese Verhältnisse ziemlich gleichartig

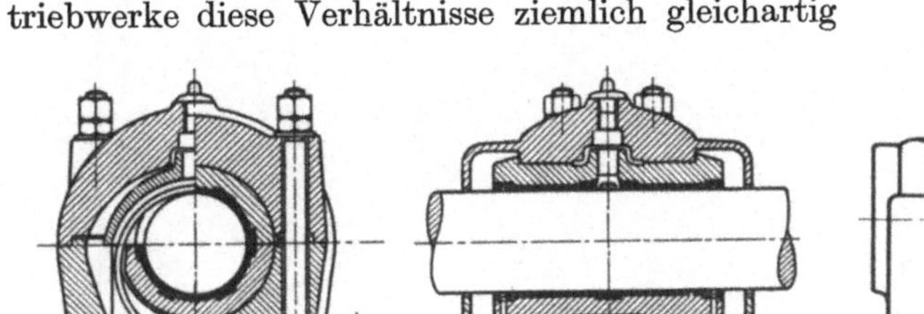

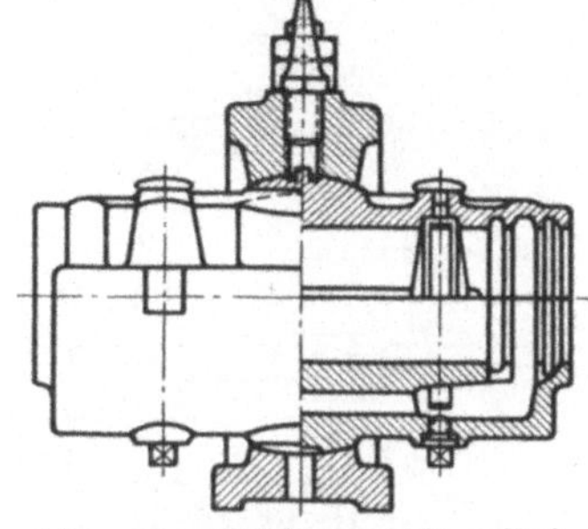

Abb. 53. Stehlager mit selbsteinstellenden Lagerschalen und Ringschmierung.

liegen, sind hierfür bestimmte Lagertypen entstanden. Um beim Bauentwurf die Wellenleitungen unabhängig von deren späteren Lieferanten vorsehen und um verschiedene Erzeugnisse verwenden zu können, hat man für bestimmte

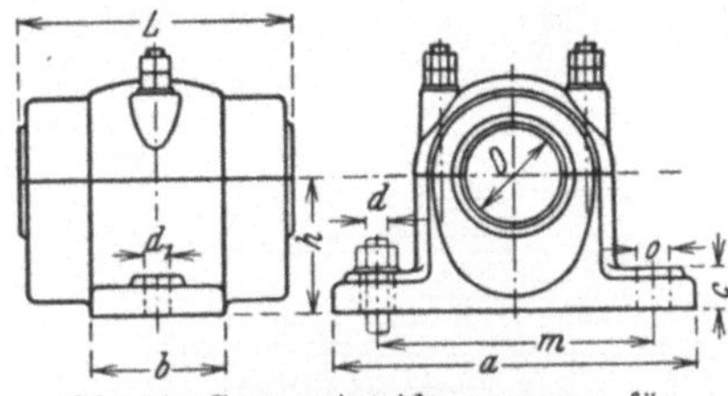

Abb. 54. Genormte Abmessungen für Triebwerksstehlager.

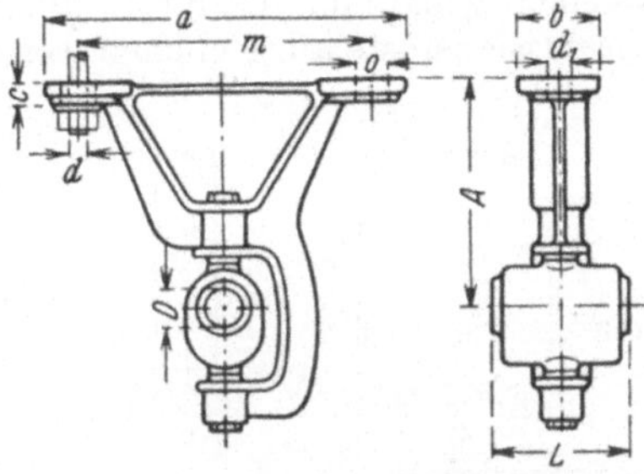

Abb. 55. Genormte Abmessungen für Triebwerkshängelager.

Abstufungen der Zapfen- (Wellen-) Durchmesser die Anschlußmaße für Stehlager (Abb. 54) in DIN 118 und für Hängelager (Abb. 55) in DIN 119 genormt.

Zur Ermöglichung aller Anordnungen der Wellenlage wurden zu diesen genormten Stehlagern noch die Einbaumaße für Sohlplatten in DIN 189,

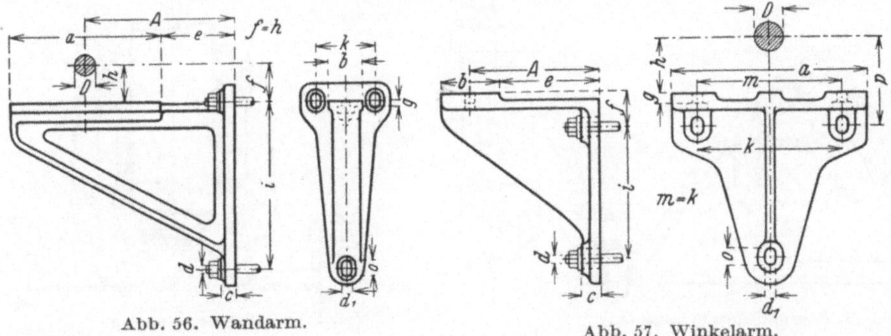

Abb. 56. Wandarm.

Abb. 57. Winkelarm.

Wandarme in DIN 117, Winkelarme in DIN 187, Mauerkasten in DIN 193, Stehböcke in DIN 195 und Hängeböcke in DIN 194 festgelegt (Abb. 56—61).

Wegen der großen Vorteile für den projektierenden Bauingenieur wie für die spätere Erweiterung der Triebwerksanlagen sollte man keine älteren von

den Normmaßen abweichenden Triebwerksteile mehr verwenden. Diese genormten Hängelager (die auch als Stehlager verwendbar sind) sind sowohl in
der Querrichtung wie in der Höhenlage einstellbar; die mit Ringschmierung

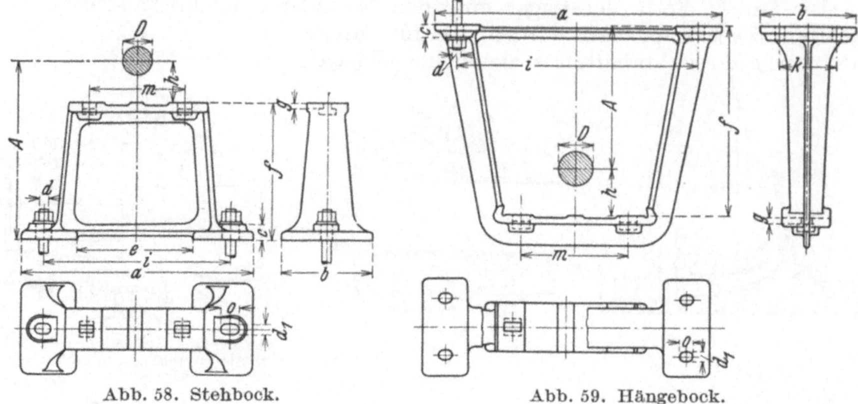

Abb. 58. Stehbock.   Abb. 59. Hängebock.

versehenen für Steh- und Hängelager einheitlichen Lagerschalen werden kugelbeweglich gehalten. Dadurch können kleine bauliche Ungenauigkeiten der
Transmissionsroste ausgeglichen werden, und es können sich die Lager von selbst

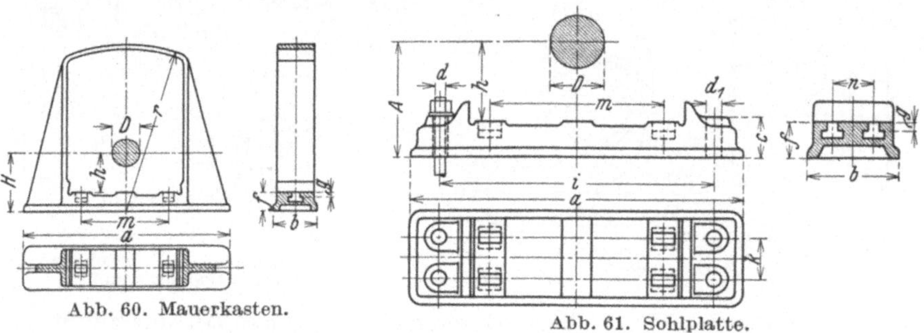

Abb. 60. Mauerkasten.   Abb. 61. Sohlplatte.

auf die Lage der Welle, d. h. auf gleichmäßige Druckverteilung über die ganze
Lauffläche einstellen. Wenn die Teilfuge, wie üblich, in der waagerechten
Mittelebene liegt, ist ein Nachstellen der Lagerschalen zum Ausgleich einer

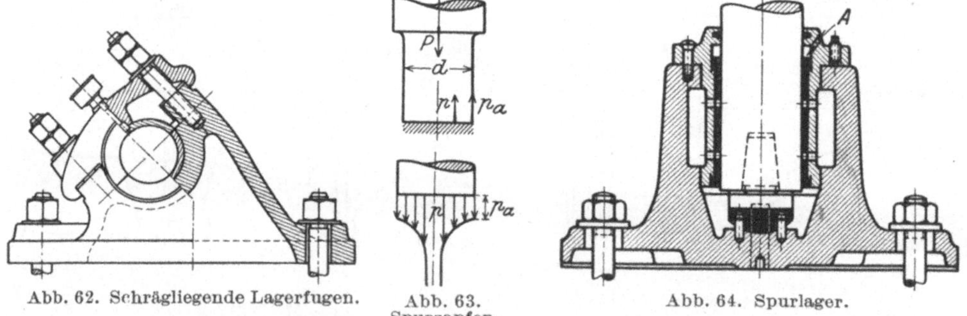

Abb. 62. Schrägliegende Lagerfugen.   Abb. 63.   Abb. 64. Spurlager.
Spurzapfen.

Abnützung nur in senkrechter Richtung möglich, während eine durch Seiten-
kräfte verursachte Abnützung nicht ausgleichbar ist. Bei durch schräg gerichtete Kräfte stark belasteten Lagern legt man die Teilfuge deshalb besser
senkrecht zur Richtung dieser Kräfte (Abb. 62), also auch schräg.

Längslager (Spurlager, Stützlager) dienen zur Aufnahme von Kräften, die in Richtung der Wellenachse wirken. Man unterscheidet hierfür Stirnzapfen, Ringzapfen und Kammzapfen. Der Stirnzapfen läuft auf seiner scheibenförmigen Stirnfläche. Die bei einer neuen gut gearbeiteten Spurzapfenfläche gleichmäßige Druckverteilung wird mit der Betriebsdauer immer ungleichmäßiger, denn die außenliegenden Flächenelemente machen einen größeren Weg als die nächst der Achse liegenden; sie nutzen sich daher stärker ab. Da der Zapfen dadurch Neigung hat, ballig zu werden, wird der Druck je Flächeneinheit außen geringer und innen sehr hoch, in der Achse theoretisch unendlich groß (Abb. 63). Da demnach die Lauffläche nächst der Mitte sehr gefährdet ist, nimmt man hier das Material von vornherein weg und gibt auch dem Stirnzapfen die Form eines Ringzapfens. Für einen zuverlässigen Betrieb, namentlich bei stark belasteten Spurlagern, ist es nötig, die Spurplatte aus gehärtetem St 70 oder aus Hartguß oder aus der harten GBz 20 zu machen, sie in einer Kugelpfanne selbst einstellbar zu lagern und das Schmieröl von der mittleren Aussparung aus zuzuführen (Abb. 64).

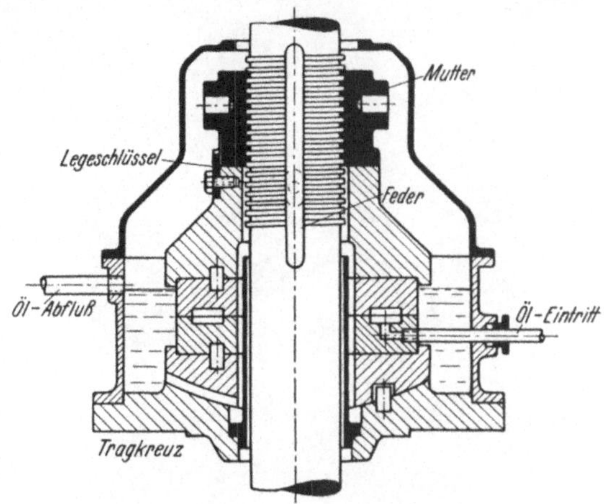

Abb. 65. Ringlängslager.

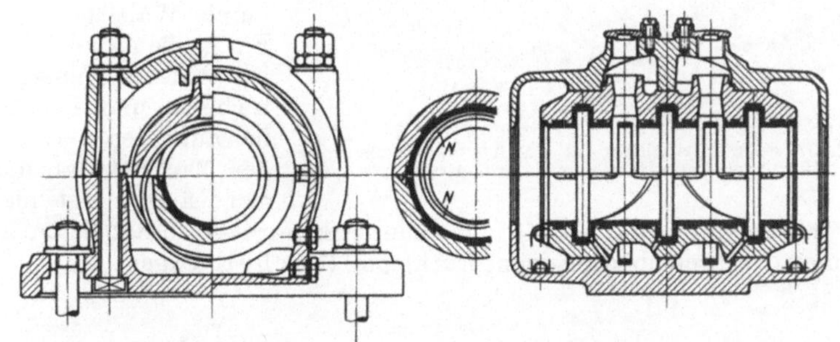

Abb. 66. Kammlager für eine Triebwerkswelle (Bamag-Dessau).

Der nur aus Versuchen feststellbare zulässige mittlere Lagerdruck ist bei Stirnzapfen anzunehmen mit:

Ungehärteter Stahlzapfen St 60 auf Bronze GBz 20 . . . . $k \sim$ 50 — 70 kg/cm²
Gehärteter Stahlzapfen St 70 auf Hartgußplatte . . . . $k \sim$ 70 — 90 „
Gehärteter Stahlzapfen St 70 auf St 70 mit zuverlässiger Preß-
    schmierung . . . . $k \sim$ 100 — 120 „
Wenn beide Laufflächen gehärtet sind . . . . $k \sim$ bis 150 „

Ringlängslager (Abb. 65) haben keinen eigentlichen Zapfen mehr, sondern die Welle trägt einen durch eine Ringmutter gehaltenen Laufring, der auf einer ebenfalls ringförmigen Spurplatte gleitet, die zur selbsttätigen Einstellung auf gleichmäßige Druckverteilung in einer Kugelringpfanne liegt. Man fertigt Spurring und Wellenring für hohe Lagerdrücke meist aus gehärtetem Einsatzstahl (St 34 oder St C 10) und führt der Gleitfläche mittels besonderer Pumpe Preßöl in solcher Menge unter so hohem Druck zu, daß der Zapfen gewissermaßen schwimmt und kaum eine metallische Berührung erfolgen kann.

Kammlängslager haben statt eines solchen Spurrings mehrere aus der Welle herausgedrehte Ringe von rechteckigem oder trapezförmigem Querschnitt, die in entsprechenden Nuten der Lagerschalen laufen. Es ist überaus schwierig, diese drei bis acht und mehr Kammringe gleichmäßig zum Tragen zu bringen; auch die Zuführung des Schmierstoffes in die Ringflächen ist bei geschlossenen Lagern erschwert. Deshalb darf man solche Lager nur mit sehr geringem Flächendruck berechnen. Sie werden vorwiegend noch auf Schiffen zur Übertragung des Schubs der Schiffsschraube auf den Schiffskörper verwendet und für diesen Zweck mit einstellbaren und kühlbaren Druckflächen ausgeführt und mit besonderer Sorgfalt gewartet.

Im allgemeinen Maschinenbau wurden für kleinere Längsdrücke und Abmessungen diese Kammlager meist durch Wälzlager verdrängt. Für große Axialkräfte, wie sie bei Wasserturbinen, Dampfturbinen und Schiffsschrauben auftreten, vermeidet man den Nachteil, daß die einzelnen Kämme fast nie gleichmäßig tragen, durch das auf Grund neuer Erkenntnisse in der Schmiertechnik konstruierte Einscheiben-Segmentdrucklager (Michell-Lager).

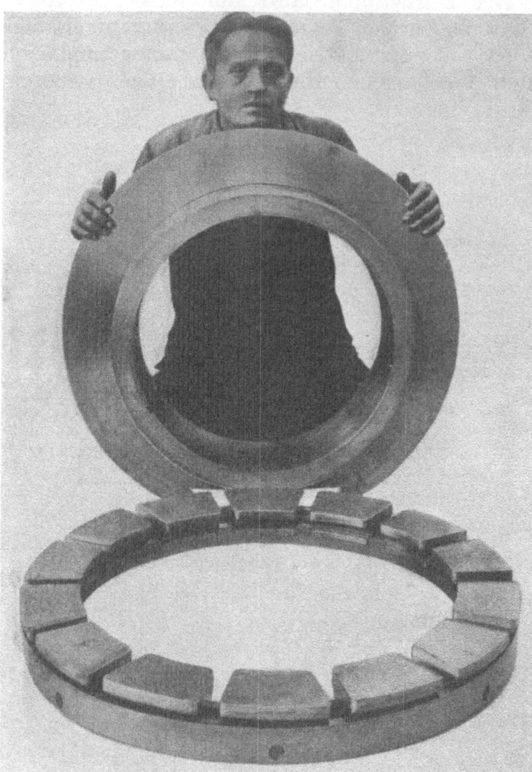

Abb. 67. Segmentringlager für eine Turbinenwelle 40 000 kg, 75 n (Hohenzollern A.G.).

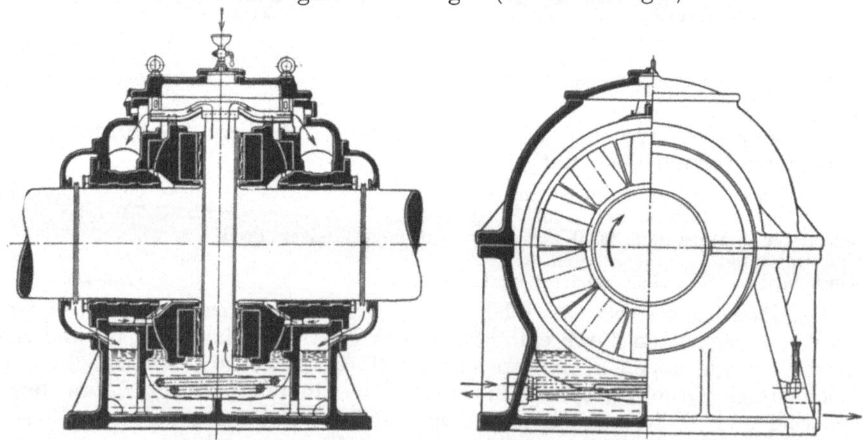

Abb. 68. Segmentringlager für eine Schiffswelle (A. E. G.).

Damit das Schmiermittel einer hohen Druckbelastung widerstehen kann, muß es vom bewegten Lagerteil zwischen die Gleitflächen hineingezogen werden und sich in der Bewegungsrichtung stauen, so daß es nicht so leicht aus den Gleitflächen wegfließen kann und deshalb eine tragfähige Schicht bilden muß. Diese Stauung ergibt sich bei runden Gleitflächen ohne weiteres durch den geringen Durchmesserunterschied zwischen Zapfen und Buchse und die dadurch mögliche sehr geringe exzentrische Verlagerung des Zapfens in der Bohrung. Bei ebenen Gleitflächen, z. B. Gleitschuhen, kann diese Stauung durch sehr schwache Neigung der beiderseitigen Flächen bewirkt werden, so daß sich ein schlanker tragender Ölkeil mit relativ größerer Eintritts- und geringer Austrittshöhe bildet. Michell hat das für Längslager dadurch erreicht, daß er dem einen Laufring nicht einen ununterbrochenen ebenen Tragring gegenüberstellt, sondern indem er diese ruhende Tragfläche je nach Größe in 8 bis 16 Segmente unterteilt, die er wenig kippbar unterstützt, so daß sich jeder Segmentblock zur Bildung des Ölkeils gegen den Laufring um ein Geringes neigen kann. Durch die Abstände zwischen den Segmentklötzen kann das Schmieröl überreichlich zufließen.

Durch diese Konstruktion, die Abb. 67 und 68 veranschaulichen, wurde nicht nur eine Flächenpressung von 25 bis 35 kg/cm² und mehr gegen 5 bis 8 kg/cm² bei Kammlagern möglich, sondern es wurde auch gleichzeitig eine Verringerung des Platzbedarfs auf $^1/_2$ bis $^1/_3$ erzielt. Die in den letzten Jahren entstandenen großen Wasserturbinen mit 450 000 kg und mehr Lagerdruck wären ohne diese Michell-Konstruktion kaum ausführbar.

3. Wälzlager.

Der Ersatz der gleitenden Reibung von Stahlzapfen in Lagerschalen durch die rollende Reibung von gehärteten Stahlkugeln oder Stahlrollen zwischen

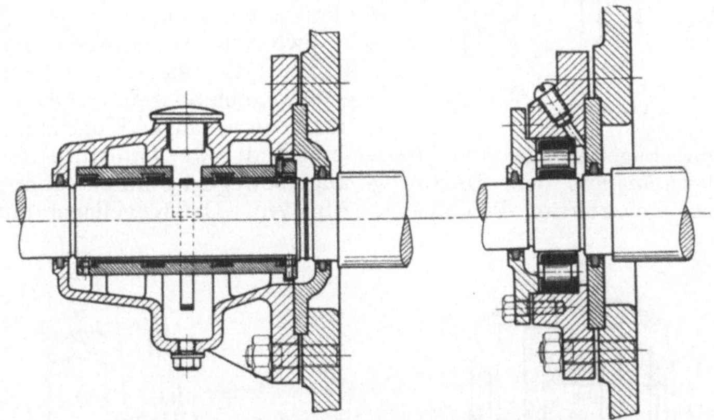

Abb. 69. Raumbedarf von Gleit- und Wälzlagern.

ebenfalls gehärteten Laufringen bezweckt: leichteren Gang, geringeren Schmiermittelverbrauch, fast keine Wartung, geringeren Raumbedarf (Abb. 69). Diesen Vorteilen stehen gegenüber: höherer Preis, unruhiger Lauf und Verschleiß bei mangelhafter Montage und geringere Sicherheit bei stoßweißer Belastung.

Als Werkstoff wird hochhärtbarer Chromstahl, für größere Laufringe und schwere Lager auch Chromnickelstahl oder Einsatzstahl verwendet. Da benachbarte Kugeln bzw. Rollen an ihren gegenseitigen Berührungsstellen entgegengesetzte Bewegungsrichtung, also erhöhte Schleifwirkung haben würden, macht man eine solche Berührung dadurch unmöglich, daß man die Kugeln oder Rollen in Käfigen (Abb. 70) führt. Die Herstellung von dauerhaften Wälzlagern erfordert große Erfahrung in der Wahl und Härtung des Werkstoffs, sowie besondere Einrichtungen für die Bearbeitung und Härtung. Auch die von der Betriebsdrehzahl abhängige zulässige Höchstbelastung ist durch die

Sorgfalt der Ausführung bedingt und nur erfahrungsmäßig anzugeben. Deshalb ist die Wälzlagerherstellung Sache von Spezialfabriken, die nunmehr die Abmessungen und Höchstbelastungen der wesentlichen Ausführungsformen vereinbart und in Normen festgelegt haben. Das Normblatt DIN 619 gibt eine Übersicht über diese bisherige Normung.

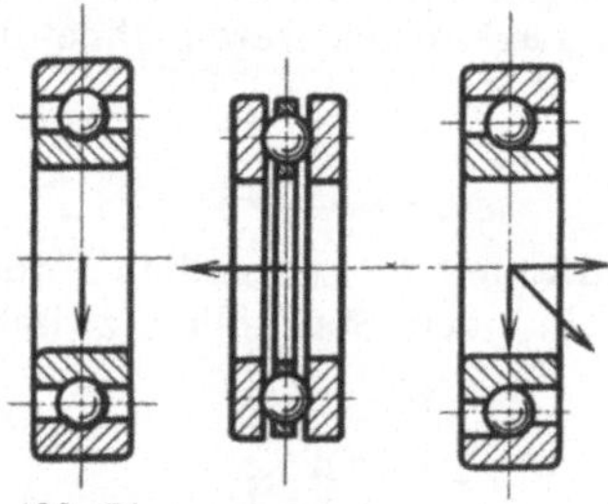

Abb. 70. Kugelkäfig.

a) Kugellager.

Je nach der Richtung des durch das Lager aufzunehmenden Zapfendrucks unterscheidet man Querlager (Abb. 71) und Längslager (Abb. 72), die nur Kräfte quer oder längs zur Wellenachse aufnehmen können, sowie Schulterlager (Abb. 73) zur Aufnahme von Kräften aus beiden Richtungen.

Die Querlager werden einreihig (Abb. 71) oder für größere Belastungen zweireihig (Abb. 74) ausgeführt und in diesen beiden Ausführungen für verschiedene Beanspruchungen in leichter, mittelschwerer und schwerer Bauart hergestellt.

Diese einfachen Querkugellager sind empfindlich gegen Montagefehler, weil bei Schräglage der Welle zur Gehäuseachse, d. h. bei Achsabweichung zwischen Innen- und Außenring, die Kugeln seitlich anlaufen und weil dieser Zwang höheren Kraftverbrauch und baldige Zerstörung zur Folge hat. Deshalb werden zum selbsttätigen Ausgleich geringer Achsabweichungen entweder die Kugellageraußenringe in einem besonderen Einstellring kugelbeweglich ausgeführt (Abb. 75) oder man führt bei zweireihigen Kugellagern den Außenring mit kugelförmiger Lauffläche (statt mit zwei Laufrillen) aus, in der das Kugelsystem mit dem Innenring kugelbeweglich laufen kann; man nennt letztere Konstruktion Pendellager (Abb. 76). Die Kugellager mit Einstellring

Abb. 71.   Abb. 72.   Abb. 73.
Querlager.   Längslager.   Schulterlager.

können nur eine Achsabweichung zwischen Welle und Lagergehäuse ausgleichen; die Pendellager können nicht nur solche oft kaum vermeidbaren Montagefehler, sondern auch krumme Wellen und Durchbiegungen von Wellen und Rahmen unschädlich machen.

Bei Querlagern muß der Innenring mit Festsitz auf der Welle sitzen, während der Außenring im Gehäuse Schiebesitz haben kann. Da nicht bei allen

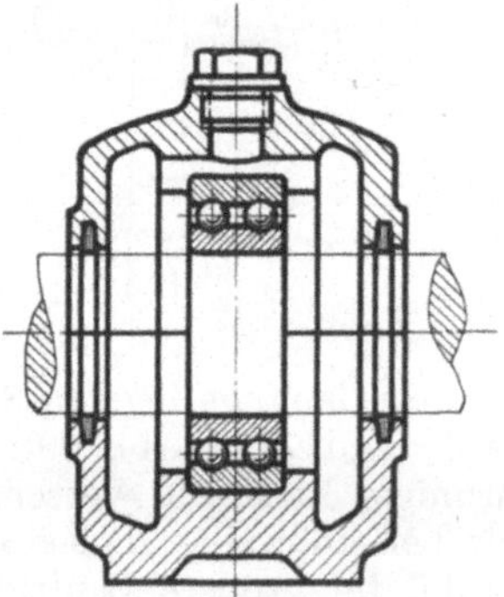

Abb. 74. Zweireihiges Querlager.

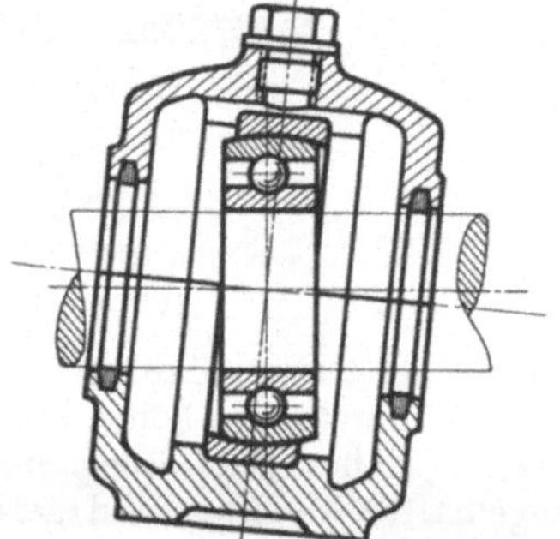

Abb. 75. Kugellager mit Einstellring
(übertrieben dargestellt).

Verwendungsstellen die Welle für den Sitz des Innenrings auf einen besonderen etwas vorstehenden Durchmesser nach Feinpassung bearbeitet werden kann, werden die genormten Querlager auch mit kegeligen Spannhülsen ausgeführt (Abb. 77), die einen Unterschied im Wellendurchmesser von 0,1 bis 0,2 mm ausgleichen können. Solche Spannhülsenlager sind stets anzuwenden, wenn Kugellager in der Mitte von Wellen verwendet werden, die durchgehend auf gleichen Durchmesser bearbeitet sind, wie

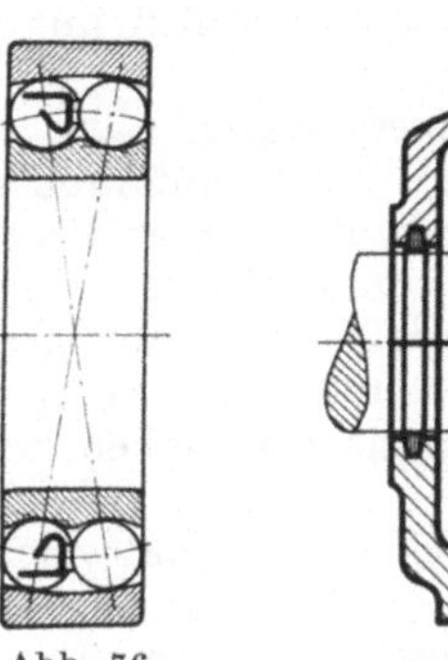

Abb. 76.
Pendellager.

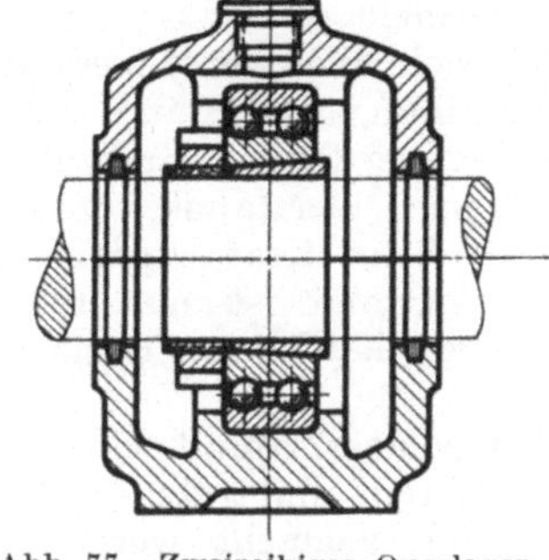

Abb. 77. Zweireihiges Querlager mit Spannhülse.

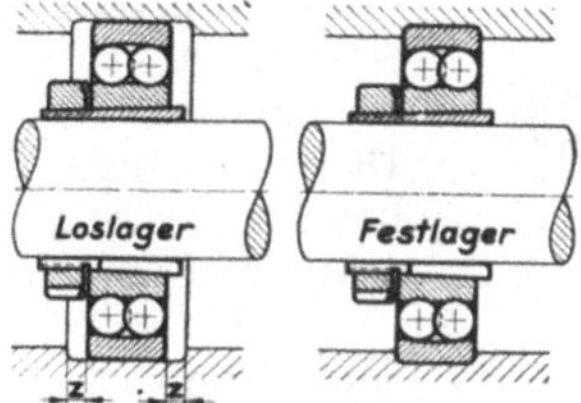

Abb. 78. Lagerung einer Triebwerkswelle.

dies z. B. bei Triebwerken der Fall ist. Wenn, wie bei diesem Beispiel, eine längere Welle in zwei oder mehreren Querlagern läuft, so muß ein Zwang der Lager durch Montagefehler oder Wärmeausdehnung der Welle oder der Tragkonstruktion dadurch unmöglich gemacht werden, daß man nur bei einem Lager (möglichst in der Mitte) den Außenring im Gehäuse in Achsrichtung

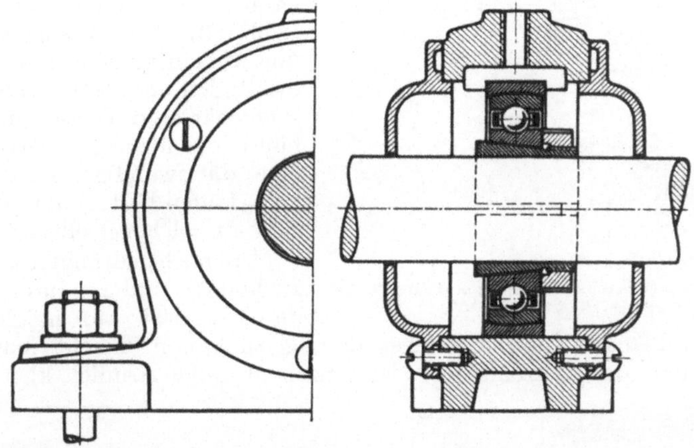

Abb. 79. Einreihiges Querlager mit Einstellring und Spannhülse, in der Längsrichtung verschiebbar.

festlegt, während man in den anderen Lagern der Welle eine Längsverschiebung des Außenrings im Gehäuse ermöglicht (Abb. 78).

Die Lagerkörper sind so auszubilden, daß die Wälzlageraußenringe durch die Lagerdeckelschrauben nicht unrund verdrückt werden können. Bei Deckellagern darf deshalb keine klaffende Teilfuge sein; vorteilhaft sind in dieser Beziehung einteilige Lagerkörper (Abb. 79) mit seitlich angeschraubten Deckeln.

b) Rollenlager.

Für große Lagerdrücke und rauhe Betriebe würde die nur punktförmige Lauffläche der Kugeln in den Laufringen zu hohe Flächendrücke ergeben. Man verwendet deshalb für solche Fälle statt der Kugeln kurze Walzen, deren

Auflagefläche immerhin eine Linie ist, so daß sie bei gleichem zulässigem Flächendruck das Mehrfache an Kraft übertragen können als Kugeln. Auch bei diesen Rollenlagern (Abb. 80) sind Führungskäfige nötig, die die Rollen nicht nur an gegenseitiger Berührung und am Abschleifen hindern, sondern, als Hauptaufgabe, die Rollen genau parallel führen, um ein Schränken und dadurch eine einseitige hohe Beanspruchung der Rollen mit ihren Folgeerscheinungen zu vermeiden.

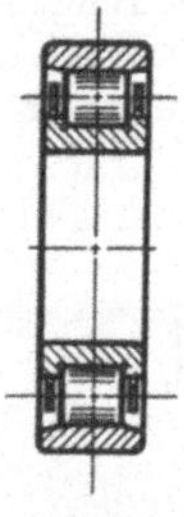

Die Rollenlager haben sich auch im angestrengten Bahnbetrieb gut bewährt. Da ihr Reibungswiderstand beim Anfahren nicht merkbar größer ist als bei der Betriebsdrehzahl und bei dieser nur etwa ein Achtel des Reibungswiderstands von Gleitlagern beträgt, ermöglichen sie eine erhebliche Kraftersparnis der Zugmaschine. Dieser geringe Anfahrwiderstand ist namentlich für den Baubetrieb, wo die Förderwagen häufig von Hand verschoben werden müssen, beachtlich.

Abb. 80.
Rollenlager.

Auch bei diesen Rollenlagern muß eine Achsenabweichung, sofern sie nicht durch starre Konstruktion und gute Ausführung der Gesamtanordnung unmöglich ist, unschädlich gemacht werden, indem man den

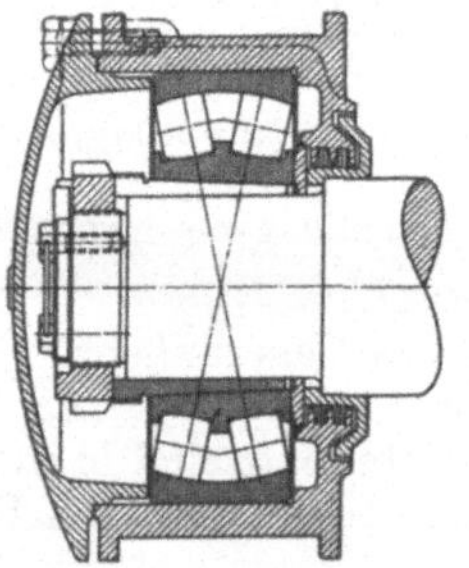

Außenring in einem Einstellring kugelbeweglich macht, oder indem man das Rollenlager als Pendellager mit kugelförmig ausgedrehtem Außenring und tonnenförmigen Rollen ausführt (Abb. 82).

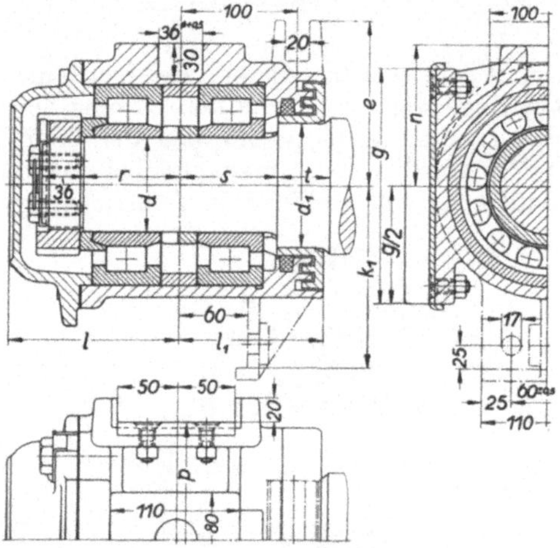

Für gedrängte Konstruktionen kann man auch Rollenkörbe (Abb. 83) ohne besonderen Innen- und Außenring benützen, indem man die Rollen unmittelbar auf dem einsatzgehärteten Bolzen und im Gehäuse, das für angestrengten Betrieb eine dünnwandige Stahlbüchse erhält, laufen läßt. Abb. 84 zeigt den Einbau solcher Rollenkörbe.

Um noch gedrängter konstruieren zu können und um durch Verteilung der Lagerlast auf möglichst viele

Abb. 81. Rollenlager-Achsbüchse eines Bahnwagens
(Fischer A.G., Schweinfurt).

Rollen den Flächendruck möglichst niedrig zu halten, macht man bei den Nadellagern den Durchmesser der einzelnen Rolle ziemlich klein und füllt

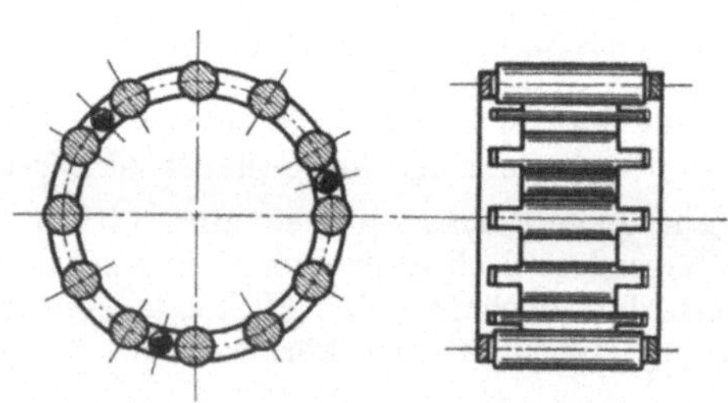

Abb. 82. S. K. F.-Pendel-Rollenlager.   Abb. 83. Rollenkorb (Rob. Kling, Wetzlar).

den diesem Durchmesser angepaßten Ringraum zwischen Achse und Gehäuse unter Verzicht auf einen besonderen Käfig lückenlos mit solchen nadelförmigen Rollen aus. Abb. 85 zeigt ein derartiges Nadellager.

c) Die Längslager

zur Aufnahme eines axialen Lagerdrucks bestehen ebenfalls aus in einem Käfig geführten Kugeln bzw. Rollen und den beiden hier scheibenförmigen Laufringen. Von diesen Laufscheiben erhält die sich drehende auf der Welle Festsitz und im Gehäuse Spiel, während die ruhende die Welle mit Spiel durchläßt und im Gehäuse mit Gleitsitz zentriert ist. Diese Längslager werden entweder nur für eine

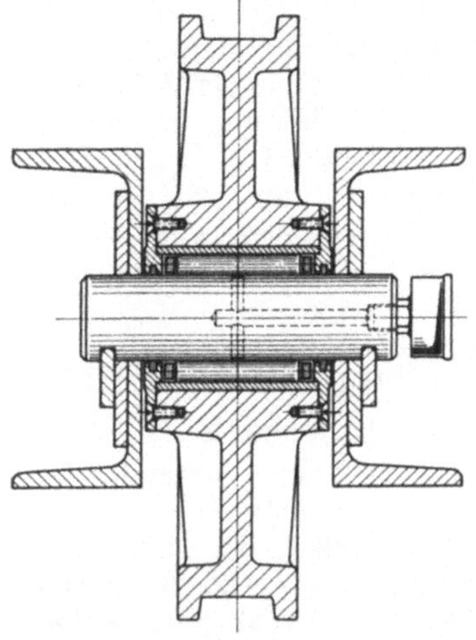

Abb. 84. Laufrad mit Rollenkorb.

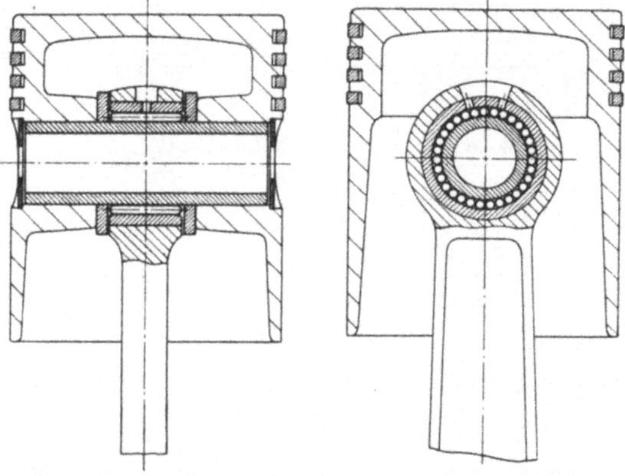

Abb. 85. Nadellager (Deutsche Kugellagerfabrik, Leipzig).

Druckrichtung (Abb. 86) oder als Wechsellager für axiale Schübe in beiden Richtungen (Abb. 87) ausgeführt.

Auch bei diesen Längslagern ist eine gleichmäßige Druckverteilung auf sämtliche Kugeln erforderlich und deshalb die Vermeidung jeder Achsenabweichung eine unerläßliche Bedingung für die Dauerhaftigkeit. Deshalb lagert man die ruhende Laufscheibe meist

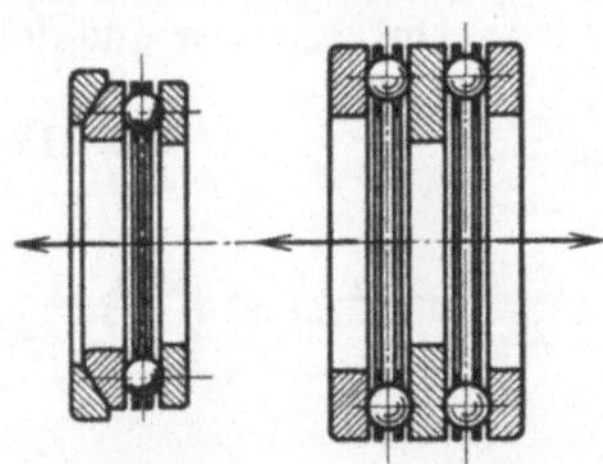

Abb. 86. Abb. 87.
Längslager mit Wechsellager.
Einstellscheibe.

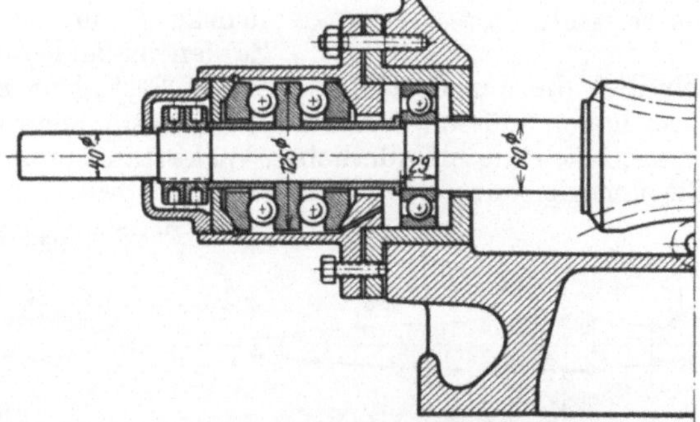

Abb. 88. Längswechsellager und Querlager bei einem Schneckentrieb.

kugelbeweglich in einer Einstellscheibe (Abb. 86). Die verschiedenen Bauarten der Kugel-Längslager läßt das Übersichts-Normblatt DIN 619 ersehen.

Da die Längslager keine Querkräfte aufnehmen können, aber jede Welle auch in der Querrichtung geführt werden muß, werden meist Längs- und Querlager in gemeinsamem Gehäuse vereinigt (Abb. 88). Die Kugelbeweglichkeit des Längslagers in dieser Abbildung soll nur geringfügige Abweichung des vorstehenden Gehäuses ausgleichen. Wenn eine Durchbiegung oder Schräglage der Welle ermöglicht werden soll, so muß nicht nur auch das Querlager eine Achsenabweichung gestatten (Pendellager oder Einstellring), sondern es muß überdies der Drehpunkt des Längslagers mit dem Drehpunkt des Querlagers in einem Punkt (A) der Wellenachse zusammenfallen (Abb. 89).

Eine betriebssichere Anordnung richtig ausgewählter Wälzlager erfordert Sondererfahrung. Deshalb haben die Kugellagerfabriken zur Beratung der Konstrukteure Einbauvorschläge für die meist üblichen Verwendungszwecke drucken lassen, und sie stellen auch für besondere Fälle gerne ihren Rat zur Verfügung.

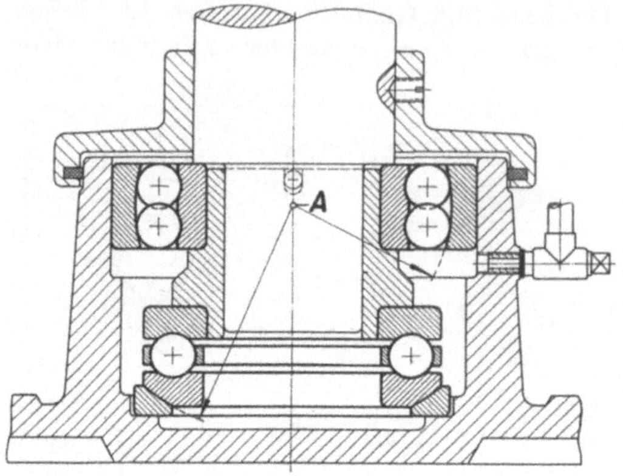

Die Schmierung der Wälzlager erfolgt durch Füllung mit säurefreiem Fett oder Öl. Gegen Eindringen von Staub werden die Ringfugen zwischen Gehäuse und Welle meist durch Filzringe gedichtet.

Abb. 89. Achsbewegliches Spurlager (Fischer A.G., Schweinfurt).

B. Achsen und Wellen.

1. Achsen

dienen zum Tragen umlaufender oder schwingender Maschinenteile. Sie haben also bei drehender Bewegung vorwiegend Biegungsmomente aufzunehmen, während eine Übertragung von Drehkräften kaum in Frage kommt. Demgemäß sind Achsen auf Biegung zu berechnende „Träger auf zwei Stützen", deren Querbelastung durch Seilrollen, Laufräder oder Doppelhebel erfolgt und deren Stützen Lager sind, in denen sich die Zapfen der Achsen drehen. Die üblichen Ausführungsformen zeigen die Abb. 90, 91 u. 92.

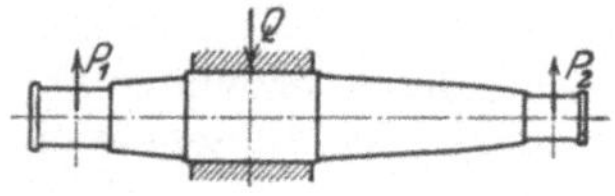

Aus der Achslast Q und den Stützweiten ergeben sich nach dem Hebelgesetz die Lagerdrücke P_1 und P_2, die für die Bemessung der Zapfen maßgebend sind. Für alle anderen Querschnitte, die zur Erzielung gleicher Festigkeit bei jeder Drehlage stets Kreisform haben müssen, sind die Biegungsmomente M_b maßgebend. Aus diesen ergeben sich die erforderlichen Widerstandsmomente bzw. Durchmesser aus der Biegungsgleichung

Abb. 90. Einfach belastete Achse.

$$M_b = W \cdot \sigma_{b\,zul} = \frac{\pi}{32}\, d^3\, \sigma_{b\,zul}\,. \tag{12}$$

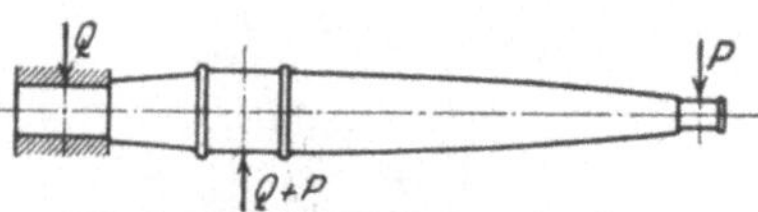

Abb. 91. Zweifach belastete Achse.

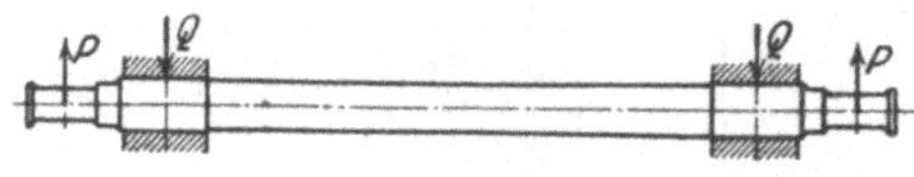

Abb. 92. Freitragende Achse.

Der die Last tragende Achskopf muß entsprechend der Nabe des Rades oder Hebels zylindrisch sein; die den Achskopf mit den Zapfen verbindenden Achsschenkel sind meist kegelig verjüngt bis auf die an den Zapfen erforderlichen Schultern, mit denen die Längslage der Achse zwischen den Lagerschalen gesichert wird. Theoretisch sollten diese Achsschenkel als Körper gleicher Festigkeit die Form einer kubischen Parabel haben; zur einfacheren Ausführung begrenzt man sie geradlinig als einen dieses Paraboloid umhüllenden Kegelstumpf.

Der geeignete Werkstoff für Achsen ist wegen der erforderlichen guten Zapfenlauffläche St 50, für ruckweise beanspruchte Achsen vergüteter St 60. Die zulässige Spannung ist unter Berücksichtigung der bei jeder Umdrehung wechselnden Beanspruchung und der sonstigen Betriebsverhältnisse zu wählen.

Die Befestigung von Rädern und Hebeln auf Achsen erfolgt bei guter Ausführung durch Aufpressen oder Aufschrumpfen; nur für untergeordnete Zwecke durch Längskeile allein oder gar nur durch Querstifte.

2. Bolzen

tragen ebenfalls umlaufende oder schwingende Maschinenteile, aber sie machen die Drehbewegung nicht mit, sondern sie sind festgehalten und die Hebel oder Räder drehen sich mittels eingesetzter Laufbüchsen oder Wälzlager um die Bolzen (Abb. 93).

Solche Bolzen werden vielfach für die Laufräder von Lauf- und Drehkranen, von Drehscheiben, Schiebetoren u. ä. verwendet und zur billigen Herstellung mit durchlaufend gleichem Durchmesser meist von Triebwerkswellen abgestochen. Nur bei guter Ausführung für hohe Belastung wird man sie im Einsatz härten und schleifen.

3. Wellen

dienen zur Übertragung von Drehmomenten oder Drehleistungen; dazu haben sie die Querbelastungen durch das Gewicht der treibenden oder getriebenen Räder, Riemscheiben, Kurbeln u. ä. und außerdem die oft erheblichen zusätzlichen Querlasten durch Zahndrücke, Riemenzüge, Kurbeldrücke usw. auszuhalten. Demgemäß

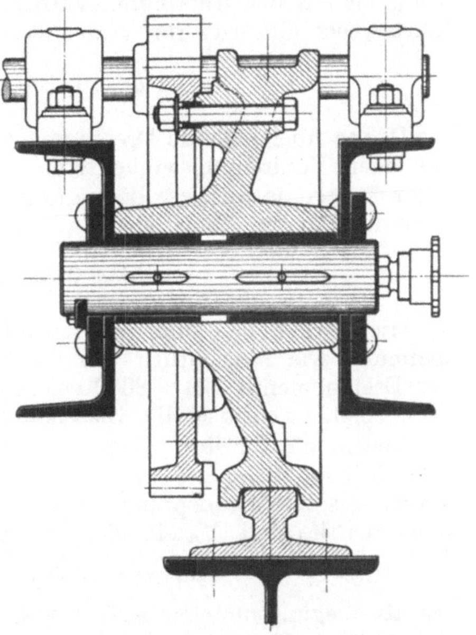

Abb. 93. Bolzen eines Kranlaufrades.

sind die Wellen wohl in erster Linie auf Drehung, aber meist auch auf Biegung beansprucht.

Als Werkstoff dient bei besonderer Anfertigung geschmiedeter oder vorgewalzter St 42 oder St 50. Für Triebwerke gibt es im Handel gerichtete und polierte nach den Abmaßen der Schlichtwelle kalibrierte Stahlwellen nach DIN 669 bis 160 mm Durchmesser. Sofern bei mäßigem Durchmesser diese genormten Wellen gezogen oder blankgewalzt sind, haben sie eine mechanisch gehärtete Oberfläche, die beim Einfräsen von Keilnuten ein Krummwerden auslösen kann. Deshalb werden bei Triebwerkswellen nur die Kupplungen an den Wellenenden aufgekeilt, dagegen die Riemscheiben innerhalb der Wellenlänge nur aufgeklemmt.

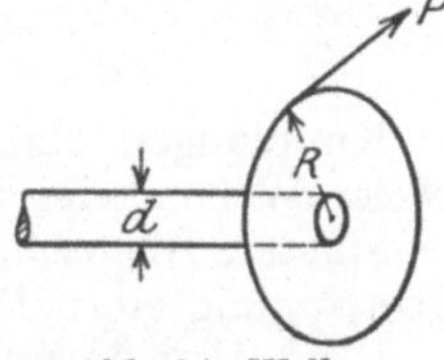

Abb. 94. Welle.

Nur auf Verdrehung beanspruchte Wellen (Abb. 94) werden berechnet nach

$$P \cdot R = M_t = W_p \cdot \tau_{tzul} = \frac{\pi}{16} d^3 \cdot \tau_{tzul} \ (\text{kg cm}) \tag{13}$$

und hieraus

$$d = \sqrt[3]{\frac{M_t}{0{,}2\,\tau_{tzul}}} = \sqrt[3]{\frac{5\,M_t}{\tau_{tzul}}} \ (\text{in cm}). \tag{14}$$

Ist statt des Drehmoments die Leistung N in PS und die minutliche Drehzahl n gegeben, so folgt aus M_t $(\text{kg} \cdot \text{cm}) = 71\,620\,\dfrac{N}{n}$

$$d = \sqrt[3]{\frac{360\,000}{\tau_{tzul}} \cdot \frac{N}{n}} \ (\text{in cm}). \tag{15}$$

Die zulässige Verdrehungsbeanspruchung s. Tabelle 5, S. 10; dabei ist zu beachten, ob der Drehsinn gleich bleibt oder wechselt und ob die Drehkraft gleichmäßig oder ruckartig wirkt, oder ob Schwingungen möglich sind.

Da die Triebwerkswellen infolge der Riemenzüge und Scheibengewichte durch im voraus nicht in ihrer Lage bekannte aber meist in mäßigen Grenzen bleibende Biegungsmomente beansprucht werden, berücksichtigt man nach einer bewährten Faustregel diese dadurch, daß man nur die Rechnung auf Drehfestigkeit mit der ermäßigten Verdrehungsspannung $\tau_{t\,zul} = 120$ kg/cm² durchführt. (Dies gilt nur für Transmissionen.) Es wird dann

$$d = 0{,}35 \sqrt[3]{M_t} = 14{,}4 \sqrt[3]{\frac{N}{n}}\,. \tag{16}$$

Das zu übertragende Drehmoment verursacht eine elastische Formänderung, die einen Verdrehungswinkel von $^1/_4{}^0$ je laufenden Meter Wellenlänge nicht überschreiten darf. Diese Bedingung führt nach den Gesetzen der Verdrehungselastizität zu der Gleichung

$$d = 0{,}73 \sqrt[4]{M_t} = 12 \sqrt[4]{\frac{N}{n}}\,. \tag{17}$$

Triebwerkswellen sind also sowohl hinsichtlich der zulässigen Verdrehungsspannung wie hinsichtlich des zulässigen Verdrehungswinkels zu bemessen; für Drehmomente $M_t > 8000$ kg cm ist die Festigkeit [Gleichung (16)], für $M_t < 8000$ kg cm ist die Elastizität [Gleichung (17)] ausschlaggebend.

Wellen, die für ihre Abmessung sowohl erhebliche Drehmomente als auch beträchtliche Biegungsmomente aufzunehmen haben, sind auf die daraus zusammengesetzte Beanspruchung zu berechnen. Nach der Festigkeitslehre entsteht aus M_d und M_b ein ideelles Moment

$$M_i = 0{,}35\,M_b + 0{,}65\,\sqrt{M_b^2 + M_t^2}\,, \tag{18}$$

das als Biegungsmoment aufzufassen ist, so daß sich aus

$$M_i = W \cdot \sigma_{b\,zul} = 0{,}1\,d^3 \cdot \sigma_{b\,zul} \tag{19}$$

der Durchmesser d bestimmen läßt.

Für etwa erforderliche Keilnuten muß der berechnete Wellen- bzw. Achsdurchmesser einen entsprechenden Zuschlag erfahren.

C. Kupplungen.

Kupplungen dienen zur dauernden oder vorübergehenden Verbindung zweier Wellen oder zur zeitweiligen Verbindung von auf einer Welle lose angeordneten Riemscheiben oder Zahnrädern mit dieser Welle zum Zwecke der Übertragung eines Drehmomentes.

Einteilung: Man unterscheidet:

Feste Kupplungen zur dauernden Verbindung, und zwar:

starre Kupplungen, die eine gegenseitige Beweglichkeit der Wellen und Kupplungsteile ausschließen,

nachgiebige Kupplungen, die eine Beweglichkeit in engen Grenzen ermöglichen.

Schaltkupplungen, die betriebsmäßig eine Trennung der Wellen ermöglichen, und zwar:

Ausrückkupplungen, die sich während des Betriebs nur ausrücken lassen,

Reibungskupplungen, die während des Betriebs ein- und ausgerückt werden können,

Sicherheitskupplungen, die bei Überschreitung des zugelassenen Drehmomentes eine Überlastung hindern.

1. Starre Kupplungen.

Die zuverlässigste Kupplung, die aber nur zur Übertragung großer Leistungen von der Kraftmaschine auf die Arbeitsmaschine verwendet wird, ist die Verbindung durch an die Wellen angeschmiedete und gegenseitig zentrierte Flanschen

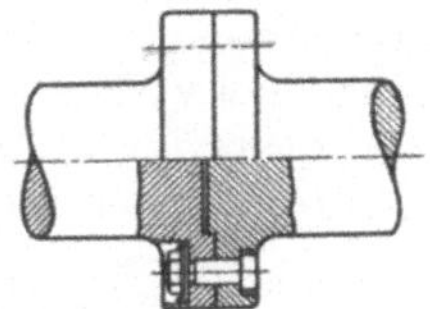

Abb. 95. Flanschkupplung.

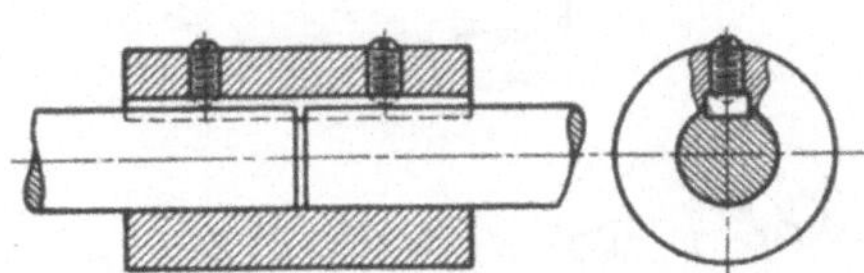

Abb. 96. Muffenkupplung.

durch eingepaßte Kupplungsschrauben (Abb. 95), die sowohl das Drehmoment durch an den Kupplungsflächen erzeugte Reibung als auch nötigenfalls ein Biegemoment übertragen müssen.

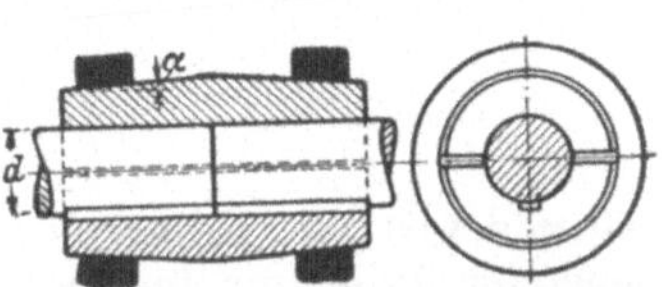

Abb. 97. Hülsenkupplung.

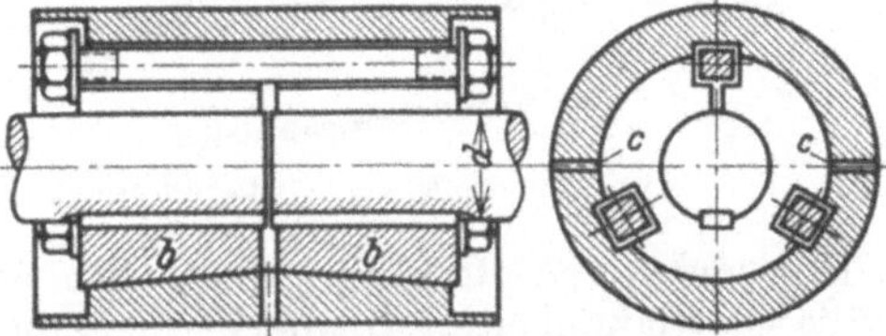

Abb. 98. Klemmkegelkupplung.

Wellen für untergeordnete Zwecke (Handradübertragung, seltener langsamer Betrieb) kann man durch einteilige Muffen (Abb. 96) mittels eingeschlagener Treibkeile oder durch Schrauben gehaltener Federkeile verbinden, oder durch zweiteilige Hülsenkupplungen (Abb. 97), die durch auf ihren schwach kegelig gedrehten ($\operatorname{tg}\alpha = 1:25$) Umfang aufgeschlagene Ringe auf die Wellenenden geklemmt werden.

Stärkere Wellen können durch die Sellerssche Klemmkegelkupplung (Abb. 98 u. 99) verbunden werden, bei der zwei die Wellenenden eng umspannende federnde Klemmkegel b durch Schrauben in die gleichkegelig ausgedrehte einteilige Hülse a gezogen werden und durch diese Keilwirkung die Wellen mit großer Reibungskraft festhalten; der eingelegte Federkeil dient nur zur Sicherheit. Nachdem jetzt die Wellen auf Passungstoleranzen genau geschliffen werden, hat an Stelle dieser Sellers-Kupplung die einfachere und billigere Schalenkupplung (Abb. 100 u. 101) an Verwendung zugenommen, bei der die beiden Schalenhälften durch

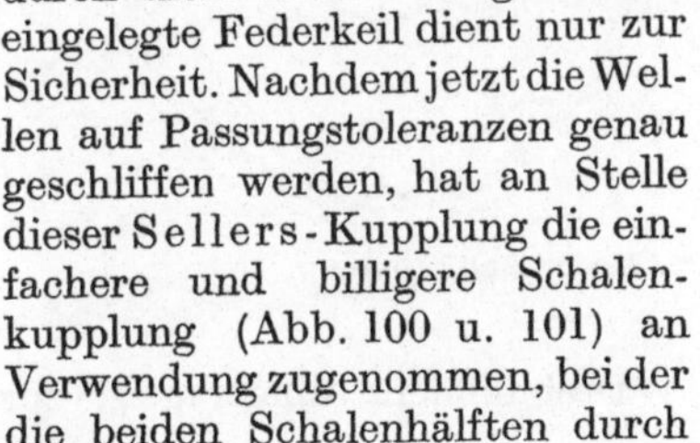

Abb. 99. Teile der Klemmkegelkupplung.

Abb. 100 Schalenkupplung.

Schrauben derart auf die Wellenenden gepreßt werden, daß die dadurch verursachte Reibung das Drehmoment übertragen kann, so daß der eingelegte Federkeil nur als Sicherheit dient. Für gute Ausführungen verwendet man

Kupplungsscheiben (Abb. 102), die auf die Wellenenden aufgeschrumpft werden und durch eingelegte Federkeile überdies gesichert werden. Um genaues Rundlaufen zu gewährleisten, werden die Stirnflächen und die Zentrierung erst nach dem Aufschrumpfen fertiggedreht. Auch hier wirken die Schrauben nicht durch ihren Scherquerschnitt, sondern durch

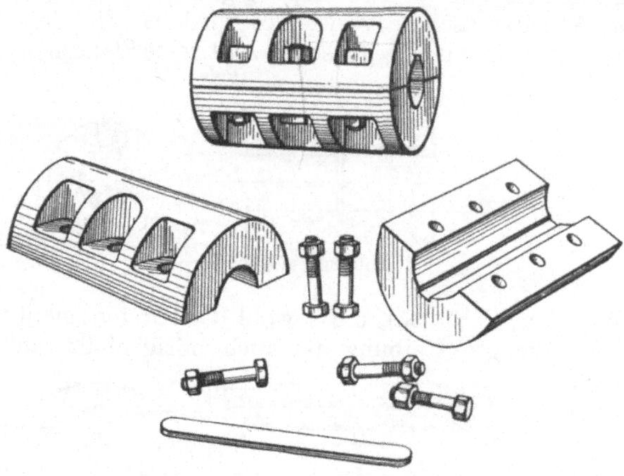

Abb. 101. Teile der Schalenkupplung.

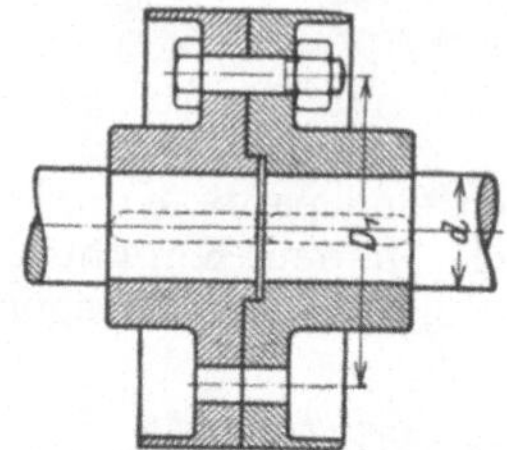

Abb. 102. Scheibenkupplung.

Erzeugung von Reibung. Wesentlich ist bei allen derartigen Konstruktionen die Glattläufigkeit, d. h. die Vermeidung vorstehender Teile, die im Lauf das Bedienungspersonal gefährden könnten.

2. Nachgiebige Kupplungen

sollen entweder die Wärmeausdehnung der Wellen oder Wellenlagerungen ausgleichen lassen oder kleine Aufstellungsfehler in der Achslage unschädlich machen. Den erstgenannten

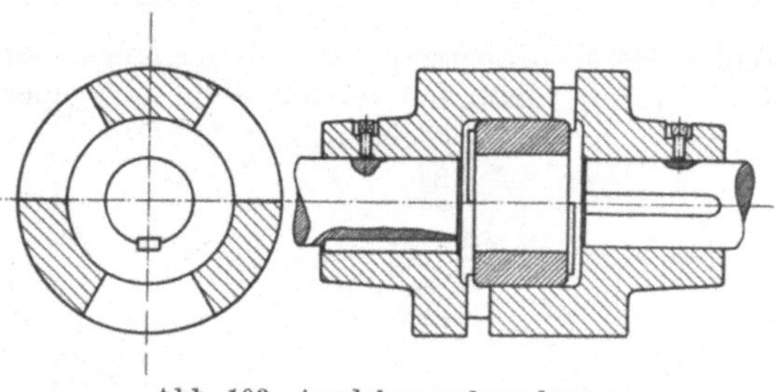

Abb. 103. Ausdehnungskupplung.

Zweck haben die Ausdehnungs-Klauenkupplungen (Abb. 103 u. 104), bei welchen die Kupplungshälften fingerartig ineinandergreifen und durch ihre radialen

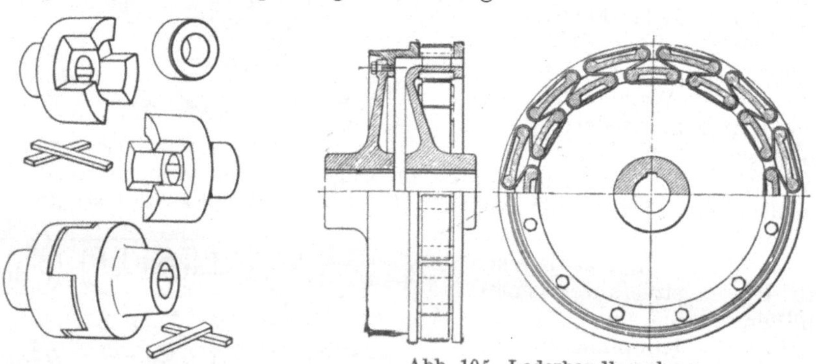

Abb. 104. Teile der Ausdehnungskupplung.

Abb. 105. Lederbandkupplung.

aufeinander verschiebbaren Druckflächen das Drehmoment übertragen; zur Zentrierung ist ein Ring eingelegt.

Zum Ausgleich von Achsabweichungen gibt es eine große Zahl verschiedenartiger Konstruktionen, von welchen als typische Beispiele die beiden folgenden

Ausführungen erwähnt seien: Die Lederbandkupplung von Zodel-Voith (Abb. 105), bei der durch Schlitze der zentrisch ineinanderliegenden Zylindermäntel der beiden Kupplungsteile ein endlos verbundener Lederriemen geschlungen ist, der das Drehmoment überträgt. Abarten dieser Konstruktion

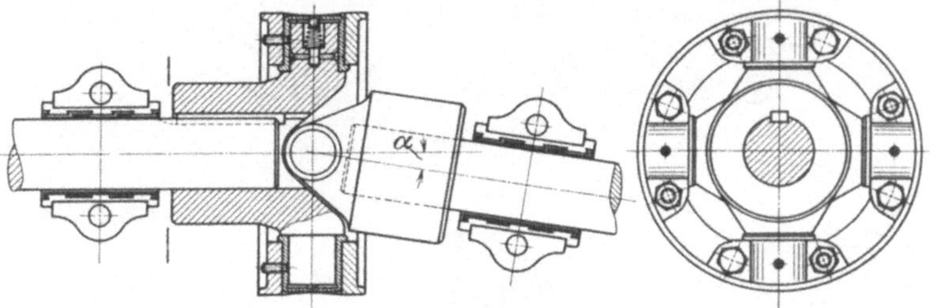

Abb. 106. Kreuzgelenkkupplung.

übertragen das Drehmoment durch einzelne verleimte Lederringe, durch Lederbolzen oder Lederlaschen, durch gewellte Federbänder oder Federdrähte.

Zur Verbindung sich unter kleinem Winkel schneidender Wellen dient die Kreuzgelenkkupplung (Abb. 106 u. 107), die nach dem Vorbild der Cardanoschen Kompaßaufhängung ausgebildet ist; die beiderseits mit Naben auf die Wellenenden aufgesetzten Kupplungsteile tragen je zwei gabelartig rechtwinklig zur Achse nach außen gerichtete Zapfen, die derart mit Lagerbuchsen in einem gemeinsamen Ring gelagert sind, daß die Zapfenachsen der beiden Kupplungshälften rechtwinklig zueinander stehen. Der verbindende Ring kann sich zwangfrei

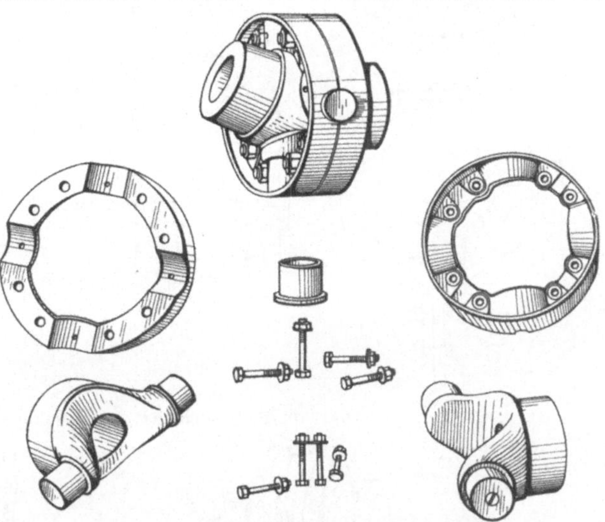

Abb. 107. Teile der Kreuzgelenkkupplung.

einstellen und das Drehmoment ohne Klemmungen übertragen. Allerdings wird sich auch bei gleichmäßiger Drehung der treibenden Welle die getriebene Welle ungleichmäßig drehen; doch kann dieser Mangel durch Anordnung eines zweiten Kreuzgelenks (Abb. 108) völlig ausgeglichen werden, das von der Zwischenwelle c das Drehmoment unter gleichem Winkel α auf die anzutreibende Welle überträgt.

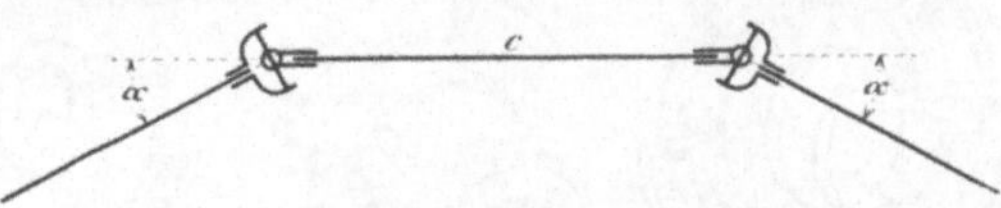

Abb. 108. Welle mit Gelenkkupplungen.

3. Ausrückbare Kupplungen

dienen zur zeitweisen Verbindung von Wellensträngen. Das Kuppeln kann nur im Stillstand erfolgen; das Ausrücken ist, wenn es rasch erfolgt, auch im Betrieb möglich. Für geringe Leistungen genügt die einfache Klauenkupplung (Abb. 109). Für größere Leistungen verwendet man die Hildebrandtsche Zahnkupplung.

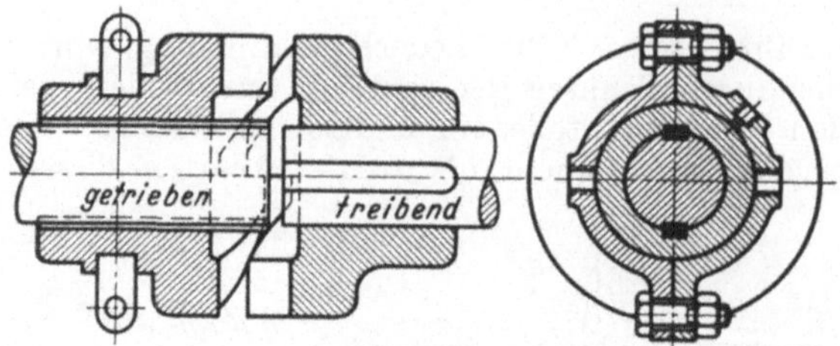

Abb. 109. Klauenkupplung.

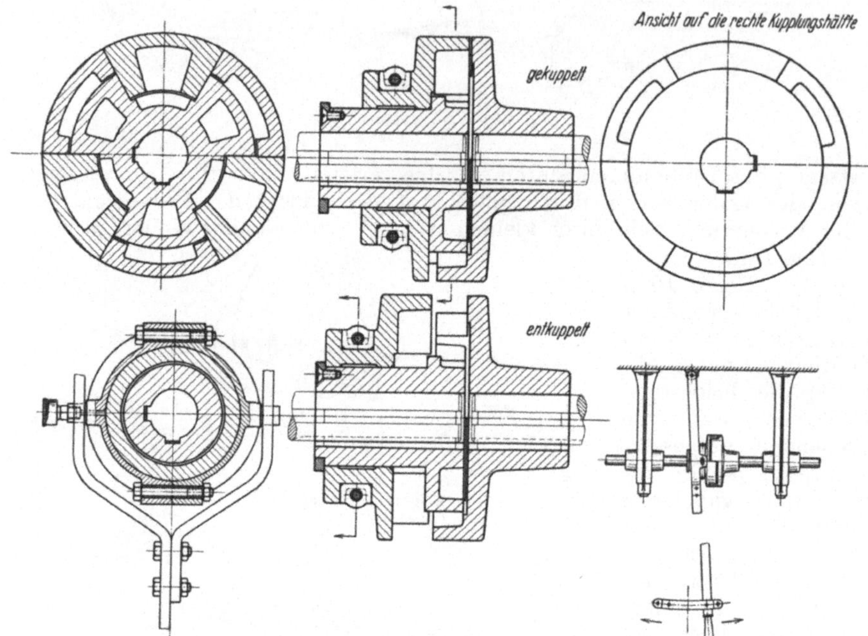

Abb. 110. Hildebrandtsche Zahnkupplung.

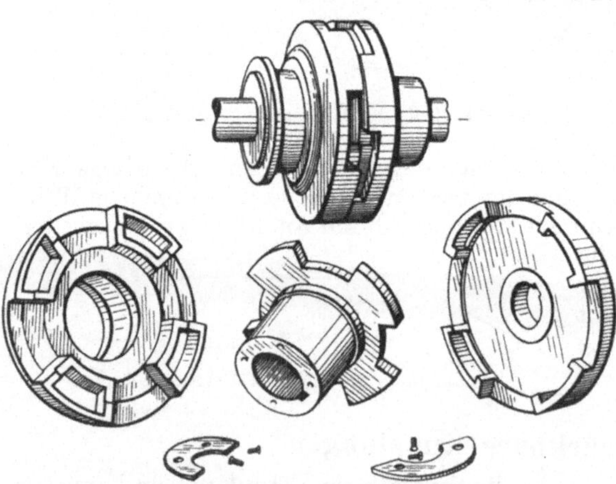

Abb. 111. Teile der Hildebrandtschen Zahnkupplung.

Die Abbildungen 110 u. 111 lassen Konstruktion und Betätigung des verschiebbaren Teils durch den Stellring erkennen; Abb. 112 zeigt den Einbau und das Stellzeug einer größeren Kupplung.

4. Reibungskupplungen.

Die Kraftübertragung durch Reibungsschluß ermöglicht das Einrücken der Kupplung auch während des Betriebs, wobei allerdings zuerst bis zur Überwindung der Massenträgheit und der im Ruhezustand etwas größeren Lagerreibung des anzukuppelnden Triebwerks ein kurzzeitiges Gleiten eintritt. Deshalb muß für diese Beschleunigungsperiode der Anpressungsdruck der Reibflächen etwas größer sein, als lediglich zur Übertragung des Drehmoments nötig wäre. Da dieser Anpressungsdruck auf ein bestimmtes Drehmoment eingestellt werden kann, ist dadurch gleichzeitig ein Schutz der angetriebenen Welle vor Überlastung möglich.

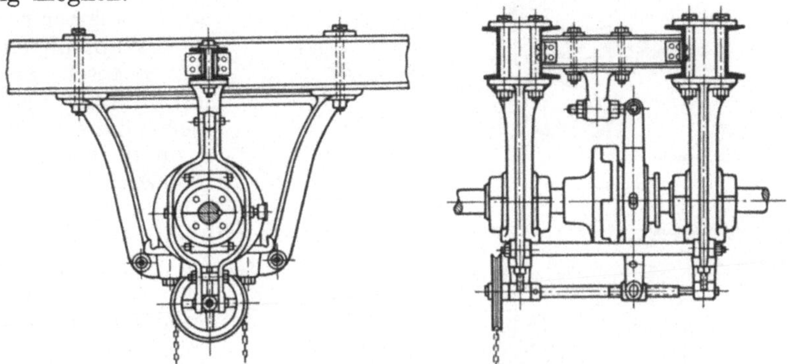

Abb. 112. Einbau einer Ausrückkupplung.

Nach dem Grundsatz der einfachen Flächenreibung wirkt die Lamellenkupplung (Abb. 113), bei der mehrere Ringscheiben R mittels radialer Nuten bzw. Nasen abwechselnd in die Nabe Mi auf der einen Welle bzw. in die Trommel G auf der anderen Welle eingreifen. Durch Zusammenpressen der Scheiben durch die von der Muffe Mu freigegebenen unter Federdruck stehenden Hebel H wird die das Drehmoment

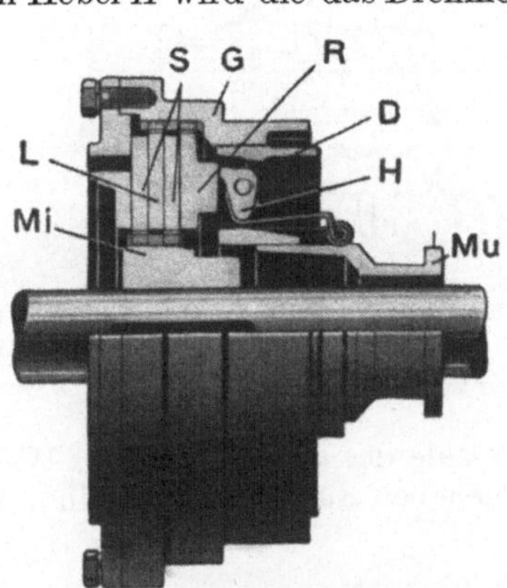

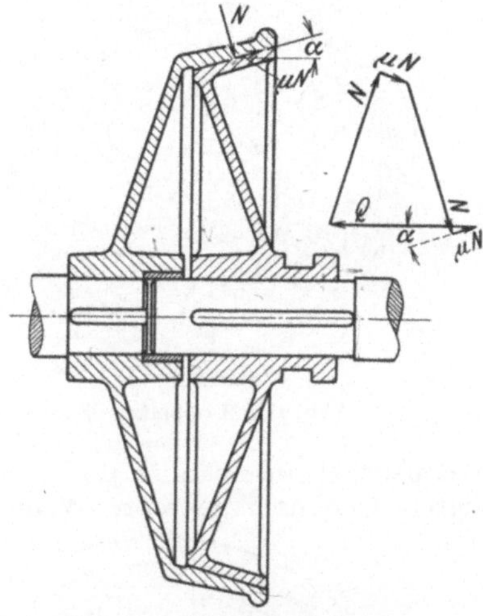

Abb. 113. Lamellenkupplung von Vogel & Schlegel.

Abb. 114. Reibkegelkupplung.

übertragende Reibung erzeugt; zum Lösen der Kupplung wird durch die Muffe die Einwirkung der Hebel aufgehoben.

Man kann die gleiche Reibung durch geringeren Kraftaufwand für das Anpressen erzeugen, wenn man statt ebener Reibflächen kegelige Reibflächen (Abb. 114) ausführt. Dann wird durch Keilwirkung die Anpreßkraft Q entsprechend dem Kegelwinkel α zu einem erheblich größeren Anpreßdruck ($2N$) vervielfacht. Bei dem üblichen Kegelwinkel $\alpha = 30^{0}$ entsteht ein Anpreßdruck

$$2N = \frac{Q}{\sin\frac{\alpha}{2} + \mu \cos\frac{\alpha}{2}} \sim 4Q.$$

Bei diesen Kupplungen muß die zusammenpressende Kraft während der ganzen Betriebsdauer wirken und von den Lagern und dem Stellzeug ertragen werden. Die hiermit verbundene Abnützung vermeiden die zahlreichen Bauarten von Reibungskupplungen mit symmetrisch angeordneten Reibflächen, bei denen die Anpreßkräfte durch Kraftschluß innerhalb der Kupplung ausgeglichen werden. Als Beispiele sind zu nennen die Bennsche Reibflächenkupplung von Lohmann & Stolterfoth, Witten/Ruhr (Abb. 115) und die Doppelkegelkupplung der Sächsischen Ma-

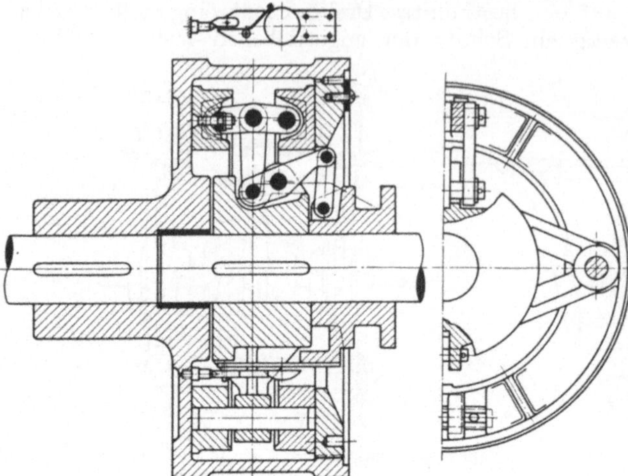

Abb. 115. Reibflächenkupplung.

schinenfabrik vorm. Hartmann, Chemnitz (Abb. 116). Bei beiden werden an einem Stern der einen Welle angreifende ebene bzw. kegelige Reibringe

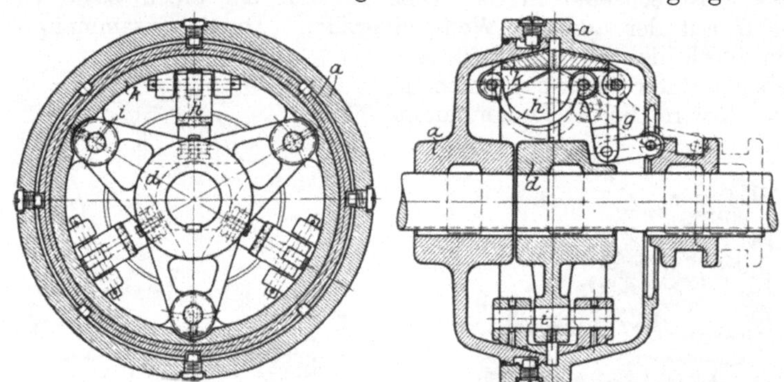

Abb. 116. Doppelkegelkupplung von Hartmann, Chemnitz.

durch Kniehebel auseinander und gegen die Wände des auf der anderen Welle befestigten Gehäuses gepreßt. Wenn die Kniehebel durchgedrückt sind, ist

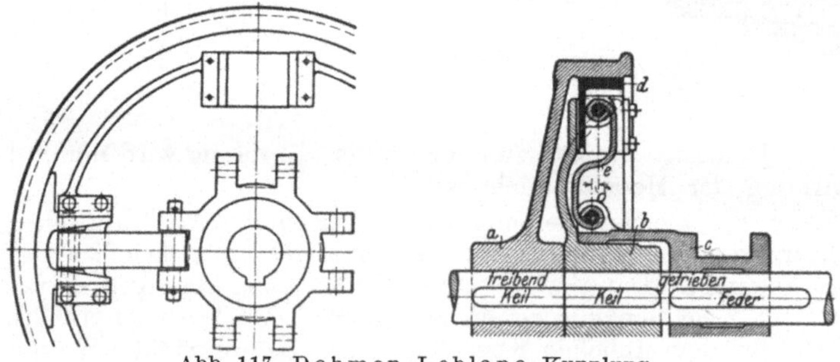

Abb. 117. Dohmen-Leblanc-Kupplung.

weitere Kraftwirkung des Stellzeugs nicht mehr nötig; der Kupplungsmechanismus ist dann selbstsperrend.

Vorbildlich ist auch die Dohmen-Leblanc-Kupplung der Berlin-Anhaltischen Maschinenbau A.G., Dessau (Abb. 117); bei dieser werden 4 bis 8 am getriebenen Kupplungsteil *b* radial verschiebbar geführte Reibbacken *d* durch Blattfedern *e* gegen den Zylinder des antreibenden Kupplungsteils *a* gepreßt. Die Entlastung des Stellzeugs durch Selbstsperrung erfolgt dadurch, daß die Schaltmuffe *c* die Federn um das Stück *d* über den Totpunkt durchdrückt. Zur Übertragung größerer Drehmomente bzw. zur Erzielung kleinerer Durchmesser führt man auch hier die Reibfläche mit keilförmigen Nuten aus (Abb. 118), wodurch die Anpreßkraft der Federn bei 30^0 Keilwinkel, wie oben gezeigt, vervierfacht und die beim Einrücken einem Verschleiß durch Gleiten ausgesetzte Reibfläche vergrößert wird.

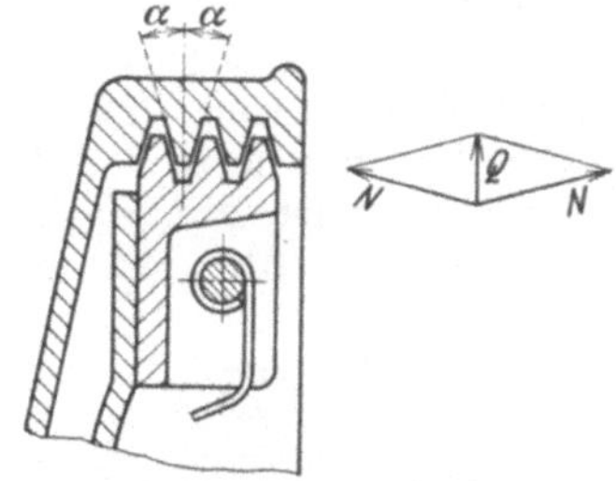

Abb. 118. Reibfläche mit Keilrillen.

Abb. 119. Dohmen-Leblanc-Kupplung mit Keilrillen.

Bessere Reibkraft erhält man auch durch Verwendung von Reibflächen aus Werkstoffen mit höherer Reibungszahl, z. B. von Holz auf Gußeisen, wie

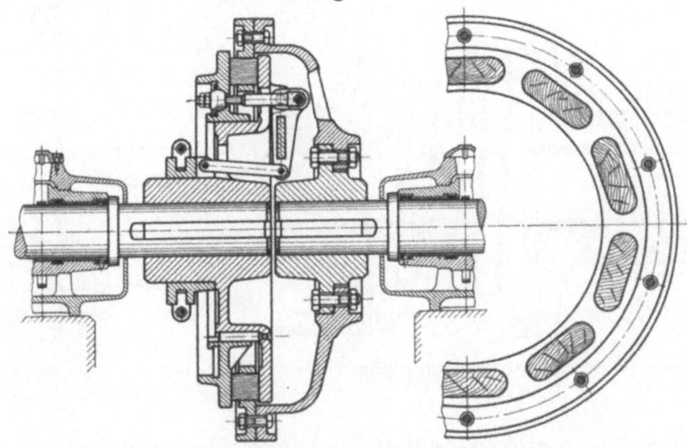

Abb. 120. Isfort-Kupplung (Lohmann & Stolterfoth A.G.).

dies bei der Isfort-Kupplung (Abb. 120) der Lohmann & Stolterfoth A.G., Witten/Ruhr und bei der Hill-Kupplung des Eisenwerks Wülfel, Hannover (Abb. 121*a* u. *b*) zur Ausführung kommt.

Zur Übertragung großer Drehmomente, für die die einfache Flächenreibung nicht ausreicht, hat man Kupplungen konstruiert, bei welchen eine schraubenartig gewundene Stahlfeder, die in ungespanntem Zustand die Reibtrommel mit geringem Spiel ($\sim 0{,}3$ mm) in mehreren Gängen frei umfaßt, durch Spannen der ersten Windung zum Aufwinden auf die Trommel gebracht wird (Abb. 122). Dadurch

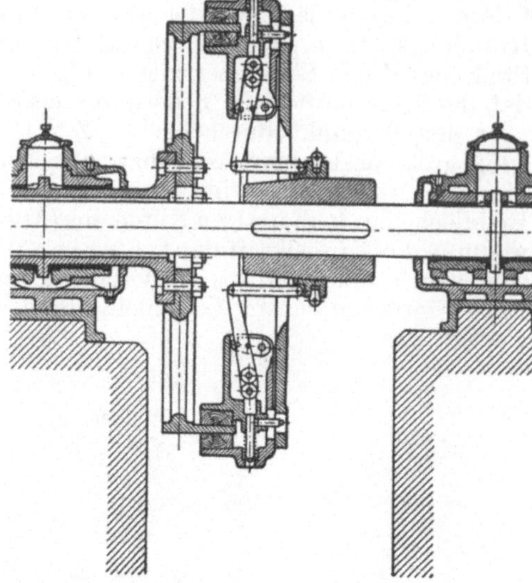

a   b

Abb. 121a u. b. Hill-Kupplung (Eisenwerk Wülfel).

kann nach dem Gesetz der Seilreibung: $S_2 = S_1 \cdot e^{\mu \alpha}$ mit einem geringen Kraftaufwand S_1 eine sehr beträchtliche Zugkraft S_2 am Federende erzielt werden.

5. Sicherheitskupplungen.

Sicherheitskupplungen sind Reibungskupplungen, die für die Übertragung nur eines

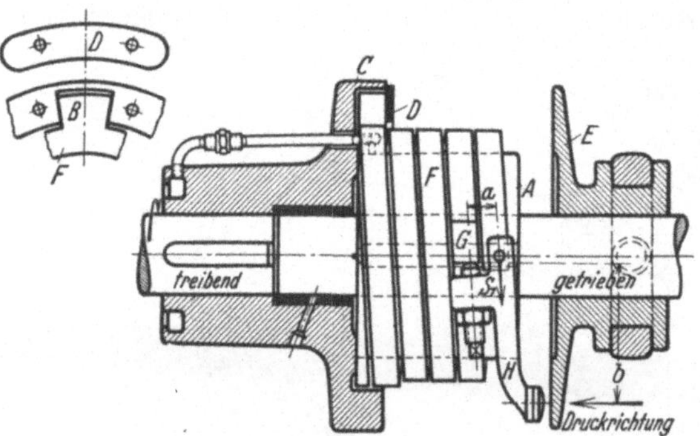

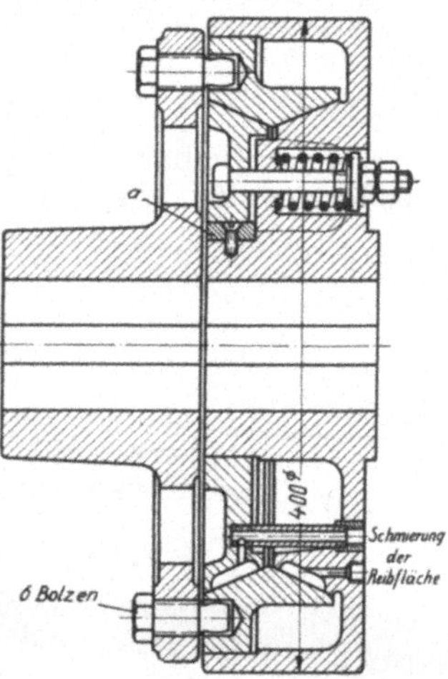

Abb. 122. Schraubenfederreibungskupplung von Schwarz & Co., Dortmund.

Abb. 123. Sicherheitskupplung von Stuckenholz.

bestimmten Drehmoments einstellbar sind und eine Gefährdung der angetriebenen Maschine dadurch vermeiden, daß sie bei Überlastung ins Gleiten kommen. Sie dürfen durch längeres Gleiten nicht leiden und müssen nach Beseitigung der Überlastung wieder zuverlässig übertragen.

D. Übertragungsmittel zwischen zwei Wellen.

1. Allgemeines.

Die hier in Betracht kommenden Mittel sind Räder, die das Drehmoment von einer Welle auf eine andere überleiten. Die Räder können als Reib- und Zahnräder unmittelbar miteinander in Eingriff stehen (Abb. 124) oder durch ein Zwischenglied wie Riemen, Seil oder Kette (Abb. 125) in Verbindung gebracht werden. Haben beide Räder gleichen Durchmesser, so macht das getriebene Rad die gleiche Drehzahl wie das treibende. In den meisten Fällen soll gleichzeitig eine Geschwindigkeitsänderung herbeigeführt werden. Das Verhältnis der Winkelgeschwindigkeiten ω oder der Drehzahlen n heißt Übersetzung i; also

$$i = \frac{\omega_2}{\omega_1} = \frac{n_2}{n_1}, \qquad (20)$$

wobei ω_1 und n_1 der treibenden, ω_2 und n_2 der getriebenen Welle zugehören sollen. Umgekehrt

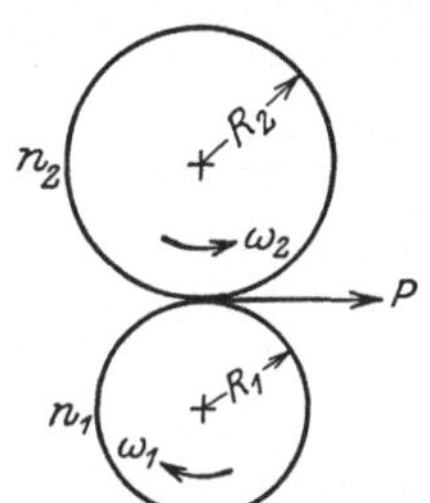

Abb. 124. Direkte Übertragung.

Abb. 125. Indirekte Übertragung.

verhalten sich bei verlustloser Übertragung die Drehmomente, denn es ist bei Abb. 124 die Leistung gemäß Gleichung (8), S. 2.

$$N = \frac{P \cdot 2\,\pi \cdot R_1 \cdot n_1}{60 \cdot 75} = \frac{P \cdot 2\,\pi \cdot R_2 \cdot n_2}{60 \cdot 75} = M_{d1} \frac{2\,\pi\,n_1}{60 \cdot 75} = M_{d2} \frac{2\,\pi\,n_2}{60 \cdot 75}$$

$$i = \frac{n_2}{n_1} = \frac{M_{d1}}{M_{d2}}. \qquad (21)$$

In Wirklichkeit treten bei der Übertragung Verluste auf, die hauptsächlich durch Reibung in den Lagern und an den Übertragungsmitteln verursacht sind. Deshalb ist die an der getriebenen Welle verfügbare Leistung N_2 kleiner, als die von der treibenden Welle abgegebene Leistung N_1. Das Verhältnis ist der Wirkungsgrad

$$\eta = \frac{N_2}{N_1}, \qquad (22)$$

der ein Maßstab für die Güte des Getriebes ist.

Das an der getriebenen Welle zur Verfügung stehende Drehmoment ist demnach

$$M_{d2} = \eta \frac{M_{d1}}{i} = \eta \cdot M_{d1} \frac{n_1}{n_2}. \qquad (23)$$

2. Reibräder.

Stirnreibräder haben als Übertragungskraft die Reibung zwischen ihren zylindrischen Mänteln. Zur Erzeugung dieser Reibung müssen sie (Abb. 126) mit einem Anpreßdruck Q belastet werden. Die Übertragungskraft P darf

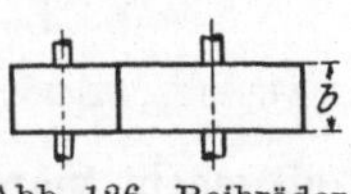

Abb. 126. Reibräder.

nicht so groß werden, daß die Räder beginnen, aufeinander zu gleiten; sie ist also

$$P < Q \cdot \mu. \qquad (24)$$

Bei einer Reibungszahl $\mu = 0,1$ (bei gußeisernen Scheiben) wird ein Anpressungsdruck $Q \geqq 10\,P$ erforderlich, wodurch ein hoher Lagerdruck mit erheblichen Verlusten entsteht. Deshalb ist eine höhere Reibungszahl μ erwünscht, die durch Ausführung des getriebenen Rads mit einer Lauffläche aus Papier,

Leder, Holz oder Drahtasbest erzielt werden kann. Die Reibungszahl μ und der zulässige Anpressungsdruck $k = \dfrac{Q}{b}$ für 1 cm Radbreite ist vom Werkstoff und dessen Zustand (trocken, fettig) abhängig; einen Anhalt geben folgende Werte:

Lauffläche	μ	$p' = \dfrac{Q\mu}{b}$ kg/cm kg
Gußeisen auf Gußeisen .	0,10—0,15	7
„ „ Papier. . .	0,15—0,20	3—5
„ „ Leder . . .	0,20—0,30	2—3
„ „ Holz . . .	0,30—0,50	3—5

Übersetzung. Da die Räder aufeinander rollen, müssen beide die gleiche Umfangsgeschwindigkeit haben, also (Abb. 124)

$$v = \frac{2\,\pi\,R_1}{60}\,n_1 = \frac{2\,\pi\,R_2}{60}\,n_2.$$

Das Geschwindigkeitsverhältnis, d. h. die Übersetzung hängt demnach von den Radhalbmessern ab.

$$i = \frac{n_2}{n_1} = \frac{R_1}{R_2}.$$

Rillenreibräder. Ein anderes Mittel zur Vergrößerung der Umfangskraft ist die bereits bei den Kupplungen erwähnte Ausbildung der Berührungsflächen als Keilflächen (Abb. 128). Entsprechend dem Keilwinkel $2\,\alpha$ wird der Anpreßdruck Q in zwei Normalkräfte N zerlegt nach der mechanischen Beziehung

$$Q = 2\,N\ (\sin\alpha + \mu\cos\alpha),$$

woraus

$$2\,N = \frac{Q}{\sin\alpha + \mu\cos\alpha}.$$

Demgemäß wird

$$P = 2\,N\,\mu = Q\,\frac{\mu}{\sin\alpha + \mu\cos\alpha} = Q\cdot\mu_1. \tag{25}$$

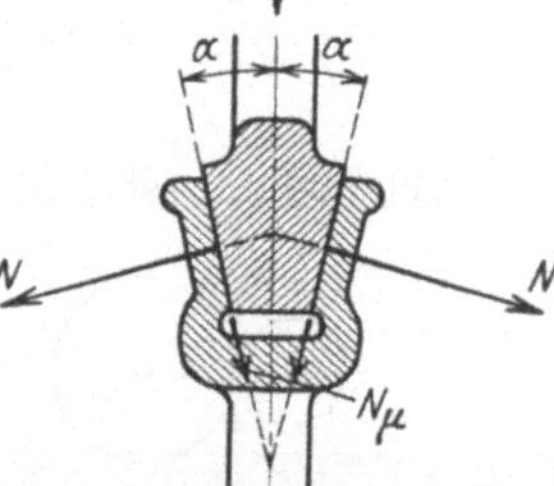
Abb. 127.
Stirnreibräder.

Solche Keilrillenreibräder können nur in Gußeisen ausgeführt werden. Die Reibungszahl ist demgemäß $\mu = 0,1$. Bei $2\,\alpha = 30^0$ wird

$$\mu_1 = \frac{\mu}{\sin\alpha + \mu\cos\alpha} = 0,28$$

und $P < 0,28\,Q$ statt $0,1\,Q$ bei zylindrischen Rädern bzw. der Anpreßdruck $Q > 3,5\,P$ statt $> 10\,P$, wodurch die Lagerreibungsverluste geringer werden. Die Verbesserung durch diese Keilwirkung ist also sehr beträchtlich. Dem steht der Nachteil gegenüber, daß alle Berührungspunkte der Keilflächen auf verschiedenen Halbmessern liegen, während doch nur in einem Kreis die Umfangsgeschwindigkeiten beider Räder übereinstimmen, also auf allen anderen Kreisen ein Gleiten unvermeidlich ist. Zur Einschränkung dieses Nachteils macht man die Rillentiefen klein (10 bis 15 mm) und ordnet dafür zur Erzielung der nötigen Tragfläche mehrere Rillen nebeneinander an (Abb. 129).

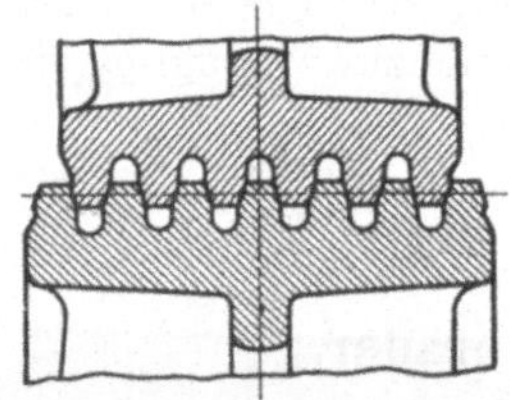
Abb. 128. Keilnuteingriff.   Abb. 129. Keilrillenreibräder.

Kegelreibräder. Wenn die Wellen sich schneiden, müssen die Radkörper statt der Zylinderform die Form von Kegelstumpfen haben (Abb. 130). Aus dem normal gerichteten Flächendruck N an der Berührungsstelle ergibt sich die tangentiale Übertragungskraft

$$P < N\cdot\mu.$$

Der Normaldruck N entsteht infolge des Anpressungsdrucks Q; der Reibungswiderstand ist $N \cdot \mu$. Die in Richtung von Q fallenden Komponenten ergeben $Q = N (\sin \alpha + \mu \cos \alpha)$. (26)

α hängt hier ab von den Radhalbmessern gemäß $\operatorname{tg} \alpha = R_1 : R_2$. Auch hier wird man das getriebene Rad stets mit einer Lauffläche aus einem Werkstoff von höherer Reibung versehen, wie Holz, Leder, Papier, Ferodoasbest und ähnliches.

Wirkungsgrad. Die bei der Übertragung entstehenden Verluste entstehen durch die Rollwiderstände der Laufkränze und durch die Gleitwiderstände in den Lagern. Infolge des erforderlichen Anpressungsdrucks sind die letzteren oft erheblich. Für normale Ausführungen ist ein Wirkungsgrad von $\eta = 0{,}85$ bis $0{,}90$ anzunehmen.

Anwendungsgebiete. Vorteile der Reibradgetriebe sind der geräuschlose Gang, die Einfachheit und Billigkeit, die Möglichkeit des Ein- und Ausrückens während des Betriebs und die Nachgiebigkeit bei Stößen und Überlastungen. Nachteilig sind die für den Anpreßdruck erforderlichen hohen Lagerdrücke und Biegungsbeanspruchungen der Wellen, so daß die Anwendung auf Übertragung kleiner Leistungen beschränkt bleiben muß. Die in Abb. 132 dargestellte Winde ist für Bauplätze und Lagerspeicher gebräuchlich; das Ein- und Ausrücken bzw. Bremsen erfolgt durch Heben und Senken der in exzentrischen Büchsen gelagerten Trommelwellenachse.

Für Schraubenspindelpressen zum Prägen und Abgraten sind Reibradwendegetriebe (Abb. 133) allgemein üblich. Die Reibscheibe beschleunigt die auf der Schraubspindel befestigte Treibscheibe entsprechend dem mit dem Herunterdrehen größer werdenden Ablaufkreis; das so in die Treibscheibe gelegte Arbeitsvermögen

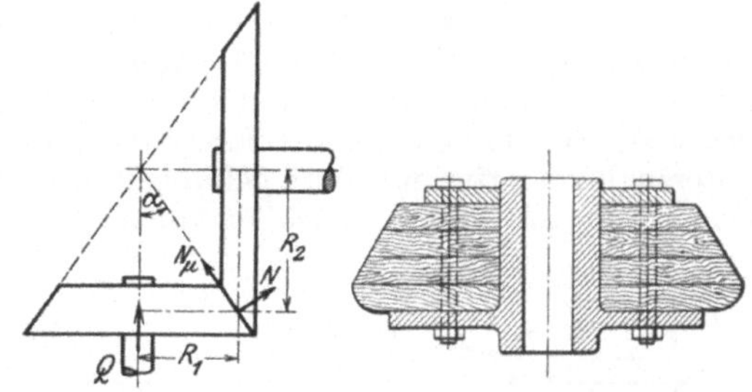

Abb. 130. Kegelreibräder. Abb. 131. Reibrad mit Holzreibfläche.

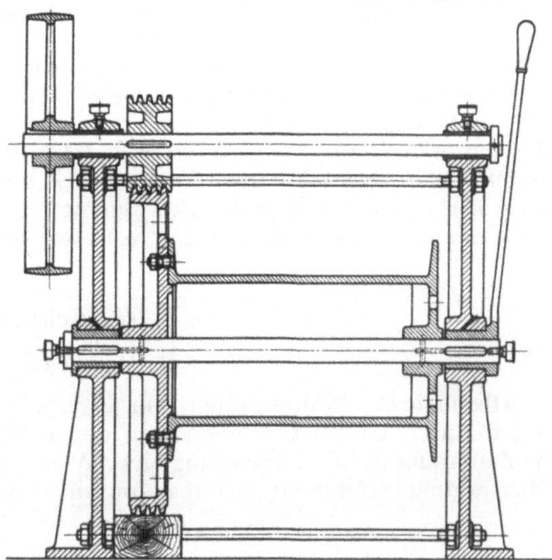

Abb. 132. Winde mit Keilrillenreibrädern.

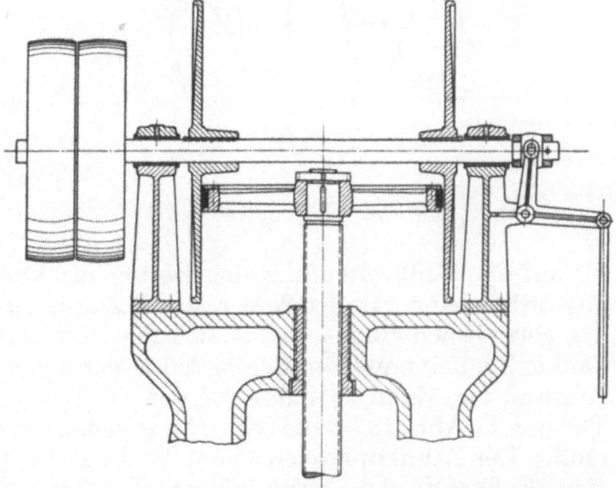

Abb. 133. Reibradwendegetriebe einer Spindelpresse.

vollführt dann mittels des Spindelgewindes den Prägedruck. Siehe auch Abb. 29, S. 21.

Eine große Rolle spielt der Reibungstrieb bei den Lokomotiven, Triebwagen und Kraftwagen. Hier rollt das Triebrad auf der Fahrbahn ab und der tangential auftretende Reibungswiderstand ist die Zugkraft. Maßgebend ist demnach der Druck der Triebräder auf die Fahrbahn oder das sog. Reibungsgewicht. Eine Güterzuglokomotive mit drei gekuppelten Achsen (Abb. 134) von je 14 t Achsdruck kann eine Zugkraft ausüben von $Z_{max} = Q\,\mu = 3 \cdot 14000 \cdot 0{,}15 = 6300$ kg,

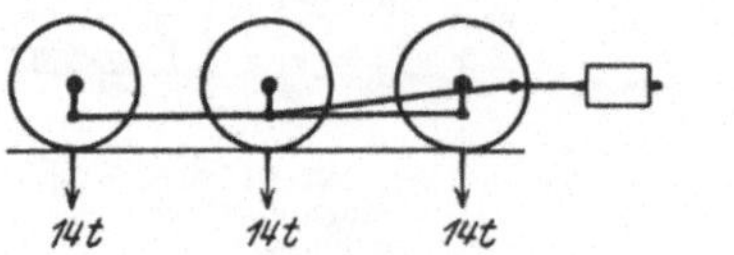

Abb. 134. Güterzuglokomotive.

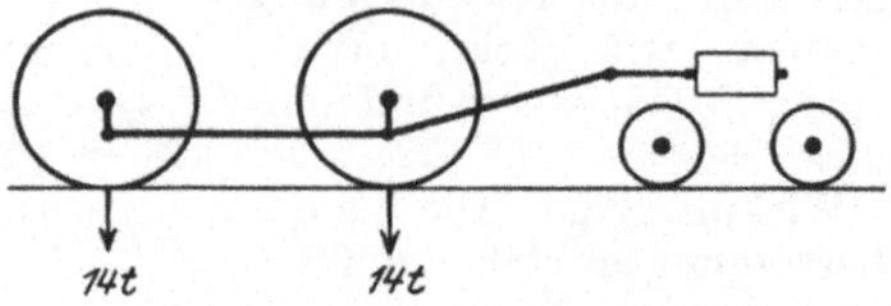

Abb. 135. Schnellzuglokomotive.

während bei einer Schnellzugslokomotive nach Abb. 135 nur das auf die beiden Kuppelachsen entfallende Lokomotivgewicht maßgebend ist, also $Z_{max} = 2 \cdot 14000 \cdot 0{,}15 = 4200$ kg. Bei elektrischen Triebwagen lassen sich ohne Schwierigkeiten alle Achsen antreiben, so daß im Grenzfalle das ganze Zuggewicht als Reibungsgewicht in Betracht kommt. Die dadurch beim Anfahren erreichbaren großen Zugkräfte ermöglichen große Beschleunigung, was vor allem für Stadtbahnen mit kleinen Stationsentfernungen von Bedeutung ist.

3. Zahnräder.

a) Stirnräder.

Allgemeines. Während bei den Reibrädern bei Überlastung ein Gleiten und dadurch Ungleichförmigkeit in der Übersetzung möglich ist, übertragen die Zahnräder die Drehbewegung einer Welle zwangsläufig auf die andere. Diese Übertragung erfolgt unmittelbar durch Druckorgane, die Zähne (Abb. 136),

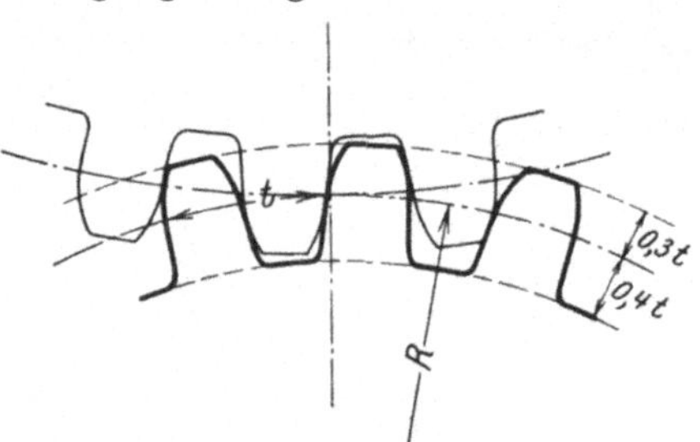

Abb. 136. Verzahnung.

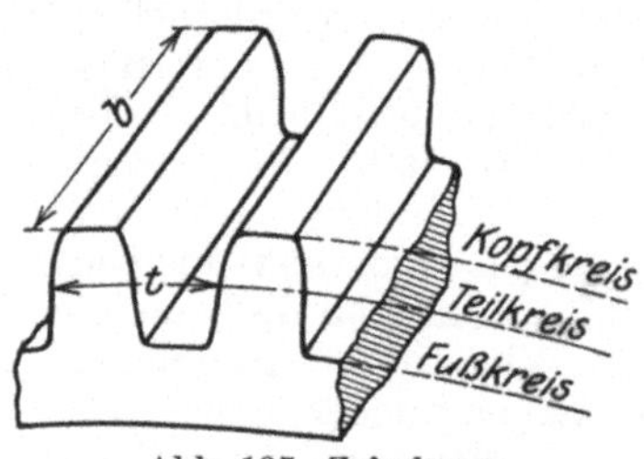

Abb. 137. Zahnkranz.

die auf den Teilkreisen, die den Berührungskreisen der Reibräder entsprechen, angeordnet sind. Es drücken also die Zähne des treibenden Rades auf die Zähne des getriebenen Rades, wobei sich die Berührungsflächen der Zähne, die Zahnflanken, aufeinander mit möglichst geringem Gleiten abwälzen sollen. Der Abstand von Zahn zu Zahn auf dem Teilkreis, als Bogenmaß gemessen, ist die Teilung t (Abb. 137), die bei zusammenarbeitenden Rädern gleich groß sein muß. Der Zahnkopf reicht vom Teilkreis bis zum Kopfkreis, der Zahnfuß bis zum Fußkreis; der Abstand von Kopfkreis und Fußkreis vom Teilkreis ist $0{,}3\,t$ bzw. $0{,}4\,t$. Die Zahnbreite b rechtwinklig zum Teilkreis ist je nach Ausführung und Verwendungszweck $b = 2\,t$ bis $5\,t$ (bei sorgfältigen Sonderausführungen bis $10\,t$ und mehr).

Ist z die Zahl der Zähne und R der Teilkreishalbmesser, so besteht die Beziehung

$$z \cdot t = 2\pi R \text{ (mm)}. \tag{27}$$

Demnach würde der Teilkreisdurchmesser $2R = \dfrac{z \cdot t}{\pi}$ und bei einer runden Millimeterzahl für t stets irrational, so daß die Teilkreise und der Lagerabstand der Zahnradwellen schwierig auszuführen wären.

Deshalb nimmt man zur Erzielung einfacher Konstruktionsabmessungen die Teilung t (mm) als Vielfaches von π; man nennt

$$\frac{t}{\pi} = M \tag{28}$$

den Zahnmodul. So erhält man für den Teilkreishalbmesser

$$R = \frac{z}{2}\left(\frac{t}{\pi}\right) = \frac{z}{2} \cdot M \text{ (mm)} \tag{29}$$

eine endliche Zahl. Der Achsabstand zweier Räder ist

$$R_1 + R_2 = \frac{M}{2}(z_1 + z_2) \text{ (mm)}. \tag{30}$$

Man kann dann auch die Kopf- und Fußhöhe des Zahns auf den Modul beziehen:

Kopfhöhe $= 0,3\,t = 0,3\,\pi\,M = 0,94\,M \sim 1\,M$,

Fußhöhe $= 0,4\,t = 1,26\,M$, aufgerundet auf $1,3\,M$.

Zur Verminderung der Werkzeughaltung wurde in DIN 780 eine Modulreihe genormt, nach welcher für den hier einschlägigen Bereich $M = 4$, $4,5$, 5, $5,5$, 6, $6,5$, 7, $8 \ldots$ bis 16, 18, 20, 22, 24 ist.

Verzahnungsgesetz. Bei zwei zusammen arbeitenden Rädern muß die Übersetzung, d. h. das Verhältnis i der Winkelgeschwindigkeit des getriebenen zu der des treibenden Rades konstant sein, also

$$i = \frac{\omega_2}{\omega_1} = \text{konst} \tag{31}$$

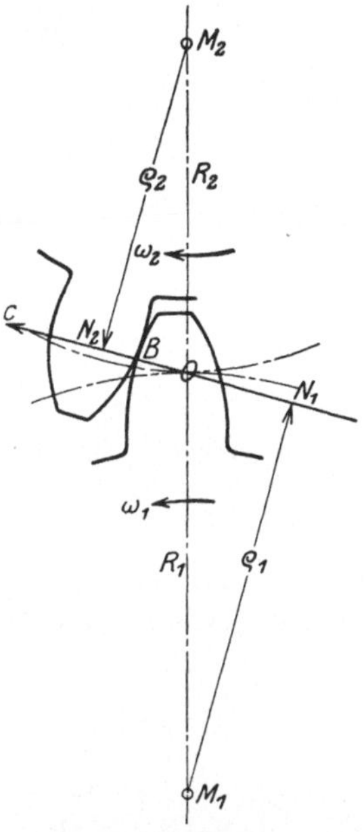

Abb. 138. Zahneingriff.

oder, was dasselbe ist, es müssen die Räder sich so bewegen, als wenn die Teilkreise aufeinander abrollen. In dem jeweiligen Berührungspunkt der beiden Zahnflanken besteht für beide Räder, da ja das eine das andere antreibt, die gleiche Umfangsgeschwindigkeit c. Nach Abb. 138 ist

$$c = \omega_1 \cdot \varrho_1 = \omega_2 \cdot \varrho_2; \text{ also } \frac{\omega_2}{\omega_1} = \frac{\varrho_1}{\varrho_2}.$$

Aus der Ähnlichkeit der Dreiecke $O M_1 N_1$ und $O M_2 N_2$ folgt

$$\frac{\varrho_1}{\varrho_2} = \frac{R_1}{R_2}; \text{ also } i = \frac{\omega_2}{\omega_1} = \frac{R_1}{R_2} = \text{konst}. \tag{32}$$

Die Normale im Berührungspunkt der Zahnflanken schneidet also die Zentrale $M_1 M_2$ in einem festen Verhältnis, sie geht demnach stets durch den Punkt 0.

Demnach lautet das Verzahnungsgesetz: Die Normale in dem Berührungspunkt zweier Zahnflanken muß stets durch den Berührungspunkt der beiden Teilkreise gehen.

Nimmt man eine Zahnflanke beliebig an, so könnte man nach diesem Satz die Gegenflanke konstruieren. Praktischer wählt man jedoch von vornherein solche Kurven, die eine bestimmte Gesetzmäßigkeit haben und gemäß ihrem Entstehen diese Bedingung erfüllen. Solche Kurven sind die Zykloide und die Evolvente.

Zykloidenverzahnung. Die zyklischen Kurven entstehen durch Abrollen eines Rollkreises auf einem Grundkreise. Liegt der Rollkreis R (Abb. 139) außerhalb des Grundkreises G, so entsteht die Epizykloide. Ist der Rollkreis in die punktierte Lage gekommen, so hat der ursprüngliche Berührungspunkt O die Kurve OA beschrieben, und der Punkt A_r ist nach A_g gewandert. Aus der Gleichheit der abgerollten Bögen folgt

$$\overset{\frown}{OA_g} = \overset{\frown}{OA_r}.$$

Ebenso sind die zugehörigen Sehnen einander gleich

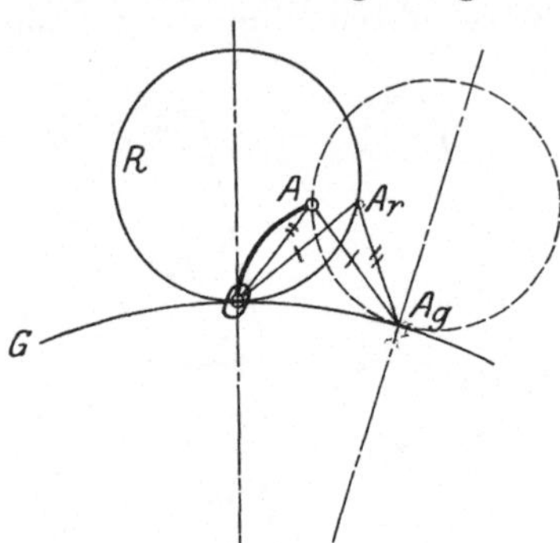

Abb. 139. Epizykloide.

$$\overline{OA_r} = \overline{AA_g},$$

endlich folgt aus der Ähnlichkeit der Dreiecke

$$\overline{A_rA_g} = \overline{OA}.$$

Aus diesen drei Beziehungen läßt sich die Epizykloide OA punktweise konstruieren, indem man wechselnde Längen der Rollbögen OA_r annimmt; der Schnittpunkt der aus den beiden Gleichungen entstehenden Kreise ist der gesuchte Kurvenpunkt.

Liegt der Rollkreis innerhalb des Grundkreises, so entsteht die Hypozykloide, ist er größer als der Grundkreis, die Perizykloide (Innenverzahnung) und ist der Grundkreis unendlich groß, also eine Gerade (Zahnstange), so entsteht die gemeine Zykloide. Die Konstruktion dieser Abarten erfolgt sinngemäß in der gleichen Weise wie bei der Epizykloide.

Bei der Verzahnung eines Rades legt man zunächst die Teilkreise T_1 und T_2 mit den Kopf- und Fußkreisen fest (Abb. 140) und nimmt die Rollkreise R_1 und R_2 meist mit 0,4 des zugehörigen Teilkreisdurchmessers an. Für das Rad I läßt man den Rollkreis R_2 auf T_1 rollen und erhält bis zum Kopfkreis die Epizykloide OE_1. Der Zahnfuß entsteht durch Rollen von R_1 auf T_1 (Hypozykloide OH_1). Nunmehr wird durch Auftragen der halben Zahnstärke die Mittellinie des Zahnes festgelegt und hierzu symmetrisch die andere Begrenzungsseite des Zahnes aufgetragen. In gleicher Weise verfährt man bei dem Rade II, indem man R_1 und R_2 auf T_2 rollen läßt.

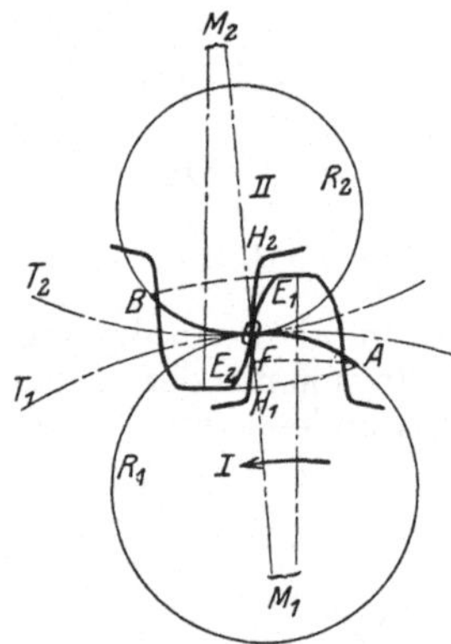

Abb. 140. Zykloidenverzahnung.

Alle Zahnberührungspunkte müssen auf den Rollkreisen liegen, weil die Zahnkurven rechtwinklig zu diesen Kreisen stehen. Diese Eingriffslinie wird durch die Punkte A und B begrenzt, denn bei A (Schnittpunkt mit dem Kopfkreis) tritt die Zahnspitze des Zahnes II in das Eingriffsfeld ein und bei B wird es von dem Zahn I verlassen. Die Eingriffstrecke AOB muß größer als die Teilung sein, damit stets mindestens ein Zahn im Eingriff ist. Das Verhältnis ist die Überdeckung τ, also

$$\tau = \frac{\overset{\frown}{AOB}}{t} > 1.$$

Bei Beginn des Zahneingriffs im Punkte A liegt der Berührungspunkt des Zahnes II am äußersten Ende auf dem Kopfkreis, also im Punkte E_2. Der zugehörige Berührungspunkt des Zahnes I wird gefunden, wenn man mit M_1A einen Kreis schlägt; er liegt also im Punkte F. Die Zahnberührungen vom Beginn des Eingriffs bis zu der gezeichneten Mittellage liegen auf dem Eingriffsbogen AO, sie wandern auf dem Zahn II von E_2 nach O und auf dem Zahn I von F nach O. Man erkennt, daß die Strecke FO kleiner ist als E_2O; es findet demnach kein vollkommenes Rollen, sondern ein teilweises Gleiten auf den Zahnflanken statt. Der Unterschied $E_2O - FO$ gibt einen Maßstab für das Gleiten; es ist um so größer, je näher F an O liegt. Diese Betrachtungen lassen den Einfluß der Größe der Rollkreise erkennen. Werden die Rollkreise größer gemacht als gezeichnet, so fallen die Punkte A und B

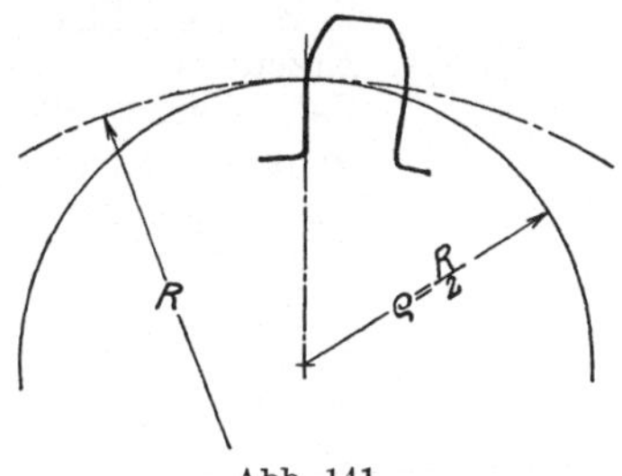

Abb. 141.

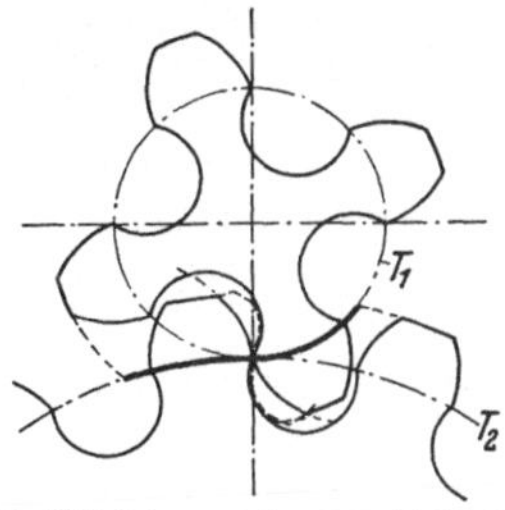

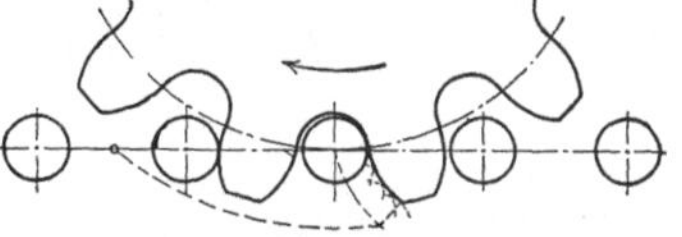

Abb. 142. Punktverzahnung (Ausnahmefall).

weiter nach außen, die Eingriffstrecke und die Überdeckung werden größer und demnach der Gang ruhiger. Andererseits fällt der Punkt F näher nach O, es wachsen also die Reibungsverluste und die Abnutzung. Große Rollkreise ergeben eine große Eingriff-Überdeckung und ruhigen Gang, aber vermehrte Reibung und Abnutzung.

Macht man den Rollkreisdurchmesser gleich dem Teilkreisradius, so wird die Hypozykloide des Zahnfußes eine nach der Radmitte radial laufende Gerade (Abb. 141), die Wurzel wird geschwächt. Allerdings kommt nur der Teil OF in Abb. 140 zum Eingriff, so daß der übrige

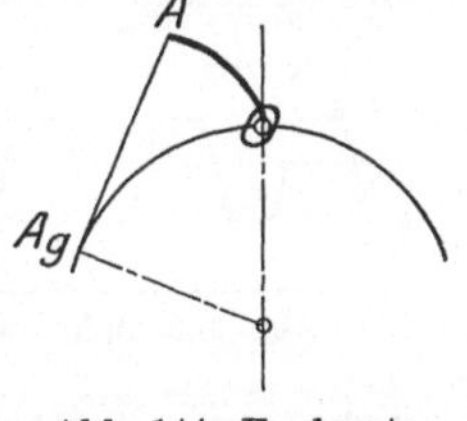

Abb. 143. Triebstockverzahnung.

Teil des Zahnfußes durch eine gute Abrundung im Grunde wieder so weit verstärkt werden kann, daß der Zahn des andern Rades nicht anstößt. Wird der Rollkreis noch größer, so wird das Fußprofil unterschnitten und die Strecke OF noch weiter verkleinert, bis im Grenzfalle, daß der Rollkreis die gleiche Größe wie der Teilkreis hat, der Punkt F mit O zusammenfällt, also die Eingriffstrecke des Zahnfußes auf einen Punkt zusammenschrumpft (Punktverzahnung). Wegen der großen Eingriffstrecke kann man hier mit der Zähnezahl weit heruntergehen (Abb. 142), so daß große Übersetzungen möglich sind. In diesem Falle kann man aber auch die Zähne des getriebenen Rades als stoffliche Punkte — Triebstöcke — vom Durchmesser der Zahnstärke ($^{19}/_{40}\,t$) ausbilden und erhält dadurch eine sehr einfache Herstellung, insbesondere bei Zahnstangen (Abb. 143). Wegen der großen Abnutzung ist die Punkt- oder Triebstockverzahnung jedoch nur für Triebe mit sehr seltener Benutzung, z. B. bei Handwinden und Schützenaufzügen zulässig.

Evolventenverzahnung. Die Evolvente entsteht durch Abrollen einer Geraden auf einem Grundkreise (Abb. 144). Für jeden Punkt A der Kurve gilt

Abb. 144. Evolvente.

$$\overline{A\,Ag} = \overparen{O\,Ag},$$

man macht also bei der Aufzeichnung der Kurve die Tangenten in irgendeinem Punkte des Grundkreises gleich dem Kreisbogen bis O.

Bei der Verzahnung eines Räderpaares (Abb. 145) pflegt man die erzeugende Gerade um $\alpha = 70^0$ gegen die Zentrale zu neigen, die Berührungskreise mit den Radien $r_1 = R_1 \sin \alpha = 0{,}94\,R_1$ und $r_2 = R_2 \sin \alpha = 0{,}94\,R_2$ sind die Grundkreise G_1 und G_2. Durch Abwälzen der Erzeugenden $n_1 n_2$ auf G_1 entsteht in einem Zuge die Zahnkurve für das Rad I vom Kopf- bis zum Grundkreis; die Zahnflanke vom Grundkreis bis zum Fußkreis ist eine Radiale. Symmetrisch zu Zahnmitte wird die andere Zahnbegrenzung gefunden. In der gleichen Weise wird unter Benutzung des Grundkreises G_2 die Zahnkurve des Zahnes II bestimmt. Die Eingriffslinie liegt hier auf der Erzeugenden $n_1\,n_2$; der Zahndruck verläuft stets in dieser Richtung. Sie wird begrenzt durch den Schnittpunkt mit den Kopfkreisen, d. h. der Eingriff beginnt bei a und endet bei g. Die Überdeckung ist demnach

$$\tau = \frac{\widehat{a\,g}}{t} > 1.$$

Wird das eine Rad unendlichgroß (Zahnstange, Abb. 146), so werden die Zahnkurven gerade Linien, die lotrecht auf der Erzeugenden stehen.

Wahl der Zahnform. Die Zykloidenzahnform hat in theoretischer Hinsicht die Vorteile, daß die doppelt gekrümmten Flanken sich

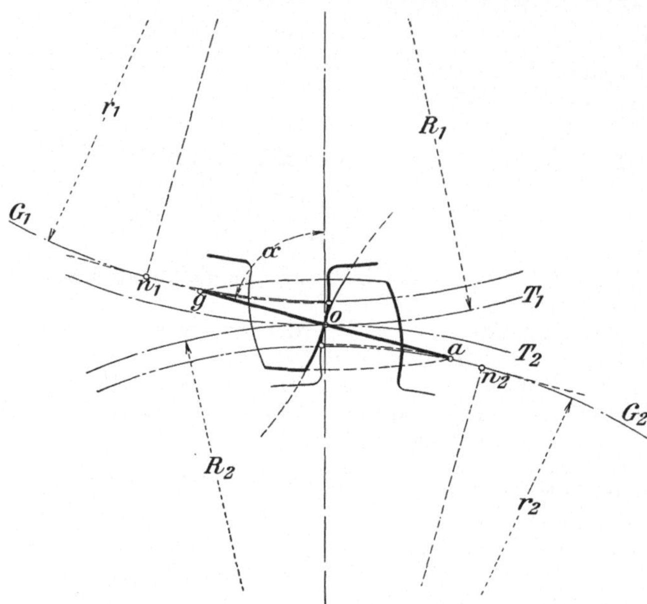

Abb. 145. Evolventenverzahnung.

mit schmalen Berührungsflächen besser ineinanderschmiegen und dadurch geringere Abnutzung haben und daß der Zykloidenzahn in normalen Fällen eine größere Haftfläche am Radkörper besitzt. Demgegenüber stehen die Nachteile, daß zur Herstellung für jedes Zahnrad ein besonderer Formfräser konstruiert und umständlich ausgeführt werden muß, daß Zahnlücke für Zahnlücke einzeln im Teilverfahren gefräst werden muß, daß der theoretische Achsabstand zweier Räder sehr genau ausgeführt werden muß und daß verschiedene Zahnräder gleicher Teilung

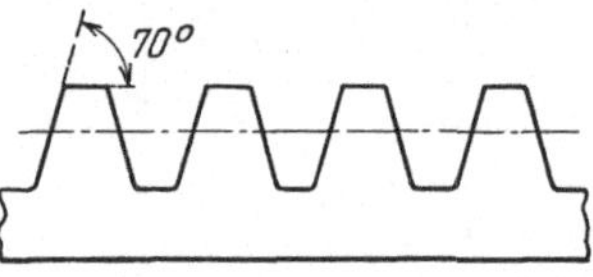

Abb. 146. Zahnstange.

nicht ohne weiteres zusammen laufen. Die Evolventenzahnform hat zwar den Nachteil, daß die gewölbten Flanken sich nur in Linien (statt schmalen Flächen) berühren, wodurch die Abnutzung bei angestrengtem Betrieb größer werden kann; sie hat aber die Vorteile, daß alle Zähnezahlen gleicher Teilung mit dem gleichen Werkzeug (Stoßrad oder Abwälzfräser) nach dem technisch und wirtschaftlich vorteilhafteren Abwälzverfahren ausgeführt werden können, daß der Abwälzfräser überdies einfach und billig herstellbar ist, daß Räder gleicher Teilung mit verschiedenen Zähnezahlen einwandfrei zusammen laufen und daß geringe Abweichungen im Achsabstand bei Neumontage wenig schaden. Aus diesen Gründen werden nur noch Sondergetriebe für hohe Anforderungen mit Zykloidenzahnform versehen, während normale Zahnräder fast ausschließlich Evolventenzahnform erhalten.

Zähnezahl. Je größer die Zähnezahl gewählt wird, um so besser werden die Eingriffsverhältnisse, aber um so größer die Räder. Bei wichtigen und häufig laufenden Trieben mit mechanischem Antrieb — Arbeitsräder — legt man auf guten und gleichmäßigen Gang Wert, während bei selten benutzten Rädern, z. B. bei Hebemaschinen mit Handantrieb — Krafträder — die Billigkeit der Herstellung im Vordergrund steht. Als Anhalt für die kleinste Zähnezahl kann dienen für

$$\text{Arbeitsräder mit mäßiger Geschwindigkeit} \dots \dots \dots z > 18$$
$$\text{ ,, \quad mit hoher Geschwindigkeit} \dots \dots \dots z > 22$$
$$\text{Krafträder} \dots \dots \dots \dots \dots \dots \dots \dots \dots z > 13$$

Übersetzung. Da die Teilkreise aufeinander rollen, verhalten sich die Drehzahlen zweier Räder umgekehrt wie die Teilkreishalbmesser, und da die Zähnezahlen wieder den letzteren proportional sind, ist die Übersetzung

$$i = \frac{n_2}{n_1} = \frac{R_1}{R_2} = \frac{z_1}{z_2}.$$

Je größer die Übersetzung ist, um so größer werden die Radunterschiede und um so schlechter die Eingriffsverhältnisse. Man wählt etwa für

langsam laufende Arbeitsräder . . . $i < 1 : 7$
rasch laufende Arbeitsräder . . . . $i < 1 : 5$
Krafträder . . . . $i < 1 : 8$ (bis $1 : 10$)

Sind größere Übersetzungen notwendig, so unterteilt man die Geschwindigkeitsänderung stufenweise (Vorgelege). Für Abb. 147 ist

$$i = \frac{n_4}{n_1} = \frac{n_2}{n_1} \cdot \frac{n_3}{n_2} \cdot \frac{n_4}{n_3} = i_1 \cdot i_2 \cdot i_3,$$

d. h. die Gesamtübersetzung ist das Produkt der Einzelübersetzungen.

Herstellung der Verzahnung. Für kleine und mittlere Kräfte wird Gußeisen bevorzugt, das bei sorgfältigem Einformen auf Formmaschinen so genügend glatte Oberflächen erhält, daß für Geschwindigkeiten unter 1,5 m/s und anspruchlose Zwecke eine Bearbeitung der

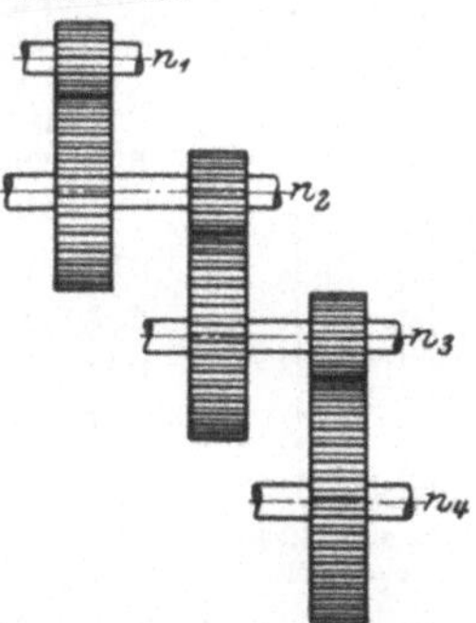

Abb. 147. Mehrfache Übersetzung.

Zahnflanken nicht nötig ist; die harte Gußhaut hat für rauhe Betriebe sogar Vorteile. Bei gegossenen Zahnflanken macht man zur Erzielung stärkerer gegen Eckendruck widerstandsfähiger Zähne die Zahnbreite b nicht über $2,5\,t$. Für große Kräfte bearbeitet man die kleinen Zahnritzel aus Stahl, während man gegossene Zahnräder aus Stahlguß herstellt; doch kann man dann infolge der rauhen Oberfläche und des Verziehens beim Glühen nur bei großer Teilung und geringer Betriebsgeschwindigkeit von Bearbeitung der Zahnflanken absehen. Zahnräder für bessere Maschinen erhalten stets bearbeitete Zahnflanken; für hochwertige Zwecke und hohe Geschwindigkeiten sind oft einsatzgehärtete Stahlräder mit geschliffenen Zahnflanken angezeigt. Sorgfältig ausgeführten Verzahnungen gibt man, sofern auch die Achslagerung einwandfrei ist, zur Erzielung der Vorteile kleiner Teilung größere Zahnbreiten von $5\,t$ und mehr. Zum ruhigen Lauf bei höherer Geschwindigkeit kann man für gut bearbeitete Gußeisenräder die Ritzel aus Bronze, Rohhaut, Novotext, Silcurit, Turbax und ähnlichen elastischen und schalldämpfenden Werkstoffen machen. Die Bearbeitung der Zahnflanken erfolgt selten nach dem Teilverfahren; meist nach dem Abwälzverfahren auf Fräsmaschinen oder Zahnradhobelmaschinen.

Berechnung der Teilung. Wenn nicht sicher ist, daß zwei oder mehr Zähne die Umfangskraft gleichmäßig übertragen, nimmt man an, daß nur ein Zahn die ganze Kraft aufnimmt. Der Zahn wird durch die zu übertragende Umfangskraft P (kg) auf Biegung beansprucht. Der ungünstigste Angriffspunkt der Kraft liegt an der Zahnspitze (Abb. 148) und der gefährliche Querschnitt an der Wurzel. Die Biegungsgleichung lautet

$$P \cdot l \, (\text{kg cm}) = W \cdot \sigma_{b\,zul} = \frac{b\,h^2}{6} \cdot \sigma_{b\,zul}.$$

Mit

$$l = 0,7\,t \quad \text{und} \quad h = 0,5\,t \quad \text{(cm)}$$

wird

$$P = \frac{0,5^2}{6 \cdot 0,7} \cdot b \cdot t \cdot \sigma_{b\,zul} = k \cdot b \cdot t \text{ (kg)}, \tag{33}$$

worin

$$k = 0,06 \cdot \sigma_{b\,zul} \text{ (kg/cm}^2)$$

ist.

Nach Gleichung (33) berechnet man dann die Zahnabmessungen, indem man

$$b = \psi\,t \quad \text{und damit} \quad P = k \cdot \psi \cdot t^2 \tag{34}$$

setzt und je nach der Güte der Zahnflankenbearbeitung und nach der Zuver-

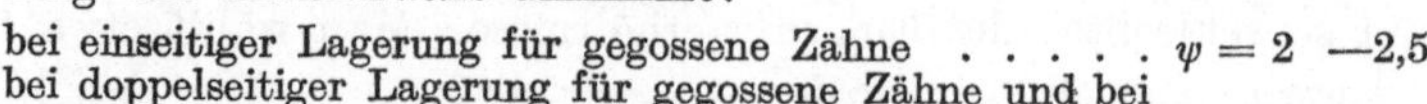

lässigkeit paralleler Achsenlagerung zur gleichmäßigen Verteilung des Zahndrucks annimmt:

bei einseitiger Lagerung für gegossene Zähne . . . . . $\psi = 2$ —2,5
bei doppelseitiger Lagerung für gegossene Zähne und bei
    einseitiger Lagerung für bearbeitete Zähne . . . . . $\psi = 2,5$—3,5
bei zuverlässiger Lagerung und gut bearbeiteten Zähnen $\psi = 4$—5
nur wenn sorgfältigste Ausführung dauernd gesichert . . $\psi > 5$

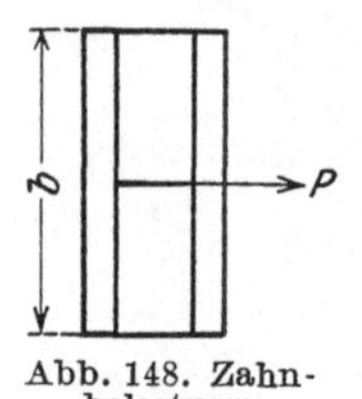

Abb. 148. Zahnbelastung.

Diese Berechnung der Zähne auf Biegungsfestigkeit nach obiger Gleichung (34) genügt nur für gelegentlich oder mit geringer Geschwindigkeit laufende Krafträder, sofern man bei hartem Betrieb, d. h. bei stoßweiser Beanspruchung $\sigma_{b\,zul}$ bzw. k entsprechend vorsichtig einsetzt. Bei dauernd und rasch laufenden Arbeitsrädern dagegen muß auch gegen Abnützung und Erwärmung Rücksicht genommen werden. Hierzu verringert man bei zunehmender Umfangsgeschwindigkeit c den Werkstoffwert k nach den dem Kurvenbild (Abb. 149) zugrunde liegenden Erfahrungswerten auf k' und erreicht hierdurch größere Zahnabmessungen und damit niedrigere Flankenpressung.

Wenn Zahnräder in einem „rauhen Betrieb" besonderer Beanspruchung ausgesetzt werden, so wird man den Werkstoffwert k' durch einen Abnützungsfaktor 0,9 bis 0,5 weiter verringern, um widerstandsfähigere Zähne zu bekommen.

Gleichung (33) bis (34) sind nur für Zahnstangen unmittelbar benutzbar, weil bei Rädern zunächst nur das Drehmoment $M\,d$ oder die PS-Leistung N und die Drehzahl n bekannt sind. Man muß dann umrechnen:

Bei einem Teilkreishalbmesser R ist $M_d = P \cdot R = k \cdot \psi \cdot t^2 \cdot R$.

$$\text{Mit } R = \frac{z \cdot t}{2 \cdot \pi} \text{ [nach Gleichung (27)] wird } t = 1,85 \sqrt[3]{\frac{M\,d}{k \cdot \psi \cdot z}} \text{ (cm)} \tag{35}$$

$$\text{oder mit } M_d = 71\,620\,\frac{N}{n} \text{ (kg cm) [nach Gleichung (9), S. 2]}$$

$$\text{wird } t = 76 \sqrt[3]{\frac{N}{k \cdot \psi \cdot z \cdot n}} \text{ (cm)}. \tag{36}$$

Zu der so ermittelten Teilung wählt man aus DIN 780 den nächst passenden Modul und berechnet sodann aus Gleichung (29) den Teilkreisdurchmesser.

Für einen gegebenen Raddurchmesser wird man bei der Entscheidung: „schmale Zähne von gröberer Teilung" oder „breitere Zähne von feinerer Teilung" eine kleinere Teilung und dadurch größere Zähnezahl anstreben, weil dann gleichzeitig mehrere Zähne in Eingriff stehen und dadurch die Räder ruhiger laufen und sich weniger abnützen. Wenn aber, wie bei gegossenen Zähnen oder bei verstellbaren Wellenlagern, eine gleichmäßige Verteilung des Zahndrucks auf die ganze Zahnbreite nicht gewährleistet ist, muß man gröbere Teilung nehmen, weil Eckendruck eintreten kann, was zu starker Abnützung bzw. zu Bruch führt.

Da bei großer Übersetzung (z. B. $1:4$) der einzelne Zahn des kleinen Rads nach Maßgabe des Verhältnisses $z_1 : z_2$ erheblich öfter zum Eingriff kommt als ein Zahn des großen Rads, wird man eine stärkere Abnutzung des kleines Rads dadurch vermeiden, daß man dieses aus widerstandsfähigerem Werkstoff anfertigt. Die Berechnung der Teilung hat aber dann stets für das geringwertigere Material des großen Rads zu erfolgen.

Zahlenbeispiel.

Ein Stirnräderpaar ist zu berechnen für eine Übersetzung $n_1 : n_2 = 1 : 3$ und für ein Drehmoment des kleines Rads $Md_2 = 10000$ kg cm. Um hier die Auswirkung auf die Zahnabmessungen zu zeigen, erfolgt die Berechnung sowohl als Arbeitsräder für $n_2 = 200$, wie als Krafträder, sowie auch aus den verschiedenen Werkstoffen Gußeisen, Stahlguß und Maschinenstahl in unten angegebenen Güten.

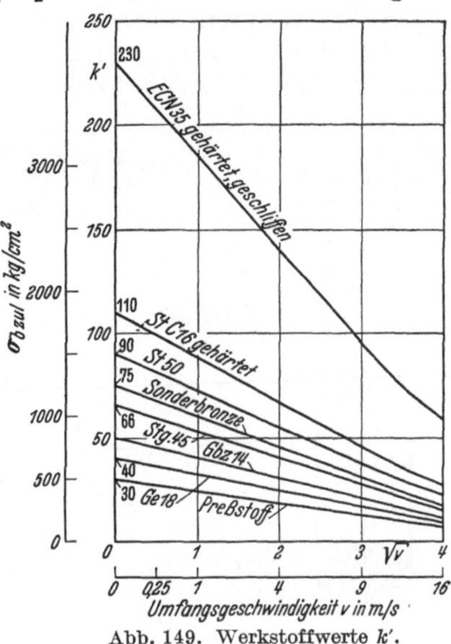

Abb. 149. Werkstoffwerte k'.

	Für Arbeitsräder $n_1 : n_2 = 67 : 200$			Für Krafträder (selten in Benützung)		
	Ge 18	Stg 45	St 50	Ge 18	Stg 45	St 50
Leistung $N = \dfrac{Md_2 \cdot n_2}{71\,620}$	28 PS	28 PS	28 PS	—	—	—
Lagerung der Wellen.	einseitig		doppelt	einseitig		
Bearbeitung	gut	gut	sehr gut	gegossen	gegossen	gut
Zähnezahl z_2	22	22	22	16	16	16
Werkstoffwert k	(40)	(66)	(90)	40	66	90
Zahnbreite $\psi \cdot t$	$3^1/_2\,t$	$3^1/_2\,t$	$4^1/_2\,t$	$2^1/_4\,t$	$2^1/_4\,t$	3
Teilung t nach Gleichung (35).	(27 mm)	(23 mm)	(19 mm)	35 mm	30 mm	25 mm
Nächstgrößerer Modul	(9)	(8)	(6,5)	12	10	8
Teilkreis $d_2 = M \cdot z_2$	(198)	(176)	(143)	192	160	128
Geschwindigkeit $v = \dfrac{d_2\,\pi\,n_2}{60}$ . .	(2,07 m/s)	(1,84 m/s)	(1,5 m/s)	—	—	—
Werkstoffwert k'	29	48	69	—	—	—
Teilung t	30 mm	26 mm	21 mm	—	—	—
Nächster Modul	10	9	7	—	—	—
Teilkreis d_2	220 mm	198 mm	154 mm	—	—	—
Zahndruck P kg	910	1010	1300	1040	1250	1560

Radkörper. Bei gegossenen Rädern (Abb. 150) wird der Zahnkranz durch eine gerade Zahl von Armen getragen. Die Umfangskraft ergibt für den Arm ein Biegungsmoment M_b, dessen Größtwert an der Nabe $P \cdot y$ ist. Man pflegt nur $^1/_4$ der Armzahl i als tragend anzunehmen, also

$$P \cdot y = \frac{i}{4}\,W \cdot \sigma_{b\,zul}.$$

Bei einer Armbreite h und einer Stärke $h/5$ wird mit $\sigma_{b\,zul} = 300$ für Gußeisen

$$h = \sqrt[3]{\frac{P \cdot y}{2,5\,i}}.$$

Um die Seitensteifigkeit zu erhöhen, erhält der Arm beiderseitig Rippen, so daß der Querschnitt kreuzförmig wird. Für große Biegungsmomente führt man das Armprofil auch ⊢—⊣förmig aus.

Bei den kleinsten möglichen Rädern setzen sich die Zähne unmittelbar auf die Nabe auf (Abb. 151). Zur Versteifung kann man an gegossenen Zahnritzeln ein- oder beiderseitig Bordscheiben vorsehen.

Räder aus geschmiedetem Stahl erhalten statt der Arme vollwandige Scheiben; bei größeren Bronzezähnen fertigt man aus Ersparnisrücksichten nur den

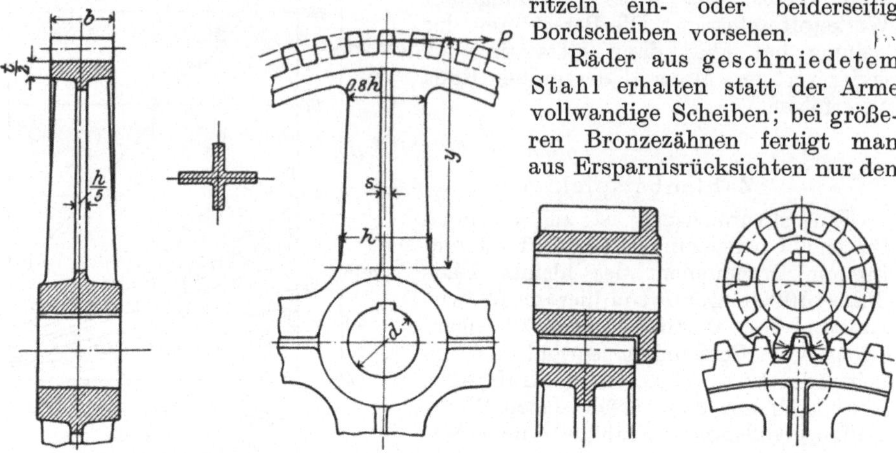

Abb. 150. Gegossenes Zahnrad.   Abb. 151. Gegossenes Ritzel.

Zahnkranz aus diesem Werkstoff und setzt ihn auf einen gußeisernen Radkörper auf.

Preßstoff- und Rohhauträder haben geschnittene Zähne, die meist in einen Stahl- oder Bronzeradkörper eingespannt werden (Abb. 152). Sie arbeiten mit geschnittenen Gußeisenzähnen zusammen und haben auch bei hohen Geschwindigkeiten einen ruhigen, geräuschlosen Gang. Sie können mit 80 % der für Gußeisen zulässigen Materialspannung gerechnet werden.

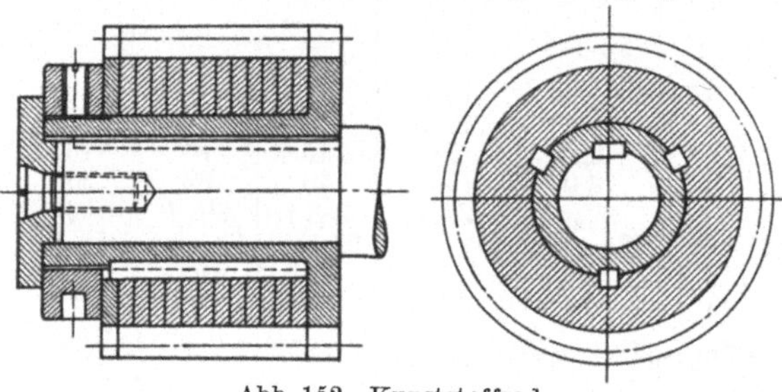

Abb. 152. Kunststoffrad.

Wirkungsgrad. Die bei der Übertragung durch ein Räderpaar auftretenden Verluste sind Lagerreibung und Zahnreibung. Bei normalen Ausführungen mit gefrästen Zähnen beträgt der Wirkungsgrad

$$\eta = 0{,}94 \text{ bis } 0{,}97.$$

Bei Zahnrädern mit geschliffenen Flanken und Kugellagerung ist der Wirkungsgrad noch günstiger.

b) Kegelräder.

Wenn man Stirnräder so gegeneinander neigt, daß ihre Achsen sich schneiden, so entstehen Kegelräder. Die zylindrischen Grundkörper gehen in abgestumpfte Kegel über mit der gemeinsamen Kegelspitze in O (Abb. 153) und der Berührungslinie BD. Diese Grundkegel müssen bei der Bewegung aufeinander rollen, ihre Normalschnitte sind die jetzt veränderlichen Teilkreise, von denen der mittlere mit dem Halbmesser R_1 bzw. R_2 für die Berechnung zugrunde gelegt wird. Die

Zahnbreite ist das Maß BD. Die Zahnschnitte liegen rechtwinklig zur Berührungslinie, die Zähne sind abgestumpfte Pyramiden, deren Kanten nach der Kegelspitze O laufen.

Für den Entwurf der Verzahnung bedient man sich eines Näherungsverfahrens. Man zeichnet zu den Grundkegeln die sog. Ergänzungskegel $A_1 D D_1$ und $A_2 D D_2$. Auf diesen Kegelmänteln liegen die größten Zahnprofile. Wickelt man diese ab, so sind die Kreise mit den Radien $A_1 D$ und $A_2 D$ als Teilkreise aufzufassen und für diese wie bei den Stirnrädern die Zahnprofile zu entwerfen. Die kleinsten Zahnprofile bei B erhält man in der gleichen Weise aus den zugehörigen Ergänzungskegeln.

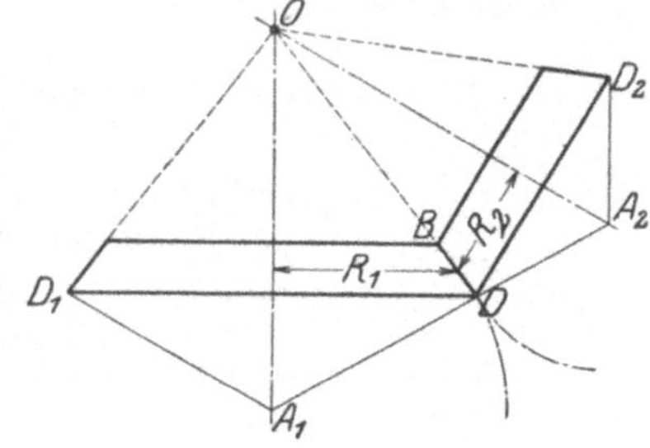

Abb. 153. Kegelräder.

Für die Berechnung und Ausführung (Abb. 154) gilt im übrigen das gleiche wie bei den Stirnrädern.

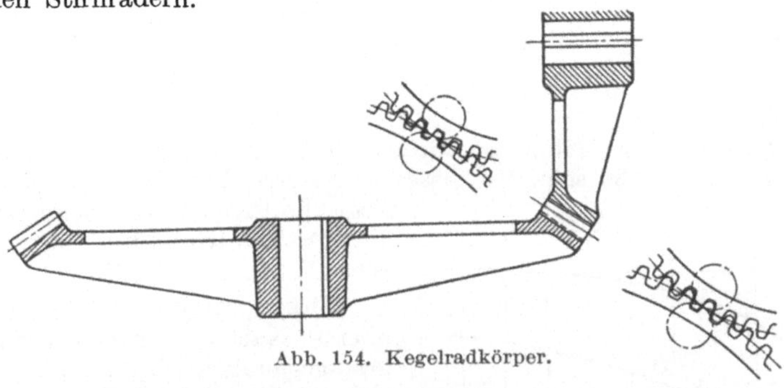

Abb. 154. Kegelradkörper.

c) Schnecke und Schneckenrad.

Wirkungsweise und Verzahnung. Bei dem Schneckentrieb (Abb. 155) kreuzen sich die Achsen rechtwinklig; die Schnecke ist der treibende, das Rad der getriebene Teil. Bei der Schnecke ist das Zahnprofil ein Windungskörper von konstanter Steigung, der bei der Drehung die Zähne des Rades vor sich herschiebt, d. h. eine Schraube; der Zahnkranz des Rades ist als der Ausschnitt einer Mutter aufzufassen. Betrachtet man den Mittelschnitt, so erkennt man, daß die gleiche Bewegung durch eine Zahnstange erfolgen könnte; also ist für diesen Schnitt die Verzahnung wie für Zahnrad und Zahnstange auszubilden. Der einfachen Herstellung wegen wählt man meist Evolventenzähne, die für die Schnecke (Zahnstange) geradlinige Profile (wie

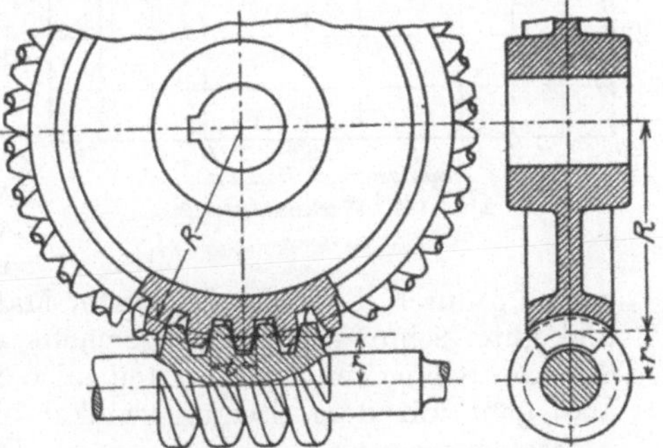

Abb. 155. Schnecke und Schneckenrad.

beim Trapezgewinde) ergeben. Die Zähne des Rades müssen der Steigung entsprechend schräg stehen und werden weiter so ausgebildet, daß sie über die Zahnbreite die Schnecke kreisförmig umfassen. Ihre Herstellung erfolgt im Abwälzverfahren durch einen Schneckenfräser, dessen Abmessungen der Arbeitsschnecke entsprechen, so daß richtige Eingriffsverhältnisse entstehen müssen.

Übersetzung. Die Schnecke kann ein- oder mehrgängig sein. Zweigängige Schnecken haben zwei parallele Schraubenwindungen, so daß unter sonst gleichen Verhältnissen die Steigung doppelt so groß, bei dreigängigen Schnecken dreimal so groß ist wie bei eingängigen. Für die eingängige Schnecke ist die Steigung gleich der Zahnteilung ($h = t$); für die mehrgängige Schnecke von der Gangzahl m ist allgemein

$$h = mt. \tag{37}$$

Der Steigungswinkel ist, wie die Schraubenabwickelung (Abb. 156) zeigt,

$$\operatorname{tg} \alpha = \frac{h}{2\pi r} = \frac{mt}{2\pi r}, \tag{38}$$

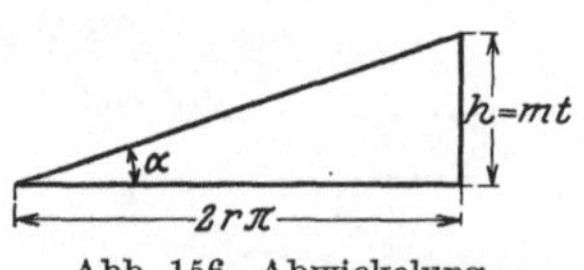

Abb. 156. Abwickelung.

wobei r der Teilkreisradius der Schnecke ist.

Die Zahngeschwindigkeit im Mittelschnitt ist für Schnecke und Rad gleich, und zwar

$$v = \frac{h\,n_1}{60} = \frac{2\,R\,\pi\,n_2}{60},$$

wenn n_1 die Drehzahl der Schnecke, n_2 die des Rades ist; hieraus folgt die Übersetzung

$$i = \frac{n_2}{n_1} = \frac{h}{2\pi r}$$

oder mit

$$h = mt \quad \text{und} \quad 2\pi R = zt \qquad i = \frac{m}{z}. \tag{39}$$

Für die eingängige Schnecke würde z. B. bei 30 Zähnen des Rades ($z = 30$) die Übersetzung $1:30$ sein. In dieser leicht erreichbaren großen Übersetzung liegt die Eigenart des Schneckentriebes. Das Drehzahlverhältnis liegt meist zwischen $1:15$ und $1:35$.

Wirkungsgrad. Diesem Vorteil steht aber als Nachteil der schlechte Wirkungsgrad gegenüber. Während bei den Zahnrädern die Zahnflanken vorzugsweise aufeinander rollen, findet hier wie bei jeder Schraubenbewegung nur ein Gleiten statt, das natürlich größere Reibungsverluste zur Folge hat. Ohne Berücksichtigung der Lagerreibung ist der Wirkungsgrad wie bei der Schraube

$$\eta = \frac{\operatorname{tg} \alpha}{\operatorname{tg}(\alpha + \varrho)}, \tag{40}$$

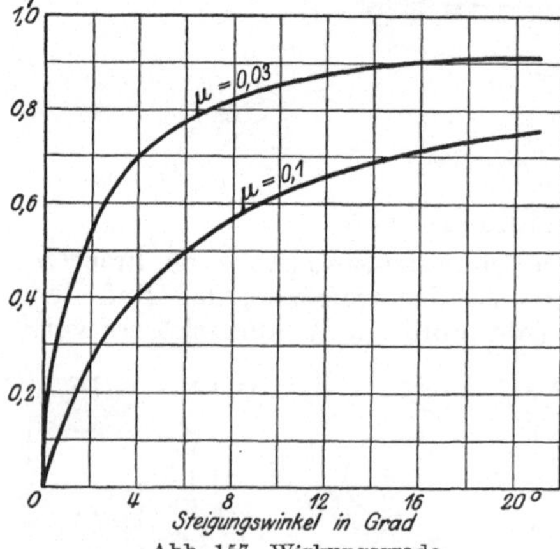

Abb. 157. Wirkungsgrade.

wo α der Steigungs- und ϱ der Reibungswinkel ($\operatorname{tg} \varrho = \mu$) ist. Um η groß zu machen, muß zunächst der Reibungswinkel ϱ durch die Wahl geeigneter Materialien und durch saubere Bearbeitung und gute Schmierung klein gemacht werden. Weiter ist α groß zu wählen, d. h. die Schnecken müssen steil, also mehrgängig (zwei- bis fünfgängig) sein. Man geht mit dem Steigungswinkel bis zu $21°$.

Mit Berücksichtigung der Lagerreibung, wobei vorzugsweise der axiale Lagerdruck der Schnecke zu berücksichtigen ist, wird der Wirkungsgrad

$$\eta = (0,9 \text{ bis } 0,98) \frac{\operatorname{tg} \alpha}{\operatorname{tg}(\alpha + \varrho)}. \tag{41}$$

$\operatorname{tg} \varrho = \mu$ kann schwanken zwischen $0,1$ bei Gußeisen auf Gußeisen und $0,03$ bei gehärtetem Stahl auf Bronze. Für diese Grenzfälle sind ohne die Lagerreibung die Werte von μ in Abb. 157 aufgezeichnet. Man erkennt den Einfluß des Steigungswinkels und die Bedeutung der Reibung. Gute Schneckentriebe muß man steilgängig (mehrgängig) machen, ihre Herstellung ist aber wegen der größeren Zähnezahl des Rades teurer. Bei sonst guter Ausführung ist der Gesamtwirkungsgrad normaler Schneckengetriebe bei

eingängiger Schnecke . . . . . . $\eta = 70\%$
zweigängiger „ . . . . $\eta = 78\%$
dreigängiger „ . . . . . . $\eta = 84\%$
viergängiger „ . . . . . . $\eta = 88\%$

Ausführung. Wegen seines schlechten Wirkungsgrades war der Schneckentrieb früher unbeliebt. Durch die schnellaufenden Elektromotoren ist aber das Bedürfnis nach hohen Übersetzungen so groß geworden, daß man ihn nicht entbehren konnte und nun möglichst vollkommene Ausbildungen anstreben mußte. Dies wird zunächst durch die Wahl geeigneter Materialien erreicht. Man fertigt bei guter Ausführung die Schnecke aus gehärtetem und poliertem Stahl und das Schneckenrad aus harter Bronze und bekommt dadurch geringe Reibungsverluste. Bei größeren Rädern wird nur der Zahnkranz aus Phosphorbronze gefertigt und auf einen Radkörper aus Gußeisen aufgesetzt. Weitere Sorgfalt ist der Ausbildung der Lager der schnellaufenden Schnecke zu widmen. Hier werden wenigstens für die Drucklager (Achsschub) grundsätzlich Kugellager verwendet.

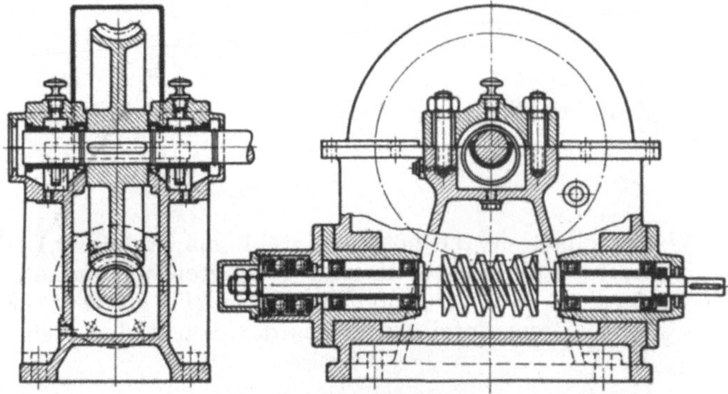

Abb. 158. Schneckentrieb.

Endlich sorgt man für eine gute Schmierung, indem man den ganzen Trieb in ein dichtes Gußeisengehäuse einschließt, das mit dickem Öl mit Flockengraphit gefüllt ist, so daß durch die Bewegung den Zähnen dauernd und reichlich Öl zugeführt wird (Abb. 158).

Selbstsperrung. Wie bei der Schraube findet auch hier eine Selbstsperrung, d. h. eine Verhinderung des Rücklaufs statt, wenn der Reibungswinkel größer als der Steigungswinkel ist, also

$$\varrho > \alpha \quad \text{oder} \quad \mu > \operatorname{tg}\alpha.$$

Wenn man bei einem Schneckentrieb aus Gußeisen mit $\mu \sim 0{,}1$, also $\varrho \sim 6^0$ der Schnecke einen Steigungswinkel $\alpha < 6^0$ gibt, so kann man z. B. bei einfachen Hebemaschinen (Abb. 483) besondere Sperrwerke oder Bremsen entbehren, um die Last schwebend zu erhalten; zum Senken der Last muß die Schnecke rückwärts gedreht werden. Bei dem geringen Steigungswinkel wird allerdings der Wirkungsgrad schlecht und wegen der großen Reibung die Abnutzung groß, daher kommt diese Anordnung nur für Triebe mit seltener Benutzung in Betracht. Solche selbst sperrende Mechanismen haben stets einen Wirkungsgrad $\eta < 50\%$. Schneckentriebe für bessere Zwecke werden zur Erzielung höheren Wirkungsgrads mehrgängig, also mit größerem Steigungswinkel α ausgeführt. Da sie dann nicht selbsthemmend sein können, muß man die Wellen mehrgängiger Schnecken an Hubwinden stets mit selbsttätigen Bremsen versehen.

Rechnungsgang. Für die Schnecke wird die Gangzahl angenommen ($m = 1$ bis 4) und aus der notwendigen Übersetzung

$$i = \frac{n_2}{n_1} = \frac{m}{z}$$

die Zähnezahl des Rades berechnet. Alsdann wird die Teilung wie bei den Stirnrädern [Gleichung (35) und (36)] bestimmt aus

$$t = \sqrt[3]{\frac{2\,\pi\,M\,d}{k\,\psi\,z}} = 10\,\sqrt[3]{\frac{450\,N}{k\,\psi\,z\,n}}.$$

Die Werte von k können nach Abb. 149 gewählt werden, sind aber für Dauerbetrieb wegen der größeren Reibung bis auf die Hälfte zu ermäßigen. Weiter wird gewählt

$$\psi = \frac{b}{t} = 1{,}5 \text{ bis } 2{,}5.$$

Aus t bzw. $\frac{t}{\pi}$ folgt die Zahnbreite als Bogenmaß im Teilkreis der Schnecke und der Teilkreishalbmesser des Rades im Mittelschnitt

$$b = \psi\,t,$$
$$R = \frac{z}{2}\,\frac{t}{\pi}.$$

Zwischen Steigungswinkel α und Schneckenhalbmesser r besteht die Beziehung

$$\operatorname{tg}\alpha = \frac{m\,t}{2\,\pi\,r}.$$

Wenn Selbstsperrung nötig ist, wählt man $\operatorname{tg}\alpha < 0{,}1$ (Gußeisen) und bestimmt hiernach r. Wird aber hierauf verzichtet und auf einen hohen Wirkungsgrad Wert gelegt, so ist α größer zu wählen (bis zu 21°). Mit wachsendem α nimmt r ab, die Grenze ergibt sich aus der Stärke der Welle.

4. Riemen- und Seiltrieb.

a) Allgemeines.

Das Übertragungsmittel ist ein endloses Band, Riemen oder Seil, das auf glatt abgedrehten Scheiben der zu kuppelnden Wellen läuft. Die Übertragung erfolgt durch Reibung, die Übertragungskraft kann soweit gesteigert werden, bis das Band rutscht. Zur Erzeugung der Reibung zwischen Band und Scheibe ist ein entsprechender Anpressungsdruck nötig, der nur durch die Spannung im Bande selbst entstehen kann. Es muß daher von vornherein genügend gespannt sein, d. h. mit Vorspannung aufgelegt werden. Im Betriebe herrscht in dem ziehenden Trum eine Spannkraft S_1 (Abb. 159,) die den Umfangswiderstand P überwinden muß; im gezogenen Trum muß eine Gegenkraft S_2 sein, denn wäre sie nicht vorhanden, so würde das Band rutschen. Es ist also

$$S_1 = P + S_2. \tag{42}$$

Nach den Gesetzen der Seilreibung ist ferner

$$S_1 = S_2\,e^{\mu\,a}, \tag{43}$$

worin ist

$e = 2{,}718$ die Basis der natürlichen Logarithmen,

μ die Reibungszahl zwischen Band und Scheibe,

α der umspannte Bogen an der kleineren Scheibe.

Aus beiden Gleichungen folgt

$$S_1 = P\,\frac{e^{\mu\,\alpha}}{e^{\mu\,\alpha}-1} \quad (44) \qquad \text{und} \qquad S_2 = P\,\frac{1}{e^{\mu\,\alpha}-1}. \tag{45}$$

Im Ruhezustand oder Leergang sind die Spannkräfte in beiden Trums gleich und zwar das Mittel aus S_1 und S_2; die Vorspannung ist also

$$S_0 = \frac{S_1 + S_2}{2} = \frac{P}{2}\frac{e^{\mu\alpha}+1}{e^{\mu\alpha}-1}. \tag{46}$$

Die Spannkräfte im Seil sind von den Lagern aufzunehmen, der Lagerdruck ist

$$S_1 + S_2 = P\frac{e^{\mu\alpha}+1}{e^{\mu\alpha}-1}. \tag{47}$$

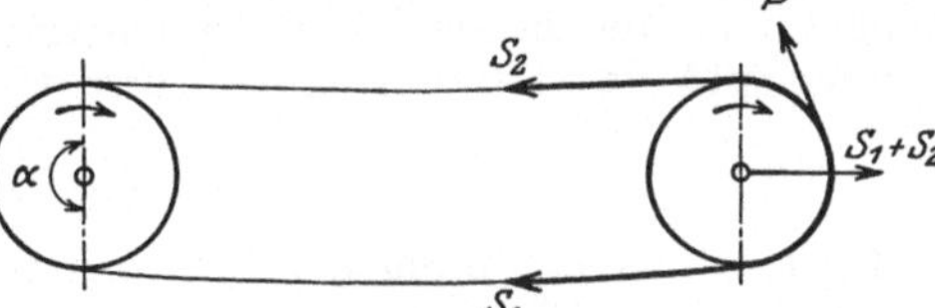

Abb. 159. Bandkräfte.

Für mittlere Verhältnisse kann für normale Lederriementriebe gesetzt werden:

$$\alpha = 0,8\,\pi \qquad \mu = 0,28$$
$$S_1 = 2\,P \qquad S_2 = P$$
$$e^{\mu a} = 2$$
$$S_0 = 1,5\,P \qquad S_1 + S_2 = 3\,P.$$

Diese Werte sind Grenzwerte, bei denen ein Gleiten gerade eben nicht eintritt, in Wirklichkeit werden sie meist überschritten. Zu beachten ist der hohe Lagerdruck ($\geq 3\,P$).

Die notwendige Vorspannung S_0 kann durch Dehnung oder Belastung des Bandes erzeugt werden.

Bei der Dehnungsspannung wird das endlose Band kürzer gemacht, als seiner theoretischen Länge entspricht. Schmale Riemen zwängt man mit Gewalt über die Scheibe, breite Riemen und Seile werden unter Zuhilfenahme einer Spannvorrichtung verbunden. Die Spannung entsteht also durch die Elastizität des Materials. Dies Verfahren ist möglich bei Riemen, sowie bei Hanf- und Baumwollseilen, nicht aber bei den unelastischen Draht-

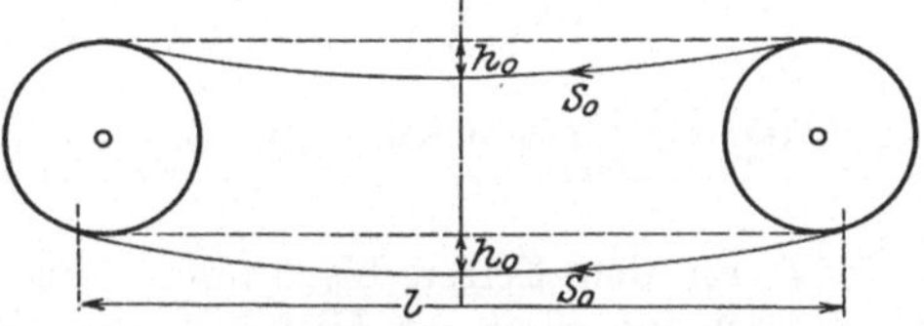

Abb. 160. Durchhang.

seilen. Elastische Bänder längen sich allmählich, namentlich im neuen Zustande, und müssen, wenn sie nicht mehr durchziehen, nachgespannt werden. Das Nachspannen kann bei festem Wellenabstand nur durch Kürzen des Bandes bewirkt werden; bequemer ist es, wenn man den Wellenabstand vergrößern kann, wie dies bei den elektrischen Maschinen mit Spannschlitten wegen der Nachgiebigkeit der elektrischen Verbindungen möglich und üblich ist, oder wenn besondere Spannrollen den Ausgleich der Längung ermöglichen.

Bei der Belastungsspannung wird meist das Gewicht des Bandes zur Erzeugung der Vorspannung benutzt (Abb. 160), das Band muß entsprechend lang, also der Wellenabstand genügend groß sein und annähernd waagerecht laufen; steile Triebe sind hier nicht möglich. Die Spannkraft ergibt sich aus der Pfeilhöhe der Kettenlinie, die hier wegen des geringen Durchhangs annähernd eine Parabel ist. Für die Vorspannung S_0 beträgt dann der Durchhang h_0 bei l m Entfernung der Aufhängepunkte und q kg/m Bandgewicht:

$$h_0 = \frac{q\,l^2}{8\,S_0}. \tag{48}$$

Er stellt sich im Betriebe im ziehenden Seil (S_1) kleiner, im gezogenen (S_2) größer ein.

Auch wird vielfach künstlich eine Belastungsspannung durch Spannrollen herbeigeführt, die verschiebbar gelagert und durch Gewichte belastet sind und so das Band in Zug halten. Solche Anordnungen werden später besprochen.

Infolge des elastischen Verhaltens der Riemen und Seile müssen sie sich auf den Scheiben infolge der Spannungsunterschiede zwischen S_1 und S_2 dehnen oder kürzen, und demnach in der Geschwindigkeit gegen die antreibende Scheibe mäßig zurückbleiben, „schlüpfen". Die Laufflächen müssen deshalb glatt sein, damit die inneren Fasern des Bandes nicht beschädigt werden, und dürfen nicht etwa zur Vergrößerung der Reibung rauh gemacht werden. Aus dem gleichen Grunde ist die Übersetzung nicht so genau wie bei den Zahnrädern; für Geschwindigkeitsverlust durch Schlupf ist durchschnittlich 2% anzusetzen. Demgegenüber ist aber als Vorzug hervorzuheben die Geräuschlosigkeit des Ganges und die Sicherheit gegen Überlastungen, denn bei zu großen Widerständen gibt das Band nach, es rutscht.

b) Riementrieb.

Riemen. Zu Treibriemen wird vorwiegend Rindleder verwendet, das sowohl hinsichtlich der Elastizität wie der Gebrauchsdauer die anderen Stoffe übertrifft; infolge der geringen Stärke (4—7 mm) und der Dehnsamkeit wird auch bei Umschlingung kleiner Scheiben die äußere Faser nicht überlastet.

Das beste Leder wird aus den Häuten junger Ochsen gewonnen, die Stärke im Rücken beträgt

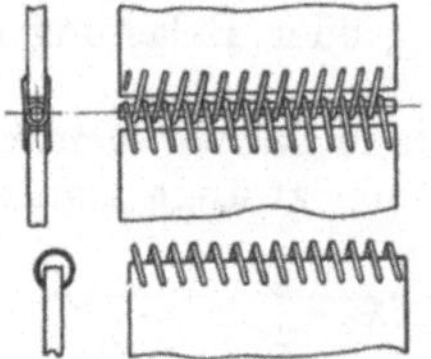
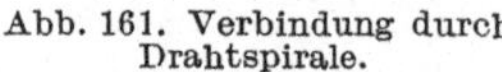

Abb. 161. Verbindung durch Drahtspirale.

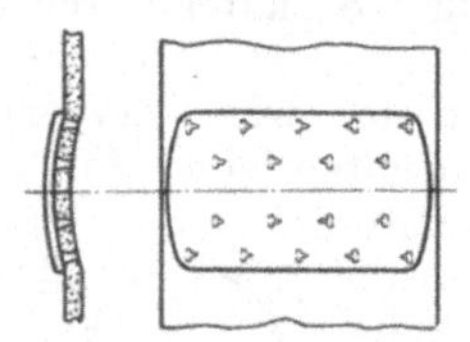

Abb. 162. Verbindung durch Krallenplatte.

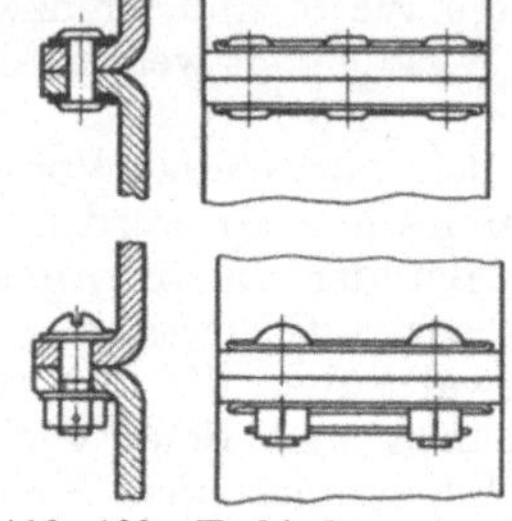

Abb. 163. Verbindung durch Verschraubung oder Nietung.

4 bis 5, an den Seiten bis 8 mm. Gute Riemen werden aus dem Kernleder so geschnitten, daß ihr Mittel in der Wirbelsäule liegt; das dickere Seitenleder zieht nicht besser und hat außerdem den Nachteil, daß es sich infolge der nach der Bauchseite abnehmenden Festigkeit verzieht. Aus den einzelnen Hautlängen von 1 bis 1,5 m wird der Riemen durch Ver-

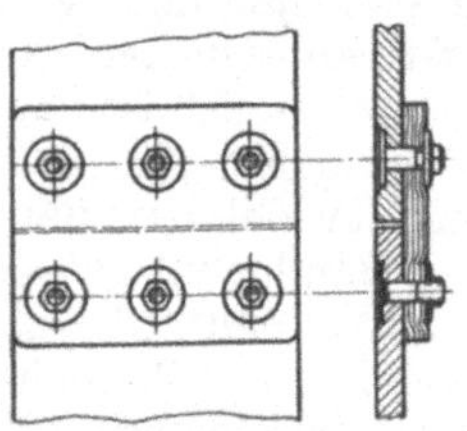

Abb. 164. Verbindung durch Lasche.

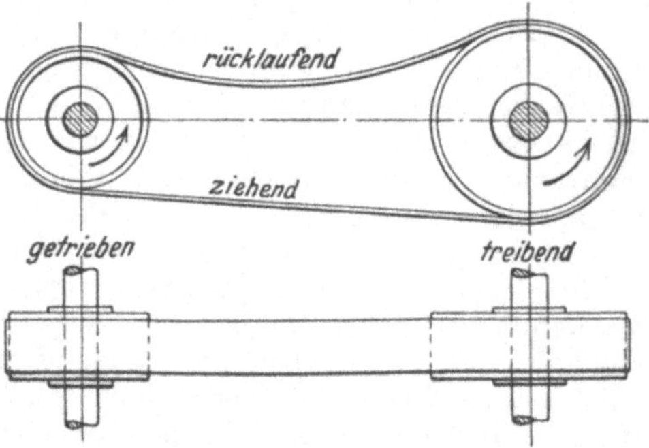

Abb. 165. Offener Riementrieb.

leimen der auf etwa 18 cm angeschärften Enden oder für feuchte Räume durch Vernähen mit Lederstreifen zusammengesetzt. Die Breite beträgt nicht über 600 mm. Bei großen Übertragungskräften werden verleimte Doppelriemen verwendet, die infolge ihrer Steifheit größere Scheibendurchmesser erfordern. Der Lederriemen muß im Betriebe gut eingefettet sein, damit er seine Elastizität behält. Die Riemenbreiten sind zur Vereinfachung der Lagerhaltung in DIN 120 genormt. Die Verbindung der Riemenenden erfolgt am zweckmäßigsten durch Verleimen unter der Presse. Für Werkzeugmaschinenantriebe u. ä. verbindet man die Riemenenden rasch und billig durch Drahtspiralen mit gehärteter Darmsaite (Abb. 161); für untergeordnete Zwecke verwendet man auch die gegossenen oder gepreßten Krallenplatten (Abb. 162), deren Maße jedoch bei rasch laufenden Riemen Schläge auf der Riemenscheibe verursacht.

Billiger als Lederriemen sind gewebte Riemen. Sie werden aus Tierhaaren, Hanf oder Baumwolle hergestellt, die letzteren vielfach zum Schutz gegen Feuchtigkeit in Balata getränkt oder mit Gummi umpreßt. Die Stärke beträgt 5 bis 10 mm, die Breite ist unbeschränkt. Die Lebensdauer und Leistung sind kleiner als bei Lederriemen. Die Verbindung von Haar- und Textilriemen erfolgt meist durch Verschraubung mit untergelegten Stahlblechstreifen (Abb. 163) oder durch Laschenverbindung (Abb. 164).

Ein neuerer Ersatz für Riemen sind die Stahlbänder; sie werden aus gehärtetem Spezialstahl in Stärken von 0,2 bis 0,9 mm und in Breiten von 12 bis 200 mm gefertigt. Ihre Elastizität ist gering, die Reibung auf den Scheiben wird durch auf diese geklebte Leinwand oder Korkmäntel vergrößert und dadurch ein geringerer Achsdruck ermöglicht. An der Verbindung werden die Enden stumpf gestoßen mit außen aufgelöteten Laschen verschraubt. Die Stahlbandtriebe müssen sicher eingekapselt sein, da sie beim Bruch Unglücksfälle herbeiführen können.

Abb. 166. Spannrolle bei Vertikaltrieb (Eisenwerk Wülfel).

Anordnung des Riementriebes. Der Riemen muß auf den Scheiben selbstleitend sein, d. h. so laufen, daß er nicht abschlägt. Der ablaufende Riemen verträgt eine mäßige Ablenkung, der auflaufende nicht. Es muß die Bedingung erfüllt sein, daß der auflaufende Riemen mit seinem Riemenmittel in der Mittelebene der Scheibe liegt. Die Sicherheit gegen Abschlagen bei kleinen Ungenauigkeiten wird erhöht, wenn man die Scheiben schwach ballig dreht, da dann der Riemen das Streben hat, stets nach der Mitte zu laufen.

Beim offenen waagerecht laufenden Riemen (Abb. 165) wird man möglichst das ziehende ziemlich gestreckte Trum unten anordnen, während man das rücklaufende Trum oben durchhängen läßt, weil dadurch der Umschlingungswinkel und damit die Reibung größer wird, wodurch der Riemen besser durchzieht.

Abb. 167. Spannrolle bei großer Übersetzung (Eisenwerk Wülfel).

Wenn ein solcher offener Riementrieb senkrecht läuft, wird der Riemen nach erfolgter Dehnung nicht mehr ausreichende Spannung zur Mitnahme der unteren Scheibe haben. Ein Mittel zur selbsttätigen Aufrechterhaltung der nötigen Leerspannung ist die Spannrolle (Abb. 166). Wenn das Übersetzungsverhältnis groß ist, so wird, namentlich bei geringem Scheibenabstand, der Umschlingungswinkel an der kleinen Scheibe so gering, daß mangels Reibung die Scheibe im Riemen gleitet. Auch diesem Mißstand kann durch richtige Anordnung einer Spannrolle (Abb. 167) begegnet werden. Die Spannrolle soll stets am rücklaufenden sog. Leertrum wirken und gleichachsig mit der zugehörigen Riemenscheibe in mäßigem Abstand von dieser schwingen, damit auch bei gelängtem Riemen richtiger Riemenlauf erfolgt.

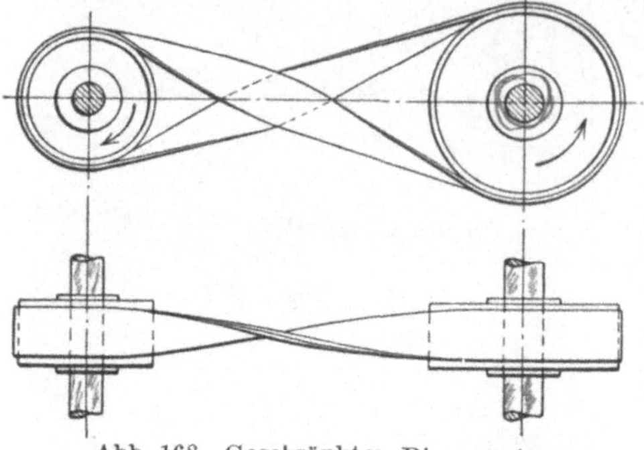

Abb. 168. Geschränkter Riementrieb.

Da das Belastungsgewicht am Spannrollenhebel nach Größe und Hebelarm gemäß der für das Leertrum errechneten Riemenspannung angebracht werden kann, wird die Riemenspannung nicht mehr nach dem „Gefühl" des Riemensattlers, sondern nach der theoretischen Notwendigkeit eingestellt und demgemäß der Riemen geschont und die Lagerbelastung und damit die Reibungsverluste auf dem Mindestmaß gehalten. Es werden deshalb in zunehmendem Umfang größere Riementriebe, auch wenn es die Antriebsverhältnisse nicht erfordern, mit Spannrollen ausgerüstet, um bei hohem Wirkungsgrad die Riemen zu schonen. Für Spannrollentriebe sind nur beste vorgestreckte Lederriemen verwendbar, die zur Vermeidung eines Schlages endlos geleimt sein müssen. Zur Dämpfung von Stößen versieht man größere Spannrollen meist mit Ölbremsen.

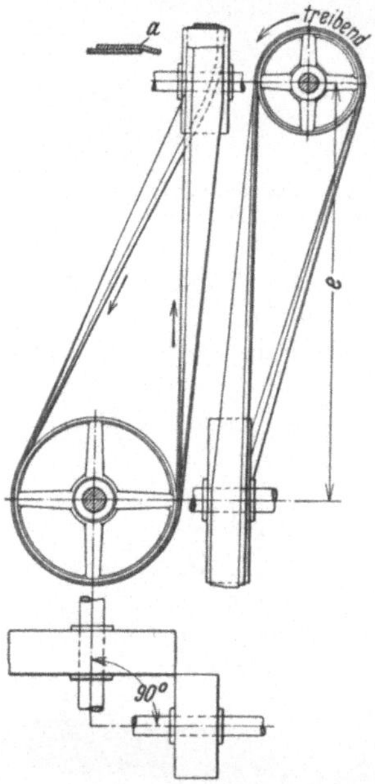

Beim geschränkten Riemen (Abb. 168) für gegenläufigen Drehsinn ist zwar der Umschlingungswinkel größer, aber der Riemen wird an den Rändern anders gedehnt als in der Mitte und die Riemenflächen reiben sich an der Kreuzung; deshalb darf er nur mit 75% des beim offenen Riementrieb Zulässigen beansprucht werden. Bei sich kreuzenden Wellen wird der Riemen halbgeschränkt (Abb. 169). Theoretisch müßte der mittlere Kreis jeder Scheibe die Mittelebene der anderen berühren. Infolge der ungleichen Dehnungen der beiden Riemenkanten wandert der Riemen auf den Scheiben; um diesen Nachteil einzuschränken, versetzt man die Scheiben mäßig gegen ihr Achsenkreuz. Dieser Trieb ist nur für einen Drehsinn möglich.

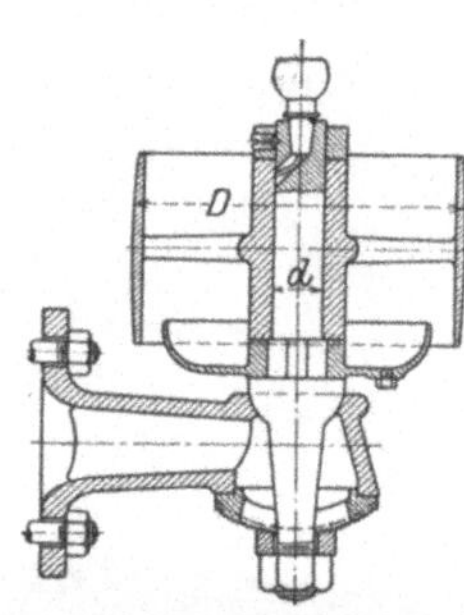

Abb. 169. Halbgeschränkter Riemen.

Abb. 170. Leitrolle.

Wenn mit diesen drei einfachen Riementrieben die Überleitung nicht auszuführen ist, muß man durch Riemenleitrollen (Abb. 170) den auflaufenden Riemen in die richtige Lage bringen wie Abb. 171 zeigt. Die handelsüblichen Leitrollen sind zur Befestigung am Boden, an der Wand und an der Decke geeignet und nach jeder Richtung einstellbar.

Wenn man den Riementrieb ein- und ausrückbar macht, indem man den Riemen während des Laufs mittels der Riemengabel des Riemenrückers von der auf der Welle drehbaren Losscheibe auf die aufgekeilte Festscheibe verschiebt, so ist besonders sorgfältige Verbindung der beiden Riemenenden nötig;

es muß verhindert werden, daß sich der Riemen an seiner Verbindungsstelle in der Riemengabel fängt und aufreißt.

Veränderliche Übersetzungen erzielt man meist durch Stufenscheiben; dabei muß die verschiedene Abstufung der vier Durchmesser jeweils die gleiche Riemenlänge ergeben.

Übersetzung und Achsabstand. Die Übersetzung

$$i = \frac{n_2}{n_1} = \frac{R_1}{R_2}$$

macht man für gewöhnliche Verhältnisse für offene Riementriebe nicht über 1 : 4, für Spannrollentriebe nicht über 1 : 8; dabei soll der Durchmesser der kleinen Scheibe möglichst das 75fache der Riemendicke sein. Der Achsabstand darf zur Erzielung

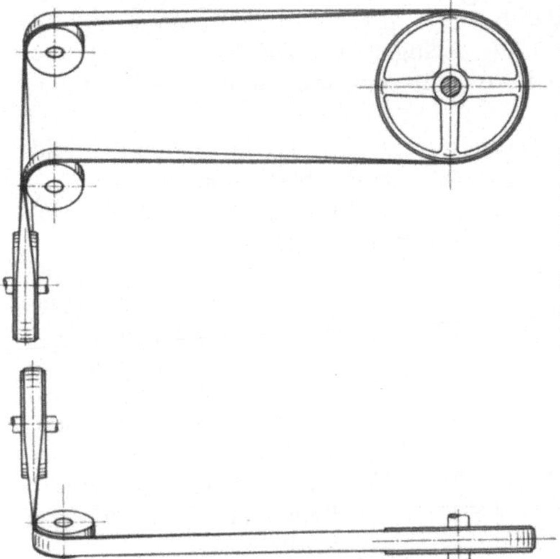

Abb. 171.

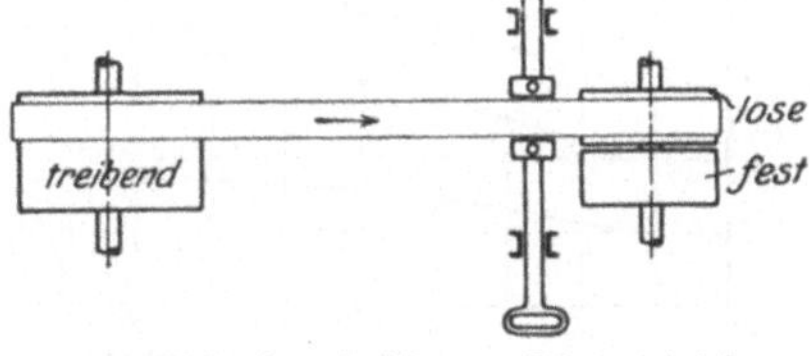

Abb. 172. Ausrückbarer Riementrieb.

der nötigen elastischen Spannkraft nicht zu klein, zur Vermeidung eines Schlagens des rasch laufenden Riemens nicht zu groß sein. Als Grenzwerte kann man 4 bis 8 m ansehen.

Berechnung des Riemens. Für die zulässige Zugkraft im Riemen ist an sich die größte Spannkraft S_1 und der Querschnitt $b \cdot s$ maßgebend, hierzu kommt noch eine zusätzliche Biegungsspannung auf den Scheiben. Da nun aber die Riemenstärke s nicht sehr schwankt und außerdem wenigstens für Leder dicke Riemen im Material minderwertiger sind als dünne, so ist in erster Linie die Breite maßgebend. Man pflegt deshalb lediglich diese zu berücksichtigen und auf die Übertragungskraft P zu beziehen, also

$$P = p\,b;$$

hierin ist

$$p = \frac{P}{b} \qquad (49)$$

die zulässige Belastung in kg für 1 cm Riemenbreite.

Die Erfahrung zeigt nun, daß derselbe Riemen eine um so größere Kraft P überträgt, je größer die Scheiben und die Umfangsgeschwindig-

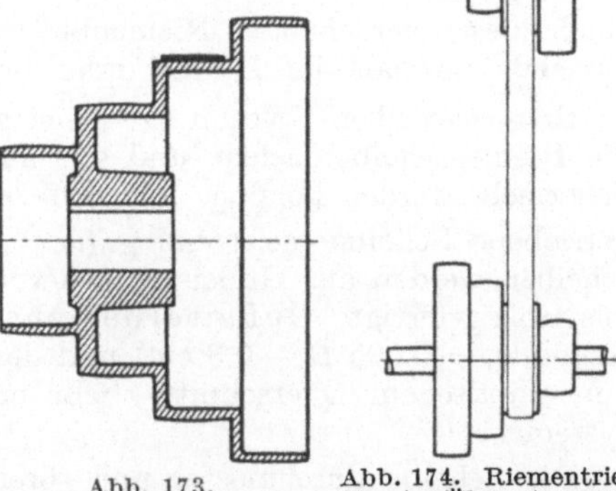

Abb. 173. Stufenscheibe.

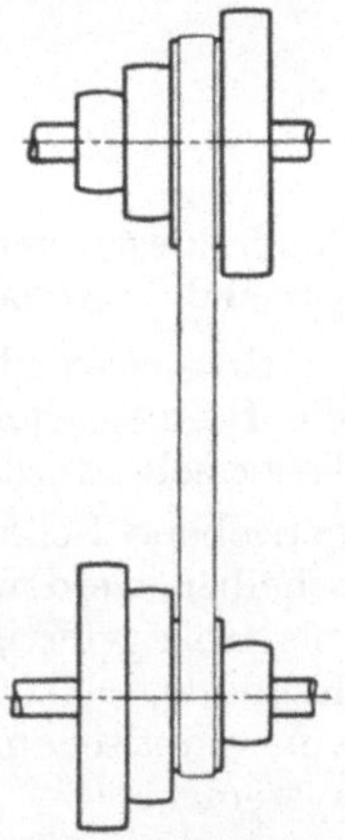

Abb. 174. Riementrieb für vier Übersetzungen.

keit sind. Der Grund liegt in der größeren Anhaftung des Riemens auf der Scheibe. Infolge des Spannungsunterschiedes zwischen dem ziehenden und dem rücklaufenden Trum muß sich der Riemen vermöge seiner Elastizität dehnen, also auf den Scheiben gleiten oder „schlüpfen". Mit wachsender Riemengeschwindigkeit also bei großen Scheibendurchmessern und Drehzahlen nimmt aber die Reibung zu und die elastische Längung im ziehenden Trumm und damit der Schlupf ab. Die zulässigen Werte von p, die durch Versuche gefunden sind, gehen aus Abb. 175 hervor. Die größte Riemenbreite für Leder beträgt etwa 600 mm. Ein solcher Riemen würde, wenn beide Wellen mit 200 Umdrehungen minutlich laufen, bei einem Scheibendurchmesser von 300 mm, also bei 3,45 m/s, eine Zugkraft von 240 kg und eine Leistung von 11 PS übertragen, bei einem Scheibendurchmesser von 1000 mm, also bei 11,5 m/s, aber 660 kg und 106 PS leisten. Im Interesse des Riemens und geringer Kosten sind also große Riemengeschwindigkeiten zu wählen; man geht bis auf 25 m/s (ausnahmsweise bis 30 m/s).

Doppellederriemen, mit den Fleischseiten aufeinander geleimt, sind nur für große Scheibendurchmesser zweckmäßig und übertragen 50 bis 80% mehr, als einfache Riemen gleicher Breite.

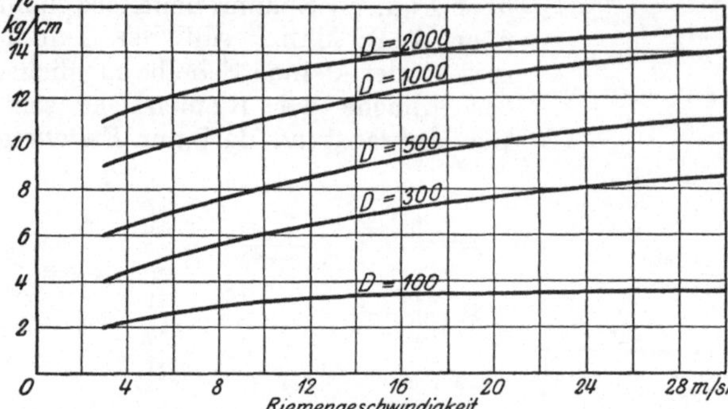

Abb. 175. Zulässige Beanspruchungen von Lederriemen.

Baumwoll-, Balata- und Gummiriemen dürfen bei 10 mm Stärke mit $p = 8$ bis 10 kg/cm, Kamelhaarriemen mit $p = 6$ bis 25 belastet werden. Bei Stahlbändern rechnet man auf den Querschnitt 6 bis 7 kg/mm² Umfangskraft.

Bei der Berechnung des Riemens nimmt man die Geschwindigkeit v oder den Scheibendurchmesser D an; für beide gilt

$$v = \frac{D \pi n}{60} \ (D \text{ in m}) \ (\text{m/s}). \tag{50}$$

Aus dem gegebenen Drehmoment oder der Leistung N in PS findet sich

$$P = \frac{M_d}{R} = 75 \frac{N}{v}, \tag{51}$$

$$b = \frac{P}{p}. \tag{52}$$

Nach dieser berechneten Riemenbreite wählt man nach DIN 120 die nächst passende normale im Handel erhältliche Breite.

Riemenscheiben. Wegen der meist großen Umfangsgeschwindigkeiten sollen die Riemenscheiben leicht und gut ausgewuchtet sein, damit die Fliehkräfte beherrscht werden können. Bei dem offenen und gekreuzten Riemen wird die getriebene Scheibe meist ballig ($w = \frac{1}{4} \sqrt{B}$, Abb. 176) gedreht. Die Riemenscheiben werden aus Gußeisen, neuerdings auch aus Stahlblech, kleinere auch aus Holz gefertigt. Gußeiserne Scheiben erhalten einen möglichst leichten Kranz ($s_1 = 0,005 \ D + 0,3$ cm) und des geringen Luftwiderstands wegen Arme von elliptischem Querschnitt. Sehr breite Riemenscheiben haben zwei Armsysteme.

Die Scheibendurchmesser und -breiten sind aus Rücksicht auf die Formmaschinen und den Handel in DIN 120 und DIN 111 genormt. Mit dieser Normung der Riemenscheibendurchmesser steht die Normung der Lastdrehzahlen für Transmissionen in DIN 112 in direktem Zusammenhang. Aus wirtschaftlichen Gründen sind diese Normen[1] beachtenswert. Einteilig gegossene Riemenscheiben verwendet man nur am Ende einer Welle, z. B. an Elektromotoren und Maschinenantrieben, sowie als Losscheiben; sie werden durch Keile DIN 141

---

[1] Im DIN-Taschenbuch 12; Maschinenelemente und Betriebsnormen.

bis 142 befestigt. Die normalen Triebwerks-Riemenscheiben sind wegen der Montage stets zweiteilig (Abb. 178); sie werden meist nur aufgeklemmt, größere auch durch Flachkeil gesichert, um die Welle für Änderungen zu schonen.

Die Losscheiben für ausrückbare Riementriebe werden zur Schonung der

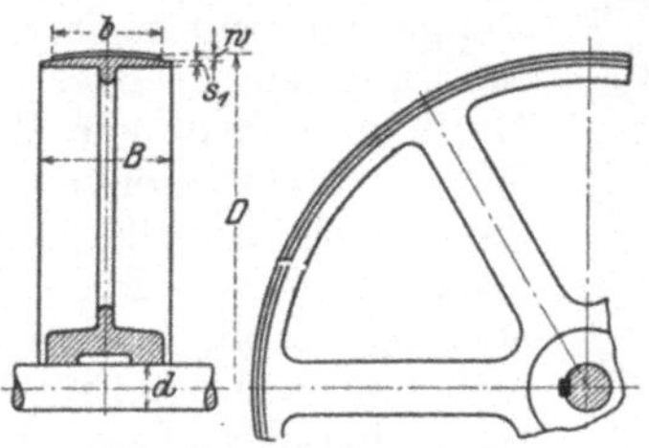

Abb. 176. Riemenscheibe.

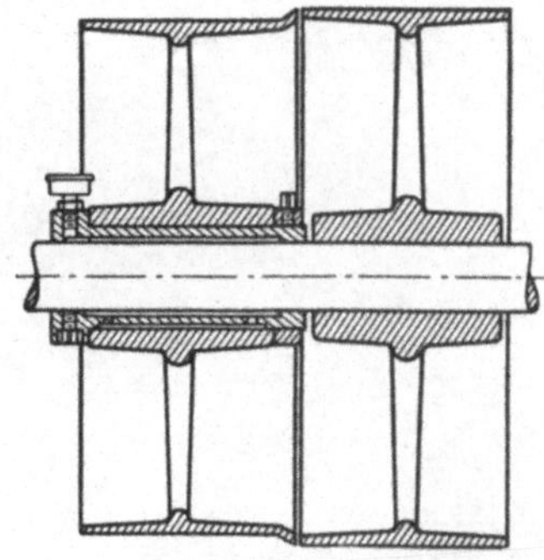

Abb. 177. Fest- und Losscheiben.

Welle auf gußeiserne Leerlaufbuchsen gesetzt (Abb. 177), die durch Stellschrauben mit der Welle verbunden und mit guten Schmiervorrichtungen, vielfach mit Ölfüllung, versehen werden. Bei häufigem Leerlauf gibt man der Losscheibe zweckmäßig einen kleineren Durchmesser, um den Riemen zu schonen.

Wirkungsgrad. Die Verluste bei der Kraftübertragung liegen in dem Riemenschlupf und vor allen Dingen in der Lagerreibung. Die Mindestvorspannung, die schon einen Lagerdruck von 3 P (vgl. S. 67) hervorruft, wird oft wesentlich überschritten, um ein zu häufiges Nachspannen durch Kürzen des Riemens zu vermeiden. Deshalb sind Spannrollen (vgl. Abb. 167) vorteilhaft. Weniger zweckmäßig sind solche Anordnungen, bei denen die ganze Maschine mit ihrer Riemenscheibe auf einem Spannschlitten steht, so daß der Riemen allmählich so stark gespannt werden kann, bis er ausreichend zieht. Für gewöhnliche Verhältnisse kann gerechnet werden mit

$$\eta = 0{,}96.$$

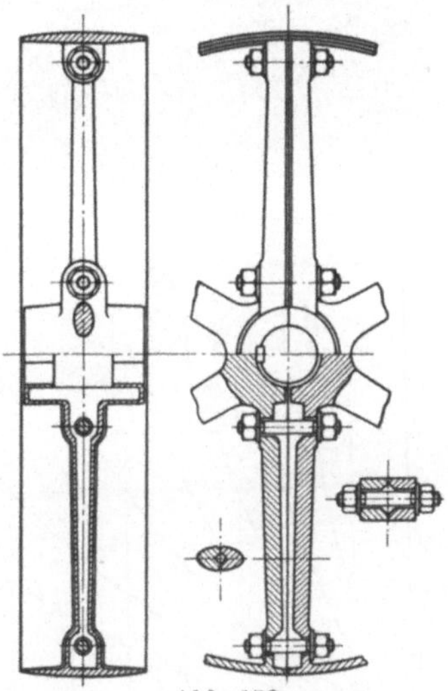

Abb. 178.

c) Keilriementriebe.

Keilriemen sind aus gummiertem Baumwolltuch 30 bis 35° keilförmig gewickelt und verklebt. Der Riemen läuft in der Keilrille der Scheibe und hat infolge der auf S. 49 erläuterten Keilwirkung größeren Anpreßdruck und dadurch vergrößerte Reibung. Der Keilriemen eignet sich für geringen Achsabstand und überträgt auch große Übersetzung ohne Spannrolle. Die Keilriemen werden in bestimmten Profilen gefertigt, deren Übertragungsleistung vom Querschnitt und von der Geschwindigkeit abhängig ist. Abb. 181 zeigt hierfür Mittelwerte. Keilriemen werden endlos nur in festen Längen hergestellt, so daß der Achsabstand nach diesen und den Scheibenradien zu ermitteln ist. Zur Übertragung größerer Kräfte legt man zwei oder mehr Keilriemen nebeneinander.

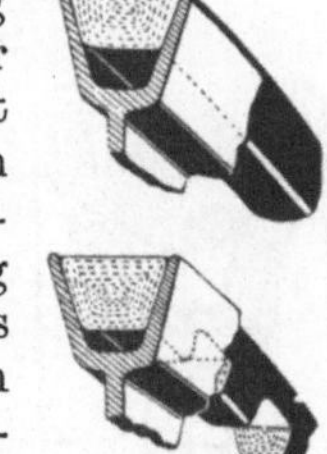

Abb. 179. Keilriemen.

d) Seiltriebe.

Der Seiltrieb wurde früher zur Verteilung der Leistung von Dampfmaschinen auf die Triebwellen verschiedener Werkstätten und Stockwerke vielfach

Abb. 180. Keilriementrieb von Flender & Co., Bocholt.

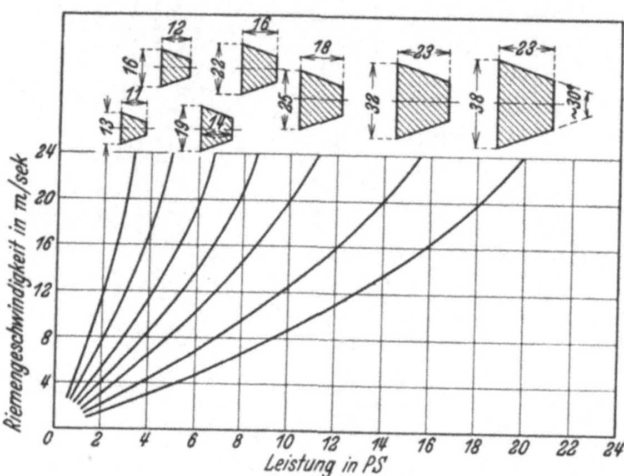

Abb. 181. Leistung der Keilriemen.

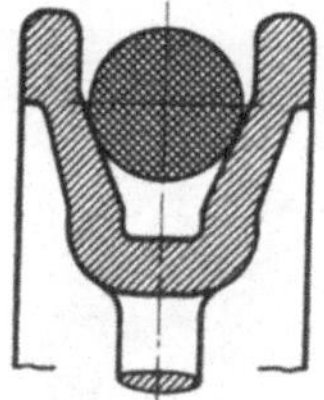

Abb. 182. Seilrille mit Rundseil.

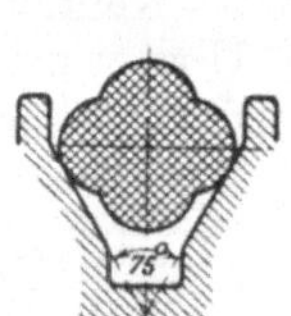

Abb. 183. Seilrille mit Quadratseil.

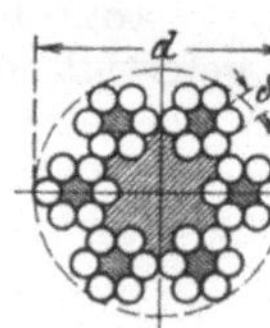

Abb. 184. Drahtseil.

angewandt. Seit Einführung der Elektromotoren ist er nur noch für Sonderfälle von Bedeutung. Aus Hanf- oder Baumwollfasern werden Fäden gesponnen, diese zu Litzen gedrillt und mehrere Litzen mit entgegengesetztem Drall zum Seil von 25 bis 50 mm Durchmesser vereinigt, das durch Spleißen endlos gemacht wird. Zur Übertragung größerer Leistung legt man mehrere Einzelseile nebeneinander (Parallel-Seiltrieb) oder man windet ein langes Seil nacheinander über sämtliche Rillen beider Scheiben und über eine Rücklaufrolle von der letzten Rille nach der ersten zurück (Kreis-Seiltrieb). Vorteilhafte Seilgeschwindigkeit 15 bis 20 m/s; Scheibendurchmesser gleich 30 bis 50 Seildurchmesser. Übersetzung nicht über 1 : 3; Wirkungsgrad $\sim$ 97%. Bei guter Schmierung mit Graphit und Talg Gebrauchsdauer der Seile bis sechs Jahre. Im Freien nur geteerte Hanfseile. Belastung der Seile nach den Tabellen der Seilereien. Ein Seil von 50 mm Durchmesser kann 90 kg Umfangskraft und bei 20 m/s Seilgeschwindigkeit 24 PS übertragen.

Drahtseiltriebe werden nur noch für Sonderzwecke im Freien sowie für Drahtseilbahnen verwandt. Die aus dünnen Stahldrähten gesponnenen Litzen werden um Hanfseelen gedrillt, die das Seil biegsam machen; und oft sechs oder mehr dünne Seile wieder um eine Hanfseele mit entgegengesetztem Drall zu einem bis 37 mm starken Seil vereinigt (Abb. 184). Wegen der geringeren Biegsamkeit und der mangelnden Elastizität erfordert der Drahtseiltrieb große Scheiben $D > 1500\,\delta$ und $> 150\,d$ (Abb. 184) sowie Wellenabstände über 15 m bis 100 m. Keilrillen sind hier nicht möglich; man schont das

Drahtseil durch Holz oder Lederfutter im Grund der Seilrille (Abb. 186) sowie durch reichliches Schmieren. Die Belastbarkeit der Seile und der kleinste zulässige Scheibendurchmesser ist von Zahl und Stärke der Einzeldrähte abhängig.

Das stärkste Seil von 37 mm Durchmesser kann eine Umfangskraft P von 800 kg und bei 30 m/s Geschwindigkeit eine Leistung von 320 PS übertragen, also das 13fache wie ein Baumwollseil.

Die Kräfte im Seil und der Lagerdruck sind etwa wie beim normalen Riementrieb:

$$S_1 = 2\,P, \quad S_2 = P, \quad S_1 + S_2 = 3\,P.$$

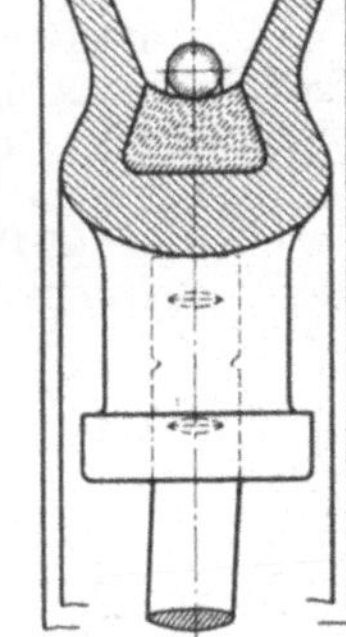

Abb. 186. Seilrille für Drahtseile.

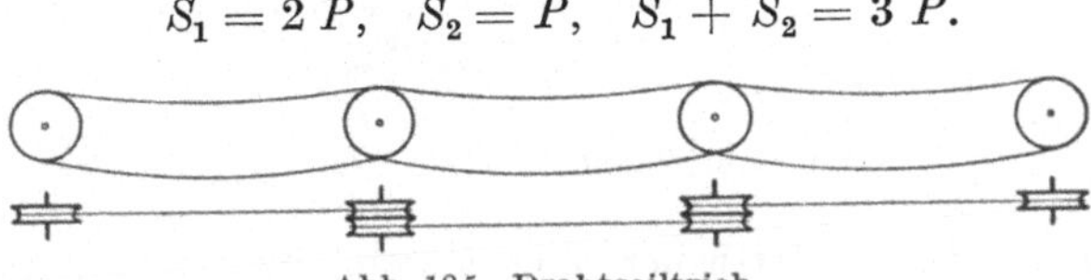

Abb. 185. Drahtseiltrieb.

Übersetzung und Wirkungsgrad. Wegen der großen Scheibendurchmesser infolge der Seilsteifigkeit wird die Übersetzung meist 1 : 1 gewählt. Der Wirkungsgrad ist, da die Verluste fast nur in den Lagern liegen, verhältnismäßig groß, etwa

$$\eta = 0{,}97.$$

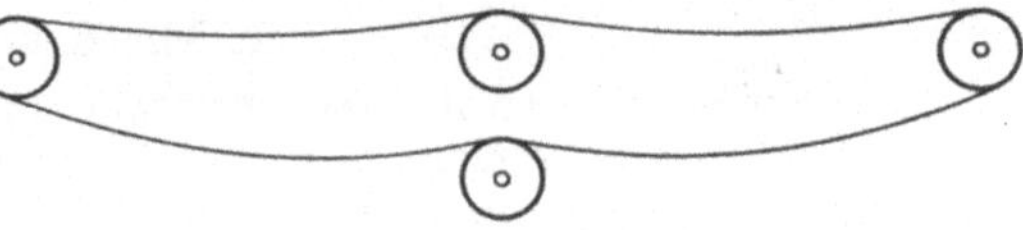

Abb. 187. Drahtseiltrieb mit Tragrollen.

5. Kettentrieb.

Allgemeines. Um zwei verzahnte Kettenräder wird eine Gelenkkette geschlungen, die in die Zahnlücken eingreift. Die Übertragung erfolgt also hier zwangläufig unmittelbar durch den Tangentialdruck an den Zahnflanken, die Achsbelastung entspricht der Umfangskraft. Da die Ketten schwer und teuer sind, kommt der Trieb nur für kurze Wellenabstände in Betracht, und zwar da, wo Zahnräder zu groß werden und Riemen wegen zu kleinen Wellenabstands oder zu großer Kraft nicht möglich sind.

Infolge der Abnutzung in den Gelenken längt sich die Kette nach längerem Betriebe ungleichmäßig und gibt einen stoßenden und geräuschvollen Gang, denn das jeweilig kürzeste Glied trägt und überträgt beim Auslaufen aus dem Rad mit Stoß die Last auf die andern Glieder. Die Kette darf deshalb nur sehr mäßig belastet sein und muß so ausgebildet werden, daß die Abnutzung möglichst klein ist. Die gewöhnliche Gallsche Kette (siehe Abschnitt Hebezeuge) ist für Dauer- und Kraftbetrieb nicht geeignet. Besser ist die

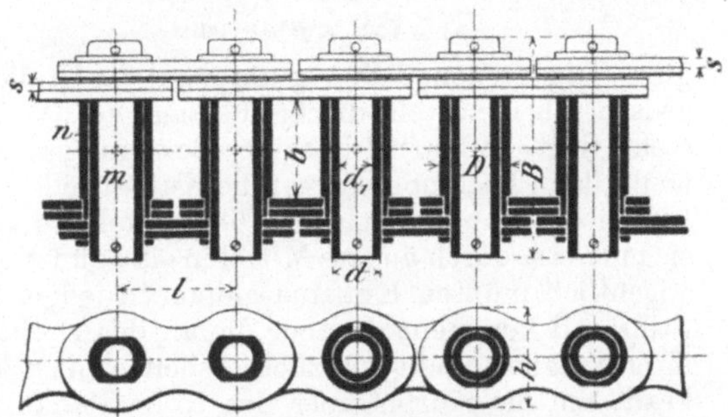

Abb. 188. Treibkette.

Treibkette (Abb. 188). Die äußeren Laschen (ein- oder mehrfach) sitzen fest auf dem hohlen oder vollen Bolzen m, die inneren fest auf einer auf den Bolzen geschobenen Stahlhülse n. Die gegenseitige Bewegung erfolgt also in der großen Tragfläche der Hülse bei entsprechend kleinem Flächendruck. Die Bolzen der Kette fassen in entsprechende Lücken des Rades. Die Ketten werden in bestimmten Abmessungen für Umfangskräfte von 100 bis 5000 kg gefertigt.

Zahnketten (Abb. 189). Hier wird aus Blechlamellen ein verzahnter Gurt gebildet, der mit seinen Zähnen in die Zahnlücken des Rades faßt. Gegen seitliches Abgleiten sichern nicht verzahnte Lamellen in einer Rille in Mitte der Scheibe. Die kleinste Zähnezahl ist 15, die Übersetzung bis 1 : 6.

Für die Belastbarkeit dieser Ketten sowie für die zulässige Laufgeschwindigkeit ist die Abnützung maßgebender als die Festigkeit. Man ist deshalb hierfür

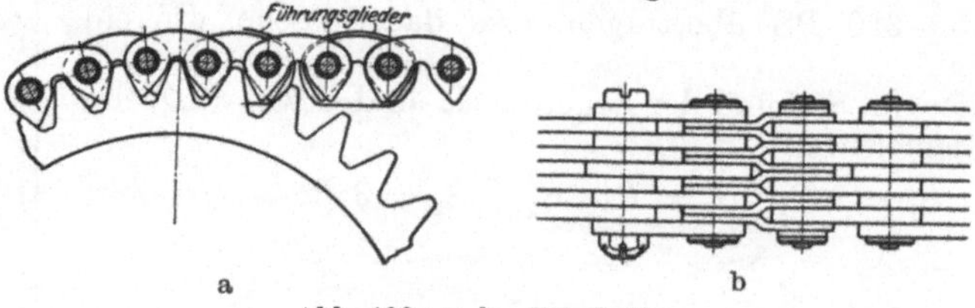

Abb. 189a u. b. Zahnkette.

ganz auf die Erfahrungen der Lieferfirmen angewiesen. Bei angestrengtem Dauerbetrieb ist Lauf in einem ölgefüllten Blechkasten und leichte Auswechselbarkeit vorzusehen.

E. Kurbeltrieb.

1. Allgemeines.

Der Kurbeltrieb (Abb. 190) bezweckt, eine hin und her gehende Bewegung in eine drehende umzusetzen (Kraftmaschinen) oder umgekehrt aus einer drehenden Bewegung eine hin und her gehende zu erzeugen (Arbeitsmaschinen).

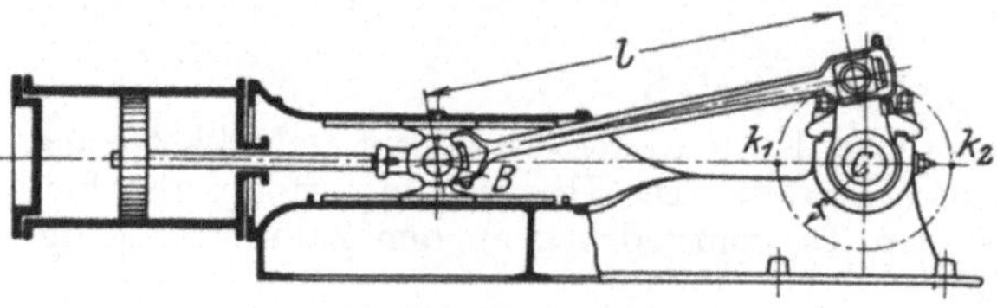

Abb. 190. Kurbeltrieb.

Das Hauptelement der hin und her gehenden Bewegung ist der Kreuzkopf B, der auf einer Geradführung läuft und seine Kraft in der Regel von einem Kolben durch die Kolbenstange empfängt oder an ihn abgibt. Die drehende Bewegung wird durch die Kurbel bewirkt; die Verbindung zwischen beiden stellt die Treibstange her. Wenn der Kolben in seinen Endlagen steht, liegt die Kurbel in seiner Bewegungsrichtung und kann, wenn der Kolben treibt, kein Drehmoment auf die Kurbelwelle ausüben. Die Kurbellagen k_1 und k_2 heißen die Totpunkte. In dieser Stellung kann die Maschine nicht anlaufen; sie muß erst durch äußere Mittel in eine günstige Anfahrstellung gebracht werden. Eigentlich müßten Kraftmaschinen in jedem Totpunkt der Kurbel wieder zum Stillstand kommen; da aber die an der Drehung teilnehmenden Massen infolge ihrer Trägheit nicht plötzlich stehen bleiben können, so liefern diese die Triebkraft, um die Kurbel über den toten Punkt zu drehen, bis wieder eine Kraftwirkung vom Kolben aus erfolgen kann. Auch wenn die Kolbenkraft während eines Hubs gleich groß ist (Wasserpumpe), nehmen die tangentialen Drehkräfte im Kurbelkreis mit wachsendem Kurbelwinkel infolge des veränderlichen Hebelarms zunächst bis zu einem Maximum zu und fallen dann bis zum Totpunkt wieder auf Null ab. Die Umfangsgeschwindigkeit bei n Umdrehungen minutlich

$$v = \frac{2\,\pi\,r\,n}{60}\ \text{(m/s)}$$

wird daher an sich ungleichförmig, aber durch die mitlaufenden Massen um so mehr ausgeglichen, je größer deren Schwungmoment ist. Im allgemeinen genügen sie allein nicht, sondern müssen durch besondere Schwungräder verstärkt werden, um die gewünschte Gleichförmigkeit zu erhalten. Der „Ungleichförmigkeitsgrad" wird je nach den Ansprüchen zu $\delta = 1 : 30$ bis $1 : 300$

gewählt, d. h. es dürfen die Geschwindigkeitsschwankungen nur um z. B. $^1/_{30}$ von der mittleren Geschwindigkeit nach oben und unten abweichen.

Die bei der Bewegung des Kolbens auftretenden Geschwindigkeitsschwankungen sind erheblich größer. Im Totpunkt ist die Geschwindigkeit wegen der Umkehr der Bewegung Null; etwa in der Mitte des Hubs erreicht sie ihren Größtwert. Diesen schnell wechselnden Geschwindigkeiten entsprechen große Beschleunigungen. Ein Teil der Triebkraft wird bei zunehmender Geschwindigkeit zur Beschleunigung der Massen verbraucht, aber während der darauffolgenden Verzögerung wieder zurückgewonnen. Die vom Kolben auf das Wellenlager ausgeübten Kräfte werden also durch die Trägheitswiderstände der dazwischenliegenden Massen beeinflußt, während die gleich großen Rückdrücke auf den Zylinderdeckel hiervon nicht berührt werden. Demnach kann das Maschinengestell, das Zylinder und Kurbelwellenlager verbindet, keinen vollkommenen Kraftausgleich bewirken, es bleiben vielmehr freie Kräfte übrig, die vom Fundament aufzunehmen sind. Es sind deshalb kräftige Fundamente nötig, da sonst das ganze System in Schwingungen gerät. Bei Lokomotiven z. B., die lose auf den Schienen rollen, rufen die auf beiden Seiten befindlichen Dampfmaschinen, deren schwingende Massen infolge der um 90° versetzten Kurbeln nicht gleichzeitig vor und zurück gehen, Schwingungen um eine senkrechte Schwerpunktsachse, also Schlingerbewegungen, hervor, denen durch die Massenträgheit des Kessels und durch einen großen Radstand begegnet werden muß. Bei Schiffen kann bei zu leichten Fundamenten der ganze Schiffskörper in Schwingungen geraten, die im Falle einer Resonanz gefährlich für den Verband werden können. Um die Massenwirkungen genügend beherrschen zu können, muß man die Maschinen um so langsamer laufen lassen, je größer ihre hin und her gehenden Massen, also auch ihre Leistungen sind, oder man muß die Gesamtleistung auf mehrere zusammengekuppelte Einzelmaschinen verteilen, wie dies z. B. bei schnellaufenden mehrzylindrigen Kraftwagenmotoren und bei Schiffsmotoren geschieht. Durch passende Versetzung der Kurbeln kann ein teilweiser Massenausgleich erreicht werden.

Eine Maschine mit Kurbeltrieb benötigt also zur Erzielung eines genügend gleichmäßigen Gangs ein Schwungrad, zur Beherrschung der Massenwirkung einen ausreichend kräftigen Rahmen sowie ein schweres Fundament und bei größeren hin und her gehenden Massen eine entsprechend niedere Drehzahl und Gegengewichte an der Kurbel.

2. Bewegungsverhältnisse.

Man pflegt die Bewegung des Kolbens nach der Kurbel als den **Kolbenhingang** und die umgekehrte Bewegung als den **Kolbenrückgang** zu bezeichnen. Zwischen dem Kolbenwege s und dem Kurbelradius r besteht die Beziehung (Abb. 191)

$$s = 2\,r. \tag{53}$$

Steht die Kurbel im Punkte K unter den Winkel α, so findet man die entsprechende zugehörige Kolben- bzw. Kreuzkopfstellung, indem man die Schubstangenlänge l von K aus auf der Kolbenweglinie abträgt. Durch einen umgekehrt geschlagenen Kreisbogen erhält man auf dem Kurbelradius OK_1 den Kolbenweg, also für den Hingang

$$x_1 = K_1 P = K_1 F + F P = (r - r \cos \alpha) + (l - l \cos \beta).$$

Für den Kolbenrückgang ergibt sich für die Kurbelstellung K' in der gleichen Weise

$$x_2 = K_2 P' = K_2 F' - F' P' = (r - r \cos \alpha) - (l - l \cos \beta),$$

also allgemein

$$x = r\,(1 - \cos \alpha) \pm l\,(1 - \cos \beta). \tag{54}$$

Die Gleichung (54) läßt sich nach der binomischen Reihe umgeformt und vereinfacht in die Form bringen

$$x = r\left(1 - \cos\alpha \pm \frac{1}{2}\frac{r^2}{l}\sin^2\alpha\right), \tag{55}$$

hierbei gilt das $+$-Zeichen für den Hingang, das $-$-Zeichen für den Rückgang. Die Kolbenwege sind also um die Strecke FP für den Hin- und Rückgang verschieden, und zwar um so mehr, je stärker der mit l geschlagene Kreis gekrümmt ist, d. h. je kürzer l im Verhältnis zu r ist. Wäre $l = \infty$, so würde der Unterschied fortfallen. Man macht meist $r : l = 1 : 5$; wenn es, wie bei Lokomotiven, leicht möglich ist, wählt man besser $1 : 8$ bis $1 : 9$; nur wenn die Raumverhältnisse dazu zwingen, wie bei stehenden Maschinen, geht man bis $1 : 4$, bei Fahrzeugmotoren sogar bis $1 : 3,5$.

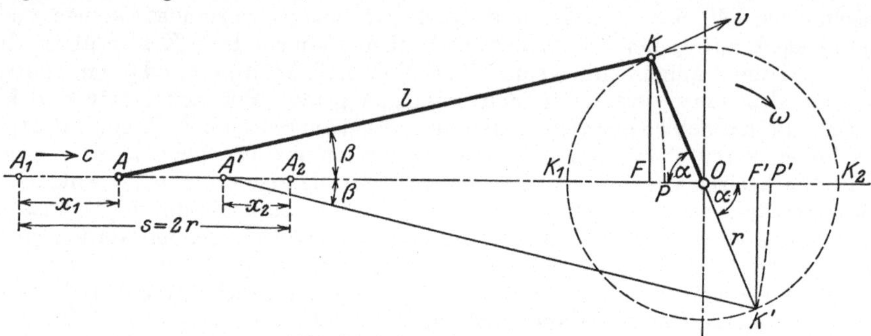

Abb. 192. Bewegungsverhältnisse.

Bei einem Kurbelwinkel $\alpha = 90^0$ und $\dfrac{r}{l} = \dfrac{1}{5}$ wird beim

Hingang $x_1 = 1,1\,r$,
Rückgang $x_2 = 0,9\,r$,

d. h. wenn die Kurbel den halben Weg zurückgelegt hat, hat der Kolben seinen halben Weg beim Hingang bereits überschritten und beim Rückgang noch nicht erreicht.

Kolbengeschwindigkeit. Aus dem Kolbenwege nach Gleichung (55) folgt durch Differentialrechnung die jeweilige Kolbengeschwindigkeit c

$$c = \frac{dx}{dt} = r\sin\alpha\,\frac{d\alpha}{dt} \pm \frac{1}{2}\frac{r^2}{l}\sin 2\alpha\,\frac{d\alpha}{dt}.$$

$\dfrac{d\alpha}{dt}$ ist die Winkelgeschwindigkeit $\omega = \dfrac{v}{r}$,

$$c = r\omega\left(\sin\alpha \pm \frac{1}{2}\frac{r}{l}\sin 2\alpha\right) = v\left(\sin\alpha \pm \frac{1}{2}\frac{r}{l}\sin 2\alpha\right), \tag{56}$$

$$c = v\sin\alpha\left(1 \pm \frac{r}{l}\cos\alpha\right). \tag{57}$$

Für $l = \infty$ ist $c = v\cdot\sin\alpha$; c ändert sich dann nach der Sinuslinie.

Wenn man schlechthin von der Kolbengeschwindigkeit spricht, so meint man die mittlere Kolbengeschwindigkeit

$$c_m = \frac{2\,s\,n}{60} = \frac{2\,r\,n}{30}\ \text{(m/s)}. \tag{58}$$

Die Geschwindigkeit im Kurbelkreise ist

$$v = \frac{2\,\pi\,r\,n}{60} = \frac{\pi\,r\,n}{30}\ \text{(m/s)},$$

also

$$c_m = \frac{2}{\pi}\,v = \sim 0,637\,v, \tag{59}$$

$$v = \frac{\pi}{2}\,c_m = 1,571\,c_m. \tag{60}$$

Den Verlauf der Geschwindigkeit als Funktion des Kolbenwegs für endliche Stangen zeigt Abb. 192 für den Hingang; für den Rückgang wird die Kurve das Spiegelbild. Die Kolbengeschwindigkeit erreicht also ihren größten Wert ($c_{\mathrm{max}} = 1,6\,c_m = 1,2\,v$, wenn $r : l = 1 : 5$) wenn Kurbel und Treibstange einen 90^0 Winkel bilden, beim Hingang vor der Hubmitte, beim Rückgang hinter derselben.

Kolbenbeschleunigung. Aus der Geschwindigkeitsgleichung [Gleichung (56)]

$$c = r\,\omega \left(\sin\alpha \pm \frac{1}{2}\frac{r}{l}\sin 2\alpha \right)$$

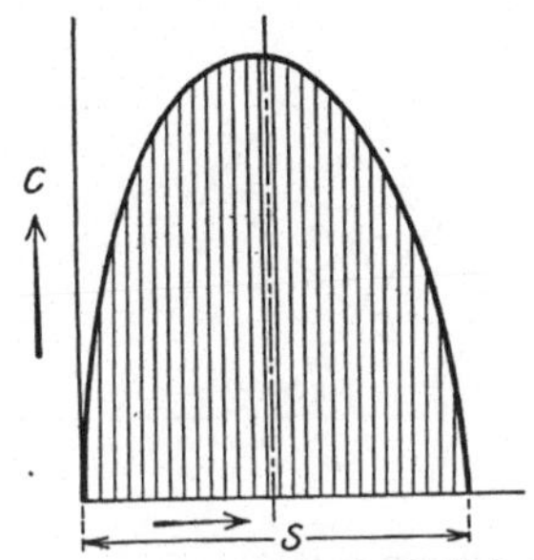

Abb. 192. Kolbengeschwindigkeit.

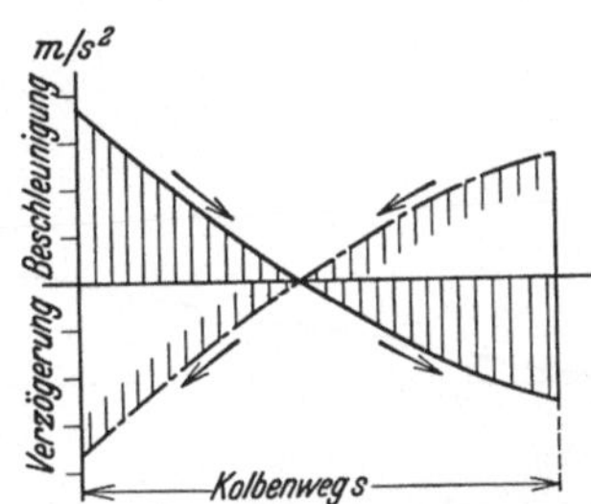

Abb. 193. Beschleunigung und Verzögerung der hin und her gehenden Triebwerksteile.

folgt die Beschleunigung

$$b = \frac{dc}{dt} = r\,\omega\left(\cos\alpha\,\frac{d\alpha}{dt} \pm \frac{r}{l}\cos 2\alpha\,\frac{d\alpha}{dt} \right), \quad \text{und mit} \quad \frac{d\alpha}{dt} = \omega$$

$$b = r\,\omega^2\left(\cos\alpha \pm \frac{r}{l}\cos 2\alpha \right) = \frac{v^2}{r}\left(\cos\alpha \pm \frac{r}{l}\cos 2\alpha \right). \tag{61}$$

Die Veränderlichkeit von b zeigt die graphische Darstellung in Abb. 193 für den Kolben-Hin- und Rückgang.

Die größte Beschleunigung ist bei $\alpha = 0$, also im Totpunkt vorhanden

$$b_{\mathrm{max}} = \frac{v^2}{r}\left(1 \pm \frac{r}{l} \right). \tag{62}$$

Für die Beschleunigungskraft ist noch die Masse M oder das Gewicht G der hin und her gehenden Teile zu berücksichtigen, also

$$K = M\,b = \frac{G}{g}\,b = \frac{G}{g}\frac{v^2}{r}\left(\cos\alpha \pm \frac{r}{l}\cos 2\alpha \right),$$

$$v = \frac{2\,r\,\pi\,n}{60},$$

$$K = \left(\frac{\pi\,n}{30} \right)^2 r\,\frac{G}{g}\left(\cos\alpha \pm \frac{r}{l}\cos 2\alpha \right), \tag{63}$$

$$K_{\mathrm{max}} = \left(\frac{\pi\,n}{30} \right)^2 r\,\frac{G}{g}\left(1 \pm \frac{r}{l} \right). \tag{64}$$

Für lange Treibstangen ist die Annahme $r : l = 1 : \infty$ zulässig; dann entfällt der Korrekturfaktor $\left(1 \pm \dfrac{r}{l} \right)$ für b_{max} und K_{max}. Je größer das Gewicht der hin und her gehenden Teile ist, um so langsamer muß die Maschine laufen, um die Beschleunigungskräfte noch beherrschen zu können.

3. Kraftverhältnisse.

Die Kolbenkraft P zerlegt sich an dem Kreuzkopf (Abb. 194) in die Stangenkraft S und den Normaldruck N.

Es ist:
$$S = \frac{P}{\cos\beta}; \quad S_{max} = \frac{P}{\cos\beta_{max}} = \frac{P}{\sqrt{1 + \left(\dfrac{r}{l}\right)^2}}, \tag{65}$$

$$N = P\,\operatorname{tg}\beta; \quad N_{max} = P\,\frac{r}{l}. \tag{66}$$

Am Kurbelzapfen zerlegt sich die Stangenkraft S in eine tangentiale und radiale Komponente, von diesen interessiert besonders die erstere, die Drehkraft T. Sie ist

$$T = S\sin(\alpha + \beta) = P\frac{\sin(\alpha + \beta)}{\cos\beta}. \tag{67}$$

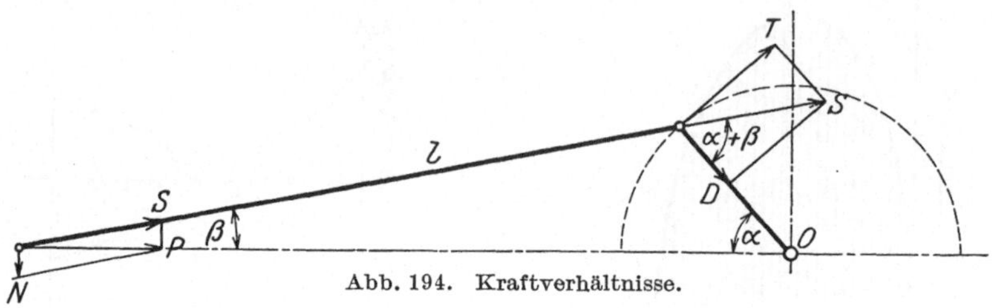

Abb. 194. Kraftverhältnisse.

Für $\alpha = 0$ oder $\alpha = 180^0$ wird $T = 0$ (Totpunkt).
Für $\alpha = 90^0$ „ $T = P$.
Für $\alpha + \beta = 90^0$ ($\beta = \beta_{max}$) „ $T = T_{max} = \dfrac{P}{\cos\beta_{max}} = S$.

Drehkraftdiagramm und Schwungrad. Um die Drehkräfte T als Funktion des Kurbelwinkels auftragen zu können, muß die Triebkraft P bekannt sein. Die

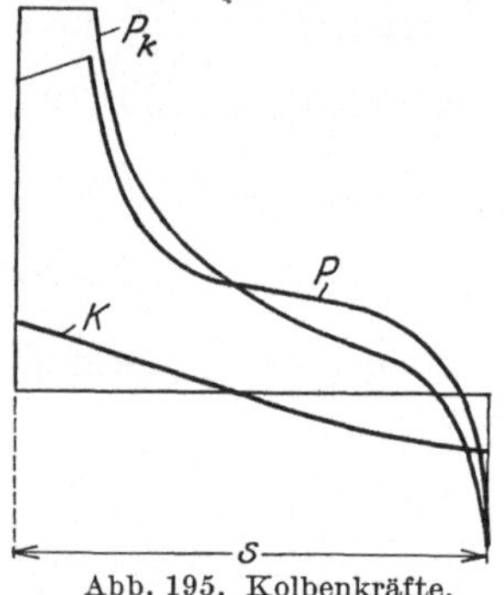

Abb. 195. Kolbenkräfte.

Kolbenkraft ist bei allen Maschinen während des Hubes veränderlich, sie möge gemäß dem Diagramm nach Abzug der Gegenkraft auf der andern nicht treibenden Kolbenseite den in Abb. 195 gezeichneten Verlauf P_k haben. Von diesen Kräften wird nun ein Teil K zur Beschleunigung der hin und her gehenden Massen verbraucht und kommt der Kurbel nicht zugute. Die Beschleunigungskräfte [Gleichung (63)] sind also abzuziehen, die Verzögerungskräfte zuzuzählen. Nach Abzug dieser Kräfte entsteht der Linienzug für P, der nunmehr die Kolbenkräfte angibt, die für die Kurbel nutzbar und in der Gleichung (67) gemeint sind. Nunmehr können die Drehkräfte für verschiedene Kurbelwinkel berechnet und auf dem abgewickelten Kurbelkreis (Abb. 196) aufgetragen werden, es entsteht der Linienzug $K_1 A B C K_2 D E F K_1$. Aus den veränderlichen Drehkräften ist die mittlere Drehkraft T_m graphisch zu bestimmen, sie muß im Gleichgewichtszustand dem durch die Maschinenleistung gegebenen und auf die Kurbel bezogenen Widerstand entsprechen. Vom Totpunkt K_1 beginnend, ist zunächst die Drehkraft kleiner als der Widerstand, es findet also eine Verzögerung der Bewegung so lange statt, bis beide in A gleich sind. Nunmehr ist ein Überschuß an Drehkraft vorhanden, der die Geschwindigkeit erhöht, bis in C wieder Gleichgewicht ist usw. In den Punkten A und D muß also ein v_{min}, in C und F ein v_{max} sein. Die Fläche $A B C = J$ stellt die Überschußarbeit dar, die eine Erhöhung der Geschwindigkeit bewirkt und in den rotierenden Massen M aufgespeichert werden muß, um den durch die Fläche $C K_2 D$ dargestellten Arbeitsunterschuß auszugleichen. Es ist demnach

$$J = M\cdot\frac{v_{max}^2 - v_{min}^2}{2}. \tag{68}$$

Je größer die rotierende Masse ist, um so kleiner muß die Geschwindigkeitsänderung werden. Man führt nun den Begriff des Ungleichförmigkeitsgrads δ
ein und versteht darunter

$$\delta = \frac{\text{Schwankung der Geschwindigkeit}}{\text{Mittlere Geschwindigkeit}} = \frac{v_{max} - v_{min}}{v}. \tag{69}$$

Führt man für die mittlere Geschwindigkeit v ein,

$$v = \frac{v_{max} + v_{min}}{2}, \tag{70}$$

so erhält man

$$J = \frac{M}{2}\,(v_{max} + v_{min}) \cdot (v_{max} - v_{min}) = M\,v^2\,\delta,$$

$$M = \frac{J}{v^2\,\delta}. \tag{71}$$

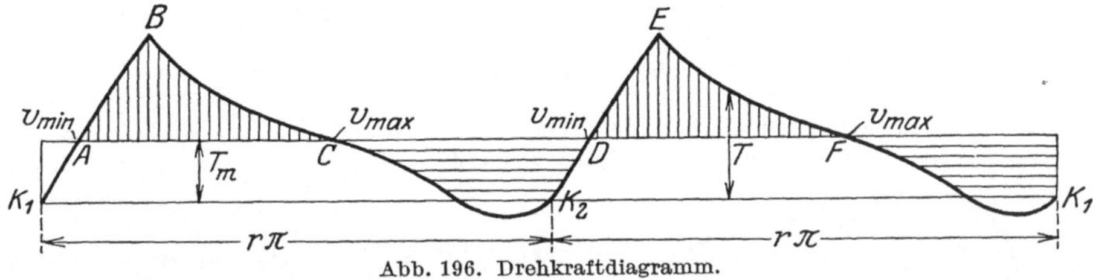

Abb. 196. Drehkraftdiagramm.

Bei mehrkurbeligen Maschinen werden die Kurbelarme gegenseitig versetzt,
so daß sich die Überschuß- und Unterschußflächen der für die einzelnen Kurbeln
ermittelten Drehkraftdiagramme möglichst ausgleichen.

Das Ergebnis der graphischen Untersuchung wird in dieser Formel (71) verwertet und liefert die Masse, die im Kurbelzapfen wirken muß, wenn ein bestimmter Ungleichförmigkeitsgrad zugrunde gelegt wird. In einem größeren
Abstand mit der Geschwindigkeit v' wird die Masse kleiner, und zwar

$$M' = M\,\frac{v^2}{v'^2} = M \cdot \frac{r^2}{r'^2}. \tag{72}$$

Diese Masse ist im Schwungrad unterzubringen.

Der Ungleichförmigkeitsgrad wird gewählt bei Maschinen für

Antrieb von Pumpen, Verdichtern, Sägen . . $\delta \backsim 1:30$
    „   „ Werkstatt-Triebwerken . . . . $\delta \backsim 1:50$
    „   „ Textilmaschinen. . . . . . . $\delta \backsim 1:80$
    „   „ Gleichstrom-Dynamos . . . . . $\delta \backsim 1:150$
    „   „ Drehstromgeneratoren . . . . . $\delta \backsim 1:300$

Elektrische Lichtmaschinen verlangen eine hohe Gleichförmigkeit der Drehbewegung, weil sonst das Licht wegen der Spannungsschwankungen flimmert.

Wirkungsgrad. Die Verluste beim Kurbeltrieb liegen vorzugsweise in der
Reibung am Kreuzkopf und in den Lagern der Schubstange und der Welle. Bei
guter Ausführung und Unterhaltung ist

$$\eta = 0{,}9 \text{ bis } 0{,}95.$$

4. Einzelteile.

Der Kraft abgebende oder aufnehmende Zylinder und das oder die Kurbelwellenlager müssen wegen der in entgegengesetzter Richtung auftretenden
Kräfte durch einen ausreichend starken Maschinenrahmen, in dem auch
die Gleitbahn für den Kreuzkopf angeordnet ist, verbunden sein. Dieser
Maschinenrahmen kann als sog. Bajonettrahmen einseitig zur Gleitbahn
nach dem dann nur einen Kurbelwellenlager geführt sein, wie Abb. 197 erkennen läßt; in diesem Fall ist auch die Kurbel einseitig als Stirnkurbel (Abb. 198)
ausgebildet. Oder der Maschinenrahmen wird als Gabelrahmen beiderseits
der Gleitbahn nach zwei Kurbelwellenlagern geführt, wie Abb. 199 zeigt, um

die zweiseitig ausgeführte sog. gekröpfte Kurbel (Abb. 200) beiderseits zu lagern. Derartige Gabelrahmen sind heute gebräuchlicher und bei größeren Kräften auch zweckmäßiger als die früher allgemein üblichen Bajonettrahmen.

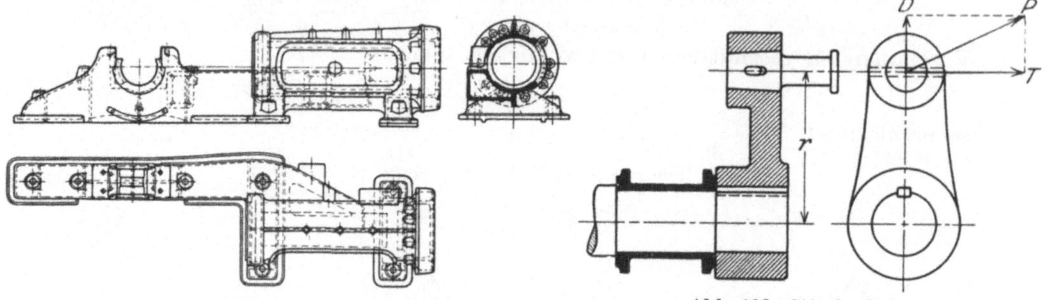

Abb. 198. Stirnkurbel.

Wenn Kurbeln am Ende einer Welle anzuordnen sind, so werden sie als Stirnkurbeln meist besonders aufgesetzt (Abb. 198). Der Kurbelarm aus Stahl oder bestem Stahlguß wird auf die Welle aufgeschrumpft und durch einen Flach- oder Rundkeil gesichert. Der Kurbelzapfen wird meist auch eingeschrumpft oder konisch eingeschliffen und dann durch einen Keil oder eine Mutter festgezogen. Der geschmiedete Kurbelarm erhält einen rechteckigen Querschnitt; durch die Drehkraft T wird er auf

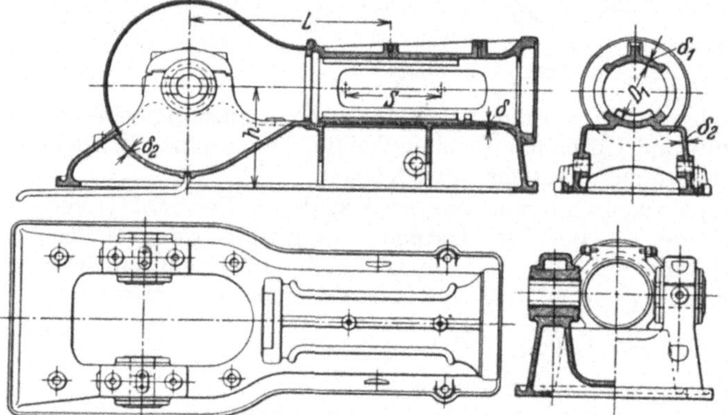

Abb. 199. Gabelrahmen.

Biegung und infolge der exzentrischen Lage des Zapfens zur Kurbelebene noch auf Verdrehung, durch die radial gerichtete Kraft D außerdem noch auf Biegung beansprucht. Es ist also auf zusammengesetzte Festigkeit zu berechnen. Das Kurbelwellenlager ist möglichst nahe an die Kurbel zu legen, um das Biegungsmoment des Wellenzapfens klein zu halten.

Wenn in der Mitte einer Welle eine Kurbel erforderlich ist, die also nach beiden Seiten Kräfte überträgt, so bildet man sie in der Regel in einem

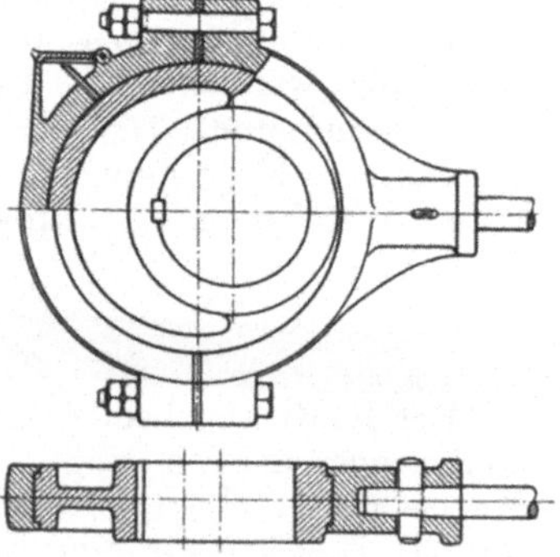

Abb. 201. Exzenter.

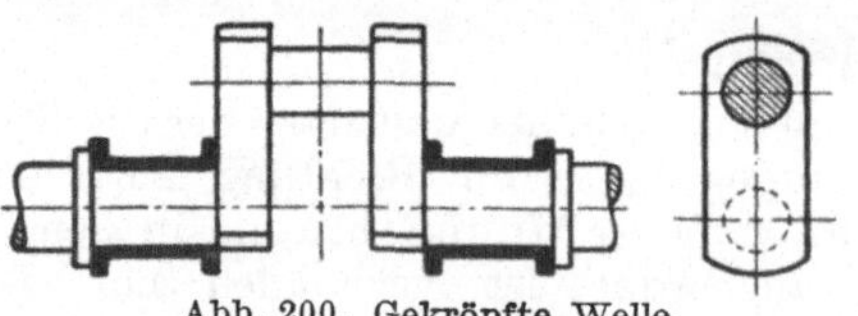

Abb. 200. Gekröpfte Welle.

Stück als gekröpfte Welle aus (Abb. 200). Dies ist auch bei mehrfachen gegenseitig versetzten Kurbeln möglich. Nur schwere derartige Kurbelwellen werden zusammengeschrumpft.

Wenn man den Kurbelzapfen einer gekröpften Welle sich soweit vergrößert denkt, daß er über die Welle hinaustritt, so entsteht auf dieser eine exzentrische

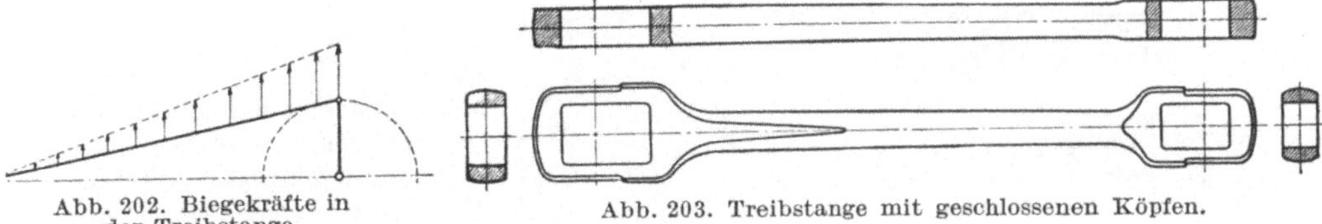

Abb. 202. Biegekräfte in der Treibstange.

Abb. 203. Treibstange mit geschlossenen Köpfen.

Scheibe, die auf eine mit einem umgelegten Exzenterbügel angeschlossene Stange wie eine Kurbel wirkt. Solche Exzenter (Abb. 201) werden als Antriebmittel für hin und her gehende Bewegungen, insbesondere für die Steuerungsorgane der Dampfmaschinen, verwendet. Die Exzenterscheibe wird ein- oder zweiteilig auf der Welle verkeilt, der Exzenterbügel erhält nötigenfalls Laufflächen aus Lagermetall. Wegen der verhältnismäßig hohen Reibungsarbeit auf dem großen Scheibenumfang kommen sie nur für den Abtrieb, aber nicht für entgegengesetzten Kraftfluß zur Anwendung.

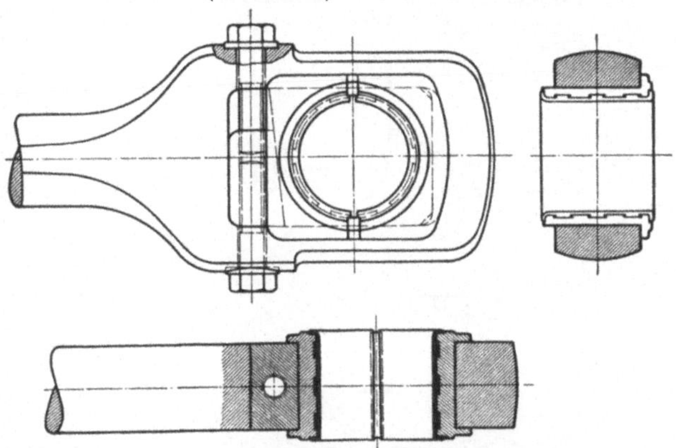

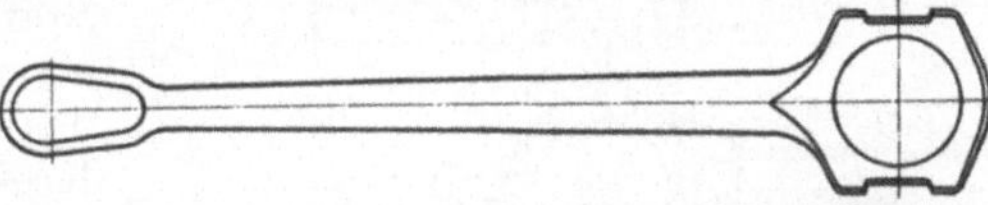

Abb. 204. Keilnachstellung in geschlossenen Treibstangenköpfen.

Die Treibstange hat abwechselnd Zug- und Druckkräfte aufzunehmen. Aus letzterem Grunde muß sie knicksicher sein und hierfür ihren größten Querschnitt in der Mitte haben. Da aber bei raschem Gang durch die Fliehkräfte quer zur Stangenachse (Abb. 202) auch noch Biegungsbeanspruchungen auftreten, so ist der Querschnitt nach der Kurbel zu weiter zu verstärken. Mit Rücksicht auf die einfache Herstellung macht man den Schaft rund. Bei schnellem Gang empfiehlt sich dagegen zur Gewichtsersparnis ein Hochkantquerschnitt, der zuweilen in der Mitte noch zu einem I-Profil ausgespart wird. Selbstverständlich muß die Stange zur Beschränkung der Massenwirkungen möglichst leicht gehalten und deshalb aus hochwertigem Stahl gefertigt werden.

Abb. 205. Treibstange mit offenem Kurbelkopf.

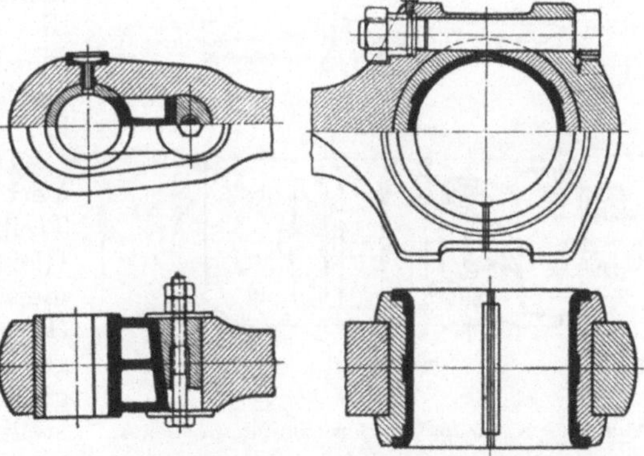

Abb. 206. Nachstellung von Treibstangenlagern.

Wichtige Teile der Schubstange sind die Stangenköpfe; sie enthalten die Lager für den Kreuzkopfbolzen und Kurbelzapfen. Infolge des Druckwechsels nutzen sich beide Lagerschalen ab, sie müssen so nachgestellt werden können, daß die Lagerentfernung, also die Stangenlänge, unverändert bleibt; bei dem einen Kopf muß daher die innere, bei dem andern die äußere Schale nachstellbar sein. Die Kurbellagerschalen werden meist aus Gußeisen mit Lagermetallausguß, die Kreuzkopflagerschalen wegen des höheren Flächendrucks stets aus Bronze hergestellt. Man unterscheidet geschlossene und offene Köpfe. Die ersteren (Abb. 203 und 204) sind sicherer, aber für die Zapfen gekröpfter Wellen nicht anwendbar. Die Nachstellung der Lagerschalen erfolgt durch Keile. Auf der Kreuzkopfseite werden die

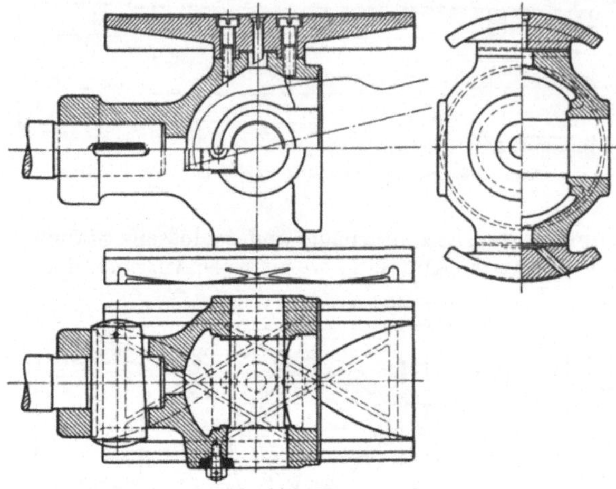

Abb. 207. Kreuzkopf.

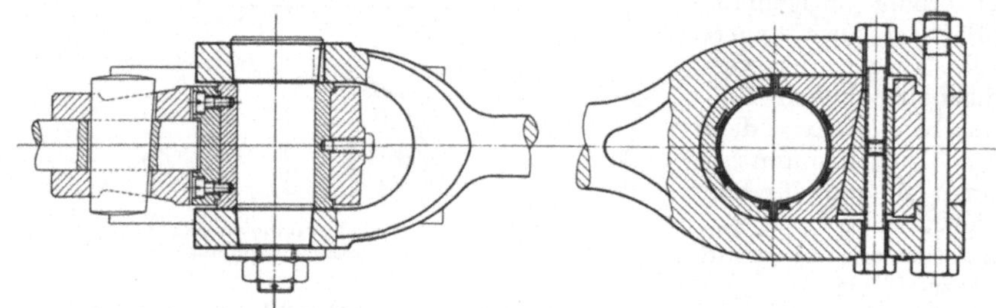

Abb. 208. Treibstange mit Gabelkopf und mit offenem Kopf.

Stangen zuweilen gegabelt und mit einem fest eingepaßten Bolzen versehen; das zugehörige Lager liegt dann im Kreuzkopf. Die offenen Stangenköpfe (Abb. 205 und 206) sind wie ein gewöhnliches Lager mit Deckel ausgebildet; dies erleichtert den Zusammenbau. In die Fugen werden Zwischenlagen aus Blechen eingespannt, die bei Abnützung ein leichtes Nachstellen ermöglichen.

Der Kreuzkopf stellt die gelenkige Verbindung der Kolbenstange mit der Treibstange her; zur Übertragung des Gleitbahndrucks N (Abb. 194) wird er meist beiderseits zwischen Gleitbahnen (Rundführung billig durch Dreharbeit) geführt. Die Kreuzköpfe werden für größere Kräfte aus Stahlguß mit nachstellbar aufgesetzten Gußeisengleitschuhen, für geringe Kräfte einteilig

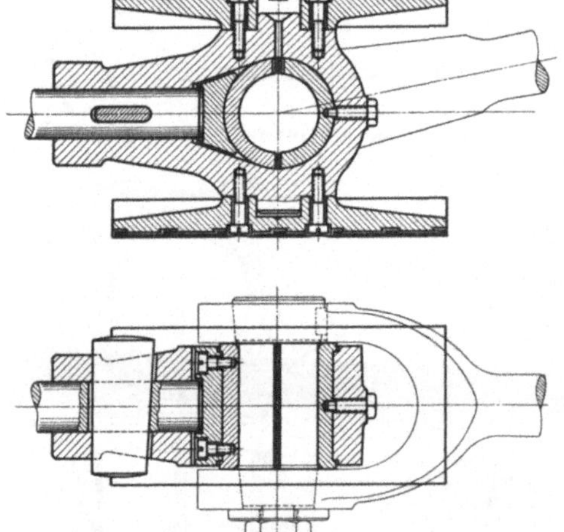

Abb. 209. Kreuzkopf mit Kreuzkopfzapfenlager.

aus Gußeisen angefertigt. Die Kolbenstange wird meist kegelig oder zylindrisch eingesetzt und durch einen Querkeil befestigt. Der bei guter Ausführung im Einsatz gehärtete Kreuzkopfbolzen wird entweder im Kreuzkopf befestigt

(Abb. 207), so daß dann das zugehörige Kreuzkopflager im Treibstangenkopf angeordnet wird, oder es wird der Kreuzkopfbolzen in der gabelförmigen Treibstange befestigt (Abb. 208), so daß dann der Kreuzkopf zur Aufnahme des Kreuzkopflagers (Abb. 209) auszubilden ist.

Bei rasch laufenden Maschinen sind zur Verringerung unerwünschter Massenwirkung auch diese Teile des Kurbeltriebs möglichst leicht zu halten und deshalb aus hochwertigem Werkstoff sorgfältig durchzubilden.

IV. Rohrleitungen und Rohrschalter.

1. Allgemeines.

Die Auswahl der Rohre, der Rohrverbindungen, der Dichtungsmittel und der Rohrschalter (Schieber, Ventile) hat nach Maßgabe der Drücke, der Temperaturen und der chemischen bzw. physikalischen Eigenschaften der fortzuleitenden Flüssigkeiten, Dämpfe, Gase oder Spülstoffe zu erfolgen. Da in erster Linie die Betriebsdrücke bestimmend sind, wurden in DIN 2401 Druckstufen festgelegt, denen als „Nenndrücken" bestimmte Rohr- und Flanschstärken und sonstige Ausführungsformen zugeordnet sind. Diese den Nenndrücken (N) angepaßten Ausführungen dürfen für folgende Betriebsdrücke benutzt werden: für Wasser (W) unter 100^0 und andere ungefährliche Flüssigkeiten unterhalb ihrer Siedetemperatur 100%; für Gase, Druckluft und Dämpfe (G) unter 300^0 und für erhöhte Sicherheit erfordernde Flüssigkeiten $\sim 80\%$; für Heißdampf (H), d. h. für überhitzten Wasserdampf, Gase und Flüssigkeiten von 300 bis 400^0, $\sim 64\%$. Die Abstufung der Betriebsdrücke sowie die vorzunehmenden Probedrücke sind:

N, zugleich für W	1	2,5	6	10	16	25	40	64	100	160	kg/cm²
für G	1	2		5	8	13	20	32	50	80	125	,,
für H	—	—		—	—	10	16	25	40	64	100	,,
Probedruck		2	4		10	16	25	40	60	80	125	200	,.

Ferner wurden als Nennweiten für die Röhren, Formstücke und Armaturen in DIN 2402 folgende Abmessungsstufen festgelegt:

| 13 | 16 | 20 | 25 | 32 | 40 | 50 | 60 | 70 | 80 | 90 | 100 | 110 | 125 |
| Alt: $\frac{1}{2}''$ | $\frac{5}{8}''$ | $\frac{3}{4}''$ | $1''$ | $1\frac{1}{2}''$ | $1\frac{1}{2}''$ | $2''$ | $2\frac{1}{4}''$ | $2\frac{1}{4}''$ | $3''$ | $3\frac{1}{2}''$ | $4''$ | | |

und weiter um je 25 mm bis 300 mm; darüber um je 50 bzw. 100 mm steigend

2. Rohre.

Die Wandstärken werden bestimmt nach der Formel:

$$s = \frac{p \cdot d}{200 \cdot \sigma_{zul} \cdot \varphi} + c \ (\text{mm}),$$

wobei p = Betriebsdruck in kg/cm², d Nennweite in mm und σ_{zul} für Gußeisen = 2,5 kg/mm, σ_{zul} für Flußstahl St 34 = 8 kg/mm, c ein Zuschlag zum Ausgleich der Herstellungsungenauigkeiten, φ zur Berücksichtigung der Nahtfestigkeit für nahtlose Rohre = 1; für geschweißte = 0,8; für genietete $\sim 0,6$.

Gußeisenrohre sind als dünnwandige Abflußmuffenrohre von 50, 70 und 100 mm Weite in DIN 364 und als Leitungsrohre für 10 at Betriebsdruck in DIN 2422 (mit Flanschen) und in DIN 2432 (mit Muffen) genormt. Diese Normen stimmen bis auf die Schraubenteilung einzelner Größen mit den Gas- und Wasser-Normalien 1882 überein. Gußrohre werden für größere Gasleitungen, Wasserleitungen, Ansauge- und Auspuffleitungen und ähnliche Zwecke verwendet und gegen Rosten innen und außen asphaltiert in Normlängen von 3 bzw. 4 m geliefert.

Flußstahlrohre werden aus St 00.29, St 34.29, St 45.29 oder St 55.29 mit Schweißfuge oder nahtlos, mit dem Zweck bzw. der Druckstufe angepaßten

Wandstärken, in Handelslängen von 4 bis 7 m, auf besondere Bestellung bis 13 m, angefertigt.

Die stumpfgeschweißten Gasrohre (DIN 2440) sind die billigste und für viele gefahrlose Zwecke ausreichende Sorte. Sie werden in den handelsüblichen Nennweiten von $^1/_4''$ bis $2''$ aus Blechstreifen St 00 gerundet und in der Schweißhitze durch einen Ziehring gezogen, wobei die Längskanten durch die entstehende Pressung stumpf verschweißt werden; hierauf werden sie auf den Außendurchmesser des betreffenden Rohrgewindes kalibriert. Sie müssen in geraden Stücken mit den erforderlichen Verbindungs- bzw. Abzweigstücken verschraubt werden; beim Biegen kann die Schweißfuge aufreißen. Sie genügen „schwarz" für Gas-, Öl- und Luftleitungen, außen und innen verzinkt für Trinkwasserleitungen.

Nahtlose Gewinderohre in den Außendurchmessern der Rohrgewinde werden von $^1/_4''$ bis $6''$ (= 150 mm) lichter Weite nach DIN 2441 und 2442 für die Druckstufen bis 100 at mit entsprechenden Wandstärken aus St 00 bzw. St 34.29 hergestellt. Ihre Verbindung erfolgt meist durch Rohrgewinde; sie können warm mit Krümmungsradien von mindestens dem vierfachen Durchmesser gebogen werden.

Nahtlose Flußstahlrohre mit geringen der Druckstufe entsprechenden (nicht für Rohrgewinde ausreichenden) Wandstärken werden für Nenndrücke bis 25 at (handelsüblich) aus St 00 nach DIN 2449, für Nenndrücke bis 100 at aus St 39.29 nach DIN 2450 mit Nennweiten bis 400 mm hergestellt. Ihre Verbindung erfolgt durch Schweißen oder Einwalzen in Flansche; sie können mit entsprechendem Radius durch erfahrene Rohrschlosser gut gebogen werden.

Ferner sind für Nenndrücke bis 6 at und Nennweiten bis 2000 mm in DIN 2454 nahtgeschweißte Rohre aus Flußstahlblech St. 34, sowie für Nenndrücke bis 50 at und Nennweiten bis 400 mm in DIN 2452 überlappt geschweißte (patentgeschweißte) Rohre aus St 34 genormt.

3. Rohrverbindungen.

Gußrohre werden mit ihren glatten Flanschen (Abb. 210) bzw. mit ihren genormten Muffen (Abb. 211) verbunden. Für Richtungsänderungen und Abzweigungen gibt es gegossene Krümmer, Bogen, T-Stücke usw. in großer Formenzahl nach der Übersicht auf DIN-Blatt 2430, Bl. 1 bis 4. Für die Verlegung im Erdreich sind Muffenverbindungen wegen ihrer Nachgiebigkeit, für die

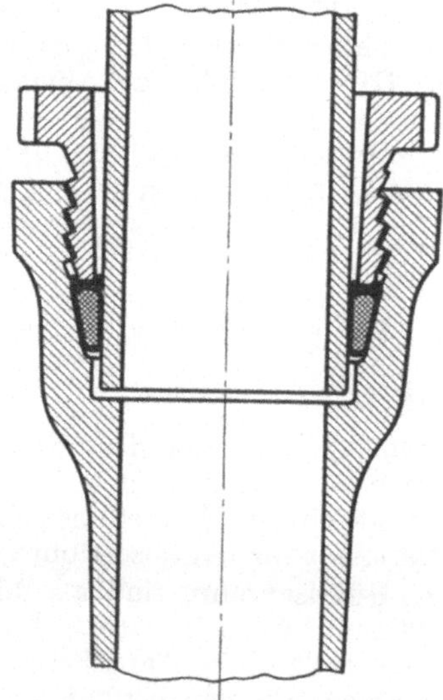

Abb. 212. Gußrohr-Schraubmuffe.

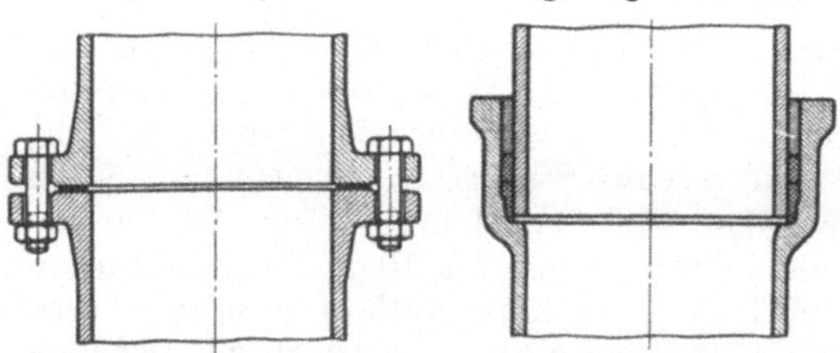

Abb. 210. Gußrohrflansch.   Abb. 211. Gußrohrmuffe.

Verlegung in Gebäuden oder Schächten Flanschverbindungen wegen des leichteren Ein- und Ausbaus vorzuziehen. Die gewöhnlichen Muffen werden im Grund mit Teerstrick ausgestemmt und darauf mit Blei ausgegossen. Die seit kurzem viel verwendeten Schraubmuffen (Abb. 212) haben als Dichtung einen gegen chemische Einflüsse durch dünne Bleihülle geschützten

Gummiring, der durch eine Überwurfmutter festgezogen wird, was raschere Rohrlegerarbeit ermöglicht.

Die Flansche werden mit höchstens 2 mm starken Dichtungsringen aus einem für den Leitungsinhalt bewährten Material gedichtet. Gegen Wasser und feuchte Gase nimmt man Gummi mit Stoffeinlage, gegen Luft und kühles Gas Gummi oder bei geringem Druck gute sandfreie Teerpappe, gegen trockene Hitze Asbest, gegen feuchte Hitze Itplatte (Metzlerit, Postlerit, Klingerit usw.), gegen Schwer- und Leichtöle in dünnem Tischlerleim aufgequollene Pappe.

Gasrohre und **Gewinderohre** verbindet man, sofern man sie nicht zusammenschweißt, mit den Gewindeflanschen DIN 2565/69 (Abb. 213) oder mit den handelsüblichen, zum Teil

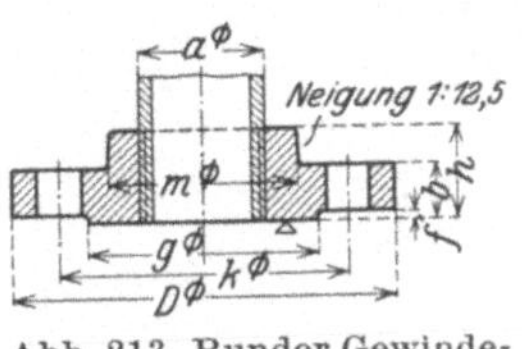

Abb. 213. Runder Gewindeflansch mit Ansatz.

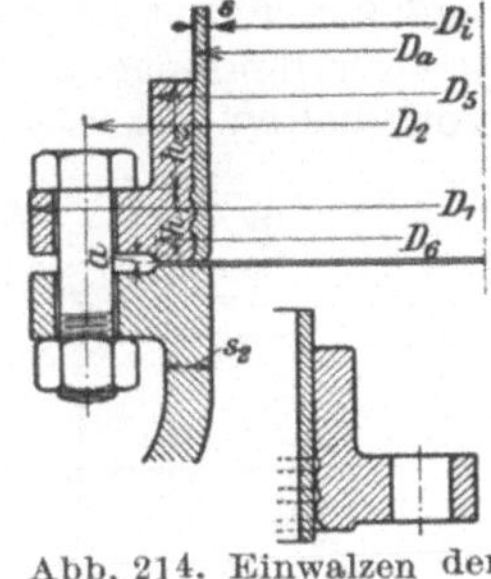

Abb. 214. Einwalzen der Rohre in Flansche.

genormten Verschraubungen, Eckstücken, Krümmern, Bogen usw., die für Nenndrücke bis 5 at aus Temperguß, für höhere Drücke aus Stahl hergestellt werden. Als Dichtung für die Gewinde dient für gewöhnliche Drücke Hanf mit Manganesitpaste; für hohe kühle Drücke ist das Verzinnen beider Gewinde und Warmzusammenschrauben zweckmäßig. Für hohe heiße Drücke kann man die zusammengeschraubten Stükke hart verlöten, oder man schneidet die Gewinde ohne Spitzenspiel und am Rohr schwach konisch, so daß die Gewinde metallisch dichten. Für Preßdruckleitungen haben sich

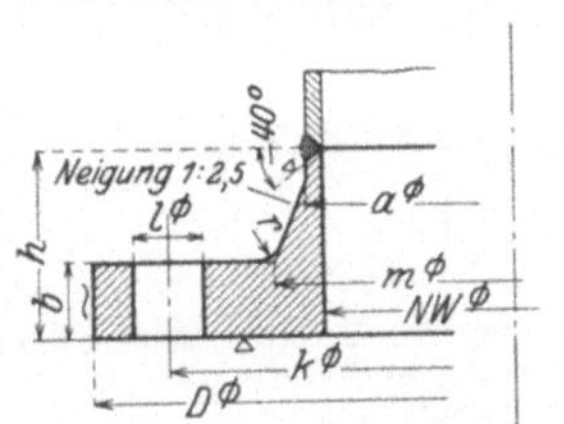

Abb. 215. Vorschweißflansch für autogene Schweißung.

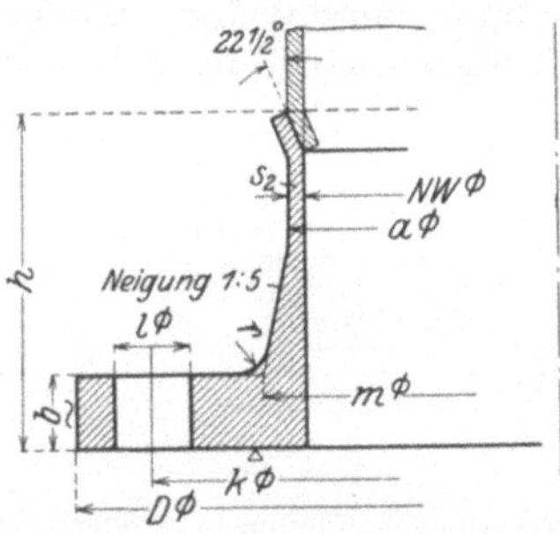

Abb. 216. Vorschweißflansch für Wassergasschweißung.

zur Dichtung der Verschraubungen und Flanschen nahtlose Kupferringe mit rundem Querschnitt bewährt.

Stahlrohre werden am zuverlässigsten durch elektrische oder autogene Schweißung verbunden, so daß Flanschverbindungen auf die Anschlüsse an Apparaten, Maschinen und Armaturen sowie auf gelegentlich auszubauende Rohrstücke beschränkt werden können. Die Flansche werden mit dem Rohr durch Einwalzen (DIN 2580/84, Abb. 214) oder besser durch Vorschweißen (DIN 2620/22, Abb. 215) oder durch Einschweißen (DIN 2630/32,

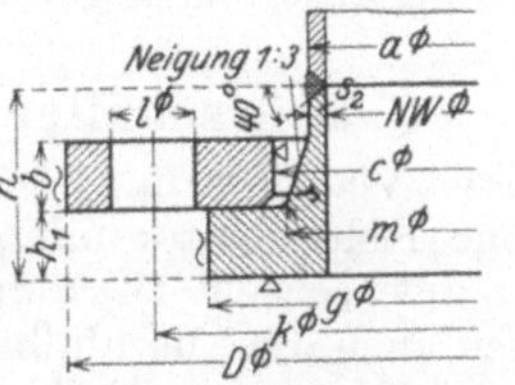

Abb. 217. Loser Flansch mit Vorschweißbund (autogene Schweißung).

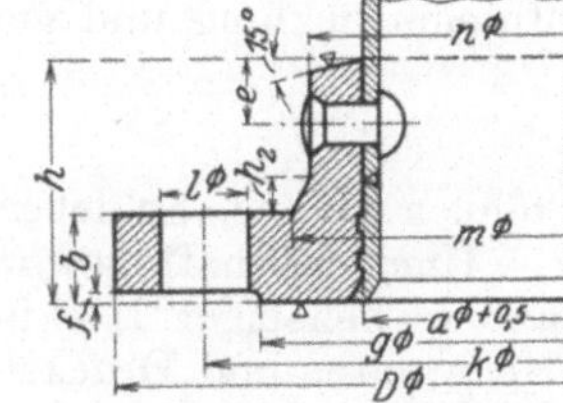

Abb. 218. Eingewalztes Rohr mit Sicherheitsnieten.

Abb. 216) verbunden. Die Montage wird durch Bunde mit losen Flanschen (DIN 2660/66 bzw. 2670/73, Abb. 217) erleichtert, weil der Überwurfflansch nach der Schraubenteilung des Anschlusses gedreht werden kann.

Für hohe Drücke und hohe Temperaturen kann man aufgewalzte Flansche mit Sicherheitsnietung versehen (DIN 2590/95, Abb. 218), damit locker werdende Flansche sich durch Blasen melden, bevor sich der Flansch vom Rohr löst.

Die Flanschen erhalten bis 16 oder 25 at Nenndruck glatte Dichtungs-flächen; für höhere (sowie stoßweise) Drücke dagegen Eindrehung und Vorsprung, (Abb. 220) damit die Dichtung nicht herausgepreßt werden kann.

Für die bei neuesten Kraftwerken vorkommenden Dampfdrücke bis 130 at und Überhitzungen bis 450° sind besondere Maßnahmen für die Sicherung der Rohrverbindungen nötig. Feste Regeln hierfür sind vorerst weiteren Erfahrungen vorbehalten. Als Beispiele zeigt Abb. 219, daß zweckmäßig die Dichtung durch

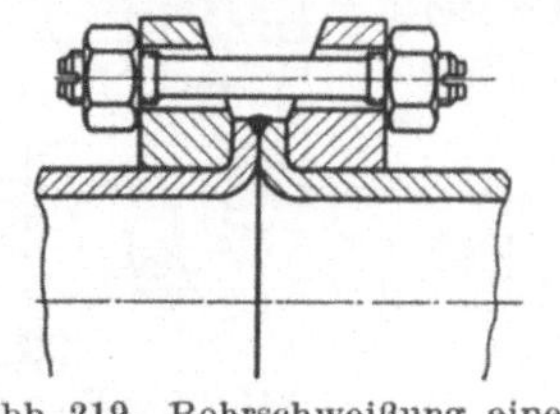

Abb. 219. Rohrschweißung einer Höchstdruckdampfleitung für 100 at.

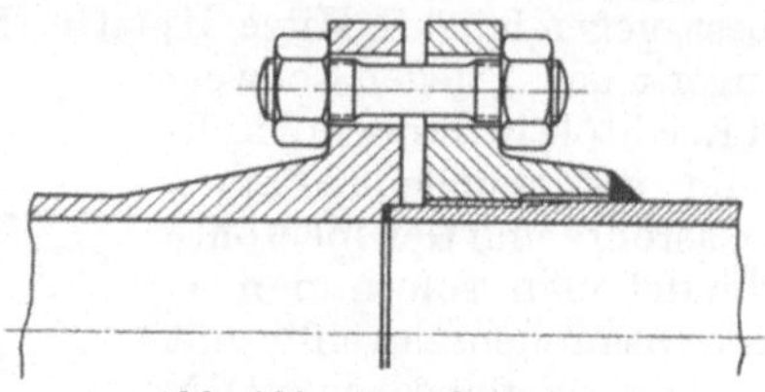

Abb. 220. Anschluß einer Höchstdruckdampfleitung.

Schweißung und die Kraftaufnahme durch Flansche erfolgt. Wegen der bei Betriebsbeginn erheblichen Temperaturunterschiede zwischen Rohr- und Flanschschrauben müssen letztere besonders zuverlässig aus vergütetem Stahl ohne angestauchte Köpfe, also beiderseits mit Muttern und überdies mit Dehnungslänge im Schaft ausgeführt werden. Abb. 220 zeigt eine lösbare der-artige Flanschverbindung zum Anschluß an Kessel, Leitungsschalter und Turbine. Als Dichtung dienen

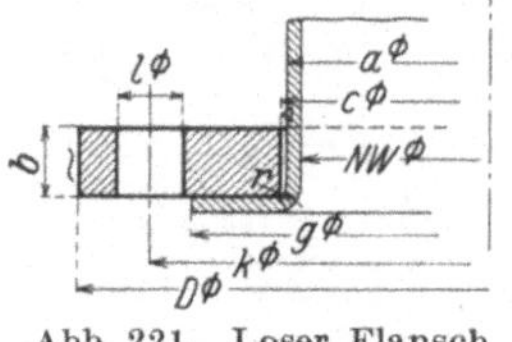

Abb. 221. Loser Flansch für Bördelrohre.

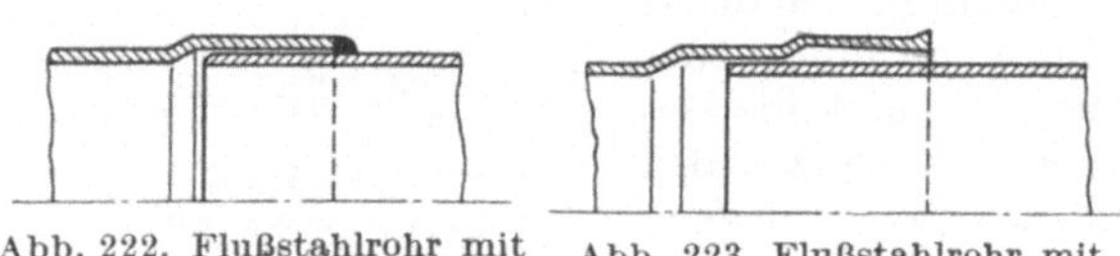

Abb. 222. Flußstahlrohr mit Schweißmuffe.

Abb. 223. Flußstahlrohr mit Packmuffe.

Wellringe aus Weicheisen oder nichtrostendem Stahl, vielfach mit Einlagen aus Graphit und Asbest.

Für geringen Druck werden auf Blechrohre Flansche genietet oder durch Bördel lose gehalten (Abb. 221). Flußeisenrohre für Gasleitungen, die im Erd-reich verlegt werden, erhalten Muffen, die verschweißt (Abb. 222) oder mit Teerstrick und Blei (Abb. 223) gedichtet werden. Sie werden außerdem durch Juteumwicklung und gute Asphaltierung gegen Rosten geschützt.

4. Rohrschalter

können Hähne, Schieber oder Ventile sein.

Um schadhaft gewordene Rohrschalter mit geringstem Zeitverlust gegen andere beliebiger Herkunft auswechseln zu können, sind für die genormten Nennweiten und Druckstufen auch die Anschlußmasse, d. h. die Baulängen und Flanschabmessungen genormt. Man bestelle deshalb stets: „Nach DINorm."

Hähne (Abb. 224) haben den Vorteil einfacher Bauart und glatten Durch-flusses, aber den Nachteil, daß der Küken bei unreiner Flüssigkeit sich leicht festsetzt bzw. bei hohen Temperaturen leicht festbrennt; deshalb verwendet man sie nur für geringe Nennweiten. Für Wasser ist bei Gußeisengehäuse stets Rotgußküken erforderlich. Um festgewordene Kücken lockern zu können, sieht man vielfach im Boden des Gehäuses eine Losdrückschraube vor.

Schieber haben eine keilförmige Abschlußplatte, die durch die Gewinde-spindel mit großer Kraft (Keilwirkung) gegen die Dichtungsflächen gepreßt werden. Nur für Leuchtgas sind die Dichtungsflächen ebenso wie das Gehäuse aus Gußeisen; für Wasser werden in Gehäuse und Schieberkeil Bronze-Dichtungsringe eingesetzt (Abb. 225). Wegen des Vorteils des geradlinigen Durchströmens werden auch Sonderkonstruktionen für Dampf und höhere Drücke ausgeführt, bei denen statt eines Schieberkeils zwei Platten mit Dichtungsringen durch einen Zwischenkeil, durch keilartig wirkende Stahlkugeln, oder durch Gewinde gegen die Sitze gepreßt werden.

Ventile, die als Durchgangs- (Abb. 226), als Eck- (Abb. 227) und als Zweiwegventile (Abb. 228) gebaut werden, kommen für höhere Drücke zur Verwendung. Bis 16 at Nenndruck kann man bis 50 lichte Weite Gehäuse aus Gußeisen ausreichender Festigkeit verwenden; bei höheren Drücken und größeren Abmessungen, namentlich für Heißdampf, sind Stahlgußgehäuse erforderlich. Die Absperrung erfolgt durch einen Ventilteller aus Bronze, oder aus Gußeisen, Stahlguß oder Stahl mit eingestemmtem Dichtungsring, der auf den in das Gehäuse eingepreßten oder eingestemmten Sitz durch eine Schraubspindel gepreßt wird. Diese Dichtungsringe werden für Wasser, Sattdampf, Druckluft u. ä. aus Bronze bzw. gewalztem Messing, für Heißdampf aus Nickel hergestellt.

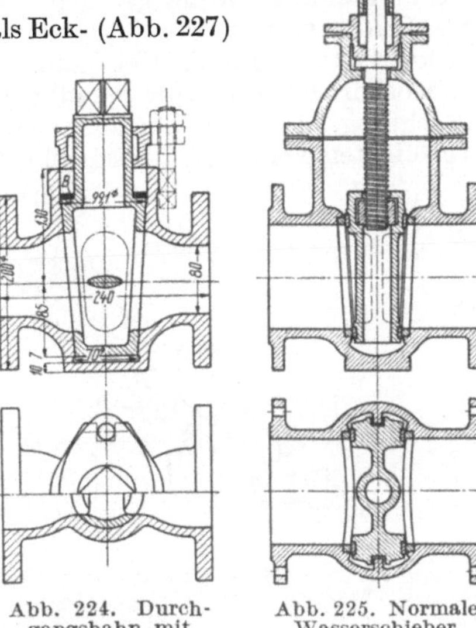

Abb. 224. Durchgangshahn mit Stopfbüchse.

Abb. 225. Normaler Wasserschieber.

Dem Nachteil der üblichen Ventile, daß die durchströmende Flüssigkeit durch den zweimaligen schroffen Richtungswechsel einen bei hoher Strömungsgeschwindigkeit beachtlichen Druckverlust erleidet, ist bei den Freiflußventilen, wie z. B. Abb. 229 bis 231, durch

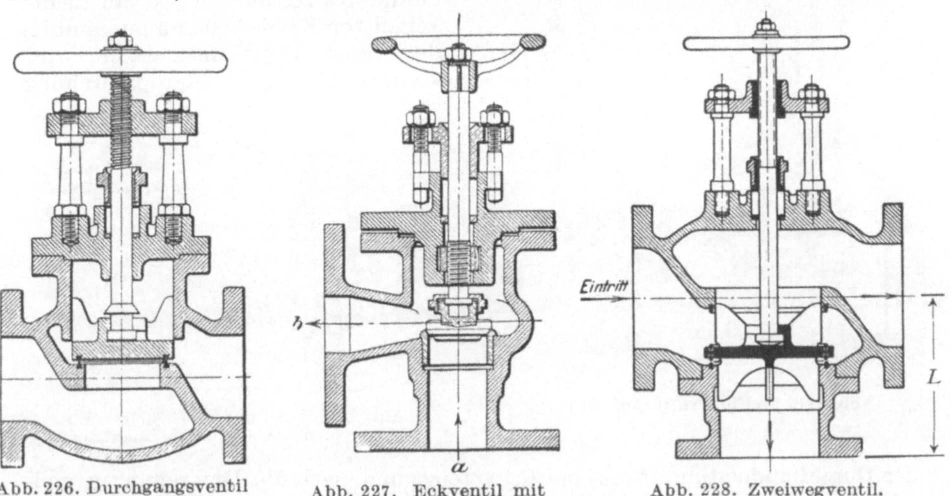

Abb. 226. Durchgangsventil mit Säulenaufsatz.

Abb. 227. Eckventil mit Säulenaufsatz.

Abb. 228. Zweiwegventil.

Sonderkonstruktionen entgegengewirkt. Beim Niederdruckventil (Abb. 229) ist durch die Schrägstellung von Ventilsitz und Ventilspindel die Strömungsrichtung geradlinig freigegeben; es werden aber durch die stark wechselnden Durchflußquerschnitte noch beträchtliche Wirbel auftreten und je nach

Geschwindigkeit und Dichte der strömenden Flüssigkeit noch Druckverluste verursachen.

Bei den ventilartig dichtenden Heißdampfschiebern, wie z. B. Abb. 230, bei denen die Ventilteller zum Dichten außer durch den Dampfdruck noch durch Keile, Kniehebel, Gewindegänge und ähnliche Mittel auf die Seite gepreßt und zum Öffnen aus der Durchflußrichtung gezogen werden, sind diese Strömungswiderstände und damit die Druckverluste verringert. Noch günstiger wirken jene Hochdruckventile mit geradliniger Durchflußrichtung, bei denen, wie z. B. bei Abb. 231, bei geöffnetem Ventil der Flüssigkeitsstrom durch

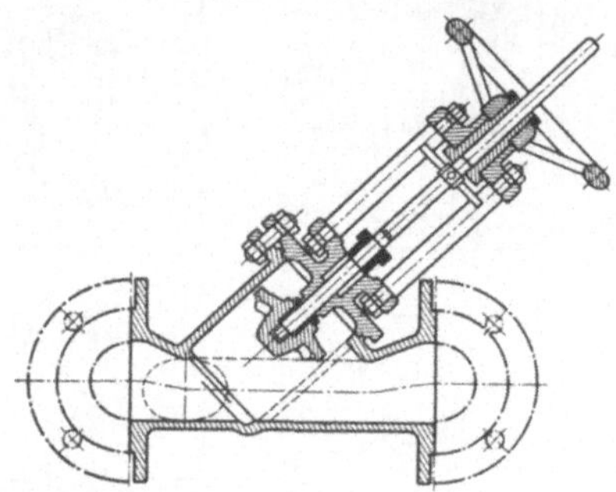

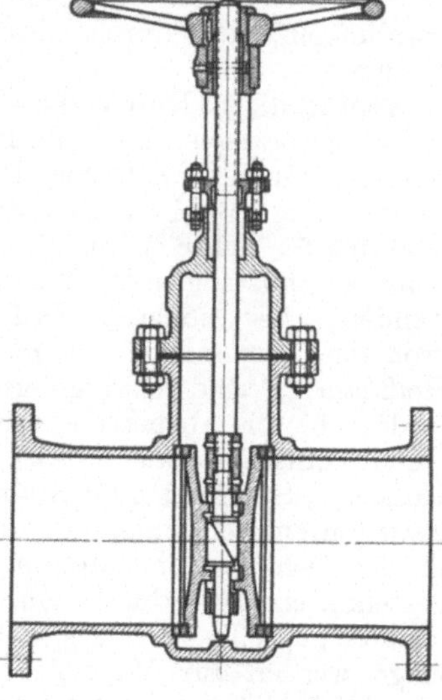

Abb. 229. Freiflußventil für Niederdruck.

Abb. 230. Heißdampfparallelschieber
(Franz Seiffert & Co.).

ein zwischen die Ventilsitze geschwenktes Rohr geführt wird, so daß weder Geschwindigkeitsänderungen noch Wirbel, also auch kein Druckverlust, entstehen können. Letztere Ventilbauart wird mit vergütetem Molybdän-Stahlgußgehäuse und Dichtungsringen aus Nickel für Dampf bis 160 at und 500^0 in Lichtweiten von 80 bis 300 mm ausgeführt. Bei dieser Ventilkonstruktion wird schon durch eine Handradumdrehung

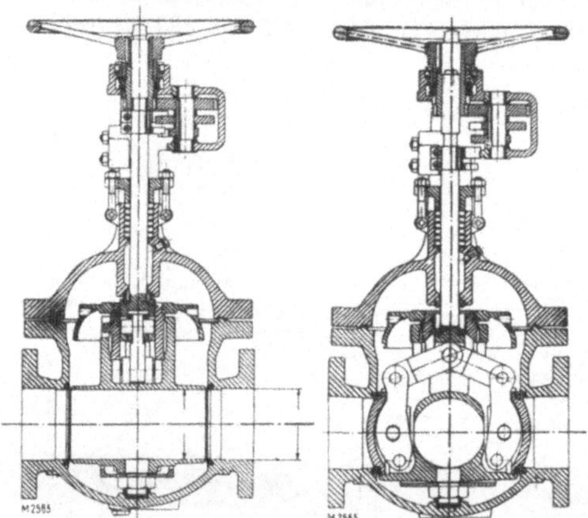

Abb. 231. Freiflußventil von Borsig.

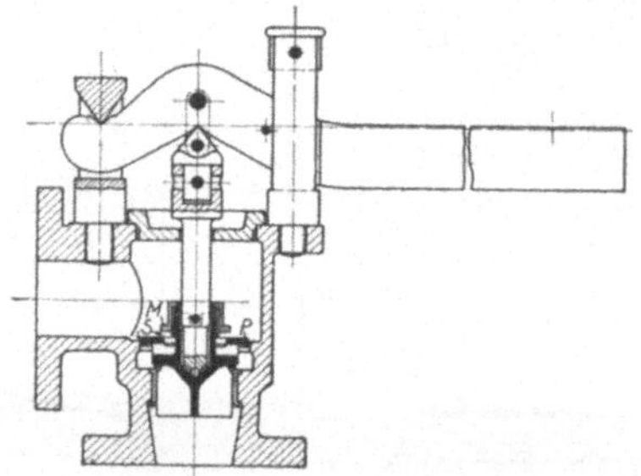

Abb. 232. Hochhub-Sicherheitsventil
(Schäffer & Budenberg, Magdeburg).

der Durchflußquerschnitt fast auf $^1/_{10}$ verengt und nach $5^1/_2$ Umdrehungen vollständig dicht. Für einen Gefahrfall bietet dies erhebliche Sicherheit.

Sicherheitsventile sollen einen für Apparate oder Kessel gefährlichen Überdruck dadurch verhindern, daß sie den Weg ins Freie öffnen, sobald dieser auf die Ventilfläche wirkende Druck größer wird, als die durch ein Gewicht (Abb. 232) oder eine Feder (Abb. 233) eingestellte, auf den Ventilteller wirkende Schließkraft. Abb. 232 zeigt ein Hochhub-Sicherheitsventil, das den Vorteil hat, daß geringe bei Drucküberschreitung durch den Ventilteller abblasende Dampfmengen durch den Spalt zwischen Platte P und Mutterrand M entweichen können, während bei größerem abblasendem Überdruck sich die Platte P gegen den Rand M legt, also eine größere dem Dampfdruck ausgesetzte Ventilfläche bildet, so daß nun sofort ein größerer Querschnitt am Außenrand der Platte P wirksam wird.

Rückschlagventile sollen ein Zurückströmen bei Druckminderung verhindern. Für kaltes Wasser können

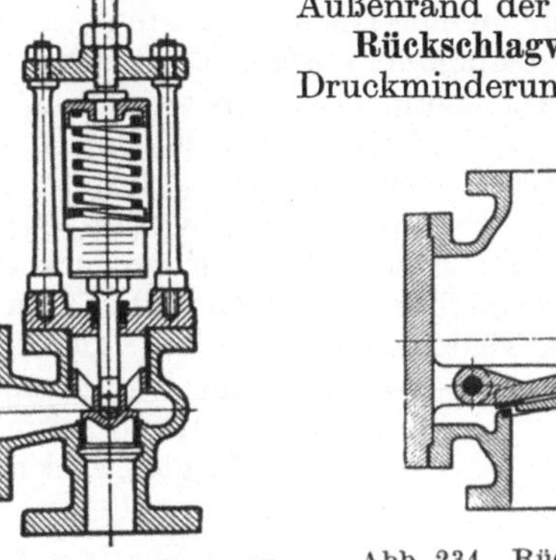

Abb. 233. Sicherheitsventil mit Federbelastung.

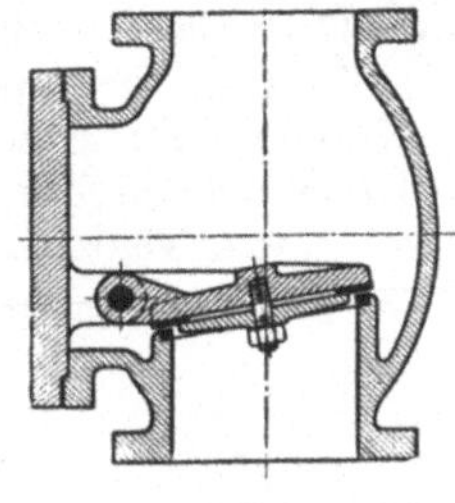

Abb. 234. Rückschlagklappe.

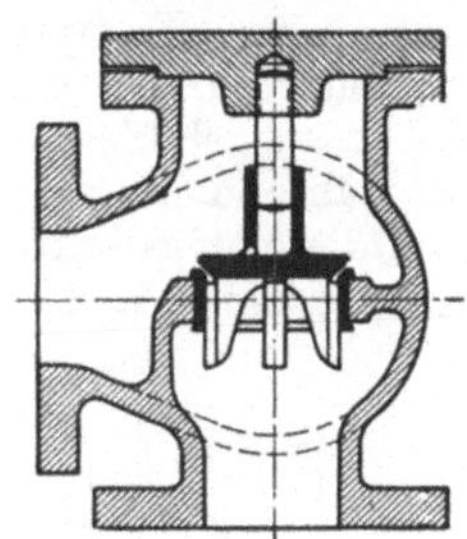

Abb. 235. Rückschlagventil.

sie als Klappen mit Lederdichtung (Abb. 234), für Heißwasser, Druckluft, Dampf u. ä. müssen sie mit Ventil und Ventilsitz (Abb. 235) ausgebildet werden.

Rohrbruchventile sind nach beiden Richtungen wirkende Rückschlagventile, die bei betriebsmäßigem Durchströmen von Dampf u. ä. in einer Mittelstellung offen bleiben, aber bei übermäßigem Druckabfall auf einer Seite der Leitung, wie dies bei Rohrbrüchen eintritt, den Zustrom nach dieser Leitung sofort selbsttätig abschließen.

Kondenswasserableiter sind selbsttätige Ventile zum Entfernen des Leitungskondensats beim Inbetriebsetzen und während des Betriebs von Dampfleitungen. Als Beispiel für die verschiedenen Ausführungsformen sei ein Schwimmerkondenstopf gezeigt (Abb. 236). Wenn Kondenswasser aus dem Wasserabscheider der Leitung in den Kondenstopf rinnt, so hält das Schwimmergefäß durch den Auftrieb mittels des an ihm befestigten Ventils den Ab

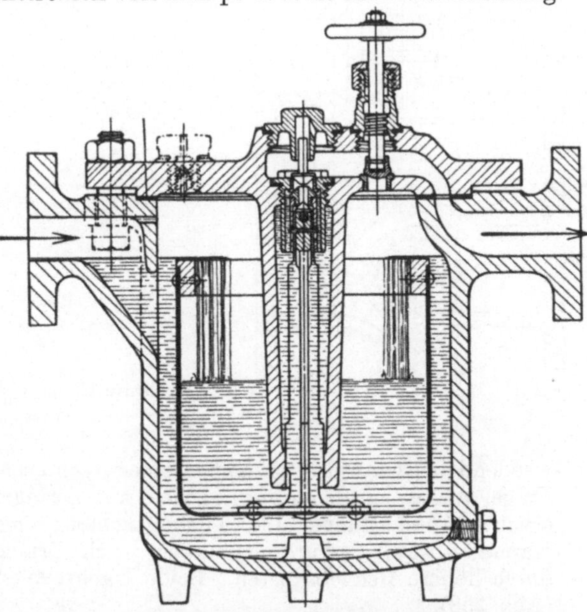

Abb. 236. Kondenstopf (Klein, Schanzlin & Becker).

fluß so lange verschlossen, bis von dem sich ansammelnden Wasser so viel über den Rand des Schwimmers in dessen Innenraum gelaufen ist, daß seine Gewichtszunahme den Auftrieb und den Dampfdruck auf dem Ventilquerschnitt übersteigt. Dann reißt sich das Ventil von seinem Sitz los, der Schwimmer fällt herab und der Dampfdruck drückt das Kondenswasser durch das am Deckel befestigte Tauchrohr und durch das geöffnete Schwimmerventil ins

Freie, bis nach Entleeren des Schwimmers dieser wieder durch seinen Auftrieb das Ventil schließt und das Spiel sich wiederholt. Das am Deckel sichtbare Niederschraubventil dient zur Entlüftung und zur raschen Abführung der beim Anwärmen einer größeren Leitung entstehenden beträchtlichen Kondensatmengen.

Druckminderventile haben die Aufgabe, in eine Leitung oder in einen Apparat nur soviel vom höheren Druck aus einer anderen Leitung abzulassen, wie zur Aufrechterhaltung eines bestimmten Drucks in ersterer nötig ist; z. B. Versorgung eines Dampftrockenapparates mit 1,5 at aus einer Maschinenhausdampfleitung mit 8 at. In Abb. 237 ist das Ventil als völlig entlasteter Kolbenschieber ausgebildet, der durch Wirkung des Belastungsgewichtes G geöffnet wird, während ihn der auf die Kolbenfläche K wirkende Niederdruck schließt, sobald dieser Niederdruck jene Höhe erreicht, für die das Gewicht G am Hebelarm eingestellt ist. Bei Zurückgehen des Niederdrucks gewinnt G die Oberhand, so daß wieder Dampf zuströmt, bis im Niederdruckraum wieder der beabsichtigte Druck herrscht.

5. Bemessung der Rohrleitungen.

Die Wahl der für eine bestimmte Durchflußmenge zu ver-

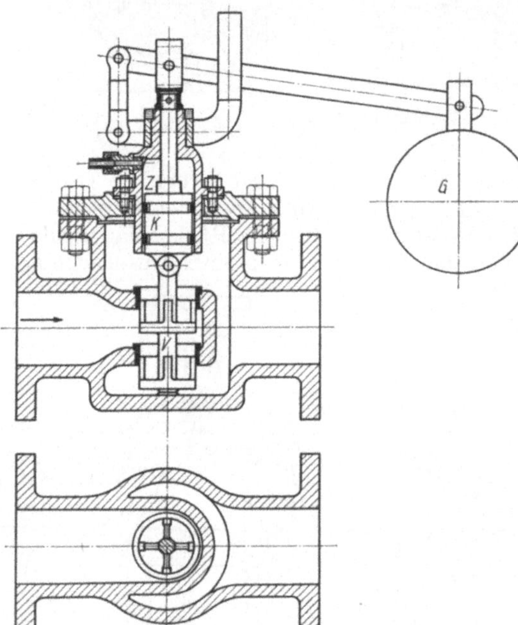

Abb. 237. Druckminderventil (Klein, Schanzlin & Becker).

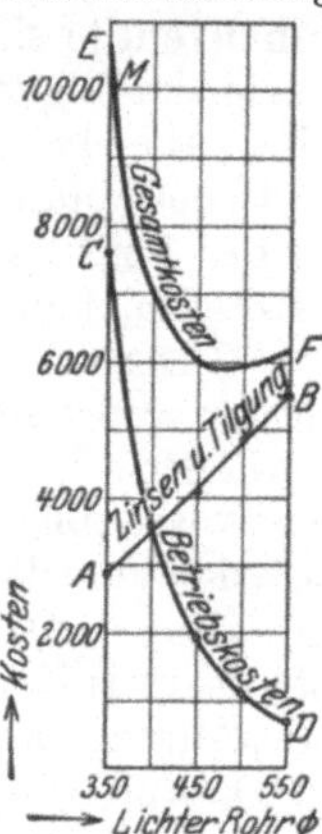

Abb. 238. Kostenvergleich zur Bestimmung der wirtschaftlichen Rohrweite [1].

wendenden Nennweite ist außer einer technischen auch eine wirtschaftliche Frage. Weite Leitungen verursachen nur geringen Druckabfall, erfordern aber erhöhte Anschaffungs- und Tilgungskosten; enge Leitungen sind billiger im Kapitalaufwand, verursachen aber durch Druckabfall Energieverlust und dadurch höhere Betriebskosten. Beide Nachteile sind gegeneinander abzuwägen (Abb. 238).

Die für eine Fördermenge Q in m³/s bei der mittleren Geschwindigkeit v im m/s erforderliche lichte Rohrweite d errechnet sich aus

$$\frac{\pi d^2}{4} \cdot v = Q; \qquad d = \sqrt{\frac{4Q}{\pi \cdot v}}.$$

---

[1] Aus Rötscher: Maschinenelemente.

Übliche Mittelwerte für die Strömungsgeschwindigkeit v in m/s.

	Saugleitung bei Kreiselpumpen	2,0—2,5
Für Wasserleitungen	Druckleitung bei Niederdruck-Kreiselpumpen	2,5—3,5
	„ „ Hochdruck- „	3,0—4,0
	Saugleitung bei Kolbenpumpen	1,2—0,5
	Druckleitung bei Kolbenpumpen	1,0—2,0
Für Luftleitungen	bei niederem Druck	12—15
	bei hohem Druck	20—25
Für Dampfleitungen	bei Sattdampf	20—30
	bei überhitztem Dampf	30—45
	bei Auspuffdampf	20—30
Für Gasleitungen	Saugleitung eines Motors	10—15
	Auspuff bei Zweitakt	10—15
	„ „ Viertakt	15—20

6. Verlegung von Rohrleitungen.

Besonders zu achten ist einerseits auf zuverlässige Unterstützung, andererseits auf die Möglichkeit von Längenänderungen bei Temperaturwechsel. Deshalb sollen heißwerdende Leitungen stets auf Rollen (Abb. 239) oder mit Aufhängungen (Abb. 240) verlegt werden; in längere gerade Leitungen müssen zum Ausgleich federnde Bogen (Abb. 241) oder Stopfbüchsen eingebaut werden.

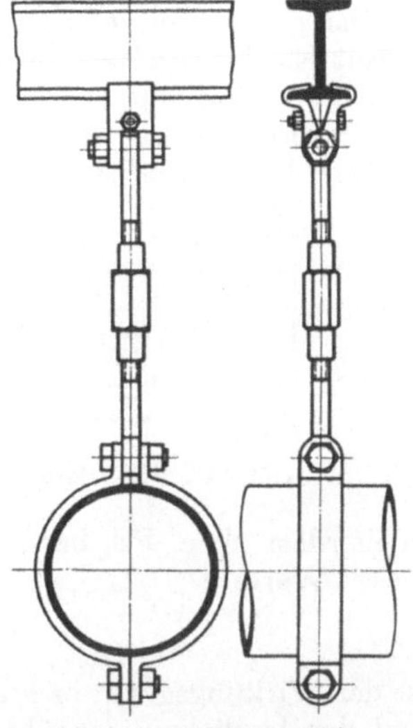

Abb. 240. Aufhängung einer Leitung.

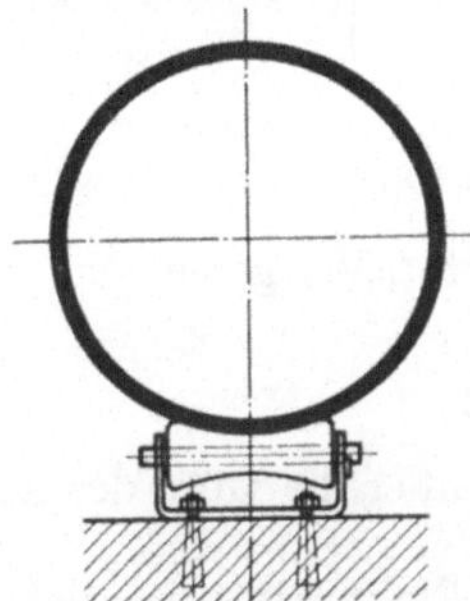

Abb. 239. Lagerung auf Rollen.

Alle waagerecht angeordneten Leitungen müssen mit Gefälle in der Strömungsrichtung nach einem Entleerungspunkt bzw. nach einem Kondensatabscheider (Abb. 242) verlegt werden.

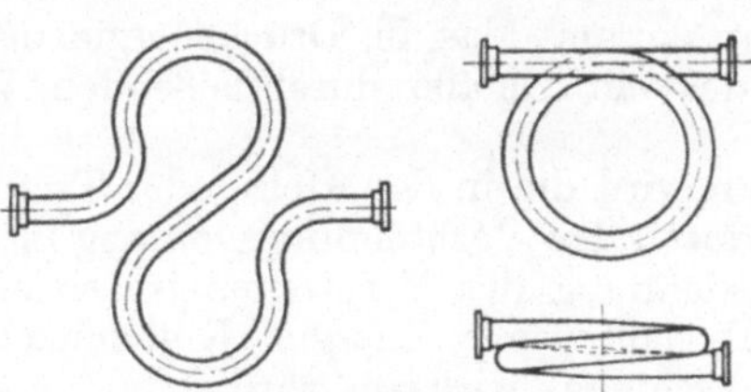

Abb. 241. Federrohre.

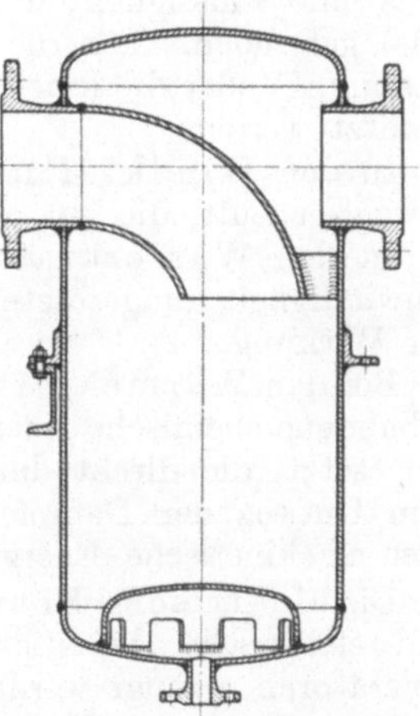

Abb. 242. Wasserabscheider vor einer Dampfturbine.

Wenn in einem Raum Leitungen für verschiedene Zwecke verlegt werden, so ist die Sichtbarmachung ihres Inhalts und Drucks durch die in DIN 2403 genormten Kennzeichnungsfarben für Rohrleitungen erforderlich, damit bei Betriebsvorfällen und Instandsetzungen ein rasches Zurechtfinden möglich ist.

V. Kraftmaschinen.

A. Allgemeines.

Zweck und Einteilung der Kraftmaschinen. Die Kraftmaschinen setzen die in der Natur unmittelbar vorhandene oder aus ihr gewinnbare Energie in mechanische Arbeitsleistung um, die sie an eine Arbeitsmaschine meist in drehender Bewegung abgeben. Die in Betracht kommenden Energiequellen sind:

1. strömende Luft: Windkraftmaschinen,
2. aufgespeichertes oder fließendes Wasser: Wasserkraftmaschinen,
3. Verbrennungswärme: Wärmekraftmaschinen (Dampf- und Verbrennungsmaschinen),
4. Elektrizität: Elektromotoren.

Die dem Energieträger entzogene oder von der Maschine aufgenommene Arbeit ist die **indizierte oder innere Leistung** N_i; die an der Welle oder dem Kupplungsglied verfügbare Arbeit die **Nutz- oder effektive oder äußere Leistung** N_e. Beide werden

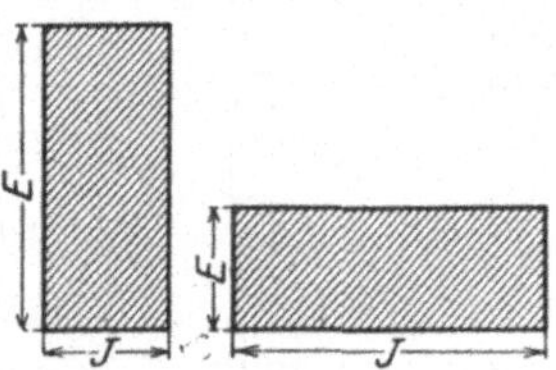

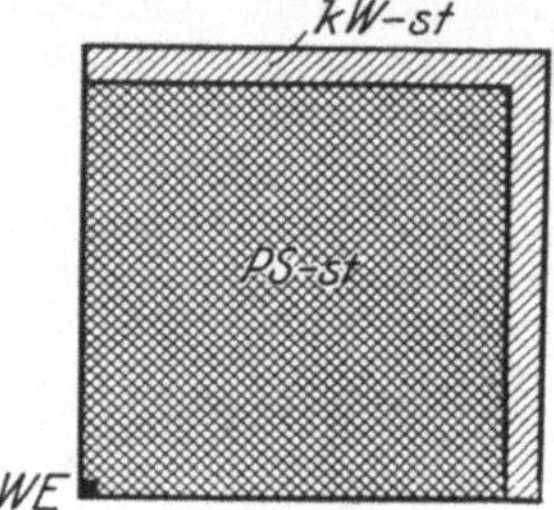

Abb. 243. Elektrische Arbeit.   Abb. 244. Vergleich verschiedener Arbeiten.

in Pferdestärken PS_i bzw. PS_e oder Kilowatt (kW) gemessen. Das Verhältnis dieser Werte

$$\eta = \frac{N_e}{N_i} < 1 \tag{1}$$

ist der Wirkungsgrad; er gibt einen Maßstab über die Güte des Arbeitsprozesses und der baulichen Ausführung.

Energieumsetzung. Mit Ausnahme der Elektrizität ist der Energieträger stets eine Flüssigkeit, denn auch die Wärme ist an eine solche (Dampf und Gas) gebunden. Für die Umsetzung kann die potentielle Energie (Gewicht, Spannung) oder die kinetische, d. h. Strömungsenergie des Energieträgers ausgenützt werden.

In den **Windkraftmaschinen** verwerten wir die kinetische Energie der bewegten Luft, die wir als Wind empfinden.

In den **Wasserkraftmaschinen** kommt das in Druckenergie oder Geschwindigkeit umgesetzte Gewicht des ein Gefälle durchfließenden Wassers zur Wirkung.

Bei den **Wärmekraftmaschinen** wird die in den Heiz- oder Treibstoffen gebundene chemische Energie zuerst durch den Verbrennungsvorgang in Wärme umgesetzt, die direkt durch die Ausdehnung der Verbrennungsgase oder auf dem Umweg der Dampferzeugung als potentielle Energie (Kolbenmaschinen) oder als kinetische Energie (Turbomaschinen) wirksam wird.

Die **elektrische Energie** muß erst aus andern Energieformen durch Kraft- und elektrische Arbeitsmaschinen, den Dynamomaschinen oder Drehstromgeneratoren erzeugt werden, um dann den elektrischen Kraftmaschinen, den Elektromotoren, zur Verfügung zu stehen. Ihr Wert hängt von dem elektrischen Druck (Potentialgefälle), der Spannung E ab, die durch einen Leiter eine bestimmte Elektrizitätsmenge, den Strom J, hindurchdrückt. Das Produkt beider Größen $E \cdot J$ gibt ein Maß für die Arbeitsleistung. Sie kann also auch dargestellt werden als der Inhalt einer Fläche (Abb. 243). Bei gleichen Arbeitsflächen braucht die höhere Spannung einen kleineren Strom; das ist, da dieser die Querschnitte aller vom Strom durchflossenen Teile bestimmt, für die Ausführung vorteilhafter. Die Arbeitsleistung wird in Watt (W) oder kW gemessen; es ist

$$1 \text{ PS} = 736 \text{ W} = 0{,}736 \text{ kW}, \qquad (2)$$
$$1 \text{ kW} = 1{,}36 \text{ PS} = \sim 102 \text{ kgm/s}, \qquad (3)$$
$$1 \text{ kWh} = 860 \text{ kcal}. \qquad (4)$$

Einen maßstäblichen Vergleich der besprochenen Leistungseinheiten zeigt Abb. 244.

Regelung. Die Regelung der Arbeitsgeschwindigkeit der Maschinen erfolgt durch Steuerorgane, die den Energiezufluß beeinflussen. Bei einer bestimmten Einstellung der Steuerung stellt sich die Maschine in den Beharrungszustand ein, d. h. sie nimmt eine solche Geschwindigkeit an, daß zwischen Triebkraft und Widerstand Gleichgewicht besteht. Ändert man den Energiefluß oder die Belastung, so läuft die Maschine schneller oder langsamer. Bei manchen Maschinen, wie den Verkehrsmaschinen und Fördermaschinen, erfolgt die Regelung von Hand nach den jeweiligen Bedürfnissen. Bei andern Maschinen wird eine konstante Drehzahl verlangt, die durch selbsttätige Regler erhalten werden muß. In den meisten Fällen sind die Kraftmaschinen großen Belastungsschwankungen unterworfen, so z. B. in Werkstätten, wo eine große Zahl von Arbeitsmaschinen periodisch und mit wechselndem Kraftbedarf angeschlossen sind, oder in Elektrizitätswerken mit ·der großen Zahl der Stromnehmer. Bei zu langsamem Gang geht die Leistung bei den Einzelverbrauchern zurück, bei zu schnellem Gang können sogar Beschädigungen entstehen.

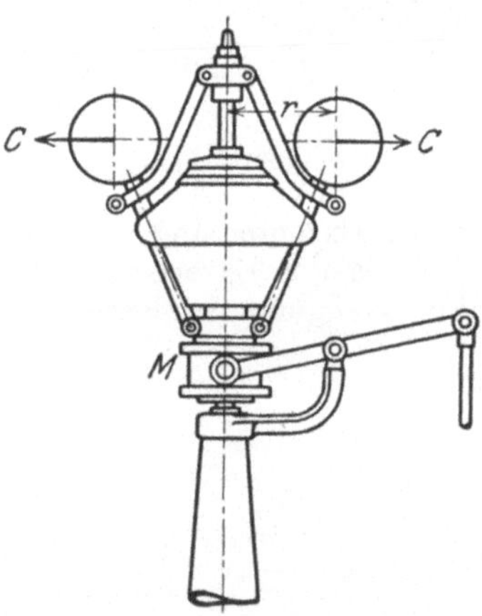

Abb. 245. Pendelregler.

Besonders empfindlich ist das elektrische Licht gegen Drehzahlschwankungen der Kraftmaschinen, da ein unerträgliches Flimmern die Folge ist. Die Regler müssen daher sehr genau arbeiten, damit sie die Drehzahl in engen Grenzen halten können.

Der Regler wird zwangläufig mit der Maschine verbunden. Seine Wirkung beruht auf der Fliehkraft, d. h. bewegliche Massen stellen sich unter Einwirkung dieser Kraft in eine bestimmte Lage ein, und ändern diese, wenn die Fliehkraft, also die Drehzahl, sich ändert.

Zwei Pendel mit Schwungmassen (Abb. 245) schwingen infolge der Fliehkräfte $C = m\,r\,\omega^2$ aus und nehmen die auf der Spindel verschiebbare Muffe M mit. An diese ist das Stellzeug angeschlossen, das unmittelbar durch Gestänge und Hebel oder mittelbar durch einen Kraftsteuerzylinder (Servomotor, Abb. 257, S. 102) z. B. eine Drosselklappe in der Zuleitung für Dampf, Wasser oder Gas verstellt oder das Öffnen der Einlaßventile nach Zeitdauer oder Hubhöhe ändert und so den Zufluß des Energieträgers beeinflußt. Bei der normalen Drehzahl hat die Muffe eine bestimmte Lage; bei Entlastung oder Belastung der Kraftmaschine und dadurch schnellerem oder langsamerem Gang macht die Muffe eine Bewegung nach oben oder unten und verstellt die Steuerung so, daß die Maschine wieder auf die alte Geschwindigkeit zurückgeführt wird. Der Regler kann immer erst ansprechen, wenn bereits durch Be- oder Entlastung der Maschine deren Geschwindigkeit sich um ein geringes geändert hat; er kann also deren Drehzahl nicht genau konstant halten, sondern sie nur in gewisse Grenzen einschließen. Dieser **Ungleichförmigkeitsgrad** wird je nach den Anforderungen der anzutreibenden Maschinen sehr gering sein müssen. Weiter darf der Regler nicht zu empfindlich sein, weil sonst ein Überregulieren eintritt und die Maschine nicht zur Ruhe kommt. Er erhält deshalb meist eine Ölbremse zur Dämpfung seiner Bewegungen bzw. zur Vermeidung eines Pendelns der Drehzahl.

Eine andere Ausführungsform sind die **Flachregler** (Abb. 246). Sie werden in Rädern (Schwungrädern) angeordnet und bestehen aus zwei Gewichten, die durch Federn belastet sind und beim Ausschwingen unmittelbar die lose auf der Welle sitzende Exzenterscheibe verstellen. Die meisten Steuerungsorgane (Ventile und Schieber) werden

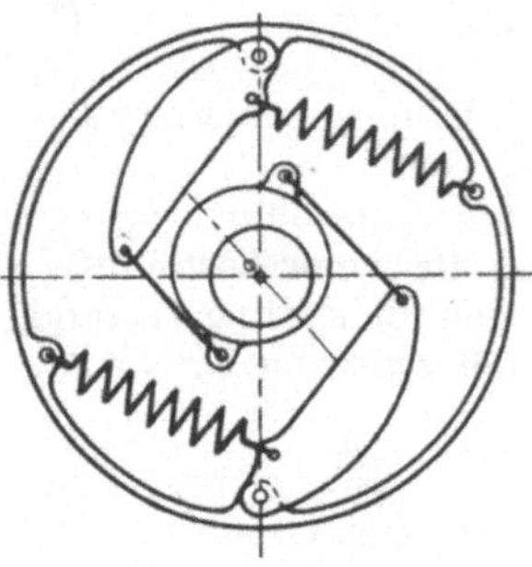

Abb. 246. Flachregler.

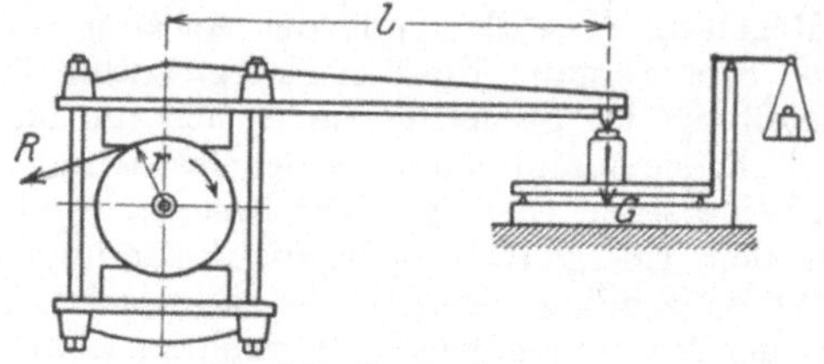

Abb. 247. Backenbremse.

durch Exzenter angetrieben. Verändert eine Geschwindigkeitsschwankung die Stellung der Exzenterscheibe zur Kurbel- bzw. Steuerwelle, so wird dadurch die Bewegung der Exzenterstange und damit der Hub der Ventile beeinflußt.

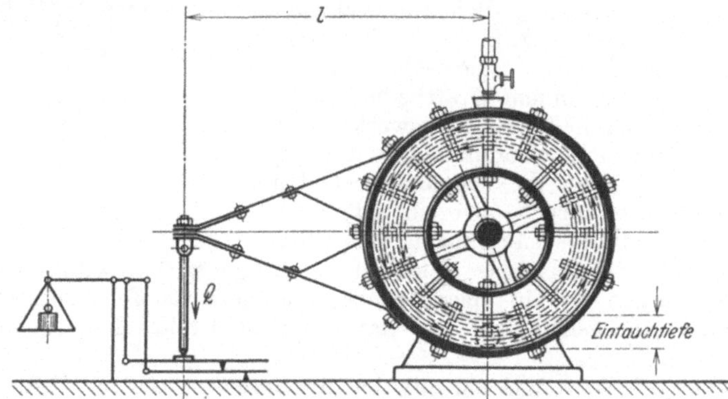

Abb. 248. Wasserwirbelbremse (Junkers).

Flachregler ermöglichen in vielen Fällen eine einfachere Anordnung der Steuerung als Pendelregler.

Bestimmung der Bremsleistung. Eine direkte Ermittlung der Nutzleistung von Maschinen ist im allgemeinen nur auf dem Versuchsstand möglich. Man verwendet dazu sog. Bremsen, die die Leistung in mechanische, hydraulische oder magnetische Reibung umsetzen und so in der Bremsvorrichtung ein der gebremsten Leistung entsprechendes Drehmoment erzeugen, das ziemlich einwandfrei gemessen werden kann. Bei nicht allzu großen Maschinen benutzt man eine Backen- oder Bandbremse, die um eine Scheibe der Welle gelegt und so fest angezogen wird, daß die gewünschte Drehzahl sich einstellt. Die ganze Leistung wird hier in Reibung, also in Wärme umgesetzt; Reibungsbremsen für größere Leistung sind deshalb zu kühlen. Der am Hebelarm l m auftretende Bremshebeldruck G kg (Abb. 247) wird mit einer Waage gemessen; es ist dann $R\,r = G\,l$, wenn R die Reibungskraft am Umfang der Scheibe bedeutet. Die effektive Leistung ist

$$N_e = R \cdot \frac{2\,\pi\,r\,n}{60 \cdot 75} = \frac{G\,l\,n}{716}\ (\mathrm{PS_e}). \tag{5}$$

Für die Leistungsermittlung größerer und rasch laufender Maschinen eignen sich besser Wasserbremsen, in welchen die im wassergefüllten Gehäuse umlaufenden Scheiben oder Arme Wasserwirbel erzeugen und durch den dadurch entstehenden Wasserdruck ein meßbares Drehmoment auf das Gehäuse ausüben. Ähnlich wirken die Pendeldynamos durch magnetische Rückwirkung des Läufers auf das Gehäuse.

Zum Messen ziemlich gleichmäßiger Drehmomente, wie beim Antrieb von Turbomaschinen, Propellern u. ä., werden Verdrehungskraftmesser benützt, bei welchen das Drehmoment durch eine hoch beanspruchte Stahlwelle übertragen wird, deren dem Hookeschen Gesetz entsprechende Verdrehung beobachtet wird und nach Eichkurven dieses Drehmoment ermitteln läßt. Die Leistung von direkt mit Stromerzeugern gekuppelten Kraftmaschinen stellt man durch genaue Messung von Spannung und Stromstärke mit geeichten Instrumenten fest, wobei der Wirkungsgrad des Stromerzeugers und bei Drehstrom auch der $\cos \varphi$ genau ermittelt und berücksichtigt werden muß.

B. Windkraftmaschinen.

Die Windkraftmaschinen nützen die Strömungsenergie der Luftmasse aus, die auf das sich senkrecht zur Windrichtung einstellende Windrad trifft und beim Gleiten an den schräg zur Radebene stehenden Schaufelflächen eine Kraftkomponente und dadurch ein Drehmoment hervorruft.

Wenn $v = $ Windgeschwindigkeit in m/s,

$$m = \text{Luftmasse} = \frac{\gamma \cdot V}{g} \text{ worin } \gamma = \text{spezifisches Gewicht} = 1{,}23 \text{ und}$$

V das durchstreichende Luftvolumen in m³/s

bzw. $m = \dfrac{\gamma \cdot F \cdot v}{g}$, worin F die Projektion der beaufschlagten Schaufelfläche in Windrichtung in m²,

so ist das theoretische sekundliche Arbeitsvermögen

$$L_i = \frac{m \cdot v^2}{2} \text{ (kgm/s)} \tag{6}$$

und die theoretische Leistung in PS

$$N_i = \frac{m \cdot v^2}{2} \cdot \frac{1}{75} = \frac{\gamma \cdot F \cdot v \cdot v^2}{g \cdot 2 \cdot 75} = \frac{F \cdot v^3}{1200} \text{ (PS}_i\text{)} . \tag{7}$$

Davon wird nur ausnutzbar am Rad 0,5 bis 0,6, am Ende der Windradwelle etwa 0,4 bis 0,5; der Wirkungsgrad ist also gering.

Je nach der Eigenart der anzutreibenden Maschinen kann man Windturbinen durch entsprechende Formung der Schaufeln als Langsamläufer, die schon bei geringer Windstärke unter Belastung anlaufen, oder als Schnelläufer, die bei mäßigem Wind nur leer anlaufen können, bauen.

Die Windgeschwindigkeit ist meist 2 bis 5 m/s, nur während $^1/_5$ der windigen Tage 5 bis 10 m/s, selten stärker. Da die größten zur Zeit gebauten Windturbinen 15 m Raddurchmesser haben, sind bei dem häufigsten Wind von 4 bis 5 m/s nur 15 PS$_e$, bei 6 bis 7 m/s 32 PS$_e$, bei den seltenen Winden von 8 m/s 45 PS$_e$ zu erzielen. Zu dem Nachteil dieser geringen Leistung kommt noch die Unbeständigkeit des Windes. Deshalb sind Windturbinen nicht brauchbar, wenn dauernd zuverlässige Kraftlieferung zu bestimmten Tageszeiten nötig ist, sondern nur, wenn geringe Kräfte zu beliebiger Zeit nutzbar sein können; hierzu gehören Pumpwerke, die auf einen Hochbehälter fördern, Entwässerungsanlagen zum Entleeren von Sammelgräben, landwirtschaftliche Maschinen, Getreidemühlen u. ä. Für solche Zwecke sind Windturbinen vorteilhaft, weil sie keine Treibstoffkosten und keine Wartung erfordern. Eine Energiespeicherung in Akkumulatoren ist mit Sonderdynamos wohl möglich, erfordert aber höhere

Anlagekosten und fachverständige Wartung. Die Windräder sind auf Gerüsten so hoch aufzustellen, daß ihre Unterkante etwa 3 m höher liegt, als irgendein Hindernis für die Windströmung (Hügel, Gebäude, Baumkronen) in ihrer Nähe.

C. Wasserkraftmaschinen.

1. Wirkungsweise, Einteilung und Leistung.

Bei den Wasserkraftmaschinen wird eine potentielle oder kinetische Energie ausgenutzt. Im ersteren Falle ist es die Gewichtswirkung des Wassers,

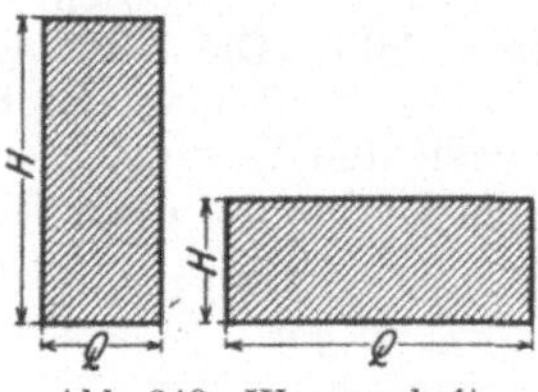

Abb. 249. Wasserarbeit.

die in einem Rade von dem Eintritt oben bis zum Austritt unten ein Drehmoment erzeugt (vgl. Abb. 250); im zweiten Falle wird das Wasser durch den entsprechend dem Gefälle auf ihm lastenden Druck beschleunigt, also der Wasserdruck in Geschwindigkeit der Wassermasse umgesetzt, und die so entstandene Strömungsenergie auf gekrümmte Schaufeln eines Rades übertragen. Bei beiden Verfahren ist das Gefälle H (m) und die sekundlich zuströmende Wassermenge Q bzw. das Wassergewicht γQ (kg) maßgebend. Die innere Leistung der Wasserarbeit ist also

$$N_w = \gamma \frac{Q H}{75} = \frac{1000 \, Q H}{75} \, (\mathrm{PS_i}) \, . \tag{8}$$

Eine Arbeitsleistung kann durch ein Rechteck von der Grundlinie Q und der Höhe H dargestellt werden (Abb. 249). Zur Erzielung einer bestimmten Leistung

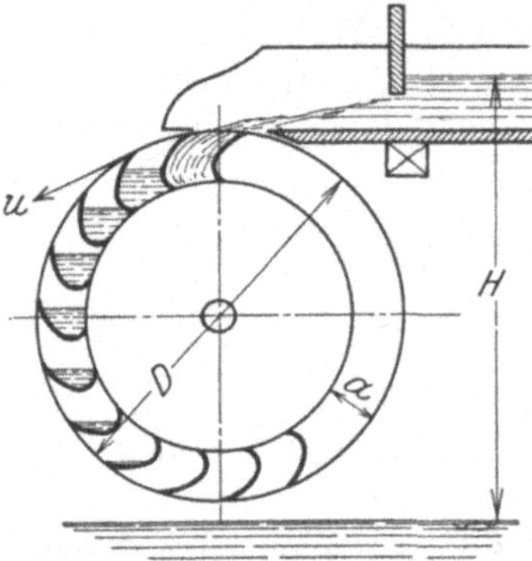

Abb. 250. Oberschlächtiges Rad.

ist bei hohen Gefällen nur eine entsprechend geringe Wassermenge zu verarbeiten, und umgekehrt erfordert ein niedriges Gefälle eine entsprechend große Wassermenge.

Wasserräder. Die Wasserräder sind veraltet und werden für Neuanlagen kaum mehr gebaut. Sie können nur geringe Wassermengen und nur Gefälle bis höchstens 12 m ausnützen; dabei sind nur sehr geringe Drehzahlen (bei 12 m Gefälle nur 3 bis 4 minutliche Umdrehungen) möglich, weil sonst das Wasser durch die Fliehkräfte aus den Schaufelzellen geschleudert würde, bevor es sein Arbeitsvermögen abgegeben hat. Da derart geringe Drehzahlen zum Antrieb von Arbeitsmaschinen unbrauchbar sind, würde durch die nötigen mehrfachen Zahnradübersetzungen der bei großen oberschlächtigen Rädern erzielbare gute Wirkungsgrad wieder derart verringert, daß auch zur Ausnützung kleiner Wasserkräfte die rascher laufenden Turbinen stets vorteilhafter sind. Auch ist bei Wasserrädern eine Regulierung auf konstante Drehzahl nicht entsprechend durchführbar.

Turbinen. Diese haben gegenüber den Wasserrädern den Vorteil, daß beliebig große Wassermengen und Gefällshöhen mit günstigem Wirkungsgrad und ausreichend hoher gut regulierbarer Drehzahl umsetzbar sind. Sie nützen die Wasserkraft derart aus, daß das ganze oder ein erheblicher Teil des Gefälles dazu verwandt wird, der Wassermenge eine entsprechende Geschwindigkeit zu erteilen; mit dieser strömt das Wasser in die Turbine ein und drückt mit einer durch Düsen oder Leitkanäle erhaltenen Strömungsrichtung auf die Schaufeln des Turbinenlaufrades.

Turbinen, bei welchen das ganze Gefälle aufgebraucht wird, um dem Wasser durch hohe Geschwindigkeit Bewegungsenergie zu erteilen, nennt man Druck-

oder Strahlturbinen. Die Bewegungsenergie wird durch Ablenkung des Strahls in gekrümmten Laufradschaufeln so vollständig in Druck, also hier in Drehmoment, umgesetzt, daß das Wasser die Laufradschaufeln nur noch mit der zum Abfließen nötigen Geschwindigkeit verläßt. Das Laufrad muß hier frei über dem Unterwasser hängen. Dadurch geht der Teil des Gefälles vom Austritt aus den Leitkanälen bis zum Unterwasserspiegel verloren. Deshalb verwendet man solche Druckturbinen nur für hohe Gefälle (über 60 bis 1200 m), bei welchen dieser Verlust nicht wesentlich ist.

Turbinen, bei welchen nur ein Teil des Gefälles für die Geschwindigkeit des Wassers verwandt wird, während das übrige Gefälle dem Wasser beim Übertritt aus den Leitschaufeln ins Laufrad eine Druck- energie erteilt, nennt man Überdruckturbinen. Hier äußert das Wasser auf das Laufrad sowohl Bewegungs- energie wie auch Druckenergie. Durch letztere erfährt das Wasser in den Laufradschaufeln eine Beschleunigung, wodurch bei seinem Austreten auf diese Schaufeln ein Rückdruck ausgeübt wird, der sich zusammen mit der Strahlenergie als Drehmoment äußert. Das hier das Lauf- rad völlig ausfüllende Wasser steht mit dem Unterwasser durch ein Saugrohr in Verbindung, so daß die Turbine

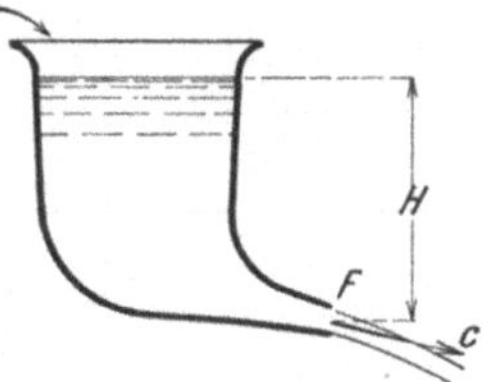

Abb. 251. Gefälle und Geschwindigkeit.

in einer geschlossenen Wassersäule zwischen Ober- und Unterwasser läuft und dadurch das ganze Gefälle vollständig ausgenützt wird. Deshalb eignen sich diese Überdruckturbinen besonders für mittlere (bis etwa 220 m) und kleine Gefälle.

Für mittlere Gefälle führt man sie als sog. Francis- Turbinen mit Laufrädern aus, deren zwischen zwei Deck- scheiben bzw. Ringen eingegossene Schaufeln zahlreiche Kanäle (etwa 10 bis 20) bilden, durch welche das Wasser radial von außen nach innen fließt. Für Gefälle unter 20 m und reichliche Wassermengen bleiben zur Verminderung der Reibungsverluste die Deckringe weg. Die wenigen (nur

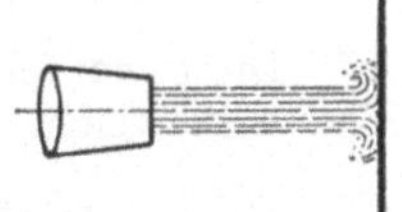

Abb. 252. Strahl mit Stoßwirkung.

4 bis 6) an der Nabe befestigten Schaufeln geben dem Läufer das Aussehen einer Schiffsschraube; wenn die Schaufeln mit der Nabe fest zusammengegossen sind, nennt man solche Turbinen Propellerturbinen; wenn die Schaufeln an der Nabe zur Anpassung an wechselnde Wassermengen während des Betriebes verdreht werden können, nennt man sie Kaplan-Turbinen.

Allgemeines über die Wasserbewegung an Turbinenschaufeln. Die Ge- schwindigkeit eines „freien", in den Luftraum austretenden Wasserstrahls hängt vom Gefälle ab und ist (Abb. 251)

$$c = \sqrt{2\,g\,H}\ \text{m/s} \tag{9}$$

oder zur Erzeugung einer bestimmten Geschwindigkeit ist ein Gefälle (Ge- schwindigkeitshöhe) nötig von der Größe

$$H = \frac{c^2}{2\,g}\ \text{m}. \tag{10}$$

Die durch den Mündungsquerschnitt F fließende Wassermenge ist

$$Q = F\,c\ \text{m}^3/\text{s}. \tag{11}$$

Den einfachsten Fall der Arbeitsübertragung erhält man durch eine ebene Schaufel (Abb. 252), die man dem Wasser senkrecht zu seiner Bewegungs- richtung entgegenstellt. Durch den Anprall der Wasserteilchen wird die Energie plötzlich vernichtet, aber durch Stoß, also mit einem recht großen Arbeits- verlust. Um einen besseren Wirkungsgrad zu erhalten, muß das Wasser möglichst stoßfrei die Schaufel beaufschlagen und allmählich abgebremst werden. Dies geschieht durch gekrümmte Schaufeln derart, daß das Wasser in Richtung der Eintrittskante der Schaufel stoßfrei einströmt und durch die zunehmende

7*

Schaufelkrümmung allmählich seine Eigengeschwindigkeit verliert, wobei sich die Strömungsenergie seiner Masse als Druck auf die Schaufelfläche äußert.

Ein Wasserteil von der Masse dm (Abb. 253) bewege sich mit der Bahngeschwindigkeit w an einer Schaufel entlang; der Druck in der Richtung des Pfeils soll gemessen werden. Die in diese Richtung fallende Komponente von w sei

$$w_u = w \cos \beta. \tag{12}$$

Infolge der Bahnkrümmung ändert sie sich dauernd, es entsteht demnach in dieser Richtung eine Beschleunigung: die Beschleunigungskraft ist der Schaufeldruck in der Bewegungsrichtung, also

$$dP = dm \cdot \frac{dw_u}{dt}.$$

Handelt es sich nun um eine stetige Wasserströmung von der sekundlichen Masse M oder Wassermenge Q (m³/s) und Wassergewicht γQ (kg), also

$$M = \frac{\gamma Q}{g} = \int \frac{dm}{dt},$$

so wird der gesamte Schaufeldruck in der angegebenen Richtung

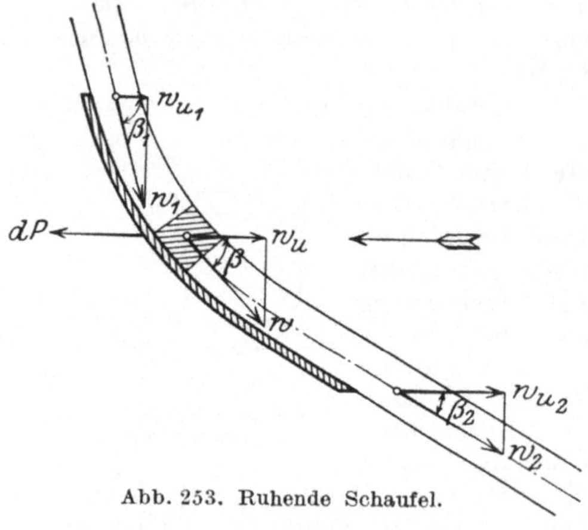

Abb. 253. Ruhende Schaufel.

$$P = \frac{\gamma Q}{g} \int dw_u = \frac{\gamma Q}{g} (w_{u2} - w_{u1}) = \frac{\gamma Q}{g} (w_2 \cos \beta_2 - w_1 \cos \beta_1). \tag{13}$$

Die Schaufel selbst gehört jedoch einem beweglichen System, dem Laufrad, an und weicht unter dem Schaufeldruck aus. Bei einer bewegten Schaufel (Abb. 254) ist die Bahngeschwindigkeit w die relative Geschwindigkeit. Bewegt sich die Schaufel mit der Geschwindigkeit u (Umfangsgeschwindigkeit des Rades), so ist die absolute Geschwindigkeit c des Wassers die Resultierende aus w und u, also für den Eintritt c_1 und Austritt c_2 oder in der Bewegungsrichtung der Schaufel c_{u1} bzw. c_{u2}. Es muß die Bedingung, daß die drei Geschwindigkeiten sich zu einem Parallelogramm zusammensetzen oder unter sich nach Lage und Größe geschlossene Dreiecke bilden, erfüllt sein, weil andernfalls ein Stoß

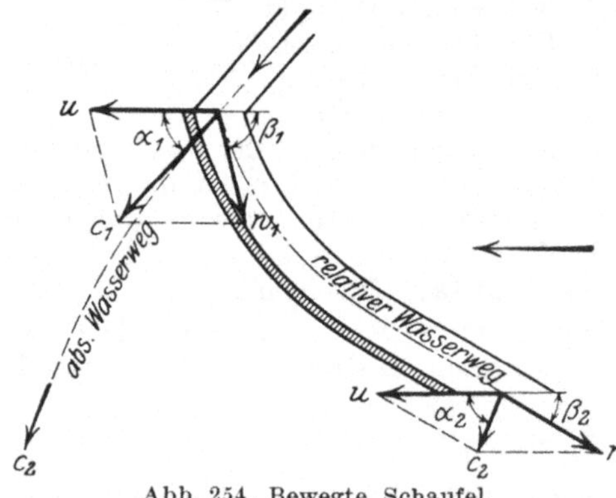

Abb. 254. Bewegte Schaufel.

auftritt, der entsprechende Arbeitsverluste zur Folge hat. Aus den Geschwindigkeitsdreiecken für den Eintritt und Austritt (Abb. 255) folgt

$$w_{u1} + c_{u1} = u = w_{u2} + c_{u2},$$

$$w_{u2} - w_{u1} = c_{u1} - c_{u2},$$

$$P = \frac{\gamma Q}{g} (c_{u1} - c_{u2}) = \frac{\gamma Q}{g} (c_1 \cos \alpha_1 - c_2 \cos \alpha_2). \tag{14}$$

Das Rad nimmt die Arbeit Pu (mkg/s) auf, und diese wird erzeugt durch Wassermenge Q und wirksames Gefälle εH, wo ε den hydraulischen Wirkungsgrad bedeutet, durch den also die Strömungsverluste (Reibung usw.) berücksichtigt sind. Demnach wird

$$Pu = \gamma Q \varepsilon H,$$

$$g \varepsilon H = u (c_{u1} - c_{u2}) = u (c_1 \cos \alpha_1 - c_2 \cos \alpha_2). \tag{15}$$

Diese Gleichung hat zur Voraussetzung, daß für alle Schaufelelemente sowohl u wie w konstant sind, was nicht für alle Turbinenarten zutrifft. Im letzteren Falle bedarf sie noch der Ergänzung. Dagegen enthält sie die maßgebenden Größen und läßt deren Einfluß erkennen. Da die Größe der Eintrittsgeschwindigkeit c_1 durch das Gefälle festliegt, kann das erste Glied der Klammer nur durch $\cos \alpha_1$ beeinflußt werden; um es groß zu machen, muß

also das Wasser unter einem möglichst spitzen Winkel α_1 in das Laufrad eintreten. Ferner ist $c_2 \cos \alpha_2$ möglichst klein zu machen; das geschieht, wenn $\cos \alpha_2 = 0$, $\alpha_2 = 90^0$, $c_2 \perp u$. Meist konstruiert man so, daß $c_2 \perp u$ wird, dann lautet die vereinfachte Arbeitsgleichung

$$g \varepsilon H = u c_{u_1} = u c_1 \cos \alpha_1 . \quad (16)$$

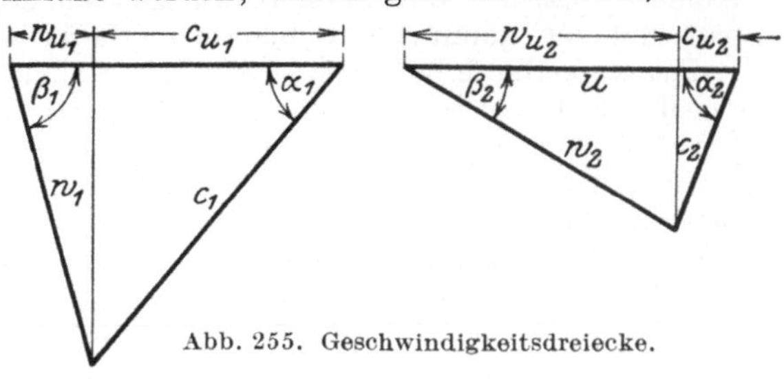

Abb. 255. Geschwindigkeitsdreiecke.

Noch vollkommener wäre es, wenn man $c_2 = 0$ machen würde, also dem Wasser die ganze Geschwindigkeit entzöge, indem man die Schaufel so formt, daß w_2 in die Richtung von u fällt. Das ist aber praktisch nicht möglich, weil dann das Wasser nicht aus der Turbine heraus kann, sondern sich im Austrittsquerschnitt staut. Es muß also noch eine Austrittsgeschwindigkeit

c_2 übrig bleiben, deren Anteil $\dfrac{c_2^2}{2g}$ an der Gefällhöhe H bei einigen Turbinenbauarten überhaupt nicht, bei anderen Bauarten durch das erweiterte Saugrohr (Abb. 267) unterhalb des Laufrades nur zum Teil ausgenützt werden kann. Der in letzterem Fall als Verlust zu buchende Anteil der Gefällshöhe beträgt

dann $k \cdot \dfrac{c^2}{2g}$, wobei je nach der Bauart $k = 0,15$ bis

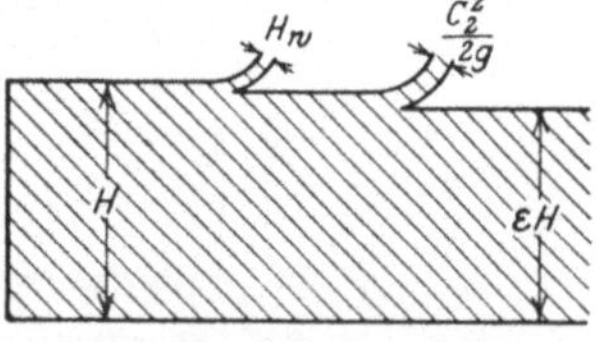

Abb. 256. Energiebild.

0,25 beträgt. Ein weiterer Teil H_w des Gefälles wird zur Überwindung der Bewegungswiderstände in den Durchflußkanälen der Turbine verbraucht, und zwar durch Reibung an den Wandungen, Richtungs- und Querschnittsänderungen und Wirbelbildungen. Demnach steht für die Arbeitsleistung nur ein Teil ε des vorhandenen Gefälles zur Verfügung; es ist also mit Bezugnahme auf Abb. 256

$$\varepsilon H = H - H_w - k \frac{c_2^2}{2g} . \quad (17)$$

ε ist der hydraulische Wirkungsgrad; er bewegt sich bei guten Ausführungen in den Grenzen von 0,85 bis 0,94. Hiervon entfallen auf den Austrittsverlust $k \cdot \dfrac{c_2^2}{2g}$ etwa 3 bis 8%, also

$$\frac{c_2^2}{2g} = 0,03 \text{ bis } 0,08 \ H . \quad (18)$$

Der Wert H stellt das der Turbine zur Verfügung stehende Gefälle (Nettogefälle) dar und ist kleiner als der Höhenunterschied zwischen Unter- und Oberwasser (Bruttogefälle). Denn auf dem Wege vom Ober- zum Unterwasser hat das fließende Wasser noch Widerstände (Reibung, Richtungs- und Querschnittsänderungen usw.) zu überwinden, deren Größe von der baulichen Gestaltung der Wasserwege, insbesondere Länge und Querschnitt, abhängt und nicht der Turbine zur Last geschrieben werden kann. Hierfür gehen, bevor das Wasser in der Turbinenanlage Arbeit leisten kann, im Ober- und Unterwassergraben die meist nur kleinen Gefällshöhen h_0 und h_u verloren (Abb. 270).

Von dem so verbleibenden nutzbaren Gefälle H kann nach Gleichung (17) nur der Teil εH wirklich Arbeit an den Schaufeln leisten.

Alle Turbinen haben stetig gekrümmte Schaufeln, die am Umfang eines Rades in sehr mannigfacher Weise angeordnet werden können. Die verschiedenen Bauarten unterscheiden sich durch die Art der Beaufschlagung nach Menge (teilweise und volle Beaufschlagung) und Richtung (tangential, axial und radial).

Da die Turbinen heute fast ausschließlich zur Erzeugung elektrischen Stroms benützt werden und solche Anlagen sehr starken Belastungsschwankungen ausgesetzt sind, kommen nur noch solche Bauarten zur Ausführung, die wechselnder Belastung durch hohe Regulierfähigkeit ohne erhebliche Drehzahländerungen schnell folgen können. Dieser Forderung entsprechen am besten die **Frei-strahlturbinen**, auch Becher- oder **Pelton**-Turbinen genannt, sowie die **Francis-Turbinen** und deren Entwicklungsformen, die **Propeller**- und **Kaplan-Turbinen**.

Leistung. Von einer vorhandenen Wasserkraft kann durch die Maschine nur ein Teil η in nutzbare Arbeit verwandelt werden, der übrige Teil wird zur Überwindung der hydraulischen und mechanischen Widerstände verbraucht. Mit Bezugnahme auf Gleichung (8), S. 98 ist demnach die effektive Leistung an der Maschinenwelle

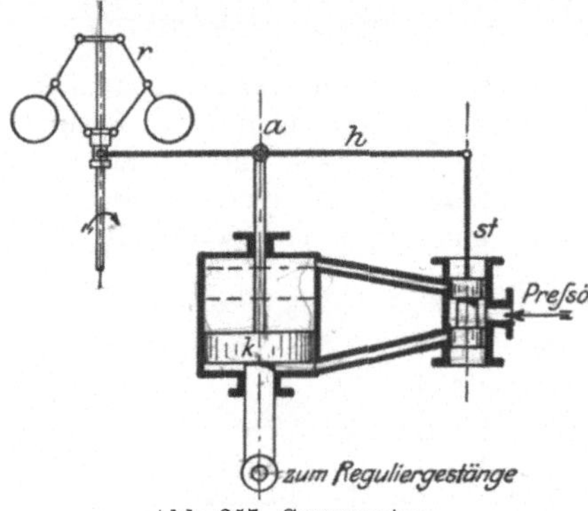

Abb. 257. Servomotor.

$$N_e = \eta\,\frac{\gamma\,Q\,H}{75} = \eta\,\frac{1000 \cdot Q\,H}{75}\ (\mathrm{PS_e}).\qquad (19)$$

Es bedeutet:

Q die Wassermenge in m³/s,

H das der Maschine zur Verfügung stehende Gefälle in m (Nettogefälle),

η der gesamte Wirkungsgrad, der die hydraulischen (ε) und mechanischen Verluste (Lagerreibung usw.) in sich schließt; er liegt bei besseren Maschinen in den Grenzen von 0,7 bis 0,87 und erreicht in günstigen Fällen 0,9 bis 0,92.

Für Überschlagsrechnungen kann angenommen werden $\eta = 0{,}75$, dann wird

$$N_e \sim 10\,Q\,H\ (\mathrm{PS_e})\quad \text{bzw.}\quad N_e \sim 7\,Q\,H\ (\mathrm{kW}).\qquad (20)$$

Regelung der Leistung. Besonders bei Antrieb von Drehstromgeneratoren ist es zum Parallelbetrieb mehrerer Maschinen unumgänglich notwendig, daß die Turbine bei verschiedener Belastung stets die gleiche Drehzahl hält. Um bei wechselndem Leistungsbedarf die Turbine auf unveränderter Geschwindigkeit zu halten, muß die zugeführte Energie geändert werden. Das ist nach Gleichung (20) möglich durch Änderung von Q oder H. Eine Änderung des Gefälles kann praktisch nicht durchgeführt werden. Es bleibt also nur übrig, die Wassermenge zu drosseln. Die hierzu nötigen Absperrorgane benötigen große Verstellungskräfte, die von einem selbsttätigen Fliehkraftregler (vgl. S. 95) nicht unmittelbar hergegeben werden können. Es muß deshalb eine Hilfskraft zwischengeschaltet werden, die vom Regler gesteuert wird. Dies geschieht durch den sog. **Servomotor**. Der Kolben k eines Arbeitszylinders wirkt mit seiner (nach unten gehenden) Kolbenstange auf die Drosselorgane ein; seine Bewegung wird durch eine Druckflüssigkeit (meist Öl) bewirkt, die durch den Steuerkolben st eines Steuerzylinders auf der einen Seite zu-, auf der andern abgeleitet wird. Der Steuerkolben schließt in seiner Normallage die Verbindungen nach beiden Seiten des Arbeitszylinders ab. Hebt sich der Regler r infolge schnelleren Ganges, so wird durch den Reglerhebel h mit a als Drehpunkt der Steuerkolben verschoben und dem Arbeitszylinder Druckflüssigkeit zugeführt. Durch die dadurch ausgelöste Bewegung des Arbeitskolbens k wird nach rückwärts durch a und h der Steuerkolben wieder in seine Normallage zurückgeführt. Er überdeckt wieder die Steuerkanäle und der die Drosselorgane verstellende

Arbeitskolben kommt zur Ruhe, bis der Regler dieses Spiel erneut einleitet. Als Druckflüssigkeit wird Öl durch eine Pumpe in einem Windkessel auf Vorrat gehalten. Mittels solcher Servomotoren kann ein kleiner hochempfindlicher Regler unverzüglich sehr große Regulierkräfte auslösen.

2. Freistrahlturbinen.

Anordnung und Wirkungsweise. Die nach dem Vorbild der mittelalterlichen Löffelräder von dem Schweizer Zuppinger und endgültig von dem Amerikaner Pelton entwickelten Freistrahl-turbinen (Pelton-Räder) setzen die kinetische Energie eines frei aus einer Düse austretenden Wasserstrahls in der Weise in mechanische Leistung um, daß der Strahl auf die am Umfang eines Scheibenrades befestigten löffelartigen Doppelschaufeln geleitet wird, in welchen seine Bewegungsenergie fast restlos als Druck wirksam wird.

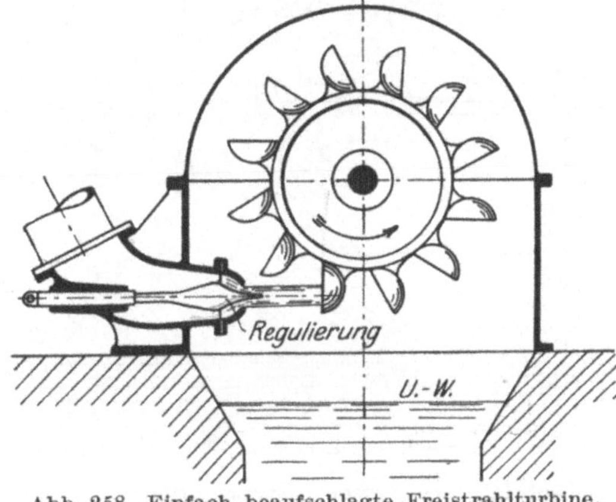

Abb. 258. Einfach beaufschlagte Freistrahlturbine.

Das Wasser trifft tangential zum Rade die scharfe Kante des Bechers (Abb. 258), wird durch sie in zwei Strahlen geteilt und an den gekrümmten Schaufeln nach beiden Seiten abgelenkt. Das austretende Wasser fällt in den Unterwassergraben; dieser Teil des Gefälles wird also nicht ausgenutzt. Da aber diese Turbinen wegen ihrer teilweisen Beaufschlagung nur für kleine Wassermengen in Frage kommen und daher nur für große Gefälle (60 bis 1200 m)

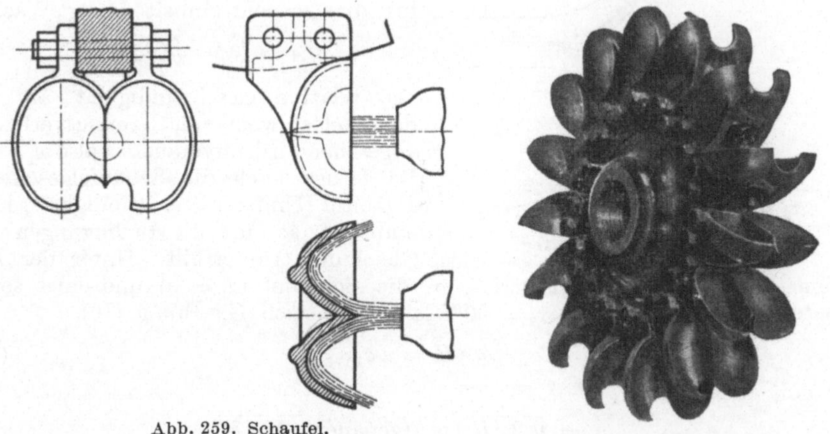

Abb. 259. Schaufel.

Abb. 260. Schaufelrad.

vorteilhaft sind, spielt dieser Gefällverlust keine große Rolle, wenn man sie möglichst nahe dem Unterwasser aufstellt.

Das Laufrad besteht aus einer geschmiedeten Stahlscheibe, die am Rande sehr zuverlässig befestigten Becher sind aus Stahlguß oder Bronze. Das Rad läuft in einem unten offenen Schutzgehäuse aus Gußeisen oder Blech; seine Welle stützt sich auf außen liegende Lager. Das Wasser wird stets durch eine Rohrleitung zugeführt und durch eine (Abb. 258) oder mehrere Düsen (Abb. 261) auf die Schaufeln geleitet. Von den verschiedenen Formen und Regelungsarten der Düsen haben sich die mit runder Öffnung und Nadelregelung am besten bewährt. Die Nadel wird durch den Servomotor (Abb. 257) bewegt und dadurch die Strahldicke nach der jeweiligen Belastung eingestellt. Bei sehr schnellem Schließen der Nadel könnte bei hohem Gefälle in der Rohrleitung ein gefährlicher Staudruck entstehen; es müssen daher Sicherheitsvorrichtungen vorgesehen werden, die so eingerichtet sind, daß bei plötzlicher Entlastung der Turbine rasch ein „Ablenker" in den Wasserstrahl eingeschwenkt wird, der einen Teil des Strahls so lange von den Laufradschaufeln weglenkt, bis die Düsennadel langsam entsprechend der verringerten Belastung vorrückt, oder daß sofort ein Auslaß nach dem Unterwasser geöffnet wird, der sich langsam wieder schließt.

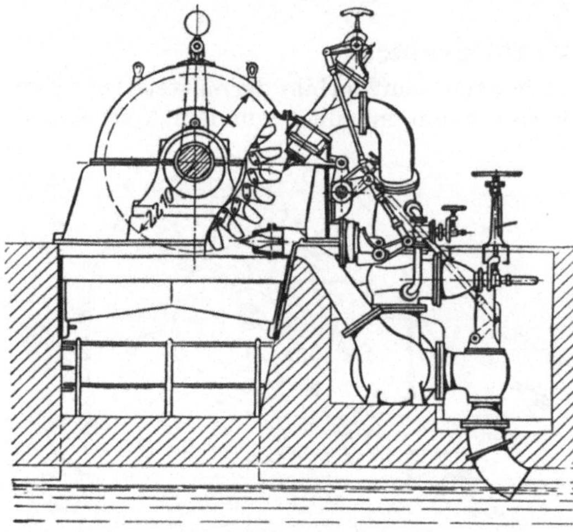

Abb. 261. Zweifach beaufschlagte Freistrahlturbine.

Geschwindigkeitsverhältnisse.
Der aus der Düse austretende Strahl ist ein „freier" Strahl, denn er tritt frei in die Luft aus, und besitzt die volle, dem Drucke entsprechende Strömungsenergie. Mit der Geschwindigkeit c_1 (Abb. 262) trifft er gegen die Schaufel, gleitet an ihr ab, indem er sie, wie der absolute Wasserweg c_1' zeigt, vor sich herschiebt, und verläßt sie mit der kleinen Geschwindigkeit c_2. Die auf das Rad übertragene Arbeit ist also für die Gewichtseinheit (1 kg Wasser)

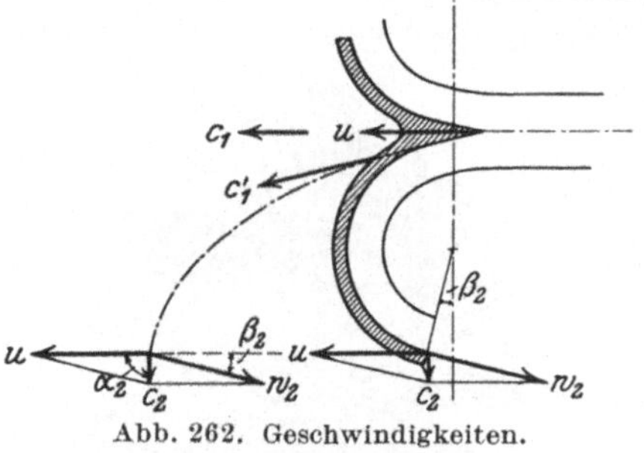

$$A = \frac{c_1^2}{2\,g} - \frac{c_2^2}{2\,g}\,(\text{kgm}). \qquad (21)$$

Die relative Geschwindigkeit an der Schaufel ist, wenn von Reibungsverlusten abgesehen wird, unverändert, also $w_1 = w_2$. Da ferner auch die Schaufelgeschwindigkeit u (Umfangsgeschwindigkeit) konstant ist, so sind die Bedingungen der Gleichung (15) erfüllt. Unter der Annahme eines tangentialen Eintritts in die Schaufel ($\alpha_1 = 0$) und eines senkrechten Austritts ($c_2 \perp u$, $\alpha_2 = 90^0$) lautet sie nach Gleichung (16)

$$g\,\varepsilon\,H = u\,c_1. \qquad (22)$$

Abb. 262. Geschwindigkeiten.

Da nun annähernd

$$c_1 = \sqrt{2\,g\,H}\;\text{ ist}\;\;(\text{genauer}\;\sqrt{2\,g\,\varepsilon\,H}),$$

wird

$$u = \frac{c_1}{2} \backsimeq \frac{1}{2}\,\sqrt{2\,g\,H}. \qquad (23)$$

Da jedoch die Eintrittskante nicht messerscharf gemacht werden kann, so findet in Wirklichkeit ein kleiner Stoßverlust statt, und es beträgt u erfahrungsgemäß nur

$$u = 0{,}44 \text{ bis } 0{,}47\,c_1. \qquad (24)$$

Für die Geschwindigkeit c_1 sind die Verluste infolge der starken Verengung der Düse zu berücksichtigen. Es kann gesetzt werden

$$c_1 = \varphi \sqrt{2\,g\,H}, \tag{25}$$

$$\varphi = 0{,}94 \text{ bis } 0{,}98.$$

Der Austrittsverlust $\dfrac{c_2^2}{2\,g}$ läßt sich in den Grenzen von 0,03 bis 0,06 H halten.

Um diese Verluste in den Düsen und Schaufeln möglichst klein zu halten, werden Düsenwandung, Reguliernadel und Schaufelinnenflächen sauber glatt geschliffen. Dann sind, richtige Schaufelform vorausgesetzt, bei größeren Leistungen Wirkungsgrade von 92% zu erzielen.

Jedes Gefälle verlangt eine bestimmte Umfangsgeschwindigkeit, wenn die Turbine mit den kleinsten Verlusten, d. h. dem besten Wirkungsgrad arbeiten soll. Hieraus folgt die minutliche Drehzahl n bei einem mittleren Schaufelkranzdurchmesser D (m)

$$n = \frac{60\,u}{\pi\,D}. \tag{26}$$

Eine zum Triebwerksantrieb erforderliche niedrige Drehzahl erzielt man demnach durch entsprechend großen Beaufschlagungsdurchmesser.

Um die für direkten Dynamoantrieb anzustrebende hohe Drehzahl zu erhalten, muß der Raddurchmesser klein werden. Die Grenze liegt in der praktischen Ausführungsmöglichkeit, und zwar zeigt die Erfahrung, daß der Raddurchmesser mindestens das 8fache der Strahldicke betragen muß. Um noch kleinere Räder zu bekommen, muß man die Strahldicke verkleinern, indem man mehrere Düsen anordnet (möglich bis vier), die sich in die Wassermenge teilen oder mehrere Räder auf dieselbe Welle setzt, von denen jedes durch mehrere Strahlen beaufschlagt werden kann.

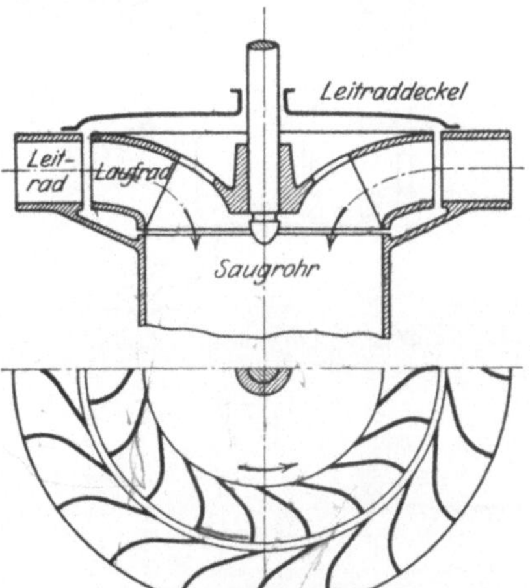

Abb. 263. Francis-Turbine.

3. Francis-Turbinen.

Bauart. Die 1849 von dem Amerikaner Francis konstruierte, aber in ihrer heutigen Form in wesentlichen Teilen umgestaltete Francis-Turbine (Abb. 263) arbeitet mit voller Beaufschlagung, d. h. alle Schaufelzellen des Laufrades werden vom Wasser durchströmt; sie kann daher große Wassermengen ausnützen. Das Wasser fließt in radialer Richtung von außen nach innen durch das Rad. Um es stoßfrei eintreten zu lassen, muß es unter einem bestimmten Winkel zufließen; das wird durch Leitschaufeln erreicht, die sich mit schmalem Spalt als ein geschlossener Kranz (Leitrad) um das Laufrad herumlegen.

Die Turbine besteht also aus einem inneren sich drehenden Laufrad, und einem äußeren feststehenden Leitrad. Beide Räder haben zwischen ihren Radscheiben gekrümmte Schaufeln.

Die Francis-Turbine ist eine Überdruckturbine (Preßstahlturbine), d. h. beim Eintritt in das Laufrad ist noch nicht die volle dem Gefälle entsprechende Geschwindigkeit erreicht, weil die Querschnitte nach dem Austritt zu enger werden. Infolge des noch vorhandenen Überdrucks (Stauung) sind alle Schaufelzellen mit Wasser angefüllt, und es kann das Laufrad im Unterwasser laufen oder, was die gleiche Wirkung hat, es kann eine geschlossene luftdichte Verbindung (Saugrohr) für das abfließende Wasser bis zu 7 m Höhe (Saughöhe) nach dem Unterwasser angelegt werden, so daß das ganze Gefälle teils durch Druckwirkung, teils durch Saugwirkung restlos ausgenutzt wird. Für kleine Gefälle ist dies besonders wichtig.

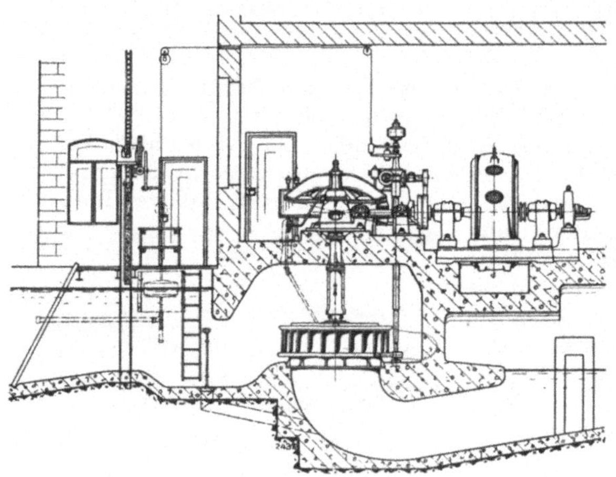

Abb. 264. Drehbare Leitschaufeln.

Eine weitere Eigenart der Francis-Turbine ist die Art der Regelung. Die Leitschaufeln (Abb. 264) sind drehbar in Zapfen gelagert und so an einen Ring angelenkt, daß durch dessen Drehung alle Schaufeln verstellt, also die Durchflußweite geändert werden kann. Diese oft große Kräfte erfordernde Bewegung wird vom Regler durch einen Servomotor (Abb. 257) veranlaßt.

Aufstellungsarten. Bei kleinen Gefällen bis etwa 10 m stellt man die Turbine in einen offenen Schacht, der meist in Beton ausgeführt wird. Durch ein Schütz wird die Kammer abschließbar und die Turbine bequem zugänglich gemacht. Bei sehr kleinen Gefällen muß das Turbinenrad waagrecht, also die Welle stehend angeordnet werden (Abb. 265). Das Saugrohr wird in Beton ausgeführt und nach dem Abflußgraben so gekrümmt, daß keine Stauungen eintreten. Für die anzutreibende Maschine geht man zweckmäßig durch ein Kegelräderpaar auf eine liegende Welle über. Die Turbinenwelle wird oben in einem Ringspurlager aufgehängt und unten in einem Halslager geführt.

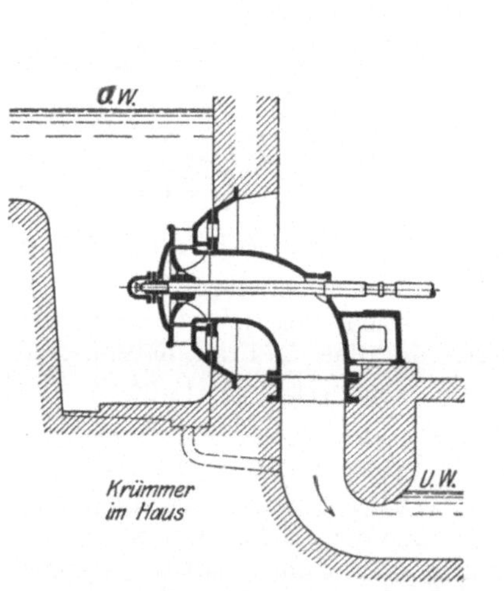

Abb. 265. Turbine mit stehender Welle ı Kegelradübersetzung (V o i t h).

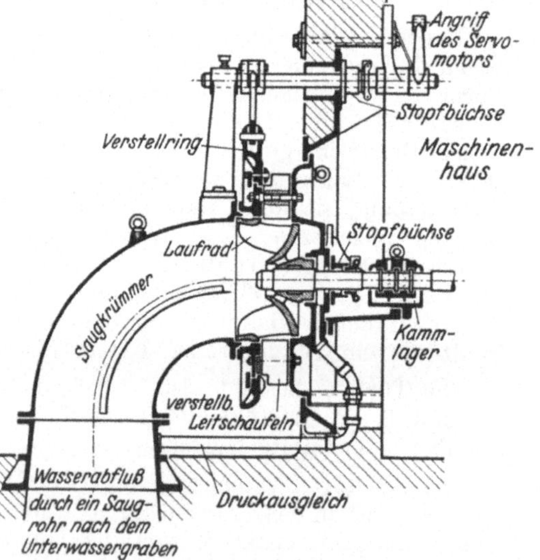

Abb. 266. Liegende Turbine im offenen Schacht; Laufrad doppelt gelagert.

Abb. 267. Liegende Turbine im offenen Schacht; Krümmer im Schacht, Laufrad fliegend (V o i t h).

Wenn es die örtlichen Verhältnisse gestatten, baut man auch im offenen Schacht die Turbinen mit liegender Welle ein (Abb. 266 u. 267), da dann die

Lagerung und die Antriebsverhältnisse günstiger werden. Wenn die Drehzahlen bei kleinen Gefällen niedriger würden als erwünscht ist, kann man sie durch Anordnung mehrerer Räder auf derselben Welle erhöhen (Abb. 268); diese teilen sich in die Wassermenge und können deshalb einen kleineren Durchmesser erhalten, als ein einziges Rad erfordern würde.

Bei größerem Gefälle würden gemauerte Schächte zu teuer. Das Wasser muß durch eine Rohrleitung zugeführt werden. Die Turbine wird in ein gegossenes oder aus Blech geschweißtes Gehäuse gesetzt (Abb. 269), das sich spiralförmig (Spiralturbine) um das Leitrad legt; tangential wird das Druckrohr vom Oberwasser und zentral das Saugrohr nach dem Unterwasser angeschlossen.

Energieumsetzung. Die nutzbare Gefällshöhe H (Abb. 270) besteht aus der Druckhöhe H_d vom Oberwasserspiegel bis zum Eintritt ins Laufrad, aus der Radhöhe H_r vom Eintritt ins Laufrad bis zum Austritt aus dem Laufrad, und aus der

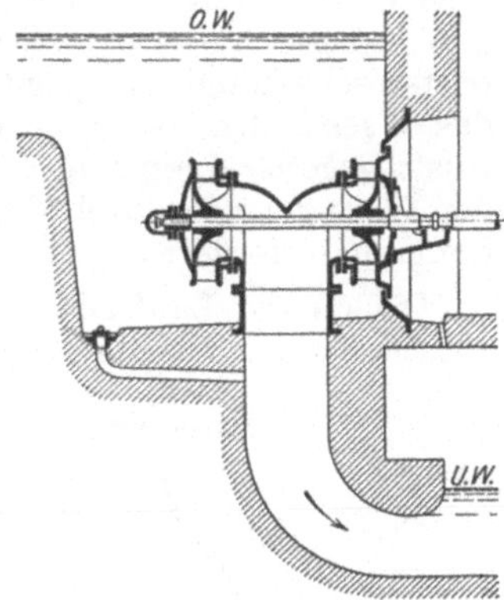

Abb. 268. Liegende Doppelturbine (Zwillingsturbine).

Saughöhe H_s vom Laufradaustritt bis zum Unterwasserspiegel. Die Saughöhe H_s soll nur so groß sein, daß der mechanische Teil der Turbine auch

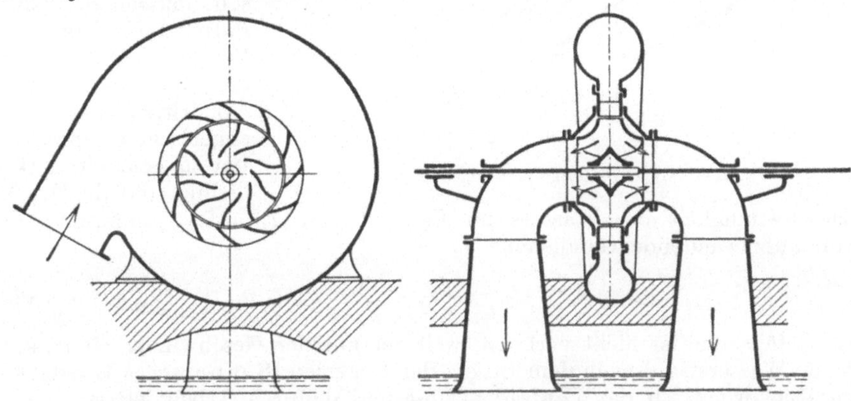

Abb. 269. Doppelspiralturbine.

bei hohem Unterwasser für Instandhaltungsarbeiten wasserfrei gemacht werden kann; zu hoher Unterdruck begünstigt die Kavitationsgefahr.

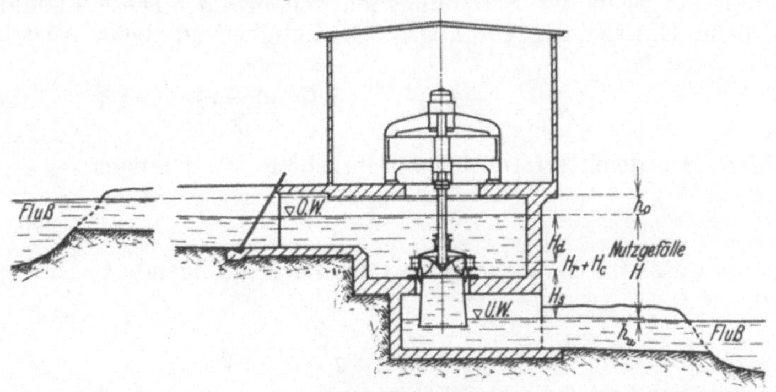

Abb. 270. Gefällshöhen.

Aus dem Schaufelkranz des Leitrads (Abb. 271) treten die Wasserstrahlen infolge der Gefällshöhe und der Leitschaufelstellung mit der Geschwindigkeit c_1

unter dem Winkel α_1 in die Laufradzellen. Infolge des Widerstands, der Krümmung und der Eigenbewegung der Laufradschaufeln gibt das Wasser seine Geschwindigkeitsenergie unter stetiger Verringerung seiner Geschwindigkeit und stetiger Änderung seiner Strahlrichtung bis auf einen kleinen, der Austrittsgeschwindigkeit c_2 entsprechenden Teil an das Laufrad ab. Dabei legt das Wasser den —·—·— gezeichneten Weg zwischen c_1 und c_2 zurück. Die Austrittsgeschwindigkeit c_2 soll so klein sein, wie dies ausreichender Abfluß der Wassermenge durch den Austrittsquerschnitt des Laufrads und durch das Saugrohr erfordert.

Die an die Laufradschaufeln abgegebene Energie ist gleich der Differenz zwischen dem Arbeitsvermögen des Wassers vor dem Eintritt in das Laufrad und dem nach dem Austritt aus dem Laufrad und entspricht einer Gefällshöhe

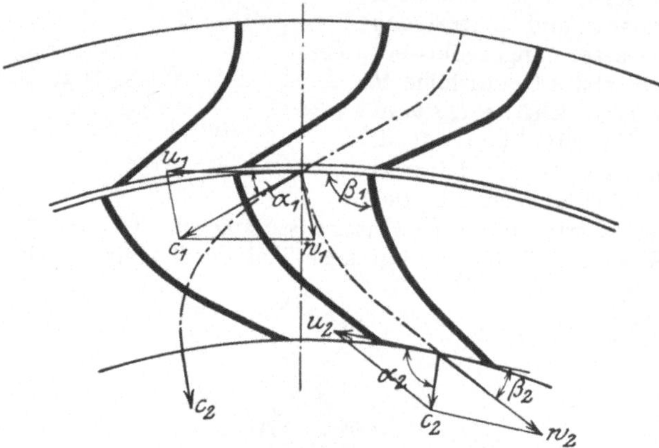

$$h_d = \frac{c_1^2 - c_2^2}{2\,g}. \qquad (27)$$

Weil die Francis-Turbine im geschlossenen Wasserstrom laufen soll, müssen die Laufradschaufelzellen voll Wasser gehalten werden, und hierzu deren Austrittsquerschnitte enger sein wie ihre Eintrittsquerschnitte. Dies bedingt, daß die Durch-

Abb. 271. Geschwindigkeitsverhältnisse.

flußgeschwindigkeit des Wassers im Laufrad von w_1 auf w_2 zunimmt; die hierfür aufzuwendende Gefällshöhe ist

$$h_r = \frac{w_2^2 - w_1^2}{2\,g}. \qquad (28)$$

Diese Gefällshöhe ist nicht verloren, weil der mit der Geschwindigkeit w_2 austretende Wasserstrahl nach dem Gesetz der Reaktion (Segnersches Wasserrad) einen Rückdruck auf das Laufrad ausübt und dadurch Arbeit leistet.

Außerdem muß am Laufradeintritt eine weitere Druckhöhe h_{fl} aufgewandt werden zur Überwindung der Fliehkräfte, die das sich drehende Rad seinem Wasserinhalt entgegen der Strömungsrichtung erteilt. Diese Fliehkräfte entsprechen beim Eintritt der Umfangsgeschwindigkeit u_1, beim Austritt u_2; ihr Arbeitsvermögen ist

$$A_{fl} = \gamma \cdot Q \cdot h_{fl} = \gamma \cdot \frac{Q}{g} \cdot \frac{u_1^2 - u_2^2}{2};$$

die zu ihrem Ausgleich erforderliche Gefällshöhe ist demnach

$$h_{fl} = \frac{u_1^2 - u_2^2}{2\,g}. \qquad (29)$$

Die ganze nutzbare Gefällshöhe wird demnach in folgende Geschwindigkeiten umgesetzt:

$$\varepsilon \cdot H = \frac{c_1^2 - c_2^2}{2\,g} + \frac{w_2^2 - w_1^2}{2\,g} + \frac{u_1^2 - u_2^2}{2\,g}. \qquad (30)$$

Dabei ist ε der hydraulische Wirkungsgrad, der durch Reibung des Wassers an den Leit- und Laufradwänden und durch sonstige Unvollkommenheiten bedingt ist.

Zuletzt ist zum Abführen des Wassers aus dem Saugrohr mit der Geschwindigkeit c_3 noch eine verlorene Druckhöhe aufzuwenden

$$h_a = \frac{c_3^2}{2\,g}. \tag{31}$$

Für den stoßfreien Ein- und Austritt des Wassers muß die absolute Geschwindigkeit c die Resultierende aus der relativen Wassergeschwindigkeit w und der Umfangsgeschwindigkeit u sein. Aus den Geschwindigkeitsdreiecken (Abb. 272 u. 273) ergibt sich

$$w_1^2 = c_1^2 + u_1^2 - 2\,c_1\,u_1 \cos\alpha_1, \tag{32}$$

$$w_2^2 = c_2^2 + u_2^2, \tag{33}$$

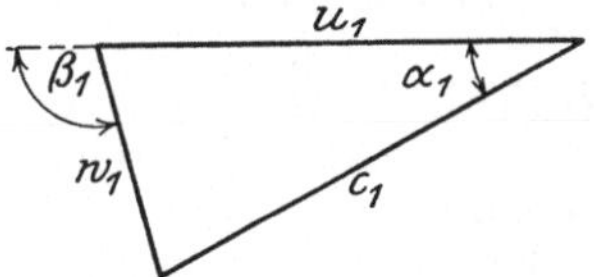

Abb. 272. Eintrittsdreieck.

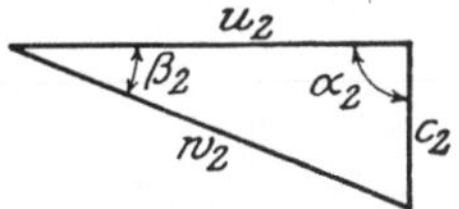

Abb. 273. Austrittsdreieck.

wenn für den Austritt zur Vereinfachung $\alpha_2 = 90^\circ$, $c_2 \perp u_2$ gesetzt wird, wie dies für geringe Austrittsverluste erforderlich ist. Das Einsetzen dieser Werte in Gleichung (31) führt zu der Hauptgleichung

$$\varepsilon\,g\,H = c_1\,u_1 \cos\alpha_1. \tag{34}$$

Um die weiteren Betrachtungen zu vereinfachen, sollen ε und $\cos\alpha_1$ einander gleichgesetzt werden, denn beide Größen halten sich bei praktischen Ausführungen in engen Grenzen und weichen namentlich bei Langsam- und Normalläufern (S. 110) nur wenig von 0,9 ab. Dann entsteht

$$g\,H = c_1\,u_1. \tag{35}$$

Aus dem Geschwindigkeitsdreieck (Abb. 272) folgt

$$\frac{c_1}{u_1} = \frac{\sin\beta_1}{\sin(\beta_1 - \alpha_1)}. \tag{36}$$

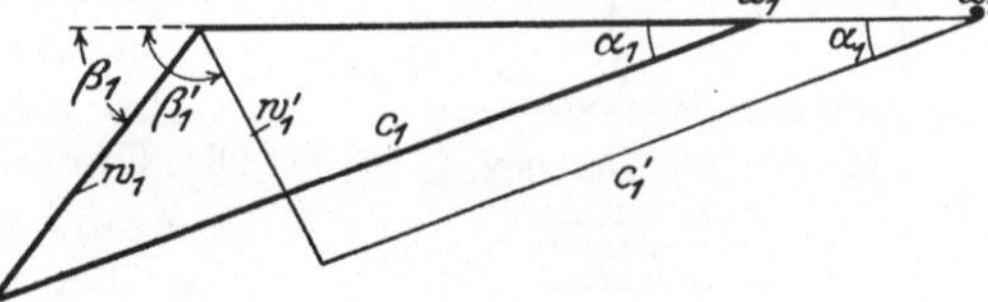

Abb. 274. Eintrittsdreiecke.

Würde man zur Erzeugung von c_1 das volle zur Verfügung stehende Gefälle ausnützen, so wäre

$$c_1 = \sqrt{2\,g\,H}, \quad u_1 = \tfrac{1}{2}\,c_1 \text{ [Gleichung (35)]}, \quad \beta_1 \sim 2\,\alpha_1 \text{ [Gleichung (36)]}.$$

Da aber für diese Turbinen die Bedingung gilt, daß im Eintrittsquerschnitt noch ein Überdruck vorhanden ist, muß sein

$$c_1 < \sqrt{2\,g\,H}, \qquad u_1 > \tfrac{1}{2}\sqrt{2\,g\,H}, \qquad \beta_1 > 2\,\alpha_1.$$

Durch die Wahl des Schaufelwinkels $\beta_1 > 2\,\alpha_1$ wird dies Ziel erreicht, denn je stärker der eintretende Wasserstrom durch die Laufschaufel abgelenkt wird, um so mehr staut er sich.

Die Beziehungen lassen sich sofort aus dem Geschwindigkeitsdreieck erkennen. Vergrößert man u_1 auf u_1' (Abb. 274) und trägt unter dem gleichen Eintrittswinkel α_1 die hierzu gehörige neue Geschwindigkeit c_1' [Gleichung (35)] auf, so ist durch die Schlußlinie w_1' nach Lage und Größe festgelegt. Man erkennt, daß der Schaufelwinkel β_1 größer geworden ist als früher.

Bei praktischen Ausführungen sind die Grenzwerte etwa

$$c_1 = 0{,}47\,\sqrt{2\,g\,H}, \qquad u_1 = 1{,}2\,\sqrt{2\,g\,H}.$$

In diesen Grenzen kann man die Größe von c_1 und u_1 aus den gewählten Schaufelwinkeln bestimmen. Es folgt aus Gleichung (34) und (36)

$$c_1 = \sqrt{g\,\varepsilon\,H\,\frac{\sin\beta_1}{\sin(\beta_1 - \alpha_1)\cos\alpha_1}}. \tag{37}$$

$$u_1 = \sqrt{g\,\varepsilon\,H\,\frac{\sin(\beta_1 - \alpha_1)}{\sin\beta_1\cos\alpha_1}} = \sqrt{g\,\varepsilon\,H\left(1 - \frac{\operatorname{tg}\alpha_1}{\operatorname{tg}\beta_1}\right)}. \tag{38}$$

Diese Gleichung (38) gilt für Langsam- und Normalläufer, bei denen α_1 mit etwa 20^0 klein ist. Bei Schnelläufern dagegen wird α_1 bis zu 60^0; es muß dann mit der Gleichung (34) gerechnet werden. Der hydraulische Wirkungsgrad ε liegt in den Grenzen von 0,85 bis 0,94.

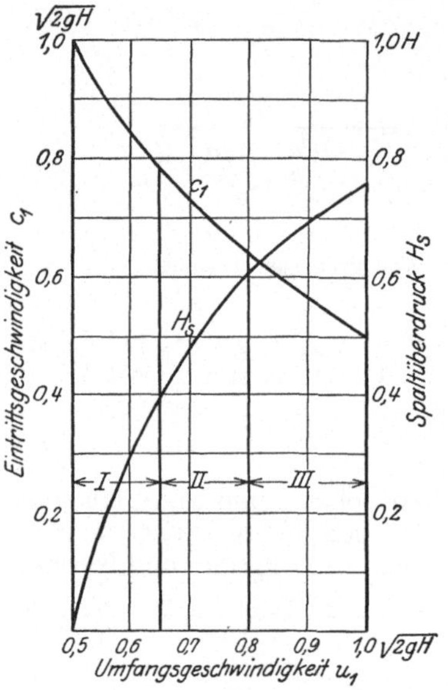

Francis-Räder können für verschiedene Schnelläufigkeit konstruiert werden, und zwar wird der für direkten Dynamoantrieb erwünschte schnellere Gang im wesentlichen durch Vergrößerung des Schaufelwinkels β_1 erreicht. Räder, die nur wenig schneller als Freistrahlturbinen

$$u_1 = \tfrac{1}{2}\sqrt{2\,g\,H}, \qquad \beta_1 = 2\,\alpha_1$$

laufen, heißen Langsamläufer, solche, die in der Nähe der größten durch die praktische Ausführungsmöglichkeit bedingten Schnelligkeit liegen, Schnelläufer. Dazwischen stehen mit etwa

$$u_1 = 0{,}58 \text{ bis } 0{,}78\sqrt{2\,g\,H}$$

die Normalläufer.

Die Abhängigkeiten zwischen u_1 und c_1 sind in Abb. 275 gemäß Gleichung (35) aufgetragen. Die Umfangsgeschwindigkeit u_1 kann in den Grenzen von 0,5 bis $1{,}2\sqrt{2\,g\,H}$ gewählt werden; je größer sie sein soll, um so mehr muß die Wassereintrittsgeschwindigkeit c_1 herabgesetzt werden [Gleichung (35)]. Damit wächst aber der Überdruck beim Eintritt in das Laufrad

$$H_1 = H - \frac{c_1^2}{2\,g}, \tag{39}$$

Abb. 275. Schnelläufigkeit.
I Langsamläufer,
II Normalläufer,
III Schnelläufer.

der sich als Spaltdruck unangenehm bemerkbar macht. Um Wasserverluste durch den Spalt möglichst einzuschränken, muß dieser so klein gemacht werden, als es die Betriebssicherheit eben zuläßt. Außerdem ruft der Überdruck erhöhte Reibung des Wassers an den Wandungen hervor; deshalb haben Schnelläufer einen schlechteren Wirkungsgrad als Langsamläufer. Der Spaltdruck steigt bei Schnelläufern bis auf $0{,}76\,H$ und liegt bei Normalläufern etwa zwischen 0,4 und $0{,}6\,H$.

Radformen und Radgrößen. Wie vorher gezeigt, ist durch das Gefälle die Umfangsgeschwindigkeit des Laufrades in den Grenzen der Schnelläufigkeit festgelegt. Für einen Laufraddurchmesser D_1 ergibt sich die minutliche Drehzahl

$$n = \frac{60\,u_1}{\pi\,D_1}. \tag{40}$$

Kleinere Räder ergeben unter sonst gleichen Verhältnissen größere Drehzahlen. Die Radbreiten ergeben sich aus der für alle Querschnitte geltenden Beziehung

Wassermenge = Querschnitt × Geschwindigkeit.

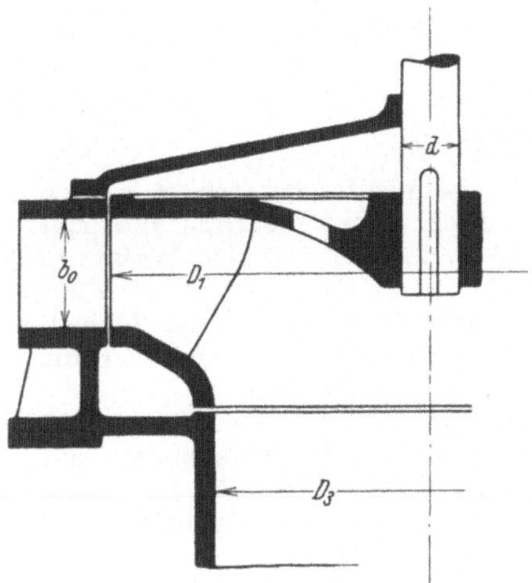

Abb. 276. Langsamläufer.

Abb. 277. Langsamläufer.

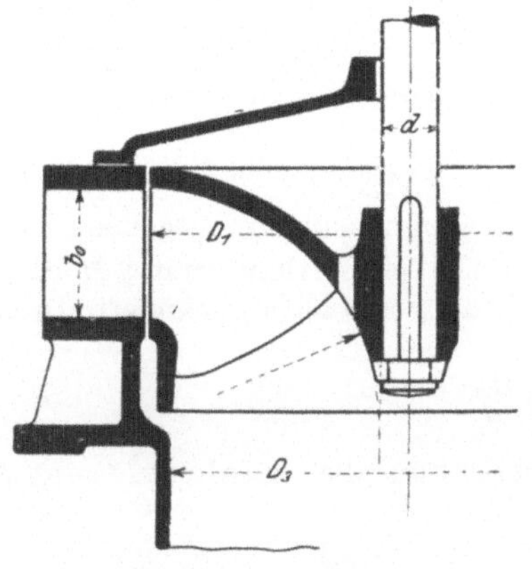

Abb. 278. Normalläufer.

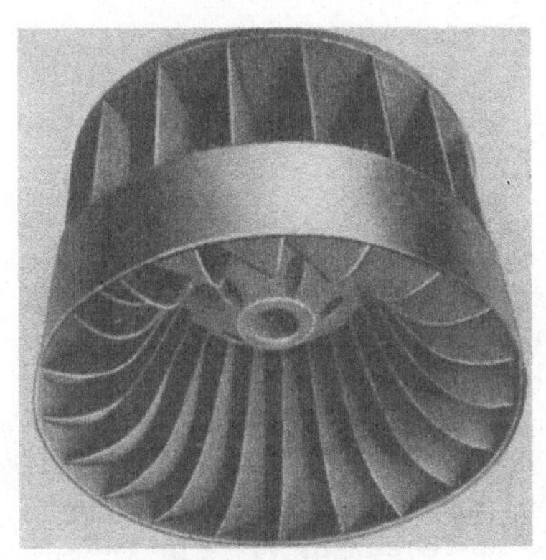

Abb. 279. Normalläufer.

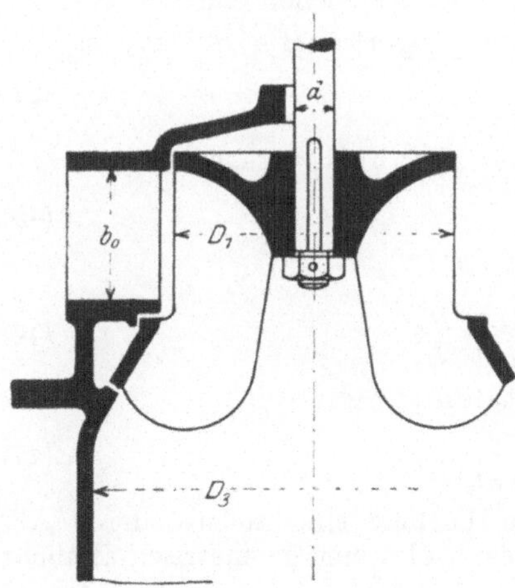

Abb. 280. Schnelläufer.

Abb. 281. Schnelläufer.

Das aus der Turbine ausströmende Wasser ist durch das Saugrohr abzuführen. Sein Querschnitt D_3 ergibt sich aus der Austrittsgeschwindigkeit. Man entwirft den Schaufelplan so, daß etwa wird

$$c_2 = \sqrt{2\,g\,(0{,}04 \text{ bis } 0{,}15)\,H}\,. \tag{41}$$

Turbinen für große Gefälle müssen als Langsamläufer konstruiert werden und außerdem große Raddurchmesser D_1 erhalten, damit die Drehzahl nicht zu hoch wird. In solchen Rädern (Abb. 276 u. 277) strömt das Wasser in annähernd radialer Richtung; es ist $D_1 > D_3$.

Bei Normalläufern (Abb. 278 u. 279) ist meist $D_1 = D_3$ und bei Schnellläufern (Abb. 280 u. 281) $D_1 < D_3$; die Schaufeln werden so geformt, daß die Wasserfäden sich allmählich in die Richtung der Achse stellen.

Ein sehr wirksames Mittel, um die Drehzahl noch weiter zu erhöhen, besteht darin, daß man die von einer Turbine zu verarbeitende Wassermenge auf zwei Räder verteilt (vgl. Abb. 266 u. 268), denn dann werden die Saugrohre enger und die Räder können kleiner sein. Die Durchflußquerschnitte sind proportional den Wassermengen und ändern sich bei einem festen Verhältnis von Radbreite zum Raddurchmesser mit D_1^2. Ein Vergleich einer zweikränzigen Turbine, von der jedes Rad die Wassermenge $Q/2$ verarbeitet, mit einer einkränzigen für die Wassermenge Q, führt zu der Beziehung

$$\frac{D_1'^{\,2}}{D_1^2} = \frac{Q/2}{Q} = \frac{n'^2}{n^2}\,.$$

Demgemäß wird unter sonst gleichen Verhältnissen die Drehzahl n' der Mehrfachturbinen

$$\text{mit zwei Rädern}\quad n' = \sqrt{2}\cdot n = 1{,}41\,n\,.$$

Spezifische Größen, Hauptabmessungen. Wenn man eine gegebene Turbine unter ein anderes Gefälle setzt, so ändern sich proportional mit $\sqrt{H}$ die Umfangsgeschwindigkeit und die Drehzahl. Für die von n auf n_x geänderte Drehzahl ist also

$$\frac{n_x}{n} = \sqrt{\frac{H_x}{H}}\,. \tag{42}$$

Setzt man $H_x = 1$ m und $n_x = n_\mathrm{I}$, so erhält man die „Einheitsdrehzahl", also die Drehzahl für 1 m Gefälle

$$n_\mathrm{I} = \frac{n}{\sqrt{H}}\,. \tag{43}$$

Die Schluckwassermengen Q hängen bei einer gegebenen Turbine von den Durchflußgeschwindigkeiten ab, und da diese proportional $\sqrt{H}$ sind, ist

$$\frac{Q_x}{Q} = \sqrt{\frac{H_x}{H}}\,. \tag{44}$$

Mit $H_x = 1$ und $Q_x = Q_\mathrm{I}$ erhält man die „Einheitswassermenge"

$$Q_\mathrm{I} = \frac{Q}{\sqrt{H}}\,. \tag{45}$$

Ebenso ergibt sich für die Leistungen in PS

$$\frac{N_x}{N} = \frac{Q_x H_x}{Q\,H} = \frac{H_x}{H}\sqrt{\frac{H_x}{H}}\,, \tag{46}$$

und man erhält mit $H_x = 1$ die „Einheitsleistung"

$$N_\mathrm{I} = \frac{N}{H\sqrt{H}} = \frac{N}{\sqrt{H^3}}\,. \tag{47}$$

Vergleicht man nun mit der gegebenen Turbine eine andere, deren Abmessungen im gleichen Verhältnis geändert sind, also eine geometrisch ähnliche Turbine, so zeigt die Rechnung und Erfahrung, daß der Ausdruck $n_\mathrm{I}\sqrt{N_\mathrm{I}}$ ein

Festwert ist. Dieser Wert stellt die Drehzahl einer Turbine von 1 PS Leistung bei 1 m Gefälle dar und wird als „spezifische Drehzahl" n_s bezeichnet, also

$$n_s = n_\mathrm{I} \sqrt{N_\mathrm{I}}. \tag{48}$$

Es ist hiermit ein Maß für die Schnelläufigkeit gewonnen, und zwar gilt für

Freistrahlturbinen mit einer Düse . . . . $n_s = $ 12— 30
„ „ mehreren Düsen . . „ $= $ 30— 50
Francis-Langsamläufer . . . . „ $= $ 50— 125
„ -Normalläufer . . . . „ $= $ 125— 200
„ -Schnelläufer . . . . „ $= $ 200— 450
Propellerturbinen . . . . „ $= $ 450—1000

Weiter müssen bei Überdruckturbinen die Durchmesser des Laufrads D_1 und des Saugrohrs D_s bei geometrisch ähnlichen Turbinen proportional $\sqrt{Q_\mathrm{I}}$ sein, also

$$D_1 = k_1 \sqrt{Q_\mathrm{I}}, \tag{49}$$

$$D_3 = k_s \sqrt{Q_\mathrm{I}}. \tag{50}$$

Die Werte von k_1 und k_s enthält Abb. 282.

Mit diesen spezifischen Größen lassen sich in einfacher Weise die Hauptabmessungen einer Turbine festlegen.

Beispiel. Es sei gegeben $Q = 6\ \mathrm{m^3/s}$ und $H = 9\ \mathrm{m}$, nach Gleichung (20), S. 102 wird die Leistung etwa $N_e = 10\,Q \cdot H$; also $N_e = 540\ \mathrm{PS}_e$. Hieraus folgt

$$N_\mathrm{I} = \frac{N}{H\sqrt{H}} = \frac{540}{9\sqrt{9}} = 20\ ;$$

$$Q_\mathrm{I} = \frac{Q}{\sqrt{H}} = \frac{6}{\sqrt{9}} = 2\ .$$

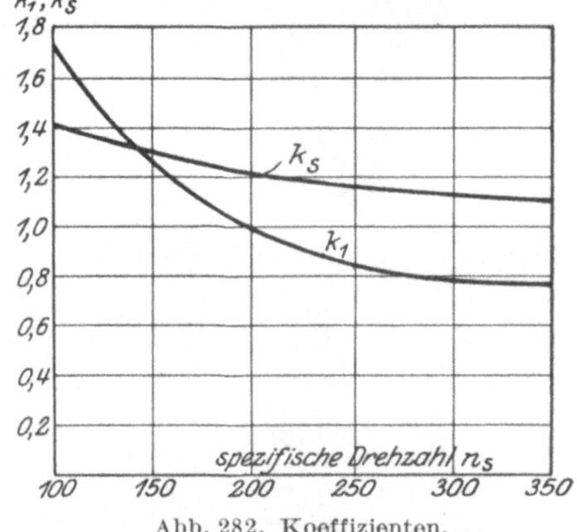

Abb. 282. Koeffizienten.

Die Turbine soll als Schnelläufer mit $n_s = 350$ gebaut werden; dann wird

nach Gleichung (48) $n_\mathrm{I} = \dfrac{n_s}{\sqrt{N_\mathrm{I}}} = \dfrac{350}{\sqrt{20}} = 78$;

„ „ (43) $n = n_\mathrm{I}\sqrt{H} = 78\sqrt{9} = 234$;

„ „ (49) $D_\mathrm{I} = k_1\sqrt{Q_\mathrm{I}} = 0{,}8\sqrt{2} = 1{,}13\ \mathrm{m}$;

„ „ (50) $D_3 = k_s\sqrt{Q_\mathrm{I}} = 1{,}1\sqrt{2} = 1{,}55\ \mathrm{m}$.

Für einen Langsamläufer gleicher Leistung würde sich mit $n_s = 100$ ergeben,
$n = 67$ (statt 234); $D_1 = 2{,}48$ (1,13); $D_3 = 1{,}98$ (1,55).

Für die meisten Verwendungszwecke dürfte diese Drehzahl zu niedrig sein, so daß man sich zu einem Schnelläufer entschließen muß. Um die Drehzahl noch weiter zu steigern, müßte man die Wassermenge auf mehrere kleine auf derselben Welle sitzende Laufräder unterteilen, also eine Mehrfachturbine ausführen. Für eine Zweifachturbine würde sein:

$Q = 3\ \mathrm{m^3/s}$; $H = 9\ \mathrm{m}$; $N = 10\,Q \cdot H = 270\ \mathrm{PS}$;
$N_\mathrm{I} = 10$; $Q_\mathrm{I} = 1$; $n_s = 350$; $n_\mathrm{I} = 110$;
$n = 330$ (statt 234).

4. Propeller- und Kaplan-Turbinen.

Die Aufgabe, Wasserkräfte von geringem Gefälle für direkten Antrieb von Stromerzeugern auszunützen, verlangte wesentlich höhere spezifische Drehzahlen als mit Francis-Turbinen zu erreichen sind. Zur Erzielung der erforderlichen Schaufelwinkel und zur Verringerung der Reibungswiderstände wurde das Laufrad fast völlig axial beaufschlagt, die Schaufelzahl auf 4 bis 6 verringert,

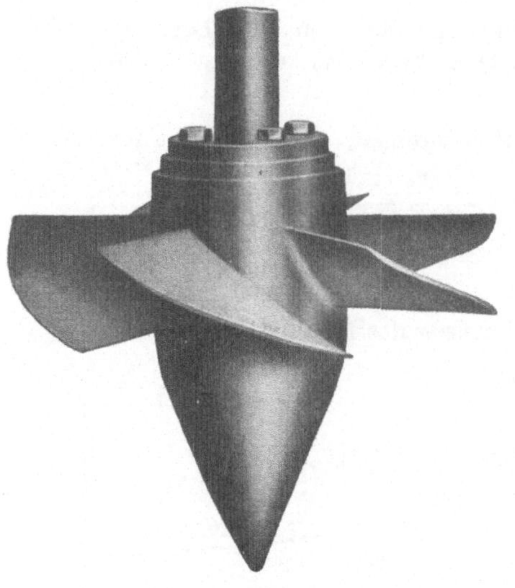

Abb. 283. Läufer einer Propeller-
turbine mit festen Schaufeln.

Abb. 284. Kaplan-Läufer mit drehbaren Schaufeln;
Kappe abgenommen (Voith, Heidenheim).

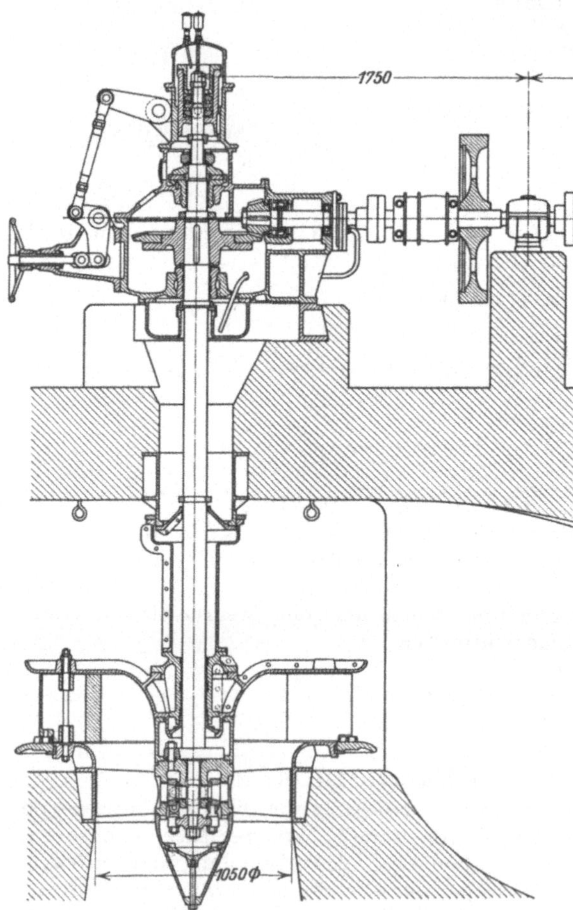

Abb. 285. Kleine Kaplan-Turbine von 80 PS. Nutzgefälle 2 m.
(Mit Verstellung der Schaufeln von Hand.)

die Schaufelbreite verkleinert und sogar der äußere Verbindungsring der Schaufeln fortgelassen, um durch diese Maßnahmen die vom Wasser bestrichene Fläche zur Verringerung der Reibung aufs äußerste zu vermindern. Durch diese von Professor Kaplan-Brünn wesentlich beeinflußte Entwicklung entstand ein dem Schiffspropeller ähnlicher Läufer (Abb. 283), der in dem ihn umgebenden Ansatz des Saugrohrs mit sehr geringem Spiel frei läuft. Zwischen der tangentialen Führung des Wassers durch die von der Francis-Turbine beibehaltenen verstellbaren Leitschaufeln und der axialen Beaufschlagung der Läuferschaufeln besteht hier ein führungsloser Wasserraum. Trotzdem wird mit diesen Propellerturbinen bei Vollast ein guter Wirkungsgrad von etwa 88% erzielt, der allerdings bei Teillast rasch absinkt. Die Regulierung der Propellerturbinen [1] erfolgt nur durch Verstellung der Leitschaufeln.

Um die Schaufelwinkel des Läufers der bei Teillast verringerten Wassergeschwindigkeit anpassen zu können, hat Kaplan die Propellerflügel drehbar gemacht (Abb. 284). Die für den Verdrehmechanismus erforderlichen starken Naben sind für die Wasserführung nicht ungünstig. Die durch eine Stange in der hohlen Welle und durch Hebel in der Nabe bewirkte Schaufelverdrehung erfolgt bei kleineren und bei meist vollbelasteten Turbinen von Hand, bei größeren sowie bei mit häufiger Teilbelastung laufenden Anlagen durch einen vom Regler gesteuerten Servomotor. Solche Kaplan-Turbinen haben von voller bis ein drittel Belastung nahezu gleichguten Wirkungsgrad (s. Abb. 288). Abb. 285 zeigt eine kleine Kaplan-Turbine, bei der die Regulierung normal durch Verstellung der Leitschaufeln

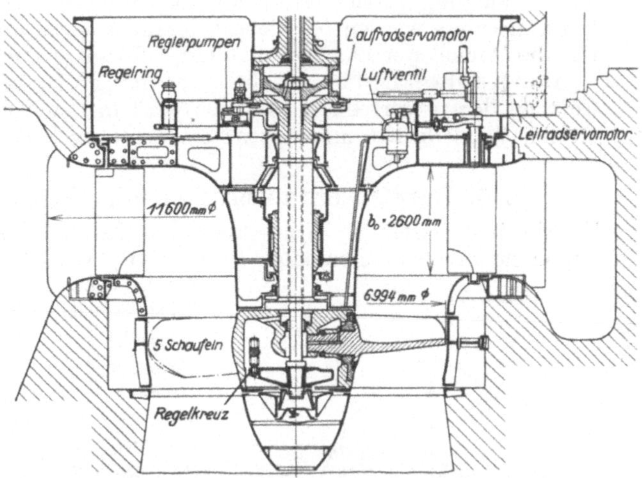

Abb. 286a. Schnitt durch eine große Kaplan-Turbine (Turbinenbau-Arbeitsgemeinschaft Charmilles-Escher-Wyss-Voith; ausgeführt von Voith, Heidenheim). Leistung 38000 PS; $Q = 295$ m³/s; $H = 11{,}5$ m; $n = 75$.

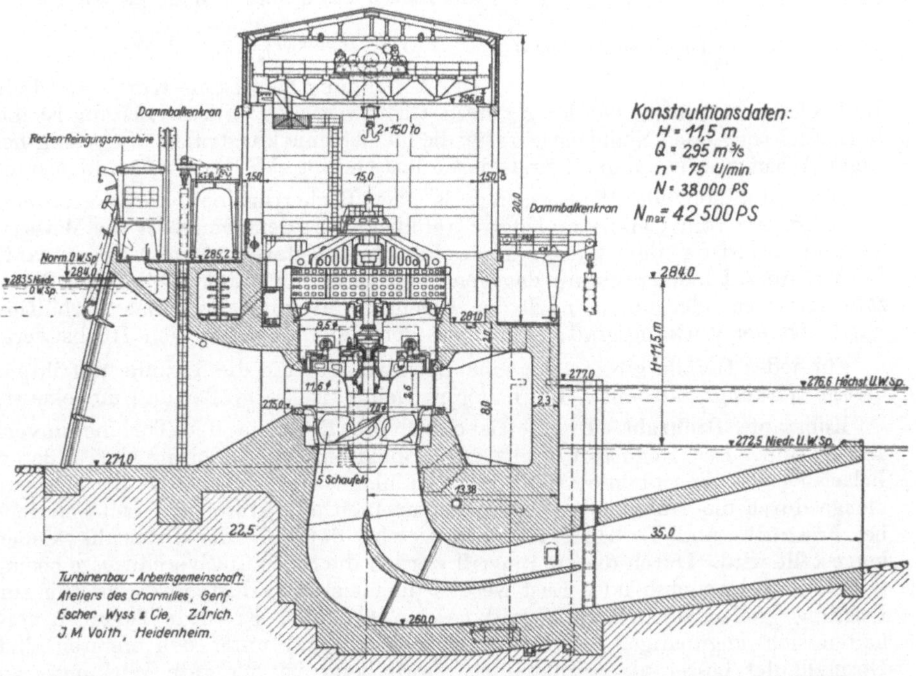

Abb. 286b. Querschnitt durch das Turbinenhaus des Kraftwerks Ryburg-Schwörstadt (Voith, Heidenheim).

mittels Servomotor erfolgt, während die Verstellung der Läuferschaufeln bei länger dauernder Belastungsänderung von Hand betätigt wird.

8*

Abb. 286a und Abb. 286b zeigen die Bauart und den Einbau der großen Kaplan-Turbinen des Kraftwerks Ryburg-Schwörstadt, welche typisch für die Ausnützung großer Flußläufe geworden ist. Zur Aufrechterhaltung des Wirkungsgrads werden bei Belastungsänderung sowohl die Leitschaufelwinkel wie die Winkel der Laufradschaufeln selbsttätig durch Servomotoren verstellt.

Die Kaplan-Turbinen haben sich für große Wassermengen bei geringen Gefällen derart vorteilhaft erwiesen, daß in den letzten Jahren fast alle derartigen Wasserkräfte mit diesem System ausgebaut wurden.

5. Betriebseigenschaften und Wirtschaftlichkeit.

Konstantes Gefälle. Wenn man eine Turbine bei gleichbleibendem Gefälle mit einer Bremse untersucht, so zeigt die Waage (vgl. Abb. 248, S. 96) bei festgebremster Maschine ($n = 0$) das größte Drehmoment. Wird die Bremse gelüftet, so stellt sich bei jeder Belastung eine bestimmte Drehzahl ein, die bei ganz gelöster Bremse ihren Höchstwert (Freilauf) erreicht. Die Abhängigkeiten des Drehmomentes von der Drehzahl sind in Abb. 287 aufgetragen: die Linie für Md verläuft in Wirklichkeit zwar nicht geradlinig, wie hier angenommen, jedoch sind die Abweichungen nicht erheblich, wenigstens nicht im Sinne dieser Betrachtung.

Aus den gemessenen Werten läßt sich die Nutzleistung berechnen; es ist

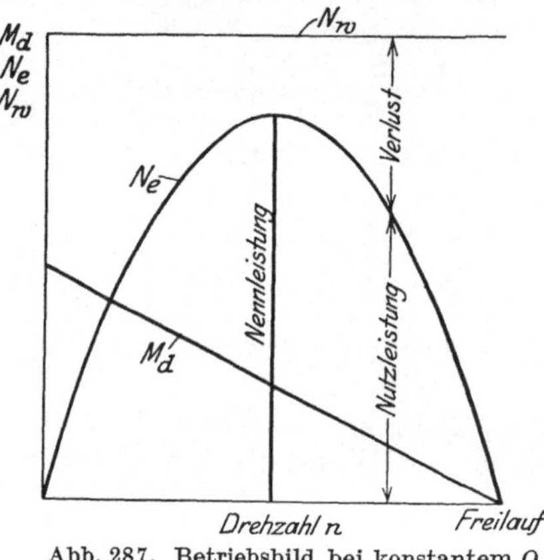

Abb. 287. Betriebsbild bei konstantem Q und H.

$$N_e = \frac{Md \cdot 2\pi n}{60 \cdot 75} \text{ (PS)} .$$

Die Auftragung liefert eine Kurve und läßt die Drehzahl erkennen, bei der N_e ihren Größtwert hat. Diese Leistung ist die Normalleistung oder Nennleistung, für die die Turbine konstruiert war, denn bei dieser Arbeitsgeschwindigkeit sind die Verluste (stoßfreier Eintritt) am kleinsten.

Die durchfließende Wassermenge ist bei Becherturbinen konstant, denn sie hängt nur vom Gefälle und der Strahldicke ab; demgemäß ist die Wasserleistung, das ist das dem Wasser innewohnende Arbeitsvermögen (N_w) konstant. Bei Francis-Turbinen nimmt dagegen die Wassermenge mit wachsender Drehzahl etwas zu oder ab, je nach der Eigenart des Laufrads. Das Verhältnis N_e/N_w ist der Wirkungsgrad; er hat bei der Nennleistung seinen Höchstwert.

Für jedes Gefälle gibt es nur eine Drehzahl, für die die Turbine mit ihrem besten Wirkungsgrad läuft. Bei höherem Gefälle ist sie größer und umgekehrt.

Konstante Drehzahl. Im Betriebe soll die Drehzahl der Turbine unverändert sein. Der Regulator greift ein, sobald infolge Änderung der äußeren Belastung sich eine andere Drehzahl auszubilden sucht, und stellt die Wassermenge durch die Düsennadel bei Becherturbinen oder durch die Leitschaufeln bei Francis- und Kaplan-Turbinen so ein, daß die alte Drehzahl wieder hergestellt wird. Durch diesen Eingriff werden die Strömungsverhältnisse beeinflußt und bei abnehmender Last werden die meisten Verluste im Verhältnis zur Leistung größer, der Wirkungsgrad (Abb. 288) sinkt. Francis-Turbinen verhalten sich ungünstiger als Freistrahlturbinen, und unter den ersteren sind Normalläufer besser als Schnelläufer. Auffallend ist der gute Wirkungsgrad der Kaplan-Turbine bei Teillast infolge der Verstellung der Schaufelwinkel.

In größeren Wasserkraftanlagen wählt man zweckmäßig die Maschineneinheiten so, daß sie einzeln auch bei schwacher Inanspruchnahme des Werkes noch gut belastet sind; dadurch wird der Gesamtwirkungsgrad besser, als wenn zu große Maschinen da sind, die häufig nur schwach belastet werden können.

Veränderliches Gefälle. Da die Witterungseinflüsse die Zu- und Ablaufverhältnisse eines Stromgebietes stark beeinflussen, so kann kein konstantes Gefälle den Turbinen zur Verfügung gestellt werden. Am meisten leiden hierunter die Niederdruckanlagen, wenn nicht durch Stauweiher (Talsperren) eine gewisse Regelung der Abflußverhältnisse erzielt wird.

Mit dem Gefälle ändert sich nach Gleichung (44) die Schluckwassermenge in dem Verhältnis

$$\frac{Q_x}{Q} = \sqrt{\frac{H_x}{H}},$$

demnach wird die Leistung

$$N_x = 10 \, Q_x \, H_x.$$

Die letztere Gleichung gilt jedoch nur unter der Voraussetzung, daß die Turbine mit einer dem neuen Gefälle entsprechenden günstigsten Drehzahl läuft, und diese ergibt sich aus Gleichung (42)

$$\frac{n_x}{n} = \sqrt{\frac{H_x}{H}}.$$

Soll aber, wie der praktische Betrieb namentlich für Stromerzeugung es verlangt, die alte Drehzahl beibehalten werden, so arbeitet sie mit schlechterem Wirkungsgrad und die Leistung wird

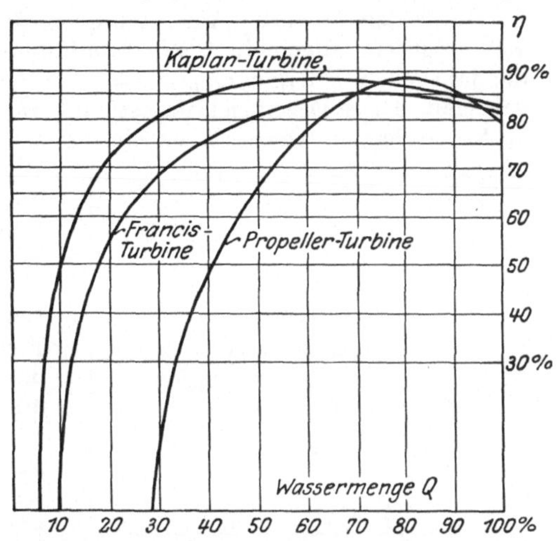

Abb. 288. Wirkungsgrade verschiedener Systeme.

kleiner. In welchem Maße dies geschieht, läßt sich nicht genau vorausberechnen. Aus Bremsversuchen kann man nach Pfarr als Faustregel annehmen, daß sich die Leistung 1,5mal so stark ändert als das Gefälle, also

$$\frac{N - N_x}{N} = 1,5 \cdot \frac{H - H_x}{H},$$

$$N_x = N \left(1,5 \frac{H_x}{H} - 0,5\right). \tag{51}$$

Um den Leistungsausfall in der Kraftanlage wieder auszugleichen, müssen weitere Turbinen zugeschaltet werden. Das ist in vielen Fällen möglich, weil die Verringerung des Gefälles meist durch stärkeren Rückstau entsteht, denn der Unterwasserspiegel hebt sich schneller als der Oberwasserspiegel.

Beispiel. In dem Beispiel S. 113 war

$$H = 9 \, \text{m} \quad Q = 6 \, \text{m}^3/\text{s} \quad N = 540 \, \text{PS} \quad n = 234.$$

Es möge das Gefälle auf 6 m heruntergehen ($H_x = 6$), dann wird nach Gleichung (44)

$$Q_x = Q \sqrt{\frac{H_x}{H}} = 4,9 \, \text{m}^3/\text{s}$$

und die günstigste Drehzahl wird nach Gleichung (42)

$$n_x = n \sqrt{\frac{H_x}{H}} = 191 \text{ statt } 234; \quad \text{bei } N_x = 10 \, Q \, H = 294 \, \text{PS statt } 540 \, \text{PS}.$$

Soll die alte Drehzahl $n = 234$ erhalten bleiben, so wird

$$N_x = N \left(1,5 \frac{H_x}{H} - 0,5\right) = 270 \, \text{PS statt } 540 \, \text{PS}.$$

Es muß also eine weitere Turbine (Hochwasserturbine) aufgestellt werden, die den Fehlbetrag deckt.

Wirtschaftlichkeit. In den meisten Wasserkraftanlagen wird elektrische Energie erzeugt und in dieser Form an viele Abnehmer verteilt. Der Bedarf ist sehr schwankend. Die Anlage muß so ausgebaut sein, daß sie den größten Bedarf (Spitzenbedarf) decken kann; je mehr dieser von dem mittleren Verbrauch abweicht, um so schlechter wird sie ausgenutzt. Der Ausnutzungsfaktor ist das Verhältnis der jährlichen Energiemenge, die wirklich abgegeben wurde, zu der, die mit den vorhandenen Maschinen im vollbelasteten Tag- und Nachtbetrieb hätte erzeugt werden können; er überschreitet selten 30%.

Durch den Grad der Ausnutzung werden die Energiekosten stark beeinflußt. Das zeigt ein allgemeines Wirtschaftsbild (Abb. 289). Auf der Abszisse sind die jährlichen Energiemengen, auf der Ordinate die zugehörigen Kosten aufgetragen. Diese lassen sich in feste Jahreskosten und laufende Betriebsführungskosten zerlegen. Die ersteren sind Zinsen, Abschreibungen und Unterhaltung

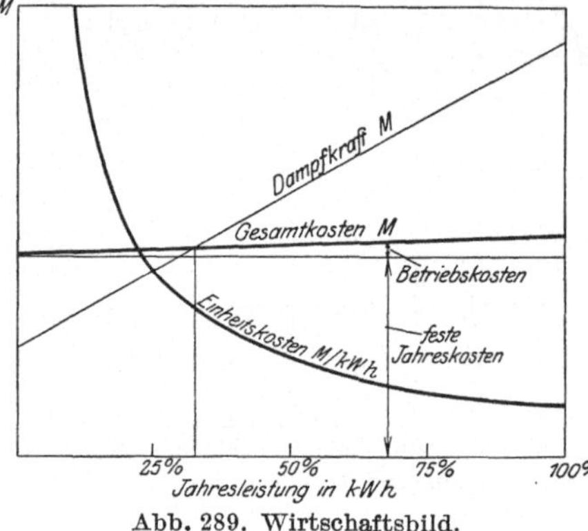

Abb. 289. Wirtschaftsbild.

(Besitzkosten), sie sind von der Leistung unabhängig; die letzteren enthalten die Löhne, Putz- und Schmiermittel usw.: sie nehmen mit der Leistung zu, allerdings nur mäßig, denn der eigentliche Betriebsstoff, das Wasser, kostet nichts. Ermittelt man hieraus die Einheitskosten, d. s. M/kWh (Quotient der Ordinaten und Abszissen), so entsteht eine mit zunehmender Leistung stark abnehmende Kurve. Je stärker die Anlage ausgenutzt wird, um so billiger kann die Energie verkauft werden. Natürlich spielt auch die Höhe des Anlagekapitals für die Wirtschaftlichkeit eine große Rolle; aber auch teure Anlagen können wirtschaftlich sein, wenn sie ein günstiges Absatzgebiet haben.

Wirtschaftlichkeit ist ein relativer Begriff. Ob eine Wasserkraftanlage wirtschaftlich ist, kann nur durch Vergleich mit andern gleichwertigen Anlagen beurteilt werden. Als solche kommen meist Dampfkraftanlagen in Betracht. Diese sind in der Beschaffung wesentlich billiger; vor dem Kriege erforderte ihre Einrichtung je nach Größe 100 bis 200 M/kW, während Wasserkraftanlagen für gleiche Leistungen 500 bis 1000 M/kW gekostet haben und jetzt infolge der wirtschaftlichen Entwicklung der Baumaschinen und Bauverfahren unter günstigen Verhältnissen immer noch mindestens 300 M/kW kosten. Dafür sind aber die laufenden Betriebskosten der Dampfwerke hoch, denn es muß der Betriebsstoff, die Kohle, gekauft werden. Die Gesamtkostenlinie einer Dampfkraftanlage setzt tiefer an, verläuft aber steiler als die einer Wasserkraftanlage (Abb. 289). Der Schnittpunkt beider Linien gibt die Jahresleistung an, bei der beide Anlagen gleichwertig sind; bis dahin ist die Dampfkraftanlage, darüber hinaus die Wasserkraftanlage wirtschaftlicher.

Man erkennt aus der Gegenüberstellung, daß Wasserkraftanlagen entweder billig sein oder ein günstiges Absatzgebiet haben müssen, um mit Dampfkraftanlagen in Wettbewerb treten zu können. Unter den Baukosten spielen die Maschinen nur eine kleine Rolle (oft nur 10% der Gesamtkosten), die Hauptausgaben liegen im wasserbaulichen Teil (Wehre, Speicher, Zu- und Ableitungskanäle, Rohrleitungen). Niederdruckanlagen sind verhältnismäßig teurer als Hochdruckanlagen, weil sie eine große Wassermenge aufnehmen müssen. Was das Absatzgebiet anlangt, so wirkt die Lichtversorgung wegen ihres wechselnden Bedarfs am ungünstigsten auf die Ausnutzung der Anlage; günstig sind Industrien mit gleichmäßigem Verbrauch, namentlich auch zur Nachtzeit. Auch die elektrische Zugförderung kann sehr günstig auf die Ausnutzung einwirken, wenn man den Fahrplan so gestalten kann, daß ein guter Spitzenausgleich eintritt.

D. Wärmekraftmaschinen.

Allgemeines. Bei den Wärmekraftmaschinen wird die bei der Verbrennung fester, flüssiger oder gasförmiger Brennstoffe entwickelte Wärme als Energiequelle verwertet und durch Vermittlung gespannter Gase oder Dämpfe auf die Maschine übertragen. Diese Energieträger können unmittelbar durch ihre potentielle Energie in Kolbenmaschinen wirken oder, durch Entspannung in Strömungsenergie umgewandelt, mit großer Geschwindigkeit gegen die Schaufeln von Turbinenrädern geleitet werden.

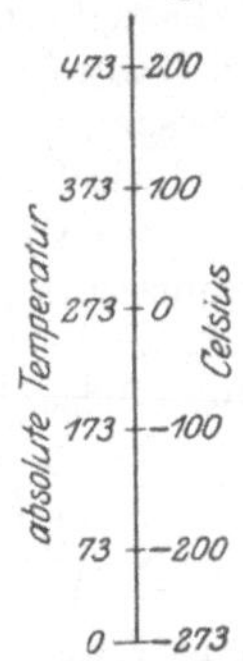

Maßgebend für die Beurteilung von Wärmekraftmaschinen ist deren Wärmeverbrauch, d. h. das Verhältnis der in sie hineingeleiteten Wärmemenge zu der damit erzeugten mechanischen Energie.

Der Maßstab für die Wärmemenge ist als technische Wärmeeinheit die Kilokalorie (kcal); dies ist die Wärmemenge, die erforderlich ist, um bei Raumtemperatur und atmosphärischem Druck 1 kg Wasser um 1^0 C zu erwärmen.

Abb. 290. Temperaturmaßstäbe.

Wärme und mechanische Arbeit sind Gleichwerte (äquivalent), und zwar ist

$$1 \text{ kcal} = 427 \text{ kgm}$$

$$1 \text{ kgm} = \frac{1}{427} \text{ kcal}, \tag{1}$$

$$1 \text{ PSh} = 75 \cdot 3600 = 270\,000 \text{ kgm} \quad \text{bzw.} \quad \frac{270\,000}{427} = 632 \text{ kcal} \tag{2}$$

$$1 \text{ kWh} = 102 \cdot 3600 = 367\,200 \text{ kgm} \quad \text{bzw.} \quad \frac{367\,200}{427} = 860 \text{ kcal}.$$

Jedem Wärmeinhalt eines Körpers entspricht eine bestimmte Temperatur, die von dem jeweiligen Zustand des Wärmeträgers abhängt. In der Wärmelehre wird die Temperatur als absolute Temperatur gemessen; der absolute Nullpunkt liegt um 273^0 unter dem Nullpunkt des Celsiusthermometers, also unter dem Gefrierpunkt des Wassers (Abb. 290). Es ist demnach bei einer Celsiustemperatur t

die absolute Temperatur $T = 273 + t$. (3)

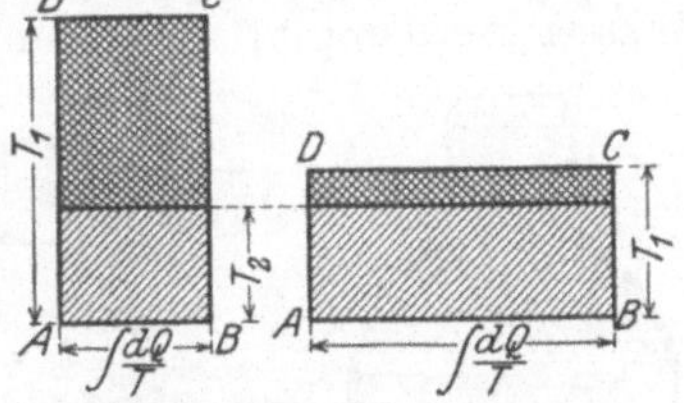

Abb. 291. Wärmearbeit.

In der Maschine findet infolge der Arbeitsabgabe ein entsprechender Temperaturabfall des Wärmeträgers statt. Die arbeitende Wärme Q läßt sich wie die Wasserarbeit als Fläche darstellen (Abb. 291), wenn man die Temperaturen T als Ordinaten und als Abszisse einen Wert aufträgt, der mit T multipliziert die Wärmemenge Q ergibt. Es ist dies ein mathematischer Ausdruck von der Größe $\int \frac{dQ}{T}$; er heißt Entropie und hat für jede Zustandsänderung eines Gases einen bestimmten Wert von einem beliebigen Anfangspunkt aus gemessen. Die Entropie spielt in der Wärmelehre eine große Rolle, da sie die Vorgänge in sehr einfacher Weise veranschaulicht.

Man kann hohe oder niedrige Anfangstemperaturen und entsprechende Entropiewerte zugrunde legen, um die gleiche Wärmemenge, also das gleiche Arbeitsvermögen, zu erhalten (Abb. 291). Die Wärme wird aus den Brennstoffen gewonnen und an den Wärmeträger gebunden. Diese aufgewendete Wärme, Fläche $ABCD$, kann aber nicht voll ausgenutzt werden, weil der Wärmeträger seinen Zustand als Gas oder Dampf behalten muß und aus praktischen Gründen nicht unter die Temperatur der Umgebung abgekühlt werden kann. Deshalb ist ein Teil der Wärme wieder aus der Maschine herauszuführen. Ist T_2 die Endtemperatur, so stellt die durch diese Ordinate abgeschnittene obere Fläche die nutzbare Wärmemenge dar, und das Verhältnis dieser zu der ganzen Fläche den thermischen Wirkungsgrad. Man sieht, daß hohe Temperaturgefälle bei kleinen Entropiewerten nötig sind, um eine gute Ausnutzung der Wärme zu erhalten. Die Umsetzung der kcal in mechanische Energie, d. h. in PS erfolgt in Dampfmaschinen, Verbrennungskraftmaschinen (Gasmotoren, Benzinmotoren, Dieselmotoren) und Dampfturbinen (Gasturbinen kommen seit Jahren wegen der Materialfrage über das Versuchsstadium nicht heraus).

Der Wirkungsgrad der Umsetzung in diesen Kraftmaschinen ist trotz hoher konstruktiver Entwicklung wenig befriedigend. Während für 1 PSh theoretisch 632 kcal erforderlich sind, ist der am Brennstoff gemessene Wärmeaufwand für 1 PS_eh bedeutend größer; er beträgt je nach Leistung und Güte der Maschine

bei kleinen Sattdampfmaschinen mit Auspuff . . . . etwa 10000 kcal
„ großen Heißdampfmaschinen mit Kondensation. . . . . „ 4500 „
„ größeren Dampfturbinen mit Kondensation . . . . . . „ 2700 „
„ Verbrennungsmaschinen . . . . „ 2000 „

Die Wärmeausbeute oder der thermische Wirkungsgrad liegt demnach in den Grenzen von 0,06 bis 0,35. Die schlechte Ausnutzung in der Dampfmaschine erklärt sich aus dem geringen Temperaturgefälle, und zwar aus der niedrigen Anfangstemperatur von etwa 350° C gegenüber 1500° C bei den Verbrennungskraftmaschinen. (Demgemäß ist auch die ungeheure Wärmemenge, die die Sonne zur Erde schickt, nicht verwertbar, weil kein Temperaturgefälle zur Verfügung steht, genau wie das Wasser des Ozeans wegen des fehlenden ständigen Gefälles zur Kraftgewinnung nur sehr beschränkt brauchbar ist.)

1. Dampfkraftanlagen.

a) Arbeitsverfahren.

Dampfmaschinen sind Wärmekraftmaschinen, der Wärmeträger ist Wasserdampf. In einem Heizkessel K (Abb. 292) wird durch Verbrennungswärme Wasser verdampft; der Dampf fließt der Maschine D zu und setzt hier einen Teil seiner Wärme in Arbeit um. Der Abdampf wird ins Freie (Auspuffmaschinen) oder zur Abkühlung in einen Kondensator C (Kondensationsmaschinen) geleitet. Im letzteren Falle entsteht durch die Abkühlung des Dampfes ein größeres Wärmegefälle und durch die deshalb eintretenden größeren Druckunterschiede eine größere Nutzarbeit. Es sind hierzu aber besondere Einrichtungen und eine ausreichende

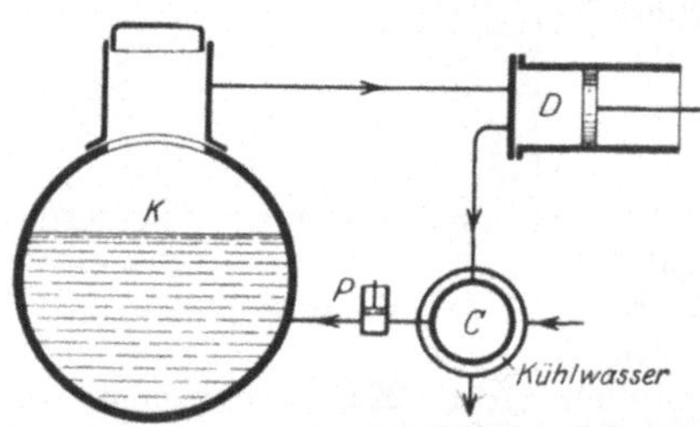

Abb. 292. Schema einer Dampfkraftanlage.

Menge Kühlwasser nötig. Bei manchen Maschinen, z. B. Lokomotiven, ist dies Verfahren nur mit erheblichem Aufwand (Turbolokomotiven) anwendbar, und bei kleinen Anlagen nicht lohnend. Das durch die Abkühlung des Dampfes im Kondensator niedergeschlagene Wasser wird durch eine Speisepumpe P wieder dem Kessel zugeführt, so daß die noch vorhandene Wärme (etwa 60° C) wiedergewonnen wird. Bei Auspuffmaschinen muß der Kessel durch Frischwasser gespeist werden.

Energiefluß. Die Umsetzung von Wärme in Arbeit erfolgt in einem festen Verhältnis: Für jede gewonnene indizierte PSh sind 632 kcal [vgl. Gleichung (2)] erforderlich. Diese Wärme wird dem Dampfe entzogen. Um sie aber entziehen

zu können, muß eine erheblich größere Wärmemenge in dem ganzen Prozesse
tätig sein. Von der unter dem Dampfkessel erzeugten Brennstoffwärme (Abb. 293)
geht zunächst ein Teil mit den Abgasen durch den Schornstein, ein weiterer
Teil durch unvollständige Verbrennung, Leitung und Strahlung verloren, so daß

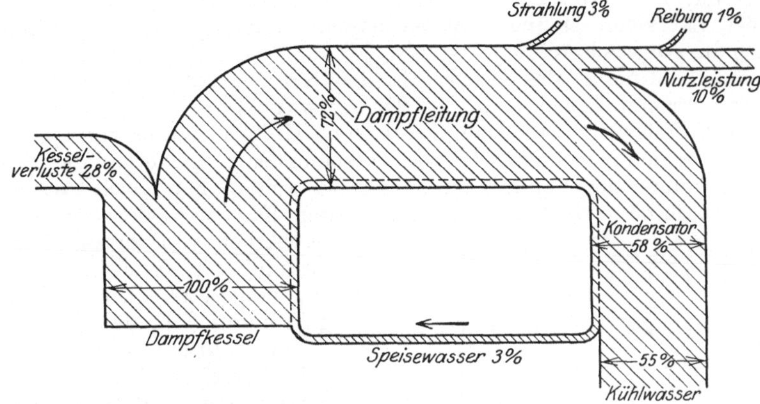

Abb. 293. Energiebild einer Dampfkraftanlage.

nur etwa 72% der Dampferzeugung zugute kommen. Von der im Dampf der
Maschine zuströmenden Wärme wird nur ein sehr kleiner Teil in Arbeit umgesetzt, der größere Teil strömt wieder ab, denn der Dampf muß als Dampf
die Maschine verlassen und hat als solcher
noch einen großen Wärmeinhalt. Bei Kondensationsmaschinen kann ein Teil dieser
Wärme wieder nutzbar gemacht werden,
wenn das noch etwa 60° warme Kondensat als Speisewasser dem Kessel sofort wieder
zugeführt wird. Der Hauptverlust liegt in
der Abwärme, die bei Auspuffmaschinen im
Abdampf ins Freie entströmt bzw. bei
Kondensationsmaschinen auf das Kühlwasser übertragen wird und verloren geht,
wenn nicht Gelegenheit vorhanden ist, sie
zu Heiz- und Kochzwecken oder zur Warm-
wasserversorgung verwenden zu können.

Wärmeausnutzung. Eine andere Darstellung des Wärmeaufwands ist in Abb. 294
gegeben; die Wärmemengen sind auf die
Leistungseinheit PSh bezogen. Zur Deckung
der Nutzarbeit sind 632 kcal/PSh erforderlich; hierzu kommt ein kleiner Betrag für
die Reibungsarbeit der Maschine, sowie der
erhebliche Kessel- und Abwärmeverlust.
Setzt man zu dem für die Erzeugung einer
PSh erforderlichen Wärmeaufwand die
für die Leistung theoretisch notwendige

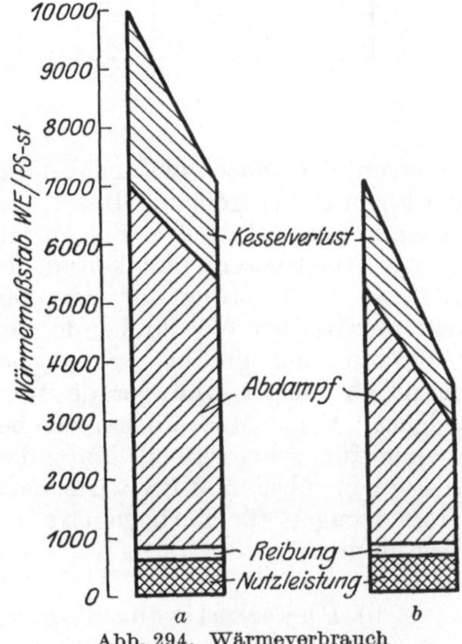

Abb. 294. Wärmeverbrauch
a von Auspuffmaschinen zunehmender
Größe,
b von Kondensationsmaschinen
zunehmender Größe.

Wärmemenge von 632 kcal/PSh ins Verhältnis, so bekommt man einen
Maßstab über die Wärmeausnutzung. Hierbei ist von dem **Brennstoffverbrauch** auszugehen. Verbraucht eine Maschine eine Brennstoffmenge von
B (kg/PSh) bei einem Heizwert von H (kcal/kg), so werden $B \cdot H$ (kcal/PSh)

aufgewendet. Demnach ist die Wärmeausnutzung oder der wirtschaftliche Wirkungsgrad

$$\eta_w = \frac{632}{BH},\qquad(4)$$

er beträgt nur 7 bis 16%.

Art der Energieumsetzung. Im mechanischen Sinne erfolgt die Energieumsetzung in zweierlei Art:

1. durch die Energie des Druckes in den **Kolbendampfmaschinen**,
2. durch Strömungsenergie in den **Dampfturbinen**.

Im ersten Falle wirkt der Dampf auf einen Kolben, den er vermöge seiner Spannkraft vor sich herschiebt. Hierbei entspannt er sich während der Arbeitsverrichtung infolge der Volumvergrößerung so weit, daß er noch mit eigener Kraft die Maschine verlassen kann. Im zweiten Falle wird der Dampf schon vor der Arbeitsverrichtung stark entspannt und sein Druck in Geschwindigkeit umgesetzt. Durch Strömen auf gekrümmte Schaufeln am Umfang eines Rades teilt er seine Geschwindigkeit diesem mit und verliert sie bis auf einen kleinen Betrag, der zum

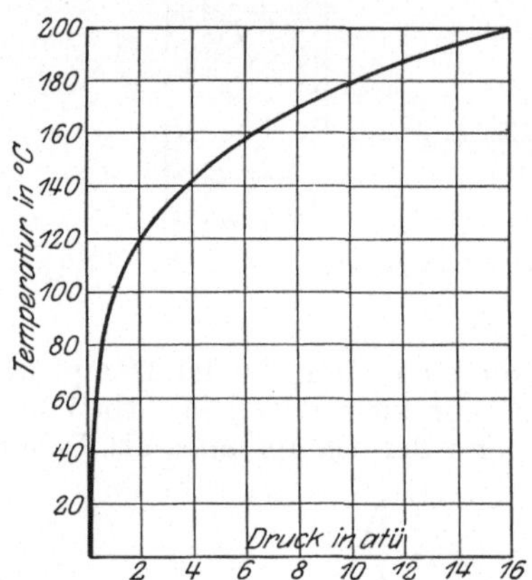

Abb. 295. Temperatur und Druck für Sattdampf.

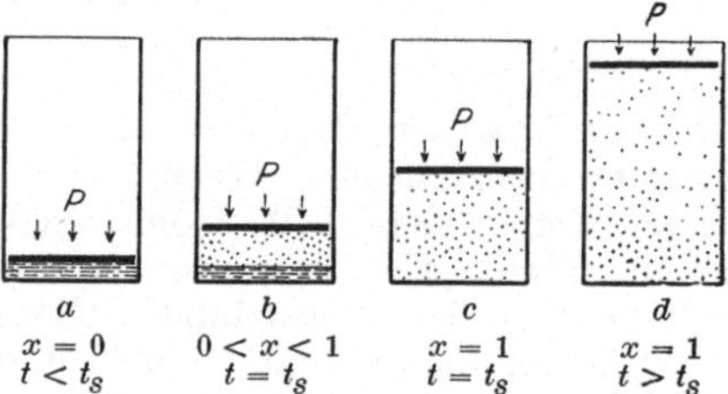

Abb. 296. Verdampfung bei konstantem Druck.

Verlassen der Maschine noch nötig ist. Bei den Kolbenmaschinen entsteht eine hin und her gehende Bewegung; sie wird durch einen Kurbeltrieb in eine drehende umgesetzt. Die Schwerfälligkeit dieses Mechanismus gestattet nur mäßige Arbeitsgeschwindigkeiten, demnach wird die Maschine verhältnismäßig groß und die Leistung auf etwa 6000 PS beschränkt. Bei den Turbinen entsteht unmittelbar eine drehende Bewegung, und zwar bei vorteilhafter Arbeitsausnutzung mit großen Arbeitsgeschwindigkeiten. Die Maschine wird daher wesentlich kleiner und gerade für große Leistungen (bisher bis 150000 PS) geeignet. Beide Maschinenarten bestehen nebeneinander. Die Dampfturbine ist nur für sehr schnell laufende Arbeitsmaschinen geeignet und erst bei Leistungen über 500 PS wirtschaftlich; sie findet namentlich für elektrische Stromerzeuger, für Turbogebläse, Schleuderpumpen und für den Schiffsantrieb Verwendung.

b) Physikalische Eigenschaften des Wasserdampfes.

Verdampfung. Jede Flüssigkeit verdampft bei einer bestimmten Temperatur, die von dem Drucke abhängt, unter dem sie steht. Wasser siedet in offenem Gefäß unter normalen Luftdruck (760 mm Quecksilbersäule oder 1,033 kg/cm²) bei 100° C. Bei einem niedrigeren oder höheren Druck beginnt die Verdampfung früher oder später. Die Abhängigkeit vom Druck p (at) und Temperatur t^0 zeigt Abb. 295. Mit wachsendem Druck steigt die Verdampfungstemperatur anfänglich schnell, nachher aber sehr langsam. Nur dadurch war es möglich, die Werkstofffrage für die heute üblichen Drücke von 30 at und für die schon wiederholt ausgeführten 100 und mehr at zu lösen.

Wenn man 1 kg Wasser von 0^0 C beginnend unter konstantem Druck erwärmt (Abb. 296 a), so steigt zunächst die Temperatur bis zur Verdampfungstemperatur t_s, ohne daß sich Dampf bildet, die spezifische Dampfmenge ist $x = 0$. Bei weiterer Wärmezufuhr (Abb. 296 b) bildet sich Dampf, das Volumen wächst, die Temperatur bleibt aber unverändert; die spezifische Dampfmenge x liegt zwischen 0 und 1. In diesem Zustand heißt der Dampf gesättigter

Dampf oder Sattdampf; er ist in Berührung mit seiner Flüssigkeit und hat das Maximum seiner Spannkraft. Alle zugeführte Wärme verändert den Aggregatzustand des noch vorhandenen Wassers und bildet neuen Dampf, bis der letzte Tropfen verdampft ist (Abb. 296 c). Man bezeichnet ihn als t r o c k e n g e s ä t t i g t e n D a m p f , die spezifische Dampfmenge hat

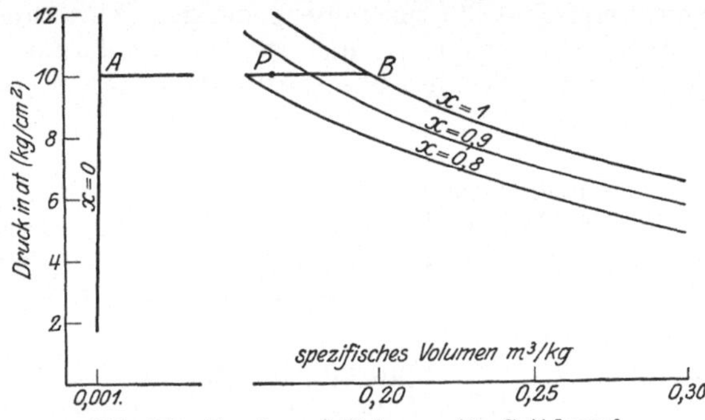

Abb. 297. Druck und Volumen für Sattdampf.

dann den Höchstwert $x = 1$. Wird über diesen Zustand hinaus weiter Wärme zugeführt (Abb. 296 d), so findet außer der Temperatursteigerung auch eine Volumvergrößerung statt, der Dampf wird überhitzt (Heißdampf), er entfernt sich von seinem Sättigungspunkt und kann durch Abkühlung erst dann wieder zu Wasser kondensieren, nachdem seine Temperatur auf die Sättigungstemperatur gefallen ist.

Eine graphische Darstellung (Abb. 297) macht diese Vorgänge anschaulicher; auf der Abszisse werden die spezifischen Volumina (m³/kg), auf der Ordinate die Drücke bzw. Temperaturen aufgetragen. Die Temperatur steigt anfänglich stark an, bis im Punkte A die dem Drucke entsprechende Verdampfungstemperatur erreicht ist. Nunmehr beginnt die Verdampfung, das Volumen wächst, die

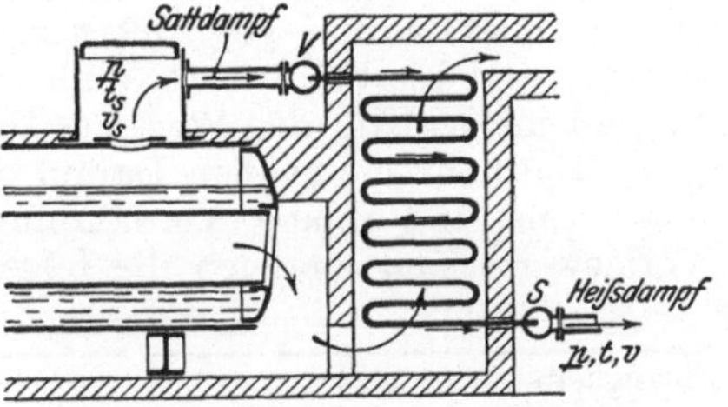

Abb. 298. Überhitzung des Dampfes.

Temperatur bleibt aber konstant, bis im Punkte B alles Wasser verdampft ist ($x = 1$). Bei der weiteren Wärmezufuhr steigt auch die Temperatur, es entsteht Heißdampf. Legt man für verschiedene Dampfdrücke bzw. Temperaturen die Punkte A und B fest, so erhält man in der Verbindung die sog. Grenzkurven, von denen die untere Grenzkurve bei $x = 0$ für Wasser, die obere bei $x = 1$ für trocken gesättigten Dampf gilt. Jeder Punkt rechts von der oberen Grenzkurve gehört dem Gebiete des Heißdampfes an, ein Punkt P zwischen den Kurven bedeutet eine Mischung von Wasser und Dampf im Verhältnis $x = \dfrac{AP}{AB}$; hiernach lassen sich die Kurven gleicher spezifischer Dampfmengen eintragen.

Sattdampf und Heißdampf. Die praktische Erzeugung des Wasserdampfes erfolgt in Stahlblechgefäßen, den Dampfkesseln, die zu etwa $^2/_3$ mit Wasser gefüllt und außen vom Feuer umspült sind. Der Dampf im Kessel ist immer gesättigter Dampf, da er mit seiner Flüssigkeit in Berührung steht. Wird er aus dem Kessel an einer hochliegenden Stelle, dem Dampfdom, abgezapft (Abb. 298), so hat man, wenn kein Wasser mit geht, trocken gesättigten Dampf. Um Heißdampf zu machen, wird dieser Dampf auf dem Wege zur Maschine nochmals erwärmt, indem man ihn in Rohren mit vielen Windungen nochmals den Heizgasen des Kessels aussetzt, also ihm nochmals Wärme zuführt. Hierbei ändert sich das Volumen und die Temperatur, nicht aber der Druck, da ja der Dampf mit dem Kessel in Verbindung bleibt; er wird also nur lockerer und heißer gemacht.

Die Abhängigkeiten zwischen Volumen, Druck und Temperatur beruhen auf physikalischen Eigenschaften und sind durch Versuche bestimmt. Für Sattdampf sind die zusammengehörigen Werte aus der Mollierschen Dampftabelle zu entnehmen; hier ist das spezifische Volumen in m^3/kg gemessen, der rezipoke Wert ist das spezifische Gewicht, also

$$\frac{1}{v} = \gamma \ kg/m^3 . \tag{5}$$

Angenähert ist $\gamma = 0,58\,p$.

Für Heißdampf kann das spezifische Volumen aus der Lindeschen Formel berechnet werden, die lautet

$$P \cdot v = 47,1\ T - 0,016\ P , \tag{6}$$

worin bedeutet

P den Dampfdruck in kg/m^2,

$T = 273 + t$ die absolute Temperatur (vgl. Abb. 290, S. 119).

Wärmeaufwand. Um 1 kg Wasser von 0^0 C in Dampf von t zu verwandeln, ist eine bestimmte Wärmemenge, die Gesamtwärme λ nötig. Von dieser wird ein Teil zur Erwärmung der Flüssigkeit, Flüssigkeitswärme q, der übrige größere Teil zur Bildung des Dampfes, Verdampfungswärme r, verbraucht.

Die Verdampfungswärme zerfällt wiederum in zwei Teile, die innere Verdampfungswärme ϱ, die den Aggregatzustand des Wassers ändert, und die äußere Verdampfungswärme ψ, die die Volumänderung herbeiführt. Denn bei der Dampfbildung vergrößert sich das Volumen, der Dampf muß sich Platz schaffen und hierbei äußere Widerstände überwinden. Die äußere Verdampfungswärme geht für den Wert des Dampfes verloren; für die Arbeitsverrichtung in der Maschine bleibt dem Dampf die Dampfwärme J, die sich aus Flüssigkeitswärme und innere Verdampfungswärme zusammensetzt. Die einzelnen Wärmewerte sind hiernach die folgenden:

Gesamtwärme λ

Flüssigkeitswärme q	Verdampfungswärme r	
	innere Verdampfungswärme ϱ	äußere Verdampfungswärme ψ

Dampfwärme J

$$\lambda = q + r \tag{7}$$
$$r = \varrho + \psi \tag{8}$$
$$J = q + \varrho \tag{9}$$

Alle diese Größen haben für trocken gesättigten Dampf bestimmter Spannung bzw. Temperatur einen ganz bestimmten Wert, der in den Dampftabellen enthalten ist. Das graphische Bild (Abb. 299) läßt ihren Verlauf erkennen; ferner sind nachstehend einige Zahlen zusammengestellt:

Auszug aus der Dampftabelle (nach Mollier).

Spannung p kg/cm²	Temperatur t ^{0}C	Gesamtwärme λ kcal/kg	Flüssigkeitswärme q kcal/kg	Verdampfungswärme r kcal/kg	Dampfwärme J kcal/kg	Volumen v'' m³/kg	Gewicht γ kg/m³
0,1	45,4	615,9	45,4	570,5	580,9	14,96	0,06686
0,5	80,9	631,5	80,9	550,6	592,8	3,304	0,3027
1	99,1	639,0	99,1	539,9	598,6	1,727	0,579
5	151,1	657,3	152,2	505,2	612,6	0,3825	2,614
10	179,0	664,4	181,3	483,1	617,9	0,1985	5,037
15	197,4	667,4	200,7	466,7	620,1	0,1346	7,431

Die Zusammenstellung zeigt zunächst, daß der größte Teil der aufgewendeten Wärme ($\lambda = q + r$) zur Bildung des Dampfes, d. h. zur Änderung des Aggregatzustandes verbraucht wird. Ferner fällt die geringe Zunahme der Gesamtwärme bei höheren Dampfdrücken auf. Für 1 kg Dampf von 15 at sind nur 31,2 kcal oder 5% mehr erforderlich als bei 1 at. Für den Brennstoffverbrauch im Kesselbetrieb ist es daher praktisch unerheblich, ob Dampf von hoher oder niedriger Spannung erzeugt wird, da die Verluste im Kessel sich in viel weiteren Grenzen bewegen. Weiter erkennt man die große Eigenwärme (J), die der die Maschine verlassende Dampf noch besitzt; er beträgt bei Auspuffmaschinen noch 599 kcal/kg, die nutzlos in die Luft entweichen, und hat selbst bei Kondensationsmaschinen mit 0,1 at Enddruck noch 581 kcal/kg in sich, die zum größten Teil an das Kühlwasser abgeführt werden und für den Arbeitsprozeß verloren gehen. Aus dem hohen Wärmeinhalt des Abdampfes erklärt sich hauptsächlich die schlechte Brennstoffausnutzung der Dampfmaschine.

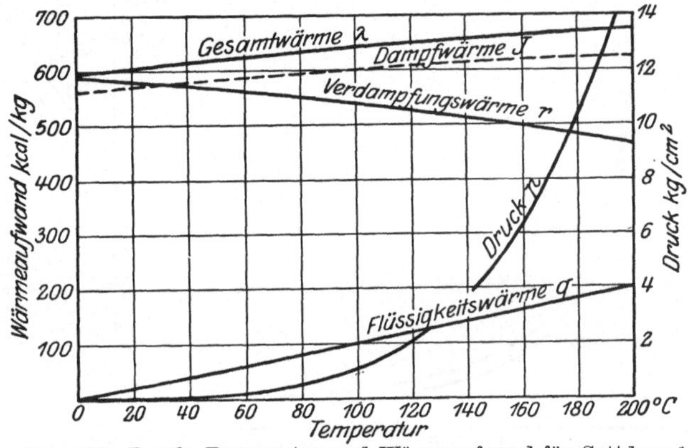

Abb. 299. Druck, Temperatur und Wärmeaufwand für Sattdampf.

Weiter ist an Hand der Zusammenstellung auf das große Volumen hinzuweisen, das der Dampf bei niedriger Spannung namentlich im Vakuum besitzt. Bei Kondensationsmaschinen sind deshalb weite Abflußleitungen und große Kondensatorräume erforderlich.

Überhitzter Dampf nähert sich dem Verhalten der Gase, denn ein Gas ist auch nur ein stark überhitzter Dampf und läßt sich bei einem bestimmten Druck und Temperatur verflüssigen. Demnach kann die dem trocken gesättigten Dampf zur Überhitzung zuzuführende Wärme wie bei den Gasen gesetzt werden

$$Q = \int c_p \, dt = c_p \, (t - t_s), \tag{10}$$

wenn bezeichnet

t_s die Temperatur des Sattdampfes,

t ,, ,, ,, Heißdampfes bei gleichem Druck,

c_p ,, spezifische Wärmemenge bei gleichem Druck in kcal/kg.

Der Wert c_p ist nicht konstant, sondern ändert sich mit dem Druck und der Temperatur. Für die hauptsächlich in Betracht kommenden Verhältnisse kann $c_p = 0,5$ gesetzt werden; demnach sind für 100° Überhitzung nur 50 kcal/kg erforderlich. Der gesamte Wärmeaufwand für Heißdampf ist

$$\lambda_1 = \lambda + c_p \, (t - t_s). \tag{11}$$

Mit der Temperatur des Heißdampfes geht man heute bis auf 400°.

Der Wert der Überhitzung liegt nicht so sehr in einem geringeren Wärmeaufwand für eine bestimmte Leistung, als vielmehr in der Verringerung des Verlustes an Arbeitsfähigkeit, dem der Sattdampf beim geringsten Temperaturverlust durch die sofort einsetzende Kondensation ausgesetzt ist. Den errechenbaren Gewinn zeigt nebenstehender Vergleich:

Für 1 kg Dampf von	10 at gesättigt	10 at 350°
Aufwand in kcal/kg	664,4	730
Wärmeinhalt bei 0,1 at	500	540
Nutzbares Gefälle kcal	164,4	190
In % der zugeführten Wärme .	24,8	26
Gewinn durch die Überhitzung .	1,2%	

Wenn man aber den Vorteil durch Vergleichsversuche an derselben Maschine feststellt, ergibt sich ein wesentlich größerer Gewinn infolge der geringeren rechnerisch nicht vorausbestimmbaren Verluste. Außerdem hat Heißdampf Vorteile für die Maschinen selbst, namentlich für Dampfturbinen, deren Schaufeln durch Dampffeuchtigkeit mechanisch angefressen werden.

Expansion. Der Dampf expandiert in der Maschine ohne Wärmezu- oder -abfuhr (adiabatische Zustandsänderung). Der Verlauf der Spannungskurve im pv-Diagramm folgt dem Gesetz für

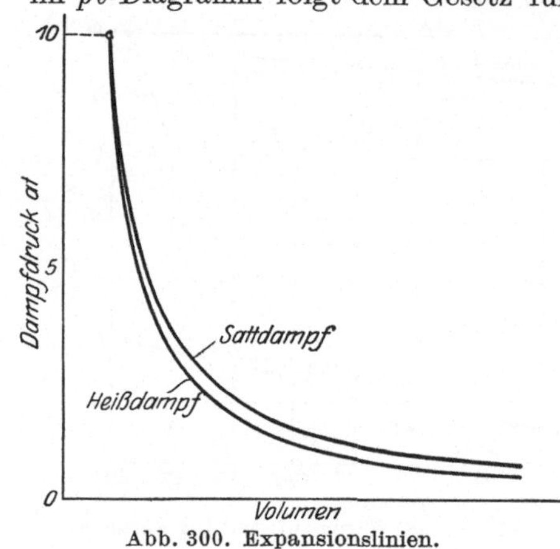

Abb. 300. Expansionslinien.   Abb. 301. Entropiediagramm.

Sattdampf $p \cdot v^k =$ konst, wobei $k = 1{,}035 + 0{,}1\,x$ (12)
    (trocken gesättigter Dampf: $x = 1$ und $k = 1{,}135$),

Heißdampf $p \cdot v^k =$ konst, wobei $k = 1{,}33$.   (13)

Ist irgendein Dampfzustand durch Druck und Volumen gegeben, so kann jeder andere während der Expansion bestimmt werden, denn es ist

$$p_1 \cdot v_1^k = p_2 \cdot v_2^k = p_3 \cdot v_3^k \text{ usw.}$$

oder

$$\frac{p_1}{p_2} = \left(\frac{v_2}{v_1}\right)^k.$$

Die Auftragung dieser Kurven vom gleichen Anfangszustand aus (Abb. 300) ergibt, daß die Adiabate für Heißdampf etwas tiefer liegt und daher die Arbeitsleistung während der Expansion kleiner ist als bei Sattdampf. Der Unterschied ist jedoch sehr gering und beeinträchtigt die früher erörterten Vorteile des Heißdampfes nur wenig.

Wärme- oder Entropiediagramm. Um die vom Wasser und Dampf aufgenommene Wärme als Flächen darzustellen, trägt man auf der Ordinate (Abb. 301) die absoluten Temperaturen und auf der Abszisse die Entropien $\int \frac{dQ}{T}$ (vgl. S. 119) auf. Man beginnt bei Wasser von $t = 0$, $T_0 = 273^0$. Die Entropie des Wassers ist

$$s' = \int \frac{dq}{T} = \int c\,\frac{dT}{T} = c \ln \frac{T_s}{T_0} = c \cdot \ln \frac{T_s}{273}, \tag{14}$$

wobei T_s die Verdampfungstemperatur und c die spezifische Wärme des Wassers $= 1$ ist. Die Auftragung der zugehörigen Temperaturen ergibt die untere Grenzkurve und die unter ihr liegende Fläche die Flüssigkeitswärme q, die bis zu der Verdampfungstemperatur vom Wasser aufgenommen wird.

Bei der Verdampfung wird bei gleichbleibender Temperatur die Verdampfungswärme r zugeführt; es wächst die Entropie; für trocken gesättigten Dampf ist diese Zunahme der Entropie

$$s'' = \frac{r}{T_s}. \tag{15}$$

Da die Temperatur während der Verdampfung unveränderlich ist, so ist der Verlauf z. B. für 10 at Dampfspannung durch die Linie AB bestimmt; die unter ihr liegende Fläche $ABB'A'$ stellt die Verdampfungswärme r dar. Trägt man für verschiedene den Drücken entsprechende Temperaturen die Entropien auf, so erhält man die obere Grenzkurve (trocken gesättigter Dampf, $x = 1$). Jeder Punkt zwischen den Grenzkurven gilt für eine Mischung von Wasser und Dampf $(x < 1)$.

Führt man dem trocken gesättigten Dampf weiter Wärme zu, so wird er überhitzt und es steigt die Temperatur; die Entropie wächst um den Betrag

$$s''' = \int \frac{c_p\, dT}{T} = c_p \ln \frac{T}{T_s}. \tag{16}$$

Die Entropie für überhitzten Dampf ist demnach

$$s = s' + s'' + s''' = \ln \frac{T_s}{273} + \frac{r}{T_s} + c_p \ln \frac{T}{T_s}. \tag{17}$$

Für jeden Druck lassen sich solche Kurven eintragen. Die unter ihnen liegenden Flächen stellen die Überhitzungswärme dar und lassen ihr Verhältnis zu den übrigen Wärmemengen erkennen.

Auch Zustandsänderungen lassen sich im Entropiediagramm veranschaulichen. Von besonderem Interesse ist die adiabatische Expansion. Da hierbei weder Wärme zu- noch abgeführt wird, ist der Entropiezuwachs $\frac{dQ}{T} = 0$, es wird also die Adiabate eine gerade Linie parallel zur Ordinatenachse. Expandiert trocken gesättigter Dampf von 10 at (Punkt B) auf 1 at, so verläuft die Zustandsänderung nach der Linie BB_1; mit Ausnahme des Anfangszustandes im Punkte B liegen alle weiteren Punkte zwischen den Grenzkurven, der Dampf ist also feucht geworden und hat sich infolge des Verlustes an Eigenwärme durch die Arbeitsabgabe teilweise kondensiert. Am Ende im Punkte B_1 ist die spezifische Dampfmenge $x = \frac{A_1 B_1}{A_1 B_2}$. In diesem Zustande strömt der Dampf aus der Maschine aus und nimmt die ihm noch innewohnende Wärme, die durch die Fläche $A_1 B_1 B' O A_0$ dargestellt ist, mit. Aufgewendet war die durch $A_0 A B B' O$ dargestellte Wärme, der Unterschied der zugeführten Wärme, Fläche $A_1 A B B_1$, ist verbraucht und in mechanische Arbeit umgesetzt. Aus dem Verhältnis dieser zu der aufgewendeten Wärme erkennt man die Wärmeausnutzung (thermischer Wirkungsgrad). Wird der ausströmende Dampf kondensiert und dadurch ein Vakuum geschaffen, so kann die Expansion weiter getrieben werden, z. B. bis 0,1 at, so daß bei gleichem Wärmeaufwand die abzuführende Wärme kleiner und die nutzbare Wärme größer wird.

In der gleichen Weise lassen sich derartige Betrachtungen für Heißdampf anstellen. Insbesondere erkennt man, daß bei der Expansion, z. B. bei C beginnend, der Dampf sich immer mehr der Sättigung nähert und sie bei B_2 auf der Grenzkurve erreicht. Eine weitere Expansion macht den Dampf naß.

c) Dampfkessel.

Wegen der Gefährlichkeit unsachgemäß ausgeführter bzw. nachlässig betriebener Dampfkessel sind Dampfkesselanlagen in allen Staaten genehmigungs- und überwachungspflichtig. Es sind deshalb die Werkstoff-, Bau-, Prüfungs- und Betriebsvorschriften der mit behördlichen Vollmachten ausgestatteten Kessel-Überwachungsvereine genau zu beachten.

Kesselbauarten.

Allgemeines. Die einfachsten Dampfkessel sind Stahlblechgefäße, deren Wandungen auf der einen Seite geheizt, auf der andern vom Wasser umspült werden. Der Wasserraum umfaßt nur einen Teil des Kesselinhalts; darüber muß ein genügend großer Dampfraum sein, damit bei der Verdampfung mitgerissenes Wasser sich wieder ausscheiden kann. Aus diesem Grunde wird der

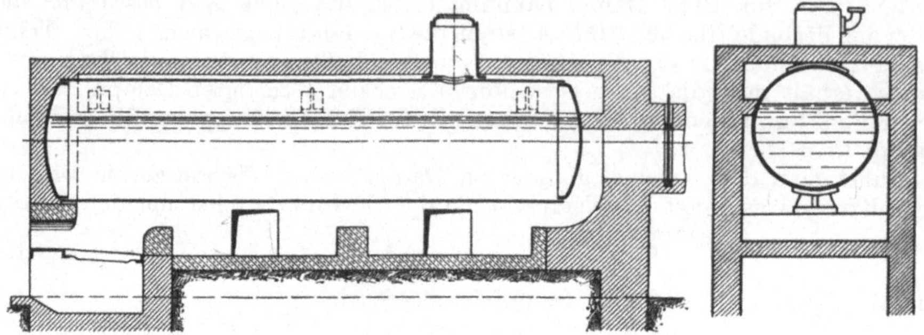

Abb. 302. Einfach-Walzenkessel (Schema).

Dampfraum noch durch den **Dampfdom** oder einen **Dampfsammler** erhöht, an den die Dampfleitung zur Maschine angeschlossen wird. Zur Erzielung trockenen Dampfes ist eine große verdampfende Oberfläche notwendig; in dieser Hinsicht sind stehende Kessel schlecht, sie werden nur in kleinen Größen da verwendet, wo auf eine kleine Grundfläche besonderer Wert gelegt wird.

Abb. 303. Mehrfach-
Walzenkessel
(Batteriekessel).

Bei einem im Betrieb befindlichen Kessel stellt die Wassermasse einen großen Wärmespeicher dar, so daß bei Dampfentnahme sofort sich neuer Dampf aus dem Wasser bilden kann. **Großwasserraumkessel** sind deshalb bei wechselnder Dampfentnahme weniger empfindlich, d. h. geringeren Druckschwankungen unterworfen, als **Kleinwasserraumkessel**, sie erfordern aber ein längeres Anheizen.

Die von den Feuergasen bestrichenen Wandungen bilden die **Heizfläche**. Ihre Wirkung hängt von dem Temperaturgefälle zwischen Heizgasen und Kesselwasser ab und ist über dem Rost, wo der Brennstoff verbrannt wird, am größten und in der Nähe des Schornsteins am kleinsten. Unter 300^0 sollen sich im allgemeinen die Heizgase an den Heizflächen nicht abkühlen. Auf dem Rost herrschen Temperaturen bis 1300^0, die das Kesselblech nicht aushalten könnte, wenn es nicht auf der anderen Seite durch das Wasser gekühlt würde. Wasser ist ein gutes Kühlmittel, Dampf infolge seines lockeren Gefüges nicht. Es dürfen deshalb die Heizgase nicht den Dampfraum umspülen oder in Ausnahmefällen erst dann, wenn sie sich genügend abgekühlt haben. Nach den gesetzlichen Vorschriften soll der höchste von den Heizgasen bestrichene Punkt bei ortsfesten Kesseln noch um 10, bei beweglichen um 15 cm von Wasser überdeckt sein (Abb. 302). Jeder Kessel muß zwei Wasserstandszeiger besitzen, an denen der jeweilige Wasserstand und dessen niedrigste zulässige Höhe deutlich erkennbar sind. Sinkt der Wasserstand unter diese Marke, so besteht infolge Überhitzung des Bleches die Gefahr eines Risses, was häufig eine Explosion zur Folge hat.

Für die Wärmeübertragung durch das Kesselblech ist die Wandstärke infolge der hohen Wärmeleitfähigkeit des Materials nicht von Einfluß; dagegen können große Übergangswiderstände auftreten, wenn die Wandflächen nicht rein sind. Auf der Feuerseite setzt sich Ruß und Flugasche ab, deshalb muß für eine gute Reinigungsmöglichkeit durch zweckmäßige Formgebung der Heizkanäle gesorgt werden. Auf der Innenseite des Kessels scheidet Quellwasser bei der Verdampfung Kalzium- und Magnesiumsalze aus, die als Kesselstein in einer festen Kruste die Wände überziehen und den Wärmedurchgang ganz erheblich beeinträchtigen. Zur Verhinderung dieser Ablagerung ist der Kessel öfter auszuspülen; bei sehr hartem Wasser ist ein Speisewasserreiniger vorzuschalten, in dem auf chemischem Wege durch Zusatz von Kalk und Soda die Kesselstein bildenden

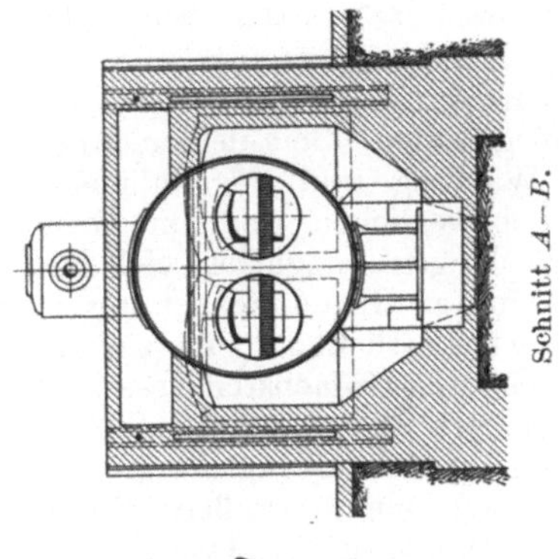

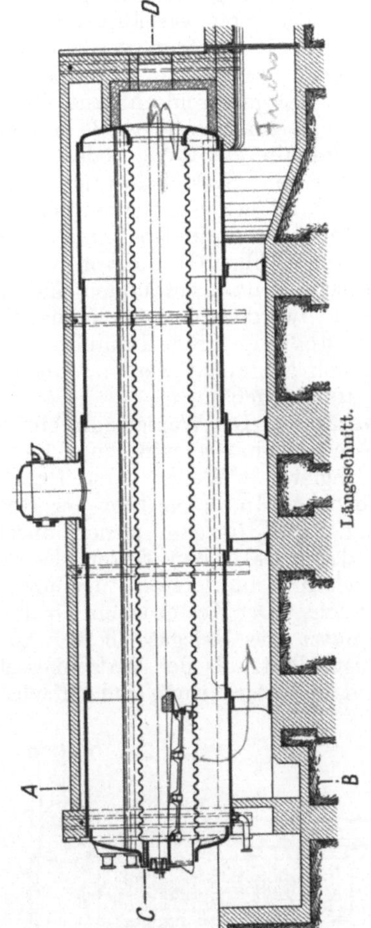

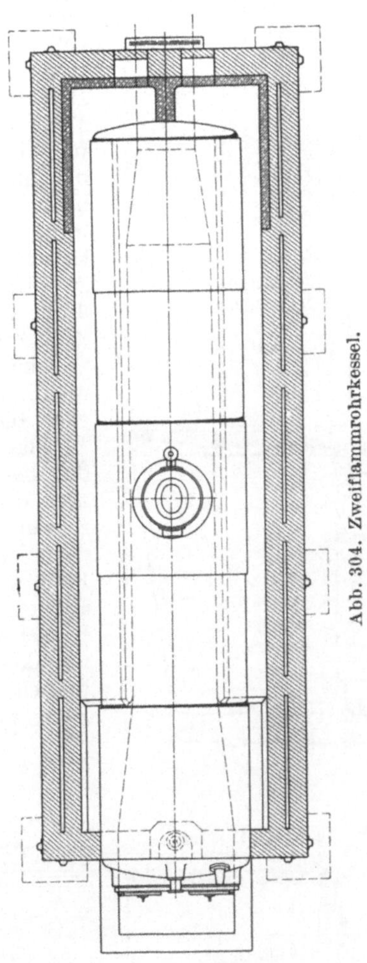

Abb. 304. Zweiflammrohrkessel.

Bestandteile ausgefällt werden. Weiter ist ein guter Wasserumlauf im Kessel anzustreben, denn dadurch wird das Temperaturgefälle vergrößert und das Absetzen von Dampfbläschen an den Wandungen verhindert. Der Wasserumlauf

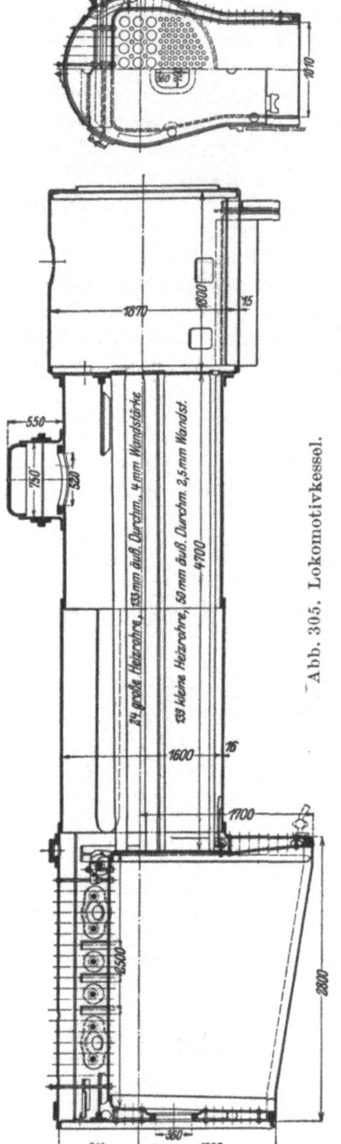

Abb. 305. Lokomotivkessel.

entsteht durch die Temperaturunterschiede an den Heizflächen und durch die Form des Kessels, denn das wärmere Wasser steigt nach oben und läßt das kältere an die Heizfläche nachströmen.

In der Bauart der Kessel haben sich bestimmte Formen herausgebildet. Bei kleinen Anlagen ist auf einfache Wartung und Zugänglichkeit Wert zu legen, bei beweglichen und im Großbetrieb besteht das Verlangen, möglichst viel Heizfläche auf einer bestimmten Grundfläche unterzubringen und größte Wirtschaftlichkeit zu erzielen.

Walzenkessel. Diese einfachsten Kessel (Abb. 302) werden eingemauert und von unten beheizt. Sie erfordern wenig Instandhaltungsarbeiten, sind gut zugänglich, haben einen großen Wasserraum, können deshalb rasch große Dampfmengen abgeben, haben aber eine verhältnismäßig kleine Heizfläche (20 m²) und nutzen wegen des kurzen Heizgaswegs und der großen Wandflächen des Mauerwerks die Heizgase schlecht aus. Sie haben für ihre geringe Heizfläche sehr große Außenmasse und müssen deshalb im Freien oder in unverhältnismäßig teuren Kesselhäusern aufgestellt werden. Etwas billiger sind Mehrfach-Walzenkessel; sie bestehen aus einem Ober- und einem oder zwei Unterkesseln (Abb. 303), die vorn und hinten durch zylindrische Stutzen verbunden sind. Solche „Batteriekessel" werden nur noch für Sonderzwecke, wenn stoßweise große Dampfmengen von niedrigem Druck gebraucht werden, mit Heizflächen bis zu 100 m² gebaut.

Flammrohrkessel. Der Wasserraum eines zylindrischen Kessels (Abb. 304) wird von einem oder zwei durch eingewalzte Wellen versteiften Flammrohren durchzogen. In ihnen liegt der Rost mit der Feuerung. Die Heizgase ziehen durch das Flammrohr, dann zu beiden Seiten des Kesseläußeren zurück und im letzten Zuge unter dem Kessel zum Fuchs. Der Kessel ist ein Großwasserraumkessel, nutzt die Heizgase besser aus und braucht weniger Platz als der Walzenkessel. Die Reinigung und die Unterhaltung sind einfach. Diese

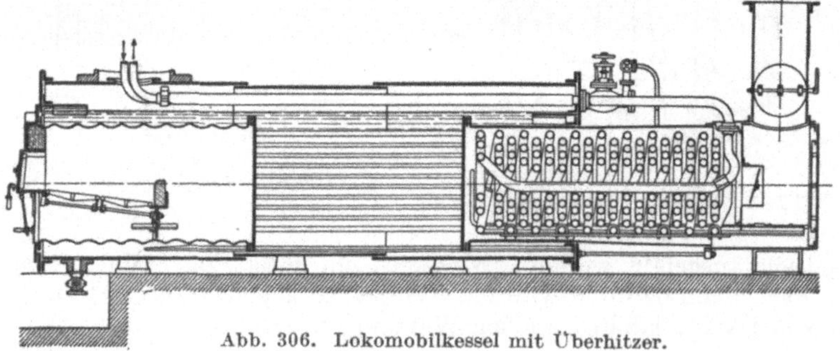
Abb. 306. Lokomobilkessel mit Überhitzer.

Bauart ist wegen ihrer Billigkeit immer noch für kleine und mittlere Betriebe, namentlich für Heizzwecke, gebräuchlich. Einflammrohrkessel werden für Heizflächen bis 70 m², Zweiflammrohrkessel bis 150 m² gebaut.

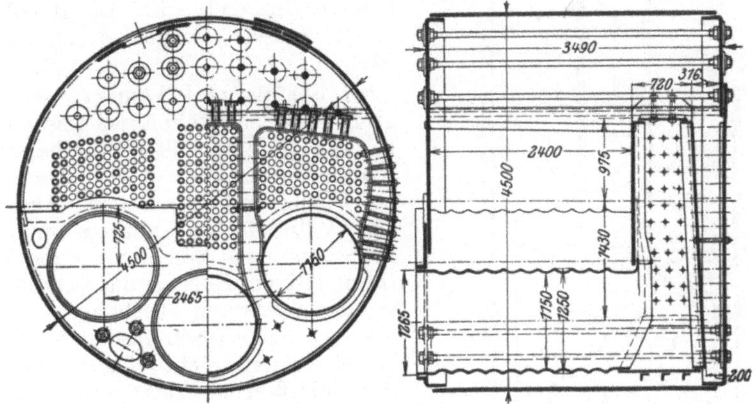

Abb. 307. Schiffskessel.

Heizrohrkessel. Hier durchziehen die Heizgase in vielen engen Rohren von 35 bis 60 mm Lichtweite den Wasserraum des Kessels. Die Heizfläche wird dadurch bedeutend vergrößert, der Wasserraum verkleinert, so daß bei wechselnder Dampfentnahme eine sorgfältigere Feuerführung nötig ist als bei den Großwasserraumkesseln. Durch die vielen Einbauten wird die Reinigung erschwert und die Unterhaltung verteuert. Typische Vertreter dieser Gattung sind der Lokomotiv-, Lokomobil- und Schiffskessel. Diese werden nicht eingemauert und sind gegen Erschütterungen unempfindlich.

Bei dem Lokomotivkessel (Abb. 305) liegt der Rost in einer Feuerkiste, deren ebene Wände aus Kupferblech gegen den Außenmantel durch Stehbolzen und Deckenanker versteift werden. An die Feuerkiste schließen sich bis 350 Heizrohre von 35 bis 45 mm Lichtweite, die die Heizgase direkt durch die Rauchkammer zum Schornstein führen. In die Heizrohre können die Überhitzerrohre eingesetzt werden. Trotz beschränkten Raums lassen sich Heizflächen bis 280 m² unterbringen.

Lokomobilkessel (Abb. 306) haben meist eine zylindrische Feuerbuchse mit Rost, aus der die Heizgase durch viele Rohre in die Rauchkammer ziehen. Zur bequemeren Reinigung kann das ganze Röhrensystem mit der vorderen Rohrwand und

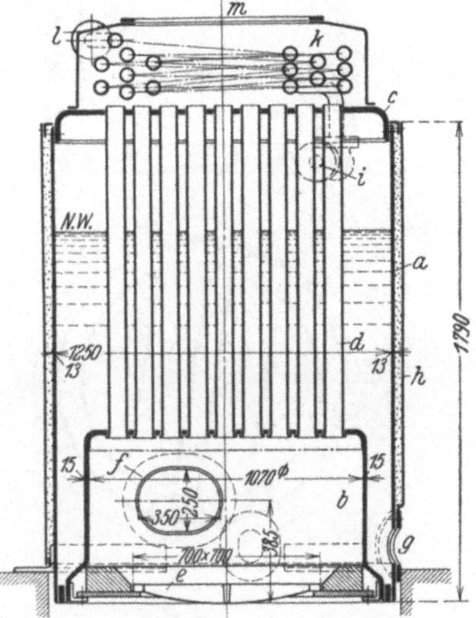

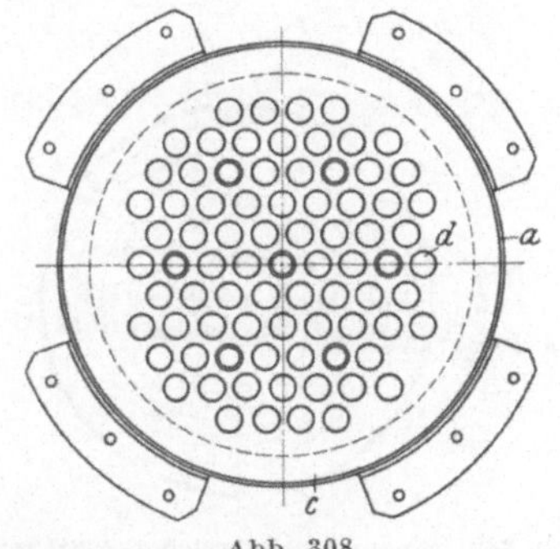

Abb. 308.

Stehender Röhrenkessel mit Überhitzer (Philipp Loos, Offenbach). Betriebsdruck: 10 atü. Heizfläche: 14 m². Rostfläche: 0,50 m². Überhitzerfläche: 3,0 m². *a* Mantel, *b* Feuerbüchse, *c* Kesselboden, *d* Heizrohre, *e* Rost, *f* Feuertüre, *g* Schlammloch, *h* Wärmeschutzmantel, *i* Absperrventil (Dampfentnahme und Überhitzereintritt), *k* Überhitzer, *l* Überhitzeraustritt, *m* Schornsteinanschluß, *NW* niedrigster Wasserstand.

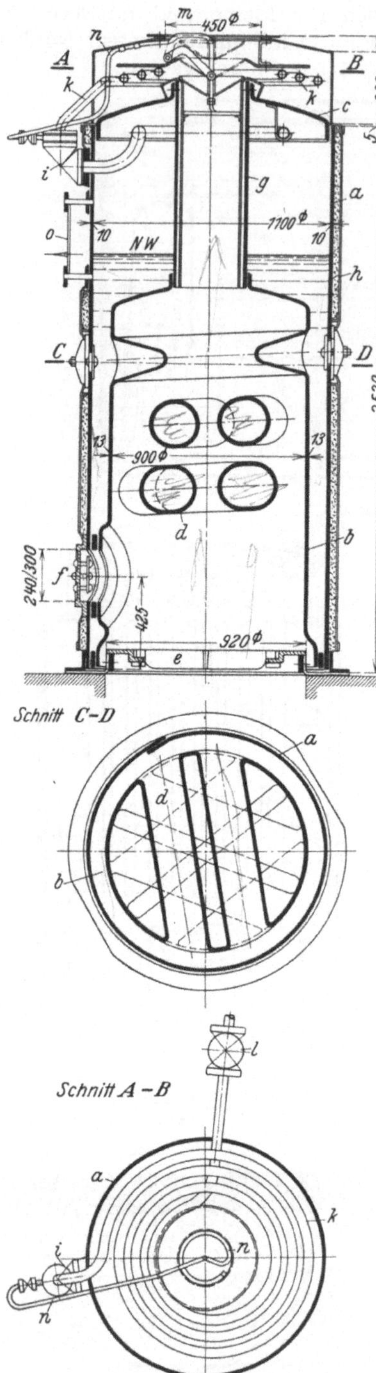

Schnitt C–D

Schnitt A–B

Abb. 309. Stehender Quersiederkessel mit Überhitzer (Ardeltwerke, Eberswalde). Betriebsdruck: 8 atü. Heizfläche: 8 m². Rostfläche: 0,35 m². Überhitzerfläche: 1 m². *a* Mantel, *b* Feuerbüchse, *c* Kesselboden, *d* Querrohre, *e* Rost, *f* Feuertüre, *g* Rauchrohr, *h* Wärmeschutzmantel, *i* Absperrventil (Dampfentnahme und Überhitzereintritt), *k* Überhitzer, *l* Sicherheitsventil. *m* Schornsteinanschluß, *n* Bläser, *o* Wasserstandsglas, *NW* niedrigster Wasserstand.

dem hinteren Kesselboden ausziehbar eingerichtet werden. Für Heißdampf wird der Überhitzer in der Rauchkammer untergebracht. Die Heizflächen dieser Kessel betragen normal 10 bis 120 m².

Schiffskessel können mit einem großen Außendurchmesser (bis 5 m) gebaut werden (Abb. 307). Sie erhalten drei Flammrohre mit je einer Feuerung, die in Wendekammern endigen. Aus diesen ziehen die Heizgase zurück durch viele Heizrohre nach einem über den Feuertüren, also am Heizerstand, an die Stirnwand angesetzten Blechkasten, an den oben der Schornstein anschließt. Schiffskessel werden nicht eingemauert, sondern mit Wärmeschutzmasse und einem Blechmantel umkleidet. In der abgebildeten und geschilderten Bauart haben sie Heizflächen bis 300 m²; sie werden aber auch als „Doppelender" in fast doppelter Länge mit einer Wendekammer in der Mitte, Heizung und Rauchgasabzug an beiden Stirnseiten gebaut und haben dann Heizflächen bis 600 m². Sie finden auch auf Schwimmkranen und Fluß- und Seebaggern Anwendung.

Stehende Kessel werden für Dampfkrane, Dampfbagger und Dampframmen verwendet, sowie für ortsfeste Kleinbetriebe, wenn die Raumverhältnisse für liegende Kessel ungünstig sind. Sie werden mit Heizrohren (Abb. 308) oder mit Quersiedern (Abb. 309) oder mit beiden gebaut. Da sie wegen der verhältnismäßig kleinen Wasseroberfläche durch mitgerissenes Wasser feuchten Dampf liefern würden, baut man oben im Rauchgassammler Überhitzerrohre zum Trocknen des Dampfes ein. Die Heizfläche ist selten größer als 20 m².

Wasserrohrkessel. Bei diesem System wird ein Rohrbündel im umgekehrten Sinne, wie bei den Rauchrohrkesseln benutzt: das Wasser befindet sich in den Rohren und die Heizgase außen. Diese Kessel finden ihr Hauptanwendungsgebiet in den Großkraftanlagen, denn es lassen sich große Heizflächen auf kleiner Grundfläche entwickeln, große Roste anordnen und hohe Leistungen erzielen, da ein starker Wasserumlauf im Kessel stattfindet.

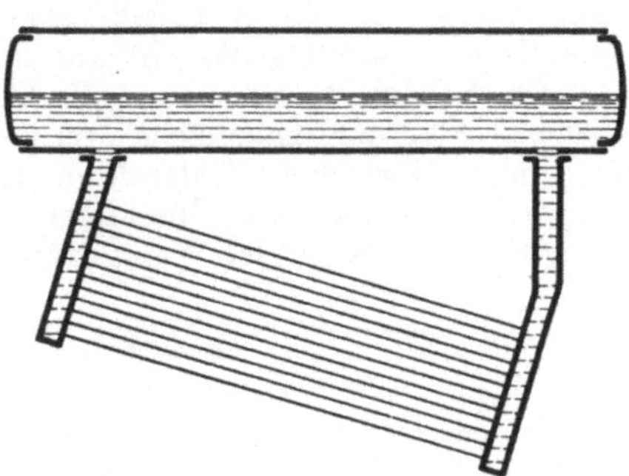

Abb. 310. Schema eines Wasserrohrkessels mit Wasserkammern.

Abb. 311. Schema eines Steilrohrkessels.

Das Rohrbündel wird entweder mit etwa 15^0 Neigung an Wasserkammern angeschlossen (Wasserkammerkessel), die mit einem Oberkessel in Verbindung

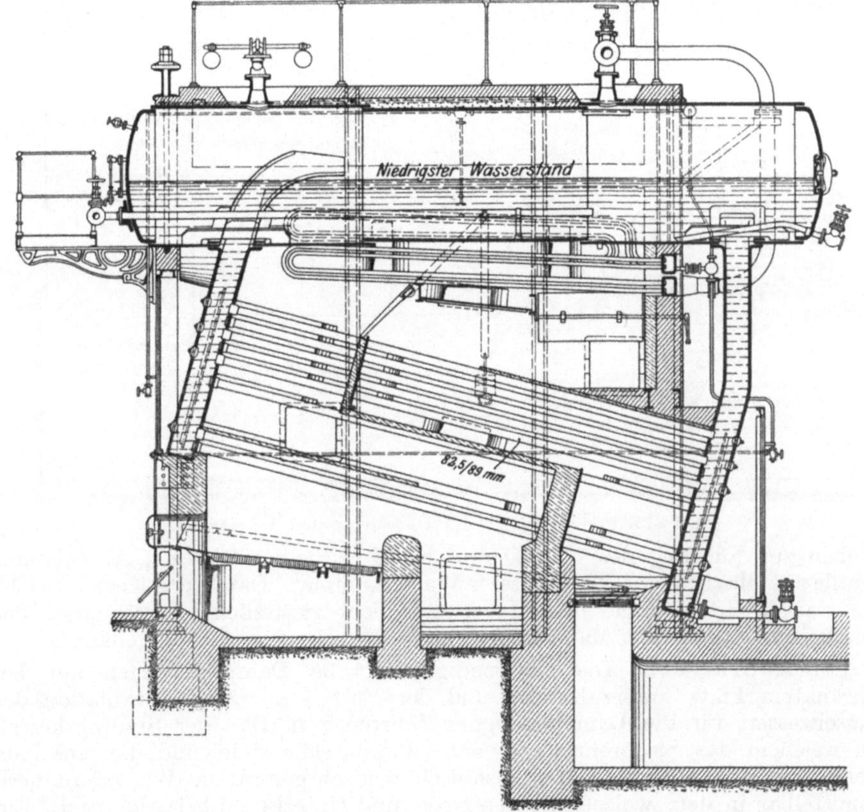

Abb. 312. Wasserkammerkessel.

stehen (Abb. 310) oder steil gestellt (Steilrohrkessel) und unmittelbar mit einem Ober- und Unterkessel verbunden (Abb. 311). Beide Arten werden mit Unterfeuerung versehen und für die Führung der Heizgase eingemauert oder bei

Marinekesseln mit Wärmeschutz und Blech umkleidet. Infolge der hohen
Wassersäule entsteht, ganz besonders bei den Steilrohrkesseln, ein starker
Wasserumlauf, aber auch nasser Dampf, so daß Überhitzer unentbehrlich sind.

Ein Beispiel für einfache Wasserkammerkessel zeigt Abb. 312. Dieser Kessel
hat Planrost für Handfeuerung; die Flamme stößt senkrecht auf die untere
Wasserrohrreihe und wird dann durch Schamottezwischenwände durch das
Rohrbündel geleitet. Der Oberkessel bietet geringe Heizfläche und dient mehr
für Wasservorrat und als Dampfsammler. Zwischen Siederohren und Oberkessel ist der durch eine Schamotteklappe abschaltbare Überhitzer eingebaut.
Man beachte Speisewassereinführung, Sicherheitsventile, Wasserstandanzeiger,

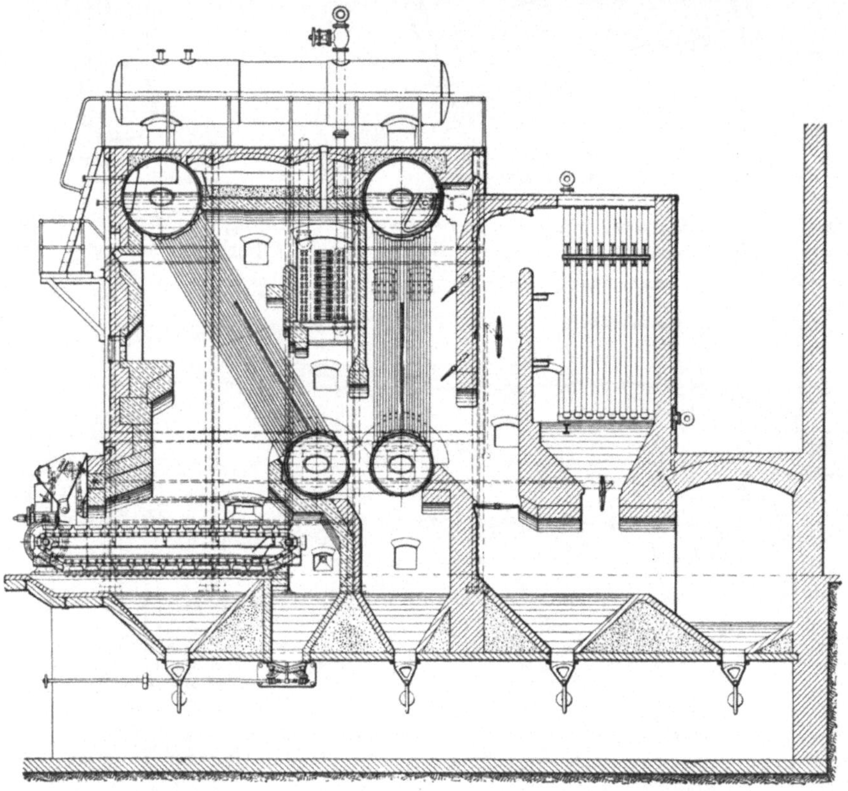

Abb. 313. Steilrohrkessel mit Überhitzer und Vorwärmer.

Einbau zur Führung des vom Dampf hochgewirbelten Wassers, Abschlamm-
ventile am Oberkessel und an hinterer Wasserkammer. Damit das Kesselgewicht
das starker Hitze ausgesetzte Mauerwerk nicht zusätzlich belastet, wird der
Oberkessel an dem das Mauerwerk armierenden Eisengerüst aufgehängt.

Steilrohrkessel. Die Notwendigkeit große Dampfleistungen auf beschränktem Platz unterzubringen und der Vorteil intensiver Zirkulation des
Kesselwassers für die Dampferzeugung führten zum Bau der Steilrohrkessel,
bei welchem das Siederohrbündel nahezu senkrecht steht und die einzelnen
Rohre unter Vermeidung der technisch schlechtgeformten Wasserkammern
unmittelbar in dem walzenförmigen Ober- und Unterkessel befestigt sind. Ein
lebhafter Wasserumlauf im Kesselsystem wird dadurch erzielt, daß die vorderen
Rohrreihen der ersten Hitze ausgesetzt sind, während zu den durch eine
zwischengesetzte Schamottsteinwand abgetrennten hinteren Rohrreihen die
Verbrennungsgase erst nach ihrem Durchgang durch die Überhitzerspiralen, also

etwas kühler, gelangen. Abb. 313 zeigt einen solchen Steilrohrkessel mit mechanisch betriebener Wanderrostfeuerung. Hinter dem Kessel ist ein Speisewasservorwärmer angebaut, dessen Rohrbündel von den Heizgasen vor ihrem Austritt nach dem Fuchs bestrichen wird. Der an den kühleren Rohrflächen entstehende starke Rußansatz wird durch mechanisch betriebene Kratzvorrichtungen ständig entfernt.

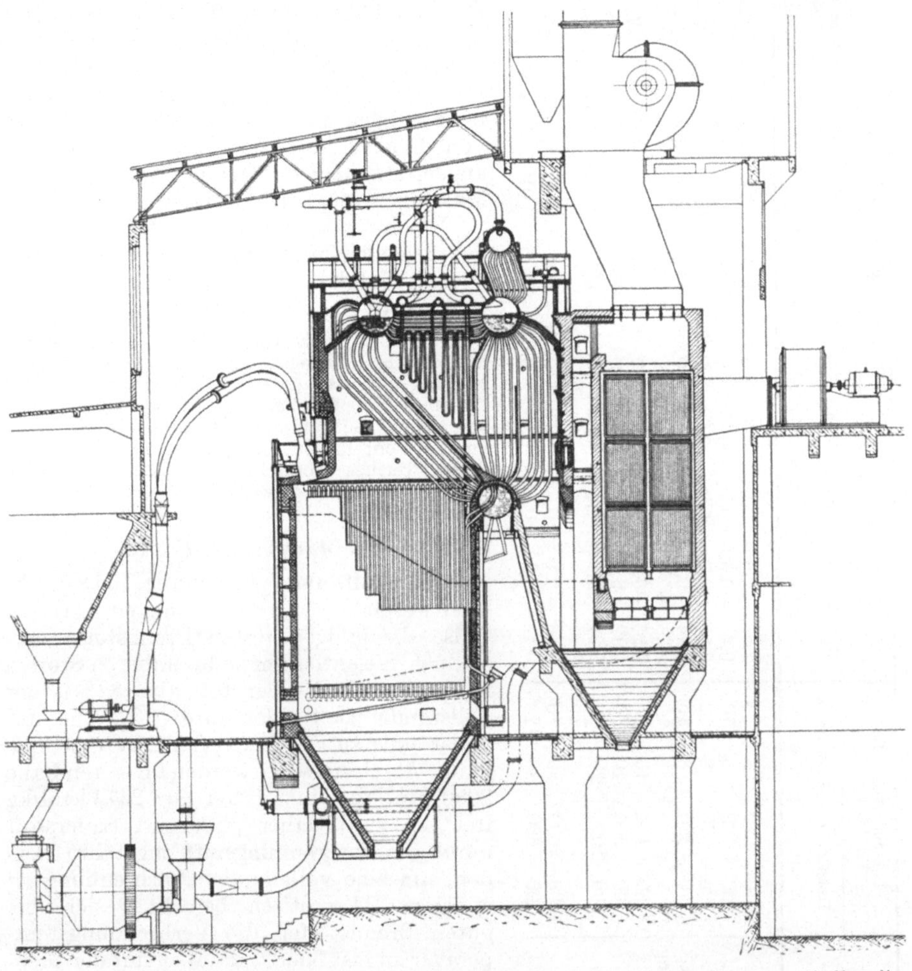

Abb. 314. Hochleistungskessel. Steinmüller-Steilrohrkessel mit Kohlenstaubfeuerung (Anthrazitstaub) von 1840 m² Heizfläche; 32,5 atü; 150 t/h Dampfleistung.

Hochleistungskessel. In Großkraftwerken braucht man nicht nur Kessel von großer Leistungsfähigkeit, sondern auch eine schnelle und leichte Regulierbarkeit dieser Kessel, weil die Belastung bei Schichtbeginn und -ende sowie bei Eintritt der Dunkelheit oft sehr stark wechselt. Die Feuerung auf einem großen mit Brennstoff bedeckten Rost ist hierfür zu träge. Deshalb versieht man solch große Kessel neuerdings mit Kohlenstaubfeuerung sowie mit Ventilatoren und Vorwärmung für die Verbrennungsluft und mit Saugzug für die Abgase (Abb. 314); dadurch können die Brennstoffzufuhr und die Führung der Verbrennungsgase innerhalb des Kessels in kürzester Zeit der Dampfentnahme angepaßt werden.

Bauart der Kessel	Übliche Baugröße bis zu		bezogen auf 1 m² Heizfläche					
	Heizfläche	Überdruck	Grundfläche	Wasserinhalt	Dampfinhalt	Wasserober-fläche	größte stündl. Dampfmenge	Kessel-gewicht o. Mauerung
	m²	at	m²	m³	m³	m²	kg/m²/h	kg
Einfacher Walzenkessel	10— 20	5— 10	1,2 —1,5	0,26 —0,4	0,11 —0,16	0,56 —0,6	5—10	180—230
Walzenkessel mit Oberkessel . . .	30— 100	5— 10	0,48 —0,52	0,27 —0,33	0,06 —0,08	0,18 —0,22	5—10	120—140
Einflammrohrkessel	25— 70	8— 12	0,5 —0,7	0,2 —0,25	0,07 —0,09	0,25 —0,4	20—40	220—280
Zweiflammrohrkessel	70— 120	8— 15	0,44 —0,5	0,18 —0,22	0,08 —0,11	0,22 —0,3	22—40	220—280
Heizröhrenkessel mit Innenfeuerung (Lokomotiv- u. Lokomobilkessel) .	50— 150	10— 15	0,25 —0,3	0,11 —0,13	0,02 —0,03	0,12 —0,15	17—40	180—230
Wasserrohrkessel mit Kammern . .	100— 500	10— 20	0,12 —0,15	0,05 —0,075	0,07 —0,04	0,08 —0,1	20—40	200—250
Wasserrohr-Steilrohrkessel.	300—1000	20— 30	0,075—0,15	0,035—0,06	0,016—0,02	0,02 —0,03	25—50	200—300
Hochleistungs-Steilrohrkessel mit Kohlenstaubfeuerung	1000—2000	20— 40	0,06 —0,1	0,035—0,06	0,016—0,02	0,02 —0,03	40—80	200—300
Hochdruckkessel (Baujahr 1932) .	200— 600	80—120	0,1 —0,2	0,025—0,04	0,01 —0,015	0,018—0,025	40—80	250—325

Wahl der Kesselart. Für kleine und mittlere Betriebe kommen Flammrohr- und bei beschränktem Raum Heizrohrkessel (Lokomobilkessel), vielfach mit Flammrohrkesseln durch Übereinanderbauen vereinigt, in Betracht. Für große Anlagen werden nur Wasserrohrkessel verwendet; für beschränkte Raumverhältnisse und für große Leistungen baut man sie als Steilrohrkessel und versieht sie mit automatischer Brennstoffzufuhr und Aschenbeseitigung. Zur Maschinenhalle werden die Kessel zwecks Vermeidung von Druck- und Temperaturverlusten so angeordnet, daß die Dampfleitungen zu den Maschinen möglichst kurz werden.

Einen zahlenmäßigen Vergleich der hauptsächlich in Betracht kommenden Werte enthält die folgende Zusammenstellung (nach Steinmüller, Gummersbach).

Man baut bereits Höchstdruckkessel für 130 at und Höchstleistungskessel, die durch Zwangsführung der Heizgase und des Wassers bzw. Dampfes an den Heizflächen bei kleinem Ausmaß eine erhebliche Dampfleistung und Wirtschaftlichkeit erzielen; ihre Beschreibung würde den Rahmen dieses Buches überschreiten, zumal sie noch längerer Bewährung bedürfen.

Leistungen der Kessel.

Brennstoffe und Verbrennung. In Deutschland werden für Kesselfeuerungen vorzugsweise die billigen festen Brennstoffe verwendet. Sie enthalten an brennbaren Stoffen hauptsächlich Kohlenstoff (bis 82%), der vollständig zu Kohlensäure (CO_2) und unvollständig zu Kohlenoxyd (CO) verbrennen kann. Als Grenzwerte werden im ersten Falle 8080 kcal/kg, im letzten nur 2473 kcal/kg frei; es muß daher genügend Sauerstoff durch die Verbrennungsluft zugeführt werden, um eine vollständige Verbrennung zu erzielen. Theoretisch berechnet sich bei guten Brennstoffen die Verbrennungstemperatur zu fast 3000°; da aber mit der theoretischen Luftmenge infolge ungenügender Mischung der Gase praktisch keine vollständige Verbrennung zu erreichen ist, muß mit erheblichem Luftüberschuß (30 bis 100%) gearbeitet werden. Dadurch wird die Verbrennungstemperatur, besonders durch den hohen Stickstoffgehalt der Luft (77 Gewichtsteile), auf etwa 1300°C herabgedrückt. Bei unvollständiger Verbrennung infolge Luftmangels raucht der Schornstein; Rauch ist ein Gemisch von unverbranntem Kohlenstoff, kondensierten Kohlenwasserstoffen und Kohlenoxyd. Alle Mittel zur Rauchverhütung haben keinen durchschlagenden Erfolg gehabt; der beste Rauchverhüter ist ein guter Kesselwärter.

Die Güte eines Brennstoffs wird wärmetechnisch nach dem Heizwert bestimmt, der durch Verbrennungsproben in der Bombe festgestellt wird. Er gibt die Anzahl kcal/kg an, die bei vollständiger Verbrennung frei werden, und steigt von minderwertiger Braunkohle mit 1800 kcal/kg zur besten Steinkohle auf 8300 kcal/kg.

Für die Leistungsfähigkeit ist die Verdampfungsziffer maßgebend: sie ist das Verhältnis der Dampfmenge D zu der Brennstoffmenge B:

$$d = \frac{D}{B}, \tag{18}$$

also die Dampfmenge (kg) ausgehend vom Wasser von 0^0 C, die von 1 kg Brennstoff stündlich erzeugt wird. Die Verdampfungsziffer hängt außer vom Brennstoff auch von der Güte der Kesselanlage und der Führung des Feuers ab; einige Mittelwerte enthält die nachfolgende Zahlentafel:

Wärmeverluste, Wirkungsgrad. Von der im Brennstoff enthaltenen Wärme wird nur ein Teil in Dampfwärme verwandelt, der Rest kommt der Verdampfung nicht zugute. Zunächst treten in der Feuerungsanlage Verluste durch mangelhafte Verbrennung auf, wenn unverbrannter Brennstoff zurückbleibt (Durchfallen durch die Rostspalten), oder brennbare Gase wegen ungenü-

Heizwerte und Verdampfungsziffern (Mittelwerte).

Brennstoff	Heizwert kcal/kg	Verdampfungsziffer
Steinkohle	7000	5,6—8,2
Böhm. Braunkohle . .	4500	2,8—4,6
Braunkohlenbriketts .	4800	3,0—4,8
Torf (lufttrocken) . .	2400	1,5—2,4
Holz (lufttrocken) . .	3000	1,8—3,0

gender Mischung mit der Verbrennungsluft gar nicht oder unvollständig verbrennen. Weiter entstehen Verluste durch Leitung und Strahlung, da ein Teil der Wärme von der Umgebung aufgenommen wird, und endlich führen die Heizgase, die sich nur bis auf etwa 300^0 C an den Heizflächen abkühlen, eine

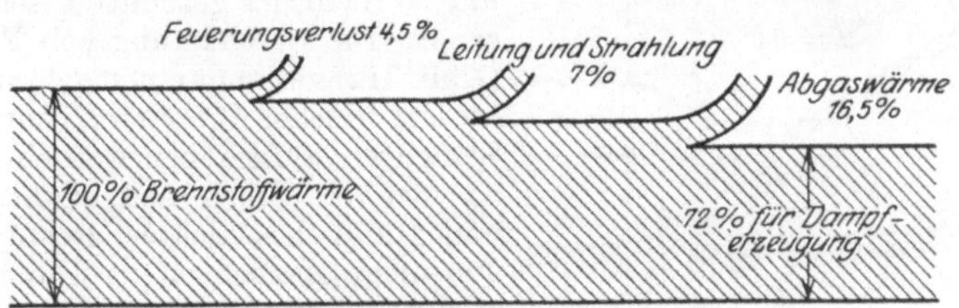

Abb. 315. Wärmediagramm einer Kesselanlage.

große Wärmemenge durch den Schornstein ab. Die Größe dieser Verluste wird durch die Güte der Anlage und der Feuerführung stark beeinflußt. Mittelwerte enthält Abb. 315. Der Wirkungsgrad der Kesselanlage ist

$$\eta = \frac{\text{vom Dampf aufgenommene Wärme}}{\text{im Brennstoff enthaltene Wärme}} = \text{bis } 0,88 \text{ unter besten Bedingungen.}$$

Anstrengung. Die Leistung einer bestimmten Kesselanlage läßt sich durch Steigerung der Brennstoffmenge bis zu einem gewissen Grade „forcieren". Mit der Anstrengung des Kessels nimmt aber die Wärmeausnutzung oder der Wirkungsgrad ab, denn je mehr Brennstoff verbrannt oder Heizgase erzeugt werden, um so größer ist ihre Geschwindigkeit in den Zügen, so daß zu wenig Zeit zum Wärmeaustausch bleibt und ein hoher Schornsteinverlust die Folge ist. Bezeichnet

B die stündliche Brennstoffmenge in kg,

R die Rostfläche in m².

D die stündliche Dampfmenge in kg,

H die Heizfläche in m²,

η den Wirkungsgrad der Kesselanlage,

so ist $\dfrac{B}{R}$ die Anstrengung der Feuerung, also die stündliche Brennstoffmenge, die auf 1 m² Rostfläche verbrannt wird. Bei natürlichem Zuge kann man stündlich bis 150 kg Steinkohle und bis 240 kg Braunkohle auf 1 m² Rostfläche verbrennen.

Die Anstrengung der Heizfläche $\dfrac{D}{H}$ gibt die Dampfmenge an, die auf 1 m² Heizfläche stündlich erzeugt wird; sie kann bei natürlichem Zuge bis 40 gesteigert werden. Einige Mittelwerte für Steinkohlen enthält die nebenstehende Zusammenstellung.

Mittelwerte für Steinkohlen.

Art der Verbrennung	$\dfrac{B}{R}$	$\dfrac{D}{H}$	$\dfrac{D}{B}$	η
Sehr langsam . .	50	8,9	8,9	0,78
Langsam	50	15	7,8	0,68
Normal	75	25	7,3	0,63
Lebhaft	100	40	6,0	0,55
Künstlicher Zug .	450	80	5,0	0,50

Bei den heutigen hohen Brennstoffpreisen müssen die Kesselanlagen für mäßige Anstrengungen, also groß gebaut werden, um die Wärme gut auszunutzen, wenn nicht beschränkte Raumverhältnisse, wie bei Lokomotiv- und Schiffskesseln, eine hohe Kesselleistung notwendig machen.

Einzelheiten der Kesselanlagen.

Feuerungsanlage. Die Hauptaufgabe der Feuerung ist, eine rauchfreie Verbrennung zu erzielen. Dies ist nur möglich, wenn durch die Rostspalten eine ausreichende Menge Verbrennungsluft zuströmt und sich gut mit dem Brennstoff mischt. Der Brennstoff muß gleichmäßig über den Rost verteilt und um so niedriger geschüttet sein, je feiner er ist. Die Beschickung von Planrosten (Abb. 312) verlangt einen gelernten Heizer; es darf frischer Brennstoff nur in dünnen Schichten aufgegeben werden, und zuerst da, wo das Feuer hell wird. Die Länge von Hand beschickter Roste darf etwa 2 m nicht überschreiten. Einfacher zu bedienen sind die Treppenroste (Abb. 316). Der Hauptrost ist geneigt und treppenartig mit waagerechten Spalten ausgebildet, an ihn schließt sich ein kurzer Planrost. Der Brennstoff rutscht aus einem Fülltrichter selbsttätig nach. Aber der Treppenrost ist nur für nicht backende und schlackende Kohle, wie Braunkohle und Torf, geeignet; für Steinkohle dagegen nicht.

Um für Steinkohle die teure und mühsame Handarbeit auszuschalten, sind mit Erfolg mechanische Roste konstruiert, die in Großkraftanlagen allgemein zur Einführung gekommen sind. Eine vielverbreitete Bauart ist der Wanderrost (Abb. 317 u. 313). Kurze Roststäbe sind, wie bei einer Gelenkkette, durch Bolzen miteinander verbunden und zu

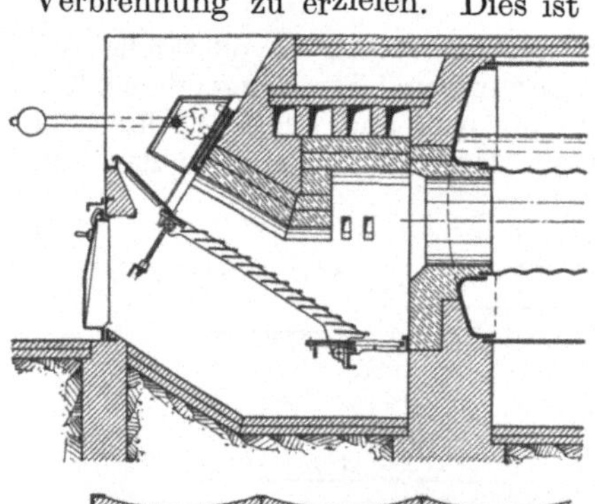

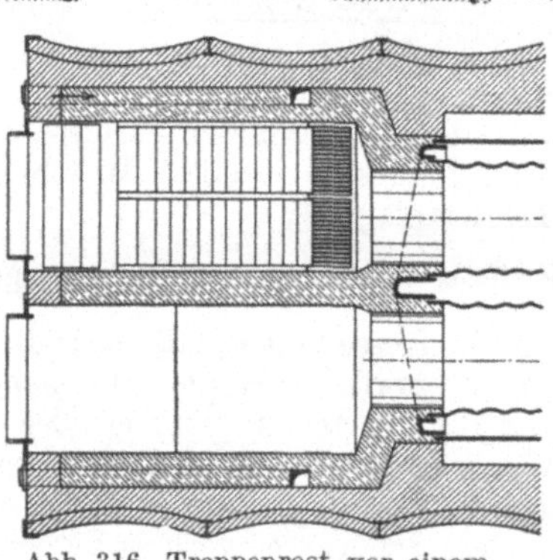

Abb. 316. Treppenrost vor einem Flammrohrkessel.

einem endlosen breiten Gurt zusammengeschlossen, der über Kettenrollen läuft und durch einen Motor angetrieben wird. Die Kohle fällt durch einen Schütttrichter auf den laufenden Rost, und zwar gleichmäßig über die Rostfläche verteilt in solchen Mengen, daß sie, am Ende angekommen, verbrannt sein

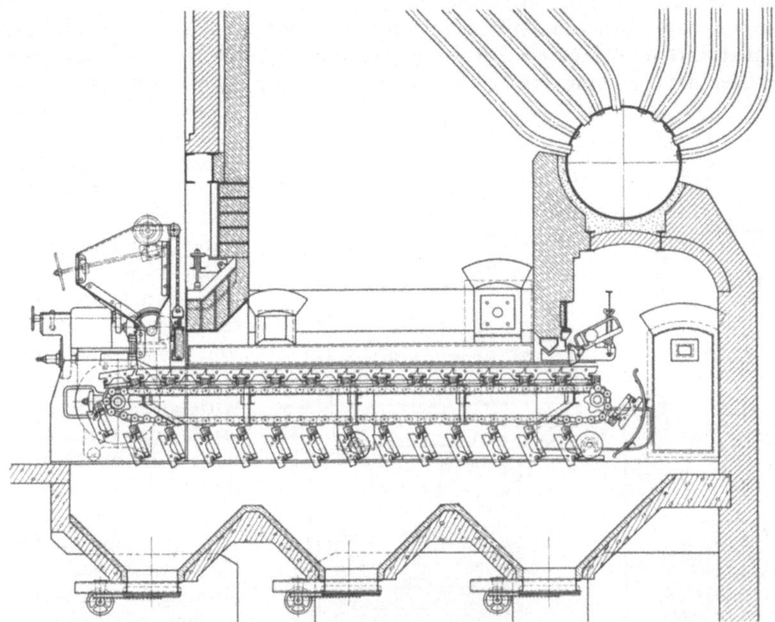

Abb. 317. Wanderrost der Vereinigten Kesselwerke Düsseldorf.

kann. Durch Veränderung der Schütthöhe und der Rostgeschwindigkeit läßt sich das Feuer regeln. Die Verbrennungsrückstände fallen am Ende der Rostfläche, wenn der Rostgurt über die Rolle nach abwärts geht, von selbst in den Aschtrichter. Auf solchen Wanderrosten kann nur gewaschene feinkörnige Kohle von ziemlich gleichmäßiger Korngröße verfeuert werden.

Bei der auf Abb. 314 des Hochleistungskessels ersichtlichen Kohlenstaubfeuerung wird die in besonderen Mühlen (links unten) staubfein gemahlene Kohle mittels einer durch Reguliermotor angetriebenen Förderschnecke dem Kessel entsprechend der verlangten Dampferzeugung zugemessen. Von der durch ein Frischluftgebläse in den Luftvorwärmer gedrückten und dort auf 250 bis 300° vorgewärmten Verbrennungsluft wird etwa $\frac{1}{3}$ zum Einblasen des Kohlenstaubs in die geräumige Verbrennungskammer benützt, während die restliche bereits vorgewärmte Verbrennungsluft durch seitlich im Mauerwerk angeordnete Kanäle weiter erhitzt und direkt zugeführt wird. Dadurch entstehen wesentlich höhere Temperaturen als bei Rostfeuerung, so daß das Mauerwerk der Verbrennungskammer durch eng gestellte Siederohrreihen (sog. Kühlwände) vor einem Anschmelzen geschützt werden muß.

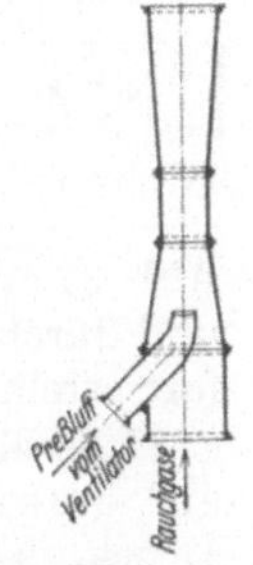

Abb. 318. Künstlicher Zug.

An den Feuerraum schließen sich die Heizkanäle. Sie werden in ihrem Querschnitt so bemessen, daß die Geschwindigkeit der Heizgase etwa 3 bis 4 m/s beträgt; infolge der Abkühlung können sie nach dem Schornstein zu enger werden.

Die Zugerzeugung, d. h. die Bewegung der Heizgase, erfolgt in der Regel durch einen hohen Schornstein (40 bis 120 m). Die heiße Gassäule im Schornstein hat ein spezifisch geringeres Gewicht und demnach einen kleineren hydrostatischen Druck im Fuchs als die Außenluft unter dem Rost. Dadurch ist das Gleichgewicht gestört; kalte Luft tritt durch die Rostspalten ein und saugt, da sie durch die Erwärmung leichter wird und durch den Schornstein abströmen kann, neue Luft nach. Der Unterdruck im Fuchs beträgt unter gewöhnlichen Verhältnissen etwa 10 mm Wassersäule ($^1/_{100}$ at).

Wenn hohe Schornsteine nicht anwendbar oder zweckmäßig sind, müssen andere Mittel (künstlicher Zug) zur Bewegung der Heizgase angewendet werden. Bei der Lokomotive wird der Auspuffdampf der Dampfzylinder zur Zugerzeugung benutzt. Er strömt durch das Blasrohr in die Rauchkammer und von dieser in den Schornstein; durch seine Strömungsenergie reißt er die ihn umgebenden Rauchgase mit und erzeugt einen Unterdruck von etwa 120 mm WS. Ein ähnliches Verfahren wird bei ortsfesten Anlagen angewendet, indem man (Abb. 318) Luft durch einen Ventilator und eine Düse in einen kurzen Blechschornstein bläst und dadurch die Rauchgase fördert. Bei solchen Saugzuganlagen wird ein teurer Schornstein erspart, die Zugstärke läßt sich in weiten Grenzen regeln, aber es entsteht ein laufender Energieverbrauch (etwa 2%) der Kesselleistung) für den Betrieb des Ventilators. Ein gleicher Energieaufwand ist nötig, wenn, wie in

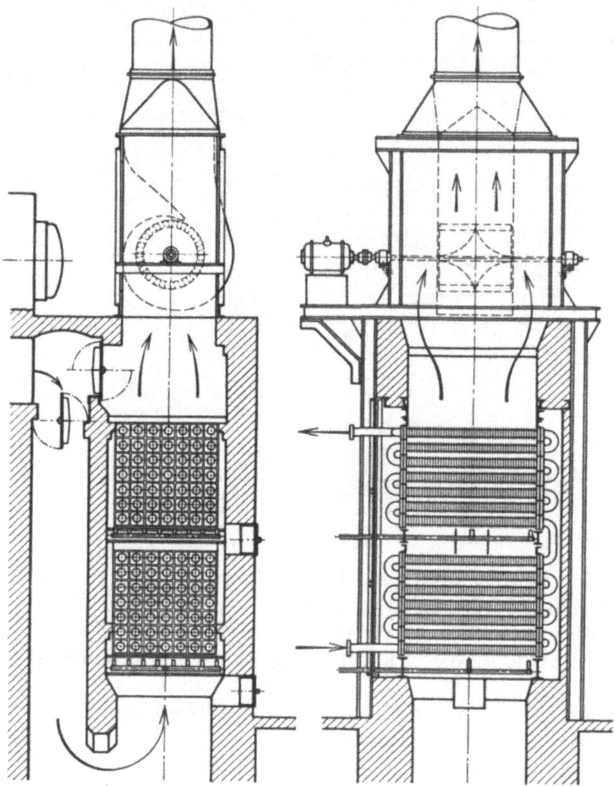

Abb. 319. Speisewasservorwärmer zwischen Kessel und Kamin.

Abb. 314 oben rechts, die gesamten Abgase durch ein Schleudergebläse abgesaugt und durch einen kurzen Blechkamin nach oben ausgeblasen werden. Bei derart forciertem Zug besteht stets die Gefahr einer Staubbelästigung der Umgebung.

Überhitzer. Die Überhitzung des Kesseldampfes (Heißdampf, S. 123) erfolgt auf dessen Wege zur Dampfmaschine (vgl. Abb. 298), also bei konstantem Druck. Der Dampf wird von einem Kammerrohr auf viele enge Rohre (30 mm Innendurchmesser) verteilt und in einem zweiten Kammerrohr wieder gesammelt. Die Überhitzerrohre werden schlangen- oder spiralförmig gebogen und an einer Stelle des Feuerzugs angeordnet, wo die Temperatur noch genügend hoch ist (vgl. Abb. 306, S. 130 und Abb. 314, S. 135). Die Heizgase müssen durch eine Umführung von der Überhitzeranlage absperrbar sein, damit bei längerem Stillstand der Maschine die Rohre nicht ausgeglüht werden. Die Überhitzerfläche beträgt $^1/_4$ bis $^1/_3$ der Heizfläche, die Heißdampftemperatur bis 350°, vereinzelt bis 400°; darüber sind Betriebsschwierigkeiten möglich.

Speisewasservorwärmer. Um die Wärme der Abgase weiter auszunutzen, als es an den Kesselheizflächen möglich ist, kann man sie noch zur Erwärmung des Speisewassers benutzen. Solche Vorwärmer (Ekonomiser) (Abb. 319) bestehen aus einem Bündel gußeiserner Rohre von 80 bis 100 mm Lichtweite, durch die die Speisepumpe das Speisewasser hindurchdrückt, bevor es in den Kessel kommt. Sie werden zwischen Kessel und Schornstein eingebaut (vgl. Abb. 313, S. 134) und sind überall da zweckmäßig, wo die Rauchgastemperatur noch mindestens 300° C beträgt. Die Erwärmung des Speisewassers beträgt bis 120° C; der Wirkungsgrad der Kesselanlage wird dadurch entsprechend verbessert.

Luftvorwärmer. Bei Hochleistungskesseln wird die in den Abgasen enthaltene Wärme vielfach statt zur Speisewasseranwärmung zur Vorwärmung der Verbrennungsluft auf 250 bis 300° verwertet. Die Vorwärmung des Speisewassers erfolgt dann, wenn die Abgastemperatur des Kessels nicht sehr hoch ist, meist

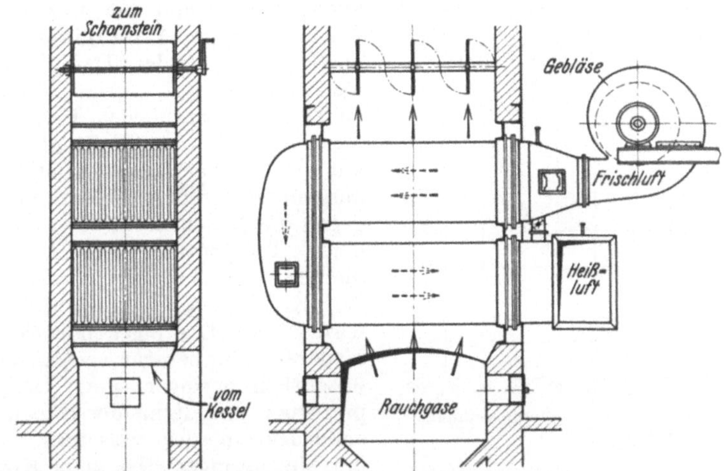

Abb. 320. Luftvorwärmer zwischen Kessel und Kamin.

durch der Hauptturbine mit niedriger Spannung entnommenen Anzapfdampf. Von den verschiedenen Ausführungsformen solcher Luftvorwärmer sei die nebenstehende Abb. 320 gezeigt, die aus mit gleichmäßigem Abstand in Rahmen gefaßten Blechtafeln gebildet ist, deren Zwischenräume abwechselnd in senkrechter Richtung von den heißen Abgasen und in waagerechter Richtung von der zu erwärmenden Luft durchströmt werden. Statt der Blechkammern werden auch rechteckige gußeiserne Kanäle oder große Bündel parallel liegender Röhren verwendet, die innen von der Luft durchströmt und außen von den Heizgasen umspült werden. Bei Vergleichsversuchen an Kesseln mit ein- und mit abgeschalteten Luftvorwärmern wurden Brennstoffersparnisse von 12 bis 19% festgestellt. Abb. 314 zeigt den Einbau solcher Luftvorwärmer in den Kessel.

Kesselausrüstung. Hierzu gehören alle die Teile, die zum ordnungsmäßigen Betrieb des Kessels notwendig sind. Unter den wichtigsten ist zunächst das Sicherheitsventil (bei beweglichen Kesseln zwei) zu erwähnen; es ist durch Gewichte oder Federn so zu belasten, daß es bei Überschreitung des zulässigen Dampfdrucks abbläst. Die hierfür ausprobierte Gewichtsstellung bzw. Federspannung ist zu sichern. Weiter sind zwei voneinander unabhängige Wasserstandzeiger nötig; sie bestehen aus stehenden Glasrohren, deren Enden durch Stutzen mit dem Dampf- und Wasserraum des Kessels Verbindung haben und den jeweiligen Wasserstand im Glase erkennen lassen. Der Dampfdruck muß durch ein, besser zwei, Manometer jederzeit ablesbar sein. Zur Speisung des Kessels sind zwei voneinander unabhängige Speisepumpen vorgeschrieben. Weiter sind Mannlochdeckel zum Befahren des Kessels, sowie Dampfabsperrventil,

Wasserstandsmarke, Speiserückschlag- und Absperrventile, Abschlamm- und Entleerungsventil usw. sowie Fabrikschild mit höchst zulässiger Dampfspannung vorzusehen, wie das in den „Bauvorschriften" verlangt ist.

d) Kondensationsanlagen.

Allgemeines. Wie der Dampfkessel für Druck und Temperatur und dadurch für die obere Grenzlinie des Entropiediagrammes sorgt, so ist es Aufgabe der Kondensationsanlagen den Dampf weitgehend abzukühlen, um für die Ausnützung in der Dampfmaschine bzw. Turbine ein möglichst großes Wärmebzw. Druckgefälle herzustellen. Da der aus der Maschine austretende Dampf stets nahezu nasser Dampf ist, steht der Druck in direkter Abhängigkeit von der Temperatur, wie in Abb. 321 angegeben. Wenn die Maschine ins Freie, also gegen 1 ata mit etwa 100°, auspufft, kann der Dampf in der Maschine bis auf diesen Druck zuzüglich dem Staudruck in Kanälen, Ventilen und Auspuffleitung bzw. bis auf eine Temperatur von etwa 110° ausgenutzt werden. Wenn man dagegen die Maschine in einen auf niederer Temperatur gehaltenen luftdichten und luftleeren Behälter — den Kondensator — auspuffen läßt, wird der Dampfgegendruck, der niederen Temperatur entsprechend, wesentlich geringer sein. Der Auspuffdruck und damit der Expansionsenddruck in der Maschine werden nur ein Geringes über dem Kondensatordruck liegen und es kann so durch Anwendung eines derartigen Kondensators ein erheblich größeres Temperatur- bzw. Druckgefälle ausgenützt werden. Ein um 1% besseres Vakuum ergibt, z. B. bei Dampfturbinen, einen um 1,5% niedrigeren Dampfverbrauch.

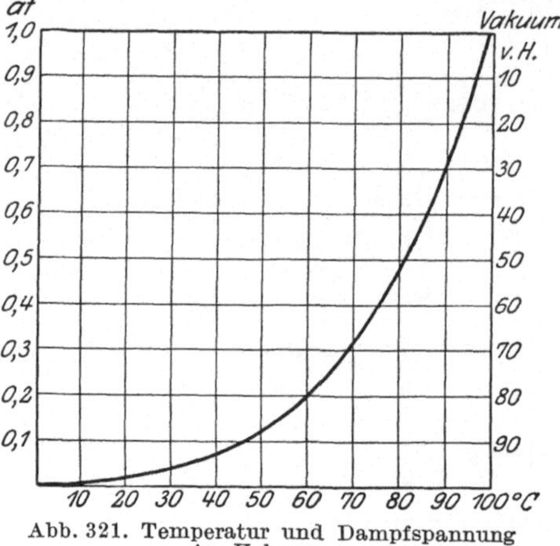

Abb. 321. Temperatur und Dampfspannung im Vakuum.

Die niedere Kondensatortemperatur wird durch Kühlwasser aufrechterhalten, das bei Entnahme aus einem Tiefbrunnen etwa 8°, bei Entnahme aus einem Fluß oder See höchstens 20°, bei Rückkühlung etwa 8 bis 10° über der jeweiligen Lufttemperatur, d. h. höchstens etwa 40° hat. Nach Abb. 321 würde im Kondensator selbst bei dieser hohen Kühlwassertemperatur ein sehr geringer Gegendruck bzw. ein hohes Vakuum herrschen, wenn dieses nicht durch die Luft verschlechtert würde, die durch unvermeidbare Undichtheiten, mit dem Kühlwasser und durch das Kesselspeisewasser in den Kondensator gelangt.

Der Abdampf hat i. M. einen Wärmeinhalt von 600 kcal/kg. Bei einer der Kühlwasseraustrittstemperatur t_a entsprechenden Kondensatortemperatur von t_d sind ihm also $(600 - t_d)$ kcal/kg zu entziehen, die bei vollständigem Wärmeaustausch auf das Kühlwasser übergehen; bei einer Kühlwassereintrittstemperatur von t_e ergibt sich dann die Kühlwassermenge zu

$$W = \frac{600 - t_d}{t_a - t_e} \text{ kg/kg} . \tag{19}$$

Sie beträgt je nach Temperatur des Kühlwassers 22 bis 25 kg für 1 kg Dampf.

Für den Betrieb der Kondensationsanlage sind zum Heranschaffen des Kühlwassers und Abführen des Kondensates und der Luft Pumpen notwendig, deren Arbeitsbedarf etwa 1 bis 3% der Maschinenleistung beansprucht. Je höher das Vakuum, um so größer und leistungsfähiger müssen die Pumpen sein. Die wirtschaftliche Grenze liegt meist bei einem Vakuum von 80% bei Kolbenmaschinen und von 96% bei Turbinen bezogen auf das theoretisch mögliche. An sich ist die Kondensation trotz des erhöhten Anlagekapitals bei größeren und gut ausgenutzten Maschinen immer wirtschaftlich; sie scheidet nur da aus, wo der ganze Abdampf für technische Zwecke oder wie bei der Lokomotive zur Zugerzeugung gebraucht wird.

Man unterscheidet zwei Hauptarten der Kondensation: die **Mischkondensation** und die **Oberflächenkondensation**. Im ersten Falle wird der Dampf mit kaltem Wasser gemischt, so daß sich eine mittlere Temperatur einstellt, im andern Falle streicht der Dampf an durch Wasser gekühlten Flächen vorbei, die ihm die Wärme entziehen.

Misch- oder Einspritzkondensation. Der in den Kondensator eintretende Dampf wird mit dem brausenartig ihm entgegentretenden Kühlwasser gemischt. Das „Einspritzwasser" muß bei Beginn des Betriebes mit Druck

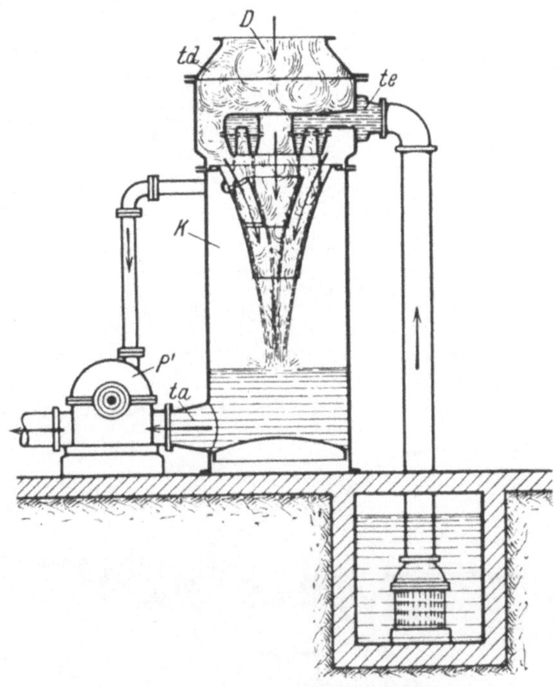

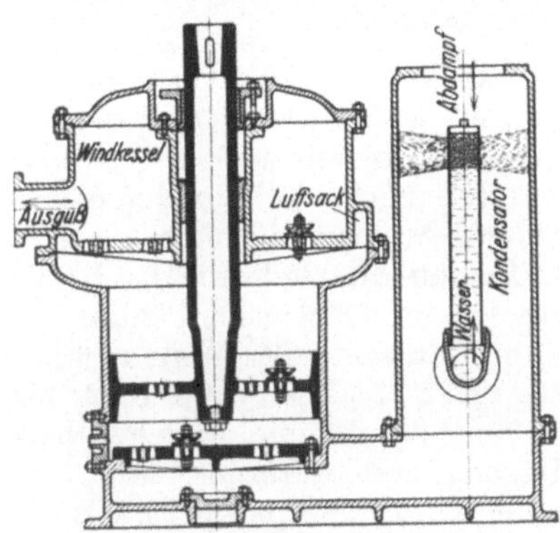

Abb. 322. Mischkondensator mit Naßluftpumpe.

Abb. 323. Mischkondensator (MAN).

zugeführt werden; sobald das Vakuum hergestellt ist, kann das Wasser bis zu 5 m Saughöhe angesaugt werden. Im Kondensator sammeln sich das Einspritzwasser, das Dampfkondensat, die durch Undichtheiten sowie im Einspritzwasser enthaltene (etwa 0,02 l/kg) Luft und die der Temperatur entsprechenden Wrasen, die fortlaufend herausgepumpt werden müssen. Man kann hierfür wie auf Abb. 322 eine gemeinsame Pumpe, Naßluftpumpe genannt, benutzen, die meist mit hier ausreichend zuverlässigen Gummiklappenventilen versehen wird. Bei Kolbendampfmaschinen wird die Naßluftpumpe stets direkt von der Kurbelwelle aus (durch Kurbel, Stange und Hebel) angetrieben. Abb. 323 zeigt einen größeren Mischkondensator, bei dem das Wasser schleierförmig verteilt dem Dampf eine große Oberfläche darbietet. Hier werden Luft und Wasser getrennt abgepumpt. Die Mischkondensatoren sind einfach in der Bauart und billig in Anschaffung und Betrieb; ihr Wasserverbrauch ist mit 20 bis 30 l für 1 kg Dampf geringer als bei Oberflächenkondensatoren. Es geht aber das Dampfkondensat verloren, so daß der Kessel mit Frischwasser, das nötigenfalls erst zu reinigen ist, gespeist werden muß. Da bei Kolbenmaschinen der Abdampf meist durch Schmieröl verunreinigt und deshalb das Kondensat nicht als Speisewasser brauchbar ist, haben diese meist Einspritzkondensation.

Oberflächenkondensation. Der Abdampf kommt hier nicht mit dem Kühlwasser in Berührung, sondern er wird an großen Kühlflächen niedergeschlagen. Diese Kühlflächen bestehen stets aus zahlreichen Messingrohren von etwa

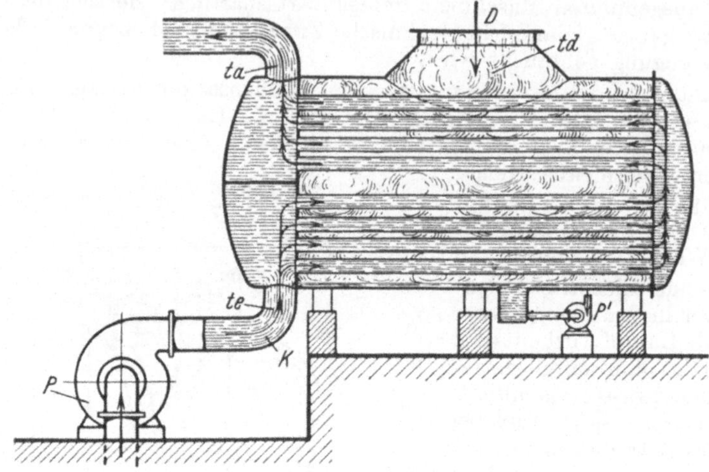

Abb. 324. Oberflächenkondensator (MAN).

25 mm lichter Weite, die innen vom Wasser durchströmt und außen vom Abdampf umspült werden (Abb. 324). Um bessere Kühlwirkung zu erreichen, werden die Kühlrohre zur Erzielung größerer Wassergeschwindigkeit (1,5 bis 2,5 m/s)

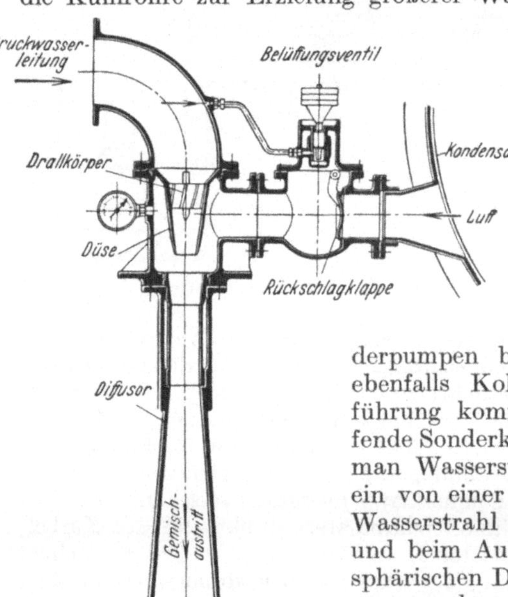

Abb. 325. Wasserstrahlsauger.

durch Scheidewände in den Stirnwasserkammern in mehrere Abteilungen unterteilt, die das Kühlwasser im Gegenstrom zum Abdampf durchfließt. Man rechnet für 1 kg Dampf etwa 0,02 bis 0,03 m² Kühlfläche. Solche Oberflächenkondensatoren brauchen eine Kühlwasserpumpe, die stets als Schleuderpumpe ausgeführt wird, eine Kondensatpumpe, wofür man auch hochwertige Schleuderpumpen baut, und eine Luftpumpe, wofür ebenfalls Kolbenpumpen kaum mehr zur Ausführung kommen; es gibt auch hierfür umlaufende Sonderkonstruktionen. Aber meist verwendet man Wasserstrahlsauger (Abb. 325), bei welchen ein von einer Düse durch einen Diffusor geleiteter Wasserstrahl die Luft aus dem Vakuum mitreißt und beim Austritt aus dem Diffusor auf atmosphärischen Druck verdichtet. Diese Wasserstrahlsauger geben bei guter Wirtschaftlichkeit 99% der theoretisch erreichbaren Luftleere und sind an Einfachheit und Billigkeit kaum mehr zu übertreffen. Für beschränkte Raumverhältnisse, z. B. auf Schiffen, werden auch Dampfstrahlsauger verwendet, die nach dem gleichen Prinzip ausgebildet sind, aber zur sicheren Erzielung guten Vakuums meist zweistufig ausgeführt werden.

Oberflächenkondensationsanlagen sind größer und teuerer als Mischkondensationen; sie brauchen auch mehr Kühlwasser (25 bis 50 l/kg) und höhere

Betriebskosten. Dagegen erhält man in dem Kondensat ein vorzügliches Speisewasser, das die Kessel rein hält und dadurch die Mehrkosten ausgleicht. Deshalb sind solche Oberflächenkondensationen für Dampfturbinen allgemein gebräuchlich und auf Schiffen unentbehrlich.

e) Kolbendampfmaschinen.

Allgemeines. Als Großkraftmaschine wurde die Dampfmaschine bezüglich Anschaffungskosten, Raumbedarf und Wirtschaftlichkeit von der Dampfturbine überholt. Dagegen baut man sie noch mit mittleren Leistungen für Lokomotiven und in mäßigen Größen als Gegendruckmaschinen, um den Abdampf für technische Zwecke zu gebrauchen; ferner mit kleinen Leistungen für Lokomobilen, Straßenwalzen, Bagger, Bau-

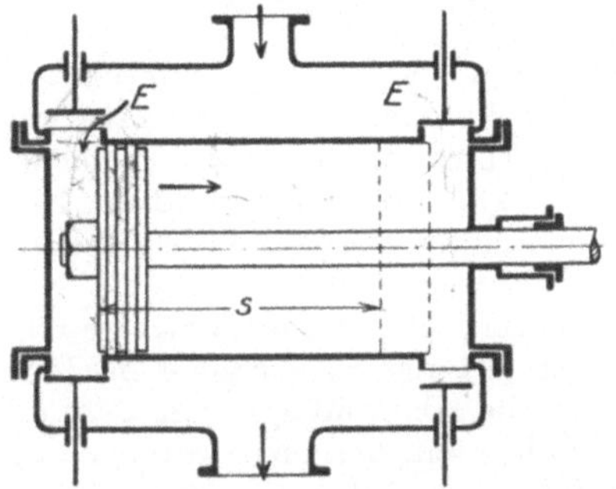

Abb. 326. Dampfzylinder mit Ventilsteuerung.

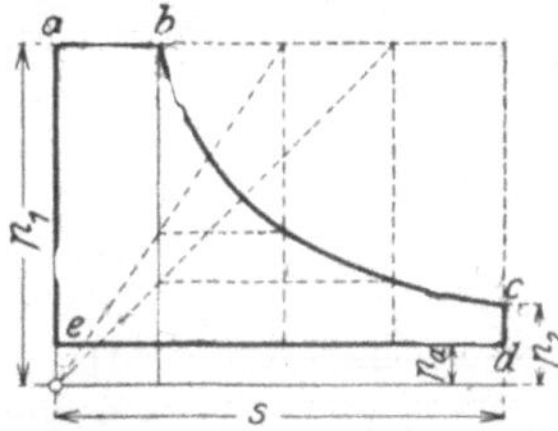

Abb. 327. Idealdiagramm (ohne schädlichen Raum).

krane und auch wieder für kleinere Schiffe, weil ungelerntes Personal Dampfmaschinen leichter instand halten kann, als komplizierte und deshalb empfindliche Verbrennungskraftmaschinen.

Wirkungsweise des Dampfes.

Nach dem Verlauf des Arbeitsprozesses unterscheidet man zunächst Auspuffmaschinen, in welchen der Dampf bei seiner Arbeitsleistung nur bis auf etwa 1 ata entspannt wird und dann ins Freie entweicht, und Kondensationsmaschinen, in denen der Wärmeinhalt des Dampfes bis nahe an den Unterdruck ausgenutzt wird, der der Temperatur des kondensierenden Dampfes entspricht. Man erreicht den Unterdruck durch die beträchtliche Volumenverminderung beim Kondensieren des Dampfes in einem dem Dampfzylinder nachgeschalteten gekühlten Behälter, dem Kondensator (S. 143).

Dampfmaschinen sind stets doppeltwirkend, d. h. der Dampf arbeitet abwechselnd vor und hinter dem Kolben. Der Vorgang sei an dem Schema eines Dampfzylinders (Abb. 326) sowie eines Diagrammes (Abb. 327) veranschaulicht, in dem auf der Abszisse die Kolbenwege (bzw. Volumina) und als Ordinaten die Kolbendrücke in at aufgetragen werden. Zu Beginn des Kolbenhubs s öffnet das Einlaßorgan E und läßt den Dampf während der Einströmperiode $a\,b$ mit konstantem Druck p_1 in den Zylinder. Das Verhältnis $a\,b$ zu s in % nennt man das Füllungsverhältnis. Nach Schluß des Einlaßorgans in der Kolbenstellung b expandiert die Dampffüllung von p_1 auf den Enddruck p_2 und schiebt den Kolben weiter in die Endstellung des Kolbenhubs s. Die Expansionslinie $b\,c$ ist für Sattdampf eine gleichseitige Hyperbel, deren Konstruktion punktiert angegeben ist, für Heißdampf liegt sie etwas tiefer [s. S. 126, Gleichung (12) und (13)] (Abb. 300). Am Hubende öffnet das Auslaßorgan. Der Dampfdruck fällt sofort von p_2 auf den in der Abdampfleitung herrschenden Gegendruck p_a und bleibt so während des Ausschubs des Dampfes durch den Kolben gemäß Linie $d\,e$ konstant. Auf der anderen Kolbenseite spielt sich die Dampfwirkung in gleicher Weise, jedoch zeitlich um

$^1/_2$ Kurbeldrehung verschoben, ab; während der Füllung und Expansion auf der einen Kolbenseite ist auf der anderen Kolbenseite Ausströmung. Entsprechend der Ordinate = treibenden Druck und der Abszisse = Kolbenweg ist die vom Diagramm eingeschlossene Fläche = der Arbeit, die während eines Kolben-Vor- und Rückgangs auf 1 cm² der Kolbenfläche übertragen wird. Die im Diagramm dargestellte Arbeitsfläche ließe sich noch vergrößern, wenn man die Expansion bis zur Austrittsspannung fortsetzen, also die Expansionslinie bis zum Schnittpunkt mit der Auspufflinie verlängern würde. Dies bedingt jedoch eine beträchtliche Vergrößerung des Hubs bzw. des nutzbaren Zylindervolumens; der dadurch erzielbare Gewinn wäre gering und würde durch konstruktive Nachteile ausgeglichen. Man bricht daher die Expansion bei etwa $p_2 = p_a + 0,5$ at vorzeitig ab.

Das beschriebene Dampfdiagramm gilt für die verlustlose Dampfmaschine. In Wirklichkeit treten infolge praktischer Unvollkommenheiten und Notwendigkeiten verschiedene Abweichungen ein. Zunächst erkennt man aus Abb. 326, daß im Totpunkt des Kolbens noch ein Raum im Zylinder vorhanden ist, der vorerst mit Dampf gefüllt werden muß, ehe eine Kolbenbewegung eintreten kann. Dieser „schädliche Raum" beträgt je nach der Art der Steuerung 4 bis 12% des Hubraums und ist im Dampfdiagramm dadurch zu berücksichtigen, daß man den Koordinatenanfangspunkt um das Maß s_0 zurücklegt, denn um diesen Betrag sind die Dampfvolumina größer als die Hubvolumina. Über die in Abb. 328 ersichtlichen wirklichen Einzelvorgänge ist weiter das Folgende zu bemerken:

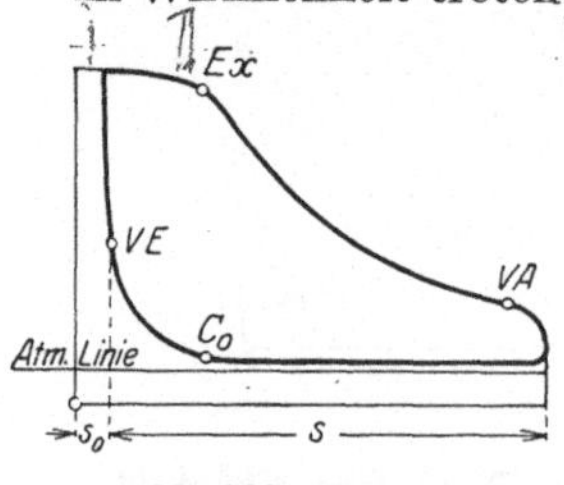

Abb. 328. Wirkliches Diagramm.

1. Einströmung. Die Einströmungslinie hat immer am Schluß einen fallenden Charakter, denn das Einlaßorgan kann nicht plötzlich schließen, der Übergang zur Expansion vollzieht sich daher infolge der Drosselung allmählich.

2. Expansion. Der Dampf im schädlichen Raum expandiert mit; die Expansionslinie ist von dem neuen Koordinatenanfangspunkt aus zu konstruieren. Sie läuft aber nicht bis zum Hubende, sondern fällt schon 5 bis 7% vorher ab, weil die Auslaßorgane schon etwas vor Hubende öffnen müssen.

3. Vorausströmung. Bereits bei VA öffnet das Auslaßorgan, damit bis zum Hubende der Dampf ganz entspannt ist und der auf der anderen Kolbenseite eintretende Frischdampf, der die ganzen Massen von neuem in Gang setzen muß, einen möglichst kleinen Gegendruck vorfindet.

4. Ausströmung. Die Spannung im Zylinder ist infolge der Stauungen in den Ausströmungsleitungen etwas größer als der Gegendruck; sie beträgt bei Auspuffmaschinen 1,1 bis 1,25 at, bei Kondensationsmaschinen im Mittel 0,2 at. Auch diese Periode wird vorzeitig bei C_0 unterbrochen.

5. Kompression. Bei C_0 schließt das Ausströmorgan, der Dampf ist im Zylinder eingeschlossen und wird durch den rücklaufenden Kolben verdichtet. Der Zweck der Dampfverdichtung ist einmal, den schädlichen Raum mit höherer Spannung und Temperatur zu füllen, damit an Frischdampf gespart wird, und weiter der, den von der anderen Seite getriebenen Kolben gegen einen wachsenden Druck auslaufen zu lassen und dadurch einen sanften Druckwechsel in den Triebwerksteilen herbeizuführen. Maschinen, die ohne Kompression arbeiten, neigen zum Klopfen in den Lagern.

6. Voreinströmung. Kurz vor dem Hubende bei VE öffnet das Einlaßorgan, damit bei Beginn der neuen Bewegung bereits der volle Dampfdruck erreicht ist.

Infolge dieser Maßnahmen wird das wirkliche Diagramm etwas kleiner als das Idealdiagramm.

Indikatordiagramm. Um an vorhandenen Kolbenmaschinen feststellen zu können, ob die Steuerung für das angestrebte günstigste Diagramm richtig eingestellt ist und wie groß die theoretische Maschinenleistung ist, zeichnet man mittels eines Indikators ein Diagramm der sich im Zylinderinnern abspielenden Vorgänge auf. Ein solcher Indikator, für dessen Anschluß an allen Kraft- und Arbeitszylindern an beiden Hubenden Indikatorstutzen mit $^3/_4{}''$ Gewinde vorgesehen werden, besitzt einen kleinen Zylinder mit einem federbelasteten, dampfdicht eingepaßten Kolben, der unter den im Maschinenzylinder wechselnden Drücken synchrone Bewegung macht. Diese Bewegungen, also die ihnen entsprechenden Drücke, werden durch einen an einer stark vergrößernden Hebelübersetzung befestigten Schreibstift auf ein Papierblatt aufgezeichnet, das durch Schnurzug, Hubverminderer und Papiertrommel synchron mit dem Maschinenkolben bewegt wird. Der Schreibstift zeichnet also die Dampfdrücke als Funktion des Kolbenwegs auf, so daß man mit dem zu der geeichten Indikatorfeder gehörigen Federmaßstab (z. B. 6 mm = 1 at) die bei den verschiedenen Kolbenstellungen im Zylinder herrschenden Drücke unmittelbar ablesen kann.

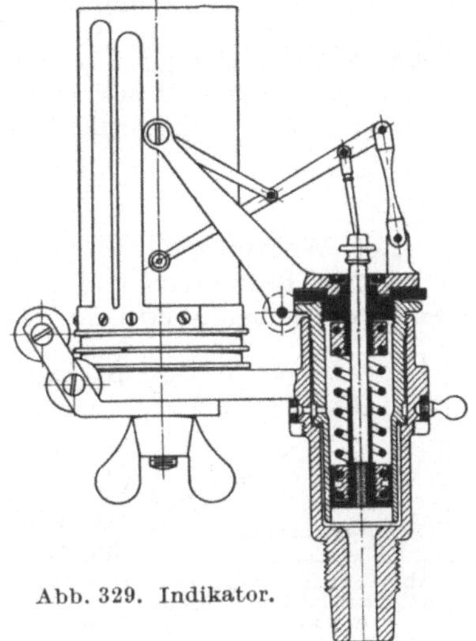

Abb. 329. Indikator.

Ermittlung der Leistung. Zur Bestimmung der Arbeitsleistung ermittelt man aus dem Indikatordiagramm den „mittleren indizierten Druck" p_i, indem man die Diagrammfläche in ein gleich großes Rechteck von derselben Länge verwandelt (Abb. 330). Die Höhe des Rechtecks kann man durch die Flächenausmessung mit dem Planimeter oder unmittelbar nach der Trapezregel bestimmen. Im letzteren Falle teilt man das Diagramm in etwa zehn gleichbreite Flächenstreifen und bildet aus deren mittleren Höhen das arithmetische Mittel, also gemäß Abb. 330

$$h_m = \frac{h_1 + h_2 + \dots h_{10}}{10} \text{ mm}.$$

Mit dem Federmaßstab f mm = 1 at wird dann der mittlere indizierte Druck

$$p_i = \frac{h_m}{f} \text{ at}.$$

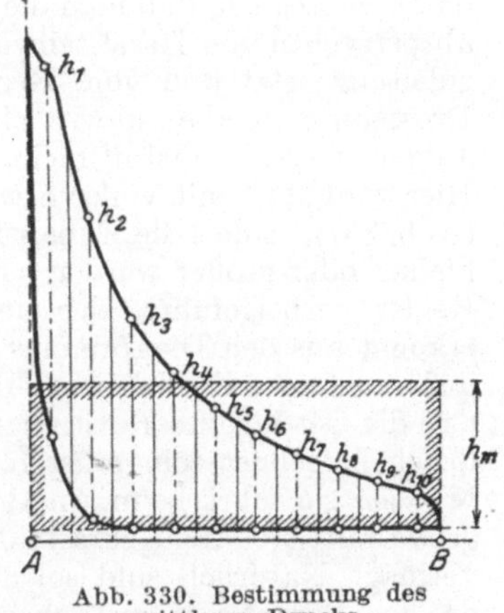

Abb. 330. Bestimmung des mittleren Drucks.

Die Arbeitsverrichtung kann nun so aufgefaßt werden, als wenn der Kolben während jedes zweiten Hubes mit dem konstanten Druck p_i belastet wäre, so daß bei einer Kolbenfläche von F cm² eine konstante Kolbenkraft $F \cdot p_i$ entsteht. Hieraus ergibt sich die **indizierte** Leistung auf einer Kolbenseite

$$N_i = \frac{1}{2} \frac{F \cdot p_i \cdot c}{75} = F \cdot p_i \frac{s\,n}{60 \cdot 75} \text{ PS}_i, \qquad (20)$$

wobei bedeutet

F die Kolbenfläche nach Abzug des Kolbenstangenquerschnitts in cm²,
s den Kolbenhub in m,
n die minutliche Drehzahl,
c die mittlere Kolbengeschwindigkeit $= \dfrac{2\,s\,n}{60}$ m/s.

Die indizierte Leistung ist die auf den Kolben übertragene Dampfarbeit; an der Kurbelwelle wird nur ein Teil η (Wirkungsgrad) hiervon nutzbar, da außerdem noch die Reibungsarbeit zu decken ist. Die **Nutzleistung** ist demnach

$$N_e = \eta\, N_i = \eta\, \frac{1}{2} \frac{F \cdot p_i\, c}{75} = \eta \cdot F \cdot p_i \frac{s \cdot n}{60 \cdot 75}\ \mathrm{PS_e}\,. \tag{21}$$

Diese Entwicklung gilt für eine Seite des doppeltwirkenden Zylinders. Da der mittlere indizierte Druck sowie die nutzbare Kolbenfläche beider Seiten verschieden sein wird, ist die Nutzleistung des ganzen Zylinders

$$N_e = \eta\, (F \cdot p_i + F' \cdot p_i') \frac{s\,n}{60 \cdot 75}\,.$$

Der Wirkungsgrad η hängt von den baulichen Verhältnissen und dem jeweiligen Betriebszustand ab und liegt in den Grenzen von 0,75 bis 0,95, wobei die hohen Werte nur für sehr große und sehr vollkommene Maschinen gelten. Über die Messung der effektiven Arbeit mittels Bremse vgl. S. 96.

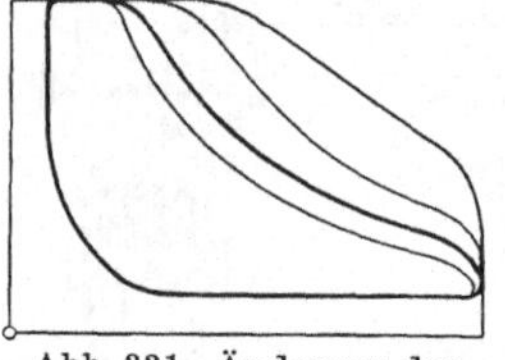

Abb. 331. Änderung der Leistung durch Veränderung der Füllung.

Für die Berechnung der Abmessungen einer zu entwerfenden Dampfmaschine wird ebenfalls die Arbeitsgleichung benutzt und hieraus die Kolbenfläche F ermittelt. Zur Bestimmung von p_i kann das Dampfdiagramm benutzt werden, das unter Berücksichtigung der zu erwartenden Drosselverluste möglichst genau aufzuzeichnen ist. Die mittlere Kolbengeschwindigkeit wählt man zu $c = 2$ bis 3 m/s, bei Schnelläufern bis 4 m/s. Aus der angenommenen Drehzahl ergibt sich dann der Hub.

Veränderung der Leistung. Um bei wechselndem Arbeitsbedarf die Drehzahl konstant und hierfür die Maschine im Gleichgewicht zu halten, muß das Dampfdiagramm entsprechend vergrößert oder verkleinert werden. Dies ist zunächst dadurch möglich, daß man die Eintrittsspannung ändert, indem man das Dampfabsperrventil von Hand teilweise schließt oder eine Drosselklappe in die Dampfzuleitung setzt und vom Regler beeinflussen läßt. Diese Regelungsart durch Drosselung ist aber unwirtschaftlich, weil der für die höhere Dampfspannung aufgewandte Brennstoff nicht ausgenützt wird. Besser ist die Füllungsregelung. Hier wird stets mit voller Spannung gearbeitet, aber mit verschiedener Füllung (Abb. 331), so daß die Expansion früher oder später beginnt und die Diagramme kleiner oder größer werden. Diese Änderungen werden durch den selbsttätigen Regler herbeigeführt, der unmittelbar die Steuerungsorgane verstellt. Man erkennt aus den Diagrammen, daß sich die Leistung in weiten Grenzen regeln, insbesondere erheblich über die normale Größe steigern läßt, und zwar ohne daß die Getriebe überanstrengt werden, da sie ohnehin für den höchsten Dampfdruck berechnet sein müssen. Hiervon macht besonders die Lokomotive Gebrauch; sie fährt beim Anfahren mit 80% Füllung und erreicht dadurch eine große mittlere Anzugskraft, die die Massenwiderstände schnell zu überwinden vermag. Natürlich sind solche Überlastungen auf die Dauer unwirtschaftlich, da der Dampf mit zu hoher Spannung den Zylinder verläßt und zu wenig ausgenutzt wird.

Mittel zur besten Dampfausnutzung.

Übersicht: Der geschilderte Arbeitsprozeß ist seinem Wesen nach bei allen Kolbendampfmaschinen unverändert geblieben. Das Studium der Einzelvorgänge, besonders in wärmetechnischer Hinsicht, hat jedoch Mängel erkennen lassen und die Wege zu deren Verringerung gezeigt. Das Ziel ist, die dem Dampf innewohnende Energie möglichst vollkommen in nutzbare Arbeit um-

zusetzen, also bei gegebener Leistung mit dem kleinsten Wärmeaufwand auszukommen. Die heute für die Praxis in Betracht kommenden Mittel sind:

1. hohe Kesseldrücke oder Eintrittsspannungen,
2. kleine Austrittsspannungen (Kondensation),
3. Heizung der Dampfzylinder (Dampfmantel),
4. mehrfache Expansion (Verbundwirkung),
5. Überhitzung des Dampfes (Heißdampf),
6. Gleichstrom des Dampfwegs.

Dampfspannungen. Hohe Anfangsdrücke vergrößern das Diagramm nach
oben (Abb. 332), ergeben also eine größere Arbeitsleistung für das gleiche
Dampfgewicht. Das Mehr an Wärme für die Erzeugung des Dampfes ist,
wie die Dampftabellen zeigen, so gering, daß es
praktisch keine Rolle spielt. So ist z. B. die Erzeugungswärme

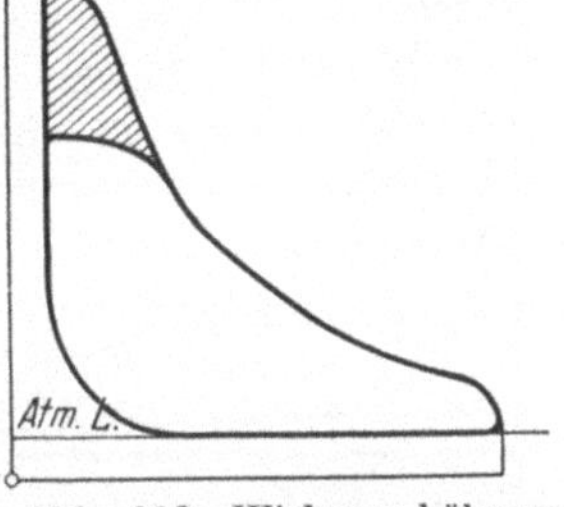

$$\text{für } p = 10 \text{ at} \qquad 666{,}1 \text{ kcal/kg,}$$
$$\text{für } p = 15 \text{ at} \qquad 670{,}5 \text{ kcal/kg,}$$

also für 50% höheren Druck nur $^1/_2$% mehr Wärmeaufwand. Der Gewinn an Arbeit ist aber, wie die
schraffierte Fläche in Abb. 334 zeigt, wesentlich
größer. Für kleine Dampfmaschinen wählt man die
Kesseldrücke bis 10, für mittlere bis 15, für große bis
25 at und mehr.

Abb. 332. Wirkung höheren
Dampfdrucks.

Kondensation. Der kleinste Druck bei der Ausströmung beträgt bei Auspuffmaschinen, die den Dampf in die Luft auspuffen, infolge der Stauungen
in den Auspuffleitungen etwa 1,1 bis 1,15 at. Man kann aber einen geringeren
Enddruck erzielen, wenn man den Dampf nach einem Kondensator entweichen
läßt, mit dem sich ohne Schwierigkeiten der Dampf
bis auf 0,3 at, bei Gleichstrommaschinen infolge der
Auslaßschlitze bis auf 0,1 at ausnützen läßt. Das
Diagramm wird dann durch den in Abb. 333
schraffierten Flächenstreifen erheblich größer; oder
man kann die gleiche Leistung, wie die schwache
Linie andeutet, mit kleinerer Füllung, d. h. mit
geringerer Dampfmenge, erzielen. Diese Ersparnisse
durch Kondensationsbetrieb können bis 25% betragen.

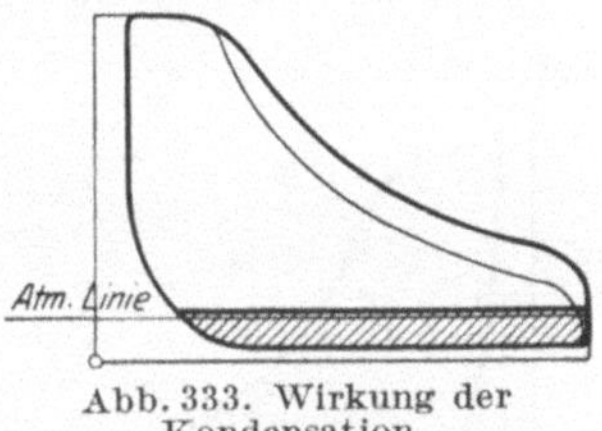

Abb. 333. Wirkung der
Kondensation.

Dampfmantel. Einem hohen Druckgefälle entspricht ein hohes Temperaturgefälle des Dampfes. Dem schnellen Temperaturspiel kann das Zylindermaterial
nicht folgen, es nimmt eine mittlere Temperatur an, die erheblich kleiner ist
als die des einströmenden Dampfes. Die Folge ist, daß der heiß einströmende
Dampf sich zunächst an den kälteren Flächen des schädlichen Raums abkühlt,
dadurch sein Volumen verringert bzw. sofern er Naßdampf ist, kondensiert.
Für diesen gewissermaßen verschwundenen Dampf strömt in der Einströmungs-
periode neuer Dampf nach, und es wird dadurch der Dampfverbrauch erheblich
größer, als dem Füllungsvolumen entspricht. Bei der Expansion schreitet die
Abkühlung und Kondensation fort, bis die Dampftemperatur auf die Zylinder-
temperatur gefallen ist; von da ab findet das Umgekehrte statt, der heißere
Zylinder erwärmt den Dampf und ruft eine Nachverdampfung der früheren
Kondensationsprodukte hervor. Diese Nachverdampfung findet aber vorzugsweise in der langen Ausströmungsperiode statt und kommt daher der Arbeitsleistung nicht mehr zugute. Die Eintrittskondensation ist also ein erheblicher
Verlust. Um diesen Verlust durch Kondensation im Zylinder zu verringern,
heizt man die Zylinderdeckel mit Frischdampf. Bei Heißdampfmaschinen ist
dies weniger notwendig.

Mehrfache Expansion. Ein weiteres Mittel, die Eintrittskondensation zu verringern, besteht in der stufenweisen Expansion in zwei (früher bei großen Maschinen sogar in drei) Zylindern. Man geht hierbei von der Einzylindermaschine aus und legt hierfür das Diagramm (Abb. 334) fest. Bei zweifacher Expansion (Verbundmaschine) teilt man das Diagramm durch eine waagerechte Linie in zwei Teile annähernd gleichen Flächeninhalts und stellt dem Zylinder der ursprünglichen Einzylindermaschine nur den untern Teil zur Verfügung, so daß er nur noch die halbe Arbeit leistet. Für den oberen Teil wird ein neuer kleinerer Zylinder vorgeschaltet, der Hochdruckzylinder, in dem also der Dampf zuerst einen Teil seiner Arbeit abgibt, um dann den Rest in dem zweiten, dem Niederdruckzylinder, zu verrichten. Da beide Zylinder für gleichen Hub gebaut werden, müssen ihre Durchmesser ungleich sein. Beide Kolben arbeiten auf dieselbe Kurbelwelle, und zwar bei hintereinander angeordneten Zylindern (Tandemmaschine) durch gemeinsame Kolbenstange und ein Triebwerk auf eine Kurbel, oder bei nebeneinander liegenden Zylindern (Verbundmaschine) durch zwei Triebwerke auf zwei in der Regel um 90° versetzten Kurbeln; jeder Zylinder erhält eine besondere Steuerung für den Dampfein- und -auslaß. Zwischen beiden Zylindern muß ein „Aufnehmer" liegen, in dem der aus dem Hochdruckzylinder kommende Dampf solange aufgenommen wird, bis ihm die Steuerung des Niederdruckzylinders den Eintritt gestattet.

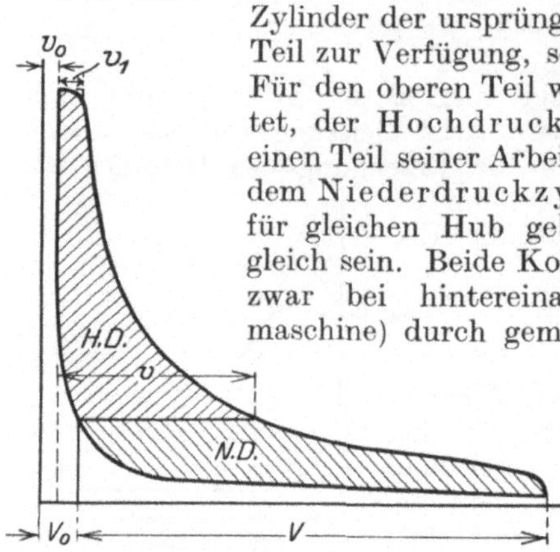

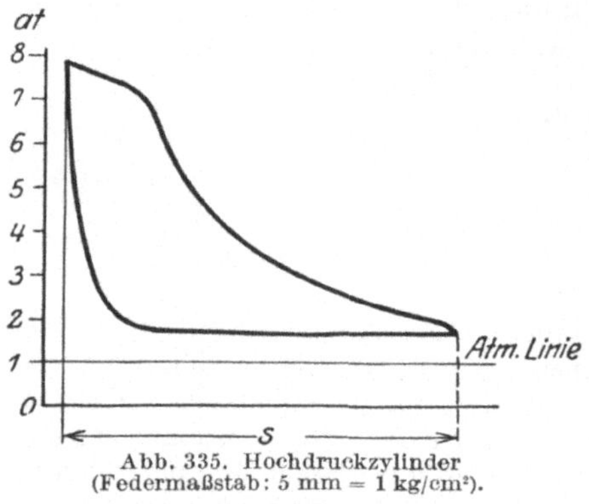
Abb. 334. Teilung eines Diagramms.

Die nachstehende Abb. 337 zeigt nach einer Ausführung der Maschinenfabrik R. Wolf A.G., Magdeburg-Buckau, die Anordnung der hintereinander liegenden Zylinder, ihrer Steuerungen und der Dampfwege.

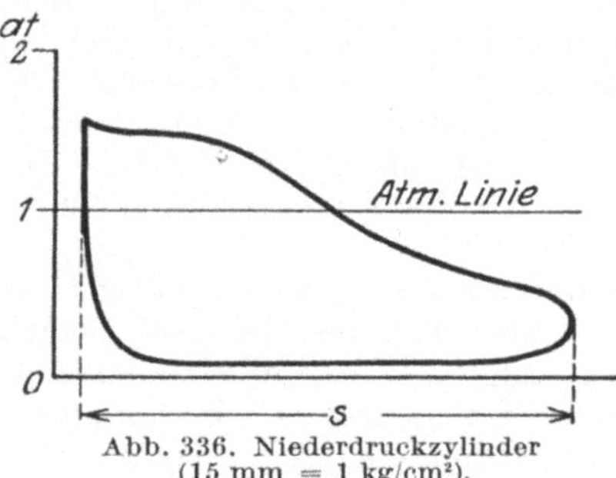
Abb. 335. Hochdruckzylinder
(Federmaßstab: 5 mm = 1 kg/cm²).

Abb. 336. Niederdruckzylinder
(15 mm = 1 kg/cm²).

Der Dampf arbeitet in beiden Zylindern nach den Diagrammen Abb. 335 u. 336 (letzteres mit schwächerer Feder genommen), die gleiche Zylinderleistungen ergeben, wofür die Kolben verschieden groß sein müssen.

Die Nachteile dieser unterteilten Expansion: Drosselverluste und etwas schlechterer mechanischer Wirkungsgrad durch die Reibungsverluste bzw. den Arbeitsaufwand für die doppelte Anzahl von Kolben, Stopfbüchsen, Steuerungen und meist auch für doppeltes Kurbeltriebwerk, ferner die höheren Anschaffungs- und Betriebskosten werden durch die Vorteile stets überwogen. Diese sind:

1. Kleinerer Druckunterschied vor und hinter dem Kolben, daher geringere Undichtigkeiten am Kolben und der Steuerung. Letzteres gilt auch für den Hochdruckzylinder, weil dessen Kolben und Steuerungsorgane kleiner sind als im Niederdruckzylinder.

2. Geringeres Temperaturgefälle, daher kleinere Eintrittskondensation.

3. Größere Füllungen [v_1/v bzw. v/V gegenüber v_1/V (vgl. Abb. 331)] daher höhere mittlere Zylinderwandtemperatur.

4. Das im Hochdruckzylinder bei der Ausströmung sowie durch die Heizung des Aufnehmers mit Frischdampf wieder verdampfende Kondenswasser kommt dem Niederdruckzylinder zugute.

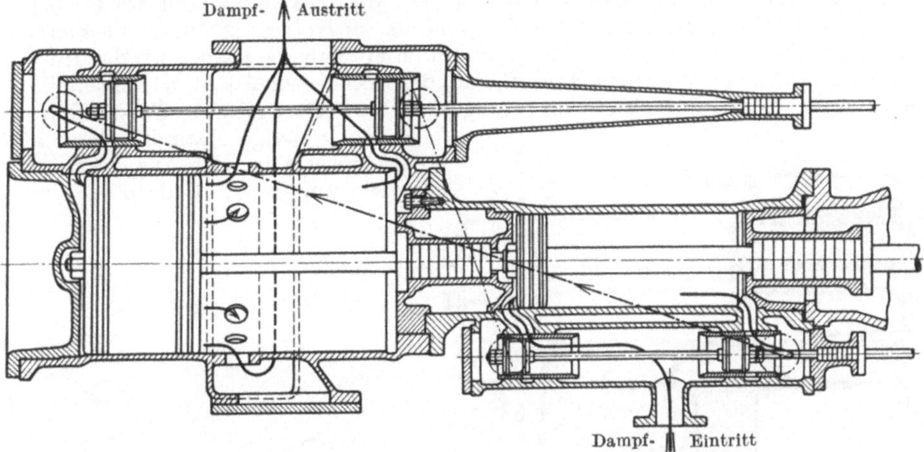

Abb. 337. Zylinder und Dampfwege einer Tandemlokomobile.

5. Bei Zwillingsanordnung der Zylinder leichtere Triebwerksteile, allerdings doppelt.

6. Gleichmäßigere Drehkräfte durch die versetzten Kurbeln, deshalb größere Gleichförmigkeit bei leichterem Schwungrad.

Zahlenbeispiel zu obigen Diagrammen:

Heißdampf. Wie schon auf S. 123 gezeigt, hat der Heißdampf bei gleichem Druck ein größeres spezifisches Volumen (m³/kg) als Sattdampf, während der Mehraufwand an Erzeugungswärme nur gering

	Ein-zylinder-maschine at	Verbundmaschine	
		Hochdr.-Zyl. at	Niederdr.-Zyl. at
Eintrittsspannung . . .	7,8	7,8	1,6
Austrittsspannung . . .	0,15	1,7	0,15
Druckunterschied . . .	7,65	6,1	1,45
Temperaturunterschied.	116⁰	55⁰	60⁰

ist. Infolge dieser Eigenschaft wird zur Erzielung gleicher Leistung im Zylinder etwas weniger Dampf in kg gebraucht. Der wesentliche Vorteil liegt aber in der Verringerung der schädlichen Wandungseinflüsse, denn der Heißdampf wird durch die Mitteltemperatur des Zylinders und Deckels nicht so rasch bis unter die seinem Druck entsprechende Sättigungstemperatur abgekühlt.

Deshalb ist Heißdampf immer wirtschaftlich. Seitdem man gelernt hat, die früher hinderlich gewesenen Schwierigkeiten durch richtige Konstruktionen und besseres Schmieröl zu beheben, werden auch bei Kolbenmaschinen unbedenklich 350 bis 380⁰ Eintrittstemperatur angewandt und dadurch 15 bis 20% Kohlenersparnis erzielt. Bei hoher Überhitzung ist auch die Zylindermantelheizung nicht mehr so wichtig; sie kann entfallen, wenn Zylinder und Deckel gute Wärmeschutzumhüllung erhalten.

Gleichstrom. Das Schlußglied in der Entwicklung bildet die Gleichstromdampfmaschine (Abb. 338) von Prof. Stumpf, Techn. Hochschule Berlin. Hier wird wieder zu der einfachen Einzylinderanordnung zurückgekehrt und durch eine besondere Bauart erreicht, daß der Dampfverbrauch nicht größer wird, als bei der Verbundmaschine. Der Dampf tritt bei a ein, heizt den Deckel und gelangt durch

ein Einlaßventil in den Zylinder; er folgt der Bewegung des Kolbens und tritt
am Hubende durch Schlitze, die durch den Kolben selbst gesteuert werden und
durch ihren großen Ausströmungsquerschnitt einen sehr geringen Drosselverlust
ermöglichen, nach der Mitte aus. Ein Zurückströmen des kalten Dampfes während
der langen Ausströmungsperiode wie bei der gewöhnlichen (Wechselstrom-)
Maschine und ein damit verbundenes starkes Auskühlen des Zylinders findet
hier nicht statt. Die Erwartung, daß vielmehr die Dampfschichten am Deckel
auch noch während des Auspuffs heißer sind als am Kolben, ist durch Versuche
bestätigt. Da ferner der schädliche Raum durch Fortfall des Raums für das Auslaßventil sehr klein und seine Hauptfläche, der Deckel, geheizt ist, so spielen die
Wandungseinflüsse nur eine sehr untergeordnete Rolle. Diesem Umstand ist
der günstige Dampfverbrauch zuzuschreiben. Die Auspuffdauer ist nur kurz, Linie $a\,b\,c$ im

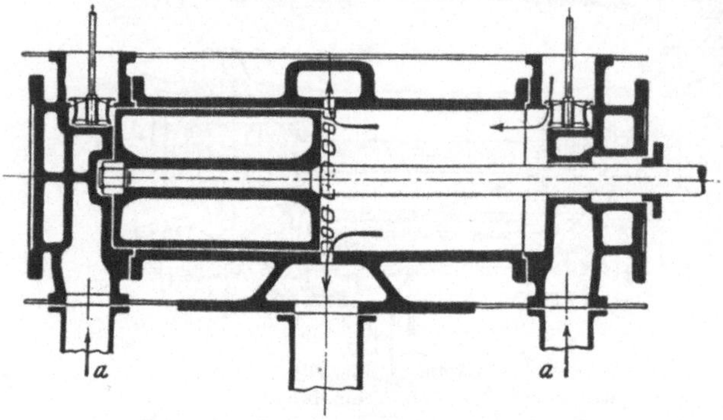

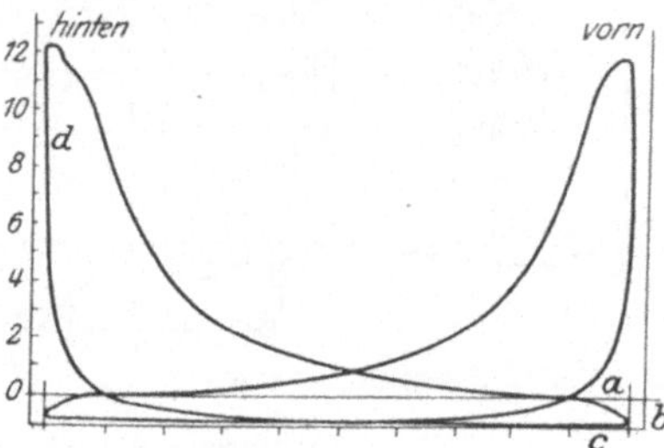

Abb. 338. Zylinder einer Gleichstrommaschine.

Abb. 339. Dampfdiagramm einer
Gleichstrommaschine.

Diagramm Abb. 339, sie hört auf, wenn der Kolben beim Rückgang die Schlitze
zugedeckt hat. Alsdann beginnt eine lange Kompression, $c\,d$, deren Enddruck
fast den Anfangsdruck erreicht. Die Art der Auslaßsteuerung erbringt einen
langen und deshalb schweren Kolben, dessen Massenwirkung aber wieder der
großen Kompressionsarbeit zugute kommt. Sonst ist der mechanische Teil
wesentlich einfacher als bei der Verbundmaschine, und daraus ergeben sich
einfachere Wartung, billigere Unterhaltung und geringerer Ölverbrauch.

Energieverbrauch. Um zu den vorstehend besprochenen Maßnahmen zur
Verringerung des Dampfverbrauchs auch ein zahlenmäßiges Bild zu bekommen,
sind nachstehend die mittleren Dampf- und Wärmeverbrauchszahlen zusammengestellt. Die Schwankungen werden durch die Größe, Betriebsart und Bauart
der Maschine bedingt.

Maschinenart	Art des Dampfes		Energieverbrauch, bezogen auf die indizierte PSh		
	Druck Temperatur	Wärme-inhalt kcal/kg	Dampfmenge kg/PSh	Wärmeaufwand kcal/PSh	Kohlenverbrauch bei 7500 kcal/kg und 75% Ausnutzung kg/PSh
Einzylinder-maschine ohne Kondensation	Sattdampf 10 at (179°)	664,4	10 —14	6640—9300	1,18—1,65
	Heißdampf 10 at, **300°**	730	6,5— 7,3	4750—5300	0,84—0,94
Einzylinder-maschine mit Kondensation	Sattdampf 10 at (179°)	664,4	7,5— 9,5	5000—6300	0,89—1,12
	Heißdampf 10 at, **300°**	730	5,2— 5,7	3800—4150	0,67—0,73
Zweifachexpan-sionsmaschine mit Kondensation	Sattdampf 10 at (179°)	664,4	6,8— 7,5	4500—5000	0,80—0,88
	Heißdampf 10 at, **300°**	730	4,5— 5,5	3280—4000	0,58—0,71

Die praktische Messung des Dampfverbrauchs erfolgt durch Dampfmesser, die in die Dampfleitung eingeschaltet werden, oder durch Messung des Speisewassers am Kessel, oder durch Messung des Kondensats am Kondensator. In allen Fällen ist ein langer Dauerversuch (etwa 8 h) bei möglichst gleichbleibenden Betriebsverhältnissen notwendig.

Steuerungen.

Zweck und Einteilung. Die Steuerung der Dampfmaschine hat die Aufgabe, die Dampfwege so zu öffnen oder zu schließen, wie es die Durchführung des

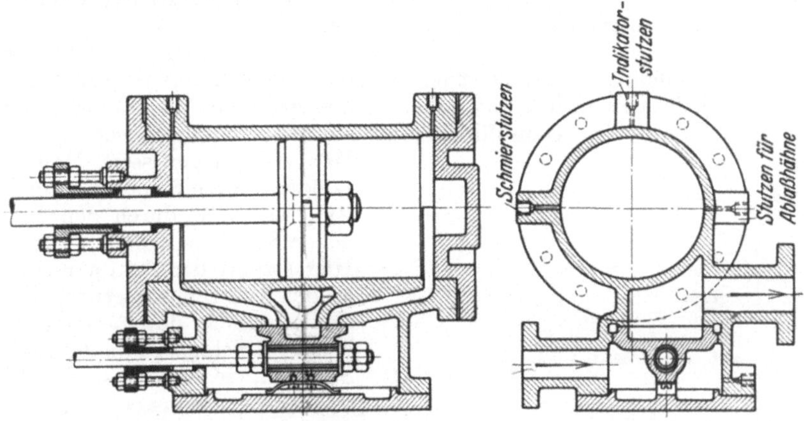

Abb. 340. Dampfzylinder mit Flachschiebersteuerung.

Arbeitsprozesses nach dem Dampfdiagramm (vgl. Abb. 328) verlangt. Die Bewegung der Steuerungsorgane wird von der Kurbelwelle abgeleitet und muß bei wechselnder Maschinenleistung von Hand oder durch den Regler beeinflußt werden können. Als Steuerorgane kommen zur Verwendung

1. Schieber mit hin und her gehender Bewegung,
2. Ventile mit axialer Bewegung (Hubventile).

Die zu stellenden Forderungen sind in erster Linie gute und zuverlässige Abdichtung auch bei hohen Temperaturen (Heißdampf), schnelles Öffnen und Schließen, leichter Gang. Diese Forderungen sind um so leichter zu erfüllen, je kleiner die Öffnungsquerschnitte sind; da aber hiermit die Drosselverluste wachsen, so ist man an Grenzen gebunden; man geht mit der Dampfgeschwindigkeit in den Steuerquerschnitten bis auf 40 m/s.

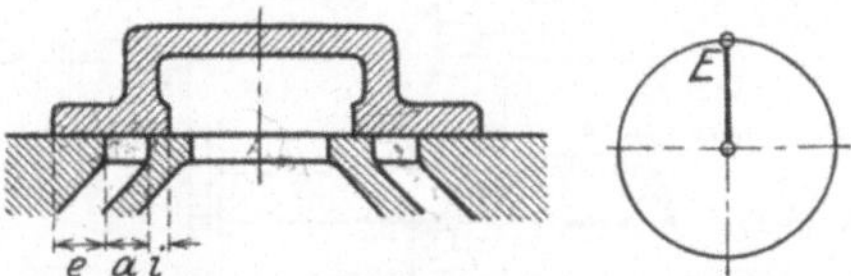

Abb. 341. Schieber in seiner Mittelstellung.

Einfache Schieber. Das einfachste und bei kleinen Maschinen gebräuchlichste Steuerungsorgan ist der sog. Muschelschieber (Abb. 340). Er läuft in dem an den Zylinder angegossenen Schieberkasten dampfdicht auf einer ebenen Fläche, dem Schieberspiegel, und wird von der Kurbelwelle durch ein Exzenter angetrieben. Von dem Schieberspiegel führen breite Kanäle ab, und zwar: die äußeren zu dem Zylinder, der innere zur Abdampfleitung. An den Schieberkasten oberhalb des Schiebers ist das Dampfzuleitungsrohr angeschlossen. In der Mittellage des Schiebers steht das Exzenter auf Mitte Hub (Abb. 341), der Schieber hält die beiden äußeren Kanäle geschlossen und überdeckt sie nach außen mit der „äußeren Überdeckung" e und nach innen mit der „inneren Überdeckung" i. Soll auf die linke Kolbenseite Dampf in den Zylinder eintreten, so muß sich zunächst der Schieber um das Maß e nach

rechts bewegen, hierbei wird der rechte Kanal ebenfalls, und zwar schon nach
dem Wege i geöffnet, aber mit dem Mittelkanal, also mit dem Auspuffrohr,
in Verbindung gebracht. Wenn der Kolben in seiner Endlage, also die Kurbel
im Totpunkte steht, ist wegen der Voreinströmung die Einströmung bereits
um ein kleines Maß (lineares Voreilen) geöffnet (Abb. 342), das Exzenter hat

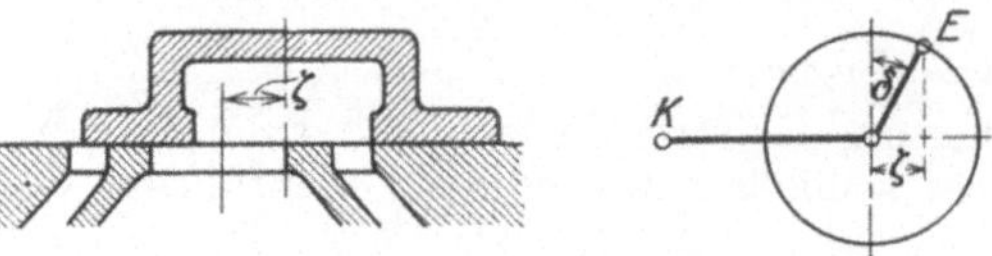

Abb. 342. Schieber in der Totpunktlage der Kurbel.

von seiner Mittellage einen bestimmten Winkel δ zurückgelegt,
es muß also der Kurbel um den
Winkel $90 + \delta$ voreilen, wobei
man δ den **Voreilungswinkel**
nennt.

Die Mängel dieser Steuerung
liegen hauptsächlich in dem langsamen Schließen, so daß am Schluß der Ein-
strömungsperiode namentlich bei hohen Kolbengeschwindigkeiten ein starker
Spannungsabfall durch Dampfdrosselung eintreten muß. Dieser Übelstand
läßt sich in gewissem Maße ver-
mindern durch Schieber besonderer
Art, wie z. B. durch den **Trick**-
schen **Kanalschieber** (Abb. 343).
Hier strömt der Dampf nicht nur
an der äußeren steuernden Kante,
sondern auch durch einen Hilfs-
kanal im Schieber von der anderen
Seite zu, so daß also die Quer-

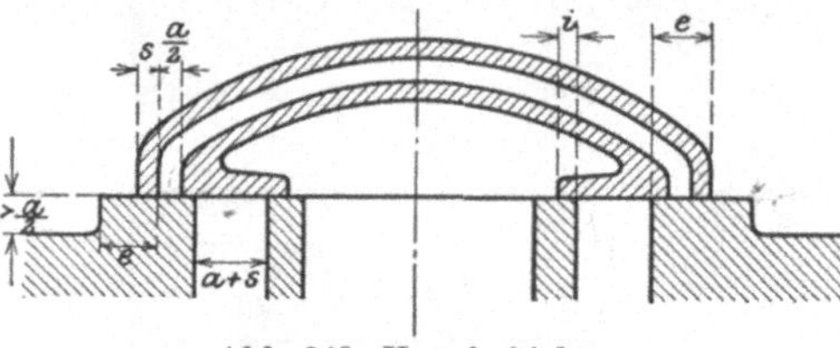

Abb. 343. Kanalschieber.

schnitte vergrößert werden oder unter sonst gleichen Verhältnissen der Schieber-
hub verkleinert wird.

Kolbenschieber. Die Flachschieber können sich bei hohen Dampftemperaturen
verziehen und undicht werden; außerdem ergeben sie bei hohen Dampfdrücken

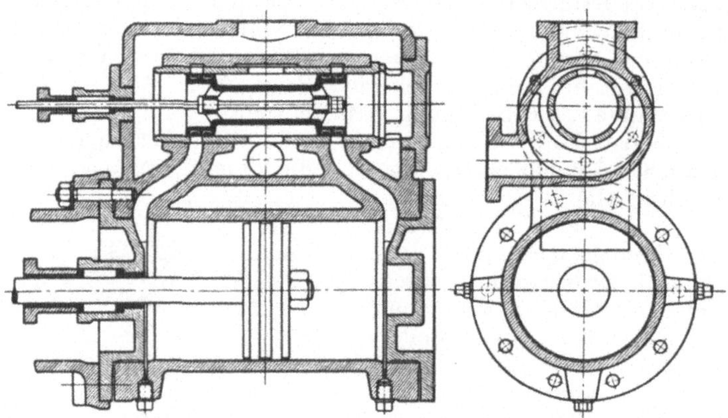

Abb. 344. Dampfzylinder mit Kolbenschieber.

und größeren Zylinderleistungen eine große Reibungsarbeit. Diese Nachteile
vermeidet man, wenn man den Schieber nicht auf einer ebenen Fläche, sondern
als geschlossenen Drehkörper in einer Zylinderfläche laufen läßt. Diese Kolbenschieber (Abb. 344) sind vollkommen entlastet, sie werden eingeschliffen oder
besser mit federnden Dichtungsringen versehen. Wegen der unvermeidlichen
Vergrößerung des schädlichen Raums sind sie nur bei mittelgroßen Zylindern
zweckmäßig.

Ventile. Hier sind Ein- und Auslaßorgane getrennt, also vier Dampfwege
vorhanden. Die Ventile werden als doppelsitzige Rohrventile (Abb. 345) ausgebildet und sitzen in einem Ventilkorb. In dieser Form sind sie fast vom Dampf-

druck entlastet und brauchen zum Öffnen nur einen kleinen Hub. Sie bestehen, wie der Ventilkorb, aus dichtem Grauguß und werden warm (unter Dampf) eingeschliffen. Damit der Dampf sie auf ihren Sitz drückt, müssen die Einlaßventile nach außen, die Auslaßventile nach innen öffnen. Die Bewegung erfolgt durch die Ventilspindel; jedes Ventil erhält einen besonderen Antrieb durch ein Exzenter, dessen Bewegung von einer neben dem Zylinder liegenden Steuerwelle abgeleitet wird, die über Kegelräder 1:1 mit der Kurbelwelle gleichläuft. Die Ausbildung der äußeren Steuerungsteile ist sehr mannigfaltig. Abb. 346 zeigt die Bewegung des Einlaßventils durch einen Nockenhebel, der, vom Exzenter bewegt, das Ventil anhebt, während es durch eine Feder wieder zurückgeführt wird. Für die Füllungsänderung werden vielfach Flachregler (vgl. S. 96) verwendet, die das Exzenter auf der Steuerwelle verdrehen, d. h. den Verteilungswinkel verändern.

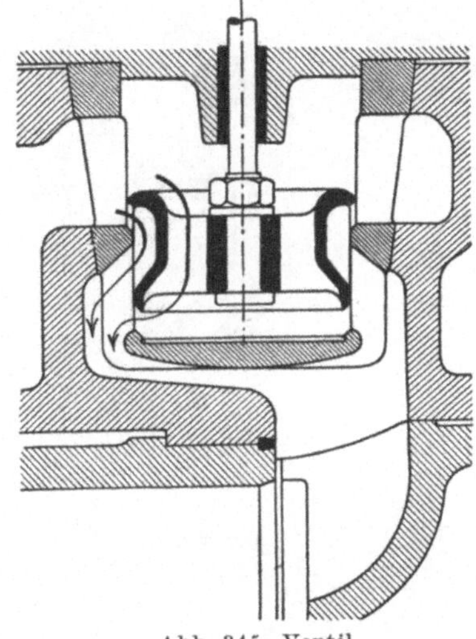

Abb. 345. Ventil.

Ventilsteuerungen sind im Vergleich zu den Schiebersteuerungen teurer und daher nur für große Maschinen am Platze; sie arbeiten aber genauer als diese und ergeben wegen des schnellen Ventilschlusses geringere Drosselverluste bei der Dampfeinströmung. Ein weiterer Vorteil ist die Trennung der Ein- und Auslaßorgane, weil der austretende durch Expansion abgekühlte Dampf nicht mehr die Einlaßwege benutzt und auskühlen kann. Als ein Nachteil ist die größere Empfindlichkeit

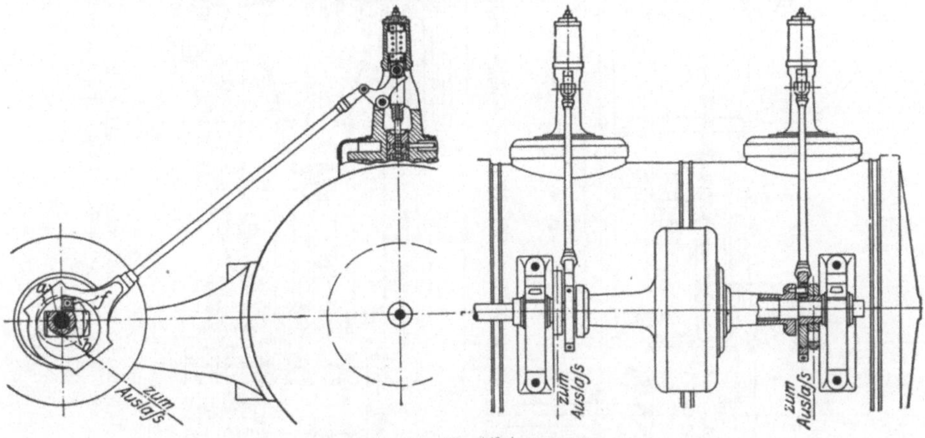

Abb. 346. Ventilsteuerung.

bei schnellem Gang hervorzuheben; im allgemeinen wendet man Ventile nur bei Drehzahlen bis 150 minutlich an.

Bauarten.

Einteilung. Nach der äußeren Bauart unterscheidet man liegende und stehende Maschinen. Abb. 347 zeigt eine liegende Maschine in der Ausführung der Dinglerschen Maschinenfabrik A.-G., Zweibrücken, die mit einer Zweikammer-Kolbenschieber-Expansionssteuerung (nach Doerfel) und Beeinflussung der Füllung durch einen Flachregler ausgebildet ist.

Für rasche Aufstellung und Inbetriebsetzung auf Baustellen ist die unter der Bezeichnung Lokomobile bekannte Anordnung derartiger liegender Dampfmaschinen unmittelbar auf dem Dampfkessel zu empfehlen. Hier übernimmt das Gewicht des wassergefüllten Kessels die sonst durch die Fundamentmasse bewirkte Dämpfung der Wirkung der pendelnden Triebwerkmassen. Abb. 348 zeigt eine Lokomobile der Maschinenfabrik R. Wolf A.G., Magdeburg-Buckau, mit Zwillingsanordnung der zweistufigen Zylinder und Überhitzung. Solche stationäre Lokomobilen werden bis 1000 PS gebaut; Lokomobilen kleiner Leistung sind meist fahrbar.

Für knappen Raum, wie auf Schiffen, sowie für Dampfkrane, Bagger, Dockpumpen und ähnliche Zwecke wird oft eine

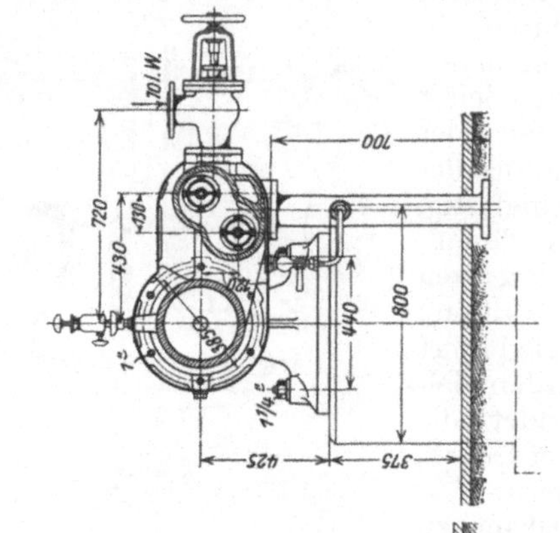

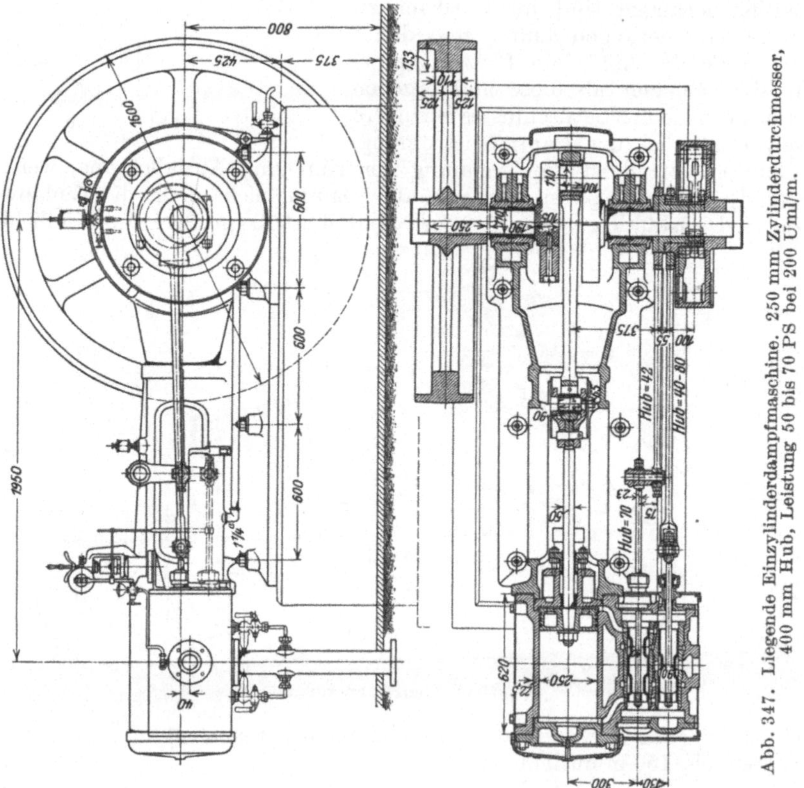

Abb. 347. Liegende Einzylinderdampfmaschine. 250 mm Zylinderdurchmesser, 400 mm Hub, Leistung 50 bis 70 PS bei 200 U/m/m.

stehende Anordnung der Maschine gewählt, wie als Beispiel Abb. 349 einer Dampfdynamo der Kieler Maschinenbau-A.G. vorm. Daevel mit Trick-Kolbenschieber und Flachregler zeigt. Für nur zeitweilige Benutzung wird oft einfache Ausführung und niedriger Preis einer besonders guten Wirtschaftlichkeit vorgezogen.

f) Dampfturbinen.

Wirkungsweise. Bei den Kolbendampfmaschinen wird das verfügbare Druckgefälle als potentielle Energie unmittelbar ausgenützt, der Dampf leistet

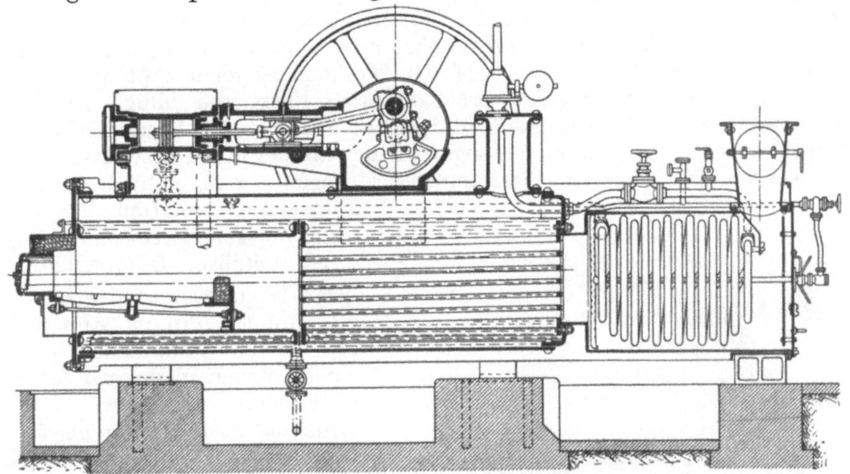

Abb. 348. Ortsfeste Heißdampf-Lokomobile.

während der ganzen Expansion Arbeit, indem er den Kolben vor sich herschiebt. Bei den Dampfturbinen wird durch den Dampfdruck zunächst Geschwindigkeit erzeugt. Es wird die potentielle Energie in besonderen Dampfdüsen (Leitvorrichtungen) ganz oder zum größten Teil in kinetische oder Strömungsenergie verwandelt und diese in einem Schaufelrad in mechanische Arbeit umgesetzt. Die Wirkungsweise im Schaufelrad ist prinzipiell die gleiche wie bei den Wasserturbinen (vgl. S. 99); der

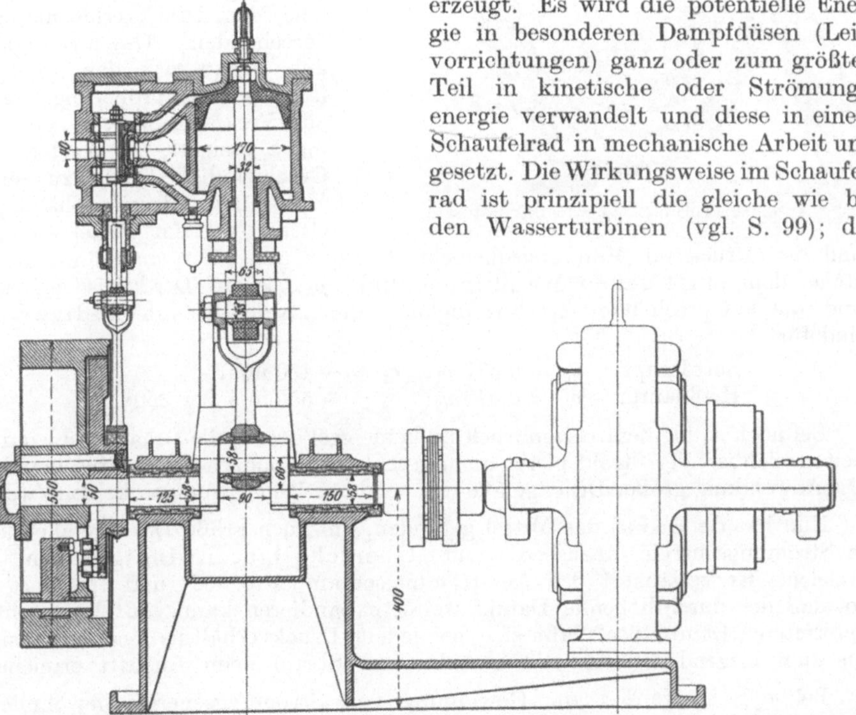

Abb. 349. Schnellaufende stehende Dampfdynamo für Schiffe, Baustellen usw. Leistung 8 PS bei 500 Umdr/min.

Dampfstrahl strömt an den Schaufeln (Abb. 350) entlang und erzeugt durch die Ablenkung den Schaufeldruck und dadurch das Drehmoment. Nur hat man es hier mit einem Medium zu tun, das mit wesentlich größerer Geschwindigkeit fließt und außerdem mit jeder Druckänderung auch sein Volumen ändert.

Der Dampf strömt ununterbrochen durch die Maschine, Steuerungsorgane sind nicht erforderlich; es wird unmittelbar eine drehende Bewegung erzeugt, der schwerfällige Kurbelmechanismus der Kolbenmaschinen fällt fort. Die Maschine wird deshalb einfach, verhältnismäßig klein und billig. Die Bedienungs- und Unterhaltungskosten sind gering. Da auch der Dampfverbrauch nicht größer, bei großen Einheiten sogar kleiner als bei den Kolbenmaschinen ist, so würden die Turbinen diese ganz verdrängen, wenn nicht bestimmte Betriebseigenschaften ihr Anwendungsgebiet einschränkten.

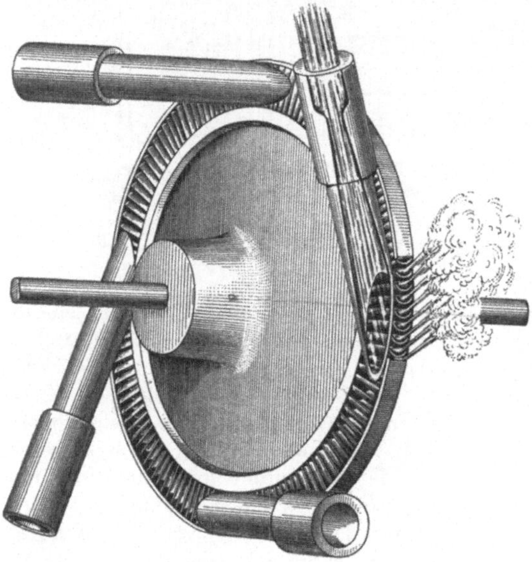

Dampfdüse, Leitvorrichtungen. Wenn Dampf durch eine gewöhnliche Öffnung (Abb. 351) aus einem Raum höheren in einen solchen niederen Druckes überströmt und zunächst der Druckunterschied klein gewählt wird, so expandiert er beim Durchströmen von p_1 auf p_2 und erreicht im Mündungsquerschnitt den Gegendruck p_2. Er tritt als geschlossener Strahl mit einer dem Druckverhältnis entsprechenden Geschwindigkeit aus. Wenn man das Druckgefälle durch Vergrößerung von p_1 oder Verkleinerung von p_2 immer mehr steigert, so wächst die Geschwindigkeit bis zu einer vom Anfangsdruck abhängigen Grenze von im Mittel 450 m/s

Abb. 350. Turbinenrad mit Dampfdüsen.

und der Druck im Mündungsquerschnitt bleibt auf einer unveränderlichen Höhe, dem „kritischen Mündungsdruck" p_k, stehen. Der kritische Druck und die entsprechende Geschwindigkeit, die „Schallgeschwindigkeit", sind für

$$\text{Sattdampf} \qquad p_k = 0{,}577\,p_1; \quad c_s = \sim 450\,\text{m/s},$$
$$\text{Heißdampf} \qquad p_k = 0{,}546\,p_1; \quad c_s = \sim 550\,\text{m/s bei } 350^0\,\text{C}.$$

Bei noch so kleinem Gegendruck ist keine größere als die Schallgeschwindigkeit erreichbar, der Strahl bleibt nicht geschlossen, sondern flattert auseinander. Die Anwendung großer Druckgefälle hat bei derartigen Öffnungen keinen Zweck.

Nun hat de Laval das Mittel gefunden, um auch große Druckgefälle ganz in Strömungsenergie umzusetzen und „Überschallgeschwindigkeiten" zu erzielen. Er verlängert das Ausströmungsorgan (Abb. 352) und erweitert es so, daß der durchfließende Dampf weiter expandieren kann. In einer richtig geformten „Dampfdüse" läßt sich bei jedem Druckverhältnis eine Expansion bis zum Gegendruck und ein geschlossener Strahl beim Austritt erreichen.

Bei $p_2 > p_k$ werden zur Gewinnung von Strömungsenergie gewöhnliche Durchflußorgane verwendet, die stets zu mehreren nebeneinander liegend (Leitapparat, Leitrad) schräg gegen die Radebene gerichtet sind. Bei großen Druckgefällen $p_2 < p_k$ ist für diese Leitapparate die Form der de Lavalschen Dampfdüsen erforderlich.

In beiden Fällen wird dann das ganze Druckgefälle mit dem Arbeitswert L_0 für 1 kg Dampf in Strömungsenergie von der Geschwindigkeit c_0 umgesetzt, es ist also

$$L_0 = \frac{c_0^2}{2g}. \tag{22}$$

Dieser Wert ist graphisch im $p\,v$-Diagramm (Abb. 353) durch die Fläche $ABCD$ dargestellt; v_1 und v_2 sind die spezifischen Volumina (m³/kg) für den

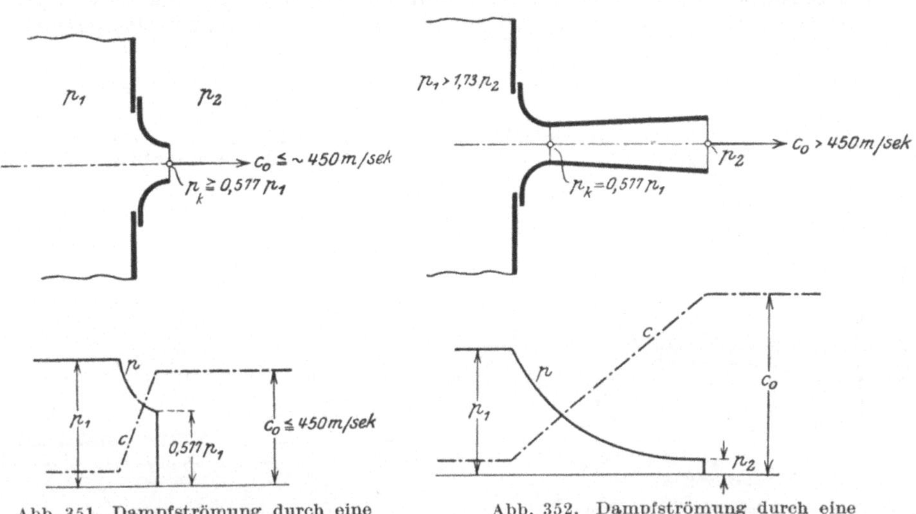

Abb. 351. Dampfströmung durch eine zylindrische Öffnung.

Abb. 352. Dampfströmung durch eine erweiterte Düse.

Anfangs- und Endzustand. Die Expansionslinie BC verläuft adiabatisch (vgl. S. 126) und entspricht der Gleichung $p \cdot v^k =$ konst. Nach dem Diagramm ist

$$L_0 = ABCD$$
$$= ABB_1A_1 + BCC_1B_1 - DCC_1A_1,$$
$$L_0 = \frac{c_0^2}{2g} = p_1 v_1 + \int p\,dv - p_2 v_2, \tag{23}$$

wo p in kg/m² zu messen ist, um die Arbeit in kgm zu erhalten.

Unter Benutzung der Gleichung der Adiabate

$$p_1 v_1^k = p_2 v_2^k$$

läßt sich der Ausdruck auf die Form bringen

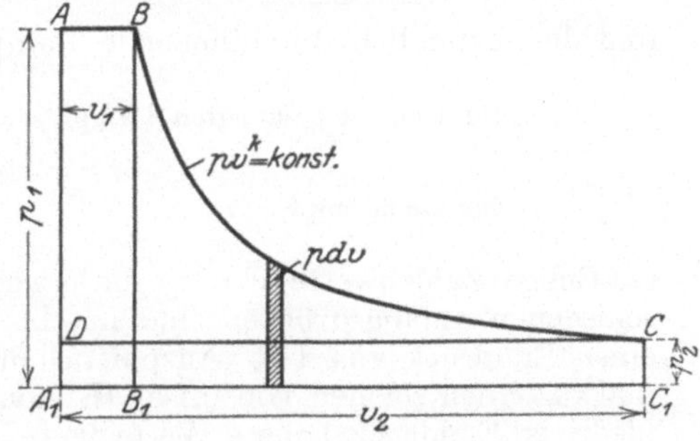

Abb. 353. Dampfdiagramm.

$$L_0 = \frac{c_0^2}{2g} = \frac{k}{k-1} p_1 v_1 \left[1 - \left(\frac{p_2}{p_1} \right)^{\frac{k-1}{k}} \right], \tag{24}$$

$$c_0 = \sqrt{2g L_0} = \sqrt{2g \frac{k}{k-1} p_1 v_1 \left[1 - \left(\frac{p_2}{p_1} \right)^{\frac{k-1}{k}} \right]}, \tag{25}$$

hierbei ist [vgl. Gleichung (12), S. 126]

$$k = 1,135 \text{ für trocken gesättigten Dampf,}$$
$$k = 1,33 \text{ für Heißdampf.}$$

Ist F (m) der engste Querschnitt der erweiterten oder der Mündungsquerschnitt der nicht erweiterten Düse und fließen G kg Dampf sekundlich durch, so ist

$$F \cdot c = G \cdot v,$$

$$G = F \cdot \frac{c}{v} = \frac{F}{v_1} \cdot \left(\frac{p}{p_1}\right)^{\frac{1}{k}} \cdot c = F \sqrt{2g \frac{k}{k-1} \frac{p_1}{v_1}\left[\left(\frac{p}{p_1}\right)^{\frac{2}{k}} - \left(\frac{p}{p_1}\right)^{\frac{k+1}{k}}\right]}.$$

Der Ausdruck wird ein Maximum, wenn der Klammerausdruck unter dem Wurzelzeichen ein Maximum ist, und das ist der Fall für den (kritischen) Druck

$$p = p_k = p_1 \left(\frac{2}{k+1}\right)^{\frac{k}{k-1}},$$

also für trocken gesättigten Dampf mit . . $k = 1{,}135,\quad p_k = 0{,}577\, p_1,$
für Heißdampf . . . . $k = 1{,}33,\quad p_k = 0{,}546\, p_1.$

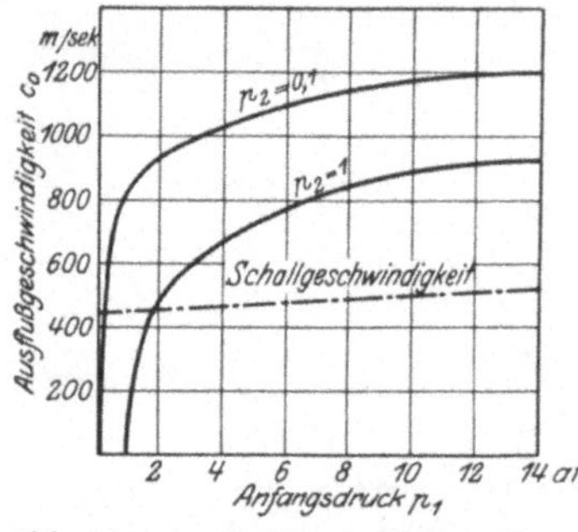

Abb. 354. Ausflußgeschwindigkeiten bei verschiedenen Druckgefällen.

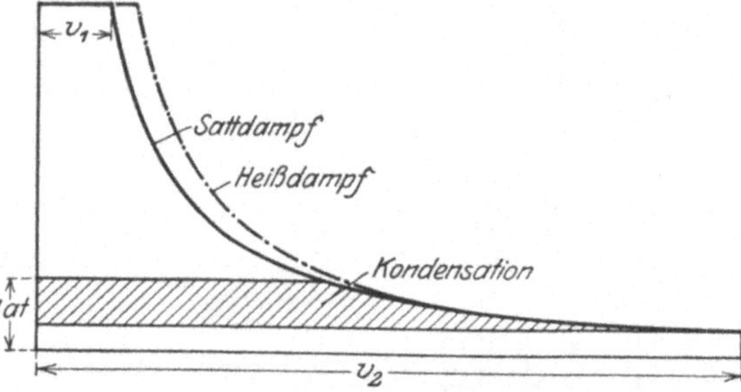

Abb. 355. Dampfdiagramm.

Mit diesem Wert ergibt sich die Größtgeschwindigkeit in diesem Querschnitt

für trocken gesättigten Dampf . . . $c_s = 3{,}23 \sqrt{p_1 v_1}$ (p in kg/m²),
für Heißdampf . . . . $c_s = 3{,}33 \sqrt{p_1 v_1}$

und die sekundlich durchfließende Dampfmenge

für trocken gesättigten Dampf . . . $G = 1{,}99\, F \sqrt{\dfrac{p_1}{v_1}}$ (p in kg/m²),

für Heißdampf . . . . $G = 2{,}1\, F \cdot \sqrt{\dfrac{p_1}{v_1}}.$

Einige Zahlenwerte von c_0 für erweiterte Düsen und Sattdampf bei verschiedenen Anfangsdrücken sind in Abb. 354 dargestellt, und zwar einmal für einen Enddruck von 1 at (Auspuffturbinen, für Abdampfverwertung) und einmal für einen solchen von 0,1 at (Kondensationsturbinen). Man sieht, daß ein niedriger Enddruck höhere Werte von c_0 liefert; auch das Diagramm Abb. 355 zeigt, daß bei Kondensation ein großer Arbeitsgewinn (schraffierte Fläche) entsteht. Es ist daher immer vorteilhaft, mit einem möglichst großen Vakuum (bis 98%) zu arbeiten. Auch Heißdampf ist vorteilhaft; die Diagrammfläche wird größer, weil das spezifische Volumen des Heißdampfes (vgl. S. 125), also hier v_1, größer ist als bei Sattdampf. Deshalb, und weil die geringste Dampfnässe die Düsen und Schaufeln zerstört, werden Dampfturbinen stets mit möglichst hoher Überhitzung betrieben. Auch sonst zeigt das Diagramm, daß die Arbeitsausnutzung des Dampfes theoretisch vollkommener ist als bei Kolbenmaschinen, denn einmal reicht die Expansion bis zum Gegendruck, was bei Kolbenmaschinen zwar möglich, aber wegen des sehr langen Hubes unpraktisch wäre, andererseits fehlt die Kompression.

Die ermittelte Dampfgeschwindigkeit c_0 gilt für die verlustfreie Düse; in Wirklichkeit treten Reibungsverluste auf, die die Geschwindigkeit herabsetzen auf

$$c_1 = \varphi \cdot c_0, \tag{26}$$

wobei $\varphi = 0{,}9$ bis $0{,}97$ ist, je nach der Länge und Erweiterung der Düse. Sehr glatte Innenflächen sind notwendig, man verwendet für die Düsen Stahl mit polierten Innenflächen und macht den Austrittsquerschnitt rechteckig, um den Strahl den Laufradzellen anzupassen.

Laufrad. Der Umfang des Laufrades (vgl. Abb. 350) ist ganz mit Schaufeln aus Nickelstahl, im Niederdruckteil oft auch aus Sonderbronze, besetzt, die zur guten Führung des Dampfstrahls einen sehr geringen Abstand (5 bis 20 mm) erhalten. Der Dampf strömt bei den meisten Systemen in axialer Richtung (Axialturbinen), bei einzelnen auch in radialer Richtung (Radialturbinen) durch den Schaufelkranz.

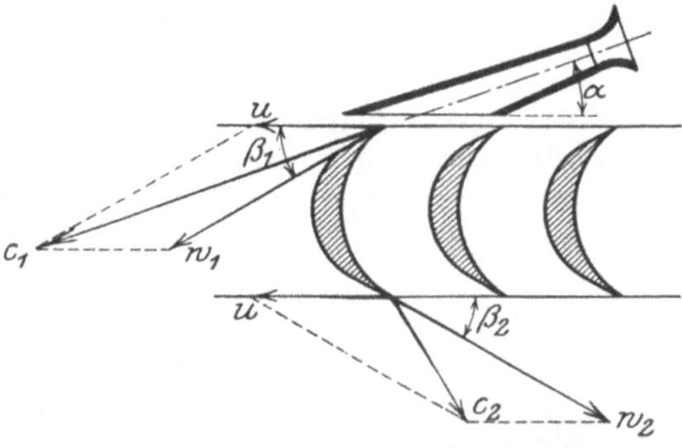

Abb. 356. Geschwindigkeitsverhältnisse.

Es können ferner alle Schaufelkanäle oder nur einzelne mit Dampf gefüllt sein (volle oder teilweise Beaufschlagung). Endlich ist zu unterscheiden zwischen Gleichdruck- und Überdruckturbinen; bei den ersteren geht der Dampf mit gleichem Druck als freier Strahl durch das Rad, bei den letzteren tritt er mit Überdruck ein und expandiert in den Schaufelkanälen. Von den Gleichdruckturbinen mit axialer Beaufschlagung soll hier zunächst die Rede sein.

Der unter $\sphericalangle\,\alpha$ schräg gegen die Radebene gerichtete Dampfstrahl (Abb. 356) tritt aus Düsen oder Leitvorrichtungen mit der absoluten Geschwindigkeit c_1 in das Rad ein und mit der Geschwindigkeit c_2 aus. Der diesen Geschwindigkeiten entspre-

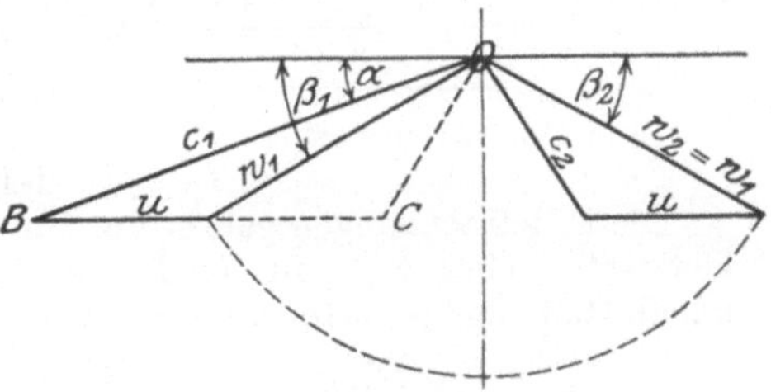

Abb. 357. Geschwindigkeitsverhältnisse.

chende Energieunterschied wird an das Laufrad abgegeben; es ist die Arbeit für 1 kg Dampf in mkg/s

$$L_i = \frac{c_1^2 - c_2^2}{2\,g} \tag{27}$$

oder in PS$_i$ für G kg/s Dampf

$$N_i = \frac{G \cdot L_i}{75}. \tag{28}$$

Die Umfangsgeschwindigkeit des Laufrades ist so zu wählen, daß der Dampf stoßfrei eintritt. Diese Bedingung ist erfüllt, wenn die absoluten Geschwindigkeiten c_1 bzw. c_2, die relativen Geschwindigkeiten im Schaufelkanal w_1 bzw. w_2 und die Umfangsgeschwindigkeit u für Ein- und Austritt geschlossene Dreiecke bilden. Trägt man von einem Pol O (Abb. 357) die Geschwindigkeiten nach Größe und Richtung auf, so erhält man einen übersichtlichen Geschwindigkeitsplan. Für reibungsfreie Strömung ist $w_1 = w_2$ (bei Gleichdruckturbinen). Gewöhnlich macht man die Schaufelwinkel auf der Ein- und Austrittseite gleich, also $\beta_1 = \beta_2$. Unter diesen Annahmen kann der Einfluß verschiedener Größen auf die Arbeitsausnutzung festgestellt werden. Der Schaufelwirkungsgrad ist das Verhältnis der abgegebenen zur verfügbaren Energie, also

$$\eta_u = \frac{c_1^2 - c_2^2}{c_1^2}. \tag{29}$$

Klappt man im Geschwindigkeitsplan (Abb. 357) das Geschwindigkeitsdreieck der Austrittseite um die Polachse um, so erhält man aus dem großen Dreieck OBC nach dem Kosinussatz

$$c_2^2 = c_1^2 + (2\,u)^2 - 2 \cdot c_1 \cdot 2\,u \cdot \cos\alpha \tag{30}$$

und entsprechend zusammengezogen für den Schaufelwirkungsgrad

$$\eta_u = 4\,\frac{u}{c_1}\left(\cos\alpha - \frac{u}{c_1}\right). \tag{31}$$

Die Abhängigkeiten sind in Abb. 358 für verschiedene Eintrittswinkel graphisch aufgetragen. Man erkennt, daß ein kleines α günstig ist; praktisch kann man heruntergehen bis auf $\alpha = 10^0$. Ferner sieht man, daß die günstigste Umfangsgeschwindigkeit zwischen $^1/_3$ und $^1/_2\,c_1$ liegt. Daraus folgt, daß Turbinen nur bei großen Geschwindigkeiten vorteilhaft arbeiten können.

Der Größtwert von η_u findet sich aus einer Maximumuntersuchung für

$$\frac{u}{c_1} = \frac{1}{2}\cos\alpha\,,$$

so daß im Grenzfall mit $\alpha = 0$ sein müßte

$$u = \frac{1}{2}\,c_1\,, \text{ entsprechend } \eta_{u\,\text{max}} = 1\,.$$

Außerdem ist ein Erfordernis für $\eta_{u\,\text{max}}$, daß der Dampfstrahl seine Richtungswirkung vollständig auf die Schaufel abgibt, also in axialer Richtung austritt, d. h., daß $c_2 \perp u$ ist.

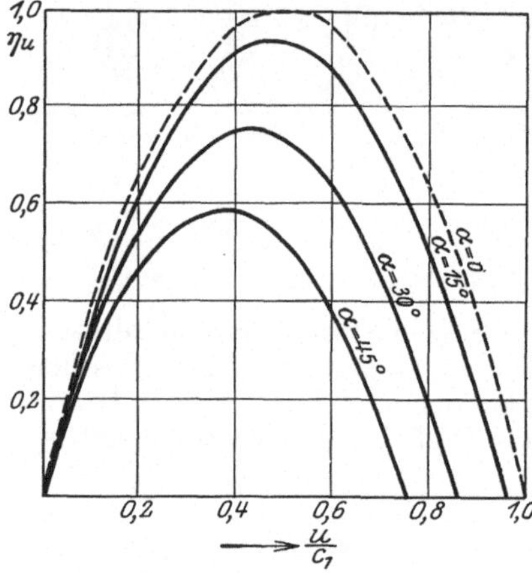

Abb. 358. Wirkungsgrade η_u.

Diese Betrachtungen gelten nur für die verlustfreie Strömung. In Wirklichkeit treten, ebenso wie in den Düsen und Leitvorrichtungen, auch im Schaufelkanal Reibungsverluste auf, die w_2 herabsetzen auf

$$w_2 = \psi \cdot w_1, \tag{32}$$

worin $\psi = 0,7$ bis $0,9$ (im Mittel $= 0,8$) anzunehmen ist.

Weitere, aber wesentlich geringere Verluste entstehen durch die Reibung der Laufradscheibe in dem umgebenden Dampf und durch die nicht beaufschlagten Radschaufeln, da diese wie ein Ventilator wirken und die umgebenden Dampfschichten herumwirbeln. Deshalb sind durch ganze Leitapparate voll beaufschlagte Laufräder stets vorteilhafter als durch einzelne Düsen teilweise beaufschlagte oder: je größer die Dampfmenge, um so besser der Wirkungsgrad.

Einstufige Druckturbine. Diese hier nur zum Verständnis der weiteren Ausführungen besprochene von de Laval durchgebildete Konstruktion, die anschaulich und schematisch Abb. 359 zeigt, stellt das denkbar einfachste System dar. In einer oder mehreren parallel geschalteten Düsen wird der Dampf voll expandiert und auf die größtmögliche Geschwindigkeit gebracht. In einem einzigen Laufrad wird die ganze Energie verarbeitet; der Dampf strömt dann aus dem das Rad umgebenden Gehäuse ins Freie oder in den Kondensator. Leider haften dem System Mängel an, die seine Verwendbarkeit beschränken: Um eine gute Dampfausnutzung im Laufrade zu erhalten, ist der Geschwindigkeitsplan (vgl. Abb. 356) so zu entwerfen, daß der Austrittsverlust, also die Austrittsgeschwindigkeit c_2 möglichst klein wird. Das ist aber nur durch die Wahl einer großen Umfangsgeschwindigkeit u erreichbar, die, wie die Wirkungsradkurven in Abb. 358 zeigen, zwischen $1/3$ und $1/2\,c_1$ liegen muß. Bei einer Dampfgeschwindigkeit von 1200 m/s würde demnach das Rad mit mehr als 400 m/s Umfangsgeschwindigkeit laufen müssen. Bei so ungeheuren Geschwindigkeiten lassen sich die Spannungen im Radkörper nicht mehr in den zulässigen Grenzen halten, bei dem besten Material dürften 400 m/s die Grenze sein. Der großen Umfangsgeschwindigkeit entspricht eine große Drehzahl, die nur bei sehr großen, aber praktisch unmöglichen, Rädern auf ein brauchbares Maß gebracht werden könnte. Laval verwendet nur kleine Räder und nimmt hohe Drehzahlen (bis 30000) in Kauf, verbindet aber mit der Maschine ein Rädergetriebe mit einer

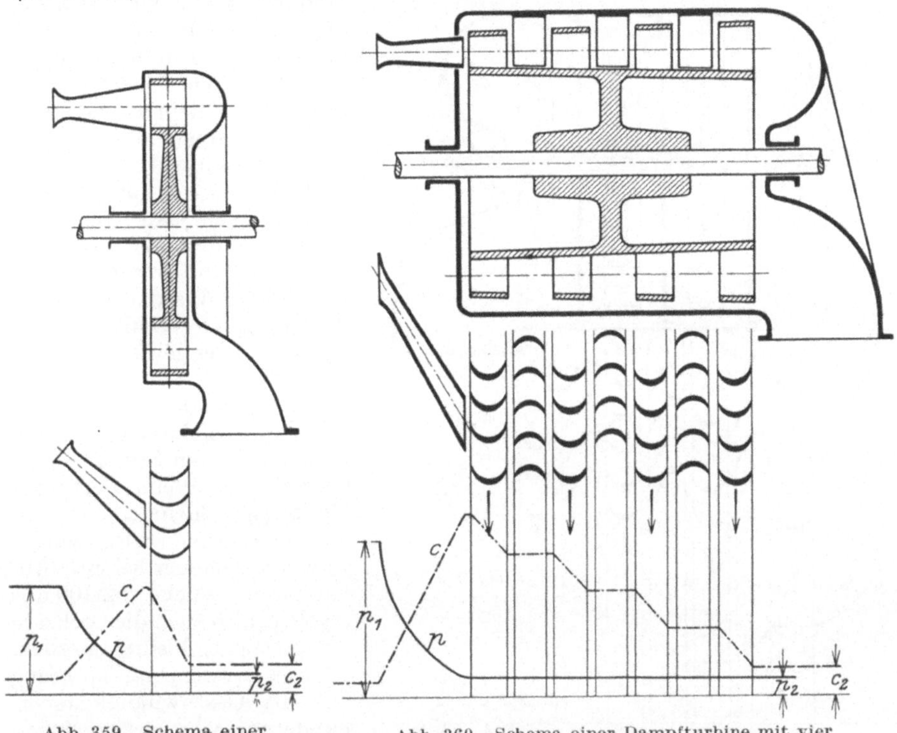

Abb. 359. Schema einer einstufigen Dampfturbine.

Abb. 360. Schema einer Dampfturbine mit vier Geschwindigkeitsstufen.

Übersetzung von 1 : 10 bis 1 : 14, um eine in brauchbaren Grenzen laufende Abtriebswelle zu erhalten. Wegen dieser Zahnräder, die sehr breit und sehr genau ausgeführt werden und in Öl laufen müssen, konnte damals eine solche Turbine nur für Leistungen bis 300 PS ausgeführt werden. Sie wird heute nicht mehr gebaut.

Mehrstufige Turbinen. Die weitere Entwicklung des Turbinenproblems läuft darauf hinaus, die Radgeschwindigkeit zu ermäßigen, um auch bei kleinen Rädern brauchbare Drehzahlen (im allgemeinen $\leqq$ 3000) zu erhalten. Dies wird dadurch erreicht, daß die ganze Energie des Dampfes nicht in einem, sondern in mehreren Schaufelkränzen bzw. Laufrädern umgesetzt wird. Es kommen hierfür zwei Möglichkeiten in Betracht, die Geschwindigkeitsabstufung und die Druckabstufung.

Geschwindigkeitsabstufung. Bei diesem System wird der Dampf, wie bei der Laval-Turbine in den Einströmdüsen ganz entspannt, die gewonnene große Geschwindigkeit aber nicht in einem, sondern in mehreren Laufrädern in Arbeit umgesetzt, an deren Stelle gewöhnlich mehrere Schaufelkränze auf einem gemeinsamen Laufrad angeordnet werden, wie schematisch, und zwar in starker Verbreiterung, in Abb. 360 für vier Stufen dargestellt ist. In dem ersten Schaufelkranz würde der Dampf hier etwa ein Viertel seines möglichen Geschwindigkeitsgefälles verlieren (vgl. c-Kurve) und mit noch großer Geschwindigkeit dem zweiten Laufkranz zuströmen. Damit er diesen richtig beaufschlagt, muß er durch feste Leitschaufeln umgelenkt werden; eine Geschwindigkeitsänderung findet in diesen, wenn von den Reibungsverlusten abgesehen wird, nicht statt. Im zweiten Laufkranz verliert er dann wieder ein Viertel seiner Geschwindigkeit, und gelangt dann durch feste Leitschaufeln zum dritten Kranz usw. Der Druck- und Geschwindigkeitsverlauf ist in Abb. 360 unten aufgetragen. Da dieselbe Dampfmenge in der gleichen Zeit durch alle Stufen hindurch muß, die Geschwindigkeit aber kleiner wird, so müssen die Durchströmquerschnitte durch höhere Schaufelkränze entsprechend vergrößert werden.

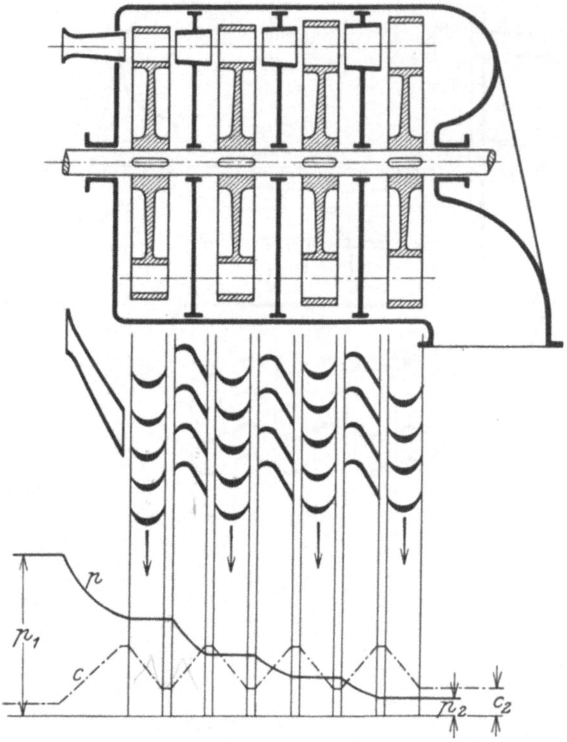

Bei der einstufigen Turbine nach Abb. 359 mußte der Geschwindigkeitsplan für eine große Umfangsgeschwindigkeit u entworfen werden, um eine kleine Austrittsgeschwindigkeit c_2 zu erhalten. Hier kann u kleiner gewählt werden, denn die in den einzelnen Stufen entstehende größere Austrittsgeschwindigkeit c_2 wird ja in den nächsten Stufen weiter ausgenutzt. Wenn dort eine Umfangsgeschwindigkeit von 400 m/s zugrunde gelegt wurde, so würde sich hier bei vier Stufen nur eine solche von 100 m/s ergeben, also auch die Drehzahl entsprechend kleiner werden.

Dies System ist in bezug auf die Geschwindigkeitsverminderung sehr wirksam, man kommt in Vergleich zu späteren Systemen mit wenig Stufen

Abb. 361. Schema einer Dampfturbine mit vier Druckstufen.

aus. Es hat ferner den Vorteil, daß Druck und Temperatur im Gehäuse klein und unveränderlich sind, aber den Nachteil, daß bei den langen Dampfwegen mit zum Teil sehr großen Geschwindigkeiten große Reibungsverluste entstehen. Eine mehr als vierfache Geschwindigkeitsabstufung ist nicht wirtschaftlich; meist begnügt man sich mit zwei oder drei Stufen.

Druckabstufung. Dies System (Abb. 361) stellt eine Hintereinanderschaltung mehrerer einstufiger Turbinen dar, von denen jede einzelne einen Teil des gesamten Druckgefälles verarbeitet. Vor dem ersten Rad expandiert der Dampf in den ersten Düsen oder Leitvorrichtungen nur wenig, nimmt also auch nur eine geringe Geschwindigkeit an; diese wird in diesem ersten Laufrad bis auf einen kleinen Rest verbraucht. Beim Überströmen in die zweite Kammer findet eine weitere Expansion und dadurch erneute Aufnahme von Strömungsenergie statt, die im zweiten Laufrad verbraucht wird. In gleicher Weise wiederholt sich der Vorgang, bis der Dampfdruck in der letzten Stufe auf den niedrigsten Druck gesunken ist. Den kleinen Druckgefällen in jeder Stufe entsprechen kleine Dampfgeschwindigkeiten, so daß auch bei bestem Wirkungsgrad kleine Radgeschwindigkeiten entstehen. Da das Dampfvolumen von Stufe zu Stufe wächst, müssen die Durchströmungsquerschnitte durch größere Beaufschlagung und höhere Schaufeln vergrößert werden.

Um die Wirkung der Druckabstufung zu beurteilen, werde angenommen, daß die Gesamtarbeit auf alle Räder gleichmäßig verteilt sei. In dem Gesamtdiagramm Abb. 362 mit dem Arbeitswert L würden dann die flächengleichen Abschnitte L_1, L_2, L_3 usw. die Arbeiten der einzelnen Stufen darstellen. Aus den Einzeldiagrammen ist das Druckgefälle und das Dampfvolumen zu entnehmen. Bei z Stufen entfällt auf jedes Rad die Arbeit

$$L_1 = L_2 = L_3 = \ldots \frac{L}{z}$$

und die Dampfgeschwindigkeit

$$c_z = \sqrt{2\,g\,\frac{L}{z}} = \frac{c_1}{\sqrt{z}}, \qquad (33)$$

wenn c_1 für die Einstufenturbine gelten würde. Nimmt man für letztere, wie früher, $c_1 = 1200$ m/s an und wählt überall die Umfangsgeschwindigkeit $u = 0{,}4\,c_1$ entsprechend Abb. 356, so ergeben sich für mehrstufige Turbinen die in der folgenden Zahlentafel enthaltenen Werte.

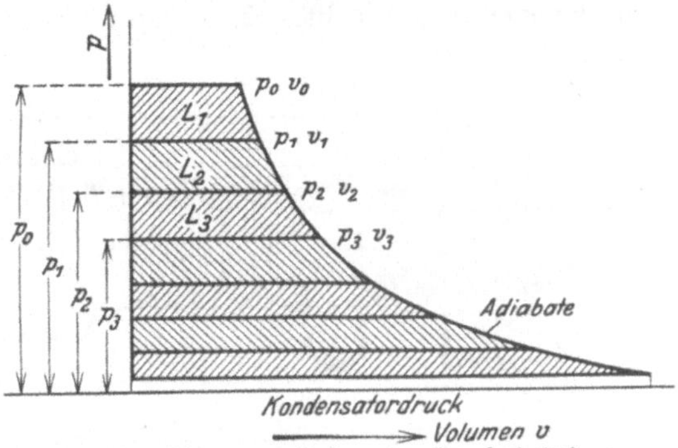

Abb. 362. Diagrammflächen der Druckabstufung.

Will man 100 m/s Umfangsgeschwindigkeit nicht überschreiten, so sind nach der Tabelle 16 Leit- und Laufräder erforderlich, während bei der Geschwindigkeitsabstufung vier genügten. Die Turbine wird also länger und teurer. Auch die Radreibungs- und Ventilationsverluste werden bei der großen Räderzahl größer, dagegen die Dampfreibungsverluste infolge der kleinen Dampfgeschwindigkeiten soviel geringer, daß der Wirkungsgrad besser und der Dampfverbrauch kleiner ist als bei der reinen Geschwindigkeitsabstufung.

Zahlenbeispiel.

Stufenzahl z	Dampfgeschwindigkeit c_1 m/s	Radgeschwindigkeit $u = 0{,}4\,c_1$ m/s
1	1200	480
2	850	340
4	600	240
16	300	120
32	212	85

Überdruckturbinen. Bei diesem System, das stets mehrstufig angeordnet wird, expandiert der Dampf nicht nur in den Leitradkanälen, sondern auch in den Laufradzellen. Er geht also mit beschleunigter Relativbewegung ($w_2 > w_1$) durch das Laufrad. Dessen Kanäle müssen nach der Ausströmungsseite verengt sein; da es sich immer um kleine Druckgefälle und Unterschallgeschwindigkeiten handelt, sind düsenartige Erweiterungen nicht erforderlich.

Wenn aus einem Gefäß mit Überdruck Dampf ins Freie austritt, so ist durch die Expansion im Mündungsquerschnitt der Überdruck auf diese Querschnittsfläche verringert, im Gefäß aber noch vorhanden. Auf der der Mündung gegenüberliegenden Wandfläche bleibt demnach ein freier Überdruck, der expandierende Dampf findet hier gewissermaßen seinen Stützpunkt und erzeugt einen Rückdruck oder eine Reaktion im Gefäß, ganz ähnlich wie beim Abschießen eines Geschoßes ein Rückstoß im Lauf entsteht.

Genau so liegen die Erscheinungen, wenn der Dampf in dem Schaufelkanal eines Laufrades expandiert und die Eintrittsgeschwindigkeit sehr klein angenommen wird. Die Expansionsarbeit erzeugt die relative Austrittsgeschwindigkeit w_2 und der dadurch entstehende Rückdruck auf die Schaufel das Drehmoment.

Turbinen mit reiner Reaktionswirkung sind bisher nicht gebaut. Bei den ausgeführten Systemen ist stets ein Leitrad vorgeschaltet, aus dem der Dampf durch seine Expansion Strömungsenergie auf das Laufrad äußert. Ist einem zusammengehörigen Leit- und Laufrad die Dampfenergie L zur Verfügung gestellt, so wird hiervon im Leitrad der Teil

$$L_1 = \frac{c_1^2 - c_2^2}{2\,g}$$

und im Laufrad der Rest

$$L_2 = \frac{w_2^2 - w_1^2}{2\,g}$$

zur Expansion gebracht. Es arbeitet die Turbine teils als Gleichdruck-, teils als Überdruckturbine.

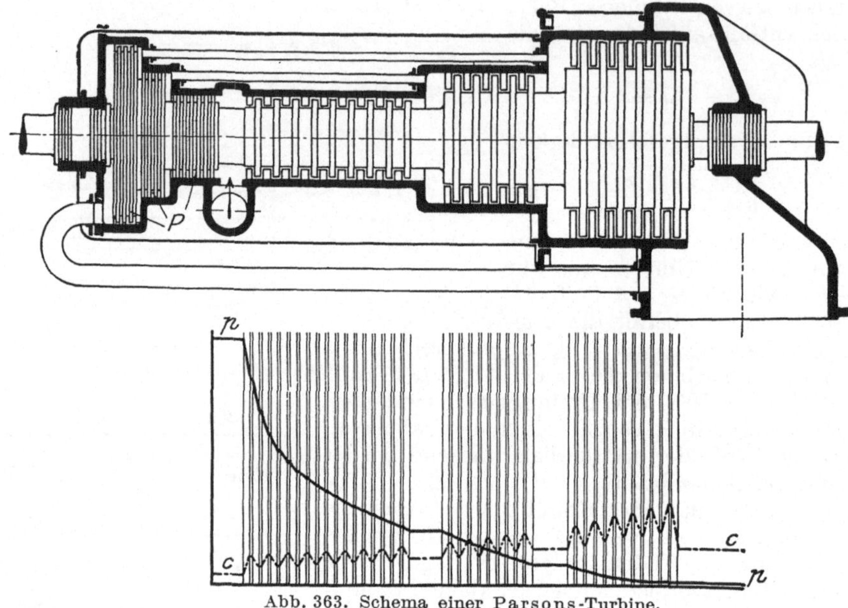

Abb. 363. Schema einer Parsons-Turbine.

Das Verhältnis L_2/L ist der Reaktionsgrad, er wird gewöhnlich zu $^1/_2$ gewählt, also

$$L_1 = L_2 = \frac{L}{2}\,.$$

Ein Vergleich mit der Gleichdruckturbine, die im Leitrad (oder in Düsen) die ganze Arbeit L in Strömungsenergie umsetzt, ergibt dann für die Eintritts- und günstigste Umfangsgeschwindigkeit bei der

Gleichdruckturbine $c_1 = \sqrt{2\,g\,L}$; $\qquad u = 0{,}5\,c_1$,

Überdruckturbine $c_1' = \sqrt{2\,g\,\dfrac{L}{2}} = \dfrac{c_1}{\sqrt{2}} = 0{,}7\,c_1$; $\qquad u' = c_1' = 0{,}7\,c_1 = 1{,}4\,u$.

Solche Überdruckturbinen haben also die 1,4fache Umfangsgeschwindigkeit, als Gleichdruckturbinen bei gleichem Druckgefälle.

Ein weiterer Nachteil ist der Überdruck vor jedem Laufrad. Er hat zur Folge, daß der Dampf durch den Spalt zwischen Schaufelkranz und Gehäuse zu entweichen sucht (Spaltverlust), es müssen ferner alle Räder voll beauf- schlagt werden, und es entsteht endlich ein Axialschub für die Welle. Um eine kleine Umfangsgeschwindigkeit und einen geringen Spaltdruck zu erhalten, muß das gesamte Druckgefälle weit unterteilt, also die Turbine mit sehr großer Stufenzahl ausgeführt werden.

Mit glänzendem Erfolg hat der Engländer Parsons dies System durch- gebildet. Er läßt den Dampf in 30 bis 80 Druckstufen arbeiten. Die Lauf- radschaufeln sind, wie schematisch in Abb. 363 dargestellt, auf einer gemeinsamen Lauftrommel angeordnet, dazwischen liegen die vollkränzigen Leitschaufeln, die am Gehäuse befestigt sind. Dem wachsenden Dampfvolumen entsprechend, werden die Schaufelkränze von Stufe zu Stufe höher gemacht und dann absatzweise im Durchmesser vergrößert, so daß ein Hochdruck-, Mittel- und Niederdruckteil entsteht. Der Achsschub wird durch drei Ausgleichkolben P aufgenommen, die durch Rohre oder Kanäle unter Dampfdruck gebracht werden und am Gehäuse mit Labyrinthdichtung versehen sind. Den Druck- und Geschwindigkeitsverlauf läßt die graphische Darstellung erkennen; die Geschwindigkeit steigt im Leitrad und fällt im Laufrad, aber infolge der Expansion nicht so stark wie bei den Gleichdruckrädern, so daß allmählich ein Ansteigen eintritt. Die Umfangsgeschwindigkeiten betragen nur 30 bis 40 m/s in den Hochdruck- und 70 bis 100 m/s in den Niederdruckstufen. Die kleinen Dampfgeschwindigkeiten rufen trotz der langen Dampfwege nur geringe Reibungsverluste hervor; da ferner alle Schaufelkanäle mit Dampf gefüllt sind, so sind die Wirbel- und Ventilationsverluste klein. Im ganzen hat diese Turbine einen etwas geringeren Dampfverbrauch als die reine Gleichdruckturbine, aber eine größere Baulänge.

Bauarten.

Bei Beginn der Entwicklung der Dampfturbinen, die nach 1900 stark einsetzte, wurden von verschiedenen Konstrukteuren (Parsons, de Laval,

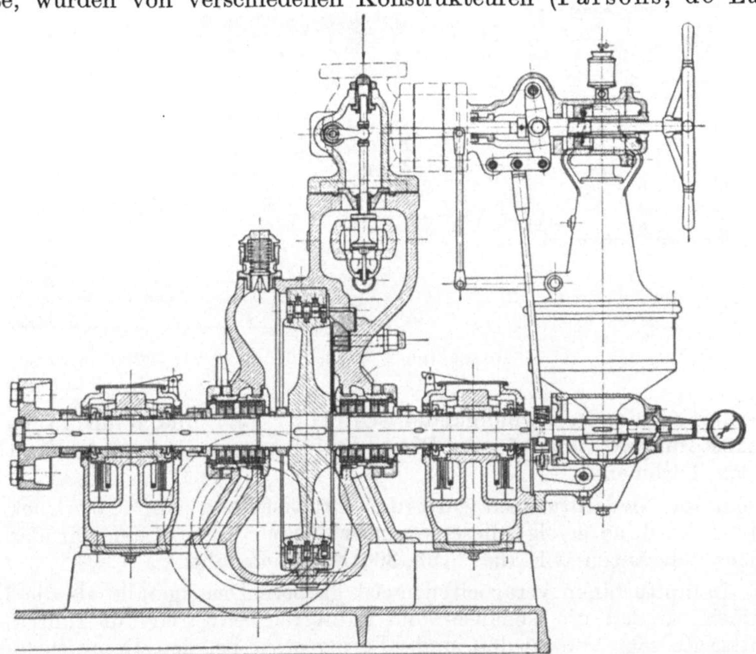

Abb. 364. Gegendruck-Hilfsturbine von Weise Söhne bei 2900 Uml/min bis 400 PS.

Zoelly, Rateau, Curtis u. a.) die besprochenen Systeme ausgebildet. Allmählich hat man von allen das Beste übernommen und namentlich für große Leistungen gemischte Systeme geschaffen. Man hat reine Überdruckwirkung in den Hochdruckstufen vermieden wegen der durch die erheblichen Druckunterschiede (Abb. 360) erforderlichen lästigen konstruktiven Gegenmaßnahmen (große Stufenzahl, Schubausgleich). Reine Geschwindigkeitsstufung wird nur noch für Kleinturbinen (zum Pumpenantrieb u. ä.) ausgeführt, die nur den Hochdruck ausnützen und ihren Abdampf zur weiteren Verwertung in den Niederdruckteil der Hauptturbine abgeben (Abb. 364).

Bei Turbinen größerer Leistung ist gute Dampfausnutzung wesentlicher als geringe Herstellungskosten; sie werden deshalb stets vielstufig mit kleinen Druckgefällen gebaut. Nun ist aber das Hochdruckgebiet des Dampfes, wie die schmalen Flächenstreifen im Diagramm (s. Abb. 362) zeigen, weniger wertvoll als das Niederdruckgebiet; bei der Expansion des Dampfes von 2 auf 1 at wird z. B. eine fünfmal größere Arbeit gewonnen, als bei 10 auf 9 at. Es empfiehlt sich deshalb, um Abmessungen und Preis in Grenzen zu halten, im Hochdruckgebiet eine Geschwindigkeitsabstufung, im Niederdruckgebiet aber eine feine Druckabstufung mit Gleichdruck- oder Überdruckwirkung. Eine solche für Betrieb mit Kondensation gebaute Turbine zeigt Abb. 365. Der zuerst auf etwa 2 at entspannte Dampf beaufschlagt zuerst

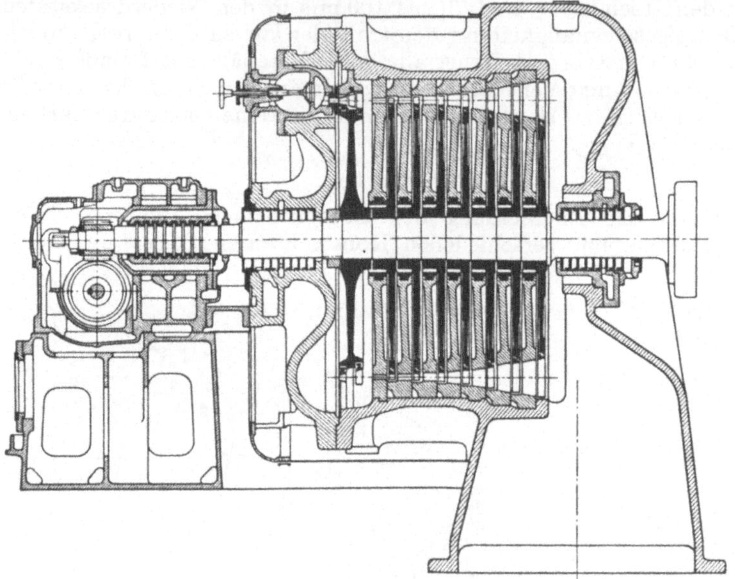

Abb. 365. MAN-Dampfturbine von 2000 bis 10000 kW bei 3000 Uml/min.

ein zweikränziges Geschwindigkeits- (Curtis-) Rad und dann in 5 bis 10 Druckabstufungen Einzelräder. Diese Ausführung macht auch die AEG bei normalen Turbinen.

Wenn im Niederdruckteil statt der Druckstufung eine Überdruckstufung ausgeführt wird, so erfolgt diese wesentlich feiner, also in einer größeren Zahl von Schaufelkränzen, wie dies Abb. 366 erkennen läßt.

Die Dampfturbinen verarbeiten meist größere Druckgefälle als die Kolbenmaschinen, so daß die Gehäuse- und Läufertemperaturen auf Eintritts- und Austrittsseite sehr verschieden sind. Ferner wird bei den Dampfturbinen der Wirkungsgrad um so besser, je kleinere Druckgefälle in den einzelnen Stufen ausgenutzt werden. Dies führte infolge der Unmöglichkeit der Anordnung einer ausreichenden Stufenzahl auf einer Welle für Großturbinen zu einer Unterteilung des Druckgefälles auf zwei oder drei selbständige miteinander gekuppelte Turbinen (Hochdruckteil, Mitteldruckteil, Niederdruckteil), wobei zur Bewältigung großer Dampfmengen häufig die Niederdruckturbine mit Eintritt in der Mitte und mit Dampfströmung nach beiden Seiten in zwei symmetrischen Niederdrucksystemen und nach zwei Kondensatoren ausgeführt werden muß; dadurch wird überdies der bei Gegendruckturbinen auftretende Axialdruck ausgeglichen. Abb. 367 zeigt eine auf zwei Gehäuse unterteilte Großturbine. Die 80000 kW

AEG-Turbinen im Klingenberg-Werk sind sogar in vier Gehäuse unterteilt, die zu je zwei mit einem besonderen Generator gekuppelt sind; Hoch- und Mitteldruckturbine mit einem Generator in gleicher Achsrichtung und daneben zwei gleich große zum Ausgleich des Achsschubs symmetrisch angeordnete Niederdruckturbinen mit dem anderen Generator.

Gegenlaufturbine. Wie auf S. 163 erläutert, sollte zu einem guten Wirkungsgrad der Dampfturbinen eine der großen Dampfgeschwindigkeit entsprechende große Umlaufgeschwindigkeit der Laufradschaufeln möglich sein. Diese theoretische Forderung hat Ljungström in seiner Gegenlaufturbine gelöst. Diese

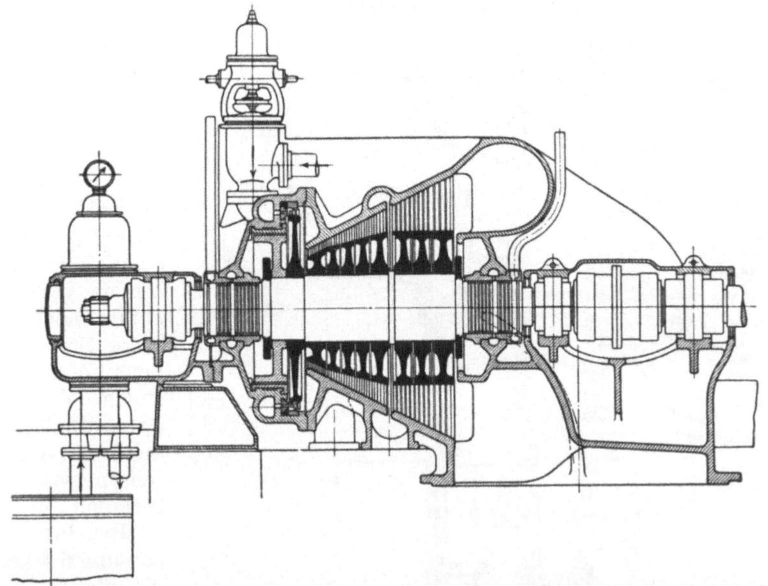

Abb. 366. Brown, Boveri & Co. Dampfturbine von 3000 bis 10000 kW bei 3000 Uml/min.

hat keine besonders geformten Leitschaufeln, sondern zwei gleichartig ausgebildete Läufersysteme mit ringförmig konzentrisch angeordneten Schaufelkränzen, die abwechselnd an den beiden Läuferscheiben befestigt sind und — wie der Name besagt — gegenläufig umlaufen. Der Dampf durchströmt sie von innen nach außen, wobei durch möglichst geringes Spiel der freien Schaufelkranzstirnflächen gegen die andere Läuferscheibe die Undichtheitsverluste sehr beschränkt sind. Die Schaufeln sind nun so geformt, daß jeder Schaufelkranz als Läufer den auf ihn aus dem vorhergehenden Schaufelkranz gerichtet treffenden Dampf ausnutzt und gleichzeitig als Leitapparat für den folgenden Schaufelkranz diesen Dampf wieder unter richtigem Beaufschlagungswinkel auf dessen Schaufeln richtet.

Die Schaufelkränze jedes Läufersystems sind als Leitvorrichtungen der Düsenrückwirkung und als Laufräder der dynamischen Dampfwirkung ausgesetzt. Diese Kräfte übertragen sie durch die Läuferscheiben auf die beiden Wellen, von denen jede einen Stromerzeuger von je der halben Gesamtleistung der Turbine antreibt.

Die doppelte Relativgeschwindigkeit zwischen den beiden umlaufenden Schaufelsystemen bewirkt vor allem eine Verminderung der Anzahl der Schaufelkränze. Bei gleicher Güte und gleichen Beaufschlagungsdurchmessern hätte die Ljungström-Turbine nur ein Viertel der Anzahl Schaufelkränze wie eine Turbine mit feststehenden Leitapparaten. Ein bestimmter Wirkungsgrad ist

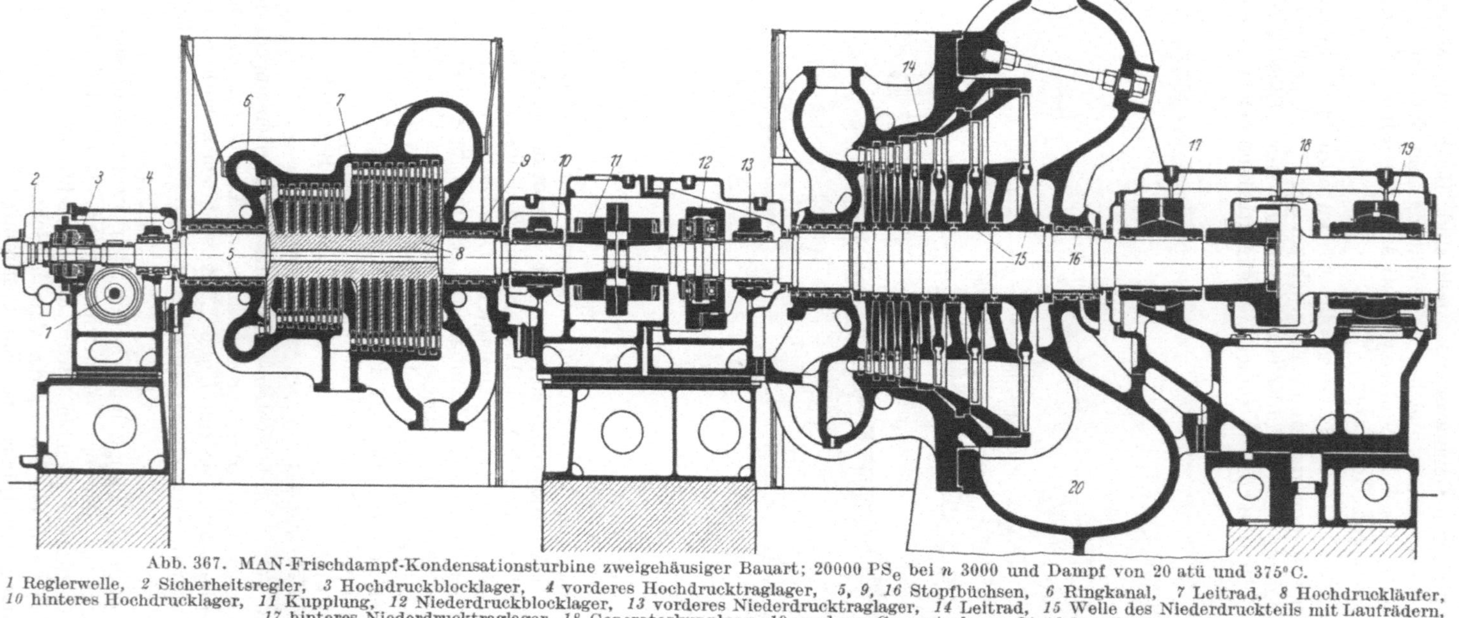

Abb. 367. MAN-Frischdampf-Kondensationsturbine zweigehäusiger Bauart; 20000 PS$_e$ bei n 3000 und Dampf von 20 atü und 375°C.

1 Reglerwelle, 2 Sicherheitsregler, 3 Hochdruckblocklager, 4 vorderes Hochdrucktraglager, 5, 9, 16 Stopfbüchsen, 6 Ringkanal, 7 Leitrad, 8 Hochdruckläufer, 10 hinteres Hochdrucklager, 11 Kupplung, 12 Niederdruckblocklager, 13 vorderes Niederdrucktraglager, 14 Leitrad, 15 Welle des Niederdruckteils mit Laufrädern, 17 hinteres Niederdrucktraglager, 18 Generatorkupplung, 19 vorderes Generatorlager, 20 Abdampfstutzen.

also bei der gegenläufigen Turbine mit geringerem Konstruktionsaufwand in der Beschaufelung zu erreichen. Das zeigt sich darin, daß bei Axialturbinen im allgemeinen eine zwei-. oder dreizylindrige Ausführung erforderlich ist, um die Dampfverbrauchszahlen der Ljungström-Turbine zu erreichen.

Auch die infolge des radialen Dampfweges sich von selbst ergebende Vergrößerung der Dampfquerschnitte ist ein nicht zu unterschätzender Vorteil. Dazu kommt noch die vorteilhafte Strömung durch Schaufelkanäle, die auf einem Zylindermantel angeordnet sind, also keine Divergenz aufweisen wie bei Axialturbinen.

Regelung. Die Anpassung der Leistung an die Belastung erfolgt durch selbsttätige Regler, die durch einen Servomotor ein Drosselventil verstellen, also den Dampfeintrittsdruck ändern. Da dadurch auch die Arbeitsverhältnisse für das Dampfgefälle verschlechtert werden, versieht man größere Turbinen vor der ersten Stufe mit Absperrventilen für 3 bis 6 Düsengruppen, die der Servomotor mit geringer werdender Teilbelastung nacheinander schließt, wodurch die Dampfmenge verringert wird, ohne daß der Dampfdruck verringert wird und der Wirkungsgrad wesentlich leidet.

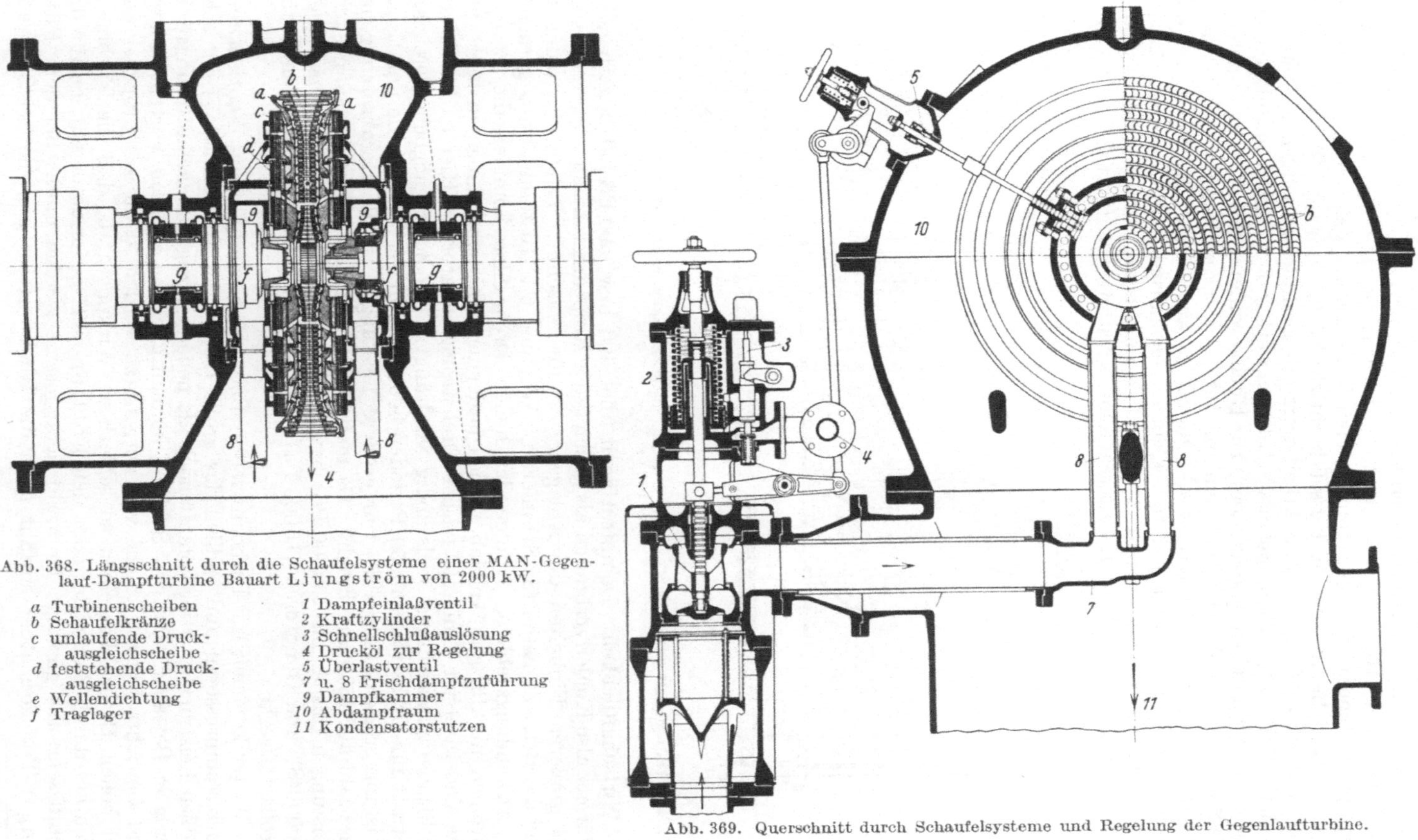

Abb. 368. Längsschnitt durch die Schaufelsysteme einer MAN-Gegen-
lauf-Dampfturbine Bauart Ljungström von 2000 kW.

a Turbinenscheiben	*1* Dampfeinlaßventil
b Schaufelkränze	*2* Kraftzylinder
c umlaufende Druck-	*3* Schnellschlußauslösung
ausgleichscheibe	*4* Drucköl zur Regelung
d feststehende Druck-	*5* Überlastventil
ausgleichscheibe	*7* u. 8 Frischdampfzuführung
e Wellendichtung	*9* Dampfkammer
f Traglager	*10* Abdampfraum
	11 Kondensatorstutzen

Abb. 369. Querschnitt durch Schaufelsysteme und Regelung der Gegenlaufturbine.

Heißdampf und Kondensation. Der Dampfverbrauch von Turbinen wird für je 6⁰ höhere Eintrittstemperatur des Dampfes um 1% geringer. Da für Turbinen keine Höchstgrenze der Dampftemperatur besteht, weil sie keine im Dampf gleitenden also zu schmierenden Teile haben, geht man in modernen Kraftwerken bis an die für Kesselüberhitzer höchst zulässige Temperatur, das sind 400 bis 450⁰. Der große Arbeitswert des Dampfes in seinem Niederdruckgebiet erfordert für Turbinen möglichst hochwertige Kondensationsanlagen, und zwar mit Oberflächenkondensatoren zur Rückgewinnung des ölfreien Kondensats als Speisewasser. Weil das Vakuum von Temperatur und Menge des Kühlwassers abhängt, baut man Großkraftwerke möglichst an Flüsse. Die Kondensationspumpen betreibt man meist mit kleinen Gegendruckdampfturbinen, die nur als Hochdruckturbinen gebaut sind und deren Abdampf in die entsprechende Stufe der Hauptturbine zu weiterer Arbeitsleistung geleitet wird.

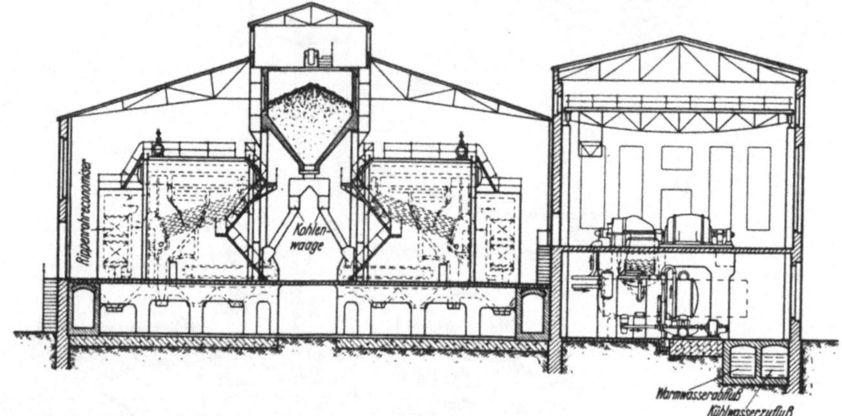

Abb. 370. Dampfkraftwerk (MAN). Acht Wasserrohrkessel je 400 m² Heizfläche, drei Dampfturbinen je 4000 kW, $n = 3000$.

Wirtschaftlichkeit. Dampfturbinen über 400 bzw. 500 PS haben geringeren Wärme- also Kohlenverbrauch als gleich große Kolbenmaschinen; außerdem sind bei größeren Einheiten die Anlagekosten für Maschine, Raum, Fundamente und die Betriebskosten für Schmierung, Wartung und Instandhaltung geringer.

Anwendungsgebiete. Infolge der hohen Drehzahlen kommen die Dampfturbinen nur für den Antrieb schnell laufender Arbeitsmaschinen in Betracht; das sind in erster Linie elektrische Drehstromgeneratoren. Hier haben sie die Kolbendampfmaschinen vollständig verdrängt. Die höchstmögliche Drehzahl beträgt für Drehstrom mit 50 Perioden 3000; hierfür ist zur Zeit die praktische Leistungsgrenze 40000 kW. Für größere Leistungen ist die Herabsetzung der Drehzahl auf 1500 angebracht. Da man Dampfturbinen für wesentlich größere Leistungen (bisher bis 150000 PS) bauen kann als stationäre Dampfmaschinen (6000 PS) und Ölmotoren (15000 PS), sind sie die gegebenen Maschinen für Großkraftwerke.

Weiter kommen für Turboantrieb in Betracht Kreiselpumpen, Ventilatoren, Turbokompressoren und endlich das große Gebiet des Schiffsantriebs mit sehr großen Leistungen. Hier kommt noch als neuer Vorzug der erschütterungsfreie Gang in Betracht. Bei den Schiffen können aber die anderen Vorteile, Platz- und Gewichtsersparnis, nicht voll ausgenutzt werden, denn der Propeller hat bei hohen Drehzahlen einen so schlechten Wirkungsgrad, daß die Turbinendrehzahl durch Zahnräder oder den **Föttinger**-Transformator auf die für die Schiffsschraube günstige Drehzahl herabgesetzt werden muß. Bei dem **Föttinger**-Transformator[1] entfällt auch die Rückwärtsturbine, die bei Zahnrad-

---

[1] Z. VDI 1913 S. 721.

übersetzung im Gehäuse der Hauptturbine untergebracht werden müßte und bei Vorwärtsgang auf Kosten des Wirkungsgrades leer mitlaufen würde. Deshalb eignet sich die Turbine nur für schnell fahrende Schiffe; bei den großen Schnelldampfern mit Leistungen über 50000 PS wird sie zur Notwendigkeit.

2. Verbrennungskraftmaschinen.

a) Arbeitsverfahren.

Allgemeines. Verbrennungskraftmaschinen werden bisher nur als Kolbenmaschinen gebaut, die Konstruktion von Verbrennungsturbinen ist noch in der Entwicklung begriffen. Bei diesen Maschinen wird die für den Arbeitsprozeß nötige Wärme unmittelbar im Arbeitszylinder erzeugt, und zwar durch Verbrennung von gasförmigen oder flüssigen Brennstoffen mit Luftüberschuß. Besondere Apparate zur Erzeugung der Wärme, wie die Dampfkessel bei den Dampfmaschinen und die in diesen und der Zuleitung entstehenden Verluste, fallen fort. Demgegenüber entstehen aber bei der Verbrennung im Zylinder so hohe Temperaturen, daß eine Kühlung notwendig wird, um im Zylinder unzulässige Wärmespannungen und ein Verbrennen des Schmieröls zu vermeiden. Durch das Kühlwasser wird ein Teil der erzeugten Wärme (etwa 30%) abgeführt

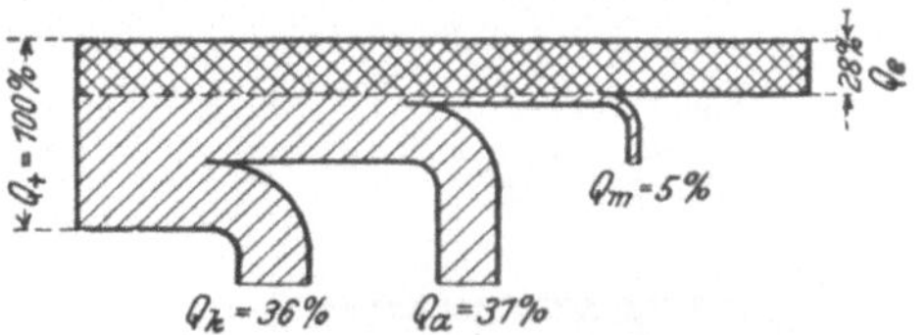

Abb. 371. Verluste in Verbrennungskraftmaschinen.
Q_k = Kühlwasser Q_m = Reibung
Q_a = Auspuff Q_e = Nutzarbeit.

und der Nutzleistung der Maschine entzogen. Trotzdem ist die Wärmeausbeute bei den Verbrennungsmaschinen bis doppelt so groß wie bei den besten Dampfmaschinen. Die Ursache liegt hauptsächlich in dem höheren Temperaturgefälle. Während eine gute Kondensationsmaschine 6000 bis 3500 kcal/PSh braucht, kommt die Verbrennungskraftmaschine mit 2600 bis 1800 kcal/PSh aus. Für eine nutzbare PSh werden 632 kcal verbraucht [vgl. Gleichung (2), S. 119]; die übrige zugeführte Wärme hat die Verluste zu decken. Diese sind zunächst mechanische Verluste (Reibung), weiter die Wärme, die mit den Abgasen aus der Maschine herausgeht, und endlich die Erwärmung des Kühlwassers. Die Größe der anteiligen Beträge als Mittelwerte läßt Abb. 371 erkennen.

Vom Standpunkt der gesamten Volkswirtschaft haben die Verbrennungskraftmaschinen bei dem beschränkten Brennstoffvorrat der Erde eine ganz besondere Bedeutung; die Einzelwirtschaft fragt aber nach den Kosten, und da hier nicht die billige Kohle, sondern nur teure Gase und Öle verwendbar sind, so treten die Vorteile des geringen Wärmeverbrauchs in Geldwert nur in geringem Maße oder gar nicht in die Erscheinung.

Der Erfinder der Verbrennungskraftmaschine ist der deutsche Ingenieur Otto (Deutzer Gasmotorenfabrik). Das von ihm 1878 ausgearbeitete Verfahren ist dadurch gekennzeichnet, daß ein brennbares Gasluftgemisch im Arbeitszylinder zunächst verdichtet und dann gezündet wird (Verpuffungsverfahren). Die Verbrennung erfolgt im Totpunkt des Kolbens, also bei annähernd konstantem Volumen; durch die explosionsartige Verpuffung steigt der Gasdruck fast plötzlich an und wirkt während der Expansion arbeitsverrichtend auf den Kolben.

Ein anderes Verfahren ist von dem deutschen Ingenieur Diesel durchgebildet. Hier wird atmosphärische Luft im Arbeitszylinder so hoch verdichtet, daß sie sich über die Entflammungstemperatur des flüssigen Brennstoffs erhitzt, der am Ende des Verdichtungshubs eingespritzt wird und sich sofort entzündet. Die Brennstoffzufuhr erfolgt nach dem Totpunkt des Kolbens bei wachsendem

Hubvolumen in solchen Mengen, daß der Verbrennungsdruck annähernd konstant bleibt (Gleichdruckverfahren).

Das Verpuffungsverfahren ist für alle brennbaren Gase und Leichtöle, das Gleichdruckverfahren nur für Schweröle brauchbar. In beiden Fällen wird das Laden und Entladen des Arbeitszylinders durch den Arbeitskolben besorgt (Viertaktverfahren) oder besonderen Pumpen übertragen (Zweitaktverfahren).

Verpuffungsverfahren im Viertakt. Die Maschine (Abb. 372) hat im Zylinderkopf oben ein Einlaßventil, unten ein Auslaßventil und dazwischen eine Zündvorrichtung. Für ein Arbeitsspiel sind vier Hübe (Takte) nötig, diese sind:

1. Hub: Ansaugen des Gasluftgemisches. Das Einlaßventil ist während des ganzen Kolbenweges geöffnet; von außen wird atmosphärische Luft angesogen, der durch ein besonderes Gasventil oder Mischventil Gas zugesetzt wird. Die Ansaugespannung beträgt wegen der Strömungswiderstände etwas weniger als 1 at. Das einströmende Gemisch erwärmt sich an der heißen Zylinderwandung, dehnt sich dadurch aus und verliert an Raumgewicht. Schnell laufende Maschinen können wegen der Drosselung in den Einlaßventilen weniger Ladung aufnehmen als langsam laufende.

2. Hub: Verdichten der Ladung. Das Einlaßventil wird geschlossen und die Ladung durch den rücklaufenden Kolben zusammengeschoben. Es wächst der Druck und die Temperatur um so mehr, je kleiner das Endvolumen ist. Die Verdichtung bezweckt eine Erhöhung der dann folgenden Verbrennungsgeschwindigkeit und Temperatur, denn je höher sie getrieben wird, um so

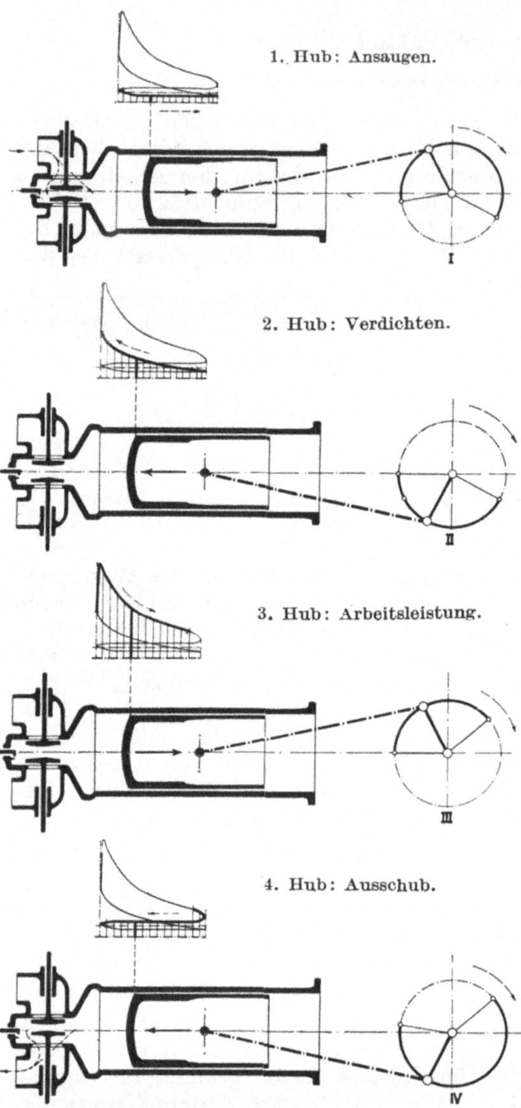

Abb. 372. Viertaktverfahren.

besser ist die Wärmeausnutzung. Jedem Gasgemisch ist aber eine Grenze gesetzt; sie liegt da, wo die Verdichtungstemperatur bereits ungewollte Zündungen (Vorzündungen) hervorruft. Bei armen Gasen, z. B. Hochofengas, kann man bis 12 at, bei reichen Gasen, z. B. Koksofengas, darf man nur bis etwa 5 at verdichten.

3. Hub: Arbeitshub. Das Gas wird durch einen elektrischen Funken entzündet, durch die Verbrennung schnellt der Druck in die Höhe und schiebt

den Kolben während der Expansion vor sich her. Die Temperatur steigt auf etwa 1300⁰ C. Die Zündung muß so frühzeitig erfolgen, daß der Gasdruck im Totpunkt möglichst hoch wird. Da die Verbrennung nicht plötzlich vor sich geht, so muß, um ein langes Nachbrennen bei wachsendem Volumen zu verhindern, schon vor dem Totpunkt gezündet werden (Frühzündung). Der Zündzeitpunkt ist im Betriebe so einzustellen, daß möglichst große Diagramme erreicht werden.

4. Hub: Auspuff und Ausschub. Kurz vor dem Hubende läßt das Auslaßventil die verbrannten Gase ins Freie bzw. in den Schalldämpfer treten, sie entspannen sich auf Atmosphärendruck. Der neue Hub schiebt die Reste heraus mit einer Spannung, die wegen der Strömungswiderstände etwas größer als 1 at (1,1 bis 1,15 at) ist.

Der theoretische Druckverlauf läßt sich aus dem Hub- und Kompressionsraum V_h und V_c des Zylinders, sowie aus dem Wärmegehalt des Gases berechnen (Abb. 373, punktierter Linienzug). Das wirkliche Diagramm ist aber kleiner, weil einmal der Prozeß sich in einem gekühlten Zylinder abspielt, und ferner die Verbrennung nicht momentan erfolgt. Seine genaue Vorausbestimmung ist wegen der Unsicherheit vieler innerer Vorgänge nicht möglich; man kann nur aus Erfahrung mit ähnlichen Verhältnissen schließen. Vorteilhaft ist es immer, das Gas so weit zu verdichten, als ohne Selbstzündung möglich ist, denn dadurch werden Zündfähigkeit, Brenngeschwindigkeit und Wärmeausbeute vergrößert. Der größte Verbrennungsdruck schwankt nach der Gasart zwischen 15 und 25 at, die Verbrennungstemperatur beträgt 1300 bis 1700⁰, die Auspufftemperatur etwa 400 bis 600⁰ C.

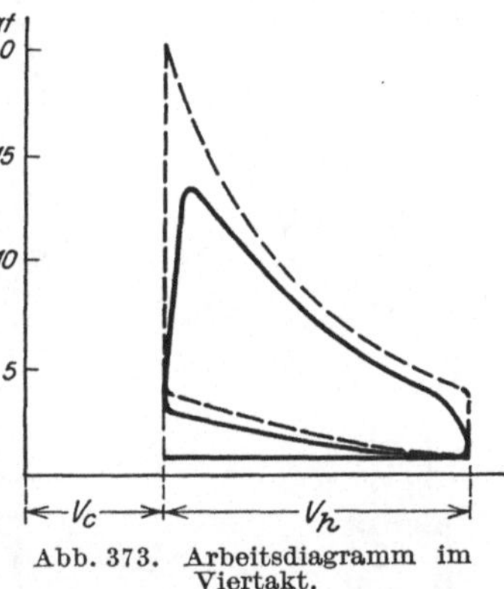

Abb. 373. Arbeitsdiagramm im Viertakt.

Gleichdruck- (Diesel-) Verfahren im Viertakt. Die Maschine hat im Zylinderkopf ein Ein- und Auslaß-, sowie ein Brennstoffventil, aber keine Zündvorrichtung. Die einzelnen Hübe sind (Abb. 374):

1. Hub: Ansaugen atmosphärischer Luft.

2. Hub: Verdichten der Luft bis etwa 35 at. Die Temperatur steigt hierbei auf etwa 550⁰.

3. Hub: Einspritzen von Treiböl in einer der Belastung angemessenen Menge und zeitlich derart, daß der Druck bei dem wachsenden Volumen konstant bleibt, dann folgt Expansion des Gases bis zum Hubende.

4. Hub: Auspuff und Ausschub durch das Auslaßventil.

Dies Verfahren ist nur für Schweröle anwendbar, gibt aber die beste Wärmeausnutzung (bis 36%). Der thermische Erfolg liegt sowohl in dem hohen Temperaturgefälle, wie auch in der sofortigen restlosen Verbrennung des Öls in der heißen Luft, während bei dem Verpuffungsverfahren die Verbrennung wegen mangelhafter Schichtung des Gemisches häufig unvollständig und schleichend ist, so daß das Gas noch während des Auspuffs nachbrennt oder teilweise unverbrannt bleibt. Mechanisch hat dies Verfahren den Vorteil, daß die plötzliche Druckanschwellung (Spitze im Diagramm) fortfällt und das Getriebe gleichmäßiger beansprucht und besser ausgenutzt wird.

Das theoretische und wirkliche Diagramm zeigt Abb. 375. Der größte Gasdruck beträgt 30 bis 40 at, die höchste Temperatur etwa 1400⁰ C.

Zweitaktverfahren. Der Viertakt hat unter den vier Kolbenhüben nur einen Arbeitshub, der während der übrigen drei Hübe durch das Schwungrad die Arbeit mitliefern muß. Zur Erzielung eines gleichmäßigen Ganges sind deshalb schwere Schwungräder nötig. Zylinder und Getriebe werden schlecht ausgenutzt. Das Zweitaktverfahren sucht diese mechanischen Mängel dadurch zu beseitigen, daß dem Arbeitskolben das Laden und Entladen abgenommen und besonderen Pumpen übertragen wird. Dies ermöglicht, daß im Arbeitszylinder jeder Kolbenhingang (nach der Kurbel) ein Arbeitshub, der Kolbenrückgang ein Verdichtungshub ist. Zwischen beiden in der Nähe des Totpunkts müssen die verbrannten Gase aus dem Zylinder entfernt und die neue Ladung eingebracht werden. Die hierfür zur Verfügung stehende Zeit ist nur etwa $^1/_{18}$ der Zeit, die beim Viertaktverfahren zur Verfügung steht. Hierin liegt die Hauptschwierigkeit, namentlich für das Entfernen der verbrannten Gase. Große Austrittsquerschnitte sind daher notwendig, sie werden konstruktiv erreicht durch vom Kolben gesteuerte Schlitze in der Zylinderwand (Abb. 376). Sobald der Kolben diese Schlitze freilegt, puffen die Verbrennungsgase aus und entspannen sich schnell. Der Rest der Gase wird nunmehr durch Ausblasen mit Spülluft entfernt, die durch das sich öffnende Einlaßventil von einer Luftpumpe mit mäßigem Überdruck in den Zylinder gefördert wird, und in möglichst geschlossener Masse die verbrannten Gase vor sich herschieben soll. Gleich darauf setzt bei Verpuffungsmaschinen eine Gaspumpe ein, die der Luft Gas zusetzt. Diese Ladung strömt hinter der Spülluft durch den Zylinder bis zu

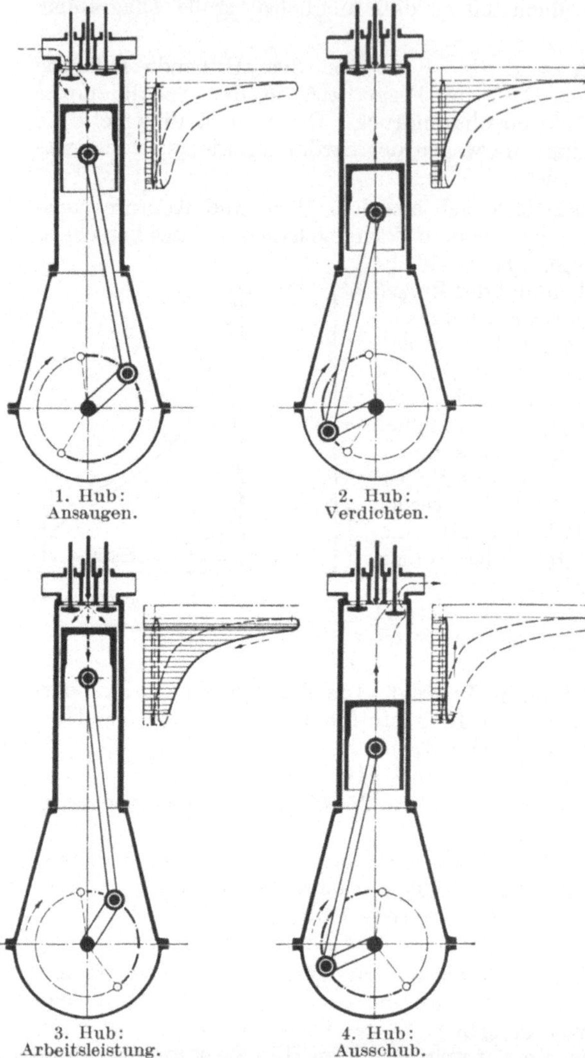

Abb. 374. Dieselverfahren im Viertakt.

den Schlitzen, muß diese aber, dort angelangt, durch den rücklaufenden Kolben schon wieder geschlossen finden, damit kein Gas verloren geht. Im Gasdruckdiagramm sind diese Vorgänge durch den Linienzug A für den Auspuff und L für die Ladung dargestellt.

Bei den Zweitakt-Gasmaschinen besteht die Gefahr, daß sich die eingepumpte Ladung an den heißen Abgasen oder an schwelenden Verbrennungsresten entzündet. Es muß deshalb eine ausreichende Spülluftwand vorgeschaltet sein. Dadurch wird die Ladungsmenge verringert, so daß die Leistung nur um etwa 70% größer wird als die eines gleich großen Viertaktzylinders.

Einfacher ist das Zweitaktverfahren bei der Dieselmaschine durchführbar, weil hier die Ladung nur aus reiner Luft besteht. Am Ende des ersten Hubes puffen die verbrannten Gase durch Schlitze aus, der Rest wird durch Spülluft, die von der andern Seite durch die Einlaßventile zugepumpt wird, ausgetrieben, bis der rücklaufende Kolben die Schlitze geschlossen hat. Die zurückbleibende Luft wird alsdann bis zum Hubende verdichtet und dadurch über die Entflammungstemperatur des Treiböls erhitzt. Es folgt die Einspritzung des

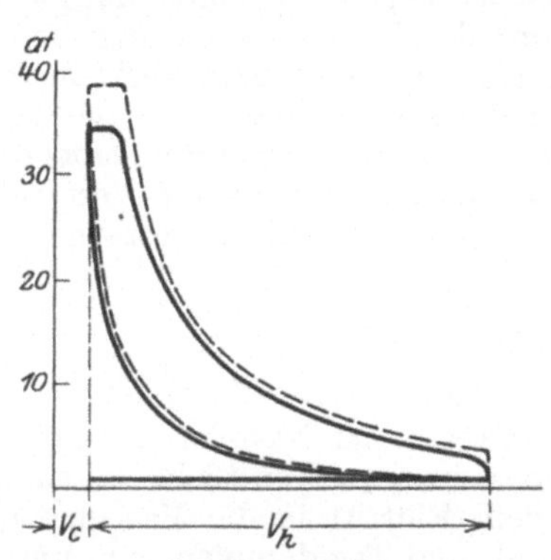

Abb. 375. Arbeitsdiagramm des Viertakt-Dieselmotors.

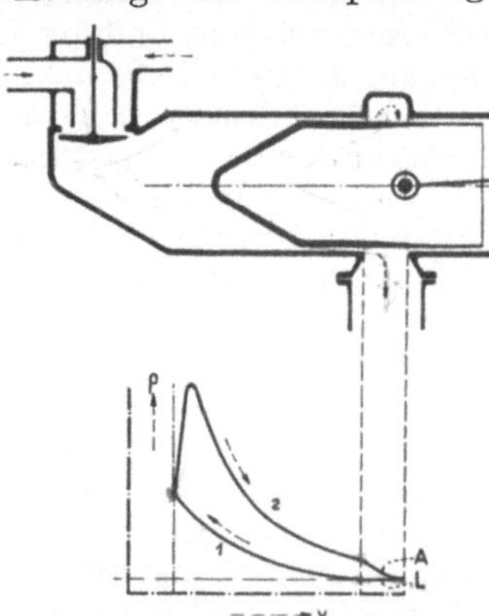

Abb. 376. Zweitaktverfahren.

Treiböls und die Ausdehnung, bis der Kolben die Auspuffschlitze wieder frei gibt.

Leistung. Die unter der Expansionslinie des Gasdruckdiagramms (Abb. 377) liegende Fläche ist das Produkt aus Kraft und Weg, also die Arbeit während des Arbeitshubes. Zieht man hiervon die Fläche unter der Kompressionslinie (die Kompressionsarbeit) ab, so stellt die Fläche des eingeschlossenen Linienzuges die Größe der Arbeit für 1 cm² Kolbenfläche während eines Arbeitsspiels dar. Zur Ermittlung der Leistung bestimmt man aus dem Indikatordiagramm (S. 147) den „mittleren indizierten Druck" p_i und stellt diesen statt der wechselnden Drücke in Rechnung. Es sei

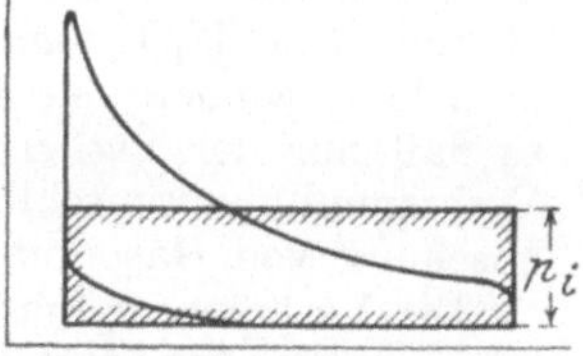

Abb. 377. Mittlerer Gasdruck.

F der Kolbenquerschnitt in cm²,
s der Kolbenweg in m,
n die minutliche Drehzahl,
$c = \dfrac{2\,s\,n}{60}$ die mittlere Kolbengeschwindigkeit in m/s,

so ist die indizierte Leistung

für den Viertakt:
$$N_{i\,\mathrm{IV}} = \frac{1}{4}\,\frac{F\,p_i\,c}{75} = \frac{F\,p_i\,s\,n}{9000}\,,$$

für den Zweitakt:
$$N_{i\,\mathrm{II}} = \frac{1}{2}\,\frac{F\,p_i\,c}{75} = \frac{F\,p_i\,s\,n}{4500}\,.$$

Mittelwerte von p_i sind für
Verpuffungsmaschinen 5 at,
Dieselmaschinen 7 at.

Die effektive oder Nutzleistung an der Kurbelwelle ist

$$N_e = \eta\,N_i.$$

Der mechanische Wirkungsgrad η hängt von der Größe und Bauart der Maschine ab und liegt etwa in den Grenzen von 0,7 bis 0,9.

Regelung der Leistung. Bei Gasmaschinen kann die Anpassung an die Belastung auf zwei Arten erfolgen: Entweder verkleinert man unter Beibehaltung des günstigsten Mischungsverhältnisses die Ansaugemenge durch Drosselung oder früheren Schluß des Einlaßventils. Dadurch entsteht im Zylinder bei Teillast größerer Unterdruck und niedrigerer Verdichtungs- und Verbrennungsdruck. Oder man ändert das Mischungsverhältnis durch ein Gasdrosselorgan, das bei Teillast ärmere Ladungen herstellt, die geringere Verbrennungsdrücke ergeben. Eine reichere Ladung für Überlast ist wegen der Vorzündungsgefahr nicht angängig. Bei Dieselmaschinen wird durch verschieden lange Treibölzufuhr die Gleichdruckstrecke des Diagramms vergrößert bzw. verkleinert; es ist hier also auch eine Überlastung auf Kosten der Brennstoffausnutzung möglich. Diese Regelungsmaßnahmen werden, abgesehen von Schiffsmotoren, stets durch Fliehkraftregler bewirkt; bei Großgasmaschinen nimmt man zur Vermeidung einer Rückwirkung der starken Ventilfedern auf das Reguliergestänge meist einen Servomotor (S. 102) zu Hilfe.

b) Gasmaschinen.
Die wichtigsten Gase.

Allgemeines. Die in der Gasmaschine verwertbaren brennbaren Gase sind, abgesehen von dem in USA. vorkommenden Erdgas, künstliche Erzeugnisse aus festen Brennstoffen. Sie werden vor dem Eintritt in die Maschine innig mit Luft gemischt und müssen frei von Staub und Teerdämpfen sein, um eine Verschmutzung zu vermeiden. Die brennbaren Bestandteile sind Kohlenoxyd (CO), Wasserstoff (H) und Kohlenwasserstoffe (Verbindungen von C und H); unverbrennbare Beimischungen sind Kohlensäure (CO_2), Stickstoff (N) und Schwefel (S).

Der Heizwert eines Gases wird im Calorimeter bestimmt und in kcal/m³ bemessen; er gibt diejenige Wärmemenge an, die bei vollständiger Verbrennung frei wird. Da bei den hohen Temperaturen im Zylinder die Verbindung von H und O zu H_2O dampfförmig bleibt, so ist die Kondensationswärme nicht zurückzugewinnen; sie ist deshalb von dem absoluten Heizwert abzuziehen, so daß nur der sog. **untere Heizwert** maßgebend ist. Um unvollständige Verbrennung auszuschließen, muß mit Luftüberschuß gearbeitet und innige Mischung von Gas und Verbrennungsluft angestrebt werden.

Die Verbrennungsgeschwindigkeit soll groß sein, da ein schleichendes Nachbrennen die Arbeitsabgabe verkleinert. Sie hängt, abgesehen von der Zusammensetzung des Gases, von der Größe des Verdichtungsdruckes ab.

Leuchtgas ist ein Erzeugnis der Steinkohlendestillation mit einem mittleren Heizwert von $H = 4500$ kcal/m³ und einem spezifischen Gewicht $\gamma = 0{,}52$ kg/m³. Man verwendet arme Gasluftgemische (1 : 7 bis 1 : 10 statt theoretisch 1 : 5,3), um höher verdichten zu können (bis etwa 9 at). Der Leuchtgasmotor spielte früher im Kleingewerbe eine große Rolle, jetzt ist er durch den Elektromotor verdrängt.

Generatorgas. Ein billiges und für Heiz- und Kraftzwecke geeignetes Gas läßt sich durch unvollständige Verbrennung von Anthrazit, Koks, Braunkohlenbriketts und Torf erzeugen. Durch eine mindestens 0,9 m hohe Brennstoffschicht wird Luft und Wasserdampf geführt. Der Sauerstoff der unter dem Rost eingeführten Luft bildet zunächst mit dem glühenden Brennstoff CO_2, das bei dem Durchgang durch den glühenden Brennstoff zu CO reduziert wird. Ebenso gibt der Wasserdampf (H_2O) den Sauerstoff an den Kohlenstoff ab, während Wasserstoff frei wird oder sich mit C zu CH_4 (Äthylen) verbindet. Das Mischgas enthält an brennbaren Gasen

$$15 \text{ bis } 27\% \text{ CO,}$$
$$7 \quad,, \quad 26\% \text{ H,}$$
$$2 \quad,, \quad 4\% \text{ } CH_4;$$

der Rest besteht aus Kohlensäure und Stickstoff. Der untere Heizwert beträgt 1100 bis 1300 kcal/m³, bei einem spezifischen Gewicht von 1,05 bis 1,2 kg/m³. Die Gasausbeute erreicht für Anthrazit und Koks etwa 4,5, für Braunkohlen 3 und für Torf 1,3 m³/kg.

Das Gas nimmt aus dem Generator Flugasche mit und muß vor dem Eintritt in den Motor von Staub, Kondensaten und Schwefel gereinigt werden.

Die ersten Anlagen dieser Art waren Druckgasanlagen. Aus einem besonders geheizten Dampfkessel wird ein Dampfstrahlgebläse gespeist, das eine Mischung von Dampf und Luft unter den Rost des Generators drückt. Das Gas muß in einer Reglerglocke gesammelt werden. Eine wesentliche Verbesserung stellen die später entstandenen Sauggasanlagen dar (Abb. 378)[1]. Hier saugt der Motor in der Ansaugeperiode durch alle Apparate und regelt die Gaserzeugung nach seinem Bedarf. Der Wasserdampf wird im Generator erzeugt, die Luft tritt bei a ein, geht durch den Dampfraum und mit dem Dampf zusammen durch b unter den Rost.

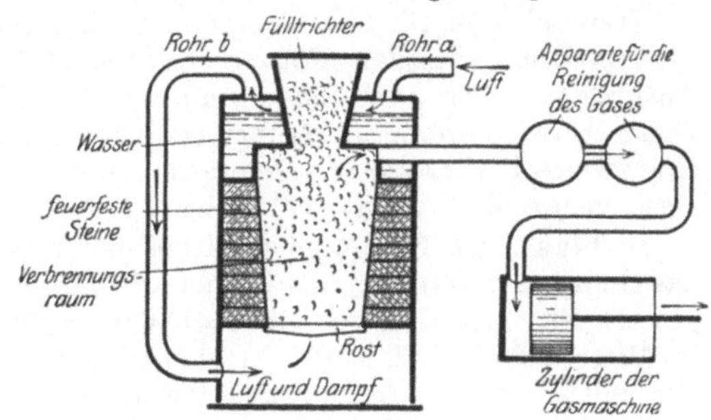

Abb. 378. Schema einer Sauggasanlage.

Eine solche Anlage für Koks oder Anthrazit (Abb. 379) hat einen mit feuerfesten Steinen ausgemauerten Generator, der in größeren Zeitabständen durch einen über die Einfüllöffnung drehbaren oder mit Doppelverschluß versehenen Fülltrichter mit

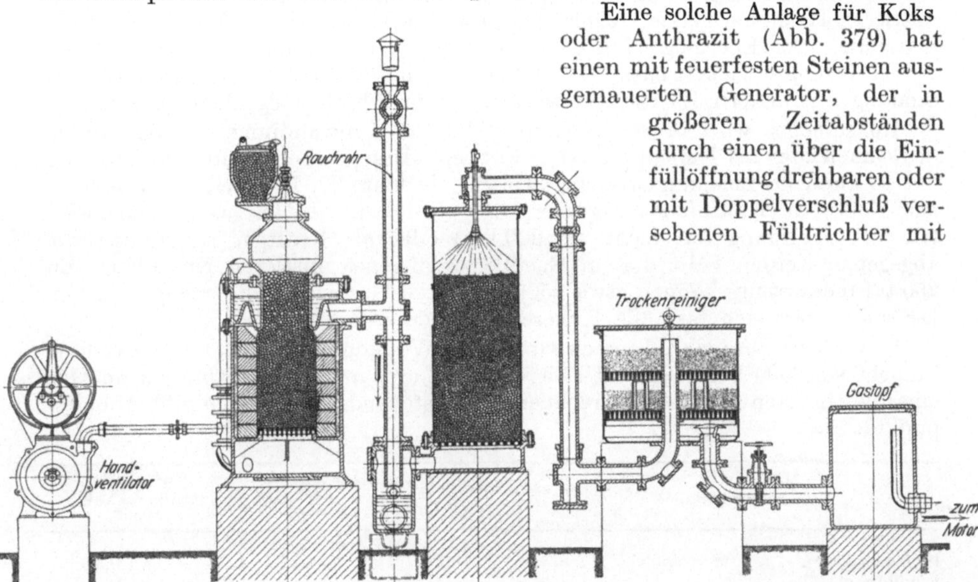

Abb. 379. Sauggasanlage.

Brennstoff beschickt wird. Von hier gelangt das gebildete Gas durch den Wäscher; es bewegt sich durch eine hohe Schicht von grobkörnigem Koks und wird von oben berieselt, so daß die groben Verunreinigungen ausgewaschen werden. Eine Nachreinigung von mechanischen Bestandteilen und Schwefel findet in dem dann folgenden Trockenreiniger statt, der mit Gasreinigungsmasse gefüllt ist. Durch einen Gastopf zur Verminderung von Druckschwankungen gelangt es dann in den Motor. Zum Anblasen nach Betriebspausen

---

[1] Entnommen aus v. Hanffstengel: Technisches Denken und Schaffen, 3. Aufl. Berlin: Julius Springer 1922.

dient ein Ventilator; das sich hierbei bildende geringwertige Gas wird durch ein Rauchrohr abgeführt.

Die Sauggasanlage wird möglichst nahe bei den Maschinen in einem besonderen Raum aufgestellt. Sie ist in der Bedienung einfach und nicht wie Dampfkessel genehmigungs- und untersuchungspflichtig. Der Brennstoff kann auch bei mehrtägiger Betriebsunterbrechung weiterglimmen.

Steinkohle ist für diese Vergasung nicht geeignet, weil sie zuviel teerbildende Stoffe enthält, die den Motor verschmutzen. Am besten eignen sich Koks und Anthrazit. Aber auch Braunkohlenbriketts, Torf und Holzabfälle können in Generatoren besonderer Bauart vergast werden, wenn man die Gase noch durch eine zweite Feuerzone im Generator leitet, in der die Teerdämpfe in permanente Gase verwandelt werden.

Gichtgas. Im Hochofen wird bei der Roheisenerzeugung als Nebenerzeugnis das Gichtgas gewonnen, das ähnlich wie das Generatorgas entsteht und zusammengesetzt ist. Der Heizwert beträgt 900 bis 950 kcal/m³, das spezifische Gewicht im Mittel 1,25 kg/m³. Auf 1 t Roheisen werden etwa 4000 m³ Gichtgas gewonnen. Ein mittlerer Hochofen von 150 t Tagesleistung erzeugt 600000 m³ Gas. Von diesem wird etwa die Hälfte zur Erhitzung der vom Hochofen benötigten Verbrennungsluft verbraucht, der Rest steht zur Kraftgewinnung zur Verfügung. Früher wurden diese Gase unter Dampfkesseln verbrannt und lieferten etwa 1500 PS an Maschinenleistung. In Gasmaschinen dagegen sind damit bei der besseren Ausnutzung rund 4000 PS zu gewinnen. Diese Zahlen, die für einen mittleren Hochofen gelten, zeigen den großen wirtschaftlichen Vorteil der Gasmaschine. Der Energiegewinn geht weit über den Eigenbedarf hinaus; durch ein großzügiges elektrisches Verteilungsnetz in den Hüttenbezirken in Verbindung mit andern Elektrizitätswerken ist für Absatzgelegenheit gesorgt[1].

Koksofengas wird in den Kokereien bei der Umwandlung von Steinkohle in Schmelzkoks als Nebenprodukt gewonnen. Entsprechend seiner Entstehung hat es ähnliche Zusammensetzung wie das Leuchtgas. Ein Teil des Gases ist zum Heizen des Koksofens nötig; der größere Teil kann als Heizgas an Gemeinden (Gasfernversorgung auf mehr als 200 km) oder als Kraftgas an Kraftwerke abgegeben werden. Mit diesem Gasüberschuß eines mittleren Koksofens von 250 t Tagesleistung können etwa 2500 PS durch Gasmaschinen erzeugt werden. Deshalb haben sich fast alle Kokereien Kraftwerke angegliedert.

Brennstoffverbrauch. Je nach Größe und Vollkommenheit der Gasmaschine braucht sie 2600 bis 1900 kcal/PSh; daraus kann man den Verbrauch an Gas eines bestimmten Heizwerts errechnen. Nachstehende Zahlentafel gibt Anhaltspunkte:

Gasart	Unterer Heizwert kcal/m³	Luftbedarf für 1 m³ Gas m³	Gasverbrauch für 1 PS$_c$h m³
Koksofengas	4850	etwa 9	etwa 0,45
Leuchtgas	4600	„ 8	„ 0,5
Generatorgas aus Anthrazit	1290	„ 1,5	„ 1,8
„ „ Koks	1180	„ 1,3	„ 2,0
„ „ Braunkohlebrikett . .	1300	„ 1,5	„ 1,8
„ „ Torf	1350	„ 1,6	„ 1,7
Hochofengas	900	„ 1	„ 2,6

Bauarten der Gasmaschinen.

Einfachwirkende Viertakt-Gasmaschinen (Abb. 380) werden bis 125 PS je Zylinder entsprechend 580 mm Kolbendurchmesser gebaut. Sie kommen nur noch in Anwendung, wenn billiges Gas zur Verfügung steht (Holzgas) und

---

[1] Wärmediagramme eines Hochofens und Koksofens. Z. VDI 1908 S. 2016.

für Zwecke, in welchen Elektromotorenantrieb nicht angängig ist. Der einseitig offene Zylinder und Kolben läßt besondere Kolbenkühlung und Stopfbüchsen vermeiden und ermöglicht durch Einbau des Kreuzkopfes in den Kolben gedrungene Bauart. Im Zylinderkopf *a* liegen Einlaß- und Auslaßventile *b* und *c*, die durch Federn geschlossen gehalten und durch auf der Steuerwelle befestigte Nocken und Hebel geöffnet werden.

Gas und Luft werden gemeinsam angesogen; sie mischen sich erst kurz vor dem Einlaßventil, in einem Mischventil *m*, das sich in der Ansaugeperiode selbsttätig öffnet und Gas und Luft im Verhältnis seiner Öffnungsquerschnitte durchläßt.

Die Regelung dieser Maschinen bei wechselnder Last erfolgt meist durch eine Drosselklappe *d* in der Ansaugeleitung, die durch einen Fliehkraftregler verstellt

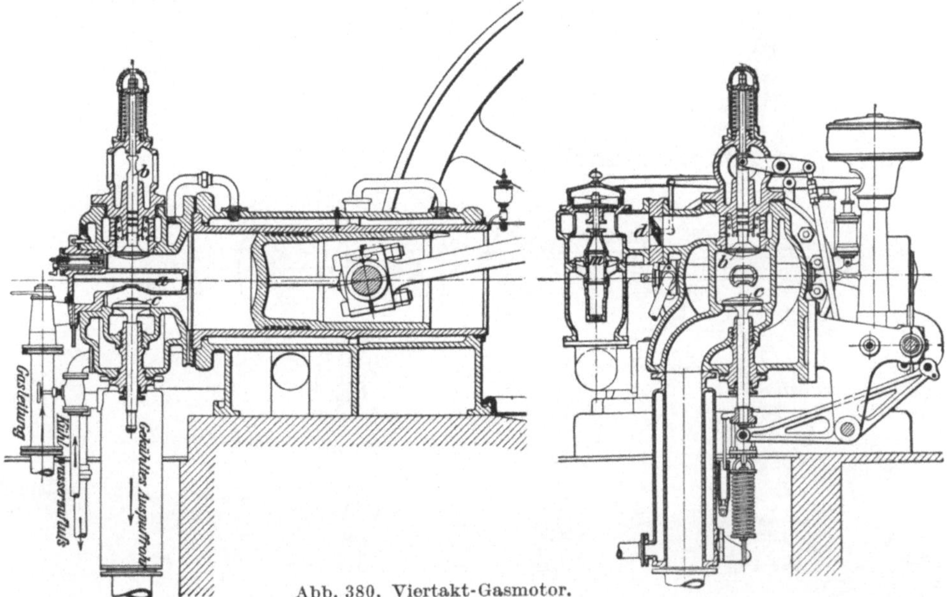

Abb. 380. Viertakt-Gasmotor.

wird. Durch Schließung der Klappe wird ein kleineres Ladegewicht aufgenommen und dadurch werden die Diagramme kleiner (Füllungsregelung).

Die Zündung geschieht durch einen elektrischen Funken im Zylinderkopf. Der elektrische Strom wird durch einen Magnetinduktor erzeugt oder einer Batterie entnommen. Man unterscheidet **Abreißzündung** und **Kerzenzündung**. Bei der ersteren fließt ein Strom über einen Kontakt im Verbrennungsraum, der im Augenblick der Zündung durch die Steuerung geöffnet wird; es entsteht ein Unterbrechungsfunke. Bei der Kerzenzündung liegen zwei Elektroden in einer einschraubbaren Zündkerze, die im Verbrennungsraum blank mit geringem Abstand einander gegenüberstehen. Im Augenblick der Zündung wird ein hochgespannter Strom zugeführt, der zwischen den Elektroden mit Funken überspringt.

Die Kühlung erfolgt durch Wasser, dessen Menge so eingestellt wird, daß die Abflußtemperatur 60° C nicht überschreitet. Der Verbrauch beträgt 20 bis 30 l/PSh. Es handelt sich demnach um recht erhebliche Wassermengen.

Gasmaschinen können nicht ohne weiteres anlaufen. Es muß erst in zwei Hüben eine zündfertige Ladung gebildet sein. Nur kleine Maschinen kann man von Hand durch das Schwungrad andrehen; größere werden mit Druckluft angelassen, die durch ein von der Steuerwelle geöffnetes Anlaßventil mehrmals so auf den Kolben wirkt, daß die Maschine in Schwung kommt, um dann nach Abstellen des Anlaßventiles ihre Gasladung selbst bilden zu können.

Ungünstig ist an diesen Gasmotoren, daß sie nur bei jedem 4. Hub Arbeit verrichten und daß sie deshalb sehr geringe Gleichförmigkeit des Ganges haben und deshalb schwere Schwungräder benötigen. Außerdem ist dadurch auch das Triebwerk nur $^1/_4$ ausgenutzt.

Doppeltwirkende Viertakt-Gasmaschinen werden als Großgasmaschinen mit zwei hintereinander liegenden auf den gleichen Kurbeltrieb wirkenden Zylindern (Tandemanordnung) gebaut in Größen bis 2500 PS$_e$ je doppeltwirkender Zylinder (Abb. 381).

Diese Großmaschinen sind (im Gegensatz zum kleinen Gasmotor) ein wichtiger Faktor für die Kraftversorgung, weil sie eine wirtschaftliche Ausnutzung der als Nebenprodukte im Hochofen und Koksofen sowie in manchen chemischen

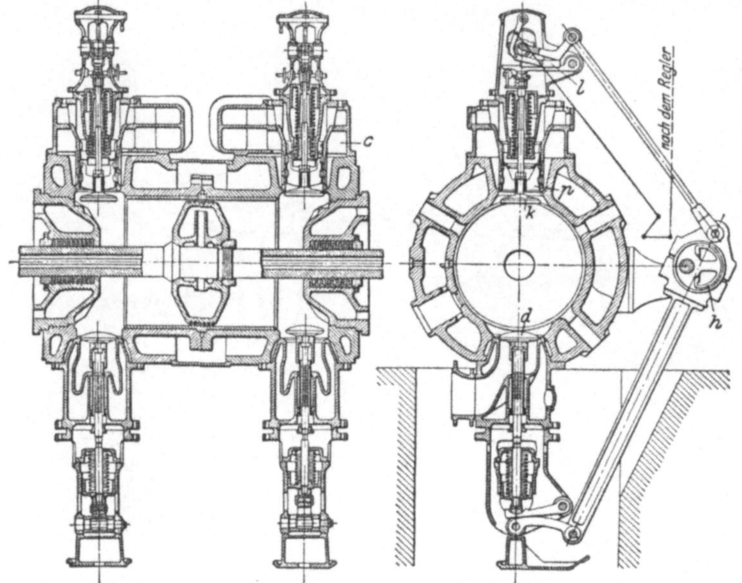

Abb. 381. Doppeltwirkender MAN-Viertaktzylinder.

Großbetrieben anfallenden beträchtlichen Gasmengen gestatten. Sie sind nicht etwa Storchschnabelvergrößerungen des Gasmotors, sondern sie mußten auf Grund der Erfahrungen des Großdampfmaschinenbaus und der Erfordernisse der Verbrennungsmaschinen neu entwickelt werden. Sie wurden erst betriebsbrauchbar, als man die Zylinder durch Vermeidung von Materialanhäufungen und richtiges Gießverfahren spannungsfrei bekam; als man die Wärmedehnung der Zylinderlauffläche durch die Elastizität breiter Stirnflächen und die Wärmeabfuhr durch zwangsläufige Wasserführung ermöglichte; als man die Kolben von den Kolbenstangen frei tragen ließ und die Kühlwasserzuführung zu den Kolbenstangen und Kolben durch bei der hohen Kolbengeschwindigkeit bis 4,7 m/s betriebssichere Gelenkrohre bewirkte.

Zwei in Reihe angeordnete Viertaktzylinder (Abb. 382) bringen bei jedem Kolbenhub einen Arbeitshub, so daß sie bezüglich des Gleichgangs einem Dampfzylinder gleichwertig sind. Das Streben nach großen Maschinenleistungen bei hoher Gleichförmigkeit für Drehstromerzeugung führte zur Anordnung von zwei solcher Reihensysteme nebeneinander auf eine 2fache Kurbelwelle wirkend (Zwillingtandem bis 10000 PS$_e$).

Die Leistungsregelung zur Konstanthaltung der Drehzahl erfolgt bei diesen Viertakt-Großgasmaschinen nicht wie bei den kleinen Gasmotoren durch Änderung des Mischungsverhältnisses von Gas und Luft, sondern der Regler läßt je nach

der Belastung eine größere oder kleinere Menge des bestmöglichen Mischungsverhältnisses in den Zylinder. Dadurch erzielt man bei Teillast sparsameren
Gasverbrauch.

Eine wesentliche Voraussetzung für den Betrieb von Großgasmaschinen ist
die Befreiung des Gichtgases vom Wasserdampf und vom Staub bis unter den

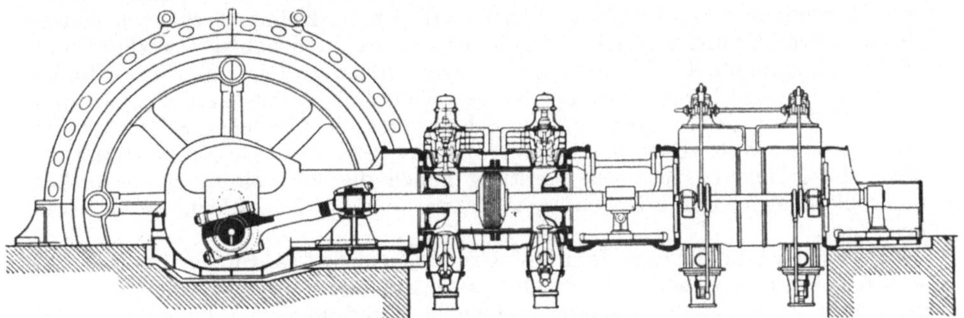

Abb. 382. Doppeltwirkende Reihen-Viertaktmaschine (MAN).

höchstzulässigen Gehalt von $0,02\,\mathrm{g/m^3}$ und des Koksofengases von allem Wasser
und Teer. Daher wurde der Gasmaschinenbetrieb erst möglich mit den Fortschritten im Bau von Gasreinigungsanlagen (Gaskühler, Trockenreinigung,
Waschzentrifugen, elektrische Staubabscheidung).

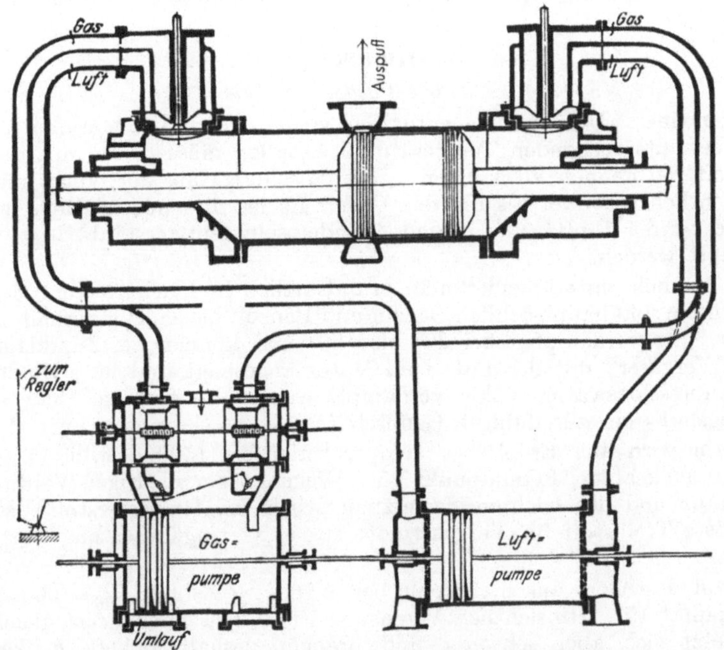

Abb. 383. Schema einer liegenden Zweitaktmaschine.

Die Wirtschaftlichkeit von Großgasmaschinenanlagen wird durch die Verwertung der Auspuffwärme in Abhitzekesseln und des dadurch erzeugten
Dampfes für Dampfturbinen oder andere Zwecke besonders gehoben.

Zweitakt-Gasmaschinen nach dem S. 177 angegebenen Arbeitsverfahren
werden doppeltwirkend ausgeführt. Sie bedürfen zu jedem Kraftzylinder noch
einer doppeltwirkenden Spül- und Ladeluftpumpe mit einfachen Ventilen für

unveränderliche Liefermenge und einer doppeltwirkenden Ladegaspumpe meist mit Rundschiebersteuerung und vom Regler beeinflußter Rückströmvorrichtung für veränderliche der Belastung angemessene Gasliefermenge. Ein Zweitaktzylinder hat wegen der erforderlichen Spülluftsperrwand zwischen den Auspuffgasen und der frischen Ladung nicht die 2fache, sondern nur die 1,7fache Leistung eines gleich großen Viertaktzylinders. Da der Kolben eine Länge gleich dem Hub minus der Schlitzlänge haben muß, ist der Zylinder erheblich länger als ein Viertaktzylinder gleichen Durchmessers; dadurch haben Kreuzkopf und hinterer Tragschuh der Kolbenstange solchen Abstand, daß die Kolbenstange den infolge seiner Länge schweren Kolben nicht frei tragen kann, sondern daß er im Zylinder gleiten muß, dessen Schmierung die hier höhere Temperatur ohnedies erschwert. Dies, der geringere Wirkungsgrad durch die Ladepumpen sowie die geringere spezifische Leistung haben die Verbreitung dieser früher für Gebläseantrieb durch Hochofengas viel verwendeten Zweitaktmaschine etwas behindert.

Dagegen ist im letzten Jahr auf Grundlage der Erfahrungen im Bau bewährter Viertakt-Gasmaschinen und raschlaufender Zweitakt-Dieselmotoren eine neue Zweitakt-Gasmaschine stehender Anordnung von hoher Drehzahl für reiche Gase (z. B. Koksofengas, Leuchtgas, Erdgas, Faulgas) entwickelt worden, der zufolge ihres geringen Platzbedarfs und Preises und ihrer höheren Wirtschaftlichkeit wohl besserer Erfolg zu versprechen ist.

Die in Abb. 383 gezeigte Wirkungsweise einer Zweitakt-Gasmaschine ist deshalb nur als Schema aufzufassen; bei den stehenden Zweitaktmaschinen erfolgt die Zuführung von Spülung, Ladeluft und Gas ebenso durch Schlitze wie der Auspuff.

3. Ölmaschinen.

Die wichtigsten Treiböle.

Allgemeines. Die Treiböle enthalten vorzugsweise Kohlenwasserstoffe, die zuerst bei entsprechenden Temperaturen zerfallen müssen, um mit dem Luftsauerstoff verbrennen zu können. Ihre Mischung mit der Verbrennungsluft ist wesentlich schwerer als die der Gase. Es ist dies nur möglich, wenn die Treiböle bei der Einführung in den Zylinder sehr fein zerstäubt bzw. teilweise verdampft werden.

Die Treiböle unterscheidet man grundsätzlich in Leichtöle und Schweröle.

Leichtöle sind hauptsächlich Benzin und Benzol; gleichartig verhält sich auch Spiritus. Sie verdampfen bei 20^0 bis 150^0 und können als Zünddämpfe aus einem „Vergaser" mit der Luft vom Motor angesaugt und im Zylinder durch die Kompressionswärme völlig verdampft werden, so daß am Ende des Verdichtungshubs ein zündfähiges Gemisch (wie beim Gasmotor) entsteht.

Benzin wird aus Erdöl bei Temperaturen bis 150^0 destilliert; $\gamma \backsim 0,72$, $H_u = 10\,000\,\mathrm{kcal/kg}$; Flammpunkt 15^0. Wegen seiner niedrigen Verdunstungstemperatur und der leichten Zersetzung seiner Kohlenwasserstoffe ist es der geeignetste Treibstoff für Vergasermotoren; es verträgt aber nur Verdichtung bis 5 at.

Benzol destilliert aus Steinkohle bei $\backsim 160^0$; $\gamma \backsim 0,93$; $H_u = 9600\,\mathrm{kcal/kg}$; Flammpunkt 15^0. Hinsichtlich Vergasung ist es dem Benzin fast gleichwertig; es zersetzt sich aber schwerer und braucht deshalb höhere Entzündungstemperatur. Deshalb ist auch höhere Verdichtung bis 13 at möglich, was diese Mängel wieder ausgleicht und besseren thermischen Wirkungsgrad gibt.

Spiritus wird aus Getreide, Kartoffeln und Zuckerrüben gewonnen und enthält etwa 90% Alkohol; $\gamma \backsim 0,85$; $H_u = 5600\,\mathrm{kcal/kg}$. Spiritus gestattet hohe Verdichtung, gibt dadurch gute Wärmeausnutzung, hat aber so hohe Entzündungstemperatur, daß der kalte Motorzylinder mit Spiritus nicht anläuft, sondern erst durch Anlassen mit Benzin oder Benzol angewärmt werden muß.

Schweröle sind Gasöl und die Braunkohlen- und Steinkohlenteeröle. Sie verdampfen erst bei 230 bis 300⁰ und können deshalb nicht im üblichen Vergaser zündfähige Gemische bilden. Sie sind aber für den Dieselprozeß gut geeignet und haben neben dieser guten Wärmeausbeute noch den Vorteil, daß sie, auf den Heizwert umgerechnet, nur etwa $^1/_3$ des Preises der Leichtöle kosten.

Gasöl destilliert aus dem Erdöl bei 250 bis 350⁰; $\gamma \sim 0{,}86$; $H_u = 10000$ kcal/kg; Flammpunkt 60⁰. Auslandserzeugnis, aber trotzdem der meist verwendete Betriebsstoff für Dieselmotoren.

Braunkohlenteeröle sind Solaröle zwischen 150⁰ bis 250⁰ überdestillierend; $\gamma \backsim 0{,}825$; $H_u \backsim 10000$ kcal; Flammpunkt 45 bis 50⁰; und Paraffinöl zwischen 200 bis 300⁰ überdestillierend; $\gamma = 0{,}89$ bis $0{,}91$; $H_u \backsim 9800$ kcal; Flammpunkt 100 bis 120⁰. Dem Gasöl wärmewirtschaftlich gleichwertig.

Steinkohlenteeröl aus dem Kokereiteer; $\gamma = 1{,}0$ bis $1{,}1$; $H_u \backsim 9000$ kcal/kg; Flammpunkt über 65⁰. Steht in großen Mengen aus dem Inland zu niedrigen Preisen zur Verfügung, aber je nach der verkokten Kohle in wechselnder Zusammensetzung. Bei den meisten Teerölen ist die Entflammung träge, so daß zum Anlassen der kalten Maschine Gasöl verwendet werden muß und dann erst auf Teeröl umgeschaltet werden kann. Auch schwer entflammendes Teeröl, das dauernd Voreinspritzung eines leichten Zündöls bedarf, ist durch den niedrigen Teerölpreis noch wirtschaftlich.

Bauarten von Ölmaschinen.

Allgemeines. Die Ölmaschinen sind im Gegensatz zu Generator-Gasmaschinen stets betriebsbereit und verbrauchen während der Betriebspausen keinen Brennstoff. Der Betriebsstoff ist in versenkten Behältern leicht und gefahrlos einzulagern und der Maschine durch Pumpe zuzuführen. Auch die rauch-, ruß- und rückstandlose Verbrennung ist vorteilhaft. Die Maschinen für Leichtöle arbeiten nach dem Verpuffungsverfahren; die Maschinen für Schweröle nach dem Gleichdruck-(Diesel-) Verfahren.

Vergasermaschinen arbeiten nach dem Verpuffungsverfahren mit den teuren Leichtölen Benzin, Benzol oder Spiritus, die sie vor dem Ansaugen in den Zylinder in einem Vergaser dunst- bzw. nebelförmig in die Verbrennungsluft verteilen, durch die während des Verdichtungshubs entstehende Wärme verdampfen und dann durch einen elektrischen Funken zum Verpuffen bringen.

Im Vergaser strömt die angesaugte Verbrennungsluft mit großer Geschwindig-

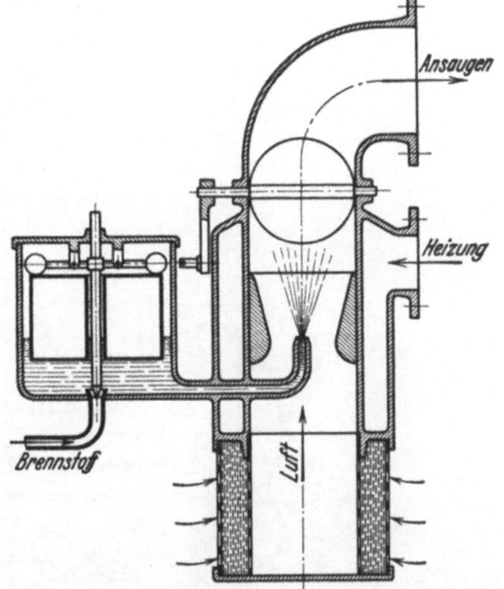

Abb. 384. Schema eines Vergasers für Lichtöle.

keit an einer Brennstoffdüse vorbei, aus der infolge des entstehenden Unterdrucks Benzin usw. herausspritzt und als Dunst mit abgesaugt wird. Damit der Flüssigkeitsstand an der Düse konstant gehalten wird, ist nächst der Düse ein kleines Gefäß mit Schwimmer angebracht, der den Zufluß aus dem Vorratsbehälter abschließt oder nach Bedarf öffnet. Da die Verdunstung durch die Verdunstungskälte beeinträchtigt wird, ist der Vergaser meist durch die Abgase oder durch das ablaufende warme Kühlwasser heizbar.

In ortsfester Ausführung kommen solche Vergasermotoren nur für kleine Leistungen bei seltener Benutzung in Frage, weil für große Leistungen und Dauerbetrieb die Brennstoffkosten zu hoch wären. Sie sind im Aufbau wie einfachwirkende Viertakt-Gasmaschinen, nur daß an Stelle des Gas-Luft-Mischventils der Vergaser sitzt.

Die meiste Verwendung finden Vergasermotoren in Kraftwagen und Flugzeugen, bei denen Betriebsbereitschaft, Einfachheit und geringes Gewicht alle

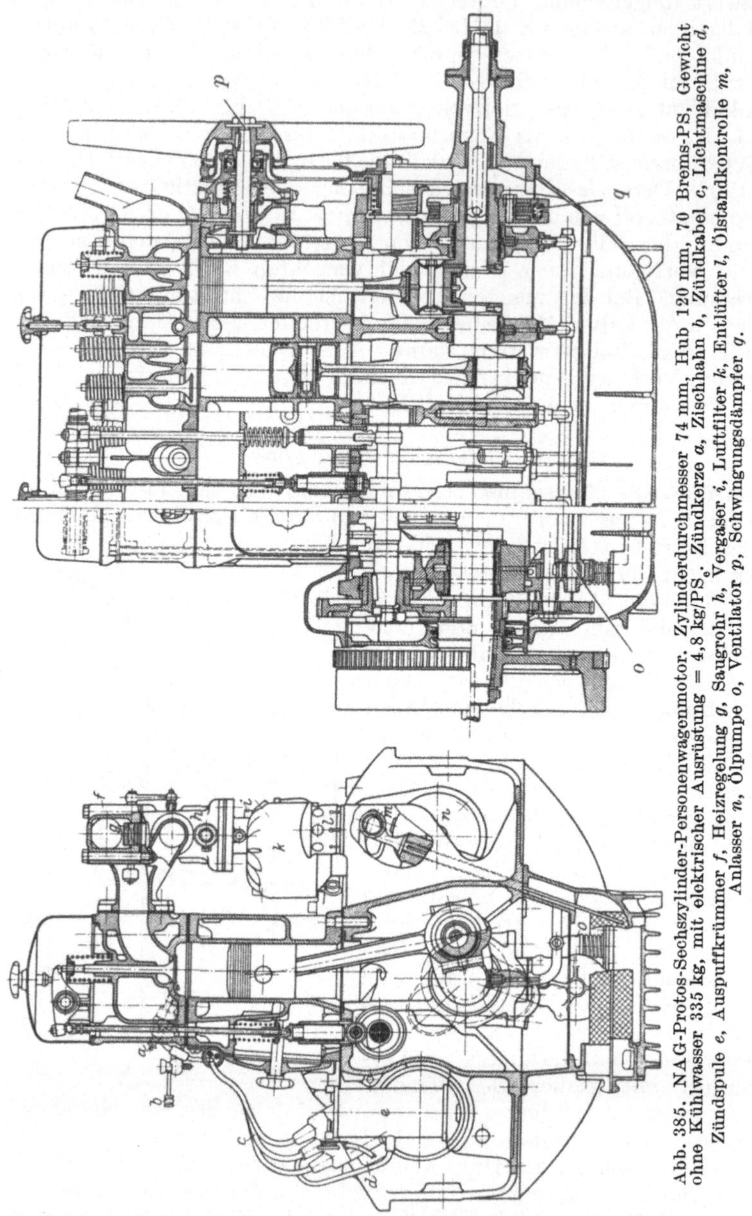

Abb. 385. NAG-Protos-Sechszylinder-Personenwagenmotor. Zylinderdurchmesser 74 mm, Hub 120 mm, 70 Brems-PS, Gewicht ohne Kühlwasser 335 kg, mit elektrischer Ausrüstung = 4,8 kg/PS$_e$. Zündkerze a, Zischhahn b, Zündkabel c, Lichtmaschine d, Zündspule e, Auspuffkrümmer f, Heizregelung g, Saugrohr h, Vergaser i, Luftfilter k, Entlüfter l, Ölstandkontrolle m, Anlasser n, Ölpumpe o, Ventilator p, Schwingungsdämpfer q.

anderen Forderungen überwiegen. Durch hohe Drehzahlen, 2000 bis 4000 für Personenwagen, bis 1800 (bzw. 2300 bei Rädervorgelegen) für Luftschrauben, sowie durch weitgehende Verwendung von Leichtmetall und hochwertigem Stahl läßt sich das Gewicht je PS$_e$ erheblich herabdrücken. Ein gleichmäßiger Gang und ruhiger Lauf werden durch Unterteilung der Leistung auf mehrere Zylinder und durch einen Massenausgleich erzielende Kurbelstellungen angestrebt.

Einen solchen Vergasermotor für Kraftwagen zeigt Abb. 385; er hat sechs Zylinder, ist also verkürzt dargestellt. Motoren baut man jetzt für besonders hohe Ansprüche mit acht Zylindern.

Besonders beachtlich sind: die Steuerung durch eine von der Kurbelwelle 2 : 1 angetriebene Nockenwelle, Stoßstangen und Schwinghebel, der heizbare Vergaser, die Luftreinigung, der zur Freilegung des Triebwerks abnehmbare Ölsumpf, die zwangläufige Umlaufschmierung mit Ölfilter und Ölpumpe, die angebaute elektrische Einrichtung mit Licht- und Ladedynamos und Anlaßmotor.

Dieselmaschinen. Grundlage des Dieselverfahrens ist, daß schwer entzündbares Treiböl (Gasöl, Braunkohlenteeröl, Paraffinöl u. ä.) in die durch den Verdichtungshub auf 32 bis 35 at verdichtete und dabei auf etwa 550° erhitzte Verbrennungsluft in feinster Verteilung eingespritzt wird und dabei nahezu im Gleichdruck verbrennt. Die Dieselmaschine braucht also nicht, wie die Verpuffungsmaschine, eine besonders gesteuerte Zündvorrichtung, dafür aber eine Einspritzvorrichtung in Form eines Brennstoffventils. Die Zerstäubung des Treiböls im Zylinder erfolgte bis vor kurzem allgemein (Abb. 386) durch Einblaseluft von 55 bis 75 at, die von einem, von der Maschinenkurbelwelle angetriebenen zweistufigen Verdichter geliefert werden mußte. Dazu wurde mit gleich hohem Druck vor Ende des Verdichtungshubs eine der

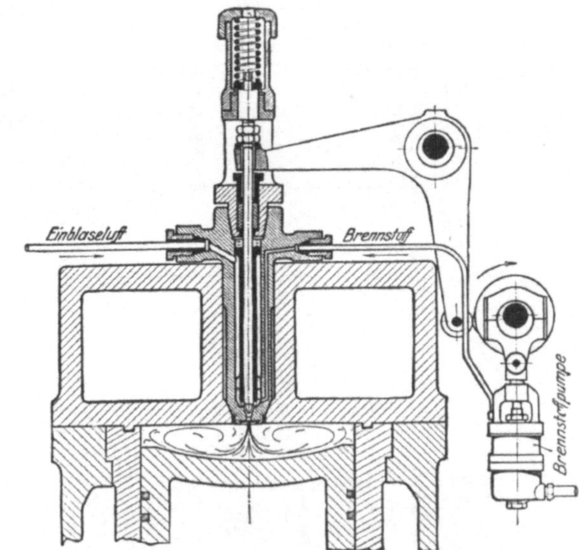

Abb. 386. Brennstoffventil einer Dieselmaschine.

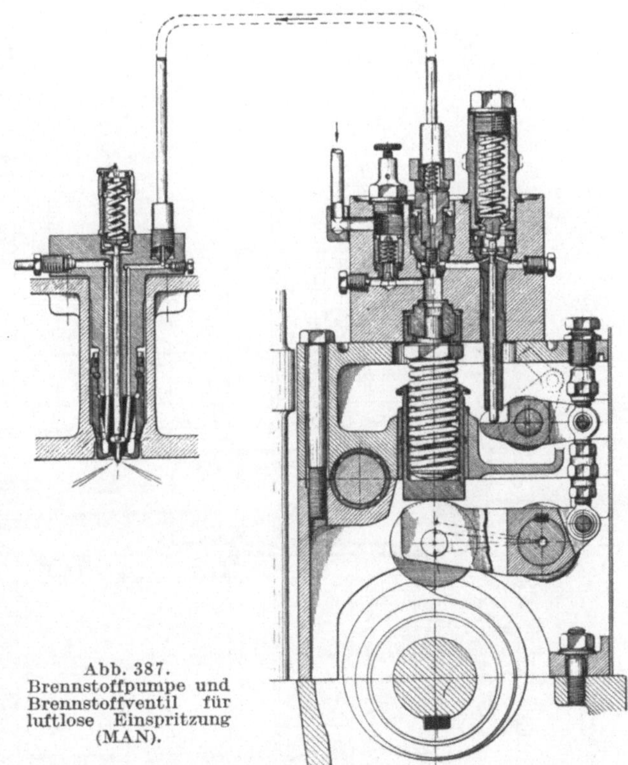

Abb. 387. Brennstoffpumpe und Brennstoffventil für luftlose Einspritzung (MAN).

Maschinenleistung entsprechende Treibölmenge durch die Brennstoffpumpe in das Brennstoffventil gefördert. Beim Öffnen des Brennstoffventils reißt die

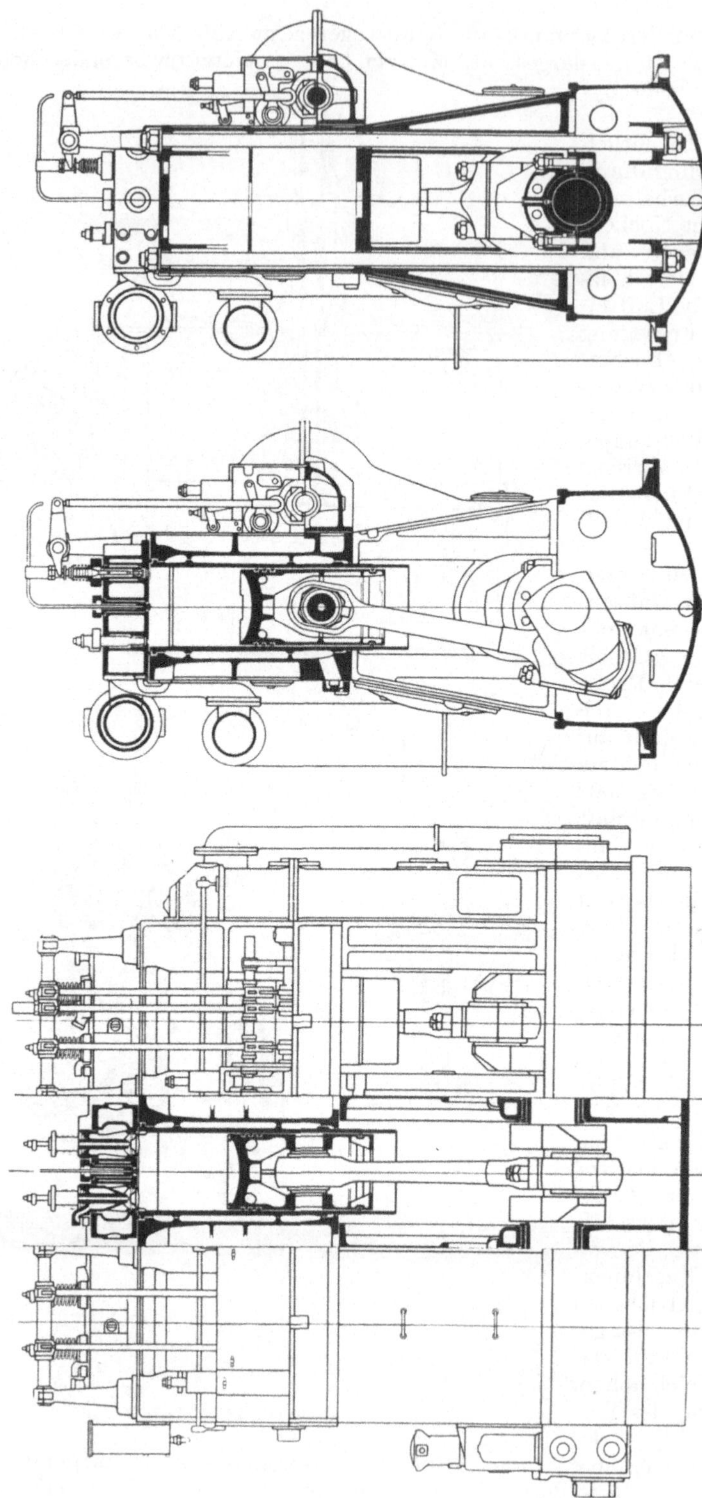

Abb. 388. Kompressorloser Dreizylinder-MAN-Viertakt-Dieselmotor; 265 bis 350 PS_e bei 167 bis 250 Umdr/min; Zylinderdurchmesser 425 mm, Kolbenhub 600 n.m.

Einblaseluft diese Treibölmenge mit sehr hoher Geschwindigkeit durch eine Düse, wodurch sie als feinster Nebel auf die erhitzte Verbrennungsluft trifft und verbrennt.

Dieses 30 Jahre allein übliche Verfahren hat den Nachteil, daß die von 65 at auf 30 at expandierende Einblaseluft sich und damit das Treiböl und einen Teil der Verbrennungsluft erheblich abkühlt, abgesehen von Kosten und Betriebsnachteilen des Hochdruckkompressors.

Man hat deshalb vor wenigen Jahren die Brennstoffpumpen so vervollkommnet, daß diese das Treiböl mit einem Druck von 200 bis 300 at ausreichend fein verteilt in die auf 32 at verdichtete Verbrennungsluft einspritzen (Abb. 387), so daß man auf die Einblaseluft verzichten kann und der bisher erforderlich gewesene Kompressor entfällt.

So entstand der kompressorlose Dieselmotor, den Abb. 388 als einfachwirkenden Viertakt-Motor mittlerer Größe zeigt. Dieses Verfahren hat solche Vorteile, daß es dem Schwerölmotor ein weiteres Übergewicht gegen andere Kraftmaschinen gesichert hat. Für große Leistungen werden Viertakt-Motoren auch doppeltwirkend mit wasser- oder ölgekühltem Kolben, unterem Zylinderdeckel mit Stopfbüchse und mit Kreuzkopf ausgeführt.

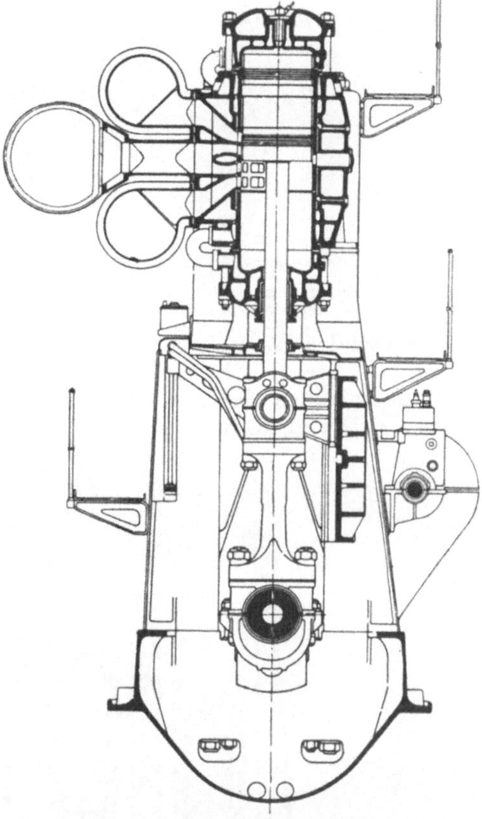

Die Anwendung des Zweitaktverfahrens auf den Dieselmotor hat weniger Schwierigkeiten als bei der Gasmaschine, denn es ist nur ein Spülluftgebläse nötig und es entfällt die Gefahr der Vorzündungen durch schwelende

Abb. 389. Querschnitt durch einen doppeltwirkenden Zweitakt-MAN-Dieselmotor mit luftloser Einspritzung (kompressorlos).

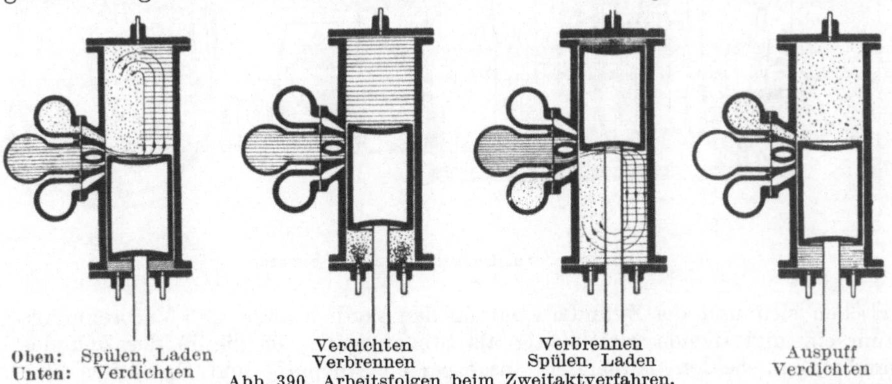

Abb. 390. Arbeitsfolgen beim Zweitaktverfahren.

Verbrennungsreste; deshalb kann man das Zylindervolumen voll ausnützen und bekommt im Vergleich zum Viertakt doppelte Leistung (statt der 1,7fachen bei der Zweitakt-Gasmaschine). Man baut Zweitakt-Ölmaschinen großer Leistungen für Kraftwerke und Schiffe mit doppeltwirkenden Zylindern gemäß Abb. 389. Die Folge der Arbeitsvorgänge auf beiden Kolbenseiten und die Umkehrspülung läßt Abb. 390 erkennen. Abb. 391 zeigt das typische Zweitakt-Gleichdruckdiagramm.

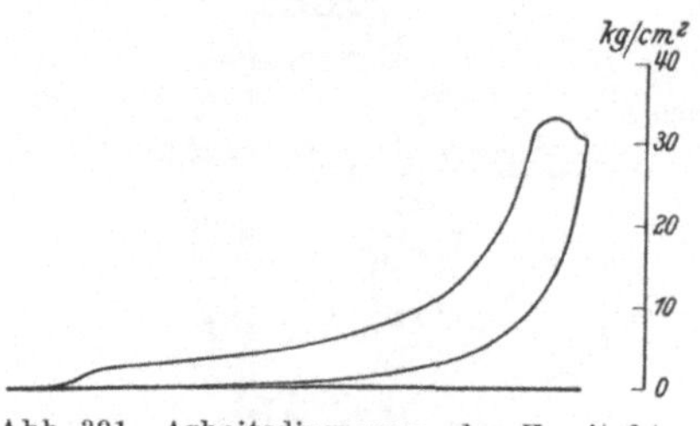

Abb. 391. Arbeitsdiagramm des Zweitakt-Dieselmotors.

Solche Zweitakt-Maschinen haben volle Ausnutzung des Kurbeltriebwerks, größere Gleichförmigkeit des Drehmomentes und größere Leistung auf gleicher Grundfläche im Vergleich zu Viertakt-Maschinen. Man baut sie für Leistungen bis 15000 PS.

Die Schwierigkeiten, die die Unterbringung der Stopfbüchse und der Einspritzventile in dem knappen Raum des unteren Zylinderdeckels bei solchen doppeltwirkenden Zweitakt-Maschinen mittlerer und kleiner Leistungen machen, sind bei der Junkers-Oechelhäuser Bauweise für Zweitakt-Maschinen mit gegenläufigen Kolben umgangen. Wie Abb. 392a erkennen läßt, bewegen sich die beiden Kolben in einem beiderseits offenen Zylinder; sie schließen

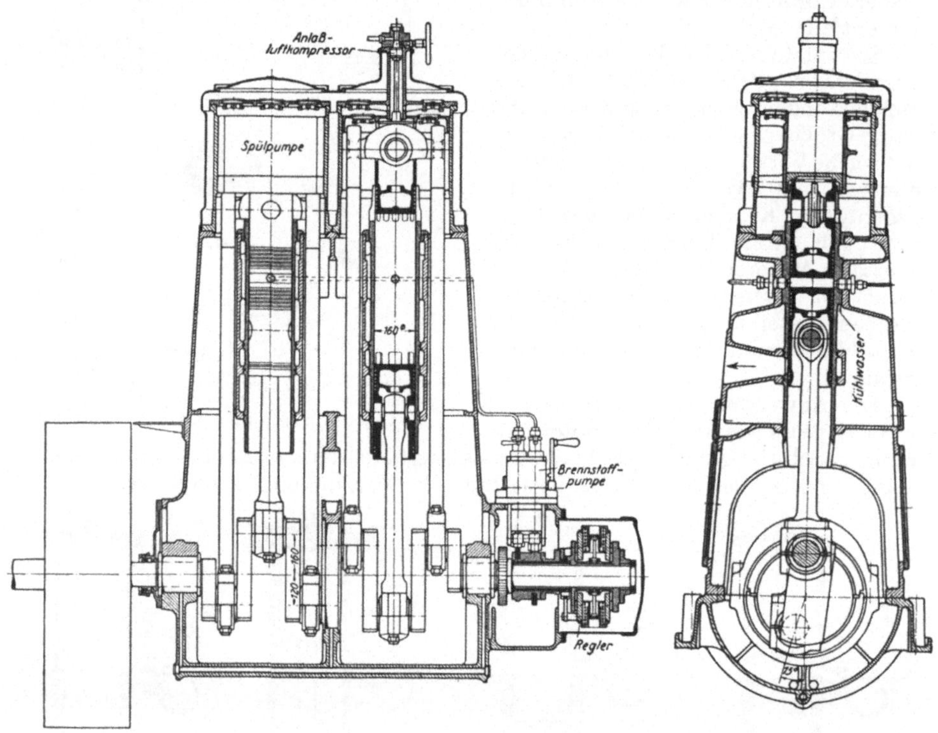

Abb. 392a. Junkers-Zweitakt-Dieselmotor.

zwischen sich und der Zylinderwandung den Verdichtungs- und Verbrennungsraum ein und dienen gleichzeitig als Steuerorgane für die in der Zylinderwandung an beiden Hubenden ausgesparten Auspuff- und Spülluftschlitze. Abb. 392b zeigt die Folge der Vorgänge im Zylinder: Links: Nach dem Ausspülen und Füllen des Zylinders haben sich die beiden Kolben gegeneinander bewegt und die eingeschlossene Luft auf fast 40 at verdichtet. Während dieses

Verdichtungshubs hat der als Spülpumpenkolben ausgebildete obere Kreuzkopf Frischluft angesaugt. Nach Erreichen der inneren Totlage wird durch die
Brennstoffpumpe das Treiböl in die hocherhitzte Luft vernebelt, wodurch es
sofort verbrennt. Mitte: Der Druck der Verbrennungsgase treibt die Kolben
im Arbeitshub auseinander, wobei gleichzeitig die Spülluft in den Aufnehmer
geschoben und verdichtet wird, bis gegen Hubende der untere Kolben die Auspuffschlitze frei gibt, so daß die Abgase entweichen können. Rechts: Kurz
vor der äußeren Totlage öffnet der obere Kolben die Spülschlitze und läßt
durch die auf mäßigen Druck verdichtete Spülluft den im Zylinder verbliebenen
Rest der Abgase austreiben. Nach Abschluß der Auspuffschlitze durch den
unteren Kolben sind die Spülschlitze noch etwas offen, so daß der Zylinder
mit reiner Luft auf den Spüldruck aufgeladen wird. Dann wiederholt sich das
Spiel, wie oben angegeben.

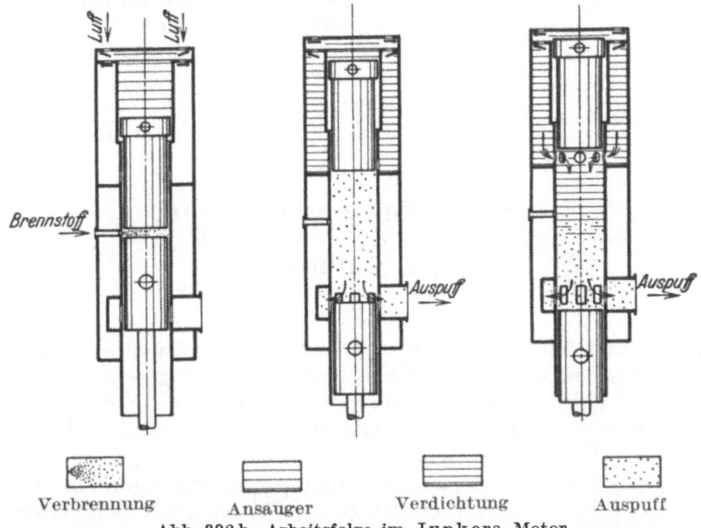

Abb. 392 b. Arbeitsfolge im Junkers-Motor.

Diese Junkers-Konstruktion hat folgende Vorteile: Die Form des Brenn-
raums kommt den theoretischen Erfordernissen sehr nahe; durch die weiten
tangential gestellten Spülschlitze wird mit niedrigem Spülluftdruck ein gutes
Ausspülen der Verbrennungsgase aus dem Zylinder und dadurch wieder eine
gute Ausnutzung des Treibstoffes erzielt; für die Steuerung sind, abgesehen
vom Anlassen, keinerlei Ventile und deshalb kein Steuerungsantrieb und keine
Steuerhebel und -gestänge nötig; der gußeiserne Zylinder und das Maschinengestell bleiben frei von Längsbeanspruchungen, weil die Treibkräfte von den
beiden Kolben und deren Pleuelstangen aufgenommen und direkt auf die Kurbelwelle übertragen werden; die Massenkräfte heben sich im Triebwerk auf, so daß
die Fundamente wesentlich geringeren Massenwirkungen ausgesetzt sind, als
bei anderen Bauarten; die Kurbelwellenlager sind dadurch im Vergleich zu
anderen Bauarten gering belastet.

Anwendungsbereich. Die Dieselmaschine hat die Dampfmaschine sehr zurückgedrängt, weil sie wärmetechnisch die wirtschaftlichste Kraftmaschine ist.
Ihr Wärmeverbrauch beträgt 1800 bis 2200 kcal/PS$_e$h, also bei einem Öl von
10000 kcal/kg nur 0,18 bis 0,22 kg/PSh, das ist 0,25 des Wärmeverbrauchs
einer Dampfkraftanlage. Auch bei abnehmender Belastung erhöht sich der
Wärmeverbrauch weniger stark als bei den Gas- und Vergasermaschinen
(Abb. 393). Ferner ist der Kühlwasserverbrauch geringer (10 bis 20 l/PSh), da

keine Vorzündungen möglich sind und deshalb die Zylinderwandungen heißer sein dürfen, was wieder der Haltbarkeit zugute kommt. Gegen die Vergasermaschinen haben sie den Vorteil, daß sie die billigeren Schweröle verwenden können, namentlich seitdem es gelungen ist, durch geeignete Maßnahmen auch

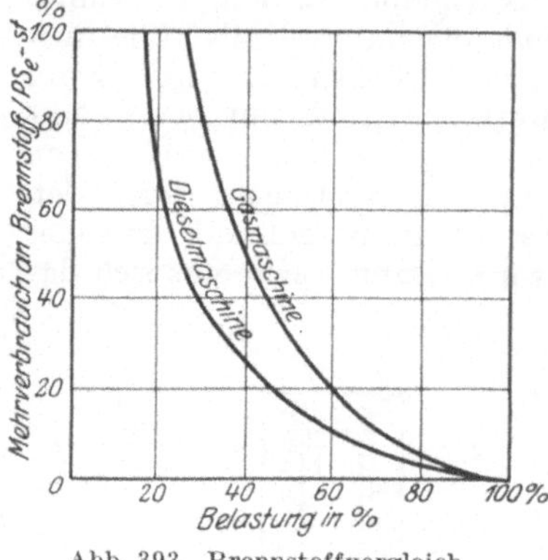

Abb. 393. Brennstoffvergleich.

die im Inland in großer Menge erzeugten schwer entflammbaren Teeröle (in Deutschland jährlich etwa 450000 t) als Treiböle zu verwenden. Mit diesen billigen Ölen steht die Dieselmaschine auch hinsichtlich der Brennstoffkosten in scharfem Wettbewerb mit der Dampfmaschine, namentlich dort, wo es sich nicht um Dauerbetrieb handelt, aber auf stete Betriebsbereitschaft besonderer Wert gelegt wird. Für den Schiffsantrieb hat sie den großen Vorteil, daß Raum und Gewicht der Kessel entfallen und daß die geringere Brennstoffmenge rascher und leichter übernommen werden kann und durch Unterbringung im Doppelboden fast keinen für die Fracht nutzbaren Raum beansprucht.

VI. Arbeitsmaschinen.

A. Pumpen.

1. Allgemeines.

Aufgaben und Einteilung. Pumpen haben die Aufgabe, Flüssigkeiten in Rohrleitungen zu fördern. Zu diesem Zweck ist eine geschlossene Verbindung zwischen dem unteren und oberen Flüssigkeitsbehälter (Unter- und Oberwasser) herzustellen (Abb. 394), in die an geeigneter Stelle die Pumpe eingeschaltet wird.

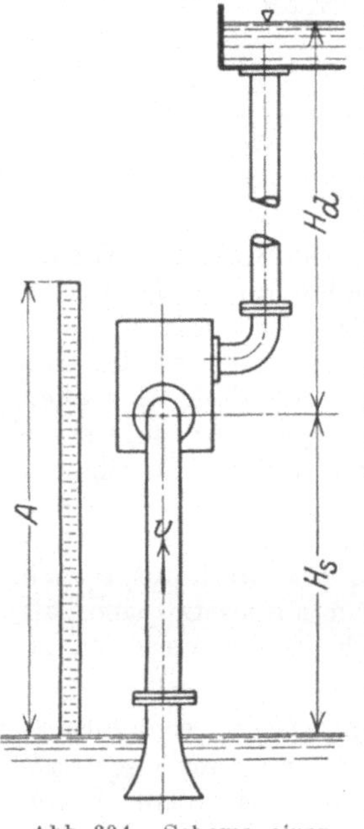

Abb. 394. Schema einer Pumpanlage.

Die Rohrverbindung von der Pumpe nach dem Unterwasser ist das Saugrohr, die nach dem Oberwasser das Druckrohr. Die entsprechenden senkrechten Abstände sind die geodätische Saughöhe H_s und Druckhöhe H_d.

Die Bewegung des Wassers kommt dadurch zustande, daß die Pumpe nach der Saugrohrseite einen Unterdruck herstellt, so daß der äußere atmosphärische Überdruck das Wasser nachschiebt, während nach der Druckrohrseite von der Pumpe auf das Wasser ein so großer Überdruck ausgeübt wird, daß die Druckwassersäule in Bewegung gesetzt wird.

Diese Druckgefälle in der Pumpe können erzeugt werden durch

1. einen Kolben: Kolbenpumpen,

2. ein Schleuderrad: Kreiselpumpen (Zentrifugalpumpen),

3. Dampf: unmittelbar wirkende Dampfpumpen (Pulsometer),

4. einen Flüssigkeitsstrahl: Strahlpumpen (Injektore, Ejektore),

5. Druckluft: Druckluftheber (Mammutpumpen).

Bewegungswiderstände. Alle durchflossenen Querschnitte sind mit Wasser angefüllt. Wenn Q die Wassermenge in m³/s, F den Leitungsquerschnitt in m²,

v die Geschwindigkeit in m/s bedeuten, gilt also für alle Pumpen- und Leitungsquerschnitte die Kontinuitätsgleichung

$$Q = F v = F_1 v_1 = F_2 v_2 \text{ usw.} \tag{1}$$

Die Geschwindigkeiten verhalten sich also umgekehrt wie die Querschnitte:

$$\frac{v_1}{v_2} = \frac{F_2}{F_1}. \tag{2}$$

Die an irgendeiner Stelle der Flüssigkeit auftretenden Drücke werden in m Flüssigkeitssäule gemessen. Im Ruhestand ist der Druck in einem Querschnitt durch die auf ihm lastende Flüssigkeitssäule gegeben. Bei der Bewegung muß dieser Druck aber größer sein, denn er hat einmal die Flüssigkeit in Bewegung zu halten, also eine bestimmte Fließgeschwindigkeit v zu erzeugen, und weiter die inneren Widerstände zu überwinden, die durch Reibung an den Wandungen, Querschnitts- und Richtungsänderungen entstehen. Für die ganze Pumpanlage ist demgemäß die gesamte Förderhöhe H zusammenzusetzen aus

1. der geodätischen Förderhöhe $H_s + H_d$ (Abb. 394),
2. der dynamischen Förderhöhe oder Geschwindigkeitshöhe $\dfrac{v^2}{2g}$,
3. die Widerstandshöhe $H_w = h_{ws} + h_{wd}$ in der Saug- und Druckleitung,

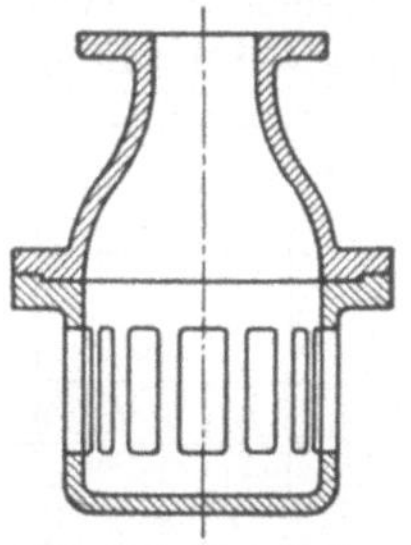

also

$$H = H_s + H_d + \frac{v^2}{2g} + H_w. \tag{3}$$

Abb. 395. Saugkorb.

Die geodätische Förderhöhe $H_s + H_d$ ist durch die örtlichen Verhältnisse gegeben. Die Geschwindigkeitshöhe ist meist sehr klein, sie beträgt für $v = 1$ m/s, was nur selten überschritten wird, nur 0,05 m. Groß dagegen kann die Widerstandshöhe namentlich bei langen Leitungen werden. Sie enthält vorzugsweise die Reibungswiderstände, die durch die Reibung des Wassers an den Wandungen entstehen. Hierfür gilt nach der Hydraulik (nur für den Rohrleitungswiderstand)

$$H_w = \lambda \frac{l}{d} \frac{v^2}{2g}, \tag{4}$$

wenn l (m) die Länge und d (m) den Durchmesser der Leitung bezeichnet. Der Wert λ ist nach Darcy

$$\lambda = 0,01989 + \frac{0,0005078}{d} \text{ (etwa 0,02).}$$

Hierzu kommen noch die Widerstände bei Richtungs- und Querschnittsänderungen; sie lassen sich aber bei guter Formgebung sehr klein halten, so daß nur in besonderen Fällen eine Berücksichtigung notwendig ist. So muß z. B. beim Eintritt in das Saugrohr im Einlaßquerschnitt trompetenförmig erweitert werden (Abb. 394), um Einschürungen des Wasserstrahls zu vermeiden. Werden Saugkörbe angewendet (Abb. 395), die feste Stoffe abhalten sollen, so ist aus Rücksicht auf etwaige Verstopfungen der gesamte Öffnungsquerschnitt etwa gleich dem 4fachen Saugrohrquerschnitt zu machen. Plötzliche Querschnittsänderungen in der Pumpe oder den Leitungen sind tunlichst zu vermeiden; Richtungsänderungen müssen allmählich und mit guten Ausrundungen bewirkt werden.

Saughöhe. Wenn in der Pumpe ein Unterdruck entsteht, so wird das Gleichgewicht im Saugrohr gestört, so daß der äußere Überdruck, das ist der Atmosphärendruck, die Bewegung der Flüssigkeit veranlaßt. Die treibende Kraft, der Atmosphärendruck A, hängt von dem jeweiligen Barometerstand ab; er wird in m Flüssigkeitssäule gemessen und beträgt für Wasser bei einem Barometerstand B in mm Quecksilbersäule

$$
\begin{array}{llll}
B = 760 & 735 & 700 & 660 \text{ mm QS,} \\
A = 10,33 & 10,0 & 9,6 & 9,0 \text{ m WS,} \\
p = 1,033 & 1,0 & 0,96 & 0,9 \text{ kg/cm}^2.
\end{array}
$$

Der mittlere Barometerstand ändert sich mit der Höhenlage des Ortes und schwankt bei Höhen von 0 bis 1000 m über dem Meeresspiegel zwischen 10,33 und 9,0 m WS.

Heiße Flüssigkeiten entwickeln im Vakuum Dämpfe, die eine Gegenspannung erzeugen und die Saugwirkung beschränken; sie ergeben sich für Wasser, in m WS gemessen, aus Abb. 396. Kochendes Wasser kann man also überhaupt nicht ansaugen.

Die dem Atmosphärendruck entsprechende Wassersäule A muß die geodätische Saughöhe, die sich aus der

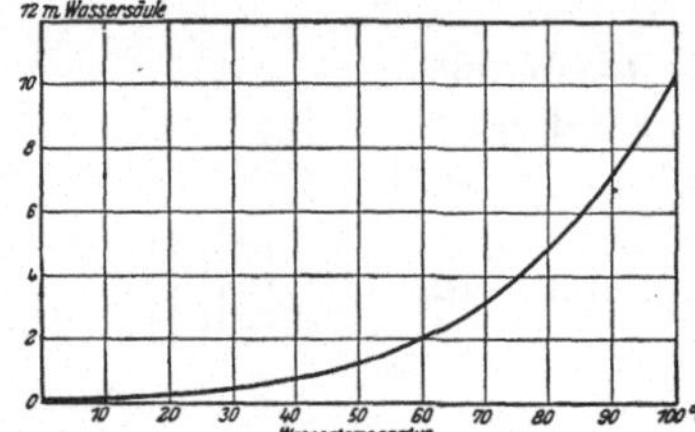

Abb. 396. Gegendruck von heißem Wasser.

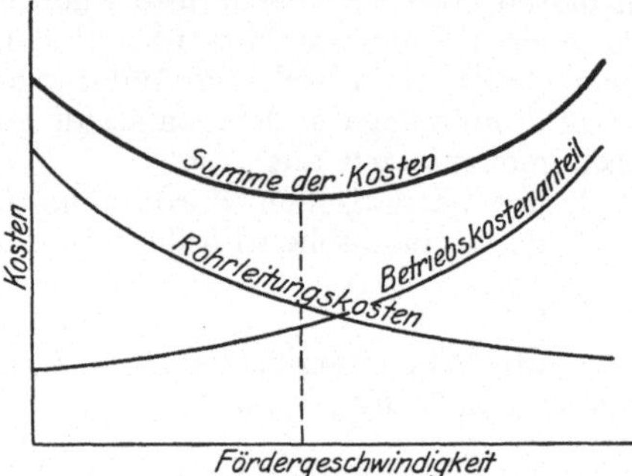

Abb. 397. Wirtschaftliche Rohrweite.

Höhenlage der Pumpe über dem Wasserspiegel ergibt, sowie die Geschwindigkeits- und Widerstandshöhe überwinden können, also

$$
A > H_s + \frac{v_s^2}{2\,g} + h_{ws}. \tag{5}
$$

Dies gibt die theoretisch mögliche Saughöhe. In der Praxis wird man die Pumpe so nah als möglich über dem Unterwasserspiegel aufstellen, weil jede unnötige Saugarbeit die Gefahr von Betriebsstörungen erhöht. Man geht deshalb keinesfalls über $H_s = 7$ bis 8 m.

Fördergeschwindigkeit. In den Saug- und Druckleitungen geht man mit der Fördergeschwindigkeit selten über 2 m/s und ermäßigt sie um so mehr, je länger die Leitung ist. Denn die Widerstände wachsen proportional mit ihrer Länge und dem Quadrate der Geschwindigkeit. Bei langen Leitungen ist nach wirtschaftlichen Gesichtspunkten die Fördergeschwindigkeit zu bestimmen. Große Geschwindigkeiten ergeben bei einer bestimmten Fördermenge kleine Rohrdurchmesser, also billige Leitungen, aber eine große Reibungshöhe und einen dementsprechenden Arbeitsaufwand. Trägt man (Abb. 397) die Kosten der Leitung für verschiedene Fördergeschwindigkeiten und hierzu unter Berücksichtigung der verschiedenen Förderhöhen die Mehrkosten des Arbeitsaufwands auf, so gibt die Summe beider Ordinaten die maßgebende Kurve, deren Kleinstwert die wirtschaftliche Fördergeschwindigkeit angibt.

Förderarbeit. Bei einem sekundlich zu hebenden Fördergewicht γQ auf eine Förderhöhe H beträgt die auf die Flüssigkeit zu übertragende Arbeit in PS (Wasserpferdestärken)

$$
N_w = \frac{\gamma\,Q\,H}{75} \;\text{(PS),} \tag{6}
$$

es ist zu messen:

Q die Fördermenge in m³/s,

γ das Gewicht der Flüssigkeit in kg/m³ (für Wasser = 1000),

H die manometrische Förderhöhe in m [vgl. Gleichung (3)].

Die Antriebsarbeit ist um die mechanischen und hydraulischen Verluste in der Pumpe größer, so daß bei einem Wirkungsgrade η die Motorleistung

$$N_m = \frac{\gamma\,Q\,H}{\eta \cdot 75} \text{ (PS)}. \tag{7}$$

Der Wirkungsgrad der Pumpen beträgt

für Kolbenpumpen . . . . $\eta = 0{,}8$ bis $0{,}95$,
  ,, Kreiselpumpen . . . . $\eta = 0{,}4$,, $0{,}76$,
  ,, Strahlpumpen, Pulsometer, Mammutpumpen . . . $\eta = 0{,}1$,, $0{,}3$.

Je kleiner der Wirkungsgrad, um so größer ist der Arbeitsaufwand und um so teurer der Betrieb. Die Pumpen mit den schlechten Wirkungsgraden würden keine Berechtigung haben, wenn sie nicht auf der andern Seite Vorzüge hätten; das sind hier im wesentlichen die technische Einfachheit und die billige Herstellung. Solche Pumpen kommen daher dort in Frage, wo sie nur selten benutzt werden oder wo die technischen Verhältnisse dazu zwingen, während für lange Betriebszeiten nur hochwertige Betriebsmittel wirtschaftlich sind.

2. Kolbenpumpen.

Bauarten. Bei den Kolbenpumpen erfolgt die Förderung der Flüssigkeit durch die hin und her gehende Bewegung eines Kolbens in einem Zylinder. Durch diese Bewegung wird die Flüssigkeit abwechselnd in den Zylinder eingesogen und herausgedrückt. Dementsprechend müssen die Ein- und Auslaßöffnungen zeitweilig geöffnet oder geschlossen sein. Es geschieht dies durch Ventile (Saug- und

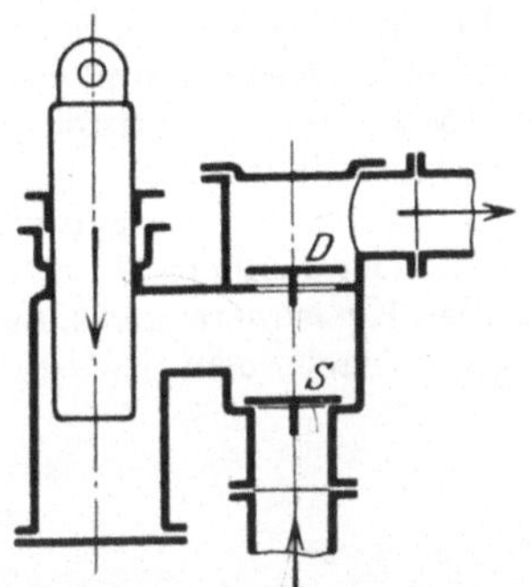

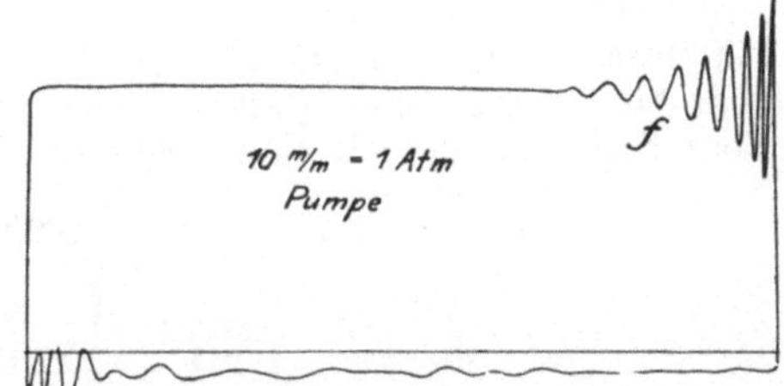

Abb. 398. Einfache Saug- und Druckpumpe.   Abb. 399. Diagramm einer Saug- und Druckpumpe.

Druckventil), die meist selbsttätig arbeiten, d. h. infolge des Druckunterschieds über und unter dem Ventil sich öffnen oder schließen.

Die einfache Saug- und Druckpumpe (Abb. 398) hat einen Tauchkolben, der nur mit dem einen Ende in den Zylinder eintaucht und nach außen durch eine Stopfbüchse abgedichtet ist. Beim Aufgang des Kolbens entsteht ein Unterdruck im Zylinder, so daß das unter dem höheren atmosphärischen Druck stehende Saugwasser das Saugventil S öffnet und dem Kolben nachströmt. Am Hubende, im Totpunkt, hört die strömende Bewegung des Wassers auf, das Ventil fällt durch sein Eigengewicht oder eine künstliche Federbelastung auf seinen Sitz zurück und sperrt das Saugrohr ab. Beim Niedergang des Kolbens wird das Wasser durch das Druckventil D in das Druckrohr gedrückt, bis am Hubende wieder das Ventil sich in der gleichen Weise schließt. Diese Pumpe ist einfachwirkend, nur die eine Kolbenseite arbeitet; bei einem Doppelhub oder einer Kurbelumdrehung der Antriebsmaschine wird einmal angesogen und einmal fortgedrückt. Sind die Saug- und Druckhöhe verschieden, so sind auch die Kolbenkräfte beim Hin- und Rückgang ungleich. Das Diagramm (Abb. 399) veranschaulicht die Vorgänge im Pumpenzylinder, namentlich den schroffen Übergang von Saug- auf Druckspannung infolge der Unelastizität des Wassers.

Eine etwas abweichende Wirkungsweise hat die Hubpumpe (Abb. 400).
In einem ausgedrehten Zylinder läuft ein am Umfang abgedichteter Kolben,
der in der Mitte eine Öffnung mit Ventil hat. Beim Kolbenaufgang wird das
Wasser durch das Saugventil in den Zylinder eingesogen, beim
Niedergang öffnet sich das Kolbenventil und läßt das Wasser
durchtreten. Bei dem dann folgenden Aufgang wird dies Wasser
über dem Kolben gehoben, während gleichzeitig unter ihm
neues Wasser angesogen wird. Die Pumpe fördert also nur
beim Kolbenaufgang, und zwar gleichzeitig in der Saugleitung
und in der Druckleitung. Der Rückgang ist gewissermaßen ein
Leergang und erfordert keine oder nur geringe Kraft. Die Kolbenstange wird daher vorzugsweise auf Zug beansprucht, braucht
nicht knicksteif zu sein und fällt leicht aus. Wegen des stark
unterschiedlichen Kraftbedarfs bei Hoch- und Niedergang treibt
man bei größeren oder mit langen Gestängen arbeitenden
Hubpumpen den Kolben nicht direkt von der Kurbel, sondern
über einen Schwinghebel mit ausgleichendem Gegengewicht an.

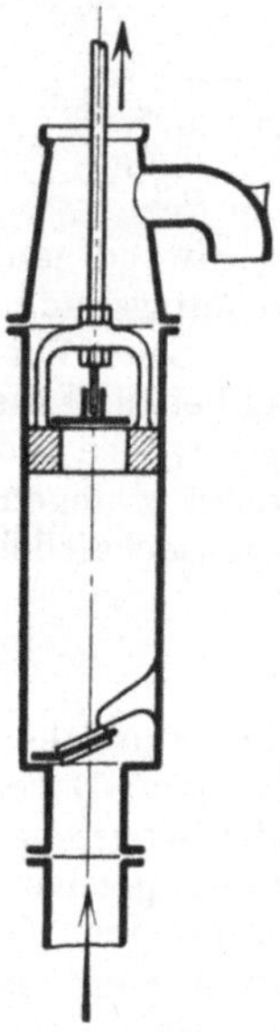

Um die Leistung zu vergrößern und gleiche Kolbenkräfte zu
erhalten, baut man die Pumpen doppeltwirkend (Abb. 401).
Der geschlossene Scheibenkolben teilt den Zylinder in zwei
Räume, von denen jeder durch ein Saug- und Druckventil
mit dem Saug- und Druckrohr in Verbindung steht. Bei jedem
Gang wird auf der einen Kolbenseite angesogen und auf der
andern fortgedrückt. Die Kolbenkräfte werden dadurch gleich
und die Leistung doppelt so groß wie früher.

Ein Zwischenglied zwischen der einfach- und doppeltwirkenden Pumpe ist die Differentialpumpe (Abb. 402). Der Kolben ist abgesetzt
und arbeitet auf der einen (linken) Seite mit dem vollen Kreisquerschnitt, auf der
andern Seite mit dem Ringquerschnitt. Bei Hingang (nach rechts) wird durch

Abb. 400.
Hubpumpe.

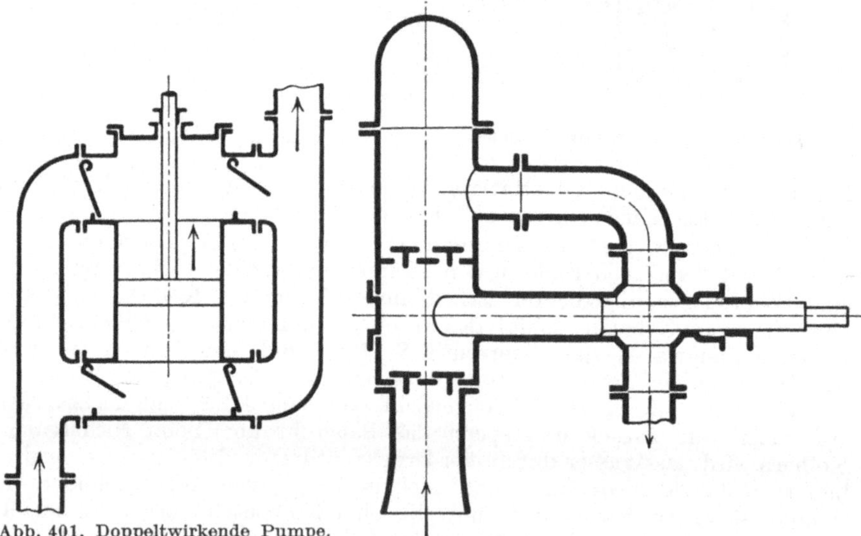

Abb. 401. Doppeltwirkende Pumpe.

Abb. 402. Differentialpumpe.

das Saugventil Wasser angesogen und beim Rückgang durch das Druckventil
fortgedrückt. Dies Wasser gelangt aber nur zum Teil ins Druckrohr, der Rest
findet in dem sich auf der Rückseite des Kolbens vergrößernden Druckraum
Platz und wird erst beim folgenden Saughub in die Druckleitung gefördert.

Dies ist namentlich bei langen Druckleitungen wertvoll. Durch richtige Wahl der Kolbenquerschnitte lassen sich die Kolbenkräfte in beiden Richtungen gleichmachen, so daß die Antriebsmaschine gleichförmig beansprucht wird.

Strömungsvorgänge. Zu den allgemein erörterten Bewegungswiderständen (vgl. S. 193) tritt hier infolge der absatzweisen Förderung der Kolbenpumpen noch eine neue Erscheinung hinzu, die Beschleunigung der Wassermassen. Bei geschlossenem Ventil ist die Saug- bzw. Druckwassermasse in Ruhe, bei der Öffnung setzt sie sich in Bewegung und folgt dem Kolben mit einer diesem entsprechenden Geschwindigkeit, die etwa in der Mitte des Hubs ihren Größtwert hat (vgl. Abb. 192, S. 79). Diesen ungleichförmigen Geschwindigkeiten entsprechen Beschleunigungen, die beim Beginn der Bewegung, also im Totpunkt des Kolbens, am größten sind. Die größte Beschleunigungskraft war für den Kolben ermittelt zu [vgl. Gleichung (64), S. 79]

$$K_{max} = \left(\frac{\pi n}{30}\right)^2 r \frac{G}{g} \left(1 \pm \frac{r}{l}\right).$$

Da nun die Beschleunigungen des Wassers zu der des Kolbens sich umgekehrt verhalten wie ihre Querschnitte $\frac{F}{F_s}$, so gilt für das Saugwasser

$$K_b = \left(\frac{\pi n}{30}\right)^2 r \frac{G}{g} \frac{F}{F_s}. \tag{8}$$

Es ist

$K_b = \gamma F_s h_b$ die Beschleunigungskraft, die ausgedrückt werden kann durch eine Wassersäule vom spezifischen Gewicht γ, dem Querschnitt F_s und der Höhe h_b,

n die minutliche Drehzahl oder Anzahl der Doppelhübe,

$r = \frac{s}{2}$ der Kurbelhalbmesser oder halbe Kolbenhub,

$G = \gamma F_s l_s$ das Gewicht des Saugwassers vom Querschnitt F_s und der Saugrohrlänge l_s,

$g = 9{,}81$ m/s² die Erdbeschleunigung,

F und F_s die Querschnitte von Kolben und Saugrohr.

Mit diesen eingesetzten Werten ergibt sich dann die Beschleunigungskraft, ausgedrückt durch eine Wassersäule

$$h_b \geqq \left(\frac{\pi n}{30}\right)^2 \frac{s}{2} \frac{l_s}{g} \frac{F}{F_s} \text{ (m)}. \tag{9}$$

Diese Beschleunigungshöhe muß von dem Atmosphärendruck überwunden werden; reicht er hierzu nicht aus, so reißt die Wassersäule ab. Vernachlässigt man alle andern Widerstände im Saugrohr, so könnte im günstigsten Falle für h_b zur Verfügung stehen

$$h_b = A - H_s$$

und die Drehzahl dürfte sein

$$n \leqq 42 \sqrt{\frac{A - H_s}{l_s\, s} \cdot \frac{F_s}{F}}.$$

Nimmt man einmal besonders günstige Verhältnisse an und setzt

$$H_s = 5\ \text{m} \qquad A = 10 \qquad l_s = 5\ \text{m} \qquad \frac{F_s}{F} = 1,$$

so wird für $s = 1$ m

$$n \leqq 42.$$

Mit dieser geringen Arbeitsgeschwindigkeit könnte diese Pumpe bestenfalls laufen, wenn der Kolben bei jedem Hub das Wasser in der Saugleitung beschleunigen müßte.

Da dies große teure Pumpen gäbe, muß man die jedesmalige Beschleunigung der Wassermasse vermeiden; das Mittel hierzu ist der Saugwindkessel.

Saugwindkessel. In die Saugleitung wird möglichst nahe am Saugventil ein Ausgleichsbehälter eingeschaltet, der etwa zur Hälfte mit Wasser, darüber mit Luft gefüllt ist (Abb. 403). Infolge der Dehnungsfähigkeit der Luft kann das Wasser im Kessel steigen und fallen. Wenn nun der Kolben anfängt zu saugen, so holt er sich zunächst das Wasser aus dem Windkessel, braucht also eine viel kleinere Wassermasse zu beschleunigen als vorher. Infolge des dann eintretenden größeren Unterdrucks der Luft saugt der Windkessel mit und holt das Wasser aus dem Saugrohr nach. Es braucht also von außen das Wasser nicht mehr so schnell nachgeschoben werden, die Bewegung verteilt sich auf einen längeren Zeitraum und hält auch nach Schluß des Ventils noch an. Demgemäß können die Drehzahlen gesteigert werden, natürlich in Abhängigkeit von der Größe des Luft- und des Wasserinhalts dieses Windkessels.

Druckwindkessel. Ebenso wie im Saugrohr sind auch im Druckrohr die Wassermassen zu beschleunigen. Bei großen Massen sind große Anfangskräfte

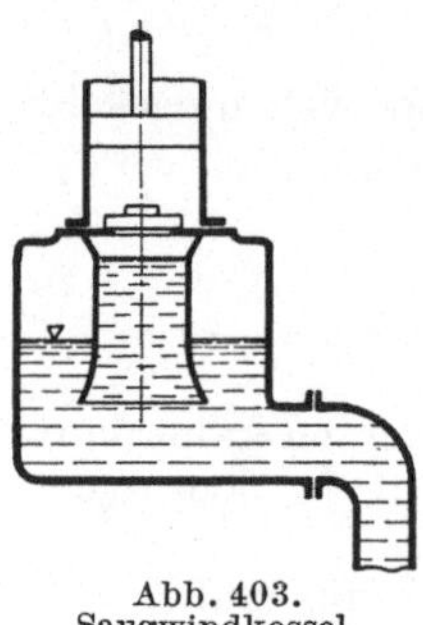
Abb. 403.
Saugwindkessel.

für den Kolben erforderlich, die an das Getriebe hohe Anforderungen stellen. Größere Nachteile können aber in der Verzögerungsperiode entstehen. Ist die Verzögerung des Kolbens am Hubende zu groß, d. h. läuft er zu schnell, so kann die beschleunigte Wassermasse die Fühlung mit ihm verlieren, also infolge ihrer Trägheit vorauseilen und abreißen. Die Wiedervereinigung der Wassermassen kann einen gefährlichen Stoß zur Folge haben, der Undichtigkeiten oder gar Rohrbrüche verursacht. Beide Nachteile in der Beschleunigungs- und Verzögerungsperiode lassen sich wesentlich mildern durch die Einschaltung eines Druckwindkessels möglichst nah am Druckventil. Jetzt wird nur die kleine Wassermasse zwischen Kolben und Windkessel unmittelbar durch den Kolben beeinflußt, während die übrige Masse durch das elastische Polster der Luft getrennt ist und durch deren nachschiebende Wirkung eine gleichmäßigere Bewegung erfährt. Je größer der Luftvorrat im Windkessel, um so gleichmäßiger wird die Förderung im Druckrohr. Man gibt dem Windkessel den 5- bis 10fachen Inhalt des Hubraums der Pumpe.

Fördermenge. Bei der einfachwirkenden Pumpe und der Differentialpumpe wird bei einem Doppelhube oder einer Umdrehung einmal angesogen. Die theoretische Fördermenge ist also

$$Q' = \frac{F\,s\,n}{60} \ (\mathrm{m^3/s}),$$

wenn bedeutet

F den wirksamen Kolbenquerschnitt nach Abzug des Kolbenstangenquerschnitts in m²,

s den Kolbenhub in m,

n die minutliche Drehzahl.

In Wirklichkeit ist aber nicht mit dieser vollen Menge zu rechnen, da immer ein Teil infolge verspäteten Ventilschlusses und durch Undichtigkeiten des Kolbens verloren geht. Demnach ist die wirkliche Fördermenge für die einfachwirkende Pumpe

$$Q_e = \lambda \frac{F\,s\,n}{60} \ (\mathrm{m^3/s}). \tag{10}$$

Der Wert λ ist der Lieferungsgrad oder der volumetrische Wirkungsgrad und beträgt je nach der Güte der Ausführung, insbesondere der Ventile, 0,83 bis 0,97.

Bei doppeltwirkenden Pumpen ist die Fördermenge doppelt so groß, also

$$Q_d = 2\,\lambda \frac{F\,s\,n}{60} \ (\mathrm{m^3/s}). \tag{11}$$

Ventile. Die meisten Ventile arbeiten selbsttätig, d. h. ihre Bewegung wird durch den Flüssigkeitsstrom und nicht durch äußere Mittel herbeigeführt. Das Ventil muß sich schnell öffnen und rechtzeitig schließen. Diese Forderung bedingt einen kleinen Hub, der aber andererseits groß genug sein muß, um Flüssigkeitsstauungen zu vermeiden, also mindestens so groß, daß der freie Durchflußquerschnitt gleich dem Saug- bzw. Druckrohrquerschnitt ist. Besonderer Wert ist auf schnelles Schließen zu legen, da sonst von dem rücklaufenden Kolben ein Teil des geförderten Wassers durch das noch offene Ventil wieder zurückgedrängt würde. Der Ventilschluß muß daher im Hubwechsel so rechtzeitig beginnen, daß er bei der Umkehrung der Kolbenbewegung beendet ist. Hierzu ist nötig, daß das Ventil leicht ist, denn bei zu großer Masse würde es den Wasserbewegungen beim Hubwechsel zu träge folgen. Außerdem beschleunigt man das Schließen beim Nachlassen des Strömungsdrucks durch kräftige Ventilfedern (federbelastete Ventile).

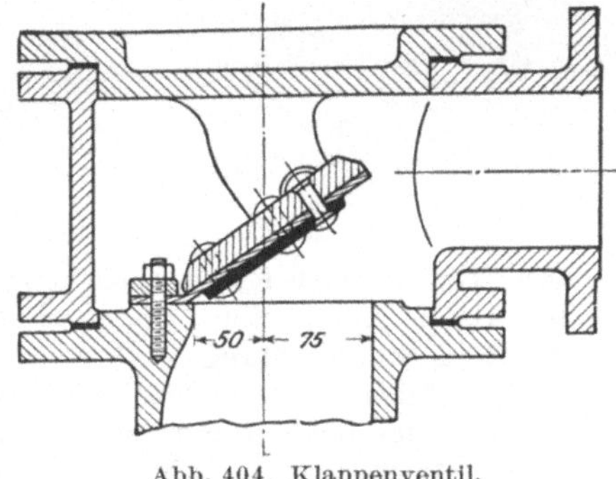

Abb. 404. Klappenventil.

Nach der Art der Ventilbewegung unterscheidet man

1. Klappenventile, die sich wie eine Drehtür um eine feste Achse drehen, und

2. Hubventile, die sich in Richtung ihrer Achse gleichmäßig von ihrem Sitz abheben.

Die Dichtung erfolgt durch elastische Stoffe, wie Leder und Gummi, oder metallisch durch Aufschleifen der Sitzflächen aus Rotguß. Die ersteren kommen

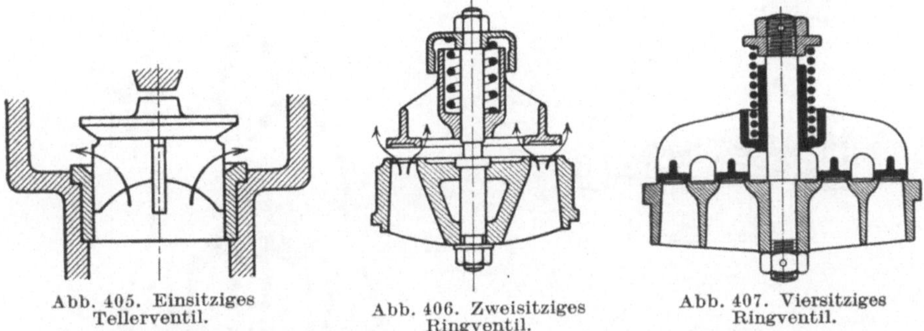

Abb. 405. Einsitziges Tellerventil.

Abb. 406. Zweisitziges Ringventil.

Abb. 407. Viersitziges Ringventil.

für Schmutzwasser und nicht zu heiße Flüssigkeiten in Frage, die letzteren haben eine längere Lebensdauer.

Die Klappenventile erhalten einen Drehbolzen oder ein biegsames Gelenk aus Leder oder Gummi. Lederklappen (Abb. 404) werden, um steif und schwer zu sein, mit Blechplatten belegt. Der Vorteil der Klappen ist der große freie Durchgangsquerschnitt, der für unreine Flüssigkeiten notwendig ist, dagegen haben sie einen großen Hub und sind nur für langsamen Gang brauchbar.

Hubventile lassen die Flüssigkeit nach allen Seiten durchtreten und erfordern daher einen geringeren Hub. Sie werden als Kugel-, Teller- und Ringventile ein- und mehrsitzig gebaut. Das nur für Handpumpen und für hohen Druck gebräuchliche einsitzige Ventil (Abb. 405) wird durch Rippen geführt und soll durch sein Gewicht schließen. Bei dem zweisitzigen Ventil (Abb. 406) teilt sich das Wasser nach außen und innen, so daß bei kleinerem Hub größerer Querschnitt besteht, als bei dem einsitzigen Ventil. Noch größeren Durchflußquerschnitt bzw. kleineren Hub ermöglicht das Doppelringventil mit vier Spalten (Abb. 407). Großen Pumpen gab man früher Ventile mit 4, 6 oder noch mehr solcher konzentrischen Ringe um großen Querschnitt zu erzielen; da diese beim Hängenbleiben die ganze Pumpe außer Betrieb setzen, zieht man eine größere Zahl kleiner zwei- oder viersitziger Ventile (Gruppenventile) vor; wenn dann ein solches kleines Ventil versagt, kann die Pumpe mit den übrigen Ventilen, wenn auch mit geringerer Fördermenge, weiterlaufen, bis Zeit zur Instandsetzung ist.

Für Kanalwasserpumpen und ähnliche Zwecke, wo mit groben Stoffen durchsetztes Schmutzwasser gefördert werden muß, sind Klappenventile mit großem Durchgang nötig. Damit bei entsprechender Drehzahl der Pumpe

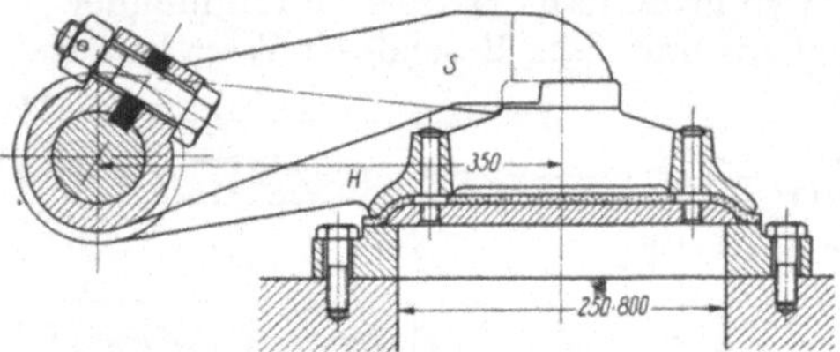

Abb. 408. Gesteuerte Klappe nach **Riedler**.

diese Ventile beim Hubwechsel rasch schließen, wird im Totpunkt des Kolbens die Klappe durch einen gesteuerten Hebel zugedrückt (Abb. 408). Ein Federschloß im Steuergestänge verhindert Bruch beim Zwischenklemmen fester Stoffe.

Damit das Wasser in der Saugleitung während der Betriebspausen nicht zurücksinkt, werden am untersten Ende des Saugrohrs sog. Fußventile eingebaut, die meistens mit Lederklappen oder als Hubventil mit Lederdichtung ausgebildet sind und stets mit Seihern zum Zurückhalten von Fremdkörpern zu „Saugköpfen“ vereinigt sind.

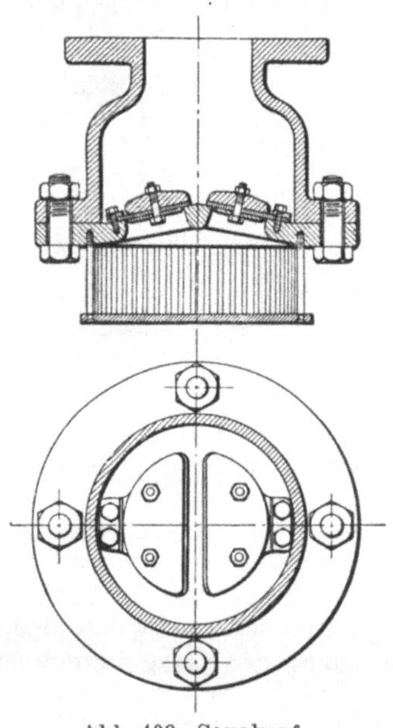

Abb. 409. Saugkopf.

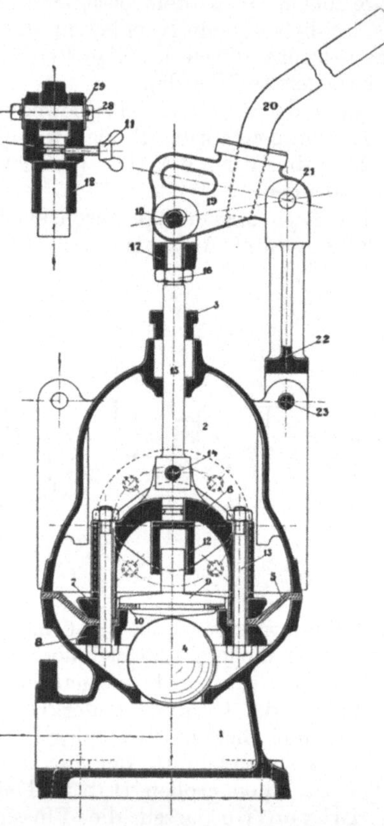

Abb. 410. Baupumpe für Handbetrieb
(**Klein, Schanzlin & Becker**).

Bauarten von Kolbenpumpen. Einfachste Bauart haben die Pumpen, welche Wasser nur aus einer durch den atmosphärischen Druck begrenzten Tiefe, also aus 4 bis 7 m, saugen und ausgießen oder nur auf wenige Meter drücken. Es sind dies für schlammiges Baugrubenwasser die Baupumpen, für klares Wasser die Brunnenpumpen. Bei der Baupumpe erfolgt die saugende und verdrängende Raumänderung nicht durch einen Kolben, weil dessen Dichtung durch den Sand rasch verschleißen würde, sondern durch die Bewegung einer ganzen Wand des Pumpenkörpers. Zu diesem Zweck ist zwischen die Teilfuge von Ober- und Unterteil *1* bzw. *2* Abb. 410 eine Membran aus fettgarem Chromleder oder aus bestem Gummi eingeklemmt, die in der Mitte durch Ringe *7* und *8* für das Druck- bzw. Rückschlagventil armiert ist und durch den Bügel *6* und die Stange *15* auf und nieder bewegt wird. Beim Hochgehen wird das Schlammwasser durch das meist aus gummiertem und durch verzinkte Stahlspiralen verstärktem Hanfschlauch bestehende Saugrohr mit Saugkopf und durch das Saugventil *4*, das hier aus einer mit Gummi umhüllten Eisenhohlkugel besteht, angesaugt. Beim Niedergehen der Membran tritt das Wasser durch das mit Leder- oder Gummidichtung *10* versehene Scheibenventil *9* über die Membran und wird beim nächsten Saughub bei

Abb. 411. Bau-Doppelpumpe für mechanischen Antrieb (Klein, Schanzlin & Becker, Frankenthal/Pfalz). Leistung 45 m³/h bei 65 Uml/min.

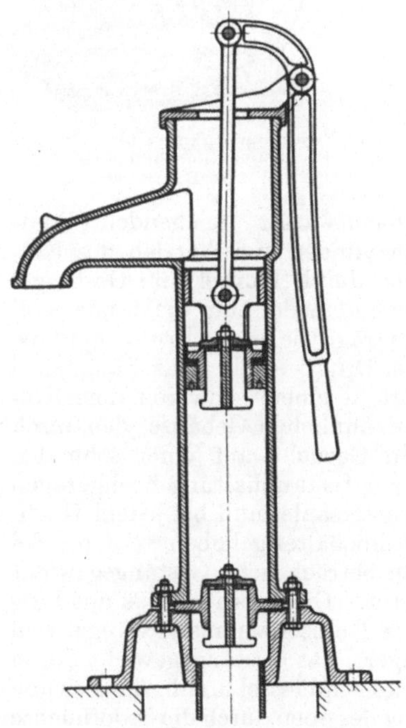

Abb. 412. Brunnenpumpe.

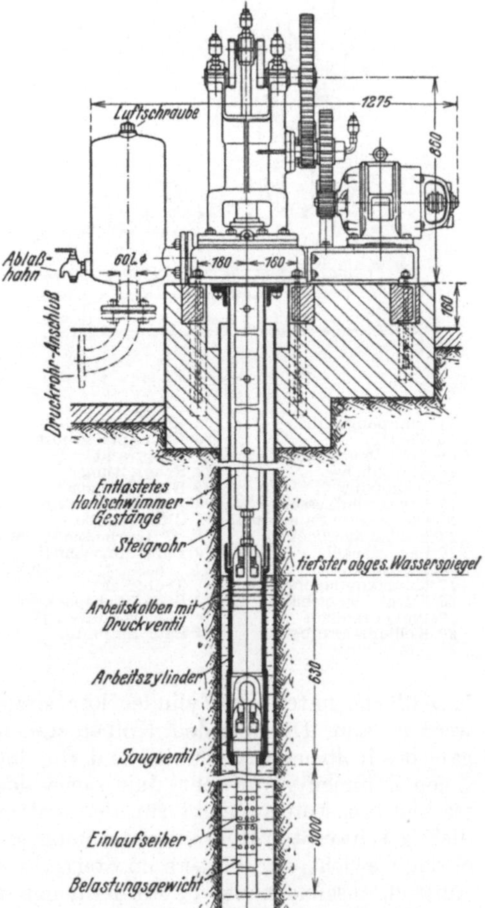

Abb. 413. Tiefbrunnenpumpe (Amag-Hilpert-Pegnitzhütte, Nürnberg).

offenen Pumpen wie Abb. 411 ausgegossen oder bei geschlossenen Pumpen wie Abb. 410 bis zu 15 m gedrückt.

Die Brunnenpumpe (Abb. 412) ist zum Heben reinen Wassers aus höchstens 7 m Saugtiefe bestimmt. Der Kolben läuft mit Lederstulpdichtung in einem ausgebohrten Zylinder und hebt mit seinem mit Lederring dichtenden Rückschlagventil das Wasser bis zum Ausguß. Das Saugventil ist meist nur eine beschwerte Lederklappe. Bei Saughöhen von mehr als 2 m ist ein Fußventil am Saugrohr unerläßlich. Wenn der Saug-Wasserspiegel tiefer als 7 m liegt, ist eine Tiefbrunnenpumpe (Abb. 413 zu verwenden mit einem bis ins

Abb. 414. Plungerpumpe (Klein, Schanzlin & Becker).

Abb. 415. Zweiplungerpumpe für Riementrieb, mit Fest- und Losscheibe (Klein, Schanzlin & Becker).

1 Pumpengehäuse	22 Kurbelwelle
2—5 Ventil	23 Grundplatte mit
6—9 Ventilbefestigung	Tropfrand
10 Stopfbüchse	24 Saugleitung
11 Grundring	25 Druckleitung
12 Druckwindkessel	26 Lagerschmierung
13 Deckel zum Saugventil	27 Ölfanghaube
14 Kurbellagerbock	28, 29 Kurbelschmierung
15 Lagerdeckel	30 Belüftungsventil
16 Treibstange	31 Wasserstandshahn
17 Kreuzkopflagerschale	32 Tropföler
18 Kurbellagerschale	33 Stopfbüchspackung
19 Plungerkolben	34 Sicherheitsventil
20 Kolbenschraube	35 Sauganschluß.
21 Kreuzkopf	

Schachtwasser reichenden Pumpenzylinder und Antrieb des Kolbens durch Kurbel und Gestänge. Der mit Lederstulp dichtende Kolben trägt wie bei der Brunnenpumpe das Druckventil. Das Saugventil sitzt in einem schweren dem Kolben ähnlichen Gehäuse, das durch sein Gewicht auf einer schmalen Kegelfläche unten im Zylinder lose sitzt und zur Instandhaltung hochgezogen werden kann. Die über dem Kolben stehende Wassersäule muß bei jedem Hochgang des Kolbens beschleunigt und auf einen Hochbehälter gehoben werden. Bei tiefen Brunnen verursacht dies sowie das dann beträchtliche Gestängegewicht starken Belastungswechsel für den Antriebsmotor. Dies beseitigt das aus luftdicht geschweißten Rohren zusammengeschraubte Hohlschwimmergestänge, weil es das Gewicht des Wassers im Steigrohr verringert, das Gestängegewicht durch Auftrieb ausgleicht und die Fördermenge im Druckwindkessel und in der Leitung nach dem Hochbehälter durch Differentialwirkung des oben durch die Stopfbüchse gehenden entsprechend starken Gestängerohrs auf beide Hübe gleichmäßig

verteilt. Dadurch wird stoßfreies Arbeiten und Schonung des Antriebs erzielt.
Solche Tiefbrunnenpumpen werden bis zu 280 mm Kolbendurchmesser und

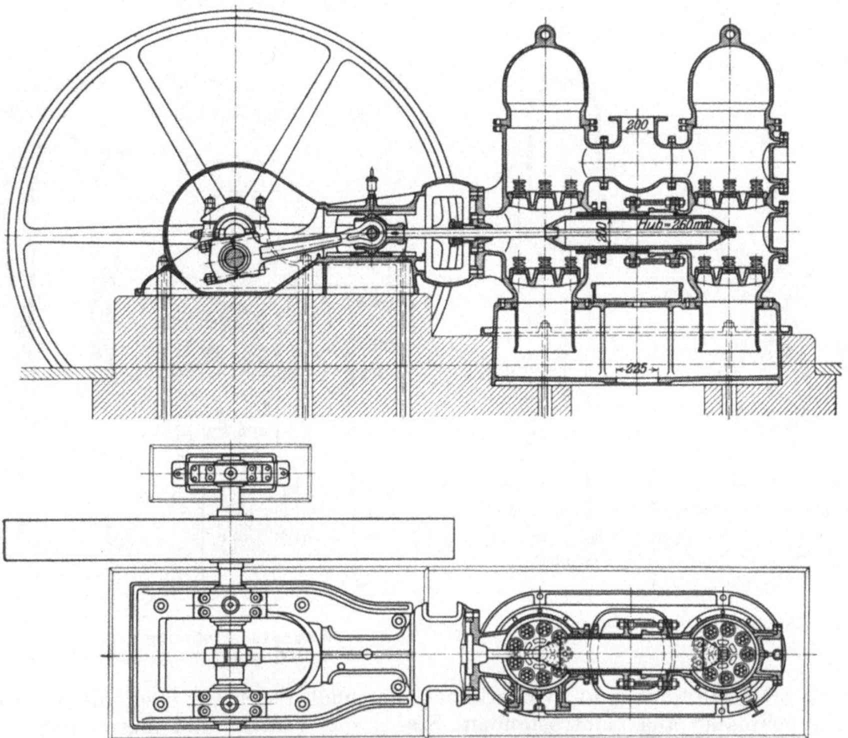

Abb. 416. Doppeltwirkende Wasserwerks-Druckpumpe.

500 mm Hub gebaut und fördern bei 50 min Umdrehungen bis zu 85 m³/h.

Ein Beispiel für eine Tauchkolbenpumpe kleiner
und mittlerer Leistungsfähigkeit zeigt Abb. 414.
Diese kann zu Ein-, Zwei- (Abb. 415) oder Drei-
plungerpumpen zusammengesetzt werden und wird
für Drücke bis 250 m Wassersäule und Fördermengen
von 5 bis 240 m³/h gebaut. Die beiden Ventile von
gleicher Größe sind vierspaltig und federbelastet
und dichten flach Rotguß auf Rotguß.

Größere Wasserwerks-Kolbenpumpen werden mit
doppeltwirkenden Tauchkolben und zwei auf gemeinsamem Saugwindkessel sitzenden Pumpengehäusen,
wie in Abb. 416, gebaut. Eine größere Zahl einfachster Gruppenventile (Abb. 406) ist einzelnen großen
Ringventilen vorzuziehen. Wenn der Saugwasser-
spiegel zu tief unter dem Pumpenhausflur liegt,
wird das Wasser aus den Brunnen durch eine wegen
des Antriebs im Schacht stehende und deshalb einfachwirkende Zubringerpumpe (Abb. 417) gehoben.

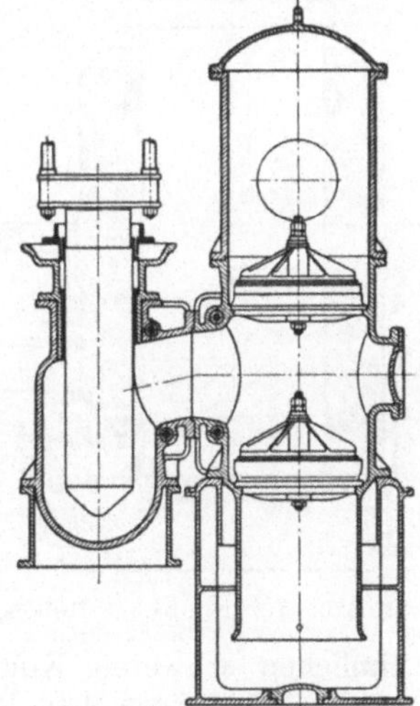

Abb. 417. Einfachwirkende
Schachtpumpe.

Auch für die ununterbrochene laufende Abwässer-
beseitigung werden große doppeltwirkende Kolbenpumpen (Abb. 418) gebaut und zum Durchlaß grober Verunreinigungen und Fremdkörper mit den

erstmalig von **Rieder** angegebenen großen zwangschließenden Klappen (Abb. 408) ausgerüstet.

Preßpumpen für hydraulische Hebezeuge und Pressen verlangen besondere Anpassung an die hohen Drücke von 50 bis 250 at. Sie haben entsprechend dem Druck Gehäuse aus Bronze oder Stahlguß, für sehr hohe Drücke auch aus geschmiedetem Stahl, in den die

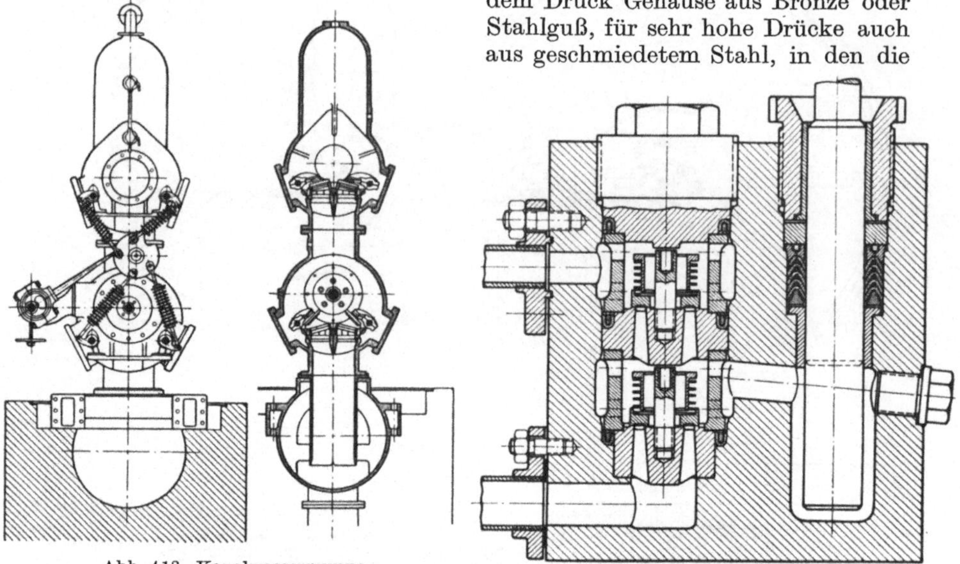

Abb. 418. Kanalwasserpumpe.

Abb. 419. Preßpumpe 100 at
(Wegelin & Hübner, Halle/Saale).

Zylinder, Ventilräume und Wasserkanäle eingebohrt werden; auch die Kolben sind zweckmäßig aus nichtrostendem Stahl; die Ventile und meist auch die Ventilsitze aus geschmiedeter Bronze (Abb. 419). Als Ventilform nimmt man für kleine Leistungen das einfache Kegelventil, für größere Leistungen das zweispaltige Ringventil. Die Stopfbüchsen werden mit gefetteten Lederstulpen oder durch den Druck selbstdichtenden Dach- oder U-Manschetten gedichtet; letztere Form ist auch die beste für ruhende Dichtungsstellen. Dem Betriebswasser wird gegen Rost- und Frostgefahr Glyzerin oder sog. Bohröl beigesetzt.

Ein bewährtes Hilfsmittel zum Ausrichten und Heben von Brücken und

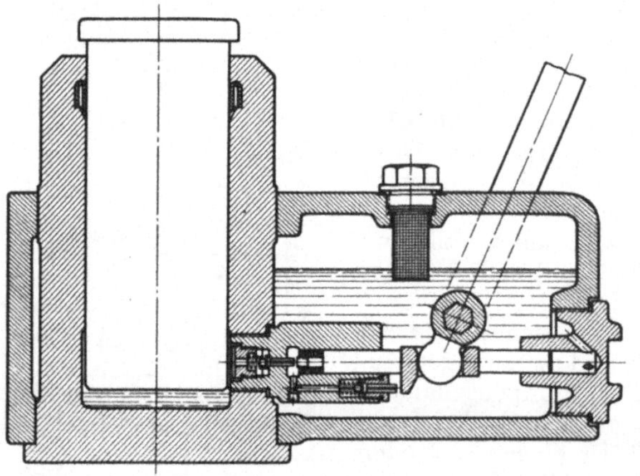

Abb. 420. Hydraulischer Hebebock (Schieß-Defries A.G.).

ähnlichen schweren Konstruktionen sind die hydraulischen Hebeböcke (Abb. 420), bei welchen Preßpumpe und hydraulische Presse in gedrängter und für das Hantieren auf der Baustelle widerstandsfähiger Weise vereinigt sind. Das Pumpengehäuse aus Stahlguß umschließt den Preßzylinder, der wie der Preßkolben aus Stahl gearbeitet ist. Zum Ablassen der Last wird der Handhebel weit nach unten gelegt, wodurch der Pumpenkolben die Druckbewegung überschreitet und an beiden Ventilen anstößt, sie öffnet und so das Wasser entweichen läßt. Solche Hebepressen werden für Lasten von 70 bis 300 t mit nutzbarem Hub von 50 bzw. 100 mm ausgeführt.

3. Kreiselpumpen.

Wirkungsweise. Bei den Kreiselpumpen wird durch die drehende Bewegung eines Flügel- oder Laufrades die Flüssigkeit gefördert (Abb. 421). Das Laufrad hat zwischen seinen seitlichen Wandungen gekrümmte Schaufeln und läuft in einem gußeisernen Gehäuse, an das in der Mitte axial das Saugrohr und am Umfang tangential das Druckrohr angeschlossen ist. Das eintretende Wasser wird durch das Flügelrad in schnelle Drehung versetzt; auf alle Flüssigkeitsteilchen wirken entsprechende Fliehkräfte, die sie nach außen drängen und dadurch solche Pressungen hervorrufen, daß sie die Wassersäule vor sich herschieben und die Druckhöhe überwinden können. Infolge dieser Bewegung nach außen muß durch das Saugrohr neues Wasser durch den Atmosphärendruck nachgeschoben werden. Es entsteht also eine ununterbrochene Förderung; der Atmosphärendruck schiebt das Wasser dem Kreiselrad zu, dieses teilt ihm seine Arbeit mit und erzeugt Strömungsenergie, die außerhalb des Rades in Druck umgesetzt wird.

Eigenarten der Kreiselpumpen. Aus dieser Wirkungsweise ergeben sich folgende Eigenarten:

1. Die Förderung ist stetig, im Gegensatz zu der abwechselnden Saug- und Druckwirkung der Kolbenpumpen. Demgemäß sind weder Ventile noch Windkessel erforderlich.

2. Die Druckhöhe hängt von der Drehzahl der Pumpe ab. Diese ist auch bei kleinen Förderhöhen verhältnismäßig hoch, so daß für den Antrieb leichte, schnell laufende Motoren, meist mit unmittelbarer Kupplung, verwendbar sind, deren Drehzahlen 950, 1450 oder 2900 für die Pumpen maßgebend ist.

3. An Dichtungen sind nur die Stopfbüchsen für die Welle vorhanden, die im Saugraum liegen und nur gegen einen mäßigen äußeren Überdruck dicht halten müssen. Sie lassen sich geschützt anordnen, so daß auch Schmutzwasser gefördert werden kann. Kreiselpumpen werden sogar als Baggerpumpen benutzt, wo sie Sand, der durch Wasserzusatz genügend flüssig gemacht ist, fördern.

4. Die Regelung der Fördermenge kann unabhängig von der Antriebsmaschine durch einen Schieber in der Druckleitung erfolgen.

5. Die Kreiselpumpe ist in der Herstellung billig, im Betriebe aber teuer, denn der Wirkungsgrad ist schlecht; er beträgt bei einfachen Ausführungen nur 0,4 bis 0,6 und erreicht im besten Falle etwa 0,76, also erheblich weniger als bei Kolbenpumpen (bis 0,95). Demnach sind sie bei langen Betriebszeiten unwirtschaftlich, bei vorübergehender Benutzung aber, besonders bei großen Fördermengen, vorteilhaft.

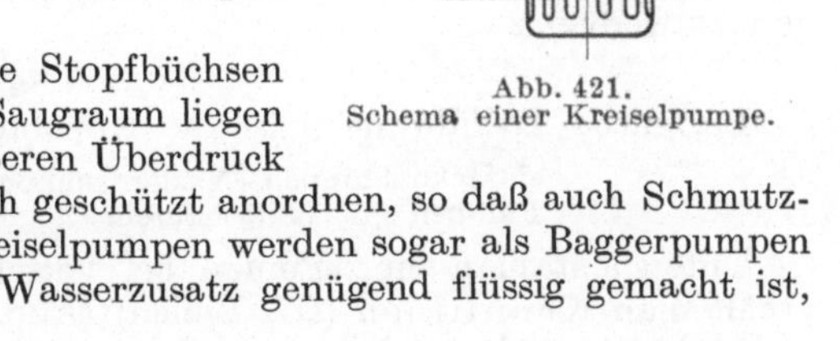

Abb. 421.
Schema einer Kreiselpumpe.

Flügelrad. Das Flügelrad hat Seitenscheiben, zwischen denen die Schaufeln
liegen. Es wird aus Gußeisen oder Bronze gegossen, bearbeitet und ausgewuchtet
und läuft am inneren und äußeren Umfang mit möglichst kleinem Spalt hart
an den Gehäusewandungen. Der Einlauf kann einseitig (Abb. 422) oder beiderseitig (Abb. 423) angeordnet werden. Im ersteren Falle ergibt sich eine einfachere
Ausbildung des axial gerichteten Saugstutzens, aber ein Axialschub infolge des
Unterdrucks im Saugraum, der außen durch die Lager oder im Rade selbst
durch Ausgleichscheiben aufgenommen werden muß. Die Durchflußquerschnitte
werden so ausgebildet, daß das Wasser mit nahezu gleicher relativer Geschwindigkeit durch das Rad geht. Demnach muß die Radbreite nach außen abnehmen.
Die Schaufeln werden eingegossen. Gerade Schaufeln ergeben einen sehr
schlechten Wirkungsgrad; vorwärts gekrümmte Schaufeln liefern eine etwas
größere Druckhöhe, aber einen schlechteren Wirkungsgrad als rückwärts
gekrümmte. Die Zahl der Schaufeln beträgt meist 6 bis 12, die Umfangsgeschwindigkeit ist durch die Festigkeit begrenzt, man geht bis auf etwa 35 m/s.

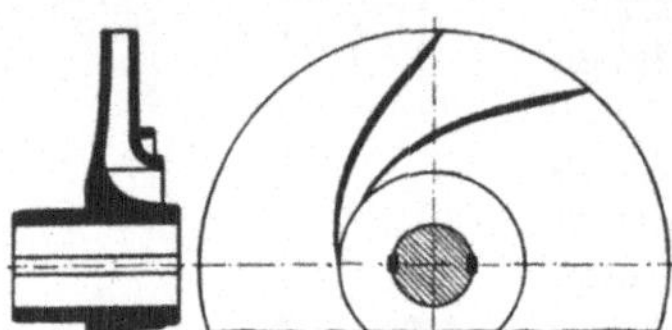
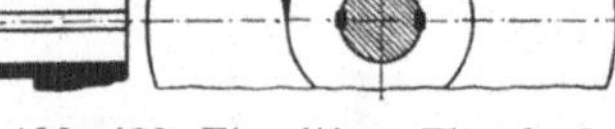
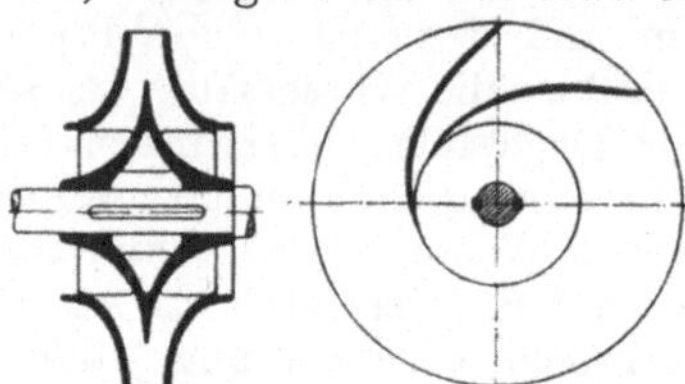

Abb. 422. Einseitiges Flügelrad.   Abb. 423. Zweiseitiges Flügelrad.

Fördermenge und Förderhöhe. In das Rad tritt das Wasser mit der absoluten
Geschwindigkeit c_1 (Abb. 424), die sich aus der Fördermenge und dem Ein-
laufquerschnitt ergibt [vgl. Gleichung (1), S. 193]. Durch die Drehung der
Schaufeln nimmt es die Umfangsgeschwindigkeit u_1 an und bewegt sich relativ
zum Rade in Richtung der Schaufel mit der Relativgeschwindigkeit w_1; c_1 ist
also die Resultierende aus u_1 und w_1. Beim Austritt aus dem Rade entsteht
aus der bekannten Relativgeschwindigkeit w_2 (meist w_2 nur wenig kleiner als w_1)
und der Umfangsgeschwindigkeit u_2 die absolute Austrittsgeschwindigkeit c_2.
Man erkennt die Zunahme der Geschwindigkeit, die eine Drucksteigerung zur
Folge haben muß.

Die rechnerische Bestimmung der Druckhöhe führt zu keinen praktisch
brauchbaren Ergebnissen, denn in der Pumpe treten Stoß- und Wirbelverluste
auf, die sich der Rechnung entziehen. Jedenfalls hängt die Gesamtförderhöhe H
von der Umfangsgeschwindigkeit (oder Drehzahl) ab und kann erfahrungsgemäß
gesetzt werden zu

$$H = C\,u_2{}^2.$$

Bei guten Ausführungen ist die Konstante C annähernd für

einfache Pumpen (Niederdruckpumpen) . . $C = 0{,}045$
Pumpen mit Leitschaufeln . . . . . . $C = 0{,}055$

Untersucht man eine Pumpe bei verschiedenen Betriebsverhältnissen, so
erhält man Kennlinien (QH-Linien) (Abb. 425), von denen jede bei gleicher
Drehzahl die Abhängigkeit von Fördermenge und Förderhöhe darstellt. Die
höher liegenden Kurven gelten für eine größere Drehzahl. Aus der gleichzeitigen
Messung des Kraftbedarfs und Bestimmung der Förderleistung läßt sich der
Wirkungsgrad berechnen. Die Kennlinien zeigen, daß im allgemeinen mit abnehmender Förderhöhe die Fördermenge wächst und umgekehrt, so daß man
also auch durch künstliche Vergrößerung der Druckhöhe, d. h. durch Drosseln
mit dem Absperrschieber, die Fördermenge verändern kann. Die Pumpe verhält sich ganz ähnlich wie eine Gleichstrom-Dynamomaschine, bei der ebenfalls die Strommenge im äußeren Stromkreis von dessen Widerstand abhängt.

Berechnet man für eine bestimmte Rohrleitung die erforderliche Förderhöhe (geodätische + Reibungshöhe), so erhält man eine Kurve, die in Abb. 425 gestrichelt eingetragen ist; der Schnittpunkt mit den Kennlinien (QH-Linien) gibt die Fördermenge an, die bei der entsprechenden Drehzahl zu erwarten ist. Ein Pumpenmodell kann also für verschiedene Betriebsverhältnisse benutzt werden. Natürlich ist unter

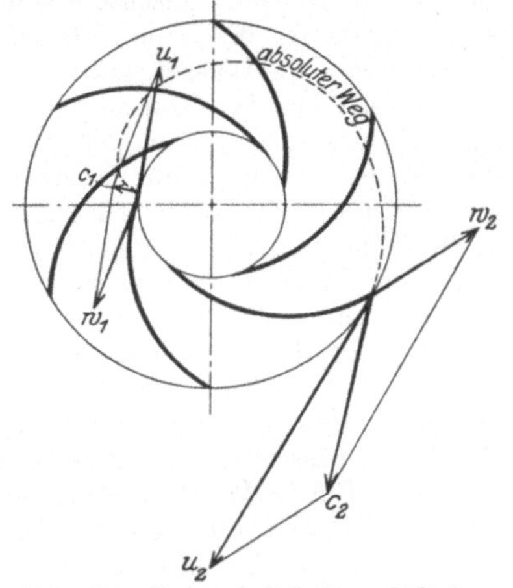

Abb. 424. Geschwindigkeitsverhältnisse.

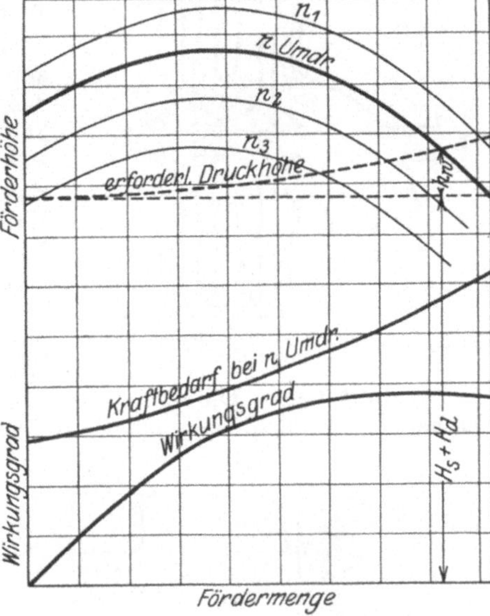

Abb. 425. Kennlinien einer Kreiselpumpe.

mehreren Modellen dasjenige herauszusuchen, das für den betreffenden Betriebsfall den besten Wirkungsgrad hat.

Leitschaufeln. Die bisher behandelten nur mit einem Flügelrad ausgestatteten Kreiselpumpen haben nur einen hydraulischen Wirkungsgrad von n_h bis 0,65 und lassen nur Druckhöhen bis 50 m erreichen, weil durch den freien Austritt des Wassers in den Pumpenraum schädliche Wirbel und stoßartige Geschwindigkeitsänderungen entstehen. Diese Mängel lassen sich einschränken, wenn das aus dem Laufrad mit der absoluten Geschwindigkeit c_2 geschleuderte Wasser von Leitschaufeln (wie bei der Turbine) aufgenommen wird (Abb. 426), die es wirbelfrei nach der Strömungsrichtung im anschließenden Gehäuse umlenken und dabei seine Geschwindigkeit c_2 stoßfrei durch allmähliche Querschnittsvergrößerung auf die Abflußgeschwindigkeit im Gehäuse verringern, und in Druck umsetzen. Solche sog. Turbinenpumpen lassen mit einem Schaufelrad bis 70 m Druckhöhe und bei theoretisch und werkstattmäßig guter Ausführung einen hydraulischen Wirkungsgrad n_h bis 0,76, bei vorzüglicher Ausführung bis 0,82 erreichen.

Mehrstufige Pumpen. Um die Druckhöhe noch weiter zu vergrößern, müßte man meh

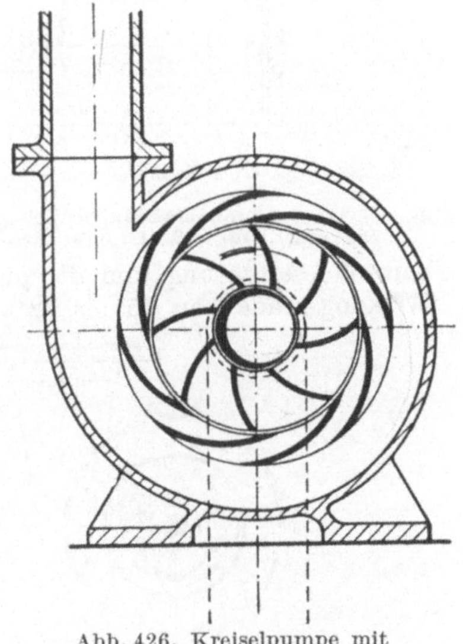

Abb. 426. Kreiselpumpe mit Leitschaufeln.

rere Pumpen hintereinander schalten, so daß die eine Pumpe das Wasser der andern zudrückt. Die Druckhöhen der einzelnen Pumpen addieren sich dann. Einfacher wird dies Verfahren dadurch erreicht, daß man alle Räder in ein gemeinsames Gehäuse setzt und in diesem das aus dem ersten Rade austretende Wasser so führt, daß es dem zweiten zuströmt usw. (Abb. 427). Mit solchen Pumpen lassen sich durch Steigerung der Stufenzahl beliebig große nur durch die Konstruktion der Welle begrenzte Druckhöhen erreichen.

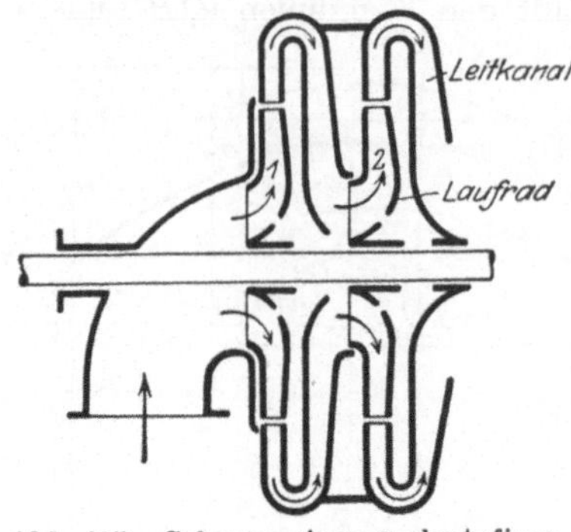

Abb. 427. Schema einer mehrstufigen Pumpe.

Inbetriebsetzung. Da die Kreiselpumpen keine Ventile haben, läuft beim Stillsetzen das Wasser in den Saugschacht zurück; sie können erst wieder in Gang gesetzt werden, wenn die Saugleitung bis zum höchsten Punkt der Pumpe mit Wasser gefüllt ist. Man gibt deshalb den Kreiselpumpen ein Fußventil, das das Leerlaufen der Saugleitung hindert; oder man schließt an der höchsten Stelle eine Kolben- oder Strahlluftpumpe an, die so lange Luft absaugt, bis das Wasser bis über das Laufrad hochgestiegen ist.

Ausführungen. Die einfachste Kreiselpumpe besteht aus einem Kreisel mit stehender Welle, der in einem Rohr im Unterwasser läuft. Solche Anlagen (Abb. 428) werden für die Bewässerung und Entwässerung von Ländereien, für die Wasserhaltung von Docks und großen Baugruben, für Kanalisationen usw. für sekundliche Fördermengen von 0,1 bis 4 m³ und Förderhöhen von einstufig 2 m bis dreistufig 5 m mit 350 bis 1450 Uml/min ausgeführt. Der Kreisel hat drei schraubenflächige Flügel, ähnlich Abb. 283, S. 114. Die Führungsbüchsen für die Welle werden unten durch senkrechte Rippen, oben durch gekrümmte Leitschaufeln gehalten. Die unmittel-

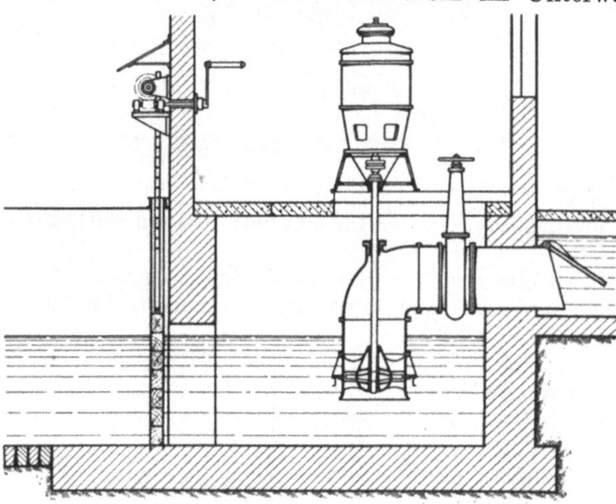

Abb. 428. MAN-Schraubenschaufler. Sekundliche Fördermenge: 750 l auf 1,0 m. 980 Uml/min. Kraftbedarf 17 PS.

bare Wasserführung und die günstige Ausbildung ermöglichen je nach Größe Wirkungsgrade ·von 65 bis 72 %.

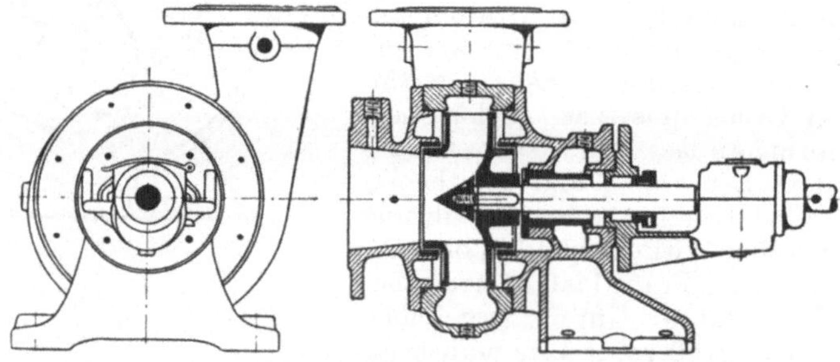

Abb. 429. Niederdruckpumpe.

Eine normale **Niederdruckpumpe** ohne Leitschaufeln für 3 bis 30 m Förderhöhe zeigt Abb. 429. Das Laufrad mit einseitigem Einlauf ist fliegend auf die Welle gesetzt und in der Nähe der Nabe mit einzelnen Löchern versehen, um den Achsschub auszugleichen. An den inneren Spalt ist im Gehäuse ein Ring eingesetzt, der nach etwaiger Abnutzung durch Sand ausgewechselt werden kann. Die Welle hat innen ein Lager aus Pockholz und außen ein Ringschmierlager. Das kleine Rad aus Grauguß gestattet eine große Drehzahl und einen unmittelbaren Antrieb durch einen schnell laufenden Elektromotor. Die manometrische Förderhöhe beträgt bis 40 m.

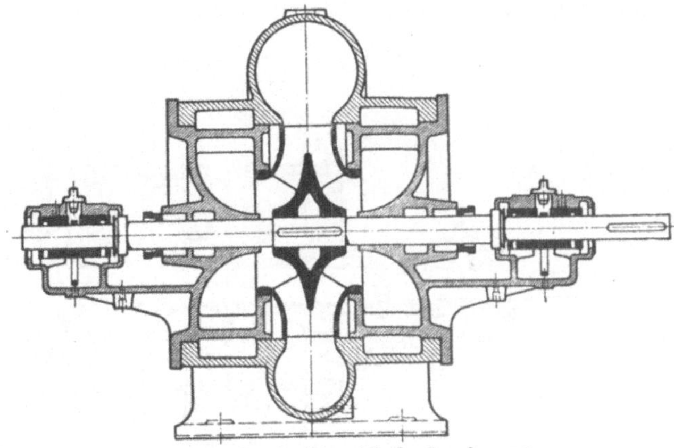

Abb. 430. Zweiseitige Niederdruckpumpe.

Pumpen für mittlere und große Fördermengen erhalten zweiseitigen Einlauf, um die Welle von Achsschüben zu entlasten (Abb. 430 u. 431). Kreiselpumpen für dicke Flüssigkeiten wie Biermaische, Zuckerrohsaft, Schlammwasser, Fäkalien werden nicht mit Schleuderrad, sondern mit Schraubenflügeln ausgeführt. Diese Schraubenpumpen (Abb. 432) fördern trotz der primitiven Konstruktion bis zu 20 m Druckhöhe.

Mitteldruckpumpen für Förderhöhen von 30 bis 70 m werden einstufig gebaut, aber mit Leiträdern ausgestattet. Eine große Wasserwerkspumpe dieser Art zeigt Abb. 433. Bei dieser sind zwei

Abb. 431. Zweiseitige Niederdruck-Kreiselpumpe (Klein, Schanzlin & Becker).

Laufräder mit konzentrischen Leitapparaten vorgesehen, die parallel geschaltet sind, also sich in die Fördermenge teilen. Man erhält dadurch kleine Räder und eine hohe Drehzahl (3000), so daß ein unmittelbarer Antrieb durch einen hochtourigen Motor oder eine Dampf-

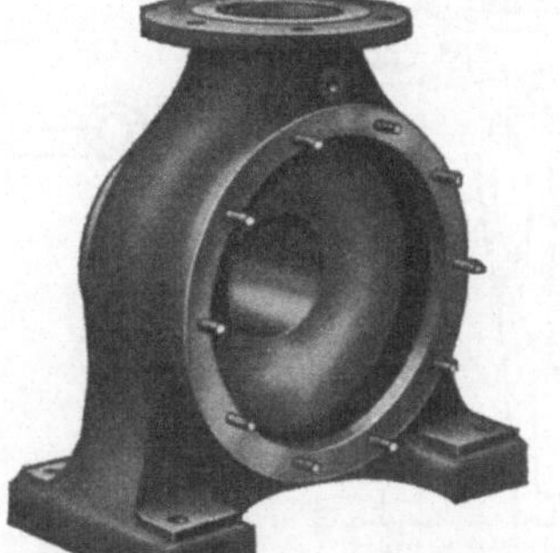

Abb. 432. Schraubenpumpe (Weise Söhne, Halle).

turbine möglich ist. Die Lauf- und Leiträder werden aus normaler oder Manganbronze gefertigt.

Hochdruckpumpen für Förderhöhen über 70 m (Abb. 434) erhalten mehrere hintereinandergeschaltete Flügelräder, die ihr Wasser stets in Leitapparate schleudern. Das Gehäuse besteht aus den beiden Saug- und Druckkopfstücken

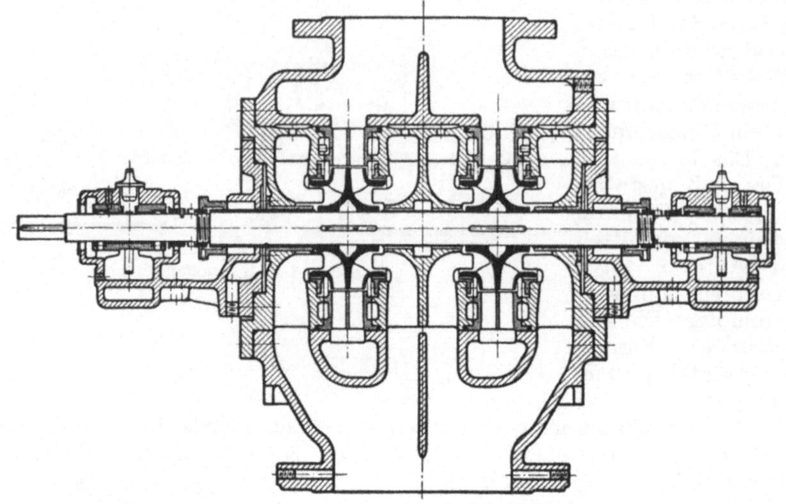

Abb. 433. Mitteldruckpumpe für große Wassermengen.

und den unter sich gleichartigen Zwischenkammern, so daß die Hochdruckpumpe für den gewünschten Druck aus der erforderlichen Zahl dieser Elemente zusammengesetzt werden kann. Man baut solche Pumpen für Grubenwasserhaltungen und als Kesselspeisepumpen bereits für 120 at = 1200 m Förderhöhe.

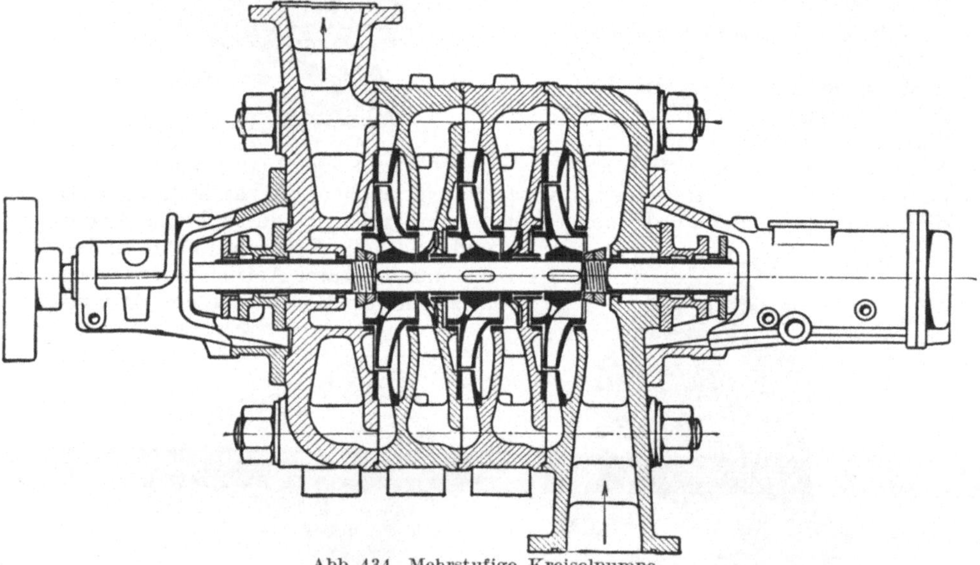

Abb. 434. Mehrstufige Kreiselpumpe.

Nach dem gleichen Prinzip werden die Bohrloch-Kreiselpumpen zwei- bis fünfstufig zusammengesetzt. Für mittlere Drücke hängen sie an dem Druckrohr, durch das auch die Welle geführt wird, im Bohrloch; für große Leistungen baut man sie mit dem Antriebselektromotor in einen Profileisenrahmen, der mittels eines Drahtseils in den Schacht gelassen wird.

Die in Abb. 435 dargestellte Bohrlochpumpe wird durch einen oben aufgestellten Motor mittels einer der Tiefe entsprechend langen Welle angetrieben.

Es werden jetzt auch Sonderdrehstrommotoren gebaut, die unter Wasser laufen können und unterhalb der Pumpe und ihres Saugreihers angeordnet werden (Abb. 436); da dadurch der Antrieb von oben entfällt, sind solche Unterwassermotorpumpen für beträchtliche Tiefen brauchbar.

4. Strahlpumpen.

Wasserstrahlpumpe (Ejektor). Ein aus einer Düse (Abb. 437) austretender Druckwasserstrahl reißt die ihn umgebende Luft mit und erzeugt in einem geschlossenen Gehäuse einen Unterdruck, durch den Förderwasser angesogen und mitgerissen

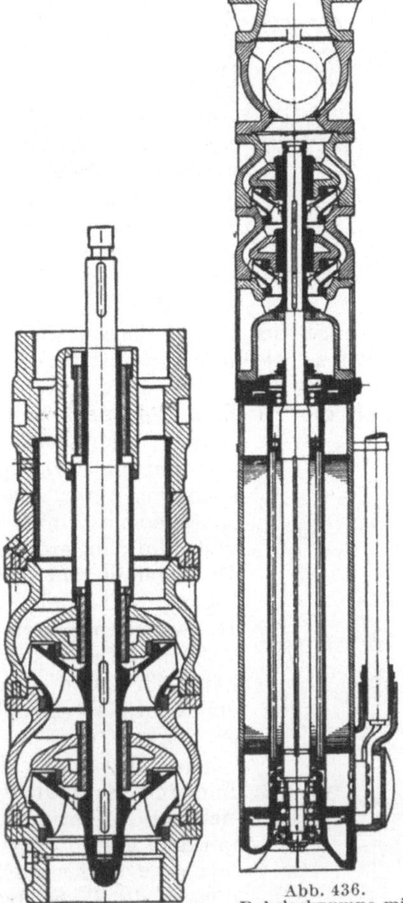

Abb. 435. Zweistufige Bohrloch-Kreiselpumpe (Klein, Schanzlin & Becker).

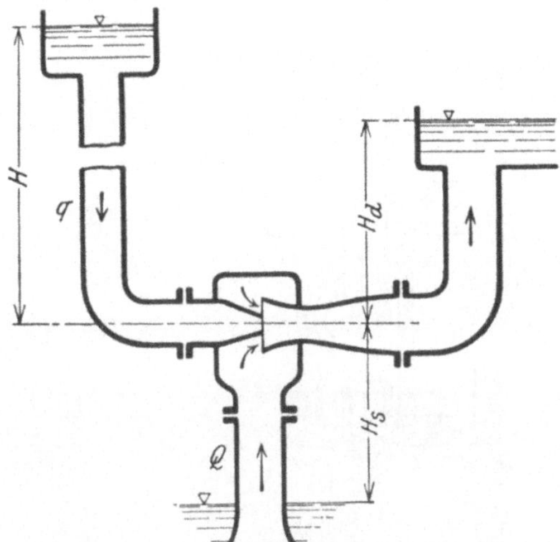

Abb. 436. Rohrlochpumpe mit Unterwassermotor (Uta-Garvens-Pumpen G.m.b.H., Berlin).

Abb. 437. Schema einer Wasserstrahlpumpe.

wird. In der Fangdüse setzt sich infolge der Querschnittserweiterung die Geschwindigkeit der Mischung in Druck um. Der Wirkungsgrad ist sehr klein; er ergibt sich mit Bezugnahme auf Abb. 437, wenn q die Aufschlagwassermenge und Q die Fördermenge ist, zu

$$\eta = \frac{Q\,(H_s + H_d)}{q\,(H - H_d)} = 0,1 \text{ bis } 0,3 . \quad (12)$$

Der sehr einfachen Ausführung stehen also hohe Betriebskosten gegenüber. Das Aufschlagwasser kann der Wasser-

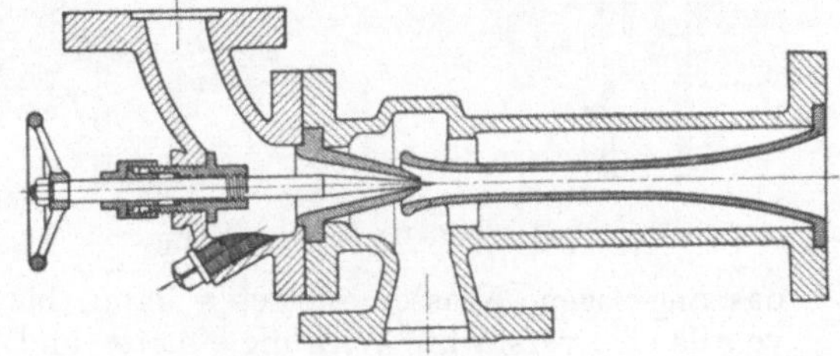

Abb. 438. Wasserstrahlpumpe.

leitung (3 bis 5 at Druck) entnommen werden, so daß man in sehr einfacher Weise Keller, Baugruben usw. trocken legen kann. In Häfen, wo Druckwasser

14*

(50 at) zur Verfügung steht, benutzt man Wasserstrahlpumpen (Hochdruck-
hydranten) für Feuerlöschzwecke, indem man das Wasserleitungswasser auf
höheren Druck, also hö-
here Spritzhöhe bringt.

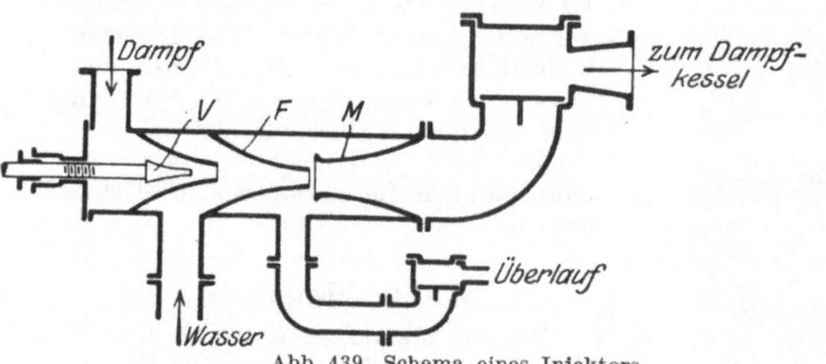

Abb. 439. Schema eines Injektors.

Dampfstrahlpumpe.
In der gleichen Weise
kann ein Dampfstrahl
zum Fördern von Flüs-
sigkeiten, wie Lenzwas-
ser auf Schiffen, Lau-
gen, Säuren, Schlamm
usw., benutzt werden.
Eine besondere Art
bildet der Injektor,
der zum Speisen von

Dampfkesseln dient. Bemerkenswert ist hier, daß der Dampf Wasser ansaugt
und es in denselben Kessel drückt, aus dem er selbst entnommen ist, also eine
größere Druckhöhe überwindet, als seinem Druck entspricht. Dieser Vorgang
erklärt sich daraus, daß der Dampf durch die Mischung mit dem kalten
Wasser kondensiert,
also auf eine Dampf-
spannung unter Atmo-
sphärendruck sinkt, so
daß ihm ein größeres
Druckgefälle zur Ver-
fügung steht, als die
Hubarbeit erfordert.

Der Dampfstrahl
(Abb. 439) wird durch
ein Ventil V geregelt,
er fördert das ange-
sogene Wasser in die
Fangdüse F, verdichtet
sich bei der Berührung
mit dem kalten Wasser
und setzt in der Misch-
düse M die Strömungs-
energie in so großen
Druck um, daß die Mi-
schung den Kesseldruck
überwinden kann und
durch ein Kesselventil
(Rückschlagventil) in
den Kessel gelangt. Um
beim Anstellen die
fließende Bewegung zu
erhalten, ist ein Über-
lauf (Schlabberrohr) er-
forderlich, durch das zu
Anfang der Dampf und

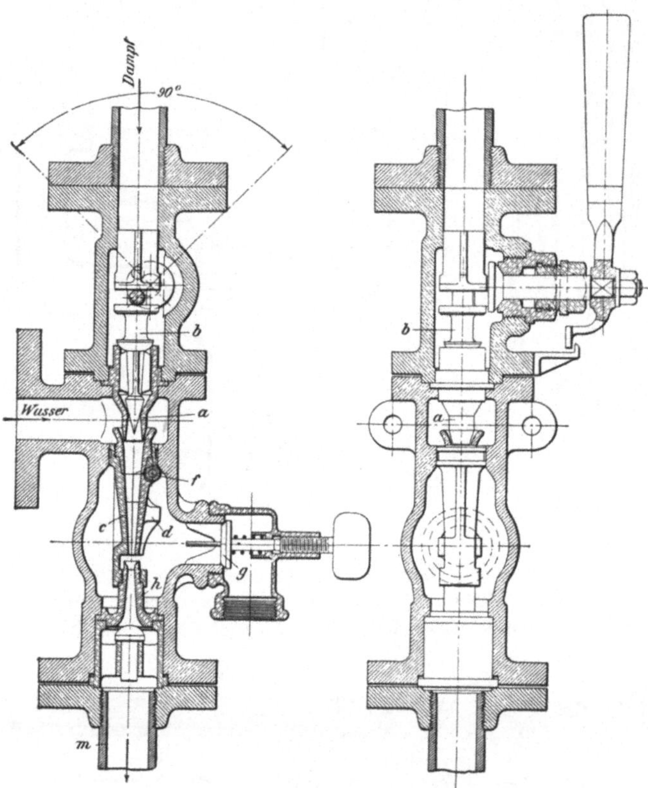

Abb. 440. Dampfstrahlpumpe.

das angesogene Wasser austreten kann, bis bei weiterem Öffnen des Dampf-
ventils eine verstärkte Wirkung eintritt und der Injektor „zieht". Auch hier
ist der Wirkungsgrad an sich schlecht (0,1 bis 0,3); da aber das Wasser durch
den Arbeitsdampf auf 70 bis 90° C angewärmt wird, so kommt die aufgenommene
Wärme dem Kessel wieder zugute. Solche Injektoren werden einstufig, wie in

Abb. 440 gebaut, aber auch zweistufig derart, daß im gemeinsamen Gehäuse zwei parallelliegende Injektoren in Hintereinanderschaltung angeordnet sind.

5. Druckluftpumpen.

Unter den verschiedenen Arten, Flüssigkeiten durch Druckluft zu heben, ist besonders die Mammutpumpe (Abb. 441) technisch bemerkenswert. Ein Steigrohr B (Förderrohr) und ein Druckluftrohr A laufen in einem Fußstück a zusammen (Abb. 442) und werden mit diesem tief in einen Brunnen eingesetzt. Die eingeführte Druckluft mischt sich mit dem Wasser und verringert das spezifische Gewicht der Mischung im Steigrohr so, daß der äußere Wasserdruck die Förderhöhe überwindet. Die Voraussetzung für diese Arbeitsweise ist eine genügend große Eintauchtiefe, die das $^2/_3$ bis $1^1/_2$fache der Förderhöhe sein muß. Ist γ das spezifische Gewicht der Flüssigkeit, γ_m das der Mischung, so ist mit den Bezeichnungen von Abb. 443

$$\gamma_m (H + h) = \gamma H$$

$$\frac{h}{H} = \frac{\gamma}{\gamma_m} - 1 \,. \qquad (13)$$

Die Druckluft wird durch einen Kompressor mit großem Windkessel (3 bis 5 at) erzeugt, der an beliebiger Stelle aufgestellt werden und viele Brunnen versorgen kann. Die Pumpe wird ausgeführt für Fördermengen bis 125 m³/min und Förderhöhe bis 300 m; sie gießt stets in einen offenen Behälter aus, aus dem das entlüftete Wasser gegebenenfalls durch eine Druckpumpe weitergefördert wird, die mit dem Kompressor einen gemeinsamen Antrieb haben

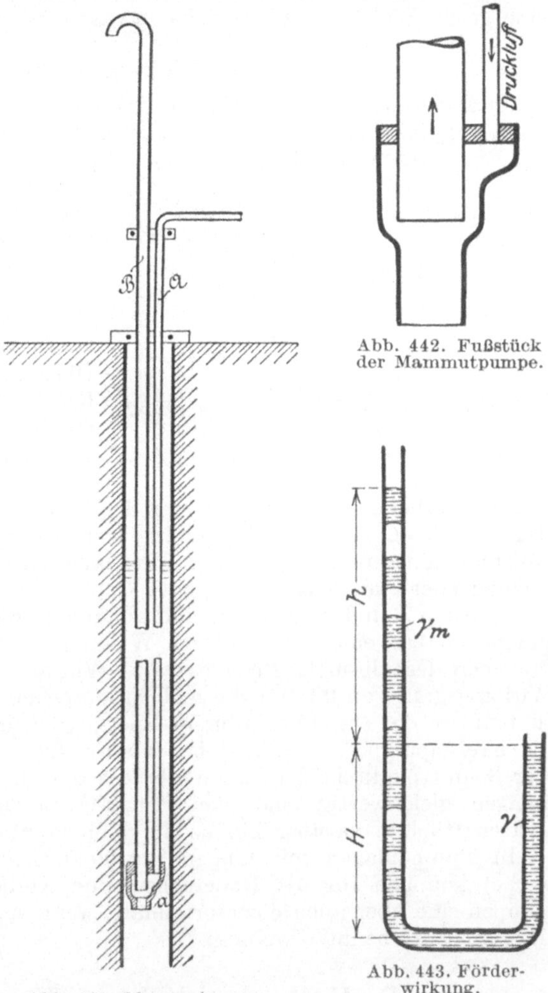

kann. Der Wirkungsgrad, am Kompressor gemessen, beträgt 0,3 bis 0,45.

Geeignet ist dies Verfahren auch für sandiges und durch Grobstoffe verunreinigtes Wasser und besonders da, wo vorübergehend oder aus so großer Tiefe gefördert werden muß, daß die Aufstellung einer Saugpumpe sehr kostspielig würde. Auch für die Grundwassersenkung ist es wegen der einfachen Einrichtung der Brunnen und des zentralen Maschinenbetriebes mit Erfolg angewendet. Es sind erforderlich bei Förderhöhen bis 15 m 2 bis 3 l Luft von atmosphärischen Druck, bei Förderhöhen über 60 m etwa 5 l Luft für 1 l gehobenes Wasser.

Eine andere Art der Wasserhebung mit Druckluft (Amag-Hilpert) erfolgt derart, daß in den Brunnenschacht bzw. das Bohrloch ein mit einer Druckluftzuleitung und einer Wasserförderleitung verbundener und mit Rückschlagventilen versehener Blechbehälter eingehängt wird, in den abwechselnd Wasser durch den statischen Druck einströmt und dann durch Druckluft hochgedrückt wird. Die Steuerung des Vorgangs durch Druckluftventile erfolgt selbsttätig über Flur. Zwillingsanordnung gibt ununterbrochenen Ausguß. Wegen der Rückschlagventile ist dieses Verfahren nur für reines Wasser geeignet; eine große Einhängtiefe ins Schachtwasser ist hier nicht erforderlich.

6. Wahl der Pumpe.

Strahlpumpen und Druckluftheber kommen wegen ihres schlechten Wirkungsgrades ($\leq 0{,}3$) nur bei seltener Benutzung oder in Sonderfällen in Frage, wo die Rücksichten auf Einfachheit den Ausschlag geben. Für größere und regelmäßige Pumparbeiten ist zwischen Kolben- und Kreiselpumpen zu wählen. Beide Arten sind für alle üblichen Förderhöhen und Mengen möglich. Die Entscheidung ist nach wirtschaftlichen Gesichtspunkten zu treffen.

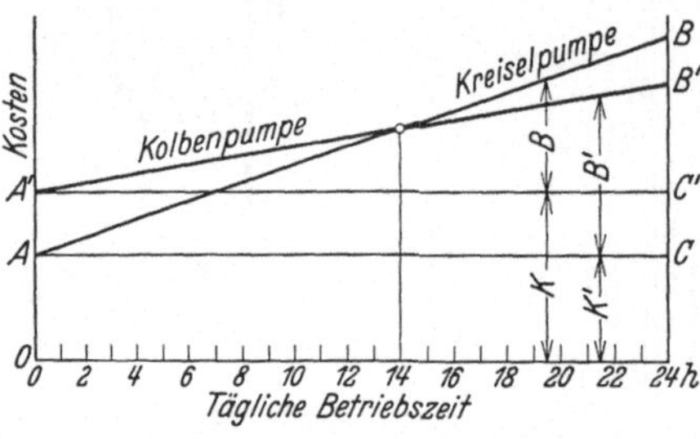

Abb. 444. Wirtschaftlicher Vergleich.

In Abb. 444 ist diese wirtschaftliche Überlegung als Schaubild angedeutet. Kosten für Zinsen, Abschreibung und Unterhaltung sind feste Jahresausgaben K und K' und hängen nicht von der Betriebszeit ab. Sie stellen sich als Linien parallel zur Abszisse dar, von denen A—C für die Kreiselpumpe niedriger liegt, als A'—C' für die Kolbenpumpe, weil letztere teurer in der Beschaffung und Aufstellung ist und auch wegen ihres langsameren Ganges eine Drehzahlübersetzung oder eine teurere Antriebsmaschine braucht. Die täglichen reinen Betriebskosten B und B' dagegen sind abhängig von der Betriebszeit. Die Kreiselpumpen haben einen schlechteren Wirkungsgrad als Kolbenpumpen und verbrauchen deshalb mehr Betriebskraft. Würde z. B. für eine Kreiselpumpe ein Wirkungsgrad von 0,6, für die Kolbenpumpe ein solcher von 0,9 gewährleistet, so braucht die erstere 50% mehr Energie, so daß hierfür die Linie A—B für die Kreiselpumpe steiler ansteigt, als die Linie A'—B' für die Kolbenpumpe. Der Schnittpunkt beider Linien gibt die Betriebszeit an, für die beide Pumpenanlagen gleichwertig sind; bei kürzerer Betriebszeit ist die Kreiselpumpe wirtschaftlicher, darüber hinaus die Kolbenpumpe.

In Pumpanlagen mit langen Betriebszeiten (Wasser- und Kanalisationswerke) kommen für die Dauerarbeit nur Kolbenpumpen in Frage; Kreiselpumpen sind aber auch hier vorteilhaft, wenn sie nur als Aushilfe oder für den Spitzenbedarf benutzt werden.

B. Kolbenverdichter (Kompressoren).

Man braucht auf Baustellen Druckluft zum Betrieb von Nietpressen, Niethämmern, Meißeln, Stemmwerkzeugen, Metall- und Gesteinbohrmaschinen, meist mit dem üblichen Druck von 7 ata; ferner für Druckluftgründungen in größerer Menge bis $4^1/_2$ ata. Zur Erzeugung der Druckluft werden im allgemeinen Kolbenverdichter benutzt; erst für Leistungen über 150 m³ minutlich angesaugter Luftmenge kommen für sorgfältig fundierte ortsfeste Anlagen Turboverdichter in Frage. Man bezieht Angaben über komprimierte Luftmengen stets auf die angesaugte freie Luftmenge bei 760 mm Barometerstand und 20° C, um einen Vergleichsmaßstab zu haben.

1. Arbeitsvorgang.

Jeder Kolbenverdichter hat im Zylinder bei Totlage des Kolbens nach dem Ausschub noch einen „schädlichen Raum" v_0 durch die Steuerkanäle und die Hohlräume in den Ventilsitzen, in dem ein Rest der komprimierten Luft verbleibt, der bei Beginn des Saughubs wieder etwas unter den äußeren barometrischen Luftdruck expandieren muß, bevor dieser die Saugventile öffnen kann. Bei einer Kurbelumdrehung spielt sich folgender Vorgang ab:

1. Ansaugen eines Luftvolumens v' von D bis A mit einem durch die Ventilwiderstände bei der Ansauge- bzw. Kolbengeschwindigkeit bedingten Unterdruck p_1 von 2 bis 3% des Barometerstands p_0.

2. Verdichten der Zylinderfüllung v_1 vom Druck p_1 nach der Linie $A B$ auf den Enddruck p_2, der aus gleichen Gründen um 3 bis 5% über dem im Aufnahme- bzw. Verteilungsbehälter zu haltenden Gebrauchsdruck p liegt. Bei der Verdichtung erhitzt sich die Luft; diese Verdichtungswärme wird durch die Kühlung der Zylinderwandungen in gewissen Grenzen gehalten.

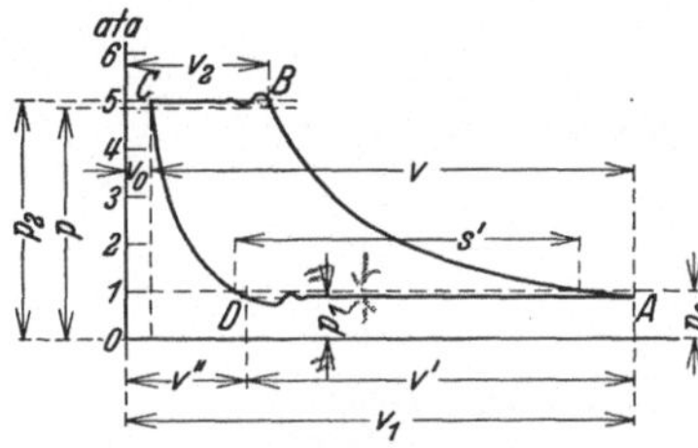

Die Verdichtungslinie $A B$ verläuft polytropisch zwischen der Adiabate und Isotrope mit einem Exponenten 1,2 bis 1,3 etwa nach der Gleichung

$$p_1 \cdot v_1^{1,25} = p_2 \cdot v_2^{1,25}.$$

Abb. 445.
Schematisches Verdichter-Diagramm.

3. Ausstoßen der verdichteten Luft von B bis C bis zur Kolbenendstellung unter dem konstanten Druck p_2.

4. Bei Beginn des Saughubs Rückexpansion aus dem schädlichen Raum vom Druck p_2 auf p_1 nach der Linie $C D$, die etwa dem Mariotteschen Gesetz $p_2 \cdot v_0 = p_1 \cdot v''$ entspricht.

Es wird also nicht das Hubvolumen v, sondern nur das Volumen v' angesaugt und verdichtet. Dadurch ergibt sich ein volumetrischer Wirkungsgrad $\eta_v = \dfrac{v'}{v}$, der um so geringer wird, je größer v_0 im Hundertsatz von v und je höher der rückexpandierende Druck p_2 ist. Bei zu großem v_0 würde im Grenzfall v'' so groß, daß fast keine Luftmenge v' mehr angesaugt werden könnte. η_v wird weiter verschlechtert durch die Erwärmung der einströmenden Luft infolge Mischung mit der Restmenge und an den Wandungen. Ferner entstehen Verluste durch die Ventilwiderstände und die dadurch bedingte Diagrammvergrößerung um $p_2 - p$ und $p_0 - p_1$; dadurch wird die aufzuwendende Arbeit größer, aber auch η_v wird kleiner, weil nur während des Hubteils s' angesaugt wird. Bei Ventilkompressoren entsteht für die Beschleunigung der Ventilmassen bei D ein weiterer Unterdruck und bei B ein Druckanstieg, was die Arbeit unnütz vermehrt. Schließlich wird η_v schlechter, wenn massenträge Ventile nicht rechtzeitig schließen oder diese und der Kolben undicht sind.

Gegen die Verschlechterung von η_v durch die Verdichtungswärme und durch die Rückexpansion aus dem schädlichen Raum verdichtet man über etwa 5 at zweistufig, über etwa 10 at dreistufig, über etwa 35 at vierstufig usw. und schickt nach jeder Verdichtungsstufe die Luft durch einen mit ausreichenden Kühlflächen versehenen Ausgleichsbehälter, den Zwischenkühler.

Der mechanische Wirkungsgrad $\eta_m = N_e : N_i$ ist bei kleineren rasch laufenden Verdichtern mit etwa 0,82, bei großen langsam laufenden mit 0,85 bis 0,92 anzunehmen. Zur Verdichtung von 1 m³ freier Luft auf 7 ata sind im Mittel 6,5 PS erforderlich.

2. Steuerung.

Sie kann erfolgen durch Ventile oder durch Schieber, die als axial bewegliche Kolbenschieber oder als schwingende Rundschieber (Drehschieber) ausgebildet sind und hinter denen stets Rückschlagventile sitzen. Bei Schieberkompressoren wird durch zwangläufige Öffnung großer Saugquerschnitte der Druckverlust $p_0 - p_1$ geringer, dagegen ist meist der schädliche Raum und stets die Erwärmung der Ansaugeluft

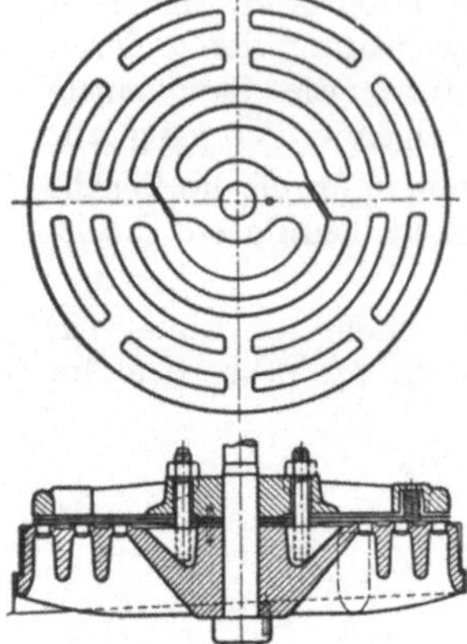

Abb. 446. Federplattenventil der MAN mit sechs Ringspalten.

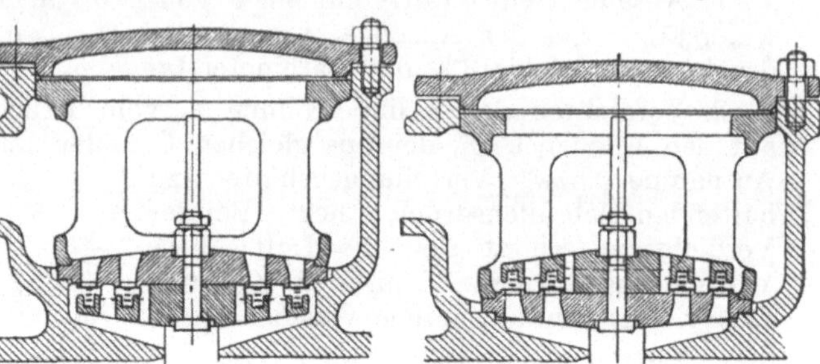

Abb. 447. Gleiche Zweiringventile für Saug und Druck (Schwartzkopff).

in den von der verdichteten Luft beim Ausstoß erwärmten Kanälen größer als bei Ventilkompressoren.

Die Ventile müssen zur Vermeidung schädlicher Massenwirkungen sehr leicht sein und im richtigen Moment rasch große Querschnitte freigeben und rasch wieder schließen. Deshalb bestehen die meisten Verdichterventile aus mehreren gleichachsig angeordneten, meist durch reibungsfreie

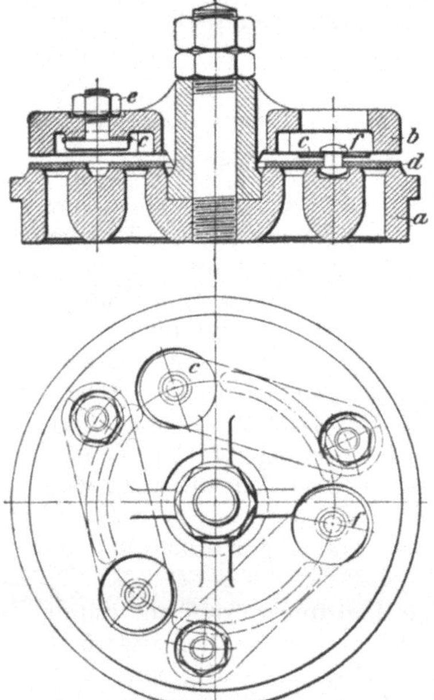

Abb. 448. Lenkerventil von Hörbiger mit vier Ringspalten.

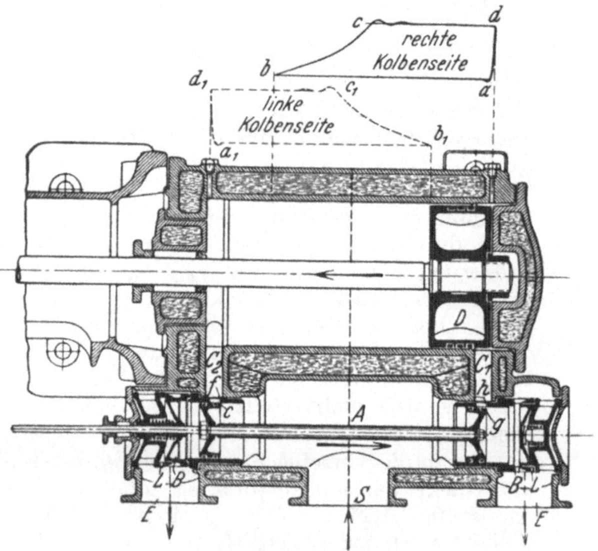

Abb. 449. Kolbenschiebersteuerung der Frankfurter MAG vorm. Pokorny & Wittekind.

Lenker geführten dünnen Stahlblechringen, die ein schwerer Ventilfänger (Polsterblech zur Verringerung des Schlages) nur geringen Hub machen läßt und die durch Federn aufgefangen und zu raschem Schließen gezwungen werden.

Meist sind Saug- und Druckventil gleich groß, womöglich für Ventilsitz und Fänger vom gleichen Modell (Abb. 447).

Eine Kolbenschiebersteuerung zeigt der Zylinderschnitt Abb. 449. Der Kolben geht gerade nach links: der rechte Kanal C_1 wird vom Kolbenschieber nach der Rückexpansion für das Ansaugen aus S geöffnet; die links vom Kolben verdichtete Luft strömt durch den vom Schieber e frei gegebenen Kanal C_2 nach Erreichen des Enddrucks dieser Stufe durch das Rückschlagventil B und den Austrittsstutzen E nach dem Druckluftbehälter oder nach dem Zwischenkühler.

3. Bauarten der Verdichter.

Kleinkompressoren werden meist stehend gebaut und mittels Riemen oder durch Kupplung mit Verbrennungsmotoren angetrieben. Abb. 450 zeigt einen

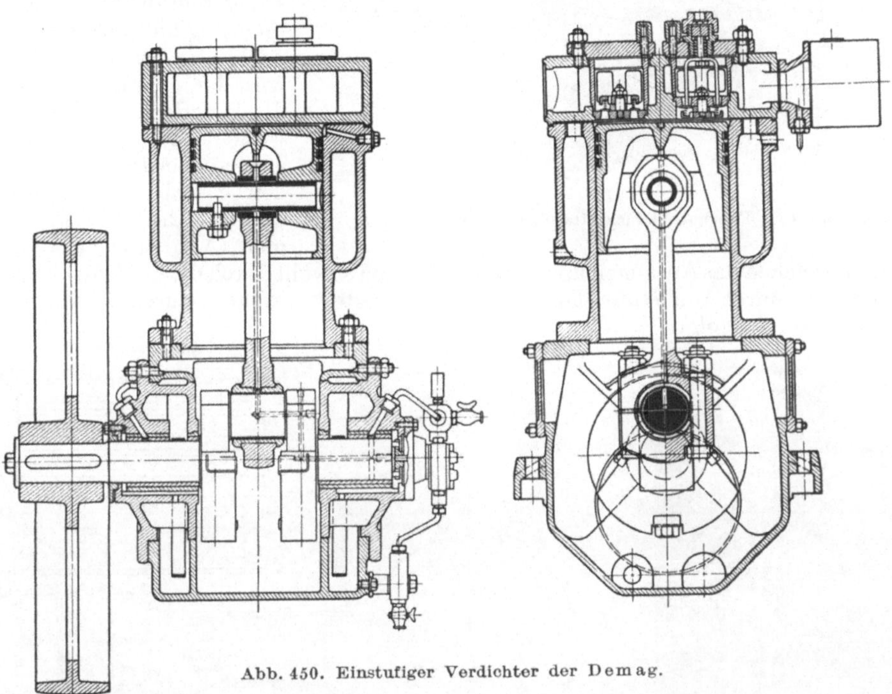

Abb. 450. Einstufiger Verdichter der Demag.

solchen rasch laufenden einstufigen Verdichter mit Kreuzkopf im Tauchkolben. Die Ventile sitzen im Zylinderdeckel, der ebenso wie die Zylinderwandung Wasserkühlung hat.

Für kleine an die Baustelle fahrbare Anlagen werden zwei oder vier solcher Verdichterzylinder mit den Motorzylindern auf einem gemeinsamen Kurbelkasten vereinigt (Abb. 451) und mit dem Brennstoffbehälter, Wasserkühler, Luftkühler und Druckluftkessel auf einem Fahrgestell montiert, das an der Baustelle durch Schraubflüsse abgestützt werden kann. Bei dem hier dargestellten Verdichter wird, wie Abb. 452 deutlicher erkennen läßt, die Luft durch reichliche Schlitze in der Zylinderwandung und im Kolben und durch das im Kolbenboden eingebaute große Ventil eingesaugt; dies gibt die Möglichkeit, im Zylinderboden ein ebenso großes Druckventil anzuordnen und durch diese reichlichen Steuerungsquerschnitte einen guten Wirkungsgrad zu erzielen. Bei 1000 U/min werden mit zwei bzw. vier Verdichterzylinder 4 bzw. 8 m³/min Luft auf 6 at verdichtet, wozu die Kraftzylinder 25 bzw. 50 PS leisten müssen.

Für Drücke von 6 bis 10 at und Ansaugeleistungen bis 30 m³/min baut man einzylindrige Stufenkompressoren mit Zwischenkühlung, und zwar für kleinere

Abb. 451. Fahrbare Druckluftanlage Flottmann.

Leistungen mit einfachwirkendem Stufenkolben und eingebautem Kreuzkopf, für größere Leistungen mit doppeltwirkendem Stufenkolben und normalem Kurbeltrieb. Bei der ersteren Ausführung (Abb. 453) gibt die volle Kolbenfläche die Ansaugeleistung und die erste Verdichtung auf etwa 2 atü; nach der Rückkühlung wird dann die Luft durch die Ringfläche auf 6 bis 7 atü verdichtet. Für größere Leistungen werden geschlossene Zylinder mit drei Druckräumen (Abb. 454) verwendet, in welchen das Ansaugen und erste Verdichten sowohl durch die große Kolbenfläche wie durch die Stufenfläche, und das zweite Verdichten durch die kleine Kolbenfläche erfolgt.

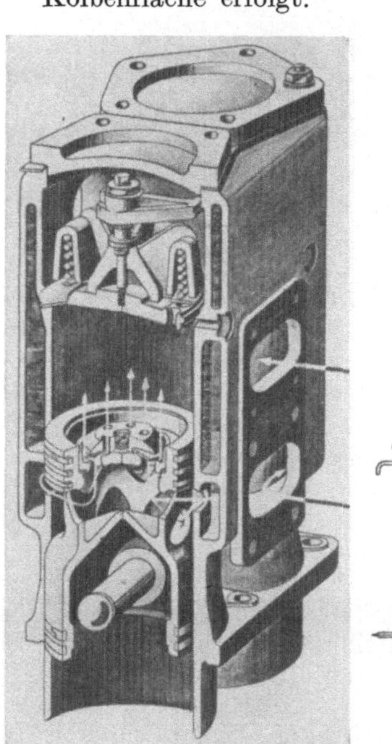

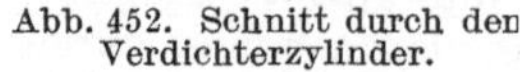

Abb. 452. Schnitt durch den Verdichterzylinder.

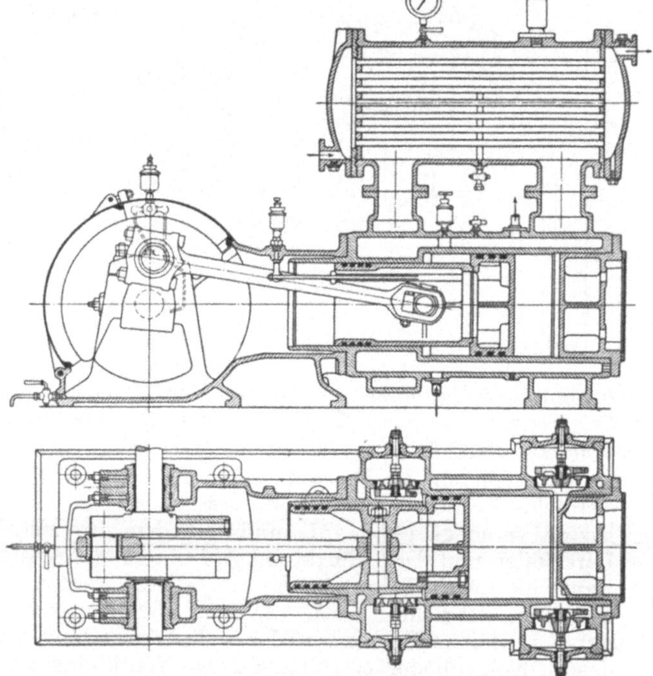

Abb. 453. Einzylinder-Einstufenverdichter der Dinglerschen Maschinenfabrik.

Der Zwischenkühler, der mit reichlichen, gruppenweise für Gegenstromwirkung geschalteten Messingrohrkühlflächen wie ein Kondensator (S. 144) gebaut ist, wird bei kleineren und mittleren Verdichtern über dem Zylinder, bei großen wegen seines Gewichtes unter Flur angeordnet. Der Kühlwasserverbrauch für Zylinder- und Zwischenkühlung ist bei 35° Austrittstemperatur für 7 atü Enddruck je nach der Eintrittstemperatur für große Leistungen etwa 3 l, für kleine bis zu 5 l für 1 m³ angesaugte Luft.

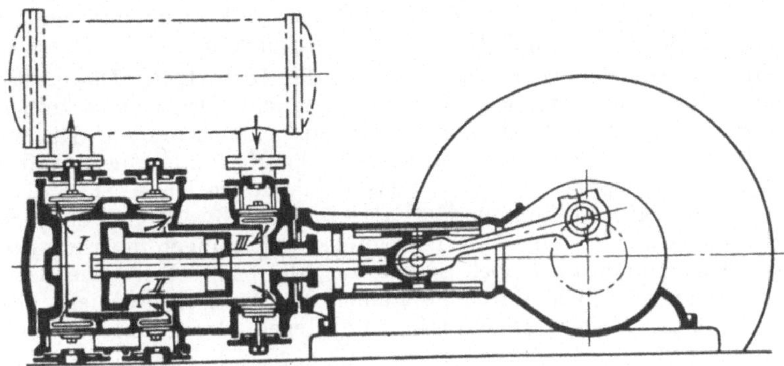

Abb. 454. Zweistufen-Dreidruckraumverdichter der Flottmann A.G., Herne.

Umlaufverdichter (rotierende Kompressoren) geben auch für geringe, für Turboverdichter unzureichende Fördermengen die Möglichkeit einer direkten Kupplung mit Elektromotoren normaler Drehzahl. Abb. 455 zeigt hierfür ein Beispiel: Exzentrisch zur Bohrung des gut gekühlten Gehäuses dreht sich

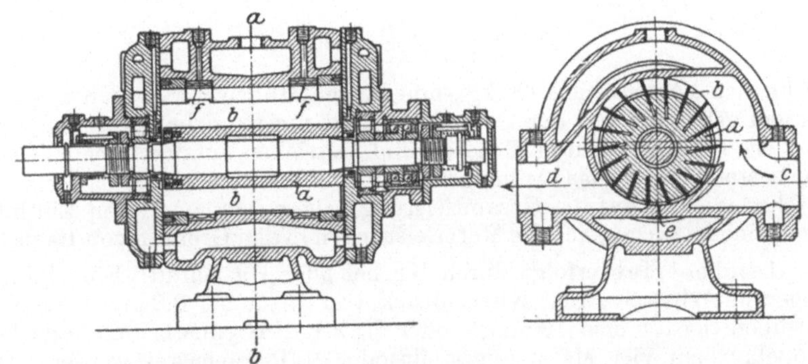

Abb. 455. Umlaufverdichter der Demag, Duisburg.

der Läufer a. In dessen radialen Schlitzen gleiten die Stahllamellen b infolge ihrer Fliehkraft nach auswärts, bis sie an der Gehäusebohrung anliegen. Entsprechend der exzentrischen Lagerung stehen die Lamellen unten bei e mit dem Läuferumfang gleich; oben ragen sie um die doppelte Exzentrizität heraus und bilden mit der Gehäusebohrung und dem Läuferumfang Zellen, in welchen die Luft vom Saugraum c nach dem Druckraum d befördert wird. Für den geringen Druckunterschied zwischen benachbarten Zellen halten die schmalen Lamellenstirnflächen ausreichend dicht. Zur Verringerung der Reibung und der Abnutzung wird die Fliehkraft der Lamellen durch zwei in Gehäuse-Ringnuten mit umlaufenden Ringe f abgefangen.

Diese Umlaufverdichter werden für 1,7 bis 40 m³/min Ansaugeleistung bei je nach Größe 1450 bis 485 minutlichen Umläufen gebaut; sie verdichten einstufig auf 2 bis 3 at, zweistufig (auf gleicher Welle) mit Zwischenkühlung auf 6 bis 7 at.

C. Hebemaschinen.

1. Zweck und Art der Hebemaschinen.

Die Hebemaschinen dienen zur Ortsveränderung fester Körper bei meist kleinen Entfernungen. Der Betrieb ist ein stark unterbrochener, die Antriebsmaschine muß schnell anlaufen und gestoppt werden können. Die Geschwindigkeiten dürfen wegen der kurzen Arbeitsdauer (mit Ausnahme der Fördermaschinen) nur klein sein und überschreiten selten 2 m/s.

Die Hauptarbeit der Hebemaschinen ist die Hubarbeit. Die Last kann von Druckorganen (Zahnstangen, Schraubenspindeln, Druckwasserkolben) getragen oder an Zugmitteln (Seile und Ketten) aufgehängt werden. Die ersteren Hebemaschinen sind wegen der Knickgefahr sperrig und schwer und daher nur für kleine Hübe praktisch; die letzteren bilden die Regel. Für die Horizontalbewegung der Last kommt das Fahren oder Schwenken (Fahrwerk und Drehwerk) in Betracht. In allen Bewegungsvorrichtungen müssen Bremsen sein, unter Umständen auch noch Sperrwerke, die eine selbsttätige Bewegung verhindern, wenn dies nicht durch Festziehen der Bremsen geschieht. In dem Hubwerk wird die Bremse gleichzeitig zum Regeln der Senkgeschwindigkeit benutzt.

Arbeitsbedarf und Antrieb. Den größten Arbeitsaufwand erfordert das Heben der Last. Er beträgt bei einer Last Q kg und Geschwindigkeit v m/s

$$N = \frac{Q\,v}{75} \text{ PS}. \tag{1}$$

Die erforderliche Motorleistung ist um die Verluste in den Getrieben größer, die durch den Gesamtwirkungsgrad η berücksichtigt werden,

$$N_m = \frac{Q\,v}{\eta \cdot 75} \text{ PS}. \tag{2}$$

Bei kleinen Lasten (bis 1000 kg) und langen Hüben wählt man $v \leqq 1,5$ m/s. Im übrigen geht man mit der Geschwindigkeit um so mehr herunter, je größer die Last ist, um mit leichten Motoren und Getrieben auszukommen. Denn bei großen Lasten dauert das Anhängen und Absetzen so lange, daß eine große Hubgeschwindigkeit auf die Gesamtleistung keinen nennenswerten Einfluß hat. Im allgemeinen bewegen sich die Motorleistungen in den Grenzen von 10 bis 50 PS.

Der Handbetrieb erfolgt durch Kurbel oder Haspelrad. Ein Mann kann bei längerem Arbeiten einen Kurbeldruck von 15 kg bei 0,8 m/s Geschwindigkeit ausüben, leistet also 12 mkg/s oder $^1/_8$ PS. Im günstigsten Falle können an Doppelkurbeln vier Mann angestellt oder $^1/_2$ PS geleistet werden. Daraus ergibt sich eine sehr kleine Lastgeschwindigkeit. Der Handbetrieb ist deshalb sehr unwirtschaftlich und bleibt auf Hebemaschinen für sehr geringe Benutzung beschränkt.

Unter den mechanischen Antriebsarten ist die elektrische die geeignetste. Die besonderen Eigenschaften des Elektromotors, nämlich die stete Betriebsbereitschaft, große Betriebssicherheit, Anspruchslosigkeit in der Bedienung, große Anzugskraft, geringes Gewicht usw. treten nirgends so vorteilhaft in die Erscheinung, wie bei den Hebemaschinen. Durch den Elektromotor sind Krankonstruktionen möglich geworden, die durch andere Mittel in gleich einfacher Weise nicht erreichbar wären. Von den Elektromotoren sind die Gleichstrom-Hauptstrommotoren die geeignetsten. Denn einmal lassen sich bei Gleichstrom Akkumulatoren als Pufferbatterien verwenden, die den Spitzenverbrauch abgeben, die Zentrale gleichmäßiger belasten und auch außerhalb der Betriebszeit Strom liefern, andererseits hat der Hauptstrommotor eine große Anzugskraft und eine mit der Last sich ändernde Geschwindigkeit, so daß er bei großen Lasten langsam läuft und bei leerem Haken schnell hebt. Drehstrommotoren haben zwar auch eine gute Anzugskraft, aber eine konstante Geschwindigkeit. Einphasenmotoren haben ähnliche Eigenschaften, wie der Gleichstrom-Hauptstrommotor, stehen ihm aber im Wirkungsgrad und Gewicht nach.

Der Dampfantrieb verlangt für jede Hebemaschine einen eigenen Dampfkessel, denn die Versorgung aus einem zentralen Kessel ist, abgesehen von ortsfesten Hebemaschinen, mit großen Wärmeverlusten verbunden. Die Dampfmaschine wäre an sich geeignet und zuverlässig, der Kessel dagegen ist wegen der Genehmigungspflicht, seines großen Gewichts, der Wasser- und Kohlenzufuhr, der Rauchbelästigung, Feuersgefahr usw. unbequem. Der Dampfbetrieb bleibt deshalb auf solche Fälle beschränkt, wo elektrische Anschlußmöglichkeit nicht vorhanden oder ein häufiger Platzwechsel nötig ist (Baustellen).

Bei dem Ölmotor (Benzinmotor) ist der Fortfall des Kessels und die stete Betriebsbereitschaft ein Vorteil. Da er unbelastet von Hand angedreht werden muß, nicht umsteuerbar und nur in engen Grenzen regelbar ist, wird das Getriebe verwickelter (Kupplungen, Wendegetriebe, Wechselräder). Auch die Brennstoffkosten sind höher als bei Dampf. Der Benzinmotor kommt deshalb nur da in Betracht, wo Dampf wegen Feuersgefahr und Rauchbelästigung ausgeschlossen ist und elektrischer Strom nicht zur Verfügung steht.

Der Transmissionsantrieb kommt in Werkstätten in Frage und ist auf leichte ortsfeste Hebemaschinen (Winden und Aufzüge) beschränkt. Der Anschluß erfolgt an eine vorhandene Welle durch Reibkupplungen, Reibräder oder Riemen mit Fest- und Losscheibe. Dies System ist durch die elektrische Betriebsweise ziemlich verdrängt.

2. Elemente der Hebemaschinen.

a) Seile und Ketten, Rollen und Trommeln.

Allgemeines. Als Zugmittel kommen Seile und Ketten in Frage. Sie werden über Rollen geführt und auf Trommeln oder verzahnten Kettenrädern aufgewickelt. Durch die Last werden sie auf Zug, durch die Aufwicklung auch noch auf Biegung beansprucht. Aus letzterem Grunde muß der Aufwicklungshalbmesser groß sein. Andererseits bewirkt ein großer Aufwicklungshalbmesser R ein großes Lastmoment (Abb. 456)

$$M_d = QR, \qquad (3)$$

das als Drehmoment für die Abmessungen der Getriebe maßgebend ist, sowie eine kleine Drehzahl der Lastwelle

$$n = \frac{60\,v}{2\,\pi R}, \qquad (4)$$

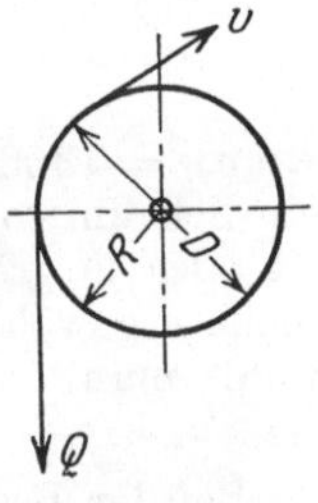

so daß von dem viel schneller laufenden Motor große Übersetzungen nötig sind. Im Interesse der Hebemaschine liegt es

Abb. 456.
Seiltrommel.

also, den Trommelhalbmesser möglichst klein zu machen. Bei großen Lasten hängt man deshalb gern die Last in mehreren Strängen auf, von denen jeder einzelne nur einen Teil trägt und demnach dünner und biegsamer sein kann.

Drahtseile. Für gewöhnliche Verhältnisse werden runde Seile verwendet, deren aus dünnen Stahldrähten bestehende Litzen um eine Hanfseele geschlagen werden, die das Seil biegsamer macht. Zur Verringerung der früheren Vielartigkeit haben die Hersteller, Verbraucher und Aufsichtsbehörden über die Ausführung von Drahtseilen und die zu gewährleistende rechnerische Bruchbelastung Vereinbarungen getroffen. Diese wurden vom Deutschen Normenausschuß veröffentlicht für Hebezeug- und Aufzugseile in DIN 655 und für Bergwerkförderseile in DIN 1251. Die Hebezeugseile werden aus hartgezogenen Stahldrähten von einer Zugfestigkeit $\sigma_B = 130$, 160 oder 180 kg/mm² und 0,4 bis 2 mm Durchmesser in den Bauarten A, B und C mit je sechs Litzen von je

19, 37 bzw. 61 Drähten angefertigt (Abb. 457 bis 459). Von den Seilen gleicher Tragfähigkeit bestehen die vieldrähtigen aus feineren Drähten und sind deshalb bei gleicher Tragfähigkeit biegsamer und für kleinere Trommel- und Rollendurchmesser geeigneter als Seile mit einer geringeren Zahl stärkerer Drähte.

Da die gewährleistete Bruchbelastung sich nur auf geradlinige Zugbeanspruchung bezieht, durch die Biegung um Rollen aber zusätzliche Biegespannungen auftreten, sind Drahtseile stets bezüglich der Gesamtbeanspruchung wie folgt nachzurechnen:

In dem nur auf Zug beanspruchten Seilstück von i Drähten mit δ cm Drahtdicke entsteht eine Zugspannung

$$\sigma = \frac{Q}{i\,\frac{\pi}{4}\,\delta^2}\ \text{(kg/cm}^2\text{)};\tag{5}$$

hierzu kommt auf den Rollen und Trommeln noch eine Biegungsspannung, die nach C. Bach gesetzt werden kann

$$\sigma_b = \frac{3}{8}\,E\,\frac{\delta}{D} = \sim 800\,000\,\frac{\delta}{D}\,\text{(kg/cm}^2\text{)},\tag{6}$$

wenn $E = 2\,150\,000$ die Elastizitätszahl und D der Aufwicklungsdurchmesser

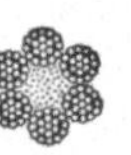

Abb. 457. Bauart A,
6 × 19 = 114 Drähte.

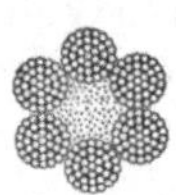

Abb. 458. Bauart B,
6 × 37 = 222 Drähte.

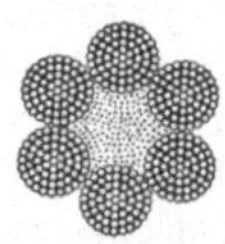

Abb. 459. Bauart C,
6 × 61 = 366 Drähte.

ist. Beide Spannungen zusammen dürfen die zulässige Zugspannungen nicht überschreiten, und zwar

$$\sigma_{zul} \geqq \sigma + \sigma_b \left\{ \begin{array}{l} \dfrac{\sigma_B}{10}\ \text{für lebende Lasten} \\[2mm] \dfrac{\sigma_B}{6}\ \text{für tote Lasten,} \end{array} \right.\tag{7}$$

wo $\sigma_B = 13\,000$ bis $18\,000$ kg/cm² die Bruchspannung ist. Man kann demnach ein Seil um so stärker auf Zug belasten, je kleiner die Biegungsbeanspruchung ist oder je größer der Aufwicklungsdurchmesser D im Verhältnis zur Drahtdicke δ gewählt wird. Im Interesse einer ausreichenden Lebensdauer des Seils wählt man

$$D \geqq 400\,\delta, \quad \text{besser} \quad D \geqq 500\,\delta.\tag{8}$$

Bei der Bestimmung eines Seils berechnet man zweckmäßig die notwendige Bruchlast und sucht aus den Seiltafeln ein geeignetes aus. Wenn $F = i\,\frac{\pi}{4}\,\delta^2$ der Seilquerschnitt ist, so ist

$$\text{die Bruchlast}\ P_B = F \cdot \sigma_B$$
$$\text{und die Nutzlast}\ Q = F \cdot \sigma_{zul}.$$

Aus beiden folgt

$$P_B = Q \cdot \frac{\sigma_B}{\sigma_{zul}}.\tag{9}$$

Die Zugspannung σ ergibt sich aus Gleichung (7), nachdem zuvor die Biegungsspannung σ' aus Gleichung (6) bestimmt ist.

Zahlenbeispiel. Es soll ein Seil für eine Nutzlast von $Q = 2000$ kg bei 6facher Sicherheit berechnet werden. Wählt man eine Bruchspannung $\sigma_B = 18\,000$ kg/cm², so ist die zulässige Beanspruchung

$$\sigma_{zul} = \frac{\sigma_B}{6} = 3000\ \text{kg/cm}^2.$$

Bei einem angenommenen Verhältnis von Aufwicklungsdurchmesser zur Draht-
stärke $D/\delta = 500$ ergibt sich die Biegungsbeanspruchung [Gleichung (6)] zu

$$\sigma' = 800\,000\,\frac{\delta}{D} = 1600\ \text{kg/cm}^2;$$

hieraus folgt die Zugspannung [Gleichung (7)]

$$\sigma = \sigma_{zul} - \sigma_b = 1400\ \text{kg/cm}^2.$$

Die erforderliche Bruchlast ist [Gleichung (9)]

$$P_B = Q\,\frac{\sigma_B}{\sigma} = 25\,600\ \text{kg}.$$

Für diese Bruchlast findet sich ein passendes Seil aus der Seiltafel DIN 655
für die erste und zweite Gruppe mit folgenden Werten

$P_B = 27230$ kg, $\delta = 1{,}3$ mm, $d = 20$ mm, $G = 1{,}43$ kg/m $D = 500 \cdot \delta = 650$ mm,
$P_B = 31390$ kg, $\delta = 1{,}0$ mm, $d = 22$ mm, $G = 1{,}65$ kg/m, $D = 500 \cdot \delta = 500$ mm.

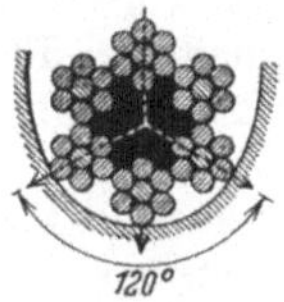

Abb. 460. Auflage in der Rille.

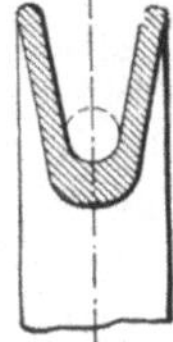
Abb. 461. Nut einer Seilrolle.

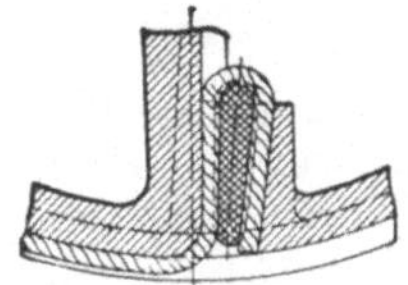
Abb. 462. Seilbefestigung auf
einer Trommel.

Das erste Seil ist wegen seiner geringeren Drahtzahl billiger, erfordert aber
einen größeren Trommeldurchmesser mit einem entsprechend größeren Lastmoment.

Dünndrähtige Seile sind vorteilhaft, aber wegen der größeren Rostgefahr
weniger betriebssicher. Zum Schutze gegen Rost kann man die Drähte ver-
zinken, büßt dann aber etwa 10% an Festigkeit ein. Besser ist es das Seil gut
zu schmieren.

Die früher gegen die Verwendung von Drahtseilen bestandenen Bedenken,
daß die inneren Drähte dem Auge entzogen und ihr Zustand nicht beurteilt
werden kann, sind gegenstandslos geworden, seitdem die Erfahrung gezeigt
hat, daß Beschädigungen immer zuerst an den äußeren Drähten auftreten,
also das Seil seine Erneuerungsbedürftigkeit selbst anzeigt.

Die Rollen und Trommeln werden aus Gußeisen gefertigt und mit ausgedrehten Rillen (Abb. 460) versehen; Trommeln erhalten flache, halbkreis-
förmige Rillen, die spiralförmig in einer solchen Windungslänge umlaufen, daß
das ganze Seil in einer Lage aufgenommen werden kann. Das Ende wird auf
der Trommel in einer Schlinge mit Keil befestigt (Abb. 462) und zur Entlastung vorher noch einige Male um die Trommel gewickelt.

Hanfseile. Wegen der geringen Festigkeit und Lebensdauer kommen Hanfseile nur für sehr kleine Lasten oder da in Frage, wo sie unmittelbar von Hand
bewegt werden. Sie werden ebenfalls nach bestimmten Mustern gefertigt. Die
Belastung darf bei einem Seildurchmesser d gewählt werden zu

$$\left.\begin{array}{llll} Q \leq 60\,d^2 & \text{bei} & D \geq 7\,d \\ Q \leq 80\,d^2 & \text{bei} & D \geq 10\,d \end{array}\right\} \tag{10}$$

Die Rollen werden wie bei Drahtseilen ausgeführt, die Trommeln erhalten
einen glatten zylindrischen Mantel mit seitlichen Rändern. Häufiger werden
Hanfseile auf Spilltrommeln (Abb. 463) verwendet. Das Seil wird auf die meist
fliegend angeordnete Trommel in 3 bis 4 Windungen herumgelegt und von
Hand mit der Kraft $t < T$ so in Zug gehalten und abgeführt, daß es nicht gleitet.
Infolge des Gesetzes für die Umschlingungsreibung

$$t \cdot e^{\mu\alpha} = T$$

entsteht eine genügende Reibung. Man kann auf diese Weise durch kurze Trommeln beliebig lange Seile mit erheblicher Zugkraft einholen (Hafen- und Rangierbetrieb).

Das in Abb. 463 dreimal um die Spilltrommel geschlungene Seil würde bei einer Reibungszahl $\mu = 0,2$ eine am ablaufenden Ende aufgewandte Zugkraft von $t = 20$ kg durch die Umschlingungsreibung auf das 40fache, also auf $T = 800$ kg steigern lassen. Das erforderliche Drehmoment muß dann der mechanische Antrieb der Spilltrommel aufbringen.

Rundeisenketten. Die Glieder werden aus weichem zähem Flußstahl (St. 34) gebogen und bei schweren Ketten noch überlappt im Feuer, bei Handelsware durch elektrische Stumpfschweißung geschweißt. Es werden angefertigt: Langgliedrige Förder

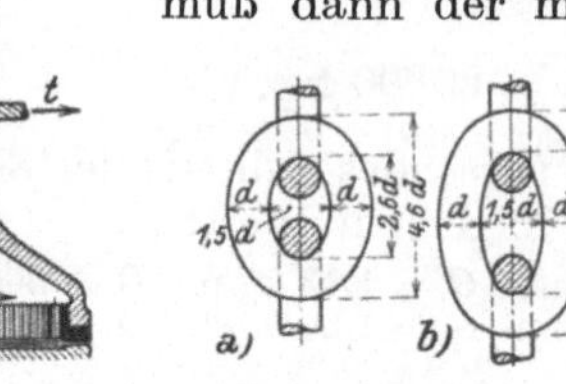

Abb. 463. Spilltrommel.

Abb. 464.
Kurzgliedrige, langgliedrige Rundeisenketten.

ketten nach DIN 670 für Kettenbahnen und zum Befestigen; kurzgliedrige kalibrierte Ketten nach DIN 671 für Kettennüsse und Haspelräder; kurzgliedrige unkalibierte Ketten nach DIN 672 für Kettentrommeln und Kettenrollen (Abb. 464). Wenn Ketten um Rollen oder Trommeln gelegt werden,

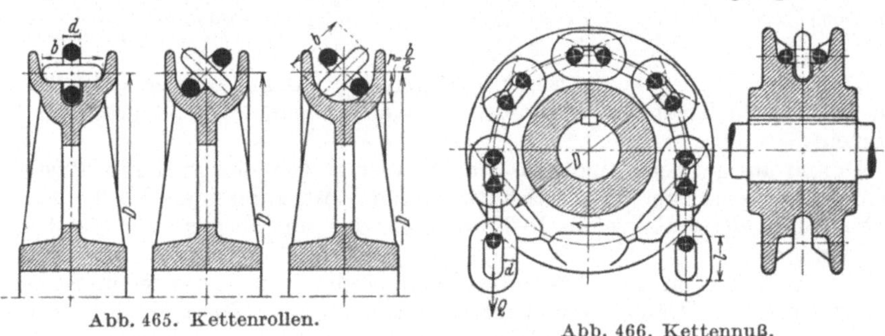

Abb. 465. Kettenrollen.

Abb. 466. Kettennuß.

sind zur Vermeidung von stärkeren Biegungsspannungen stets kurzgliedrige zu nehmen.

Alle Lastketten müssen in ihrer ganzen Länge mit der 2 fachen Nutzzuglast geprüft werden; außerdem sind alle 50 m einige Glieder zu Zerreißproben zu entnehmen, deren Bruchbelastung P_B mindestens die 4fache Nutzlast sein muß.

Eine Kette kann belastet werden mit

$$Q = 2\,\frac{\pi}{4}\,d^2 \cdot \sigma_{zul};\quad \text{mit geringem } \sigma_{zul} \text{ wegen der Biegungsgefahr.}$$

$\sigma_{zul} = 350$ bis 600 kg/cm² für gewöhnliche Ketten, aber nur

$\sigma_{zul} = 300$ bis 450 kg/cm² für kalibrierte Ketten, weil bei einem Längen einer kalibrierten Kette diese nicht mehr auf die Kettennuß passen würde.

Der Aufwicklungsdurchmesser soll sein

$$D \geqq 20\,d \text{ für Handbetrieb (kleine Geschwindigkeit)} \atop D \geqq 30\,d \text{ für Maschinenbetrieb} \right\} \tag{12}$$

Die Ketten haben im Betriebe einen stoßenden und geräuschvollen Gang. Infolge der ständigen Erschütterungen wird das Material allmählich hart und muß von Zeit zu Zeit ausgeglüht werden, um wieder weich und zähe zu werden, da sonst Gefahr besteht, daß die Kette bei Stößen abreißt.

Die Kettenrollen und Trommeln erhalten ausgedrehte Rillen nach Abb. 465, am besten halbrund, damit sich die Kette in jeder Lage einlegen kann. Wegen der großen Breitenbeanspruchung der Kette werden die Trommeln sehr lang. Statt dessen können für kalibrierte Ketten auch verzahnte Kettenräder oder **Kettennüsse** (Abb. 466) aus Gußeisen oder Stahlguß verwendet werden, auf denen die Kette einen unmittelbaren Halt findet. Das Kettenende läuft frei ab und wird, damit es nicht hinderlich ist, in einen Kettenkasten aufgefangen. Damit die Kette sicher eingreift, muß durch Leitösen oder Leitrollen gesichert werden, daß sie die Kettennuß mindestens 180° umspannt. Solche für das Eingreifen der Kettenglieder verzahnte Kettenräder, aber in größeren Durchmessern von 400 bis 800 mm werden für den Handantrieb von Wellen benützt.

Gelenkketten (Gallsche Ketten). Die Kette (Abb. 467) besteht aus Stahlbolzen, auf deren abgedrehten Zapfen mehrere Laschen aufgereiht sind. Sie kann für große Lasten (bis 30 t) gebaut werden, darf im Betriebe aber nur langsam ($\leq$ 0,5 m/s) laufen und mäßig beansprucht sein, um eine zu große Abnutzung in den Gelenken zu vermeiden. Die Bewegung erfolgt durch ein Kettenzahnrad (Abb. 468), das in der Breite nur wenig Platz braucht und

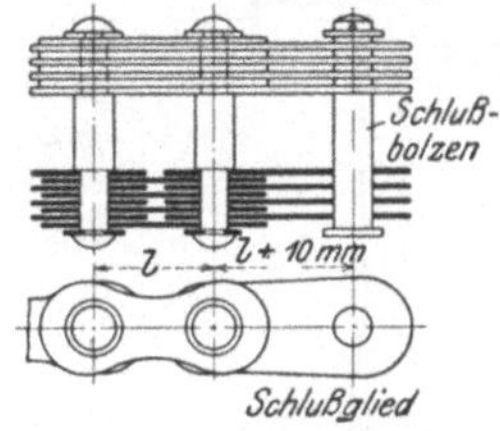

Abb. 467. Gelenkkette.

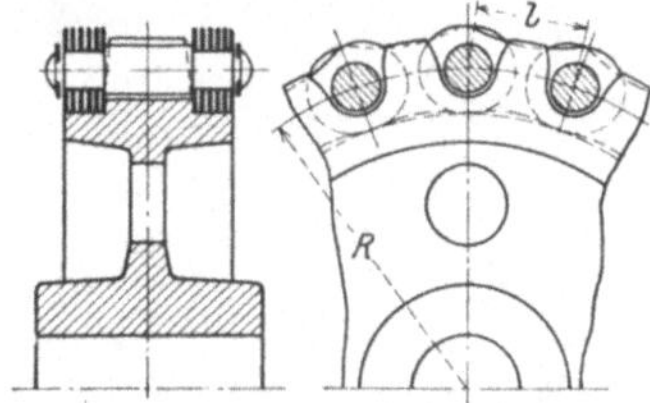

Abb. 468. Gelenkketten-Zahnrad.

auch im Durchmesser klein wird, also ein kleines Lastmoment ergibt. Ferner bleibt die Last stets in derselben Ebene. Demgegenüber wird aber die Kette schwer und teuer und ist daher nur für kleine Hübe zweckmäßig.

Anwendungsgebiet. Verzahnte Kettenräder mit Gelenkketten oder kalibrierten Gliederketten kommen nur da in Frage, wo Trommeln wegen Platzmangels nicht ausgebildet werden können; diese Ketten dürfen nur langsam laufen ($<$ 0,5 m/s) und werden schwer und teuer. Bei Lasttrommeln gestatten Rundeisenketten einen etwas kleineren Durchmesser als Drahtseile, sind aber wesentlich schwerer, haben einen geräuschvollen Gang und dürfen nur langsam laufen ($\leq$ 1 m/s). Drahtseile laufen auch bei großen Geschwindigkeiten stoßfrei und geräuschlos und sind allen andern Zugmitteln da überlegen, wo sie nicht aus den vorstehenden Gründen ausgeschlossen werden müssen. Einen zahlenmäßigen Vergleich der maßgebenden Größen für einen bestimmten Fall ($Q = 1000$ kg) zeigt die nachfolgende Zusammenstellung:

Rollenzüge. Um mit dünneren Seilen auszukommen und dadurch die Trommelhalbmesser verkleinern zu können und für dadurch verringerte Drehmomente leichtere Getriebe zu bekommen, hängt man große Lasten zweckmäßig in mehreren Seilsträngen auf. Der einfachste Fall ist die lose Rolle

Zahlenbeispiel für $Q = 1000$ kg.

Zugmittel	Seildurchmesser Ketteneisenstärke mm	Gewicht kg/m	Kleinster Aufwicklungsdurchmesser D mm
Drahtseil . . .	17	1,10	400
Hanfseil . . .	46	1,50	460
Rundeisenkette	14	4,41	280
Gallsche Kette	—	5,00	105

(Abb. 469), mit der Übersetzung 1 : 2; das Seil braucht nur für die halbe Last zuzüglich der Bewegungswiderstände der Rolle (etwa 3%, $\eta = 0,97$) bemessen zu werden; es läuft aber mit der doppelten Geschwindigkeit wie der Lasthaken und es wird doppelt so lang als bei der einfachen Anordnung.

In vielen Fällen wird Wert darauf gelegt, daß die Last beim Heben in einer Ebene bleibt und nicht mit dem Seil auf der Trommel wandert. Auch sollen beide Lager der Trommel und ihre Unterstützungen stets gleichmäßig belastet sein. Dies ist bei der doppelten Seilschlinge erreichbar, indem man beide Seilenden nach der Mitte zu auf der Trommel aufwickelt (Abb. 470). Hier wird die Seilbelastung auf $^1/_4$ der zu hebenden Last ermäßigt, die Seilgeschwindigkeit bleibt auf das Doppelte der Hakengeschwindigkeit erhöht. Bei großen Lasten (über 25 t) können durch Steigerung der Rollenzahl diese Verhältnisse noch weiter günstig beeinflußt werden.

Wirkungsgrad. Bei der Trommel und Rolle sind Seil- bzw. Kettenbiegungs- und Lagerreibungswiderstände zu überwinden, um die der Zug im Seil erhöht werden muß. Man berücksichtigt sie durch den Wirkungsgrad, der ist

$$\eta = 0,95 \text{ bis } 0,97 .$$

Ist S der Seilzug vor der Rolle oder Trommel, und $S_1 S_2 \ldots$ nach dem Verlassen der ersten, zweiten usw. Rolle, so ist

$$S_1 = \frac{S}{\eta}, \quad S_2 = \frac{S_1}{\eta} = \frac{S}{\eta^2} \text{ usw. (13)}$$

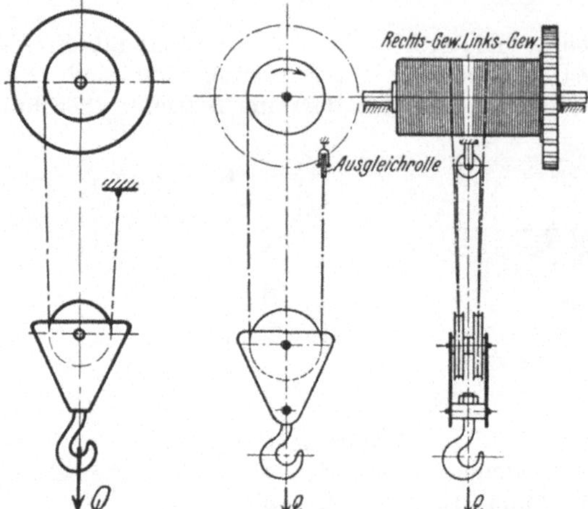

Abb. 469. Einfache Seilschlinge.

Abb. 470. Doppelte Seilschlinge.

b) Sperrwerke und Bremsen.

Zahngesperre. Durch ein innen oder außen verzahntes Sperrad mit Sperrklinke (Abb. 471) wird der Drehsinn einer Welle in dem einen, dem Lastniedergang entsprechenden Sinne gesperrt, so daß die Last nach Aufhören der Triebkraft in jeder Lage gesichert ist. Die Sperrklinke muß so angeordnet werden, daß sie durch ihr Gewicht oder durch Federbelastung einfallen kann. Um das Klappern beim Lastaufgang zu vermeiden, können Einrichtungen vorgesehen werden, die die Sperrklinke selbsttätig ausheben, aber beim Rückgang wieder einlegen. Geräuschlos arbeitet das

Reibungsgesperre. Eine auf dem Mantel einer Scheibe schleifende Klinke (Abb. 472) bewirkt eine Sperrung, wenn der Winkel γ kleiner als der Reibungswinkel ist,

$$\gamma < \varrho; \quad \text{tg } \gamma < \mu . \tag{14}$$

Um die Reibung durch Keilwirkung zu vergrößern, wählt man besser einen Keilnuteneingriff; zur Platzersparnis kann man die Klinke innerhalb des Rades anordnen.

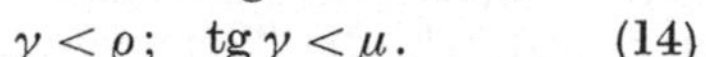

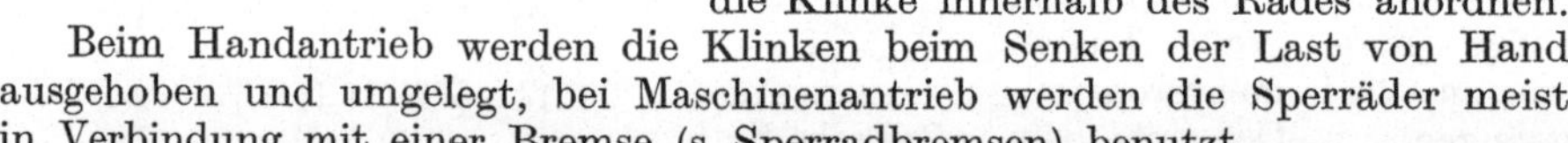

Abb. 471. Zahngesperre.

Abb. 472. Reibungsgesperre.

Beim Handantrieb werden die Klinken beim Senken der Last von Hand ausgehoben und umgelegt, bei Maschinenantrieb werden die Sperräder meist in Verbindung mit einer Bremse (s. Sperradbremsen) benutzt.

Bremsen, Allgemeines. Ein flottes Arbeiten der Hebemaschine verlangt in allen Triebwerken (Hub-, Dreh- und Fahrwerk) Bremsen, um die Bewegungen schnell abstoppen zu können (Stoppbremsen). In den Hubwerken haben die Bremsen ferner die Aufgabe, die Last zu halten und mit jeder gewünschten Geschwindigkeit zu senken (Senkbremsen). Die Wirkung besteht darin, daß durch die Bremse ein Moment erzeugt wird, daß die vorhandene Bewegungskraft vernichtet oder beim Lastsenken im Gleichgewicht hält. Das Bremsmoment wird durch Reibung erzeugt. Zweckmäßig setzt man die Bremse auf eine schnell laufende Vorgelegswelle, wo das Drehmoment klein ist. Die meist verwendeten Bremsen sind Klotz- und Bandbremsen.

Klotzbremsen. Gegen den Umfang einer Bremsscheibe wird ein Klotz gedrückt (Abb. 473), dessen Reibungskraft $N\mu$ der Umfangskraft $P = \dfrac{M_d}{r}$ entgegenwirkt, also

$$N\mu \gtreqless P. \tag{15}$$

Der Klotz wird durch einen Hebel bewegt, dessen Verhältnisse sich aus der Momentengleichung ergeben

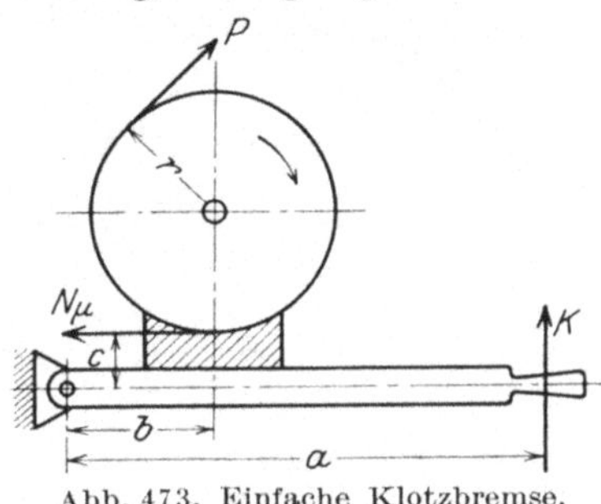

Abb. 473. Einfache Klotzbremse.

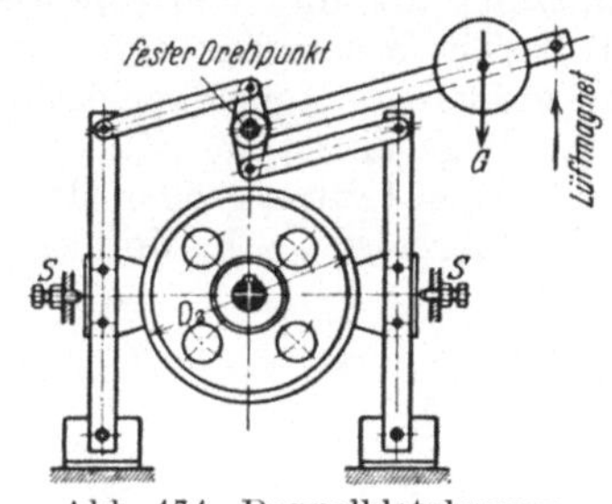

Abb. 474. Doppelklotzbremse.

$$K \cdot a = N \cdot b - N \cdot \mu \cdot c = P\left(\frac{b}{\mu} - c\right). \tag{16}$$

Bei dem umgekehrten Drehsinn wird das Moment $N\mu c$ positiv, also gilt allgemein

$$K a = P\left(\frac{b}{\mu} \mp c\right). \tag{17}$$

Mittelwerte der Reibziffer sind für Eisen auf Eisen 0,18, für Holz auf Eisen 0,3; eine fast doppelt so große Wirkung läßt sich durch Keilnuteneingriff erzielen. Die Kraft K darf für einen Arbeiter zu 30 kg angesetzt werden. Für größere Bremskräfte werden Doppelklotzbremsen verwendet (Abb. 474), um einseitige Lagerdrücke zu vermeiden. Die Stellschrauben S sollen ein gleichmäßiges Abheben der beiden Klötze bewirken.

Bandbremsen. Um eine Bremsscheibe wird ein dünnes biegsames Stahlband geschlungen und durch einen Hebel gespannt. Nach den Gesetzen der Seilreibung entstehen bei einer Scheibenumfangskraft P (Reibung) in dem auf- bzw. ablaufenden Bandende die Spannkräfte (Abb. 475)

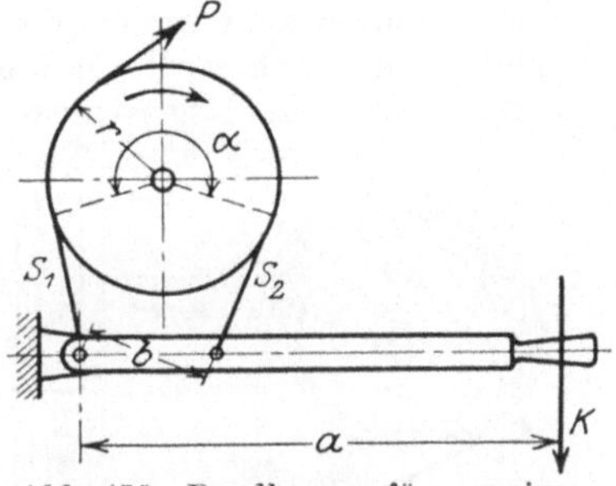

Abb. 475. Bandbremse für nur eine Drehrichtung.

$$S_1 = P\,\frac{e^{\mu\alpha}}{e^{\mu\alpha} - 1}\,; \qquad S_2 = P\,\frac{1}{e^{\mu\alpha} - 1}, \tag{18}$$

wenn ist

$e = 2{,}718$ die Basis der natürlichen Logarithmen,

μ die Reibziffer,

α der umspannte Bogen im Bogenmaß.

Um die Reibung zu vergrößern, kann man das Band mit Holzklötzen (vgl. Abb. 478) ausfüttern. Für gewöhnliche Verhältnisse wird dann

Das Bremsband schließt man zweckmäßig so an den Bremshebel an, daß das eine Ende, und zwar das des stärker gespannten Bandes S_1, am Hebeldrehpunkt angreift. Dann wird

$$K a = S_2 b. \tag{19}$$

Für den entgegengesetzten Drehsinn tritt S_1 an Stelle von S_2, die Wirkung ist also in

	Stahl auf Gußeisen	Holz auf Gußeisen
α	$1{,}5\,\pi$	$1{,}5\,\pi$
μ	0,18	0,23
$e^{\mu\alpha}$	2,34	3
S_1	1,75 P	1,5 P
S_2	0,75 P	0,5 P

beiden Fällen verschieden. Soll aber (in Dreh- und Fahrwerken) die Wirkung bei beiden Drehrichtungen gleich sein, so muß man das Band gemäß Abb. 476 an den Hebel anschließen und die Hebelarme gleich machen; es ist dann

$$K\,a = (S_1 + S_2)\,b. \tag{20}$$

Das Bremsband wird der Biegsamkeit wegen 3 bis 4 mm stark gemacht und in der Breite so bestimmt, daß es mit 600 bis 800 kg/cm² beansprucht wird.

Vergleich zwischen Klotz- und Bandbremse. Die Bandbremse ermöglicht eine größere Berührungsfläche auf der Scheibe und hat daher eine geringere Abnutzung als die Klotzbremse; sie läßt sich ferner gedrängter und mit größerer Hebelübersetzung bauen. Dagegen ist ihr Hub zum vollständigen Lüften größer als bei den Klotzbremsen. Die doppelten

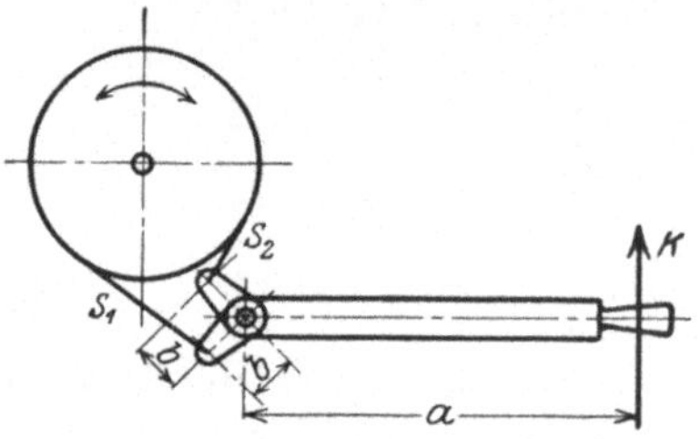

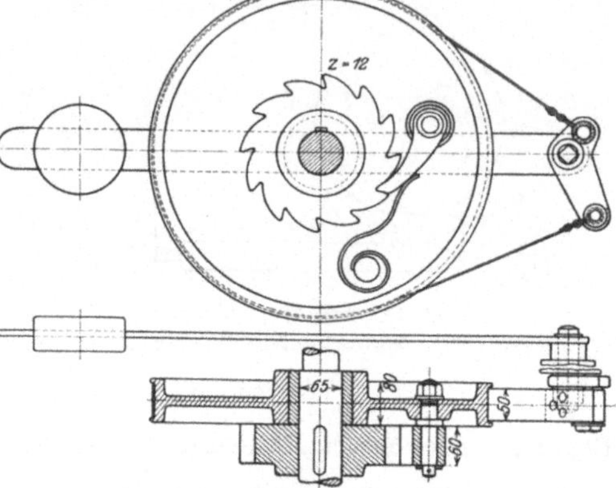

Abb. 477. Sperradbremse.

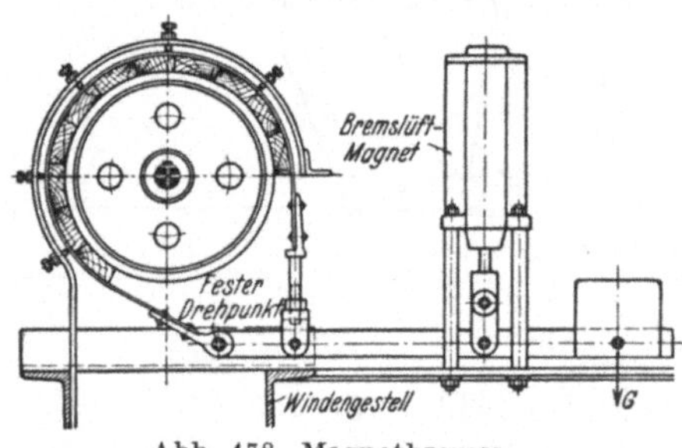

Abb. 476. Bandbremse für beide Drehrichtungen.

Klotzbremsen sind im Vergleich zu der einfachen Bandbremse für beide Drehrichtungen gleich wirksam und daher für Dreh- und Fahrwerke geeignet; sie rufen ferner keine Lagerdrücke hervor, wie die einseitig ziehenden Bandbremsen.

Sperradbremse. Sperräder und Bremsen kann man so verbinden, daß sie mit einem Hebel bedient werden können. Die Bremsscheibe sitzt lose, das Sperrrad fest auf der Welle (Abb. 477) und die Sperrklinke ist am Sperrad gelagert. Solange nun die Bremse durch das Gewicht angezogen ist, kann sich die Bremsscheibe nicht drehen und liegen die Bremsscheibe und dadurch der Sperrklinkenzapfen fest; das Sperrad wirkt wie gewöhnlich und hindert den Niedergang der Last. Soll die Last gesenkt werden, so ist nur die Bremse zu lüften.

Abb. 478. Magnetbremse.

Magnetbremsen. Die elektrische Betriebsweise ermöglicht es, gewichtsbelastete Klotz- oder Bandbremsen zu verwenden, die durch den elektrischen Strom gelüftet werden. Für Gleichstrom kommen Bremslüftmagnete, die durch den Strom erregt werden (Abb. 478), bei Wechselstrom Bremslüftmotoren in Betracht, deren Anker bis zu einem federnden Anschlag sich dreht und dann unter Strom stehen bleibt. Durch diese Bewegungen wird der Bremshebel mit seinem Gewicht angehoben. Beide Vorrichtungen werden durch den Anlasser des Motors gleichzeitig mit diesem unter Strom gesetzt und wieder ausgeschaltet. Als Stoppbremse ist diese Anordnung ohne weiteres auch für Fernsteuerung verwendbar; für Hubwerke muß sie zum Senken der Last von Hand gelüftet werden, also aus der Nähe bedient werden können.

3. Triebwerke.

Allgemeines. Die Bewegung der Lastwelle (Trommelwelle, Laufachse, Drehsäule) erfordert große Drehmomente, aber kleine Geschwindigkeiten. Ihr unmittelbarer Antrieb würde große und schwere Antriebsmaschinen notwendig machen. Zweckmäßiger ist es, schnell laufende Motoren mit kleinen Drehmomenten zu verwenden und durch Übersetzungen die Geschwindigkeiten bzw. Drehmomente zu ändern. Als Übersetzungsmittel kommen fast nur Zahnräder in Betracht, denn Riemen-, Seil- oder Kettentriebe sind zu sperrig und unsicher.

Die Antriebsarbeit muß nicht nur die Arbeit an der Lastwelle, sondern auch noch die Eigenarbeit der Getriebe decken, also um die Verluste größer sein, so daß nur ein Teil η der Antriebsarbeit N_a für die Nutzarbeit N_n zur Verfügung bleibt

$$\eta \, N_a = N_n. \qquad (21)$$

Der Gesamtwirkungsgrad η ist das Produkt aus den Einzelwirkungsgraden der Getriebe

$$\eta = \eta_1 \cdot \eta_2 \cdot \eta_3 \cdots$$

Für die Einzelwirkungsgrade kann gerechnet werden für

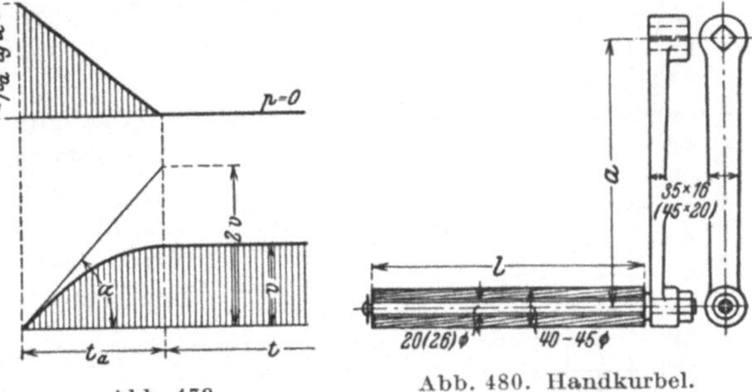

Abb. 479.
Anfahrdiagramm.

Abb. 480. Handkurbel.

Seil- und Kettenrollen und Trommeln 0,95 bis 0,96,

Stirnräder mit rohgegossenen Zähnen 0,92, mit bearbeiteten Zähnen 0,95,

Schneckentriebe, bei bester Ausführung (Schnecke aus gehärtetem Stahl, Radkranz aus Bronze, Kugellager, Ölkasten (vgl. S. 65), eingängig 0,6, zweigängig 0,75, dreigängig 0,8, genauer vgl. Gleichung (41), S. 64.

Beim Anlaufen des Getriebes ist eine größere Triebkraft nötig als im Beharrungszustand, denn es müssen die Massen von 0 auf die Geschwindigkeit v gebracht, also beschleunigt werden. Bei den kurzhubigen Bewegungen soll die Anlaufzeit kurz sein ($t_a = 2$ bis 4 s). Die Anfahrbeschleunigung ist im Moment des Anziehens am größten; nimmt man sie als gleichmäßig abfallend an, was für Gleichstrom-Hauptstrommotoren annähernd zutrifft, so wächst die Geschwindigkeit ($p \cdot dt$) nach der Parabel an (Abb. 479), und es ist die Beschleunigung beim Anziehen

$$p_a = \operatorname{tg} \alpha = \frac{2\,v}{t_a}. \qquad (22)$$

Die Beschleunigungskraft ist

$$Q_p = M \, p_a = \frac{Q}{g} \, p_a. \qquad (23)$$

In Hubwerken ist dieser Betrag verhältnismäßig klein, z. B. für

$$Q = 1000 \text{ kg}, \qquad v = 1 \text{ m/s}, \quad t_a = 2 \text{ s}: \qquad Q_p = \frac{1000}{9,81} \cdot 1 = 102 \text{ kg} = \sim 0,1 \, Q.$$

In Fahrwerken sind häufig die in Bewegung zu setzenden Massen groß, und es kann die Beschleunigungskraft sogar größer werden als der Fahrwiderstand ist, so daß an den Motor und die Getriebe während des Anlaufens wesentlich höhere Anforderungen gestellt werden als im Beharrungszustand.

Handantrieb. Die Antriebswelle wird in der Regel durch Handkurbeln (Abb. 480) gedreht, die an beiden Enden der Welle angebracht werden können. Die übliche Länge des Kurbelarms ist $a = 400$ mm, die Grifflänge $l = 300$ für einen und 500 mm für zwei Mann. Die Kurbelkraft pflegt man für jeden

Mann zu $K = 15$, vorübergehend zu 20 kg anzusetzen; hierbei ist eine Geschwindigkeit im Kurbelkreis von 0,5 bis 1 m/s ereichbar. Für die Anwendung der Handkurbel ist Voraussetzung, daß die Welle etwa 1 m über Fußboden liegt.

Um hochliegende Wellen von unten anzutreiben, verwendet man Haspelräder. Meist wird als Rad ein Kettenrad (Abb. 466, S. 225) von 300 bis 800 mm Durchmesser gewählt, über das eine lang herunterhängende endlose Kette von 5 bis 10 mm Gliedstärke gelegt wird. Die Zugkraft kann für einen Mann zu 10 bis 30 kg angesetzt werden.

Das Kraftmoment Ka muß das Lastmoment QR überwinden. Da beide meist nicht gleich sind, müssen Übersetzungen zwischengeschaltet werden, deren Größe das Verhältnis beider Momente ist, und zwar unter Berücksichtigung des Wirkungsgrads

$$\varphi = \frac{\eta\,K a}{Q R}. \tag{24}$$

Mechanischer Antrieb. Die erforderliche Untersetzung zwischen der Antriebsmaschine und der Lasttrommel bzw. dem Laufrad bestimmt man aus der Drehzahl n_m des Motors und der Drehzahl n_l der Last- bzw. Radwelle

$$\varphi = \frac{n_m}{n_l} \tag{25}$$

und unterteilt sie auf einen Schneckentrieb bis 1 : 30 und auf Zahntriebe bis 1 : 6.

Krandampfmaschinen machen bis zu 250 U/min; sie können bei entsprechend großer Füllung unter voller Last anfahren, also mit dem Hub-, Dreh- und Fahrwerk durch ausrückbare Zahnrad-Wendegetriebe oder Klauenkupplungen verbunden werden, sofern man nicht zwei Bewegungen gleichzeitig wünscht und deshalb zum Aus- und Einrücken während des Laufs Reibungskupplungen benötigt.

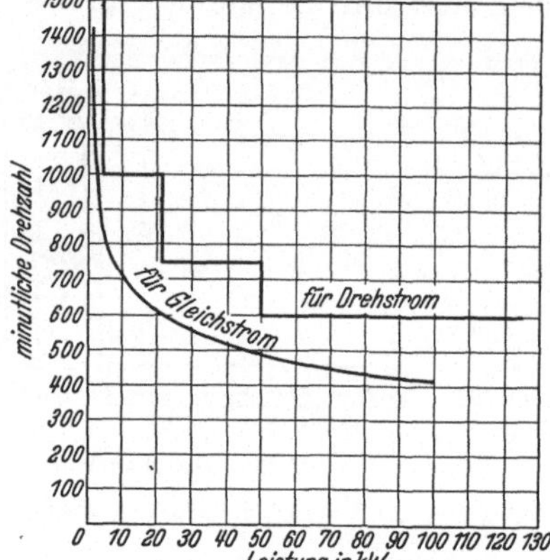

Abb. 481. Drehzahlen von Kranmotoren.

Verbrennungskraftmaschinen machen größere Drehzahlen bis 500 n/min; sie brauchen deshalb größere Untersetzungen auf das Hub-, Dreh- und Fahrwerk, die wieder Kraft verzehren. Da sie nicht unter Belastung anlaufen können, sind zwischen der Motor- und den Triebwerkswellen Reibungskupplungen erforderlich. Während kurzer Betriebspausen stellt man den Motor nicht ab, sondern verringert die Leerlaufdrehzahl auf etwa $1/_3$ der normalen. Elektromotore ergeben trotz der erforderlichen starken Drehzahluntersetzungen bezüglich der Kraftübertragung und der Steuerung große Vorteile und werden deshalb überwiegend angewandt. Kranmotore werden in gegen Schmutz und Regen geschützter Sonderbauart hergestellt. Sie sind bezüglich der Drehzahl in DIN VDE 2660 für Drehstrom und in DIN VDE 2010 für Gleichstrom und bezüglich der Wellenstümpfe in DIN VDE 2701/02 genormt. Auch die Achshöhen und die Fußmasse liegen fest, so daß man bei Auswechslungen nicht an ein bestimmtes Fabrikat gebunden ist.

Hubwerk. Aus der Größe der Last und der Art der Aufhängung (ob an einem oder mehreren Strängen hängend) ist das Seil zu berechnen und hieraus der geringste zulässige Trommelhalbmesser zu bestimmen. Dann liegt das Drehmoment an der Lastwelle fest. Für Handantrieb folgt die Größe der Übersetzung aus Gleichung (25).

Für Elektroantrieb ist zunächst die Motorleistung zu ermitteln aus

$$N_m = \frac{1}{\eta}\frac{Q\,v}{75}\ \text{PS}, \tag{26}$$

wenn v die Hubgeschwindigkeit der Last in m/s und η den zunächst zu schätzenden Gesamtwirkungsgrad zwischen Last und Motorwelle (S. 229) bedeutet. Einen Anhalt für die Wahl der Hubgeschwindigkeit geben die folgenden Werte:

Last Q (kg)	500—1500	1500—3000	3000—10 000	> 10 000
kurze Hübe v (m/s) .	0,5	0,3	0,1	0,1—0,05
lange Hübe v (m/s) .	1—1,5	0,75	0,3—0,5	0,2

Aus der nunmehr anzunehmenden Drehzahl des Motors (Abb. 481) folgt die Übersetzung nach Gleichung (25).

Handwinden (Abb. 482) erhalten in der Regel Stirnräderantrieb, deren Einzelübersetzung 1 : 7 nicht überschreiten soll. Die Wellen werden in schmiede-

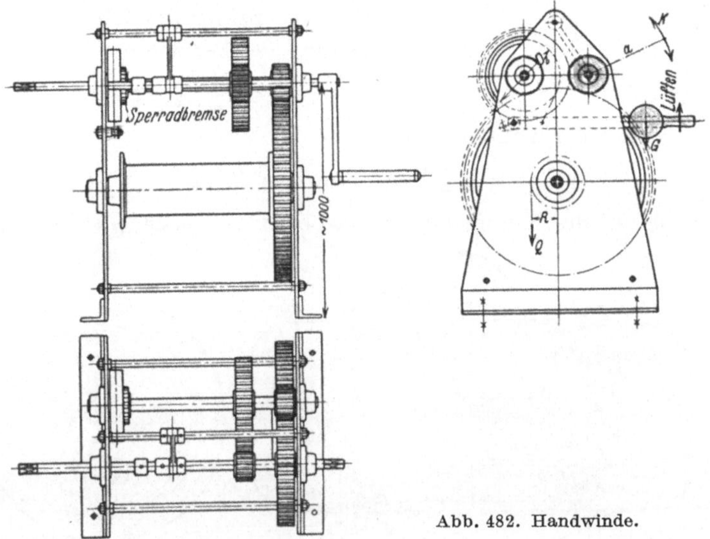

Abb. 482. Handwinde.

eisernen (seltener gußeisernen) Böcken gelagert. Die Kurbelwelle soll verschiebbar sein, damit durch axiale Verschiebung das Zahnrad außer Eingriff kommt und die Kurbeln beim Lastsenken nicht herumschlagen.

Motorwinden brauchen häufig, namentlich bei langsam gehenden schweren Lasten große Übersetzungen, von denen die erste nach dem Motor als Schneckentrieb ausgeführt wird (Abb. 483). Die Bremse ist tunlichst auf die schnell laufende Schneckenwelle zu setzen, um für die kleinen Drehmomente leichte Ausführungen zu bekommen.

Elektrozüge. Für Lasten von 125 bis 5000 kg werden von verschiedenen Firmen Motorwinden in besonders gedrungener Bauart ausgeführt, bei welchen (Abb. 484) ein Flanschmotor und die Räderübersetzung innerhalb der Seiltrommel angeordnet sind, die um diese in großen Wälzlagern läuft. Das Ganze wird gegen Beschädigung und Witterung von einem Gehäuse umschlossen, in dessen Stirnkappen die Magnetbremse und der Endausschalter untergebracht sind. Die Steuerung für Hub und Senken erfolgt mittels Hängekabel und Druckknopfsteuerung vom Flur aus. Diese Elektrozüge finden wegen ihrer Einfachheit und ihrer leichten Bedienung vielfache Anwendung als ortsfeste und als an Fahrbahnen oder an Kranen bewegliche Hubwerke.

Fahrwerk. Zum Fahren genügt es, eine Achse mit zwei gegenüberliegenden Rädern anzutreiben. Zur Ermittlung des Fahrwiderstandes denkt man sich das Ganze zu verschiebende Gewicht (das ist Nutzlast und Eigengewicht) auf ein Rad vereinigt. Die Widerstände sind Rollwiderstand am Umfang des Laufrades und gleitende Reibung am Zapfen (Abb. 485). Der Fahrwiderstand ist im Beharrungszustande

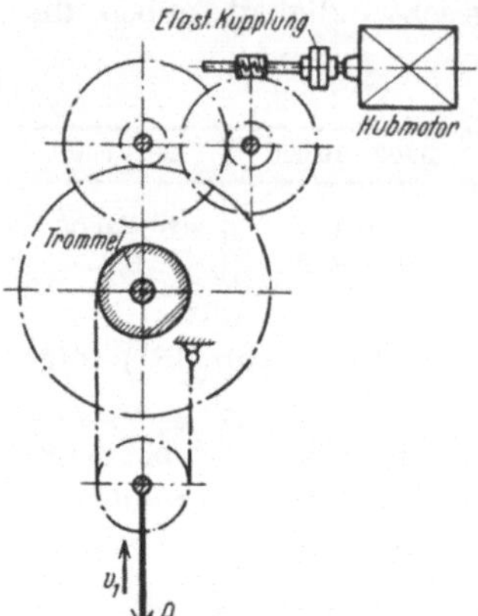

Abb. 483. Schema einer Motorwinde.

$$W_r = \frac{Q + G_1}{R}\left(f + \mu\,\frac{d}{2}\right),\qquad(27)$$

wobei ist

R der Halbmesser des Rades in cm,

$f = 0{,}05$ bis $0{,}1$ der Hebelarm der rollenden Reibung in cm, je nach der Rauhheit von Rad und Fahrbahn,

$\mu \leq 0{,}1$ die Reibziffer des Zapfens.

Die Leistung des Fahrmotors ist

$$N_m = \frac{W_r\,v_s}{\eta \cdot 75}\ \mathrm{PS}.\qquad(28)$$

Aus der Drehzahl der Fahrachse

$$n = \frac{60\,v_s}{2\,\pi\,R}\ (v_s\ \text{in m/s},\ R\ \text{in m})$$

und der Drehzahl des Motors folgt die Übersetzung nach Gleichung (25).

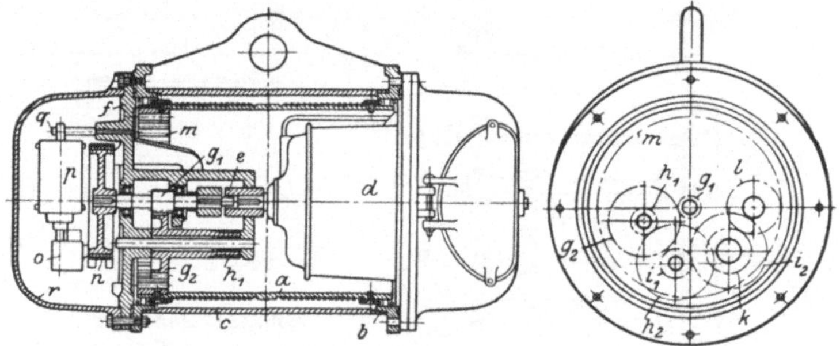

Abb. 484. Demag-Elektrozug. *a* Seiltrommel, *b* Rollenlager, *c* Schutzmantel, *d* Flanschmotor, *e* Kupplung, *f* Flansch mit Triebwerk und Bremse, *g h i k l m* Übersetzungsräder, *n* Bandbremse, *o* Bremsgewicht, *p* Bremslüftmagnet, *q* dessen Aufhängung.

Drehwerk. Drehbare Ausleger (Drehkrane) werden in der Regel so gedreht, daß eine stehende, am drehbaren Teil gelagerte Welle mit Ritzel in einen festen Zahnkranz mit Innen- oder Außenverzahnung eingreift. Die Drehwiderstände oder Momente ergeben sich aus den Stützdrücken und der Ausbildung der Lager, die weiter unten bei den Drehkranen behandelt werden.

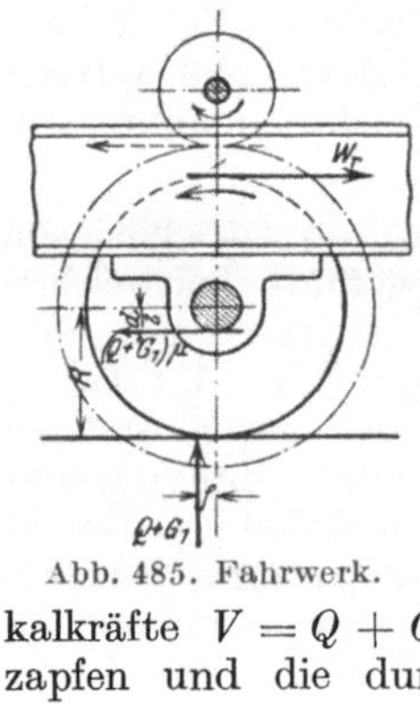

4. Drehkrane.

Lagerung des drehbaren Teils. Zu unterscheiden sind:

1. Säulenkrane, und zwar
   a) mit drehbarer Säule,
   b) mit fester Säule,
2. Drehscheibenkrane.

Abb. 485. Fahrwerk.

Bei den Säulenkranen (Abb. 486) werden die Vertikalkräfte $V = Q + G$, das ist Nutzlast und Eigengewicht durch einen Stützzapfen und die durch diese Kräfte hervorgerufenen Kippmomente durch horizontale Lagerdrücke H aufgenommen, die sich ergeben aus der Momentengleichung

$$H\,h = Q\,a + G\,b. \tag{29}$$

Krane mit drehbaren Säulen lagert man am einfachsten in Endzapfen (Abb. 486); das obere Lager kann an einem vorhandenen Bauwerk (Wand oder Decke) befestigt werden oder muß ein besonderes dreieckförmiges Stützgerüst erhalten. In beiden Fällen ist eine volle Drehung des Auslegers ausgeschlossen, wenn nicht ein Deckenlager möglich ist und der Ausleger so niedrig gehalten werden kann, daß er unter der Decke bleibt. Der Vorteil dieses Systems ist das geringe Gewicht des Auslegers (kleine Beschleunigungswiderstände) und die leichte Drehbarkeit, da nur Reibungswiderstände an den verhältnismäßig dünnen Zapfen zu überwinden sind.

Um solche Krane im vollen Kreise drehen zu können, muß das obere Säulenlager in einem die Säule umfassenden Fachwerkgerüst angeordnet werden (Abb. 487). Das obere Halslager erhält infolge der durch das Biegemoment bedingten Säulenabmessung einen großen Durchmesser, der ein Gleitlager ausschließt; es wird deshalb als Druckrollenlager ausgebildet, wodurch

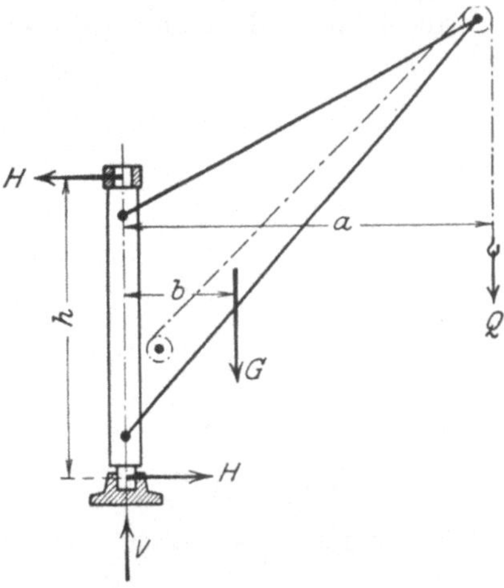

Abb. 486. Schema eines Drehkrans mit Ober- und Unterzapfen.

auch die Reibungswiderstände wesentlich vermindert werden. Um das Stützgerüst von Biegung zu entlasten, wird der Ausleger zweiarmig ausgeführt zur Aufnahme eines Gegengewichts; die Form von Ausleger und Säule brachte die Bezeichnung „Hammerkran". Krane dieser Art haben meist erhebliche Abmessungen und große Tragfähigkeit; man findet sie auf Werften für die Ausrüstung von Schiffen.

Krane mit fester Säule sind eine Umkehrung der früheren Anordnung: Das Stützgerüst ist eine feste Säule, über die der drehbare Teil gestülpt ist (Abb. 488). Der Vertikaldruck wird auf der Spitze der Säule, der Horizontalschub oben und unten aufgenommen. Auch hier werden wegen der großen Abmessungen des unteren Lagers Stützrollen verwendet. Leichte Kräne erhalten volle Stahlsäulen; schwere solche aus Fachwerk. Zur Entlastung der Säule lassen sich Gegengewichte leicht anbringen, dagegen wird der Ausleger sperriger als früher und läßt

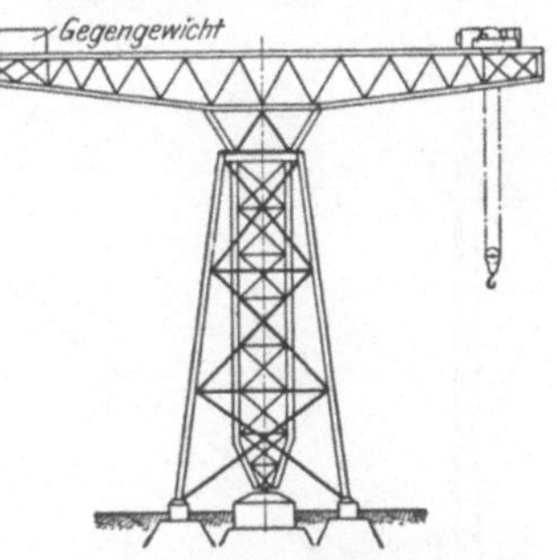

Abb. 487. 200 t-Hammerkran mit drehbarer Säule.

der Last weniger Raum. Einen solchen Kran größter Ausmaße zeigt Abb. 498.

Bei den **Drehscheibenkranen** (Abb. 489) erfolgt die Abstützung auf einer Kreisschiene von solchem Durchmesser, daß das Kippmoment des Auslegers durch vertikale Drücke aufgenommen werden kann. Die Bedingung hierfür ist, daß die Mittelkraft aus Last, Gegengewicht und Eigengewicht sowohl bei Vollast wie auch bei leerem Kranhaken innerhalb der Stütztpunkte liegt. Bei leichten Kranen erfolgt die Abstützung durch zwei Laufrollen vorn und zwei hinten, deren Lager an dem drehbaren Oberteil befestigt sind. Zur Zentrierung und zur Sicherheit gegen Abheben ist ein Mittelzapfen nötig. Bei mittleren und schweren Kranen ordnet man einen Rollenkranz an, dessen Rollen aber nicht in ihren Zapfen, sondern auf ihren Laufflächen oben und unten tragen, also zwischen einem unteren festen und einem oberen drehbaren Laufkranz rollen. Durch einen leichten Rahmen werden diese Wälzrollen geführt und zentriert. Diese Anordnung ist teurer als Laufrollen, gibt aber eine gleichmäßigere Druckverteilung und einen leichteren Gang, da nur noch rollende Reibung auftritt. Der Vorteil der Drehscheibenkrane liegt in der großen freien Plattform, auf der

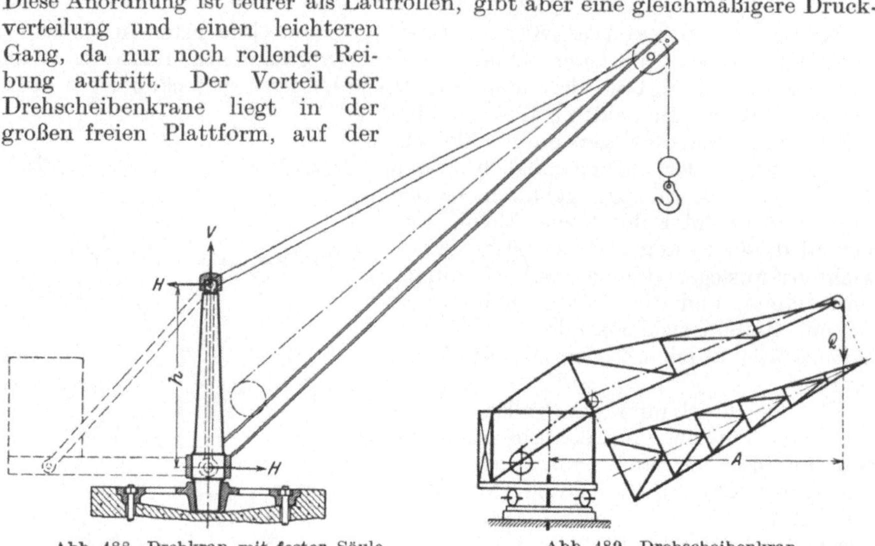

Abb. 488. Drehkran mit fester Säule.				Abb. 489. Drehscheibenkran.

sich die Maschinen mit Steuervorrichtungen als Gegengewichte bequem und übersichtlich unterbringen lassen.

Veränderung der Ausladung. Um die vom Kran bestrichene Fläche zu vergrößern, ist es vorteilhaft, die Ausladung veränderlich zu machen. Dies kann erreicht werden

a) durch einziehbare Ausleger (Abb. 490), bei denen die Zugstäbe durch ein Drahtseil ersetzt sind, das durch eine Winde eingeholt werden kann,

b) durch Ausleger mit waagerechter Laufbahn, auf der eine Laufkatze oder Laufwinde mit der Last fährt (Abb. 487).

Die letzte Anordnung ermöglicht eine genau waagerechte Verschiebung der Last, erfordert aber schwere biegungssteife Ausleger.

Fahrbare Drehkrane. Wenn die Fahrbarkeit nur einen gelegentlichen Wechsel der Arbeitsstelle bezweckt, so wird das Fahrwerk meist von Hand angetrieben oder die Verschiebung durch Spills oder Lokomotiven bewirkt. Zur Erhöhung der Kippsicherheit werden vielfach beim Arbeiten Schraub-

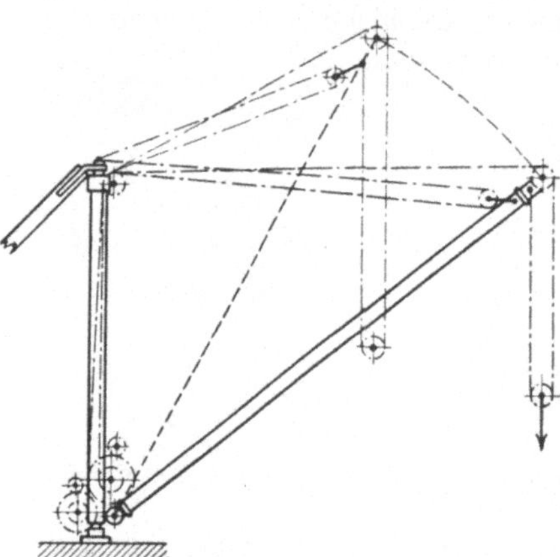

Abb. 490. Kran mit einziehbarem Ausleger.

stützen untergesetzt, die die Achsen entlasten und die Stützpunktweite vergrößern. Schienenzangen sind wegen der geringen Festigkeit des Gleises kein zuverlässiges Mittel gegen Kippen; sie werden meist als „Sturmsicherung" gegen eigenmächtiges Bewegen des Krans bei Wind gebraucht. Krane, die mit der Last fahren, erhalten einen motorischen Fahrantrieb für eine Geschwindigkeit bis 2 m/s. Um ein Ecken zu vermeiden, sind stets zwei gegenüberliegende Laufrollen gemeinsam anzutreiben.

Ausführungen von Drehkranen.

Krane für Hochbauten. Der einfache Pfosten-Schwenkkran (Abb. 491) ist ein Kran mit Endzapfen, deren Lager an einem Gerüstpfosten befestigt werden. Die Hubwinde steht unten. Durch die Festigkeit des Pfostens ist diese Bauart auf kleine Lasten bis 2 t und Ausladungen bis 1,5 m beschränkt.

Für größere Kranmomente kommen Turmkrane (Abb. 492) in Betracht. Der Ausleger ist an einer drehbaren Kransäule angebracht, die in einem fahrbaren Untergestell gelagert ist. Die Kippsicherheit verlangt Ballastgewichte und eine große Spurweite (2,8 m). Der Ausleger ist einziehbar. Die größte Ausladung beträgt meist 12 m und gestattet eine Last von 1 t; bei kleineren Ausladungen darf die Last entsprechend größer sein, bis 4 t bei 4,5 m Ausladung. Der Antrieb erfolgt elektrisch mit je 1 Motor für Heben, Drehen und Fahren.

Sehr wenig Platz für die Aufstellung braucht der Mastenkran (Abb. 493). Er fährt einspurig auf einer Laufrolle a und stützt sich in etwa 10 m Höhe auf ein besonderes aus „normalen" Fachwerksgliedern rasch zusammenstellbares Gerüst. An dem oberen waagerechten

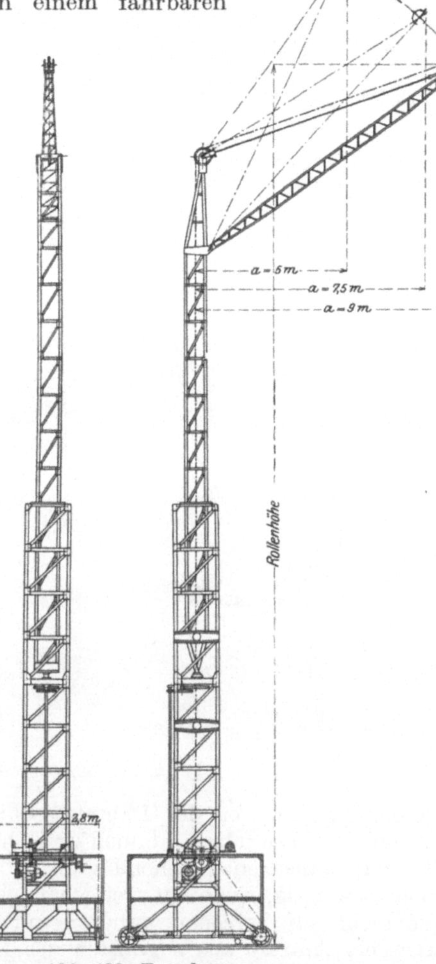

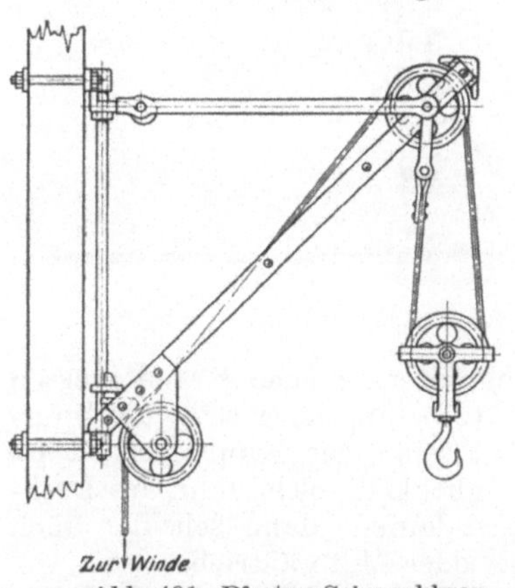

Abb. 491. Pfosten-Schwenkkran. Abb. 492. Turmkran.

Gerüstträger b ist er gegen Kippen in der Querrichtung durch Druckrollen gesichert und in der Längsrichtung durch Drahtseile c und d gehalten, das an den Enden des Gerüstes festgemacht und über Rollen des Kranes so geführt ist, daß dieser in dem Seil verschoben werden kann. Der Ausleger dreht sich in Endzapfen, das obere Lager ruht in einem dreieckförmigen Bock. Wegen der geringen Standfläche und der großen Höhe müssen diese Turm- und Mastenkrane mit besonders leicht gehaltenem Fachwerk konstruiert werden, um dem Winddruck möglichst geringen Angriff zu bieten; auch sind stets Sturmsicherungen vorzusehen und zu benützen.

Drehkrane auf Tiefbauten und Lagerplätzen. Hier kommt hauptsächlich der fahrbare Drehkran zur Anwendung, der sich unmittelbar auf einem niedrigen Fahrgestell aufbaut. Auf Lagerplätzen, wo viel Handarbeit zu leisten ist und der Kran nur selten benutzt wird, wird er von Hand angetrieben. Solche Krane haben eine feststehende Säule, um die sich der Ausleger mit Gegengewicht dreht. Zur Kippsicherheit sind Schraubstützen bei der Arbeit nötig. Häufiger benutzte Krane auf Baustellen werden elektrisch oder durch Dampf angetrieben und als Drehscheibenkrane gebaut (Abb. 494). Hier werden alle Bewegungen,

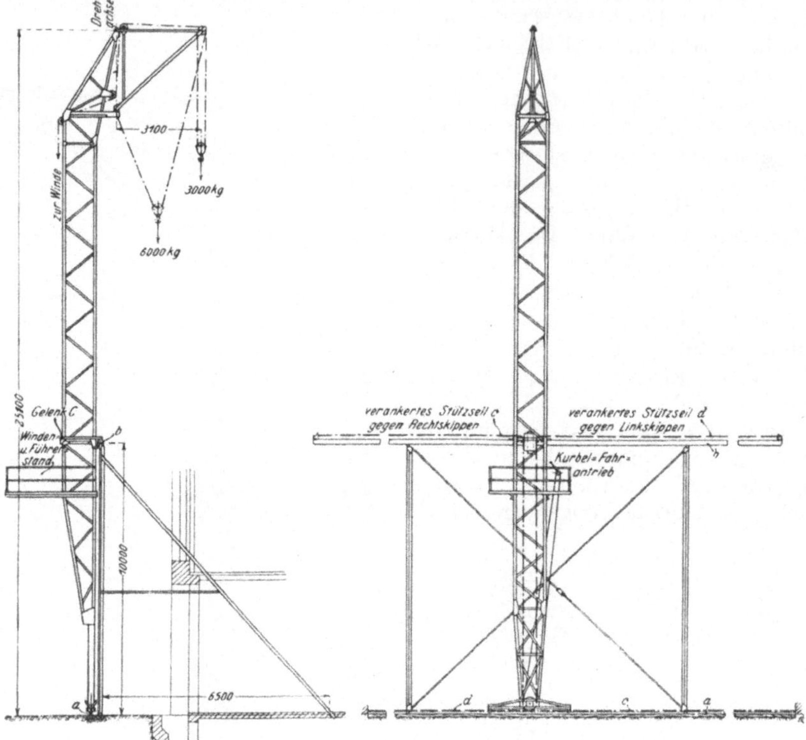

Abb. 493. Mastenkran (Voß & Wolter).

auch das Fahren, von der Dampfmaschine abgeleitet. Solche Krane müssen auch mit der Last fahren können und ohne Stützen kippsicher sein; die Spurweite muß daher entsprechend groß (über 2 m) sein. Die Kippsicherheit ist besonders wichtig, wenn zur weitgehenden Beweglichkeit solche fahrbare Drehkrane nicht auf Schienen, sondern auf Raupen laufen; dann scheidet auch elektrischer Antrieb aus zugunsten des Dampf- oder Motorantriebs.

Ortsfeste Drehkrane müssen leicht aufzustellen und billig sein. In Frage kommen Konstruktionen nach Abb. 490, mit langen einziehbaren Auslegern. Um sie ganz im Kreise drehen zu können, wird das obere Lager durch Drahtseile verspannt, wie für eine besonders große Ausführung Abb. 495 zeigt. Die Drehsäule a wird durch Seile b und b_1 gehalten; der Ausleger c ist durch die Seile d und die Winde e einziehbar, zum Heben dient die Winde g mit dem Hubseil f.

Drehkrane in Häfen. Der gewöhnliche Stückgutverkehr wird durch Drehkrane ausgeführt, die auf einem die Ladestraße überbrückenden Voll- oder Halbportal stehen. Die Tragkraft beträgt für leichte Krane 1,5 oder 3 t, die Ausladung in Seehäfen bis 14 m; für selten vorkommende größere Lasten sind

einzelne schwere Krane nötig. Die für den Massenverkehr bestimmten Krane
müssen fahrbar sein, um sie zu mehreren am Schiff vorteilhaft aufstellen zu

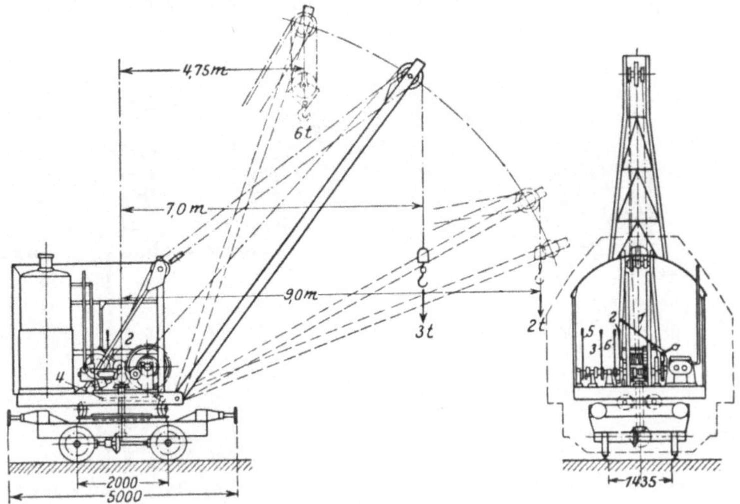

Abb. 494. Fahrbarer Drehkran der Maschinenbau-A.G. Tiegler.

können. Zum Fahren, Drehen und Heben ist erhebliche Geschwindigkeit durch elektrischen Antrieb nötig, da der Kran während der Arbeit fahren muß, um das Schiff
gleichmäßig be- und entladen zu
können und weil das Laden und Löschen wegen der hohen Kaigebühren
sehr rasch zu erledigen ist. In neueren Anlagen werden für Hafenkrane
Hubgeschwindigkeiten bis 70m/min,
Drehgeschwindigkeit bis zweimal in
der Minute, Fahrgeschwindigkeit
bis zu 25 m/m in ausgeführt.

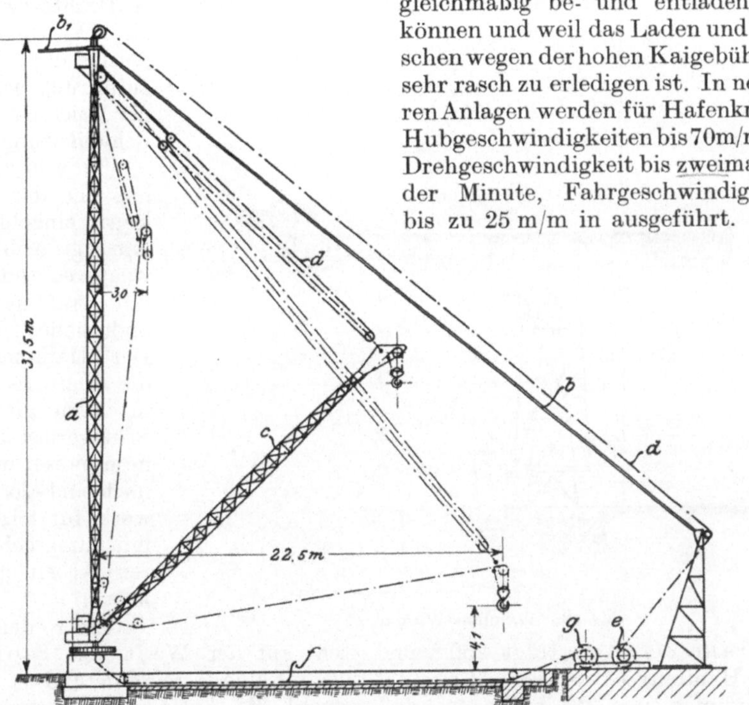

Abb. 495. Drehkran mit einziehbarem Ausleger.

Die Halbtorkrane (Abb. 496) stützen sich meist auf eine über den Speicher-
eingängen angebrachte Fahrschiene, damit der Verkehr an der Laderampe nicht

gefährdet wird. Aus gleicher Überlegung ist dem auf Straßenhöhe verfahrbaren Volltor (Abb. 497) eine feste Hochbahn für den Verladedrehkran vorzuziehen, auf der er ungehindert durch sonstigen Verkehr und ohne diesen irgendwie

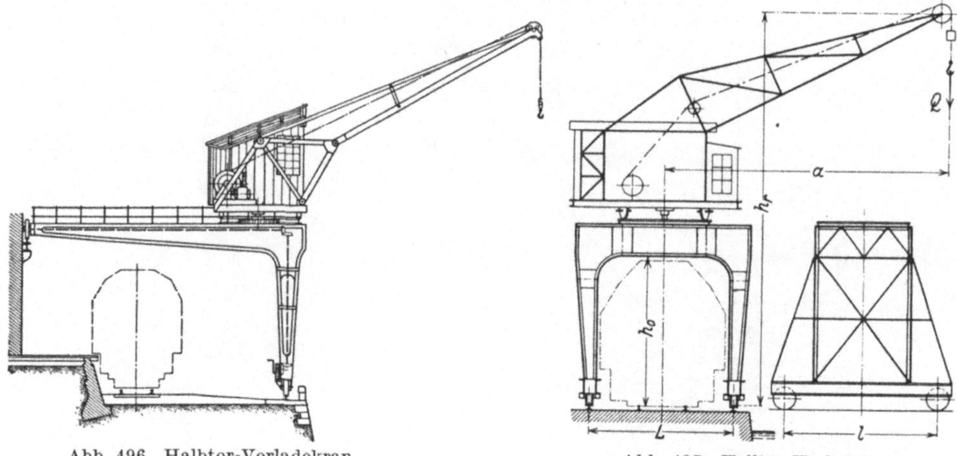

Abb. 496. Halbtor-Verladekran.   Abb. 497. Volltor-Verladekran.

zu stören arbeiten kann. Dann kann die Fahrgeschwindigkeit leichter Verlade-drehkrane bis zu 80 m/min betragen. Solche Uferkrane werden stets als Dreh-scheibenkrane gebaut. Um lange Ausleger nicht durch die Schiffsmasten zu behindern, macht man sie durch Schraubspindel oder Drahtseilzug wippbar zur Verringerung der Ausladung. Die Strom-zuführung erfolgt durch der Reichhöhe entzogene Schleifleitungen.

Für sehr große Lasten hat sich der Hammer-kran eingebürgert. Er hat (vgl. Abb. 487) einen waagerechten Ausleger mit Laufwinde für ver-änderliche Ausladung. Der Hammerstiel oder die drehbare Säule steht in einem gitterförmigen Stützgerüst. Solche Kra-ne erhalten in der Regel noch ein besonderes Hub-werk für leichte Lasten mit entsprechend größe-ren Arbeitsgeschwindig-keiten.

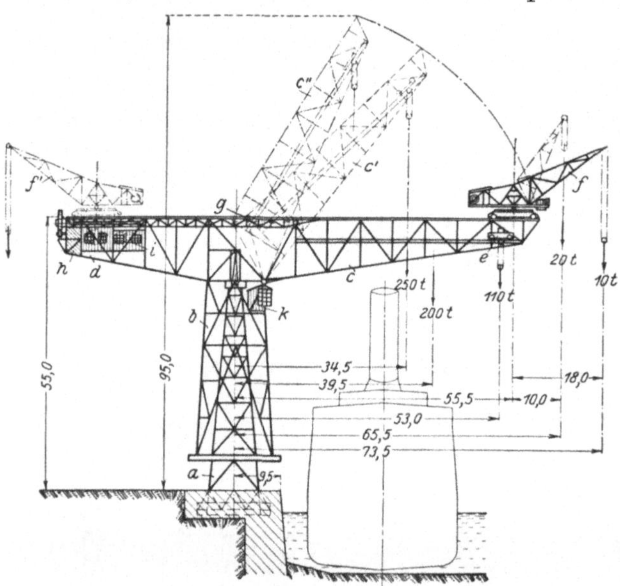

Abb. 498. Hammer-Wippkran.

Einer der größten Krane der Welt trägt 250 t und steht auf der Werft von Blohm & Voß in Hamburg (Abb. 498)[1]. Er stützt sich auf eine feste Säule und ist gleichzeitig Hammer- und Wippkran, so daß sowohl die Ausladung als auch die Hub-höhe verändert werden kann. Um weiter das Arbeitsgebiet zu vergrößern, ist auf dem waagerechten Ausleger noch ein Drehkran von 20 t Tragkraft

---

[1] Z. VDI 1912 S. 807.

fahrbar angeordnet, der wiederum mit Wippausleger ausgestattet ist und bei einer Last von 10 t eine gesamte Auslegerweite von 70 m ermöglicht.

Schwimmkrane werden sowohl für den Umschlag von Schüttgütern zur Entlastung der Kaikrane, wie auch als Schwerlastkrane zum Verladen schwerer Einzellasten, zur Schiffsausrüstung auf Werften und zum Molenbau gebaut. Die Umschlag-Schwimmkrane mit Greifern bis 7,5 t Brutto und einer Leistungsfähigkeit bis zu 90 t/h Kohle sind meist Dampfdrehkrane mit turmartigem Aufbau und wippbarem Ausleger, die auf einem Schwimmkörper fest oder verfahrbar montiert sind. Die Schwerlast-Schwimmkrane (Abb. 499) sind fest auf dem Schwimmkörper stehende Säulendrehkrane mit veränderlicher Ausladung durch Wippen des Auslegers; mit vollelektrischem Betrieb durch eigene Bordzentrale, die auch die Motoren der Schiffsschrauben und der Lenzpumpen zum Trimmen des Pontons — entsprechend der Kranlast — versieht.

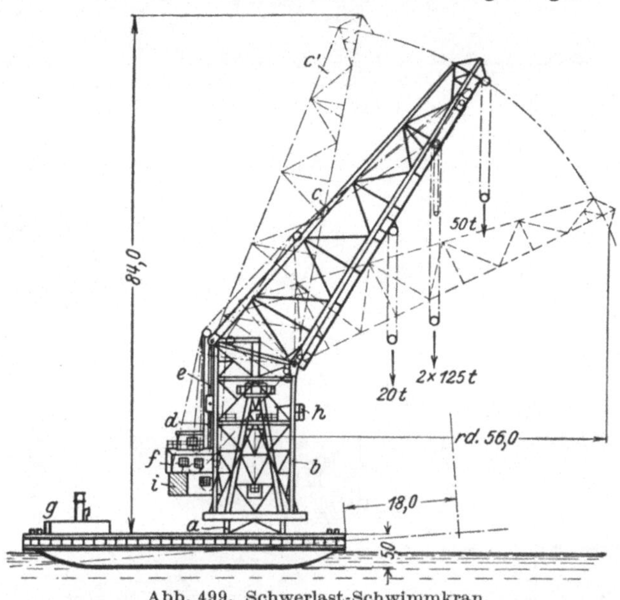

Abb. 499. Schwerlast-Schwimmkran.

5. Laufkrane.

Allgemeines. Die Laufkrane finden hauptsächlich in Innenräumen (Werkstätten und Maschinenhallen) aber wegen ihrer Unfallsicherheit auch vielfach für Richtplätze und viel benützte Lagerplätze Anwendung. Sie bewegen sich auf einer hochliegenden, von der Gebäudekonstruktion oder von Fachwerkstützen getragenen Fahrbahn, beanspruchen daher keine Grundfläche (Abb. 500). Auf den Kranträgern ruht eine fahrbare Winde, so daß durch Querfahren (Winde) und Längsfahren (Kran) der ganze Raum unter der Fahrbahn bestrichen werden kann. In Werkstätten dienen sie hauptsächlich dem Werkstücktransport; in neueren Lokomotivwerkstätten werden sie bereits an Stelle der Schiebebühnen zum Umsetzen der Lokomotiven (bis 80 t) benutzt und hierfür mit zwei Hubwinden (Katzen) versehen[1]. Solche Krane erhalten eine große Fahrgeschwindigkeit, für Längsfahren bis 120 m/min, für Querfahren 40 m/min, ferner Hubgeschwindigkeiten je nach Tragfähigkeit 15 bis 66 m/min und hierzu stets elektrischen Einzelantrieb. Nur für kleine Lasten und sehr geringe Benutzung kommt noch behelfsmäßig der reine Handantrieb in Frage, der zweckmäßig durch Zugketten von unten erfolgt. Für häufigere Benützung ist es stets vorteilhaft zumindest die Hubbewegung elektromotorisch anzutreiben.

Kranträger. Außer der Biegungsbeanspruchung durch die senkrecht gerichtete Lastwirkung werden bei schnell fahrenden Kranen die Hauptträger auch waagerecht durch den Massendruck beim Bremsen auf Biegung beansprucht; sie müssen also auch in der Horizontalebene biegungssteif sein. Bei kleinen Biegungsmomenten können breitflanschige I-Träger genügen; bei größeren Ausführungen werden genietete Blech- oder Gitterträger verwendet (Abb. 501).

---

[1] Z. VDI 1921 S. 574.

Als Fahrbahn der Laufwinde kann der Ober- oder Untergurt ausgebildet werden. Im letzteren Falle werden die Träger zwar exzentrisch belastet und die Hubhöhe verringert, aber sie lassen sich über der Laufwinde durch Versteifungen ver-

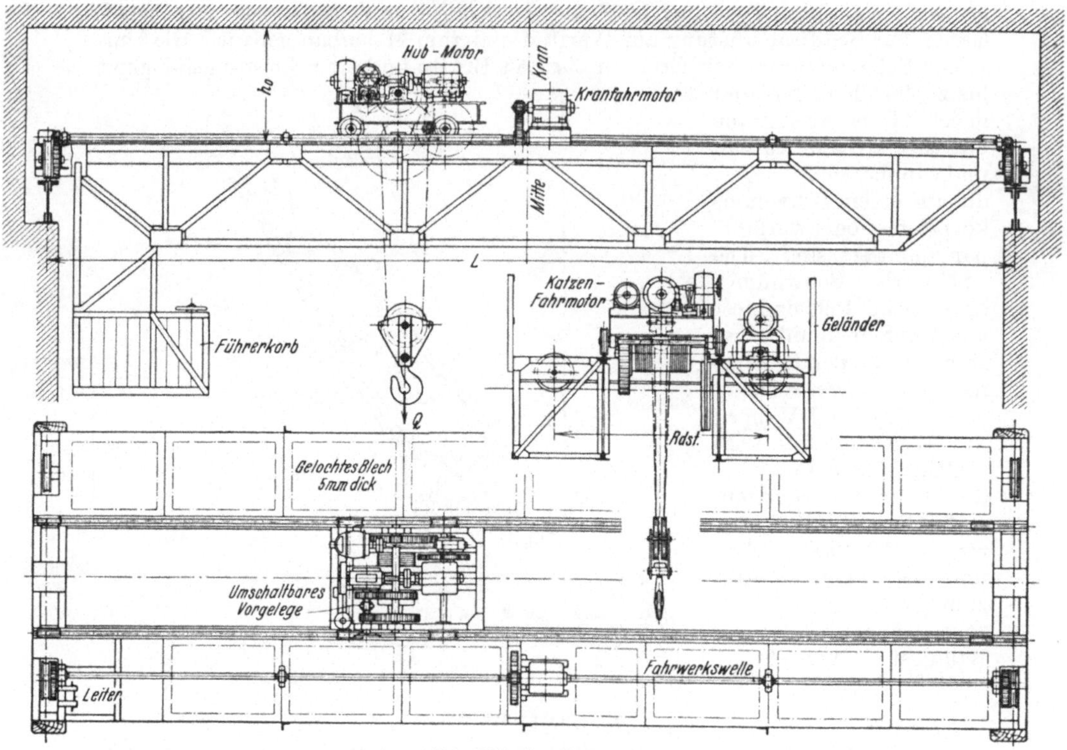

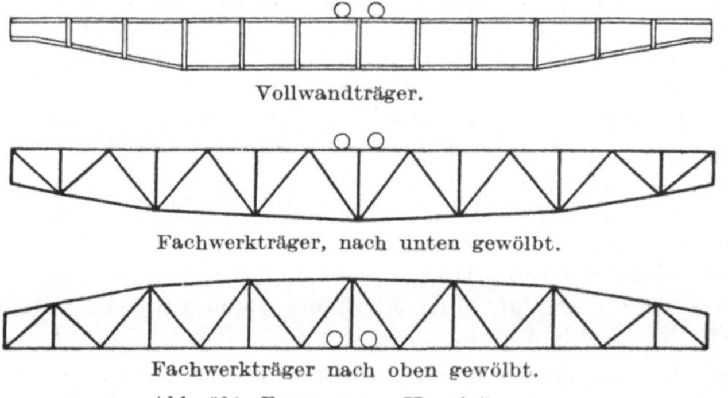

Abb. 500. Laufkran.

binden. Bei oben liegender Fahrbahn muß die Seitensteifigkeit durch einen als Laufsteg für die Wartung ausgebildeten Horizontalverband erreicht werden (Abb. 500). Die Laufrollen ruhen in Querträgern, die unter oder vor Kopf der Hauptträger liegen. Zum Fahren werden zwei gegenüberliegende Rollen durch eine Vorgelegewelle gekuppelt, die zum Ausgleich ihrer elastischen Verdrehung in der Mitte des Kranträgers (von einem Elektromotor) angetrieben werden muß.

Vollwandträger.

Fachwerkträger, nach unten gewölbt.

Fachwerkträger nach oben gewölbt.

Abb. 501. Formen von Kranträgern.

Damit die Gebäudeplanung unabhängig von dem Lieferwerk des Krans erfolgen kann, wurden vom Deutschen Kranverband die Durchgangsprofile für Laufkrane mit elektrischem Antrieb in DIN 698 genormt.

Laufwinde. Die Last muß, namentlich bei Richtarbeiten, in genau senkrechter Richtung hoch- und niedergehen. Deshalb muß die Hakenflasche in einer zwei- oder mehrfachen Seilschlinge gemäß Abb. 470, S. 226 hängen. Die

Lasttrommelwelle wird meist durch eine Schneckenrad- und Stirnradübersetzung angetrieben. Bei schweren Kranen wird vielfach für leichte Lasten noch ein leichtes Hilfswindwerk mit größerer Hubgeschwindigkeit vorgesehen. Das Laufwinden- bzw. deren Laufräderfahrwerk erhält stets einen besonderen Motor, der durch Schnecke und Stirnräder eine Laufachse antreibt.

Steuerung. Der Kranführer erhält seinen Stand in einem angehängten Führerhaus, damit er das ganze vom Kran bestrichene Feld und alle Last- bewegungen übersehen kann. Hier sind alle Steuerapparate zu vereinigen. Da mechanische Verbindungen zu den einzelnen Triebwerken nicht möglich sind, kommt nur eine elektrische Fernsteuerung in Betracht. Die Bremsen werden durch Gewichte wirksam gehalten und nur für die Laufdauer des betreffenden Motors (Abb. 478, S. 228) elektromagnetisch gelüftet. Zum Senken der Last wird der Motor auf Widerstände geschaltet, so daß er durch die nieder- gehende Last getrieben als Generator selbst Strom erzeugt, der Last ein Gegengewicht gibt und eine gleichförmige Senkgeschwindigkeit einstellt. Die Stromzuführung zum Kran und zur Laufwinde erfolgt durch Schleifleitungen.

6. Elektro-Laufwinden.

Unter Verwendung listenmäßiger Elektrozüge (Abb. 484) kann man mit einfachsten Mitteln durch Anhängen an eine von Hand oder elektrisch

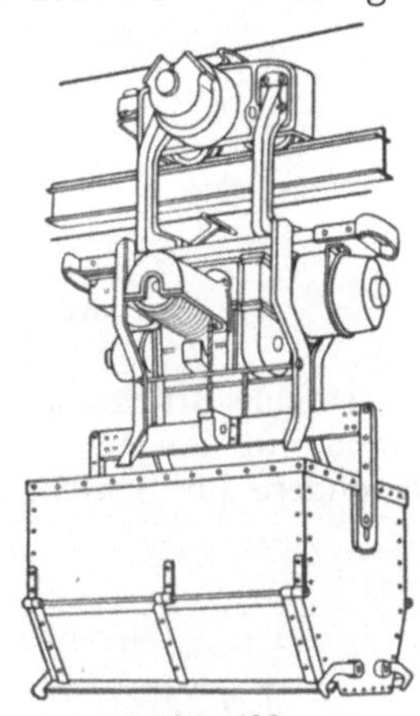

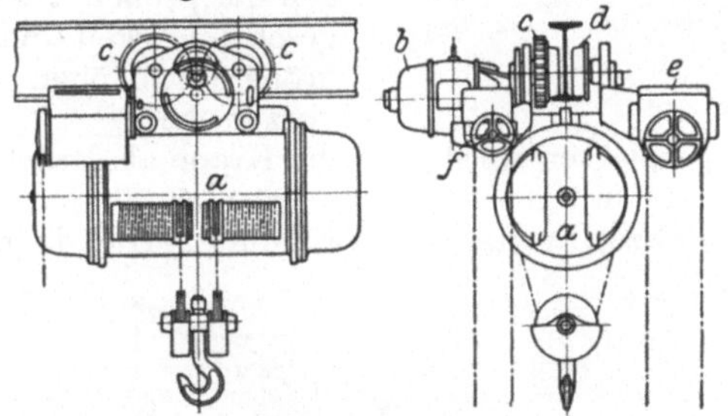

Abb. 502. Unterflansch-Laufwinde (Demag).
a Elektrozug, *b* Fahrmotor, *c* angetriebene, *d* nicht angetriebene Laufräder, *e* und *f* Hub- und Fahr-Steuerwalze.

Abb. 503.
Oberflansch-Laufwinde
(Demag).

fahrbare Laufkatze Unterflansch-Laufwinden (Abb. 502) oder Oberflansch- Laufwinden (Abb. 503) ausbilden. Diese Laufwinden können mit einfachen

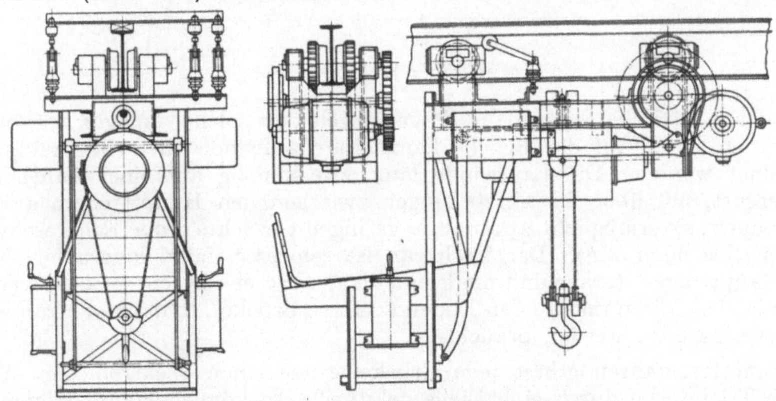

Abb. 504. Unterflansch-Führerlaufwinde (Demag).

Kranträgern zu Werkstatt- und Magazinskranen oder mit angehängtem Führersitz zu Hängebahnen verwendet werden.

7. Bock- und Brückenkrane.

Bockkrane können ortsfest und verfahrbar sein. Ortsfeste Bockkrane mit etwa 15 t Tragfähigkeit sind zum Umladen auf Bahnhöfen gebräuchlich. Bei seltener Benützung erhalten sie statt einer Laufwinde nur eine Laufkatze, die das von unten betätigte Lastseil nur führt und unter der Last durch eine Zugkette verschoben wird. Verfahrbare Bockkrane (Abb. 505) kommen in Frage, wenn keine größere Fahrgeschwindigkeit nötig ist und wenn das vom Kran bestrichene Feld so wenig begangen wird, daß nicht zur Vermeidung von Unfällen angezeigt ist, einen Laufkran auf einer Hochbahn zu nehmen. Letzterer ist durch die zwei Kranbahnen auf Stützen teurer, aber bei häufiger Benützung wegen der größeren Fahrgeschwindigkeit und für größere Hubhöhen stets vorzuziehen.

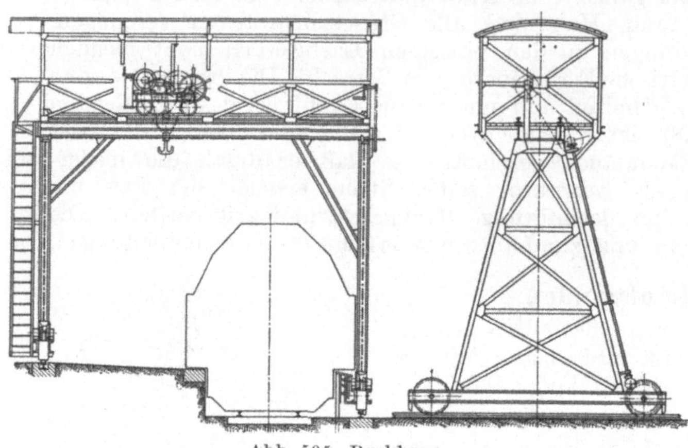

Abb. 505. Bockkran.

Verlade-Brückenkrane. Auf Lagerplätzen werden solche Krane als Brückenkrane mit langer Fahrbahn (bis 100 m) gebaut (Abb. 506); sie finden insbesondere für Schüttgüter (Kohle, Erze) in Häfen Verwendung. Hier kommt

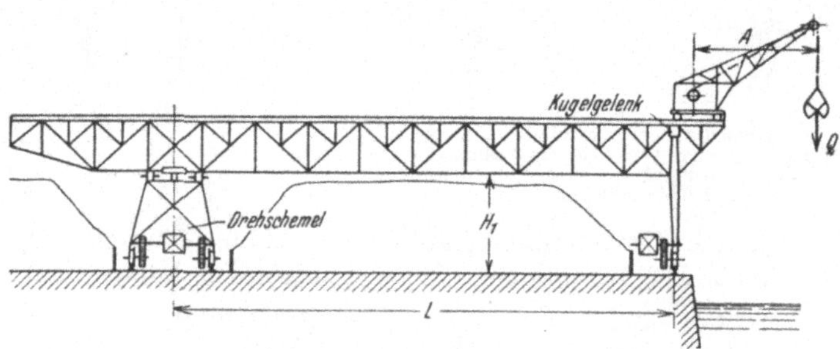

Abb. 506. Verladebrücke.

nur der elektrische Antrieb in Frage, durch den solche Anlagen erst möglich geworden sind. Auf der Brücke kann eine Laufwinde oder ein Drehkran angeordnet werden. Die Laufwinde läuft zweckmäßig auf einer Fahrbahn am Untergurt, um über ihr Versteifungen zwischen den Hauptträgern anbringen zu können; sie ermöglicht wegen ihres geringen Gewichts große Fahrgeschwindigkeiten (bis 60 m/min). Der Drehkran ist schwerer, fährt langsamer, belastet die Hauptträger stärker und ungleichmäßig, aber er hat ein großes Arbeitsfeld nach beiden Seiten und an den Enden (kürzere Brücke), so daß der Kran weniger oft verfahren zu werden braucht.

Zum Kranfahren erhält jede Brückenstütze einen Elektromotor. Werden beide Triebwerke durch eine Welle gekuppelt, so können Hauptstrommotoren (große Anzugskraft) verwendet werden. Läßt man aber diese Kupplung wegen der großen Reibung fort, so muß man Motoren von konstanter Drehzahl, also Nebenschlußmotoren verwenden, die aber eine geringere Anzugskraft haben.

Da genau gleiche Geschwindigkeiten nicht erreichbar sind, so lagert man das eine Brückenende drehbar auf seiner Fahrstütze (Abb. 506), um größere Biegungsbeanspruchungen der Brückenträger bei ungleichen Fahrwiderständen auszuschließen.

8. Kabelkrane.

An die Stelle des steifen zweispurigen Fahrbahnträgers für die Lastwinde tritt hier ein einspuriges Tragseil, auf dem die Katze durch Seilzug bewegt wird (Abb. 507). Das Tragseil wird von fahrbaren Türmen getragen und auf der einen Seite durch ein Gewicht gespannt gehalten. In dem einen Turm stehen die Winden für das Hub- und für das Fahrseil. Bei nicht verfahrbaren Kabelkranen kann man die Türme durch Säulen ersetzen, die oben durch Drahtseile verspannt werden. Bildet man den Fußpunkt als Kugelgelenk aus, so lassen sie sich durch die Verspannung in mäßigen Grenzen schräg stellen, so daß das Arbeitsfeld entsprechend vergrößert wird.

Kabelkrane haben nicht die Leistungsfähigkeit und Dauerhaftigkeit wie Brückenkrane, sind aber in der Beschaffung und Aufstellung wesentlich billiger und jedem Gelände leicht anpassungsfähig. Sie finden daher dort Verwendung, wo sie nur vorübergehend benützt werden, wie auf Bauplätzen, Steinbrüchen u. dgl. Mit Erfolg werden sie beim Bau von Schleusen, Ufermauern, Talsperren usw. verwendet und für Spannweiten bis 500 m, Hubhöhen bis 60 m und Tragfähigkeiten bis 6 t gebaut. Die Hubgeschwindigkeit beträgt bis 1 m/s, die Katzfahrgeschwindigkeit bis 3 m/s, vereinzelt bis 5 m/s. Vielfach werden solche Kabelkrane den Verladebrücken vorgezogen, da bei diesen der Aufwand für die Eisenkonstruktion in sehr ungünstigem Verhältnis zur Nutzlast steht. Für sehr breite Lagerplätze (Stammholzlager) kommen nur Kabelkrane in Frage.

VII. Elektrische Maschinen und Kraftübertragung.

Bearbeitet von Oberingenieur Dipl.-Ing.
Paul Reinisch.

A. Grundlagen der Starkstromtechnik.

Die Elektrizität ist eine Energieform, die aus anderen Energieformen gewonnen oder in diese verwandelt werden kann. Diese Umsetzung erfolgt immer in einem bestimmten Mengenverhältnis. In der Starkstromtechnik wird die elektrische Energie entweder in Form von Gleichstrom (S. 244), von Wechselstrom (S. 255) oder von Drehstrom (S. 260) — das ist eine besondere Art von Wechselströmen — verteilt bzw. angewendet.

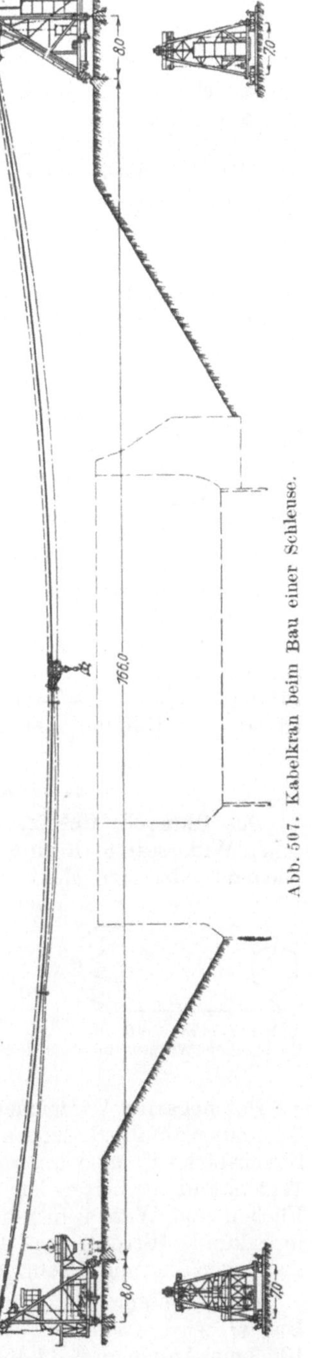

Abb. 507. Kabelkran beim Bau einer Schleuse.

1. Die Wirkungen des elektrischen Stromes.

Elektrische Vorgänge sind nur an ihren Wirkungen erkennbar. Die Wirkungen des elektrischen Stromes sind vorzugsweise:

a) Chemische Wirkungen.

Ein elektrischer Gleichstrom zersetzt in einer Zelle — das ist ein Gefäß, in das zwei Bleche, z. B. aus Platin hineinragen — angesäuertes Wasser in seine Bestandteile Wasserstoff und Sauerstoff, Metallsalzlösungen in das Metall und den Restteil usw. Anwendung: Elektrolyse, Akkumulatoren (S. 263), galvanische Elemente.

b) Wärmewirkung.

Ein stromdurchflossener Draht erwärmt sich, wird bei steigender Stärke des Stromes glühend und schmilzt schließlich. Anwendung: Heiz- und Kochgeräte, Industrieöfen, Temperaturstrahler als Lichtquelle, Schmelzsicherungen.

c) Magnetische (mechanische) Wirkungen.

Eine Magnetnadel wird durch einen in ihrer Nähe fließenden Gleichstrom aus ihrer Nord-Südlage abgelenkt. Ein Stück Eisen wird in eine stromdurchflossene Spule hineingezogen und, solange der Strom fließt, stark magnetisch. Anwendung: Elektromagnete, Lasthebemagnete, Elektromaschinen.

d) Physiologische Wirkungen.

Elektrische Ströme lösen im menschlichen und tierischen Körper fühlbare Wirkungen aus, die bei richtiger Dosierung Heilung bei gewissen Krankheiten bringen können — Anwendung: Elektromedizin —, andererseits aber bei genügender Stärke zu schweren körperlichen Schädigungen und zum Tode führen. Daher Vorschriften zum Schutz gegen zu hohe Berührungsspannung (S. 308) im Rahmen der Unfallverhütung beachten!

2. Grundgesetze für Gleichstrom.

Das Ohmsche Gesetz. Wird an den Enden eines Leiters mit dem Ohmschen Widerstande R eine elektrische Spannung U, z. B. durch ein galvanisches Element oder eine elektrische Maschine aufrechterhalten (Abb. 508), so stellt sich eine Stromstärke

$$I = \frac{U}{R} \tag{1}$$

ein.

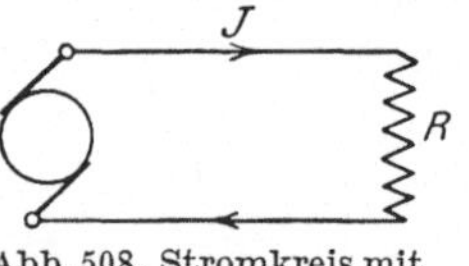

Abb. 508. Stromkreis mit Ohmschen Widerstand.

An den Enden des Leiters entsteht ein Ohmscher Spannungsabfall

$$E = -U = -IR. \tag{1a}$$

Das negative Vorzeichen deutet auf die Vorstellung hin, daß der Ohmsche Spannungsabfall E der angelegten Spannung U das Gleichgewicht hält. Die Stromstärke ist also um so größer, je größer die Spannung und je kleiner der Widerstand des Leiters ist. Dieser Zusammenhang ist vergleichbar mit dem beim Fließen von Wasser in einer Rohrleitung. Auch hier hängt die Wassermenge je Sekunde (Strom) von dem Druckunterschied (Spannung) und dem Widerstand der Leitung (Rohrweite, Rauhigkeit der Rohrwandung u. a.) ab.

Maßeinheiten. Der elektrische Widerstand wird in Ohm (Ω) gemessen. Das Ω wird dargestellt durch den Widerstand einer Quecksilbersäule von 106,3 cm Länge und 14,4521 g Masse bei 0^0. Die elektrische Stromstärke, d. h. die sekundlich durch einen Leiterquerschnitt fließende Elektrizitätsmenge wird in **Ampere (A)** gemessen. Das A wird dargestellt durch einen unveränderlichen Strom, der in einer wäßrigen Lösung von Silbernitrat sekundlich 0,001118 g Silber niederschlägt. Die **elektromotorische Kraft oder Spannung** wird in **Volt (V)** gemessen. Ein V ist an den Enden eines Leiters vom Widerstand ein Ω vorhanden, in dem ein A fließt (Reichsgesetz betr. die elektrischen Maßeinheiten vom 1. Juni 1898; seit 1908 international gültig). Die **Einheit der Elektrizitätsmenge** Q ist die **Amperesekunde (As)** oder das **Coulomb (C)**. Die Elektrizitätsmenge ist gleich dem Produkt aus Strom mal Zeit:

$$Q = I \cdot t . \tag{2}$$

Der elektrische Widerstand (Leitwiderstand). Der Widerstand (R in Ω) eines Leiters hängt außer von der Temperatur von dem Stoff, der Länge (l in m) und dem Querschnitt (q in mm^2) ab. Es ist

$$R = \varrho \cdot \frac{l}{q} . \tag{3}$$

ϱ ist der spezifische Widerstand $\left(\dfrac{\Omega\,\mathrm{mm}^2}{\mathrm{m}}\right)$. Er ist abhängig vom Stoff und der Temperatur des Leiters und wird angegeben als ϱ_{20} für 20° C. Der Widerstand eines Leiters ist daher meist stark abhängig von der Temperatur t^0. Diese Abhängigkeit gestattet die Bestimmung der Temperatur eines Leiters aus seiner Widerstandszunahme. Ist R_t der Widerstand bei t^0, so ist

$$R_t = R_{20}\,[1 + \alpha_{20}\,(t - 20)] . \tag{4}$$

α_{20} ist der **Temperaturkoeffizient** bezogen auf 20°.

Für Leitungskupfer ist der Temperaturkoeffizient bezogen auf t^0

$$\alpha_t = \frac{1}{235 + t} . \tag{5}$$

Spezifischer Widerstand und Temperaturkoeffizient bezogen auf 20°					
Stoff	ϱ_{20}	α_{20}	Stoff	ϱ_{20}	α_{20}
Aluminium . . .	0,029	0,0037	Chromnickel . . .	1,0	0,00018
Eisen	0,13	0,0045	Konstanten . . .	0,5	— 0,00005
Kupfer	0,0175	0,00393	Manganin	0,42	± 0,00001
Messing	0,075	0,0016	Nickelin	0,42	0,00019

Elektrische Leitungen werden hergestellt aus Kupfer oder Aluminium, die Wicklungen elektrischer Maschinen aus Kupfer, die Widerstände von Heizgeräten aus Chromnickel, Anlaß-, Regel- und Vorschaltwiderstände aus Nickelin, Konstanten, Manganin u. a., d. h. aus Stoffen mit hohem spezifischen Widerstand und kleinem Temperaturkoeffizienten.

Die Kirchhoffschen Gesetze. 1. Gesetz. Bei einer Stromverzweigung ist in den Verzweigungspunkten die Summe der zufließenden Ströme gleich der Summe der abfließenden Ströme, also z. B. in Abb. 509

$$I = I_1 + I_2 + I_3 . \tag{6}$$

Wenn man die zufließenden Ströme positiv, die abfließenden negativ rechnet, so ist in jedem Verzweigungspunkt (A bzw. B)

$$\Sigma I = 0 . \tag{6a}$$

Zwischen den Verzweigungspunkten A und B herrscht eine bestimmte Spannung U. Nach dem Ohmschen Gesetz ist $U = I_1 R_1 = I_2 R_2 = I_3 R_3$ folglich:

$$I_1 : I_2 : I_3 = \frac{1}{R_1} : \frac{1}{R_2} : \frac{1}{R_3} . \tag{7}$$

Der Gesamtwiderstand R der Anordnung ergibt sich aus:

$$\frac{1}{R} = \frac{1}{R_1} + \frac{1}{R_2} + \frac{1}{R_3} . \tag{8}$$

2. Gesetz. Wenn in verzweigten Leitungen mehrere elektromotorischen Kräfte (EMKe) wirken, so ist für jeden geschlossenen Stromkreis

$$\Sigma E = \Sigma (I R) . \tag{9}$$

Hierbei sind gleichgerichtete EMKe und Ströme mit gleichen Vorzeichen einzusetzen. Faßt man die Ohmschen Spannungsabfälle als negative EMKe auf (S. 244), so ist

$$\Sigma E = 0 . \tag{9a}$$

Reihen- und Parallelschaltung. Liegen in einem Stromkreis mehrere Widerstände nach Abb. 510, so sind sie hintereinander bzw. in Reihe (Serie) geschaltet. Die Stromstärke I ist in allen Widerständen dieselbe. Die Spannungen an den einzelnen Wider-

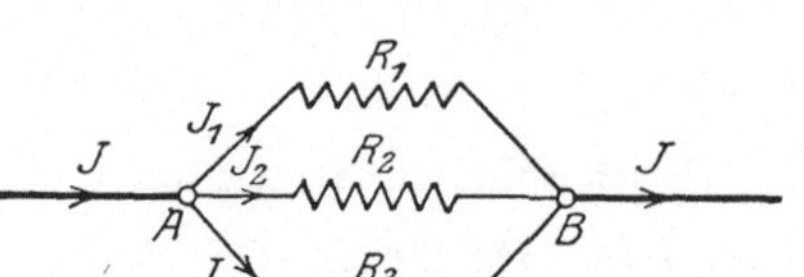

Abb. 509. Stromverzweigung.

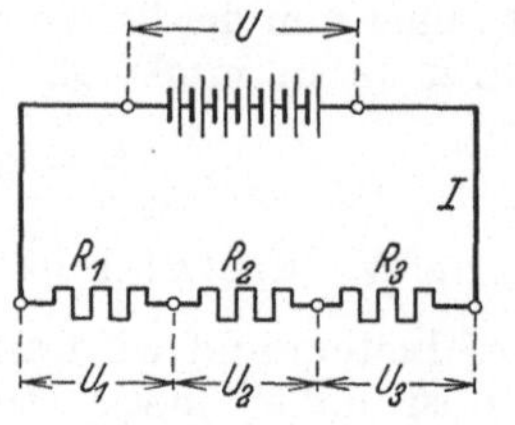

Abb. 510. Reihenschaltung von Ohmschen Widerständen.

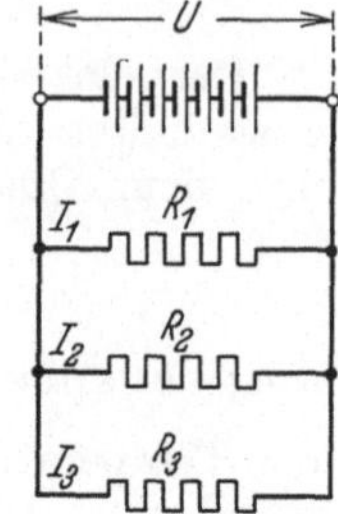

Abb. 511. Parallelschaltung von Ohmschen Widerständen.

ständen betragen nach dem Ohmschen Gesetz $U_1 = IR_1$, $U_2 = IR_2$ und $U_3 = IR_3$. Der Gesamtwiderstand der Schaltung ist gleich der Summe der einzelnen Widerständen

$$R = R_1 + R_2 + R_3 . \tag{10}$$

Bei Parallelschaltung von Widerständen (Abb. 511) ist die Spannung U

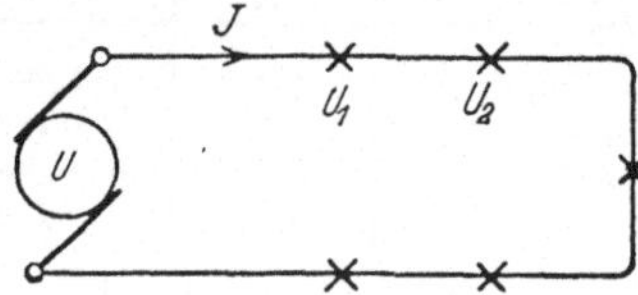

Abb. 512. Reihenschaltung von Stromverbrauchern.

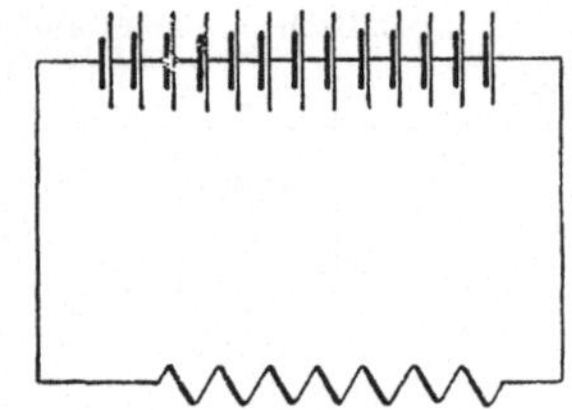

Abb. 513. Reihenschaltung von Stromerzeugern (Akkumulatoren).

an allen Widerständen dieselbe. Die Ströme in den einzelnen Widerständen verhalten sich umgekehrt wie die Widerstände (S. 245)

$$I_1 : I_2 : I_3 = \frac{1}{R_1} : \frac{1}{R_2} : \frac{1}{R_3} . \tag{7}$$

Der Gesamtwiderstand ergibt sich aus

$$\frac{1}{R} = \frac{1}{R_1} + \frac{1}{R_2} + \frac{1}{R_3} . \tag{8}$$

Bei Reihenschaltung beliebiger Stromverbraucher (Lampen, Motoren u. a.) nach Abb. 512 ist die Stromstärke in allen Stromverbrauchern dieselbe, die Maschinenspannung ist gleich der Summe der Klemmenspannungen aller Stromverbraucher. Stromerzeuger schaltet man in Reihe, wenn ihre Klemmenspannung allein nicht ausreicht. Die Elemente der Akkumulatoren haben z. B. eine Klemmenspannung von etwa 1,85 V. Zur Speisung eines Lichtnetzes von 220 V müssen daher 120 Elemente hintereinandergeschaltet werden (Abb. 513).

Bei Parallelschaltung liegen alle Stromverbraucher an derselben Netzspannung (Abb. 514). Sie beeinflussen sich gegenseitig nicht, können im

Stromverbrauch ganz verschieden sein und einzeln ausgeschaltet werden. In Verteilungsnetzen werden aus diesem Grunde die Stromverbraucher parallel geschaltet. Stromerzeuger schaltet man parallel, wenn der Gesamtverbrauch die Leistungsfähigkeit des einzelnen Stromerzeugers übersteigt (Abb. 515).

Elektrische Leistung und Arbeit (Energie). Die elektrische Leistung N ist proportional der Stromstärke I und der Spannung U, also

$$N = EI = UI. \tag{11}$$

Die Einheit der elektrischen Leistung ist das Watt (W). Wird in Gleichung (11) E und U in V, I in A eingesetzt, so erhält man N in W.

Größere Leistungen mißt man in Kilowatt (kW). 1 kW = 1000 W. Die elektrische Arbeit A ist proportional der elektrischen Leistung und der Zeit, also

$$A = EIt = UIt. \tag{12}$$

Die Einheit der elektrischen Arbeit ist die Wattsekunde (Ws)[1]. Größere Energiemengen mißt man in Kilowattstunden (kWh).

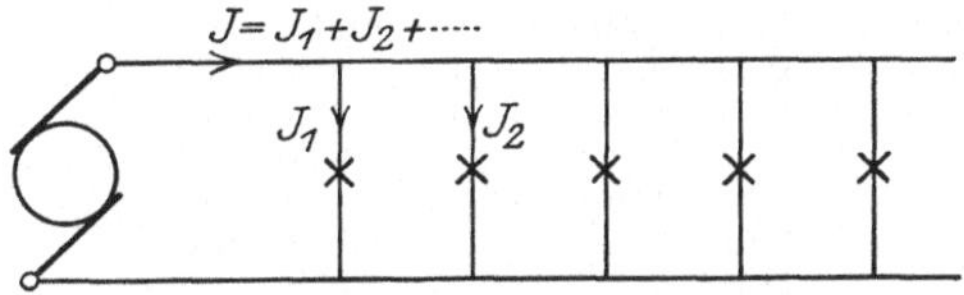

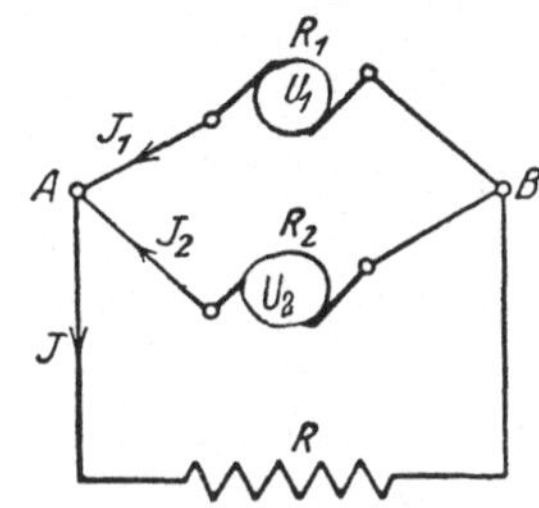

Abb. 514. Parallelschaltung von Stromverbrauchern.

Abb. 515. Parallelschaltung von Stromerzeugern.

Zur Umrechnung:

$$1 \text{ kWh} = 3,6 \cdot 10^6 \text{ Ws.}$$
$$1 \text{ mkg/s} = 9,81 \text{ W,}$$
$$1 \text{ W} = 0,102 \text{ mkg/s,}$$
$$1 \text{ PS} = 75 \text{ mkg/s} = 736 \text{ W} = 0,736 \text{ kW,}$$
$$1 \text{ kW} = 102 \text{ mkg/s} = 1,36 \text{ PS.}$$

Das Joulesche Gesetz (Stromwärme). Die in einem vom Strom I durchflossenen Leiter vom Widerstand R umgesetzte elektrische Leistung ist

$$N = EI = I^2 R = \frac{E^2}{R} \text{ W.} \tag{13}$$

In t s wird die Arbeit

$$A = EIt = I^2 Rt \text{ Ws} \tag{14}$$

geleistet und verlustlos in Wärme, d. h. in eine andere Energieform umgesetzt. Diese Wärmemenge in Wärmeeinheiten (cal) ist

$$Q = 0,239 \, I^2 R \cdot t \text{ cal.} \tag{15}$$

Sie hat zur Folge, daß der Leiter sich erwärmt, d. h., daß seine Temperatur so weit zunimmt, bis die je s zugeführte Wärmemenge gleich der von seiner Oberfläche durch Strahlung und Ableitung (Konvektion) abgeführten Wärmemenge wird. Jeder Leiter hat einen elektrischen Widerstand, erwärmt sich also bei Stromdurchgang. In elektrischen Maschinen, Transformatoren und Apparaten ist die entstehende Wärmemenge ein Verlust, der den Wirkungsgrad derselben verschlechtert und ihre Belastbarkeit durch die Erwärmung begrenzt. Bei den elektrischen Heiz- und Kochapparaten, sowie bei den elektrischen Schweiß-, Löt- und Schmelzverfahren ist die Joulesche Wärme Nutzwärme.

3. Das elektrische und das magnetische Feld.

Das elektrische Feld geladener Körper. Ein Körper nimmt bei seiner Ladung eine bestimmte Elektrizitätsmenge Q auf und erzeugt im geladenen Zustand in dem ihn umgebenden Raum ein elektrisches Feld, d. h. er wirkt auf einen

---

[1] Oder das Joule (J), gesprochen Schuhl.

ebenfalls geladenen Körper mit einer bestimmten Kraft in einer bestimmten Richtung, und zwar anziehend, wenn die Ladungen ungleiches, abstoßend, wenn sie gleiches Vorzeichen haben. Das elektrische Feld im Raume kann durch **elektrische Feldlinien** dargestellt werden. Abb. 516 zeigt in dieser Darstellung das elektrische Feld zweier entgegengesetzt geladener Kugeln. Die **Feldliniendichte** ist ein Maß für die Stärke des elektrischen Feldes. Die Einheit der elektrischen Feldstärke ist 1 V/cm. Überschreitet diese bei irgendeiner Leiteranordnung in dem umgebenden **Isolator (Dielektrikum)** einen bestimmten Wert, so erfolgt ein elektrischer Durchschlag. Der dabei vorhandene Wert der Feldstärke heißt **Durchschlagsfestigkeit**. Auch diese wird in V/cm bzw. in kV/cm angegeben. Sie nimmt zu mit abnehmender Schichtdicke und beträgt für

Luft	21 kV/cm
Transformatorenöl, neu . .	120 ,,
,, gebraucht[1], mind. .	60 ,,
Paraffin	100—200 ,,
Petroleum	95 ,,
Hartpapier	100—250 ,,
Hartgummi	40—100 ,,
Glimmer	400—600 ,,
Mikanit	150—250 ,,
Hartporzellan . . .	100—180 ,,

Die Spannungswerte sind **Effektivwerte** (S. 256) sinusförmiger Wechselspannungen.

Kapazität, Kondensator. Die Elektrizitätsmenge Q, die ein Körper bei seiner Ladung aufnimmt, ist proportional der Spannung U, d. h.

$$Q = C \cdot U. \qquad (16)$$

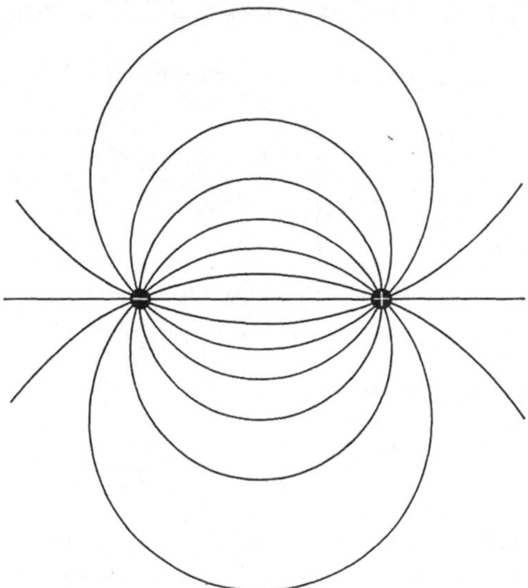

Abb. 516. Elektrisches Feld zweier entgegengesetzt geladener Kugeln.

Der Proportionalitätsfaktor C heißt die **Kapazität**. Die praktische Einheit derselben ist das **Farad** (As/V). Der millionste Teil heißt Mikrofarad (μF).

Anordnungen mit bestimmter Kapazität heißen **Kondensatoren**. Sie bestehen aus zwei Platten oder Belegungen, die durch ein isolierendes **Dielektrikum** voneinander isoliert sind. Bei den Kondensatoren der Starkstromtechnik bilden dünne Metallblätter (Aluminium- oder Kupferfolie) die Belegungen, getränktes Papier das Dielektrikum.

Verbindet man einen Kondensator mit einer Spannungsquelle, etwa nach Abb. 517, so entsteht im Augenblick des Einschaltens ein Stromstoß, der schnell auf den Wert 0 abklingt. Entlädt man den Kondensator, so tritt ein Stromstoß nach der entgegengesetzten Richtung auf. Liegt an einem Kondensator mit der Kapazität C eine veränderliche Spannung mit dem Augenblickswert u, so fließt ein „Ladestrom", wenn die Spannung steigt, und ein „Entladestrom", wenn die Spannung sinkt. Der Augenblickswert dieses Stromes ist

$$i = C \frac{d u}{dt}. \qquad (17)$$

Die Größe der Kapazität eines Kondensators ist proportional der Oberfläche der Belegungen, umgekehrt proportional dem Abstand derselben voneinander und abhängig von der Natur des Dielektrikums, d. h. von der **Dielektrizitätskonstante** des isolierenden Stoffes. Diese gibt an, wieviel mal größer die Kapazität eines Kondensators ist, wenn in demselben als Dielektrikum einmal

---

[1] Sollwert im Betrieb!

Luft und dann der betreffende isolierende Stoff verwendet wird. Die Dielektrizitätskonstante beträgt für

Luft	1	Hartpapier	3,5—4,5
Paraffin	2 —2,3	Hartgummi	2 —3
Petroleum	2 —2,2	Glimmer	5 —7
Transformatorenöl	2,2—2,5	Mikanit	4,5—5,5
		Hartporzellan	4 —5

Das magnetische Feld elektrischer Ströme. Jeder vom Strom durchflossene Leiter erzeugt ein **magnetisches Feld**, d. h. in seiner Nähe sind magnetische Wirkungen (z. B. Ablenkung einer Magnetnadel) wahrnehmbar. Streut man auf einer Ebene senkrecht zum Leiter Eisenfeilspäne aus, so richten sie sich in konzentrischen

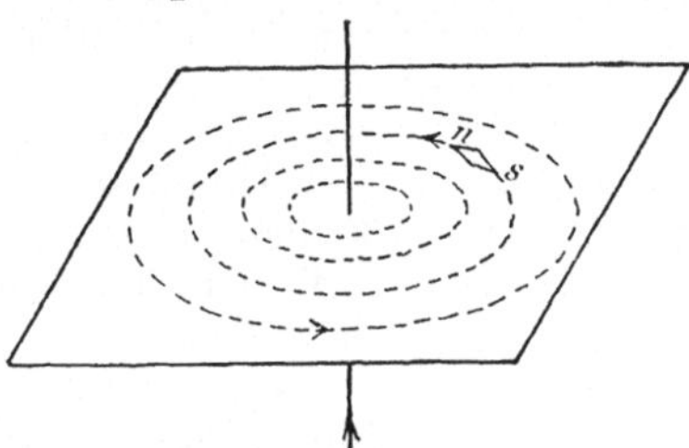

Abb 517. Laden und Entladen eines Kondensators.

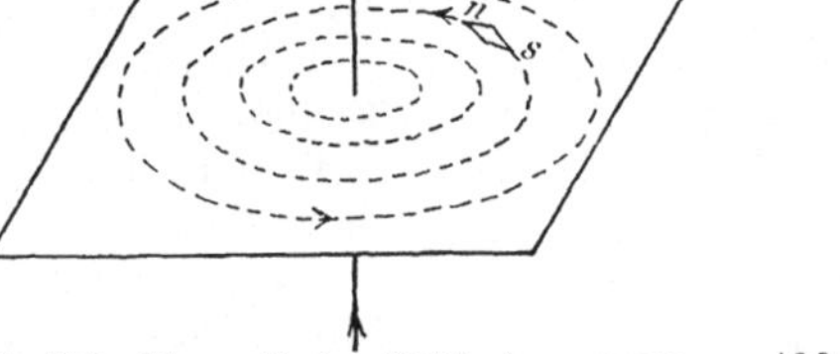

Abb. 518. Magnetisches Feld eines stromdurchflossenen Leiters.

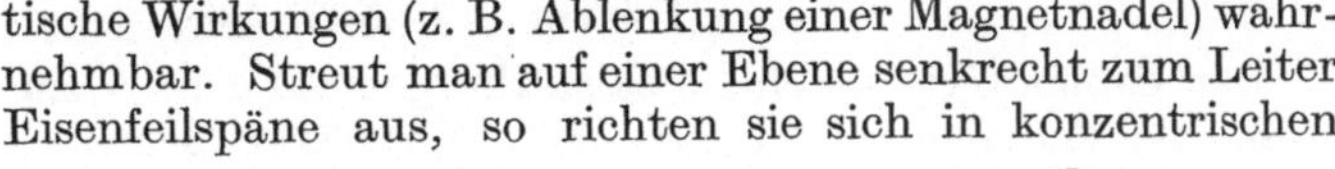

Abb. 519. Feld einer stromdurchflossenen Schleife.

Kreisen (Abb. 518), deren Dichte nach außen abnimmt. Die Dichte dieser „Feldlinien", auch „Kraftlinien" genannt, bilden einen Maßstab für die **magnetische Feldstärke**.

Eine Magnetnadel stellt sich im magnetischen Felde mit ihrer Achse in die Richtung der Feldlinien. Kehrt man den Strom um, so zeigt die Nadel nach der entgegengesetzten Seite. Demnach haben die Feldlinien eine bestimmte Richtung: Diese ist so festgelegt, daß sie **vom Nordpol aus- und in den Südpol eintreten.** Ein frei im magnetischen Felde befindlicher magnetischer Nordpol würde sich auf der Bahn der Feldlinien nach dem Südpol bewegen. Die Abhängigkeit von Strom- und Feldlinienrichtung ergibt sich aus der **Bohrerregel:**

„Denkt man sich einen Bohrer mit seiner Achse in dem Leiter liegend und bohrt in Richtung des Stromes, so gibt die Drehbewegung die Richtung der Feldlinien an; und umgekehrt: bohrt man in Richtung des magnetischen Flusses, so gibt die Drehbewegung die Richtung des elektrischen Stromes an" (Abb. 518 und 520).

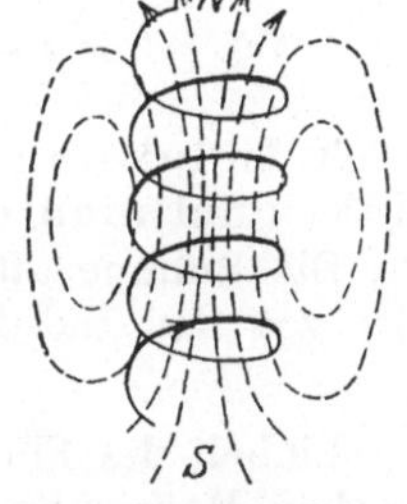

Abb. 520. Feld einer stromdurchflossenen Spule.

Wenn man den Leiter in einer Schleife führt, so treten die Feldlinien aus der Schleifenfläche heraus und schließen sich nach Abb. 519. Stärker wird das magnetische Feld, wenn man mehrere Schleifen hintereinander anordnet, also den Leiter als Spule wickelt (Abb. 520); hier entstehen an den Enden ausgesprochene Pole, wie bei einem Stabmagneten. Die Erfahrung zeigt, daß die Stärke der Pole unmittelbar proportional der Stromstärke und der Windungszahl der Spule ist, also abhängt von der Zahl der „Amperewindungen".

Für die Stärke des magnetischen Feldes ist es weiter von Bedeutung, von welchem Stoff der Raum erfüllt ist, in dem sich die Feldlinien ausbilden. Jedem Stoff ist eine bestimmte Durchlaßfähigkeit — **magnetische Leitfähigkeit-Permeabilität** — für die Feldlinien eigentümlich. Besonders günstig verhält sich Eisen. Deshalb wickelt man zur Erzeugung starker Felder, wie sie in elektrischen Maschinen und Transformatoren gebraucht werden, die Spulen auf Eisenkerne.

Die magnetische Feldstärke. Magnetische Felder werden vor allem durch elektrische Ströme erzeugt. Die **magnetische Feldstärke** $\mathfrak{H}$ wird im „praktischen Maßsystem" in **Amperewindungen/cm** (AW/cm) oder in **Ampere/cm** (A/cm) gemessen. Die früher gebräuchliche Einheit „Gauß" oder „Weber" war von der Kraftwirkung magnetischer Felder abgeleitet („elektromagnetisches Maßsystem"). Sie unterscheidet sich von der Einheit „A/cm" durch den Faktor $0,4\,\pi = 1,256$.

Es ist die praktische Einheit

$$1\ \text{A/cm} = 1,25\ \text{Weber.} \tag{18}$$

Der Zahlenwert für eine Feldstärke gemessen in A/cm ist also 1,25 mal so groß, wie der Zahlenwert für diese Feldstärke gemessen in „Weber". Ein magnetisches Feld läßt sich durch **magnetische Feldlinien** darstellen, deren Richtung an allen Punkten in die der Kraftwirkung des Feldes auf einen Magnetpol fällt und deren Dichte, d. h. Anzahl je cm² senkrecht zu den Linien die Feldstärke angibt. Die Feldstärke eins z. B. wird also durch eine Feldlinie/cm² dargestellt.

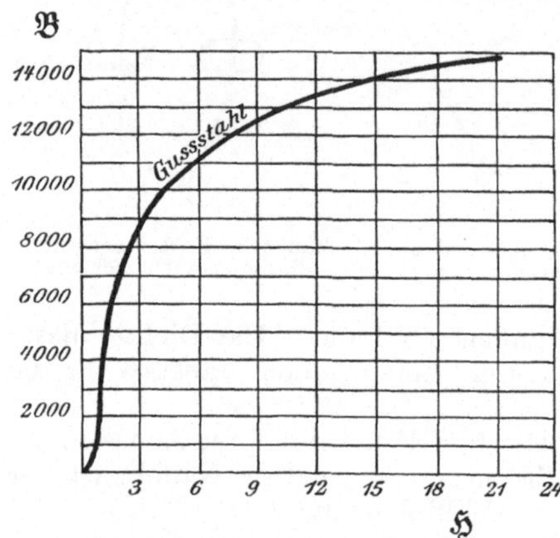

Abb. 521. Magnetisierungskurve.

Magnetische Induktion, Induktionslinien, Induktionsfluß. Die magnetische Feldstärke $\mathfrak{H}$ „induziert" in einem Medium eine **magnetische Induktion** $\mathfrak{B}$ von der Größe

$$\mathfrak{B} = \mu\,\mathfrak{H}\,, \tag{19}$$

wenn $\mathfrak{B}$ und $\mathfrak{H}$ in elektromagnetischen Einheiten (Gauß, Weber), und

$$\mathfrak{B} = \Pi \cdot \mu\,\mathfrak{H}\,, \tag{18a}$$

wenn $\mathfrak{B}$ und $\mathfrak{H}$ in praktischen Einheiten (Vs/cm², A/cm) gemessen werden.

$$\Pi = 0,4\,\pi \cdot 10^{-8} \tag{20}$$

heißt **Induktionskonstante.** Auch die Induktion $\mathfrak{B}$ läßt sich durch **Induktionslinien** darstellen.

Die Summe aller Induktionslinien bildet den **Induktionsfluß** Φ. Ist q der von den Induktionslinien gleichmäßig erfüllte Querschnitt, so ist

$$\Phi = \mathfrak{B}\,q. \tag{21}$$

Einheit des Flusses im elektromagnetischen Maßsystem: Maxwell, im praktischen Maßsystem: Vs. Der Faktor μ [Gleichung (18) und (18a)] heißt **Permeabilität** oder **magnetische Durchlässigkeit.** Es ist

$\mu = 1$ bei Luft bzw. Vakuum,

$\mu < 1$ bei **diamagnetische Stoffen,** z. B. Kupfer, Silber, Antimon, Wismut u. a.,

$\mu > 1$ bei **paramagnetischen Stoffen,**

μ viel größer als 1 und von $\mathfrak{B}$ in weiten Grenzen abhängig bei **ferromagnetischen Stoffen,** z. B. Eisen.

In der Praxis rechnet man nicht mit dem Faktor μ, sondern entnimmt den Zusammenhang zwischen der Feldstärke $\mathfrak{H}$ in A/cm und Induktion $\mathfrak{B}$ den **Magnetisierungskurven** oder -tafeln. Abb. 521 zeigt eine solche Kurve für Stahlguß, bei der $\mathfrak{H}$ und $\mathfrak{B}$ im elektromagnetischen Maß aufgetragen sind.

Der magnetische Kreis. Die Feldlinien sind in sich geschlossen; ebenso die Induktionslinien. Die Gesamtheit der Induktionslinien, d. h. der magnetische Fluß erfüllt den **magnetischen Kreis.** Nur selten, z. B. bei Transformatoren, ist dieser vollständig **eisengeschlossen.** Bei umlaufenden elektrischen Maschinen ist ein **Luftspalt** notwendig, den der magnetische Fluß durchdringen muß. Bei elektrischen Maschinen ist der magnetische Kreis mannigfaltig zusammengesetzt; die den Kreis magnetisierenden Erreger-AW sind an bestimmten Stellen des Kreises konzentriert angebracht (Erregerpole) (Abb. 523 u. 527). In solchen und ähnlichen Fällen ist die Vorstellung vom magnetischen Widerstand des Kreises zweckmäßig. Ebenso wie beim elektrischen Stromkreis nach dem Ohmschen Gesetz ist:

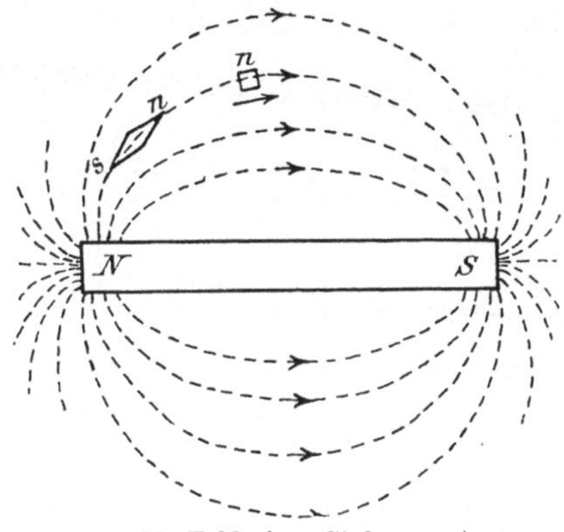
Abb. 522. Feld eines Stabmagneten.

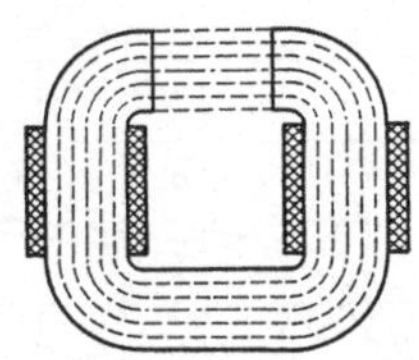
Abb. 523. Feld eines Hufeisenmagneten.

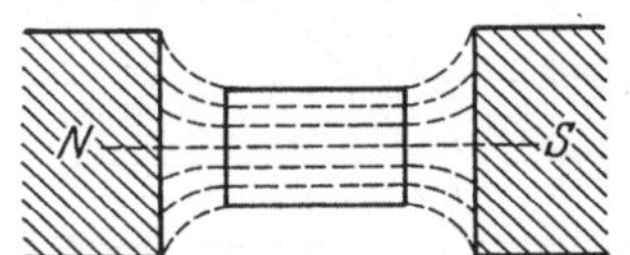
Abb. 524. Eisenkörper im magnetischen Feld.

$$\text{Elektrischer Strom} = \frac{\text{elektromotorische Kraft}}{\text{elektrischer Widerstand}} = \frac{\text{elektrische Spannung}}{\text{elektrischer Widerstand}},$$

ist beim magnetischen Kreis:

$$\text{Magnetischer Fluß} = \frac{\text{magnetomotorische Kraft}}{\text{magnetischer Widerstand}} = \frac{\text{magnetische Spannung}}{\text{magnetischer Widerstand}}.$$

Die magnetomotorische Kraft wird durch die Summe der Amperewindungen dargestellt, die auf den Polen aufgebracht sind, der magnetische Widerstand kann ähnlich wie beim Ohmschen Widerstand ausgedrückt werden durch

$$R_m = \Sigma \frac{l}{\mu q}, \qquad (22)$$

wo l die einzelnen Wegstrecken in cm und q die zugehörigen Querschnitte des magnetischen Kreises in cm² bedeuten.

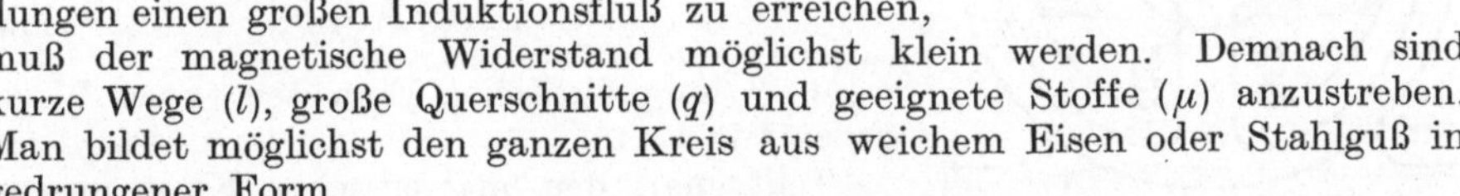
Abb. 525. Anker im magnetischen Feld.

Um bei gegebenem Aufwand von Amperewindungen einen großen Induktionsfluß zu erreichen, muß der magnetische Widerstand möglichst klein werden. Demnach sind kurze Wege (l), große Querschnitte (q) und geeignete Stoffe (μ) anzustreben. Man bildet möglichst den ganzen Kreis aus weichem Eisen oder Stahlguß in gedrungener Form.

Die ungünstigste Form hat der Stabmagnet (Abb. 522), weil ein großer Teil des Weges der Induktionslinien in der wenig durchlässigen Luft liegt. Besser ist die Hufeisenform (Abb. 523), hier werden die Induktionslinien zwischen den Polschuhen zusammengehalten, der größte Teil läuft parallel und erzeugt ein homogenes Feld. Bringt man zwischen die Pole einen Eisenkörper (Anker), so wird der magnetische Widerstand kleiner: es bilden sich bei gleicher magnetischer Spannung mehr Induktionslinien aus, die sich im Eisenkörper zusammenziehen (Abb. 524). In elektrischen Maschinen liegt zwischen den Polen das Ankereisen, und zwar in Form eines sich drehenden Zylinders oder Ringes (Abb. 525). Die Induktionslinien zwischen den Polen nehmen den Weg durch das Ankereisen, nur ein kleiner Teil schließt sich außerhalb des Ankers (magnetische Streuung). Der Luftspalt wird möglichst klein gehalten.

Zur Berechnung des magnetischen Kreises bedient man sich der Magnetisierungskurven (Abb. 526). Sie geben auf der Ordinate die Liniendichte oder Induktion $\mathfrak{B}$ für verschiedene Eisensorten und auf der Abszisse die erforderlichen Amperewindungen für 1 cm Induktionslinienweg $\left(\dfrac{wI}{l}\right)$ an. Für den

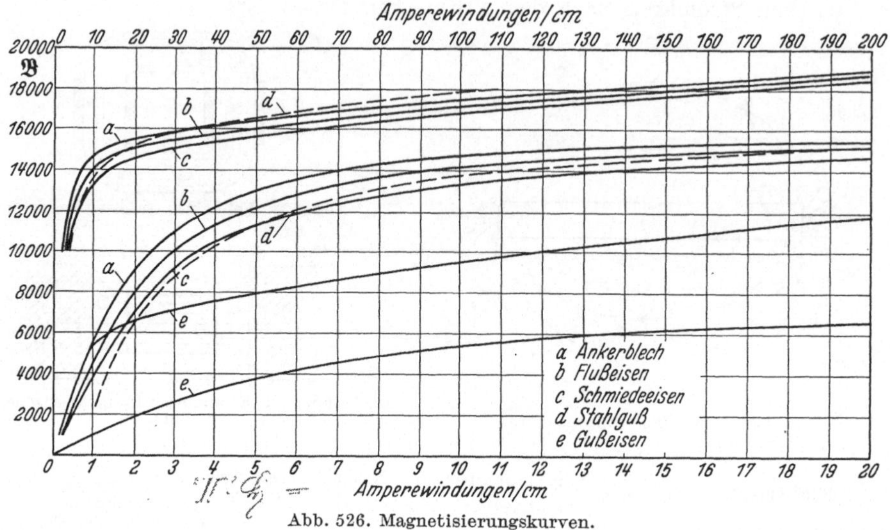

Abb. 526. Magnetisierungskurven.

magnetischen Kreis, den man durch die mittlere Induktionslinie festlegt, wie Abb. 527 für ein vierpoliges Magnetgestell zeigt, wird ein bestimmter Induktionsfluß Φ zugrunde gelegt, aus den gewählten Querschnitten ergibt sich die Induktion $\mathfrak{B}$ für jede Stelle und hieraus nach der Magnetisierungskurve

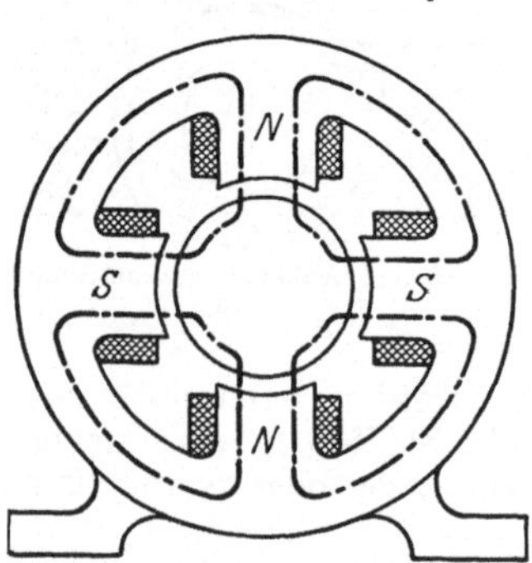

Abb. 527. Vierpoliges Magnetgestell einer Gleichstrommaschine.

(Abb. 526) die Amperewindungszahlen für 1 cm Länge. Für Luft (im Spalt) ist $\mu = 1 = \text{const}$. Die Amperewindungen je cm für den Luftspalt sind

$$\frac{wI}{l} = 0{,}8\,\mathfrak{B}, \qquad (23)$$

wenn $\mathfrak{B}$ im elektromagnetischen Einheiten (Gauß), und

$$\frac{wI}{l} = 0{,}8\,\mathfrak{B}\cdot 10^8, \qquad (23\,\text{a})$$

wenn $\mathfrak{B}$ im praktischen Einheiten (Vs/cm²) gegeben ist.

Teilt man den magnetischen Kreis in einzelne Teilstrecken mit gleichem Querschnitt und gleichem Material, so ist aus den zugehörigen Teillängen die magnetische Spannung, d. h. Amperewindungszahl für diese und aus der Summe über den ganzen magnetischen Kreis die Gesamtzahl der Erregeramperewindungen (Erregerdurchflutung) bestimmbar, die auf den Polen angeordnet werden müssen.

Hysteresis, Wirbelströme. Wenn man unmagnetisches Eisen erstmalig magnetisiert und mit wachsendem Erregerstrom die Induktion aufträgt (Abb. 528), so entsteht die Kurve a (jungfräuliche Kurve); schwächt man den Erregerstrom wieder bis auf 0, so ändert sich die Induktion nicht nach derselben, sondern nach der höher liegenden Kurve b und geht erst bei umgekehrtem Strom allmählich auf Null zurück. Der Magnetismus bleibt also hinter der Erregung zurück, die Erscheinung heißt Hysteresis. Bei wiederholtem Ummagnetisieren verläuft die Induktion im Eisen nach den Kurven *b* und *c*. Die von der Hysteresisschleife eingeschlossene Fläche zeigt die Arbeit an, die durch die Ummagnetisierung verbraucht wird, sie setzt sich in Wärme um und stellt einen Verlust dar.

Noch ein anderer Verlust entsteht beim Ummagnetisieren des Eisens. Das wechselnde magnetische Feld induziert auch in dem elektrisch leitenden Eisen Ströme, die Wirbelströme, die Erwärmungen hervorrufen. Um diese Verluste herabzudrücken, wird der Eisenkern, wenn er einen Wechselfluß führt, nicht voll ausgebildet, sondern in Richtung der Induktionslinien unterteilt (Abb. 529). Der Kern wird aus dünnen Eisenblechen von 0,3 bis 0,5 mm Stärke gebildet, die unter sich durch Papierzwischenlagen oder Lack isoliert werden.

Legierte Bleche (Eisen mit Siliziumzusatz) haben höheren elektrischen Widerstand und daher geringere Wirbelstromverluste. Sie werden besonders bei Transformatoren verwendet.

Induktionsgesetze. Von dem Begriff der magnetischen Induktion ist zu unterscheiden der gleichnamige Begriff bei der Spannungserzeugung durch „Induktion". Durchsetzt ein Fluß Φ eine Spule mit w Windungen, so wird in dieser eine Spannung induziert, wenn der Fluß in der Spule seine Größe ändert. Die Spannung ist je Windung gleich der Änderungsgeschwindigkeit des Flusses:

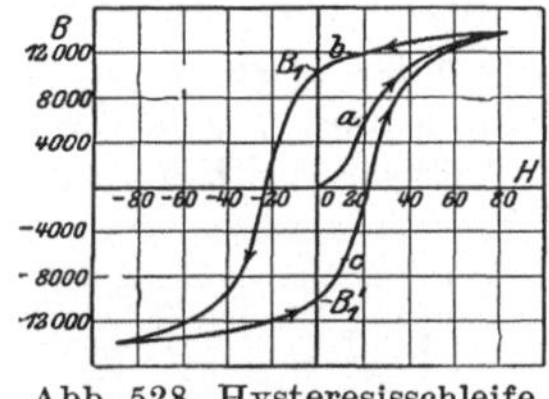

Abb. 528. Hysteresisschleife.　　　Abb. 529. Lamellierter Anker.

$$e = -w\frac{d\Phi}{dt}\ \text{V}. \tag{24}$$

Die Formel ergibt e in V, falls Φ in Vs eingesetzt wird. Die Änderung des Flusses in der Spule kann dadurch erfolgen, daß dieser die Spule durchsetzende Fluß zeitlich veränderlich ist, wie z. B. beim Transformator, oder dadurch, daß die Lage der Spule relativ zum Fluß sich ändert, so daß sie zeitlich mehr oder weniger Induktionslinien umfaßt, wie z. B. beim Wechselstromgenerator oder der Gleichstrommaschine.

Auf obiges Induktionsgesetz läßt sich der Fall zurückführen, daß ein gerader Leiter von der Länge l cm mit der Geschwindigkeit v cm/s in einem gleichförmigen magnetischen Felde von der Stärke $\mathfrak{H}$ bzw. der Induktion $\mathfrak{B}$ senkrecht zu den Induktionslinien bewegt wird. In einem solchen Leiter wird die EMK

$$e = \mathfrak{B}\,l\,v\ \text{V} \tag{25}$$

erzeugt. Die Formel ergibt e in V, falls $\mathfrak{B}$ in Vs/cm² eingesetzt wird. Die Richtung der EMK ergibt sich aus der Rechten-Hand-Regel (Generatorregel): „Bildet man aus dem Daumen, Zeige- und Mittelfinger der rechten Hand ein rechtwinkliges Koordinatensystem, und bringt den Daumen in die Richtung der Bewegung des Leiters im Felde, den Zeigefinger in die Richtung der Induktionslinien, so gibt der Mittelfinger die Richtung der EMK an" (Abb. 530 u. 531).

Selbstinduktion. Wenn ein Strom durch eine Spule fließt, so erzeugt er ein magnetisches Feld (Abb. 520, S. 249) bzw. einen magnetischen Fluß Φ. Im Dauerzustand bei Gleichstrom ist es ein Fluß gleichbleibender Richtung. Beim Einschalten des Gleichstroms etwa nach Abb. 532 induziert der entstehende Fluß eine EMK in der Spule, die zur Folge hat, daß der Strom in derselben nicht augenblicklich seinen Endwert, der dem Ohmschen Gesetz entspricht, erreicht, sondern erst allmählich. Beim **Ausschalten** des Stromes induziert der plötzlich verschwindende Fluß eine Spannung, die erheblich größer sein kann, als die der verwendeten Stromquelle. Diese Erscheinung nennt man **Selbstinduktion.**

Nach Gleichung (24) ist der Augenblickswert dieser **Selbstinduktions-spannung:**

$$e_s = - w \frac{d\,\Phi}{dt}. \tag{24a}$$

Der magnetische Fluß Φ ist proportional dem magnetisierenden Strom i. Ist der Proportionalitätsfaktor $\frac{L}{w}$, so ist

$$\Phi = \frac{L\,i}{w}, \tag{26}$$

also

$$e_s = - L \frac{d\,i}{dt}. \tag{27}$$

L heißt **Selbstinduktionskoeffizient** oder **Induktivität** und ist für eine gegebene Spule ein konstanter Wert, solange diese kein Eisen enthält.

Die Einheit der Induktivität ist das **Henry (H).** In ihr erzeugt eine Stromänderung von 1 A/s die Spannung 1 V. Die EMK der Selbstinduktion ist

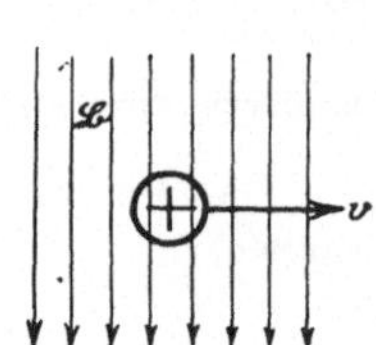

Abb. 530. Spannungserzeugung in einem im magnetischen Felde bewegten Leiter.

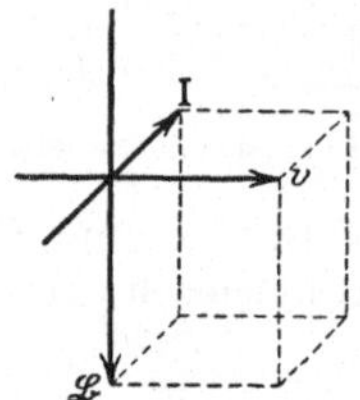

Abb. 531. Richtungsregel: Rechte-Hand-Regel.

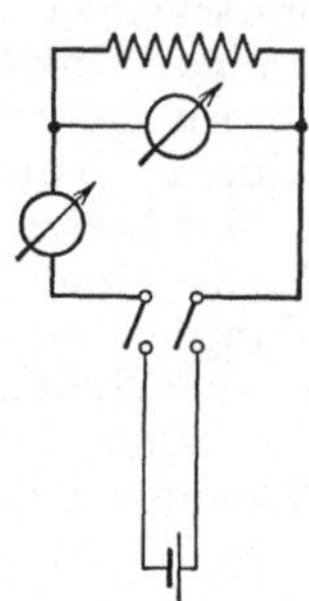

Abb. 532. Ein- und Ausschalten einer Selbstinduktion.

negativ, d. h. der angelegten Spannung entgegengerichtet, solange $\frac{di}{dt}$ positiv ist, also bei ansteigendem Strom; dagegen gleichgerichtet bei abfallendem Strom. Im ersten Falle wird der Strom in seiner Entwicklung gehemmt (s. oben), im letzten Falle unterstützt.

Mechanische Kräfte auf stromdurchflossene Leiter. Die Kraft eines magnetischen Feldes senkrecht auf einen stromdurchflossenen Leiter ist:

$$P = l\,I\,\mathfrak{B} \cdot 10^{-7}\,\text{kg}, \tag{28}$$

wenn l in cm, $\mathfrak{B}$ in Maxwell/cm² bzw.

$$P = 10 \cdot l \cdot I\,\mathfrak{B}\,\text{kg}, \tag{28a}$$

wenn $\mathfrak{B}$ in Vs/cm² gegeben ist. Die Kraftrichtung ergibt sich aus der **Linken-Hand-Regel (Motorregel): „**Bildet man aus dem Daumen, Zeige- und Mittelfinger der **linken Hand** ein rechtwinkliges Koordinatensystem, und bringt den Zeigefinger in die **Richtung der Induktionslinien,** den Mittelfinger in die **Richtung des Stromes** im Leiter, so gibt die Richtung des Daumens die **Bewegungsrichtung** des Leiters im Felde an.**"**

Stromdurchflossene parallele Leiter ziehen sich an bei gleichgerichteten Strömen und stoßen sich ab bei entgegengesetzt gerichteten Strömen. Die Größe dieser Kräfte ist

$$P = 2\,I_1 I_2 \frac{l}{a}\,10^{-8}\,\text{kg}. \tag{29}$$

4. Grundgesetze für Wechselstrom.

Entstehung sinusförmiger Wechselspannungen. Bewegt sich eine Spule mit w Windungen mit gleichförmiger Winkelgeschwindigkeit ω in einem homogenen Felde (Abb. 533), so ändert sich der von der Spule umfaßte Fluß Φ nach einem Cosinusgesetz. Zur Zeit $t = 0$ bzw. $\alpha = 0$ hat dieser Fluß seinen Höchstwert Φ_{max}, nach einer Drehung um den Winkel $\alpha = \omega t$ nur noch den Wert $\Phi = \Phi_{max} \cos \alpha = \Phi_{max} \cos \omega t$. Ist der Winkel $\alpha = 90^0 = \dfrac{\pi}{2}$, so ist $\Phi = 0$, erreicht bei $\alpha = 180^0 = \pi$ einen entgegengesetzten Höchstwert usw. nach Abb. 534. Die in der Spule induzierte Spannung ist

$$e = -w \frac{d\Phi}{dt} = -\frac{d(\Phi_{max} \cos \alpha)}{dt} =$$

$$= \Phi_{max} \sin \alpha \frac{d\alpha}{dt};$$

$$e = \omega \Phi_{max} \sin \alpha = \omega \Phi_{max} \sin \omega t. \qquad (30)$$

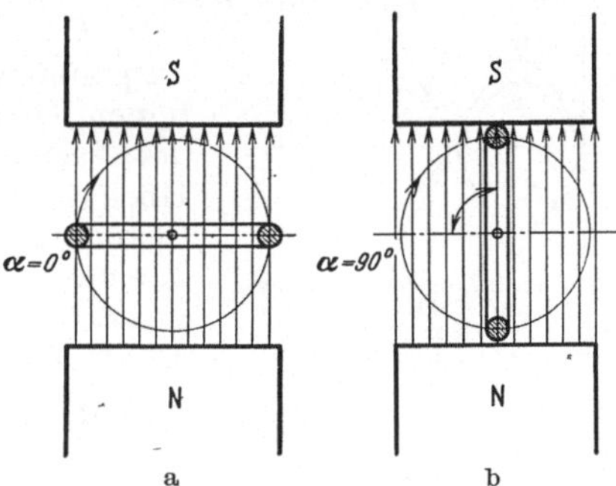

Abb. 533 a u. b. Entstehung sinusförmigen Wechselstromes.

Aus Abb. 534 ist zu ersehen, daß die Änderungsgeschwindigkeit des Flusses $\dfrac{d\Phi}{dt}$ und damit die induzierte Spannung am größten bei $\Phi = 0$ ist, und daß $\dfrac{d\Phi}{dt}$ und damit die induzierte Spannung $e = 0$ ist bei $\Phi = \Phi_{max}$ usw. Die induzierte Spannung eilt also dem Fluß um $90^0 = \dfrac{\pi}{2}$ nach oder zwischen dem Fluß und der von ihm induzierten Spannung besteht eine „Phasenverschiebung" von 90^0. Die induzierte Spannung verläuft nach einem Sinusgesetz:

$$e = e_{max} \sin \omega t \qquad (30a)$$

(Abb. 534). Bei Maschinen (Generatoren) wird die Spannung in vielen hintereinandergeschalteten Spulen induziert. Einer Umdrehung ($\alpha = 2\pi$) entspricht bei einer zweipoligen Maschine (Polpaarzahl $p = 1$) eine Periode, d. h. in Abb. 534 der Teil der Sinuskurve zwischen 0 und 2π (s. auch Abb. 533), bei einer vierpoligen Maschine ($p = 2$) zwei Perioden und bei einer solchen mit p Polpaaren p Perioden. 2π ist der einer Periode entsprechende elektrische Winkel von 360^0. Der entsprechende räumliche Winkel der Drehung ist $\dfrac{2\pi}{p}$.

Abb. 534. Fluß und EMK.

Bezeichnet f die Periodenzahl je s oder die Frequenz der Wechselspannung, p die Polpaarzahl, n die Drehzahl je min, so ist die elektrische Winkelgeschwindigkeit oder die Kreisfrequenz

$$\omega = 2\pi f, \qquad (31)$$

die Frequenz

$$f = \frac{\omega}{2\pi} = \frac{pn}{60}, \qquad (31a)$$

die Drehzahl

$$n = \frac{60f}{p}. \qquad (31b)$$

In Licht- und Kraftanlagen sind in Deutschland und vielen anderen Ländern 50 Perioden, in Amerika 40 bis 60 Perioden je s üblich, bei elektrischen Vollbahnen

$16^2/_3$, selten 25 Perioden je s. Als Einheit der Frequenz wird das „Hertz" (Hz) benutzt. Bei einer bestimmten Frequenz sind nur bestimmte Drehzahlen der Wechselstromerzeuger möglich, und zwar bei $f = 50$ Hz: $n = \dfrac{3000}{p}$, also: $n = 3000, 1500, 1000, 750, 600, 500$ usw. U/min.

Ohmscher Widerstand bei Wechselstrom. Nach Gleichung (1a) ist der Ohmsche Spannungsabfall, der der angelegten Spannung das Gleichgewicht hält, $E = -IR$. Legt man eine sinusförmige Wechselspannung mit dem Augenblickswert u an einen reinen Ohmschen Widerstand, so verläuft auch der Wechselstrom i sinusförmig, und zwar so, daß der Höchstwert des Stromes mit dem Höchstwert der Spannung zeitlich übereinstimmt, d. h. Strom- und Klemmenspannung sind in Phase oder die „Phasenverschiebung" zwischen Strom und Spannung ist gleich Null (Abb. 535). Die Größe des Stromes entspricht dem Ohmschen Gesetz (S. 244) $i = \dfrac{u}{R}$. Die

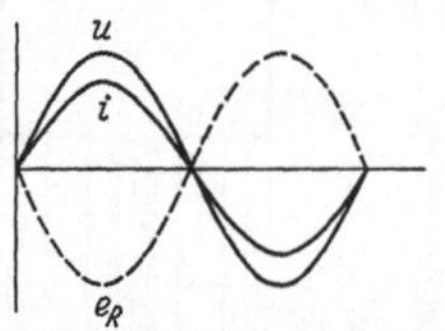

Abb. 535. Klemmenspannung, Strom und EMK bei Stromkreis mit Ohmschem Widerstand. Phasenverschiebung Null.

in jedem Augenblick vorhandenen Werte der Spannung und des Stromes nennt man Augenblickswerte. Sie lassen sich formelmäßig darstellen durch

$$u = u_{max} \sin \alpha = u_{max} \sin \omega t, \tag{32}$$

$$i = i_{max} \sin \alpha = i_{max} \sin \omega t. \tag{32a}$$

Der Ohmsche Spannungsabfall $e_R = -iR$ ist in Gegenphase zu u (Abb. 535).

Effektivwert (quadratischer Mittelwert) der Spannung und des Stromes. Die Augenblickswerte der Leistung eines Wechselstromes bei reiner Ohmscher Belastung, d. h. wenn Strom und Spannung in Phase sind, sind in Abb. 536 als Produkt der Augenblickswerte von Strom und Spannung dargestellt:

$$\left. \begin{aligned} u\,i &= u_{max}\,i_{max} \sin^2 \omega t = \\ &= \frac{u^2_{max}}{R} \sin^2 \omega t. \end{aligned} \right\} \tag{33}$$

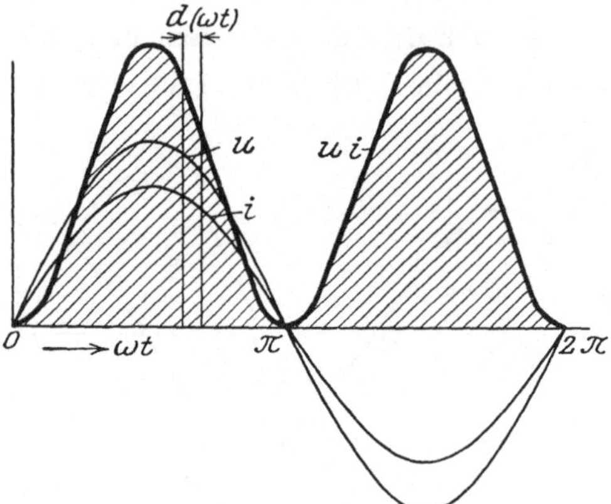

Abb. 536. Leistung bei induktionsfreier Belastung.

Die Augenblickswerte der Leistung verlaufen nach einem sin²-Gesetz, also mit doppelter Frequenz, wie Strom und Spannung. Wechselstrom-Meßgeräte dürfen dem schnellen Wechsel nicht folgen, sondern sollen bestimmte Werte von U und I anzeigen, nämlich die, die für die Arbeitsleistung des Wechselstromes maßgebend sind, d. h. Werte, die die gleiche thermische und dynamische Wirkung ausüben, wie ein gleich großer Gleichstrom und Gleichspannung. Für Gleichstrom ist die Arbeitsleistung gleich

$$U \cdot I = \frac{U^2}{R}. \tag{13}$$

Ist U der entsprechende Wechselstromwert für die Spannung, so ist

$$\frac{U^2}{R} = \frac{1}{\pi} \int\limits_0^{\pi} \frac{u^2_{max}}{R} \sin^2 \omega t \; d(\omega t). \tag{34}$$

Der zeitliche Verlauf der Leistung wiederholt sich nach jeder halben Periode gleichförmig (Abb. 536). Es braucht also nur der Zeitraum einer halben Periode betrachtet zu werden.

$$U = \sqrt{\frac{1}{\pi} \int_0^\pi u_{max}^2 \sin^2 \omega t \, d\,(\omega t)} = \sqrt{\frac{u_{max}^2}{2}} \, ,$$

$$U = \frac{u_{max}}{\sqrt{2}} = 0,707 \, u_{max} \, . \tag{35}$$

Entsprechend

$$I = \frac{i_{max}}{\sqrt{2}} = 0,707 \, i_{max} \, . \tag{36}$$

Diese Ausdrücke nennt man **quadratischer Mittelwert** oder **Effektivwert** der Spannung und des Stromes; ihr Produkt ergibt die Leistung. Alle üblichen Wechselstrom-Meßgeräte zeigen diese Werte an, und wenn man bei Wechselstrommaschinen und -anlagen von Strom und Spannung spricht, so sind diese gemeint.

Induktivität bei Wechselstrom. Nach Gleichung (27) ist die EMK der Selbstinduktion $e_s = - L \dfrac{di}{dt}$. Legt man eine sinusförmige Wechselspannung mit dem Augenblickswert u an eine Induktivität L, so verläuft auch

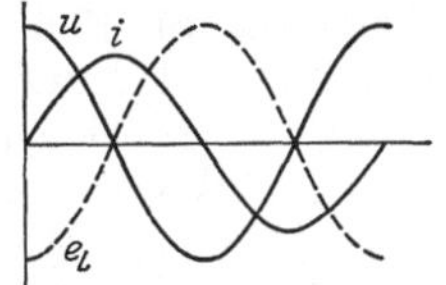

Abb.537. Klemmenspannung, Strom und EMK bei Stromkreis mit Induktivität. Phasenverschiebung 90°.

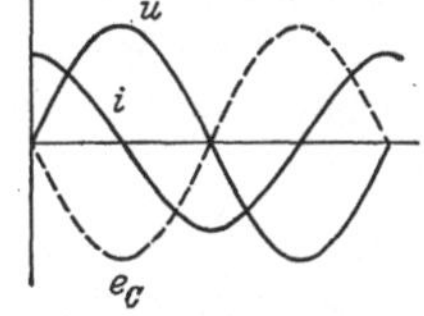

Abb.538. Klemmenspannung, Strom und EMK bei Stromkreis mit Kapazität. Phasenverschiebung 90°.

der Wechselstrom $i = i_{max} \sin \omega t$ sinusförmig. Es ist die Selbstinduktionsspannung e_s, die der angelegten Spannung u das Gleichgewicht hält

$$\left.\begin{aligned}
e_L = e_s &= - L \frac{di}{dt} = - L \frac{d\,(i_{max} \sin \omega t)}{dt} = - i_{max} L \omega \cos \omega t = \\
&= - i_{max} L \omega \sin\left(\omega t + \frac{\pi}{2}\right) = - u_{max} \cos \omega t
\end{aligned}\right\} \tag{37}$$

Also EMK und Klemmenspannung sinusförmig, wenn Strom sinusförmig und umgekehrt. Der Höchstwert der EMK tritt auf, wenn die Abnahme des Stromes $\dfrac{di}{dt}$ am größten ist, also in Abb. 537 bei 180°. In diesem Augenblick hat die Klemmenspannung u ihren negativen Höchstwert, d. h. der Strom i (Magnetisierungsstrom) eilt der Klemmenspannung u um 90° nach, der EMK e_L dagegen um 90° vor. Der Effektivwert der Selbstinduktionsspannung ist

$$E_s = - \omega L I = - R_s I. \tag{38}$$

$R_s = \omega L$ heißt der **Wechselstromwiderstand der Selbstinduktion** oder **induktiver Widerstand.** Wird L in Henry (H) eingesetzt, so ergibt sich R_s in Ω. R_s ist von der Frequenz abhängig!

Kapazität bei Wechselstrom. Nach Gleichung (17) erzeugt eine veränderliche Klemmenspannung u an einem Kondensator ein „Ladestrom" $i = C \dfrac{du}{dt}$. Ändert sich u nach dem Sinusgesetz $u = u_{max} \sin \omega t$, so ist auch der Ladestrom sinusförmig. Es ist

$$\left.\begin{aligned}
i = C \frac{d\,(u_{max} \sin \omega t)}{dt} &= u_{max} C \omega \cos \omega t = u_{max} C \omega \sin\left(\omega t + \frac{\pi}{2}\right) = \\
&= i_{max} \sin\left(\omega t + \frac{\pi}{2}\right)
\end{aligned}\right\} \tag{39}$$

Der Höchstwert des Stromes tritt auf, wenn der Anstieg der Spannung $\dfrac{du}{dt}$ am größten ist, also in Abb. 538 bei 0°. Geht der Ladestrom abnehmend durch 0, so ist der Kondensator „aufgeladen", d. h. die der Klemmenspannung u das

Gleichgewicht haltende **Kondensatorspannung** e_c ist entgegengesetzt gleich groß. Der Ladestrom des Kondensators eilt also der angelegten Klemmenspannung um 90° **vor**, der Kondensatorspannung um 90° **nach**. Der Ladestrom kann daher Magnetisierungstrom, der der Klemmenspannung **nacheilt**, aufheben. **Phasenkompensation durch Kondensatoren** (S. 287).

Der Effektivwert des Ladestromes ist

$$I = \omega C U = \frac{U}{R_c}. \tag{40}$$

$R_c = \dfrac{1}{\omega C}$ heißt der **Wechselstromwiderstand** oder **kapazitiver Wider**stand. Wird C in Farad (F) eingesetzt, so ergibt sich R_c in Ω. R_c ist von der Frequenz abhängig!

Der Wechselstromwiderstand der Selbstinduktion und der Kapazität sind „**scheinbare**" Widerstände oder „**Blindwiderstände**". Die in ihnen umgesetzte Leistung ist gleich Null, da die Phasenverschiebung zwischen Strom und Spannung in beiden Fällen gleich 90° und daher $\cos \varphi = 0$ ist (s. S. 260).

Im Gegensatz dazu ist der **Ohmsche** Widerstand ein „**wirksamer**" Widerstand oder „**Wirkwiderstand**".

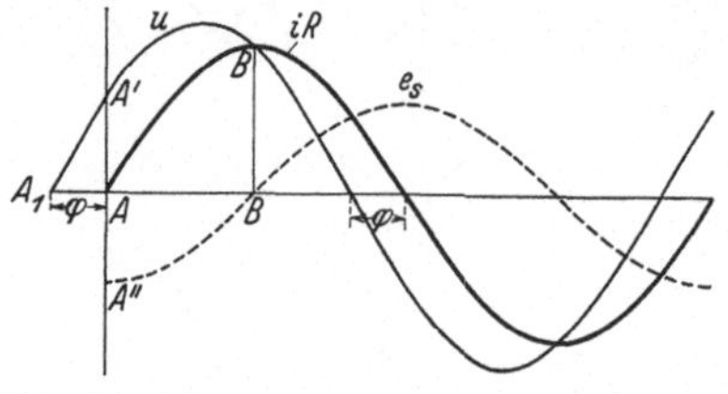

Wirkung der Selbstinduktion in Wechselstromnetzen. In Wechselstromnetzen muß der Strom Spulen von Maschinen oder Apparaten durchlaufen. Die treibende oder angelegte Spannung u muß einmal dem **Ohmschen** Spannungsabfall $e_R = -iR$ das Gleichgewicht halten und hierfür einen Augenblickswert iR haben[1] und außerdem der **EMK** der Selbstinduktion e_s. Es ist also der Augenblickswert der erforderlichen Klemmenspannung

Abb. 539. Klemmenspannung und Strom bei Stromkreis mit Induktivität und Ohmschen Widerstand.

$$u = -(e_R + e_s) = iR - e_s. \tag{41}$$

In Abb. 539 ist der erste Betrag iR durch die stark ausgezogene Kurve dargestellt; sie folgt dem Sinusgesetz. Die Kurve stellt gleichzeitig den Verlauf des Stromes in einem andern Maßstabe dar. Der zweite Betrag e_s verläuft nach dem Kosinusgesetz und hat im betrachteten Anfangspunkt A, also bei $\omega t = 0$, seinen größten negativen Wert. Da hier $iR = 0$ ist, so muß die treibende Spannung nur der EMK der Selbstinduktion das Gleichgewicht halten, also einen entsprechenden positiven Wert AA' haben. Im weiteren Verlauf nimmt iR zu, e_s ab; die Spannung muß e_s entgegenwirken und den Betrag iR decken, sie steigt anfänglich an und fällt dann ab und stimmt in B mit iR überein, da hier $e_s = 0$. Der dann abfallende Strom erzeugt ein positives e_s, das mit treibend wirkt; um diesen Betrag kann also u kleiner sein als iR. Die so entstandene Kurve für u ist die notwendige Klemmenspannung.

Phasenverschiebung. Verlängert man die Kurve der Klemmenspannung über den Anfangspunkt der Betrachtung A, so schneidet sie in A_1 die Zeitachse, sie beginnt also bereits früher ihren positiven Lauf, als der von ihr erzeugte Strom; es findet eine **Phasenverschiebung** um das Maß AA_1 oder den Winkel φ statt.

Die Größe der Phasenverschiebung hängt von der Größe der Selbstinduktion ab, denn größere oder kleinere Ordinaten von e_s verändern die Lage von u (Abb. 539). Rechnet man die Zeit vom Anfangspunkt A aus, so ist

$$u = u_{max} \sin (\omega t - \varphi) = R i_{max} \sin \omega t - \omega L i_{max} \cos \omega t.$$

---

[1] iR ist also die Komponente der Klemmenspannung u, der von dem **Ohmschen** Spannungsabfall $e_R = -iR$ das Gleichgewicht gehalten wird (S. 244).

Setzt man einmal $\omega t = 0$ und ein anderes Mal $\omega t = \frac{\pi}{2}$, so ergibt sich

$$e_{s\,\mathrm{max}} = u_{\mathrm{max}} \sin \varphi = \omega L i_{\mathrm{max}}, \qquad (42)$$

$$e_{R\,\mathrm{max}} = u_{\mathrm{max}} \cos \varphi = R i_{\mathrm{max}}, \qquad (43)$$

$$E_s = \omega L I, \qquad (42\text{a})$$

$$E_R = R I, \qquad (43\text{a})$$

$$\frac{E_s}{E_R} = \operatorname{tg} \varphi = \frac{\omega L}{R}. \qquad (44)$$

Das Ohmsche Gesetz für Wechselstrom. Das Ohmsche Gesetz (vgl. S. 244) für Gleichstrom

$$I = \frac{U}{R}$$

gilt für Wechselstrom nur für die Augenblickswerte. Für die Effektivwerte nur bei induktionsfreier Belastung, die praktisch vorhanden ist, wenn z. B. nur Glühlampen im äußeren Kreis liegen. Bei induktiver Belastung wird der Widerstand um den der Selbstinduktion größer.

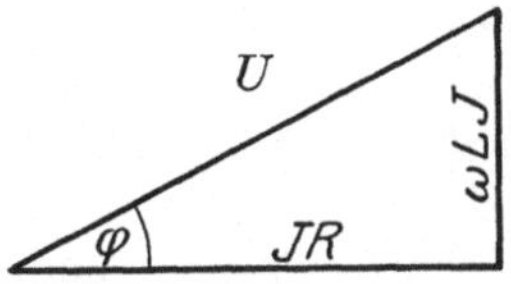
Abb. 540. Spannungsdiagramm.

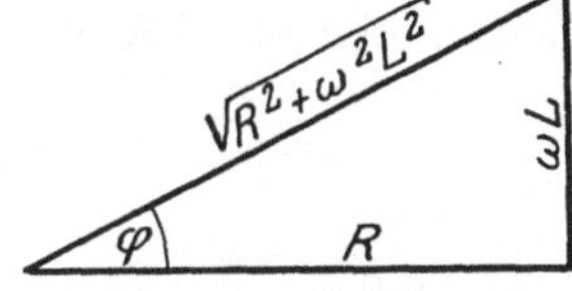
Abb. 541. Scheinwiderstand, Blindwiderstand und Wirkwiderstand.

Die Gleichungen (42a), (43a) und (44) lassen sich durch ein rechtwinkliges Dreieck (Abb. 540) darstellen. Hieraus ergibt sich

$$U^2 = R^2 I^2 + \omega^2 L^2 I^2,$$

$$I = \frac{U}{\sqrt{R^2 + \omega^2 L^2}}. \qquad (45)$$

Ist gleichzeitig Kapazität vorhanden, so ist

$$I = \frac{U}{\sqrt{R^2 + \omega^2 L^2 - \dfrac{1}{\omega^2 C^2}}}. \qquad (45\text{a})$$

R heißt **Wirkwiderstand**, ωL und $\dfrac{1}{\omega C}$ **Blindwiderstand**. Die Wurzelausdrücke **Scheinwiderstand**. Die Beziehungen zu den in Betracht kommenden Einzelgrößen zeigt, falls nur Induktivität vorhanden ist, das Diagramm Abb. 541.

Wie Gleichung (45) zeigt, fließt unter sonst gleichen Verhältnissen ein um so kleinerer Strom durch den Kreis, je größer die Selbstinduktion ($\omega L = 2\pi f L$) ist. Eine Spule mit Selbstinduktion wirkt daher drosselnd (Drosselspule) auf den Strom.

Diese Erscheinung läßt sich noch in anderer Weise beleuchten. Setzt man in Gleichung (45) $\omega L = R \operatorname{tg} \varphi$ [Gl. (46)], so folgt

$$I = \frac{U}{R \sqrt{1 + \operatorname{tg}^2 \varphi}} = \frac{U \cos \varphi}{R}. \qquad (46)$$

Dieser Ausdruck entspricht dem Ohmschen Gesetz, wenn als treibende Spannung $U \cos \varphi$ eingesetzt wird; das bedeutet, daß nur ein Teil der wirklichen Spannung für das Entstehen des Stromes in dem Widerstand maßgebend ist, und zwar ist das der Teil, der mit der Stromstärke phasengleich ist.

Ebenso ist

$$I = \frac{U \sin \varphi}{\omega L}. \qquad (46\text{a})$$

$U \cos \varphi$ heißt **Wirkspannung**, $U \sin \varphi$ heißt **Blindspannung**.

Die Leistung des Wechselstromes bei Phasenverschiebung. Für die Berechnung der Leistung muß der Strom I mit der phasengleichen Komponente der Spannung

$U \cos\varphi$, oder die Spannung U mit der phasengleichen Komponente des Stroms $I \cos\varphi$ multipliziert werden: Der Effektivwert der Leistung ist in beiden Fällen

$$N_e = U I \cos\varphi. \tag{47}$$

Der Wert ist kleiner als bei Gleichstrom ($U I$) oder bei Wechselstrom in einem induktionsfreien Stromkreis (s. S. 256) und kann daher nicht aus den Ablesungen des Strom- und Spannungsmessers berechnet werden. Der Grund der geringeren Leistung des Wechselstroms liegt in der Phasenverschiebung von Spannung und Strom, denn dadurch erreichen nicht mehr beide gleichzeitig ihren größten Wert. Die aus den Augenblickswerten u und i gebildeten Augenblicksleistungen (Abb. 542) werden kleiner als früher (vgl. Abb. 536, S. 256), und sogar teilweise negativ, wo Spannung und Strom verschiedene Vorzeichen haben. Physikalisch lassen sich diese Vorgänge so erklären, daß infolge der Selbstinduktion vorübergehend Arbeit aufgespeichert wird.

Aus der Darstellung in Abb. 542 läßt sich die effektive Leistung folgendermaßen ableiten. Zu betrachten ist bei den sich gleichartig wiederholenden Vorgängen nur die Zeit von $\alpha = \omega t = 0$ bis $\alpha = \omega t = \pi$.

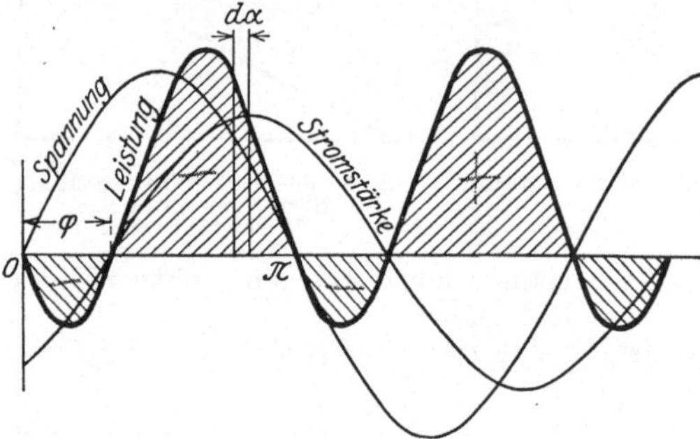

Abb. 542. Leistung bei induktiver Belastung.

Unter Berücksichtigung der Voreilung der Spannung gegen den Strom um φ ist der Augenblickswert der Leistung

$$n = u_{max} \sin(\alpha + \varphi) \cdot i_{max} \sin\alpha$$

und die Summe aller Werte in dem betrachteten Abschnitt

$$\int n\, d\alpha = \int_0^\pi u_{max}\, i_{max} \sin(\alpha + \varphi)\, \sin\alpha\, d\alpha.$$

Das Mittel oder die effektive Leistung ist

$$N_e = \frac{1}{\pi} \int_0^\pi u_{max}\, i_{max} \sin(\alpha + \varphi)\, \sin\alpha\, d\alpha.$$

Die Auflösung dieser Gleichung liefert

$$N_e = \frac{u_{max}}{\sqrt{2}}\, \frac{i_{max}}{\sqrt{2}} \cos\varphi.$$

Da nun $\dfrac{u_{max}}{\sqrt{2}}$ und $\dfrac{i_{max}}{\sqrt{2}}$ die Effektivwerte der Spannung und der Stromstärke sind [vgl. Gleichung (35) u. (36)], so wird, wenn diese allgemein mit U und I bezeichnet werden, die effektive Leistung

$$N_e = U I \cos\varphi. \tag{47}$$

Der Leistungsfaktor. Der Ausdruck $\cos\varphi$ in der Leistungsformel heißt „Leistungsfaktor"; er ist in induktionsfreien Stromkreisen 1, in gemischten Anlagen für Licht und Kraft etwa 0,7 bis 0,9. Da die Netzspannung in Wechselstromanlagen konstant gehalten wird, der Strom aber mit der Belastung sich ändert, pflegt man zur Deutung der Vorgänge $\cos\varphi$ mit I zu verbinden und den Ausdruck $I \cos\varphi$ als die **Wirkkomponente** oder den **Wirkstrom** zu bezeichnen, das ist also der Teil des Stromes, der für die Leistung wirksam ist. Die nicht wirksame Komponente $I \sin\varphi$ heißt **Blindstrom**. Alle Leiterquerschnitte führen den vollen Strom I und müssen hierfür bemessen werden. Die scheinbare Leistung oder **Scheinleistung** wird in Kilo-Voltampere (kVA) angegeben, die wirkliche Leistung oder **Wirkleistung** in Kilowatt (kW).

Dreiphasenstrom oder Drehstrom. Werden in Abb. 533 statt einer Spule deren drei räumlich um 120° versetzte Spulen I, II und III nach Abb. 543

angeordnet, so werden in diesen bei gleichförmiger Drehgeschwindigkeit drei Spannungen — die **Phasen-** oder **Strangspannungen** — induziert, die zeitlich um 120° oder $^1/_3$ Periode verschoben sind. Bei gleicher Belastung der drei Phasen fließen dann drei Ströme, die ebenfalls um 120° gegeneinander verschoben sind (Abb. 544). An sich sind jetzt sechs Leitungen notwendig. Betrachtet man aber den Stromverlauf aller drei Ströme, so erkennt man, daß in jedem beliebigen Augenblick die Summe der positiven oder zufließenden Ströme gleich der Summe der negativen oder abfließenden Ströme ist. Es können daher die Leitungen so vereinigt werden, daß nur drei Leitungen übrig bleiben, von denen jeweilig zwei den Strom zuführen, die dritte abführt und umgekehrt (**verketteter Dreiphasenstrom** oder **Drehstrom**). Die ursprünglich vorhandenen sechs Leitungen der drei Wicklungssysteme (Abb. 545a) lassen sich so vereinigen, daß man entweder die Anfänge und Enden je zweier Wicklungen verbindet (Abb. 545b), es entsteht die **Dreieckschaltung** (Abb. 546), oder daß man alle Enden zusammenschließt und die Anfänge mit den drei Leitungen verbindet (Abb. 545c), es entsteht die **Sternschaltung** (Abb. 547). Der gemeinsame Punkt der drei Phasen bei Sternschaltung heißt **Stern-** oder **Nullpunkt.**

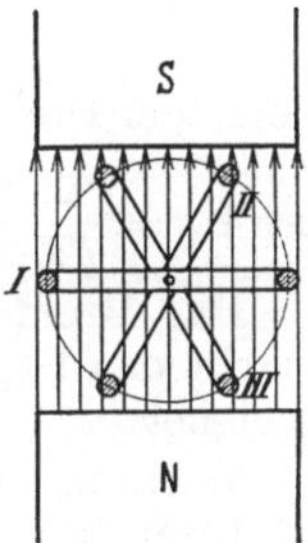

Abb. 543.
Entstehung des Drehstromes.

Bei der **Dreieckschaltung** ist die Spannung zwischen zwei Außenleitern $U_1 = U_2 = U_3$ — **Netz-** oder **Leitungsspannung** — gleich der Spannung einer Phase U_p — **Phasen-** oder **Strangspannung** —.

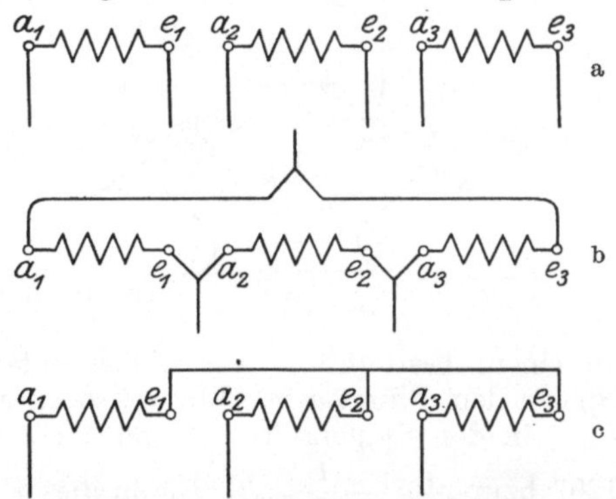

Abb. 545a—c. Drehstromschaltungen.

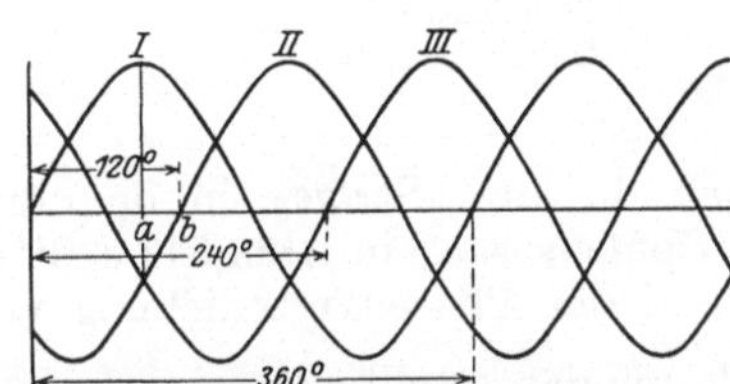

Abb. 544. Drehstrom.

Bei den **Strömen** muß man unterscheiden den Strom in der Wicklung — **Phasen-** oder **Strangstrom** — $I_p = I_1 = I_2 = I_3$ und den in der Leitung — **Netz-** oder **Leitungsstrom** — $I = I_{1,2} = I_{2,3} = I_{3,1}$. Es ist der Leitungsstrom

$$I = I_p \cdot \sqrt{3} = 1,73\, I_p. \qquad (48)$$

Bei der **Sternschaltung** ist der Strom in der Wicklung I_p gleich dem in der Leitung I. Bei den Spannungen muß man unterscheiden die Spannung an der Wicklung — **Phasen-** oder **Strangspannung** — $U_p = U_1 = U_2 = U_3$ und die Spannung zwischen zwei Außenleitern — **Netz-** oder

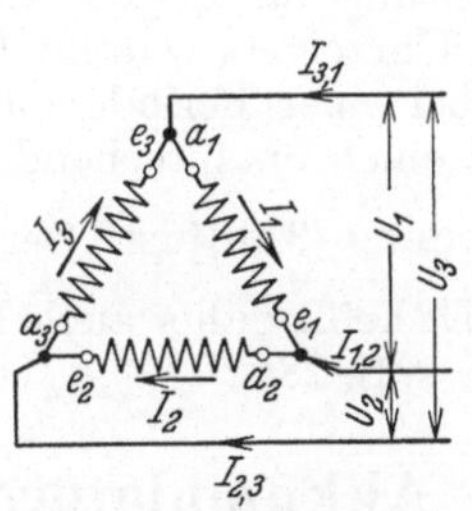

Abb. 546. Dreieckschaltung.

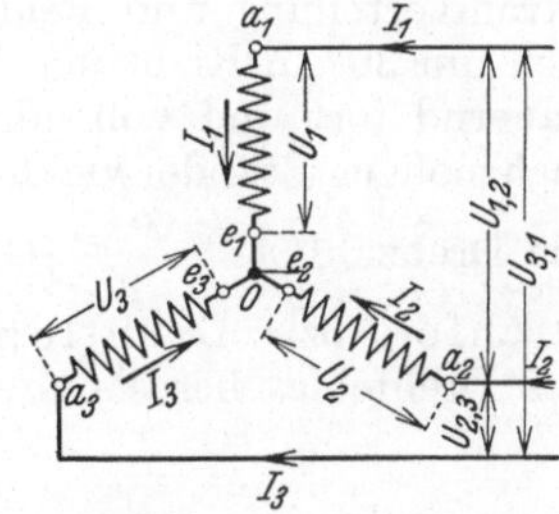

Abb. 547. Sternschaltung.

Leitungsspannung — $U = U_{1,2} = U_{2,3} = U_{3,1}$. Es ist die Leitungsspannung

$$U = U_p \sqrt{3} = 1,73\, U_p. \qquad (48a)$$

Die Leistung des Drehstromes. Die Drehstromleistung ist gleich der Summe der Leistungen der drei einzelnen Phasen oder Stränge, also bei

Dreieckschaltung (Abb. 546) $N = 3\,U_p\,I_p\cos\varphi = U\,I\,\sqrt{3}\cos\varphi$,

Sternschaltung (Abb. 547) $N = 3\,U_p\,I_p\cos\varphi = U\,I\,\sqrt{3}\cos\varphi$,

also unabhängig von der Schaltung

$$N = U\,I\,\sqrt{3}\cos\varphi, \qquad\qquad (49)$$

denn bei Dreieckschaltung ist $U_p = U$ und $I_p = \dfrac{I}{\sqrt{3}}$, und bei Sternschaltung

ist $U_p = \dfrac{U}{\sqrt{3}}$ und $I_p = I$.

Das Drehfeld. Die Möglichkeit mit Drehstrom Drehfelder zu erzeugen, macht das Drehstromsystem für Motoren, d. h. für Kraftübertragung besonders geeignet.

Wenn in einem feststehenden Ständer drei um 120^0 versetzte Spulen mit den im Eisen liegenden Spulenseiten oder Leitern *1,1′, 2,2′* und *3,3′* nach Abb. 548 angeordnet und mit den drei Phasen *I, II* und *III* gemäß Abb. 547 verbunden sind, so fließen in diesen Spulen Ströme *I, II* und *III* entsprechend Abb. 544.

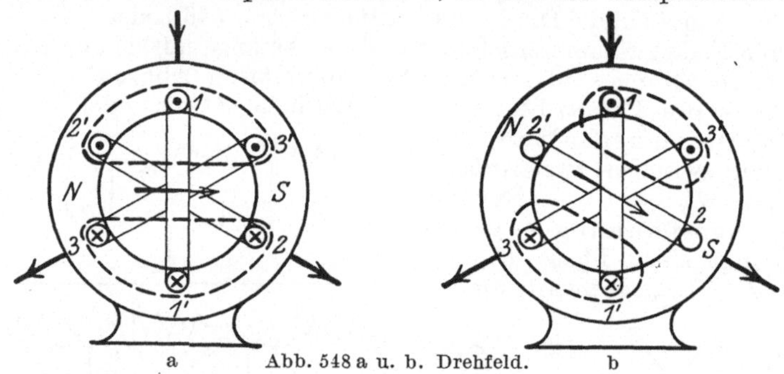

a   Abb. 548 a u. b. Drehfeld.   b

In einem bestimmten Augenblick entsprechen die drei Ströme in den drei Spulen dem Punkt *a* in Abb. 544, d. h. in der Spulenseite *1* in Abb. 548 a fließt i_{max}, in den Spulenseiten *2* und *3* entsprechend der Phasenverschiebung von 120^0 bzw. $240^0 - \dfrac{1}{2}\,i_{max}$. Die in dieser Abbildung dargestellte Stromverteilung für diesen Augenblick, erzeugt eine durch den Pfeil *N S* gekennzeichnete **Feld-** und **Flußrichtung.** Nach einer $30^0_{elektr.}$ entsprechenden Zeit, ist Strom *II* gleich Null, die Ströme *I* und *III* gleich $0{,}866\,i_{max}$ (Punkt *b* in Abb. 544) entsprechend ihren Phasenverschiebungen. Die in Abb. 548 b dargestellte Stromverteilung und Feldrichtung für diesen Augenblick zeigt, daß das Feld sich um 30^0 in Richtung des Uhrzeigers gedreht hat. Diese Drehung setzt sich dauernd fort und vollendet bei einer Periode eine volle Umdrehung bzw. bei mehrpoliger Ständerwicklung einen entsprechenden räumlichen Winkel, so daß die Drehzahl $n = \dfrac{60 \cdot f}{p}$ [Gleichung (31 b)] ist. Der Dreiphasenstrom erzeugt ein **Drehfeld** bzw. **Drehfluß.** Er heißt daher auch **Drehstrom.** Die Anwendung des Drehfeldes bei **Motoren** s. S. 284.

B. Akkumulatoren.

Zweck und Wirkungsweise. Bei **Primärelementen** wird durch chemische Zersetzungen an den beiden Elektroden in Verbindung mit einer leitenden Flüssigkeit — dem **Elektrolyten** — eine **Elektromotorische Kraft (EMK)** und, wenn das Element über einen äußeren Stromkreis geschlossen wird, ein elektrischer Strom erzeugt. Die EMK ist klein (1 bis 2 V), der Materialverbrauch so hoch, daß Primärelemente zur Erzeugung größerer Strommengen nicht in

Frage kommen. Nur in Fernmeldeanlagen beschränkten Umfanges finden sie Verwendung. In ausgedehnten Fernsprech- und Fernmeldenetzen werden sie durch Akkumulatoren ersetzt.

Akkumulatoren sind Sekundärelemente, und werden erst durch Laden, d. h. durch die elektrolytischen Wirkungen des elektrischen Stromes zur Stromabgabe befähigt. Ein Materialverbrauch findet nicht statt, denn die beim „Laden" entstandenen chemischen Veränderungen bilden sich beim „Entladen" wieder zurück. Die EMK eines Elementes beträgt beim Bleiakkumulator

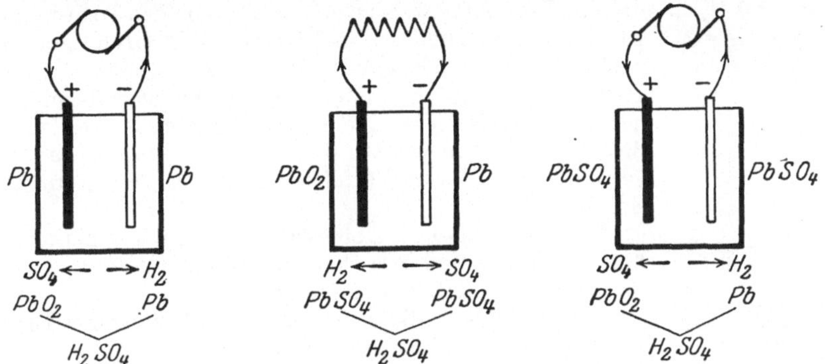

Abb. 549. Chemische Vorgänge in einer Akkumulatorenzelle.

im Mittel 2 V. Es müssen also eine entsprechende Anzahl von Elementen zu einer Batterie hintereinandergeschaltet werden, um die gewünschte Spannung zu erreichen. Eine Batterie braucht bei großen Strommengen viel Platz, ist in der Beschaffung teuer, macht sich im Kraftwerksbetrieb aber in vielen Fällen bezahlt, weil die Größe der Gleichstromgeneratoren kleiner gehalten und der Betrieb vereinfacht werden kann; denn die elektrische Energie kann gespeichert werden: Die Maschinen laden die Batterie bei schwachem Strombedarf im Netz und werden von ihr bei höchstem Bedarf unterstützt. Dadurch lassen sie sich gleichmäßig und gut ausnutzen. Geringe Nachtbelastung kann ganz von der Batterie, d. h. ohne Maschinenbetrieb gedeckt werden.

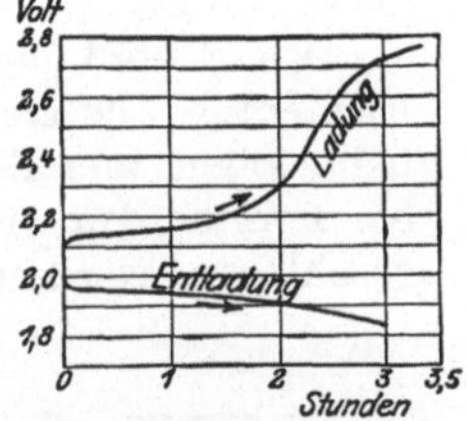

Abb. 550. Spannung bei der Ladung und Entladung.

Chemische Vorgänge. Die Zelle eines Akkumulators besteht in einfachster Form aus zwei Bleiplatten, die in verdünnter Schwefelsäure stehen. Bei der Ladung wandert der Sauerstoff der Säure in Form von SO_4 zur positiven, der Wasserstoff H_2 zur negativen Elektrode. An der positiven Platte bildet sich Bleisuperoxyd (PbO_2) — die Platte wird braun — an der negativen Platte reines Blei — die Platte bleibt hell (Abb. 549). Bei der Entladung wandern die Ionen in umgekehrter Richtung, es entsteht an beiden Platten Bleisulfat ($PbSO_4$). Die nächste Ladung ($\leftarrow$) ruft wieder den Zustand wie zuerst hervor usw. nach der Formel:

$$PbO_2 + 2\,H_2SO_4 + Pb \rightleftarrows PbSO_4 + 2\,H_2O + PbSO_4.$$

Bei der Entladung ($\rightarrow$) nimmt die Säuredichte von 1,20 auf 1,18 ab. Mit dem Aräometer läßt sich daher der jeweilige Ladezustand feststellen, da das spezifische Gewicht proportional den entnommenen Ah sinkt. Am Schlusse der Ladung bildet sich an den Elektroden freier Sauerstoff und Wasserstoff. Die Gase entweichen durch die Flüssigkeit, das Element „kocht". Für gute Lüftung der Batterieräume muß gesorgt werden (Explosionsgefahr!).

Elektrisches Verhalten. Bei der Entladung mit normaler, der Plattengröße entsprechenden Stromstärke fällt die Klemmenspannung je Zelle von 1,95 V allmählich auf 1,85 V (Abb. 550); ein weiteres Entladen ist für die Lebensdauer schädlich. Bei der Ladung ist eine Anfangsspannung je Zelle von 2,1 V nötig, die zuerst langsam, dann aber infolge der Gasentwicklung schnell steigt; bei 2,6 V ist die Ladung zu unterbrechen. Die zulässige Stromstärke hängt von der Plattengröße ab und soll etwa 1,5 A/dm² nicht überschreiten.

Aufbau. Nach dem Verfahren von Planté bestehen die Platten aus reinem Blei. Sie werden durch wiederholtes Laden und Entladen „formiert". Hierbei

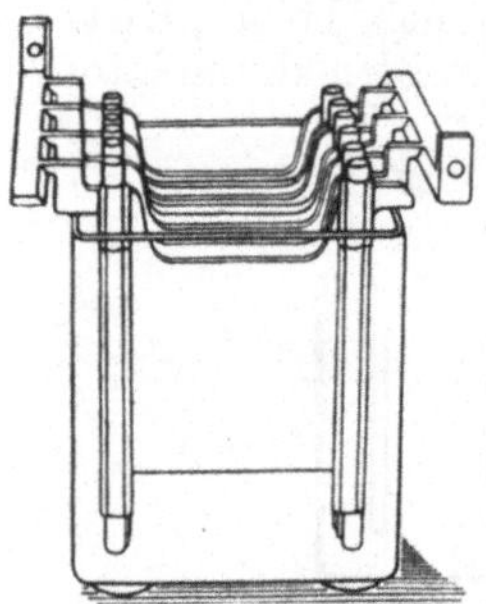

bildet sich eine „aktive Masse" an der Oberfläche der Platten, indem diese porös und schwammig wird. Nach diesem Verfahren werden die positiven Großoberflächen-platten hergestellt. Nach dem Verfahren von Faure wurde die Oberfläche der Bleiplatten mit Bleioxyden bedeckt. Heute bestehen die Platten aus einem gitterförmigen Bleigerippe, in das die Bleioxyde eingepreßt werden. Nach diesem Verfahren werden die negativen Masseplatten hergestellt. Bei diesem Verfahren geht der Formierungsprozeß schneller.

Um zweckmäßige Abmessungen eines Elementes zu erhalten, werden mehrere Platten in einem Gefäß angeordnet, und zwar so, daß den Anfang und das Ende je eine negative Platte bildet. Alle gleichnamigen Platten eines Elementes werden durch eine Lötverbindung parallel geschaltet (Abb. 551).

Abb. 551. Element mit parallelgeschalteten positiven und negativen Platten.

Die Platten hängen mit ihren Nasen bei Glasgefäßen auf dem Gefäßrand, bei Holzkästen auf dem Rande einer besonderen Glasplatte und werden voneinander durch eingeschobene Glas- oder Hartgummistäbe und Holzbrettchen getrennt. Ebenso erfolgt das Hintereinanderschalten der Zellen durch Lötverbindungen (Abb. 552).

Das Gefäß besteht bei kleinen Elementen aus Hartgummi oder Glas, bei großen aus Steinzeug oder Holz, bei dem die Innenwände mit Blei ausgeschlagen werden, um das Holz vor

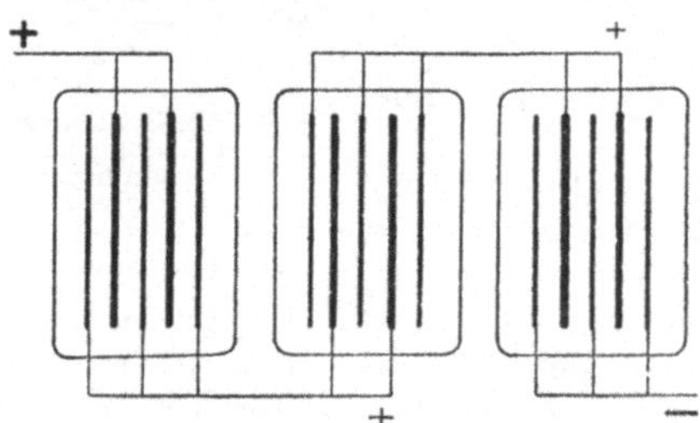

Abb. 552. Akkumulatorenbatterie aus hintereinandergeschalteten Elementen.

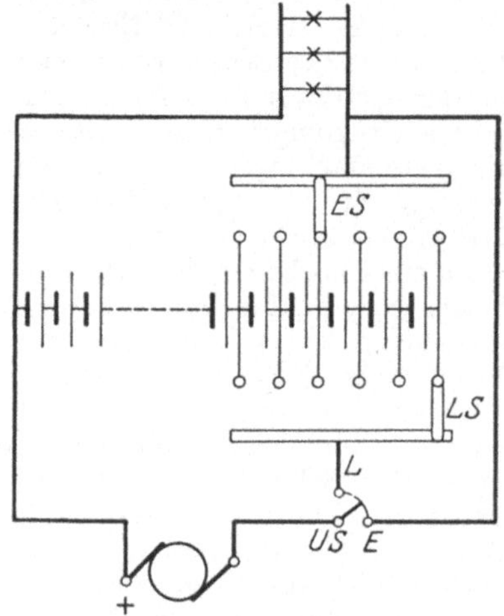

Abb. 553. Batterie mit Doppelzellenschalter.

der Einwirkung der Säure zu schützen. Die Zellen werden auf Glas- oder Porzellanfüßen isoliert aufgestellt.

Kapazität. Die Akkumulatoren unterscheiden sich durch die zulässige Lade- und Entladestromstärke, sowie durch ihre Kapazität gemessen in Ah. Ein Akkumulator von 900 Ah würde bei dreistündiger Entladung 300 A, bei zehnstündiger 90 A liefern. Die Kapazität hängt jedoch auch von der Entladezeit ab und beträgt bei zehnstündiger Entladung etwa 33% mehr, bei einstündiger Entladung etwa 31% weniger als bei dreistündiger Entladung.

Wirkungsgrad. Der Ah-Wirkungsgrad (Güteverhältnis) ist das Verhältnis der Elektrizitätsmengen bei Entladung und Ladung in Ah. Sein Wert beträgt etwa 0,9 bis 0,95. Der Arbeitswirkungsgrad (Nutzeffekt) ist das Verhältnis der Energiemengen bei Entladung und Ladung in Wh. Sein Wert beträgt etwa 0,7 bis 0,8.

Schaltung. Für eine Spannung von 110 V müssen 60 Elemente zu einer Batterie hintereinandergeschaltet werden. Ihre Klemmenspannung beträgt am

$$\begin{array}{llll}
\text{Beginn der Entladung} & \ldots & 60 \times 1{,}95 = 117 \text{ V} \\
\text{Ende der Entladung} & \ldots & 60 \times 1{,}85 = 110 \text{ V} \\
\text{Beginn der Ladung} & \ldots & 60 \times 2{,}1 = 126 \text{ V} \\
\text{Ende der Ladung} & \ldots & 60 \times 2{,}6 = 156 \text{ V.}
\end{array}$$

Die zum Laden verwendeten Gleichstromgeneratoren müssen also eine erhebliche Spannungserhöhung zulassen. Das ist nur bei schwach gesättigten Nebenschlußmaschinen möglich. In größeren Anlagen wird meist eine Zusatzmaschine verwendet, die beim Laden mit der Betriebsmaschine hintereinandergeschaltet wird. Soll gleichzeitig mit unveränderter Spannung Strom an ein Netz abgegeben werden, so wird ein Zellenschalter notwendig, der zweckmäßig als Doppelzellenschalter ausgebildet wird (Abb. 553). Beim Laden wird der Umschalter US auf den Ladekontakt L gestellt und die Batterie mit Hilfe des unteren Zellenschalters an die Maschine angeschlossen. Der Kontaktschlitten LS (Ladeschlitten) steht zu Beginn der Ladung so, daß die ganze Batterie in Reihe liegt. Die Schaltzellen beginnen in der umgekehrten Reihenfolge zu gasen (Kochen), wie sie bei der vorangegangenen Entladung zur Stromabgabe herangezogen und daher entsprechend geringer entladen wurden. Sie werden daher allmählich abgeschaltet und die Spannung der Lademaschine verringert. Die Spannungsregelung des Netzes erfolgt während des Ladens mit Hilfe des oberen Zellenschalters über den Entladeschlitten ES.

Beim Entladen sind die Schaltzellen zu Beginn abgeschaltet. Mit zunehmender Entladung sinkt die Klemmenspannung, so daß mit Hilfe des Entladeschlittens Schaltzellen zugeschaltet werden müssen. Soll gleichzeitig der Generator auf das Netz arbeiten, so wird der Umschalter US auf den Entladekontakt E gestellt. Die Verteilung der Belastung auf Generator und Batterie erfolgt durch Spannungsregelung (vgl. S. 271).

Aufstellung und Betrieb. Die Batterie muß in geschlossenen, gut gelüfteten Räumen aufgestellt sein, deren Wände und Fußböden durch Säuredämpfe oder auslaufende Säure nicht angegriffen werden. Eisenteile sind durch säurefesten Lack, Kupferleitungen durch Einfetten zu schützen. Die Zellenschalter werden mit allen zugehörigen Apparaten, Schaltern und Meßgeräten auf der Schalttafel angeordnet, bei sehr großen Stromstärken jedoch zur Ersparnis von Leitungskupfer in unmittelbarer Nähe der Zellen. Die Betätigung des Zellenschalters erfolgt dann motorisch durch Fernsteuerung von der Schalttafel aus.

Eine ständige Beaufsichtigung der Batterie ist nicht notwendig. Es genügt, während des Ladens festzustellen, daß alle Zellen gleichmäßig anfangen zu kochen und keine zurückbleibt. Ebenso ist eine Beobachtung der Säuredichte und des Säurestandes notwendig. Mit zunehmendem Alter fällt aktive Masse aus den Platten heraus und sammelt sich als Schlamm auf dem Boden der Zelle an. Von Zeit zu Zeit muß dieser Schlamm entfernt werden. Man rechnet mit einer Lebensdauer der Zellen von 10 bis 12 Jahren.

C. Gleichstrommaschinen.

1. Aufbau der Gleichstrommaschinen.

Allgemeines. Gleichstrommaschinen dienen als Generatoren zur Umformung von mechanischer Energie in elektrische, und als Motoren zur Umformung von elektrischer Energie in mechanische. Sie bestehen aus dem feststehenden Magnetgestell aus Eisen (Ständer) (Abb. 554 — Gußständer —,

Abb. 604 links — geschweißter Ständer) mit den Polen, auf denen die Erregerwicklung untergebracht ist, die im Luftspalt magnetische Felder abwechselnder Polarität erzeugen (Abb. 527, S. 252), und dem umlaufenden Anker (Läufer), der an seinem Umfange die in Nuten untergebrachte Ankerwicklung trägt (Trommelanker). In dieser wird die EMK der Drehung (S. 268) induziert.

Die Ankerwicklung ist aus Spulen zusammengesetzt, deren Enden untereinander und mit den Segmenten (Stegen) des Kommutators verbunden sind. Die Segmente sind voneinander durch dünne Glimmerscheiben isoliert. Die Oberfläche des Kommutators ist zylindrisch und blank. Auf ihr schleifen die feststehenden Bürsten, die aus Kohle bestehen und durch Federn gegen den Kommutator gedrückt werden. Die Bürsten werden von Bürstenhaltern und diese von Bürstenbolzen getragen. Die Verbindungen zwischen der Ankerwicklung und den Segmenten (Stegen) führen nur dann Strom, wenn die betreffenden Segmente

Abb. 554. Gleichstrommaschine. 25 kW, 220 V, 800 U/min.

von einer Bürste berührt werden. Dies erfolgt in dem Augenblick, wenn die zu den Segmenten gehörigen Spulen sich in neutralen, d. h. feldfreien Zonen befinden, d. h. bei Leerlauf gerade zwischen den Polen. Bei Belastung erzeugen die Ankerströme im Anker ein magnetisches Feld (Ankerfeld), dessen Richtung im zweipoligen Schema senkrecht zu dem der Feldmagnete steht. Haupt- und Ankerfeld setzen sich zu dem resultierenden Felde zusammen. Dadurch wird die Feldverteilung vor den Polen verzerrt, indem an der „ablaufenden" Polkante beim Generator eine Feldverstärkung, an der anderen eine Feldschwächung auftritt, und die neutrale Zone in Drehrichtung des Ankers verschoben wird (Ankerrückwirkung, Abb. 555). Bei wendepollosen Gleichstromgeneratoren (S. 270) wird dadurch eine Verschiebung der Bürsten in Drehrichtung des Ankers notwendig, um funkenfreien Lauf zu ermöglichen, bei wendepollosen Gleichstrommotoren dagegen eine Verschiebung der Bürsten gegen die Drehrichtung des Ankers.

Anker und Ankerwicklung. Der Anker ist zur Vermeidung von Wirbelströmen (S. 253) aus 0,3 bis 0,5 mm dicken, voneinander durch Papier oder Lack isolierten Eisenblechen, die durch ebenfalls isolierte Bolzen zusammengepreßt werden, aufgeschichtet. Die Spulenseiten der Wicklung liegen in den Ankernuten so, daß die zu einer Spule gehörigen Spulenseiten eine Polteilung umfassen und daher immer an entsprechenden Stellen verschiedener Polarität (Nordpol/Südpol) liegen, so daß bei einer Drehung des Ankers sich die in den Spulenseiten einer Spule induzierten EMKe addieren.

Die Herstellung der Ankerwicklung aus fertigen Spulen erfordert es, daß
die in einer Nut liegenden Leiter zu zwei Gruppen (Spulenseiten) zusammen-
gefaßt werden. Die obere Spulenseite gehört zu einer Spule, deren andere
Spulenseite in der unteren Hälfte einer Nut untergebracht ist, die um eine

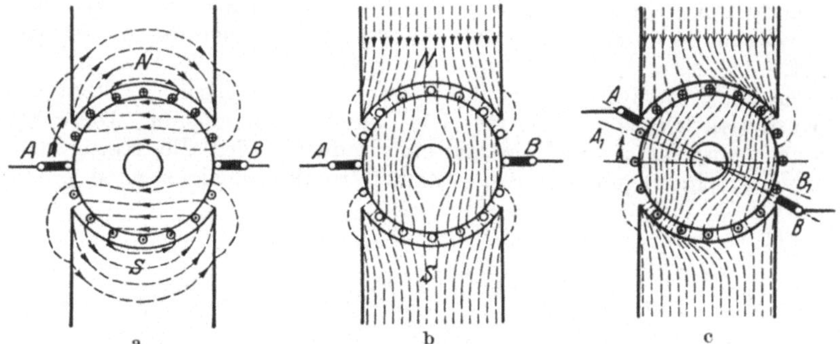

Abb. 555 a—c. Feldverzerrung durch Ankerrückwirkung.

Polteilung am Ankerumfange fortschreitend liegt; die untere Spulenseite gehört
zu einer Spule, deren andere Spulenseite in der oberen Hälfte einer Nut liegt,
die um eine Polteilung rückschreitend liegt. Bei großen Maschinen oder niedrigen
Spannungen kann jede Spule aus nur einer Windung, jede Spulenseite also aus

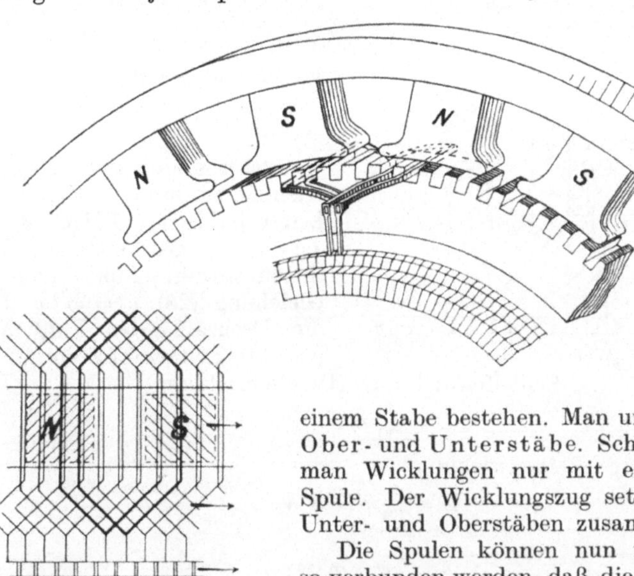

Abb. 556. Schleifenwicklung.

einem Stabe bestehen. Man unterscheidet dann
Ober- und Unterstäbe. Schematisch zeichnet
man Wicklungen nur mit einer Windung je
Spule. Der Wicklungszug setzt sich dann aus
Unter- und Oberstäben zusammen.

Die Spulen können nun mit ihren Enden
so verbunden werden, daß die Leiter der Wicklung Schleifen bilden (Schleifenwicklung,
Abb. 556), d. h. man gelangt von einer Spulenseite vor einem Nordpol um die „Spulenweite"
fortschreitend zu einem benachbarten Südpol
und von dort um den „Schaltschritt" zurückschreitend wieder zu demselben Nordpol. Oder die Spulen können so verbunden werden, daß die Leiter
Wellen bilden (Wellenwicklung, Abb. 557); d. h. man schreitet um die
„Spulenweite" und den „Schaltschritt" in derselben Richtung am Umfange
des Ankers fort. Bei der Schleifenwicklung sind die jeweilig vor einem Nordpol und Südpol liegenden Drähte parallel geschaltet; die Zahl der parallelen
Stromzweige des Ankers ist gleich der Polzahl $2\,p$, bei der Wellenwicklung

dagegen sind dieselben hintereinander geschaltet: die Zahl der parallelen Stromzweige ist immer gleich 2.

Bei der **Schleifenwicklung** müssen ebenso viele Bürstenachsen vorhanden sein, wie die Maschine Pole besitzt. Auch die Bürstenachsen haben abwechselnde Polarität (+ und —). Die Bürsten gleicher Polarität sind miteinander verbunden. Dadurch werden die $2\,p$ Stromzweige des Ankers parallel geschaltet.

Bei der **Wellenwicklung** genügen zwei Bürstenachsen; es können aber auch ebenso viele eingebaut werden, wie Pole vorhanden sind. Diese werden dann auch paarweise parallel geschaltet. Dadurch wird die Hintereinanderschaltung der Windungen der beiden Ankerstromkreise nicht gestört, sondern

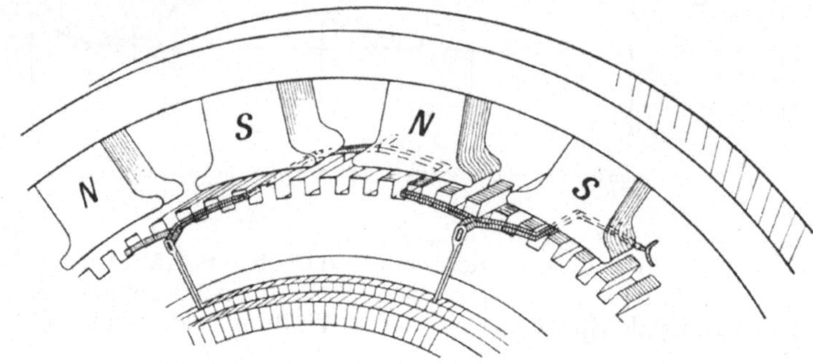

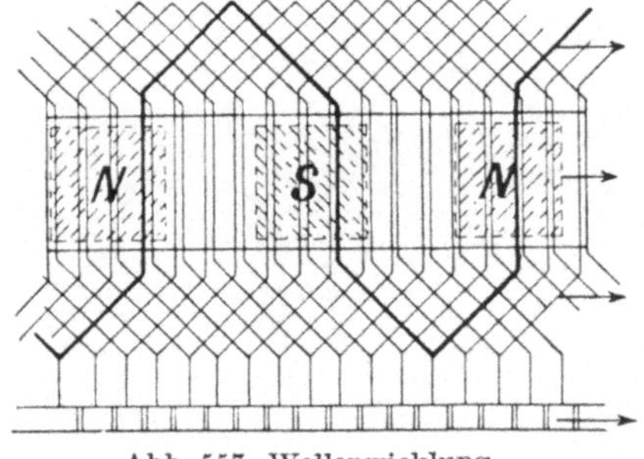
Abb. 557. Wellenwicklung.

nur der abgenommene Strom auf die vorhandenen Bürstenachsen verteilt.

Elektromotorische Kraft und Klemmenspannung. Die in einem Leiter induzierte EMK ist gleich der in 1 s geschnittenen Induktionslinienzahl. Führt man in die Gleichung (25) $e = \mathfrak{B}\,l\,v$ (S. 253) die Drehzahl, den Fluß und die gesamte Leiterzahl Z ein, so ergibt sich für die EMK bei Schleifenwicklung (Parallelwicklung):

$$E = \frac{n}{60}\,Z\,\Phi\ \text{V},\tag{50}$$

bei Wellenwicklung (Reihenwicklung):

$$E = \frac{n}{60}\,p\,Z\,\Phi\ \text{V}\tag{50a}$$

oder allgemeine

$$E = C'\,n\,\Phi\ \text{V},\tag{51}$$

wenn bedeutet:

n die Drehzahl/min des Ankers,
Φ den Induktionsfluß in Vs [1],
Z die gesamte Leiterzahl in den Nuten,
p die Anzahl der Polpaare.

Die **Klemmenspannung** ist bei Generatoren kleiner, bei Motoren größer als die EMK, da der Strom in der Ankerwicklung einen Ohmschen Spannungsabfall zur Folge hat. Die Ankerrückwirkung bringt eine Verkleinerung des Flusses und damit der EMK mit sich. Beim Generator hat dies ein weiteres Sinken der Klemmenspannung zur Folge, beim Motor eine Drehzahlsteigerung.

[1] Wird Φ in Maxwell (S. 250) eingesetzt, so lauten die Formeln: $E = C'n\,\Phi\,10^{-8}$ V usw.

Sieht man von der Ankerrückwirkung ab, so ist die **Klemmenspannung**
beim Generator

$$U = E - I_a R,\tag{52}$$

beim Motor

$$U = E + I_a R.\tag{52a}$$

Je nach der Schaltung (S. 270) sind für I_a und R die entsprechenden Werte
einzusetzen.

Bei gleichbleibender Erregung, d. h. gleichbleibendem Fluß, ist beim Generator die EMK der Drehzahl proportional, bei gleichbleibender Drehzahl dem Fluß. Bei gleichbleibender Spannung ist beim Motor die Drehzahl konstant, und umgekehrt proportional dem Fluß.

Kommutierung und Wendepole. Wenn die Ankerleiter sich durch die neutrale Zone bewegen, wechselt in ihnen die Stromrichtung. Gleichzeitig befinden sich die zugehörigen Kommutatorsegmente unter den Bürsten, die die benachbarten Segmente und die zwischen diesen liegenden Wicklungsteile kurzschließen. Die im Eisen eingebetteten stromdurchflossenen Leiter erzeugen ein magnetisches Feld (Streufeld), das mit der Stromrichtung seine Richtung ändert. Dadurch wird in den Leitern und in den durch die Bürsten kurzgeschlossenen Spulen eine Spannung (Reaktanzspannung) erzeugt, die an der ablaufenden Bürstenkante ein Feuern erzeugt, wenn bestimmte Grenzwerte der Reaktanzspannung überschritten werden. Tritt dies ein, so muß dafür gesorgt werden, daß die Stromumkehr in den Ankerleitern in einem Felde vor sich geht, das so beschaffen ist, daß die Rotationsspannung in den kurzgeschlossenen Ankerleitern gerade gleich groß und entgegengesetzt der Reaktanzspannung ist, so daß diese aufgehoben wird und eine funkenfreie Kommutierung gewährleistet ist. Um dies zu erreichen, verschiebt man bei wendepollosen Generatoren die Bürsten in Drehrichtung über die neutrale Zone hinaus, so daß die Kommutierung an einer passenden Stelle des Hauptfeldes vor sich geht. Oder man bringt in der neutralen Zone zwischen den Hauptpolen Wendepole (Abb. 558) an, die durch eine vom Belastungsstrom durchflossene Wicklung erregt wird, so daß im Wendepolluftspalt ein Wendefeld richtiger Größe erzeugt wird. Die Bürsten stehen bei Wendepolmaschinen in der neutralen Zone.

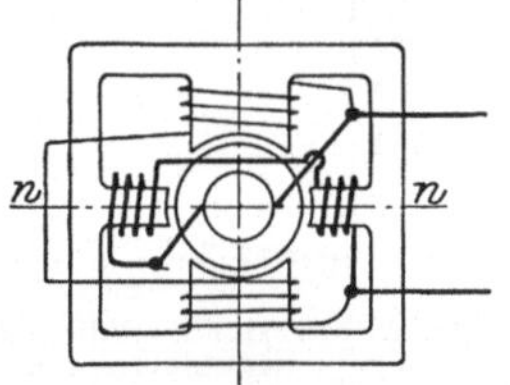
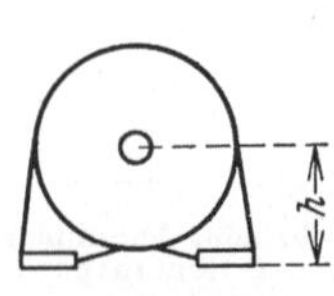

Abb. 558.
Gleichstrommaschine mit
Wendepolen.

Abb. 559. Achshöhen
elektrischer
Maschinen.

Bewertung und Prüfung. Die Gleichstrommaschinen müssen wie alle elektrischen Maschinen der Vorschrift des „Verbandes deutscher Elektrotechniker" VDE 0530/1930[1] „Regeln für die Bewertung und Prüfung elektrischer Maschinen" REM in bezug auf Erwärmung, Kommutierung, Isolierfestigkeit, Wirkungsgrad, Drehzahlverhalten usw. entsprechen. Die Beurteilung erfolgt nach den dort angegebenen Verfahren.

Normung. Wie bei allen elektrischen Maschinen ist auch bei Gleichstrommaschinen eine weitgehende Normung durch den VDE durchgeführt. Die Achshöhen elektrischer Maschinen sind gemäß DIN VDE 2940 genormt:

Achshöhe h in mm (Abb. 559).

52	56	60	64	68	72	75	80	85	90	95	100
105	112	118	125	132	140	150	160	170	180	190	200
210	225	*235*	250	*265*	280	*300*	320	*340*	360	*380*	400
425	450	*475*	500	*530*	560	*600*	640	*680*	720	*760*	800
850	900	*950*	1000								

Schräggedruckte Werte möglichst vermeiden!

---

[1] Unter dieser Bezeichnung vom Verband deutscher Elektrotechniker, Berlin-Charlottenburg, Bismarckstr. 33, zu beziehen.

Außerdem sind genormt:

Maßbezeichnungen . . . . . DIN VDE 2939
Befestigungsflanschen . . . DIN VDE 2941
Wellenstümpfe . . . . . . DIN VDE 2100, 2105, 2910, 2700, 2701, 2702
Flachkohlebürsten . . . . DIN VDE 2900
Bürstenbolzen . . . . DIN VDE 2905
Klemmen . . . . DIN VDE 2960
Leistungsschilder . . . . . DIN VDE 2961
Schleifringe . . . . DIN VDE 2965
Dynamobleche . . . . . . DIN VDE 6400
Kupferdraht . . . . DIN VDE 6431—6438.

2. Gleichstromgeneratoren.

Schaltung und Kennlinien. Nach der Art, wie die Erregung bei den Generatoren geschaltet ist, unterscheidet man fremderregte, Nebenschluß-,

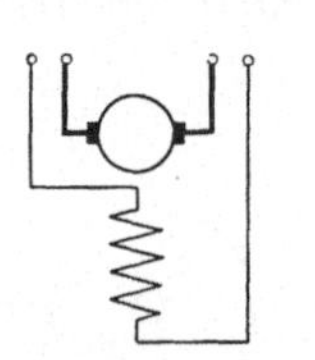

Abb. 560. Fremderregter Generator.

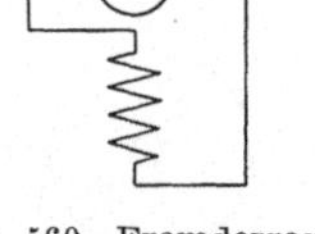

Abb. 561. Kennlinien bei Fremderregung.

Reihenschluß- (Hauptstrom-) und Doppelschluß- (Verbund-) Generatoren. Zur Beurteilung ihrer Betriebseigenschaften dienen Kennlinien bei gleichbleibender Drehzahl. Es zeigt die Leerlaufkennlinie die Abhängigkeit der EMK E vom Erregerstrom I_e, die innere Kennlinie die Abhängigkeit der EMK E vom Belastungsstrom I, die äußere Kennlinie die Abhängigkeit der Klemmenspannung U vom Belastungsstrom I. Innere und äußere Kennlinie unterscheiden sich durch den Ohmschen Spannungsabfall in der Maschine.

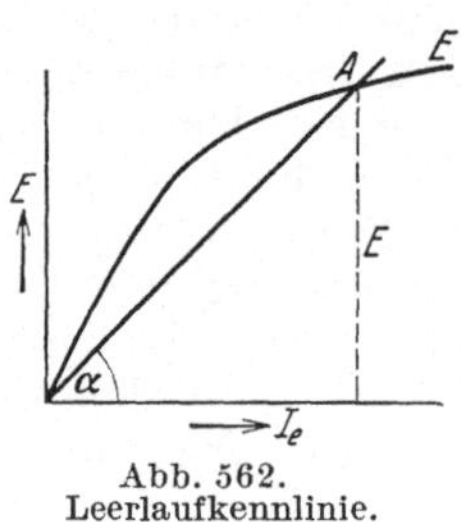

Abb. 562. Leerlaufkennlinie.

Fremderregter Generator. Die Erregung erfolgt von einer besonderen Stromquelle (Batterie, Erregermaschine u. a.) aus. Schaltung: Abb. 560. Die Änderung des Erregerstromes erfolgt durch einen veränderlichen Regelwiderstand (Magnet- oder Feldregler). Die Leerlaufkennlinie (Abb. 562) entspricht der Magnetisierungskurve des magnetischen Kreises der Maschine entsprechend der Beziehung $E = C \cdot n\Phi = C'\Phi$, d. h. die Leerlaufkennlinie unterscheidet sich von der Magnetisierungskurve durch den Maßstab. Die innere und äußere Kennlinie zeigt Abb. 561. Der Spannungsabfall, hervorgerufen durch die Ankerrückwirkung (S. 266), hat ein Absinken der EMK E mit größer werdendem Belastungsstrom I zur Folge.

Nebenschlußgenerator. Die Erregung erfolgt von den Ankerklemmen aus. Schaltung: Abb. 563. Zur Änderung des Erregerstromes zur Spannungsregelung, z. B. für die Aufnahme der Leerlaufkennlinie, wird ein Nebenschlußregler (Magnet- oder Feldregler) in den Erregerkreis geschaltet (Abb. 565). Die Leerlaufkennlinie entspricht der eines fremderregten Generators (Abb. 562) bei denselben Voraussetzungen. Der Erregerstrom I_e entspricht in diesem Falle dem Gesamtwiderstand R des Erregerkreises und der veränderlichen Klemmenspannung bzw. EMK E. Ein Punkt A der Leerlaufkennlinie muß also gleichzeitig die Bedingung erfüllen $E = I_e R$. Diese Gleichung stellt eine Gerade durch den Punkt A und den Nullpunkt dar. Die Neigung dieser Geraden ist $\dfrac{E}{I_e} = \operatorname{tg}\alpha$. Bildet diese Gerade eine Tangente an die Leerlaufkurve, so ist eine Selbsterregung nicht mehr möglich; diese tritt erst ein, wenn der Nebenschlußregler, d. h. der Regelwiderstand einen bestimmten Wert unterschritten hat und ein Schnitt-

punkt zwischen der Leerlaufkennlinie und der $I_e R$ entsprechenden Geraden vorhanden ist. Die innere und äußere Kennlinie zeigt Abb. 564. Sie ent-
spricht zunächst der des fremderregten Generators. Da aber die Erregung an der Klemmenspannung des Generators liegt, ist der Spannungsabfall größer bis ein Punkt erreicht ist, bei dem die Klemmenspannung so stark gesunken ist, daß eine Selbsterregung

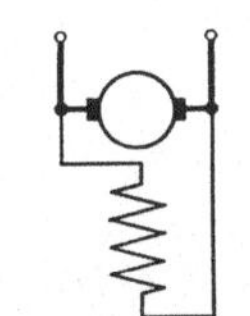

Abb. 563. Nebenschlußgenerator.

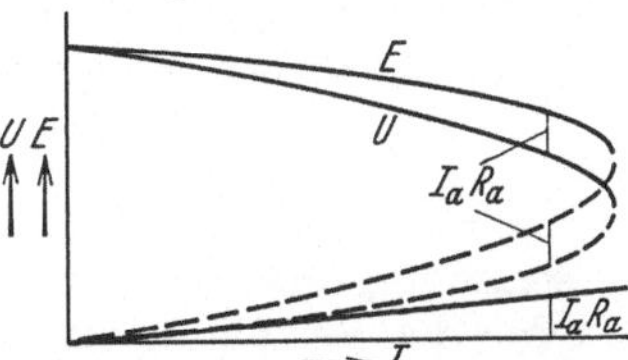

Abb. 564. Kennlinien bei Nebenschlußerregung.

nicht mehr möglich ist, und daher der Generator seine Spannung verliert.

Reihenschlußgenerator. Die Erregung erfolgt durch den Belastungsstrom $(I = I_e)$. Schaltung: Abb. 566. Jede Änderung desselben ändert daher die Klemmenspannung in weiten Grenzen. Die Leerlaufkennlinie wird wie bei einem fremderregten Generator aufgenommen und entspricht der Kennlinie desselben (Abb. 562). Die innere und äußere Kennlinie zeigt Abb. 567. Die EMK E (Kurve 1) entspricht der Leerlaufkennlinie, Kurve 2 berücksichtigt die Ankerrückwirkung, die Klemmenspannung U (Kurve 3) berücksichtigt außerdem den gesamten Ohmschen Spannungsabfall in der

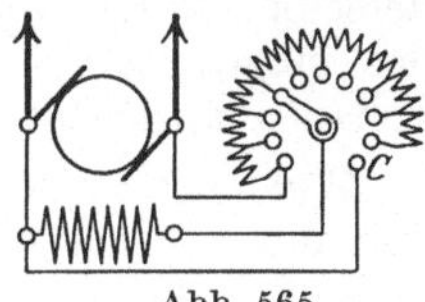

Abb. 565. Nebenschlußregler.

Maschine. Der Reihenschlußgenerator ist wegen der starken Abhängigkeit der Klemmenspannung von der Belastung für die meisten Betriebsverhältnisse **nicht** brauchbar.

Doppelschlußgenerator. Die Erregung ist eine **Verbunderregung**, d. h. eine Verbindung der Nebenschluß- und der Hauptschlußerregung nach Abb. 568. Die Pole tragen zwei Wicklungen, eine dicke vom Hauptstrom durchflossene und eine dünne, die im Nebenschluß entweder an den Maschinen- oder

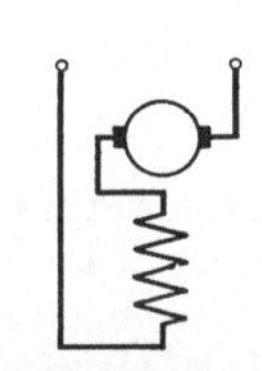

Abb. 566. Reihenschlußgenerator.

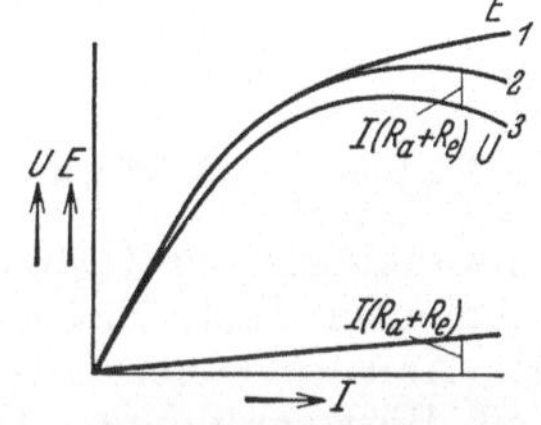

Abb. 567. Kennlinien bei Reihenschlußerregung.

an den Ankerklemmen liegt. Durch entsprechende Wahl beider Wicklungen kann man den Spannungsabfall des Generators sehr klein halten.

Diese Schaltung erfordert beim Parallelbetrieb eine Ausgleichsleitung die zwischen Anker und Hauptschlußwicklung jedes Generators angeschlossen ist.

Parallelschalten und Parallelbetrieb. Im allgemeinen werden Nebenschlußgeneratoren verwendet. Oft ist es notwendig, mehrere Generatoren im Parallelbetrieb zu verwenden. Vor dem Parallelschalten wird die zuzuschaltende Maschine auf dieselbe Spannung geregelt. Nach dem Parallelschalten wird dann die Last verteilt, indem die Erregung der zugeschalteten Maschine verstärkt wird. Es gilt dann bei zwei Generatoren mit den EMKen E_1

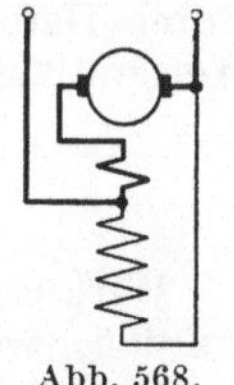

Abb. 568. Doppelschlußgenerator.

und E_2 (Abb. 515, S. 247) für den

$$\left.\begin{array}{l} \text{äußeren Stromkreis mit } R_1 \text{ und } R : E_1 = I_1 R_1 + I R, \\ \text{äußeren Stromkreis mit } R_2 \text{ und } R : E_2 = I_2 R_2 + I R, \\ \text{inneren Stromkreis mit } R_1 \text{ und } R_2 : E_1 - E_2 = I_1 R_1 - I_2 R_2. \end{array}\right\} \quad (53)$$

Die höhere EMK liefert bei gleichen inneren Widerständen R_1 und R_2 die größere Stromstärke. Bei **parallel arbeitenden** Nebenschlußgeneratoren läßt

sich daher die Last durch Veränderung der Erregung, d. h. der EMKe
willkürlich auf die Maschinen verteilen. Zwischen den Verzweigungspunkten A
und B herrscht die Klemmenspannung U. Die EMKe müssen um den Spannungsabfall bis zu diesen Punkten größer sein, also

$$U + I_1 R_1 = E_1, \tag{54}$$

$$U + I_2 R_2 = E_2. \tag{54a}$$

Spannungsregelung. Zur Spannungsregelung von Nebenschlußgeneratoren
und für die Verteilung der Last im Parallelbetrieb sind feinstufige **Magnet-**
bzw. **Feldregler** (Abb. 565) notwendig. Bei Drehung der Kurbel nach rechts
wird Widerstand in den Erregerkreis geschaltet, also das Feld geschwächt und
die Spannung erniedrigt. Überbrückt beim Ausschalten der Erregung der
Kurbelkontakt die beiden letzten Kontakte bei C, so liegt der Feldregler unmittelbar an der Ankerspannung. Dies muß er kurzzeitig aushalten. Über den
Kontakt C wird schließlich die Erregung unmittelbar nach dem Abschalten
derselben kurzgeschlossen, damit die in ihr durch das plötzliche Verschwinden
des magnetischen Flusses des Generators induzierte hohe Spannung keinen
Schaden anrichten kann.

Wahl der Spannung. Die Spannung der Generatoren richtet sich nach den
von ihnen gespeisten Anlagen. In Anlagen für Licht und Kraft wählt man
meist 2×110 oder 2×220 V (S. 304). In reinen Kraftanlagen (Bahnen) geht
man auf 500 bis 750 V für Straßenbahnen, auf 1200 V für Vorortbahnen und
in seltenen Fällen bis auf 3000 V bei Vollbahnen.

Bemessung der Antriebsleistung. Für die nutzbare Energie von $E I$ W an
den Maschinenklemmen ist an der Ankerwelle eine Antriebsleistung nötig von

$$N = \frac{E I}{\eta \cdot 1000} \text{ kW} = \frac{E I}{\eta \cdot 736} \text{ PS}. \tag{55}$$

Verluste und Wirkungsgrad. Der Wirkungsgrad $\eta = \dfrac{\text{Abgabe}}{\text{Abgabe} + \Sigma \text{ Verluste}}$
schwankt mit der Größe des Generators von 0,7 bis 0,95 bei Vollast. Mit ab-
nehmender Last wird er kleiner. Die in der Maschine auftretenden **mechanischen Verluste** entstehen durch Lagerreibung, Luftwiderstand, Ventilation
und Bürstenreibung. Die **elektrischen Verluste** sind die Stromwärmeverluste in der Anker- und Erregerwicklung und die Stromübergangsverluste
am Kommutator. Die **Eisenverluste** entstehen bei der Ummagnetisierung
des Ankereisens als Wirbelstromverluste und Hysteresis.

Gleichstromgeneratoren im Baubetrieb werden verwendet — angetrieben
durch Dampflokomobilen oder Verbrennungsmotoren — im Baukraftwerk, falls
Anschluß an ein vorhandenes Kraftwerk oder Überlandzentrale nicht möglich ist.

3. Gleichstrommotoren.

Wirkungsweise. Jeder Gleichstromgenerator kann als Motor betrieben
werden, wenn man ihn etwa nach Abb. 569 **fremd erregt** (S. 270) und
die Bürsten an eine Stromquelle anschließt. Die Gleichstrommaschine verwandelt in diesem Falle die zugeführte **elektrische** Energie in **mechanische**
Energie. Der durch die positive Bürste in den Anker eintretende Strom teilt
sich bei zweipoligen Maschinen in der einen neutralen Zone in die zwei Stromzweige des Ankers und vereinigt sich in der anderen neutralen Zone, um durch
die negative Bürste auszutreten. Die Stromrichtung in den Ankerleitern im
Bereich der Erregerpole ist so, daß unabhängig von der Ankerdrehung, vor dem
Südpol die entgegengesetzte Stromrichtung vorhanden ist wie vor dem Nordpol.
Infolge der Wechselwirkung zwischen dem Feld und den stromdurchflossenen
Ankerleitern entsteht ein **Drehmoment** in derselben Richtung. Mit Hilfe der

Linken-Hand-Regel (S. 254) läßt sich diese Drehrichtung feststellen. Das Drehmoment hat die Größe

$$M_d = \frac{I_a \, \Phi \cdot Z \, p}{61{,}6} \cdot \mathrm{mkg} = C \cdot I_a \cdot \Phi, \tag{56}$$

ist also bei gegebenem Motor proportional dem Fluß Φ und dem Ankerstrom I_a. Beim Anlassen beschleunigt das Drehmoment den Anker. Durch die Drehung der Ankerleiter im Felde der Gleichstrommaschine wird wie im Gleichstromgenerator eine EMK induziert. Wie man durch die Rechte-Hand-Regel (S. 253) feststellen kann, wirkt diese EMK der angelegten Spannung entgegen (Gegen-EMK). Die Beschleunigung des Ankers wirkt solange, bis diese EMK der angelegten Spannung mit Berücksichtigung der Spannungsabfälle das Gleichgewicht hält. Beim Einschalten entsteht im ruhenden Anker ein Ankerstrom von der Größe $I_a = \dfrac{U}{R_a}$, und sinkt im laufenden Anker auf die Größe $I_a = \dfrac{U - E}{R_a}$.

Bei Leerlauf ist nur das Reibungsdrehmoment zu überwinden, daher ist I_a klein und die EMK erreicht fast die Größe der angelegten Spannung. Bei Belastung steigt mit steigendem Lastmoment der Strom I_a; infolgedessen sinkt $E = U - I_a R_a$ und damit auch die Drehzahl um einen geringen Betrag. Die Drehzahlkennlinie, die den Zusammenhang zwischen Belastung und Drehzahl angibt, entspricht der Nebenschlußkennlinie (Abb. 573, S. 274).

Anlassen. Der beim Einschalten auftretende Ankerstrom $I_a = \dfrac{U}{R_a}$ würde viel zu groß werden. Man schaltet daher einen entsprechenden Anlaßwiderstand (Abb. 569) in den Ankerkreis, der den Einschaltstrom begrenzt und stufenweise ausgeschaltet werden kann. Die Widerstände bestehen

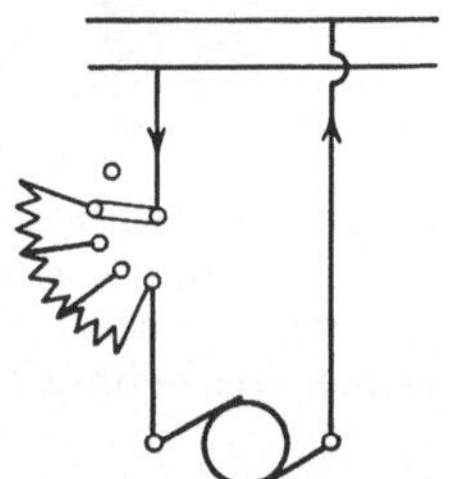

Abb. 569.
Gleichstromanker mit Anlaßwiderstand.

aus Widerstandsmaterial (Nickelin, Kruppin u. a.). Sie sind mit festen Kontakten so verbunden, daß ein beweglicher Schalthebel den Anlaßwiderstand allmählich ausschalten kann. Bei Motoren, die häufig angelassen werden müssen (Kran- und Bahnmotoren), sind die Kontakte besonders kräftig ausgebildet und mit Funkenlöschung ausgerüstet, so daß die Schaltfunken beim Übergang von einem Kontakt zum andern unschädlich gemacht werden.

Schaltung und Kennlinien. Wie bei den Generatoren sind fremderregte, Reihenschluß- oder Hauptstrom-, Nebenschluß- und Doppelschluß- oder Verbundmotoren zu unterscheiden. Das Drehmoment ist nach Gleichung (56) $M_d = C\, \Phi \cdot I_a$; die EMK der Maschine nach Gleichung (51), S. 268 $E = C' \Phi n$. Nach Gleichung (52a), S. 269 ist $E = U - I_a R_a$ also

$$n = \frac{1}{C'} \frac{U - I_a R_a}{\Phi}. \tag{57}$$

Wenn man von dem Ohmschen Spannungsabfall im Anker absieht, ist also die Drehzahl proportional der Klemmenspannung am Anker und umgekehrt proportional dem Fluß. Die Veränderung beider Größen wird zur Drehzahlregelung von Gleichstrommotoren benutzt. Der Ankerstrom richtet sich nach dem Lastdrehmoment.

Reihenschlußmotor. Bei dem Hauptstrommotor (Abb. 570) fließt der Ankerstrom durch die Feldwicklung und erzeugt als Erregerstrom den Induktionsfluß Φ. Das Anlaufdrehmoment des Motors [vgl. Gleichung (56)] ist daher besonders groß, weil Ankerstrom und Erregerfeld groß sind. Die Drehzahl ist stark von der Belastung abhängig: Der Motor läuft um so langsamer je stärker er belastet ist, d. h. je mehr Strom er aufnimmt [vgl. Gleichung (51)] — Hauptstromkennlinie — (Abb. 571); im Leerlauf geht der Hauptstrommotor durch. Das große Anlaufdrehmoment und die abnehmende Drehzahl bei wachsender Belastung machen den Motor besonders für Bahn- und Kranantrieb geeignet. Drehzahlregelung durch Feldschwächung kann ausnahmsweise durch Widerstände erfolgen, die parallel zur Feldwicklung liegen. Umkehr der Drehrichtung erfolgt durch Umkehr der Stromrichtung im Anker oder in der Feldwicklung.

Nebenschlußmotor. Bei dem Nebenschlußmotor (Abb. 572) liegt die Erregerwicklung an der Netzspannung, also parallel zum Anker. Der Erreger-

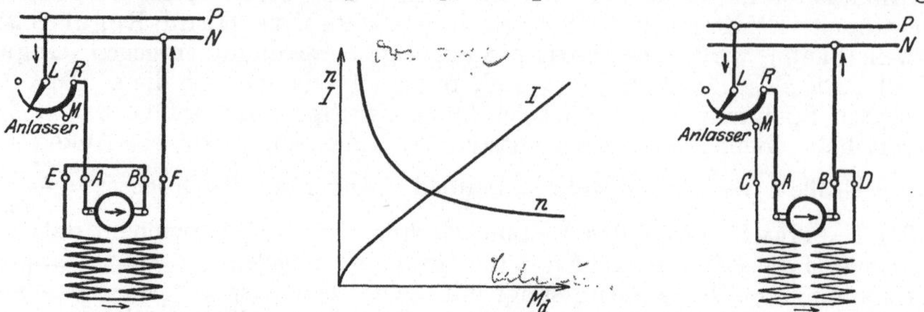

Abb. 570[1]. Hauptstrommotor.   Abb. 571. Hauptschlußkennlinie.   Abb. 572[1]. Nebenschlußmotor.

strom und damit das Feld sind daher unveränderlich, falls nicht eine Drehzahlregelung durch Feldschwächung erfolgt. Bei gleichbleibendem Feld ist der Ankerstrom abhängig vom Lastdrehmoment. Das Anlaufdrehmoment ist kleiner als beim Hauptstrommotor. Demgegenüber nimmt die Drehzahl beim Lauf mit gleichbleibendem Feld bei Belastung nur wenig ab. — Nebenschlußkennlinie (Abb. 573). In den meisten Betrieben wird eine solche nahezu unveränderliche Drehzahl der Antriebsmaschine bei wechselnder Belastung verlangt. Für diese Betriebe ist der Nebenschlußmotor geeignet. Er entnimmt dem Netz soviel Strom, wie dem jeweiligen Lastdrehmoment entspricht.

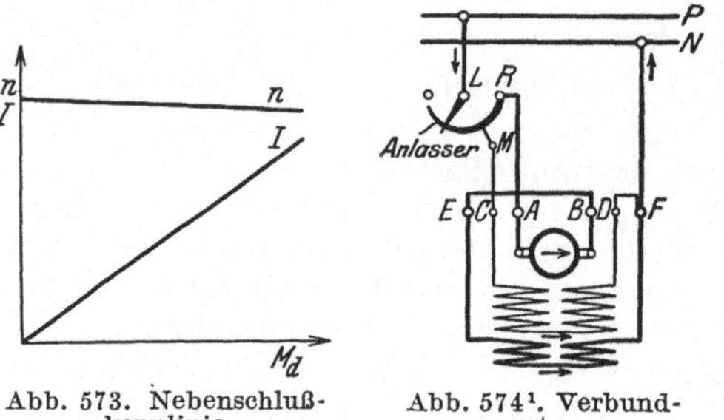

Abb. 573. Nebenschluß-kennlinie.   Abb. 574[1]. Verbund-motor.

Im Gegensatz dazu bedürfen bei wechselnder Last alle sonstigen Antriebsmaschinen (Kraftmaschinen) einer dauernden Regelung des Energiezuflusses.

Drehzahlregelung ist durch Feldschwächung dadurch möglich, daß ein veränderlicher Regelwiderstand in den Erregerstromkreis geschaltet wird, der das Feld schwächt. Umkehr der Drehrichtung erfolgt durch Umkehr der Stromrichtung im Anker.

Doppelschlußmotor. Bei dem Verbundmotor (Abb. 574) sind zwei Feldwicklungen vorhanden, von denen die eine von dem Hauptstrom (Ankerstrom), die andere von dem eigentlichen Erregerstrom durchflossen wird. Je nachdem die Wirkung der einen oder anderen überwiegt, nähert sich der Motor den Eigenschaften des Hauptstrom- oder des Nebenschlußmotors.

Leistung. Die Nutzleistung an der Ankerwelle ist

$$N = \eta \, \frac{U I}{1000} \, \text{kW} = \eta \, \frac{U I}{736} \, \text{PS} \, . \tag{58}$$

Der Wirkungsgrad η schwankt je nach der Größe des Motors zwischen 0,7 bis 0,96 bei Vollast und sinkt bei Teillasten entsprechend.

Gleichstrommotoren im Baubetrieb werden verwendet, wenn ein Anschluß an ein Gleichstromnetz vorhanden ist, oder wenn die Selbsterzeugung elektrischer

---

[1] Die Klemmenbezeichnungen gelten auch für Generatoren. Sie entsprechen den Vorschriften des Verbandes deutscher Elektrotechniker.

Energie für Licht und Kraft in einem eigenen Baukraftwerk notwendig wird. Der gegen rauhen Betrieb etwas empfindliche Kommutator macht den Gleichstrommotor im Baubetrieb weniger geeignet, als den mechanisch widerstandsfähigeren Drehstrommotor (S. 283).

Klemmenbezeichnung nach den VDE-Normen (einschließlich Anlasser und Regler):

Anker . . . . $A—B$	Netz, Zweileiter (Neg.-Pos.) . . . . $N—P$
Nebenschlußwicklung . . . . $C—D$	Anlasser. . . . . $L—M—R$
Reihenschlußwicklung . . . . $E—F$	Magnetregler. . . . . $s—t$
Wendepol- bzw. Kompensations-	(s mit Schleifkontakt verbunden)
wicklung . . . . $G—H$	Ausschaltkontakt des Magnet-
Fremderregte Magnetwicklung . . . $I—K$	reglers . . . . q

Es wird verbunden (Abb. 572):
L mit N oder P, M mit C oder D,
R mit A oder B, E, F, G, H je nach Schaltung,
s mit C oder D bei Selbsterregung, mit I oder K bei Fremderregung,
q mit D oder C (Magnetregelung in Abb. 572 nicht vorhanden).

D. Wechselstrommaschinen und Transformatoren.

1. Transformatoren.

Zweck und Wirkungsweise. Transformatoren wandeln ohne mechanische Bewegung elektrische Leistung gegebener Spannung in elektrische Leistung anderer Spannung um: **Umspannen der Maschinenspannung im Kraftwerk auf Hochspannung der Fernleitungen. Umspannen der Hochspannung dieser auf Mittelspannung der Verteilungsnetze bzw. auf Niederspannung der Verbrauchsnetze.**

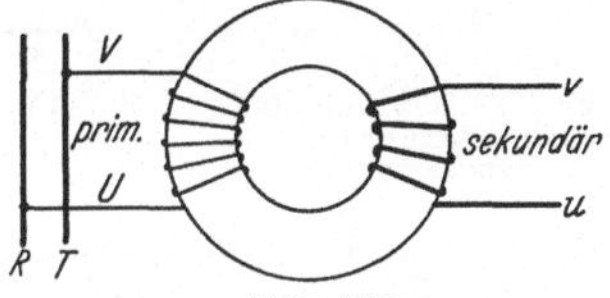

Abb. 575.
Schema eines Transformators.

Der Transformator besitzt zwei Wicklungen, die mit einem eisengeschlossenen, magnetischen Kreis nach Abb. 575 verkettet sind. Die **Primärwicklung** UV mit w_1 Windungen entnimmt elektrische Leistung aus dem Wechselstromnetz RT, die **Sekundärwicklung** uv mit w_2 Windungen gibt elektrische Leistung an einen Verbraucher ab.

Im **Leerlauf** muß primär der Magnetisierungsstrom I_μ im magnetischen Kreis des Transformators einen Fluß Φ von der Größe erzeugen, daß die in der Primärwicklung induzierte EMK E_1 entgegengesetzt gleich groß der Netzspannung U_n ist (abgesehen vom Ohmschen und induktiven Spannungsabfall). Dieser Bedingung entsprechend stellt sich die **Durchflutung** $I_\mu w_1$ (A-Windungszahl) und damit bei bestimmter Windungszahl w_1 der Magnetisierungsstrom I_μ ein. Der Magnetisierungsstrom ist reiner Blindstrom (S. 257), eilt also der Klemmenspannung um 90° nach. Es ist

$$E_1 = - U_{n_1} = - w_1 \frac{d\Phi}{dt}$$

und bei zeitlich sinusförmig verlaufender Netzspannung

$$E_1 = 4,44 \, f \cdot w_1 \, \Phi_{max} \, \text{V} \quad (\Phi \text{ in Vs}), \tag{59}$$

bzw.

$$E_1 = 4,44 \cdot f \cdot w_1 \, \Phi_{max} \cdot 10^{-8} \, \text{V} \quad (\Phi \text{ in Maxwell}). \tag{59a}$$

In der Sekundärwicklung wird eine EMK

$$E_2 = 4,44 \cdot f \cdot w_2 \, \Phi_{max} \tag{59b}$$

induziert. Also

$$\frac{U_1}{U_2} = \frac{E_1}{E_2} = \frac{w_1}{w_2} \tag{60}$$

(**Übersetzungsverhältnis des Transformators**), d. h. die Spannungen verhalten sich wie die Windungszahlen (Ohmsche und induktive Spannungsabfälle vernachlässigt).

Bei Belastung fließt in der Sekundärwicklung der Strom I_2. Seine Phasenlage ist abhängig von der Art der sekundären Belastung. Damit der Fluß Φ obige Bedingung der Spannungserzeugung weiter erfüllt, muß primär außer I_μ ein Zusatzstrom I_1' von der Größe fließen, daß die Sekundärdurchflutung $I_2\,w_2$ durch die Zusatzdurchflutung $I_1'\,w_1$ aufgehoben wird und nur die ursprüngliche Magnetisierungsdurchflutung $I_\mu\,w_1$ erhalten bleibt. I_μ und $I_1' = -I_2$ setzen sich vektoriell zum primären Gesamtstrom I_1 zusammen. Abb. 576 zeigt den zeitlichen Zusammenhang (Vektordiagramm[1]) zwischen dem Fluß, den Spannungen und Strömen, wenn alle Spannungsabfälle und Verluste vernachlässigt sind, d. h. wenn die EMKe den Klemmenspannungen gleichgesetzt werden können.

I_2 ist um den Winkel φ_2 der Spannung U_2 nacheilend angenommen worden. Vernachlässigt man die Magnetisierungskomponente von I_1, so ist:

$$I_1\,w_1 = -I_2\,w_2,$$

$$\frac{I_1}{I_2} = -\frac{w_2}{w_1} = \frac{E_2}{E_1}, \quad (61)$$

d. h. die Ströme verhalten sich umgekehrt wie die Windungszahlen.

Verluste und Wirkungsgrad. Die Verluste bestehen aus den Leerlaufverlusten (Hysteresis- und Wirbelstromverluste im Eisen) und den Wicklungsverlusten (Stromwärmeverluste im Kupfer und Zusatzverluste).

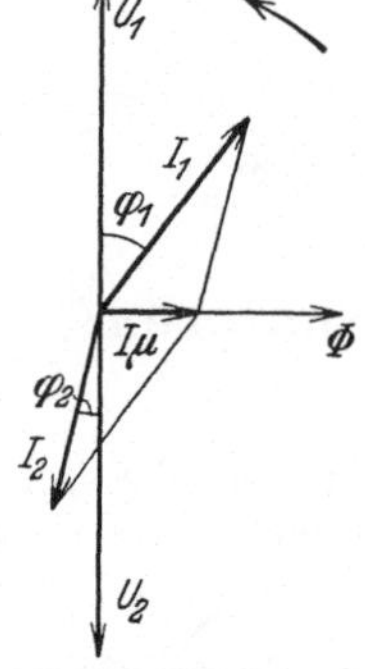

Abb. 576. Vereinfachtes Vektordiagramm eines Transformators.

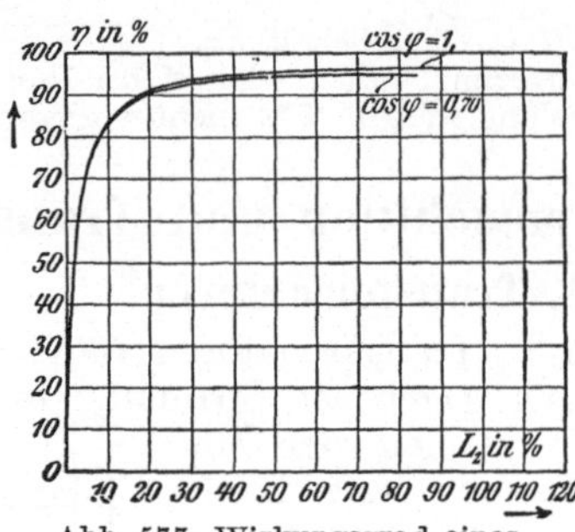

Abb. 577. Wirkungsgrad eines Transformators.

Der Wirkungsgrad, d. h. das Verhältnis der sekundären Abgabe zur primären Aufnahme, ist

$$\eta = \frac{\text{Abgabe}}{\text{Abgabe} + \Sigma\,\text{Verluste}}.$$

Schon bei kleinen Leistungen ist der Wirkungsgrad bei Vollast verhältnismäßig hoch, bei geringerer Belastung (Teillast) nimmt er nur wenig ab (Abb. 577).

Nennleistung . .	1	5	10	100	1000 kVA
Wirkungsgrad . .	0,93	0,95	0,96	0,97	0,98

Wirkungsgradangaben (auch die auf den Leistungsschildern ausgeführter Transformatoren) gelten für Vollast und $\cos\varphi = 1$. Bei induktiver Belastung sind die Wirkungsgrade etwas niedriger.

Zur Beurteilung der Wirtschaftlichkeit im Betrieb dient der Jahreswirkungsgrad, d. h. das Verhältnis der während eines Jahres abgegebenen Arbeit zu der im selben Zeitraum aufgenommenen Arbeit.

Für Transformatoren geringer Leistung bis 100 kVA für Lichtnetze sind Normen aufgestellt worden, nach denen die Leerlaufverluste, Wicklungsverluste und Kurzschlußspannungen festgelegt sind. Hauptreihe (HET) und Sonderreihe (SET) nach DIN VDE 2600 bis 2602. Für Transformatoren von 125 bis 1600 kVA sind die Kurzschlußspannungen nach DIN VDE 2610 genormt. Die Kurzschlußspannung ist ein Maß für den induktiven Spannungsabfall. Ihre Größe wird auf dem Leistungsschild des Transformators angegeben.

---

[1] Darstellung zeitlich sinusförmig verlaufender Größen. Projektion des Maximalwertes einer Größe z. B. von I_1 auf die senkrechte Achse gibt Momentanwert zu der Zeit, wo U_1 das Maximum erreicht usw. Die Zusammensetzung von Effektivwerten mit Berücksichtigung der zeitlichen Verschiebung, ausgedrückt durch die Winkel φ, gibt resultierenden Effektivwert und zeitliche Verschiebung desselben.

Verwendung. Bei Energieübertragung auf mittlere Entfernung genügt oft die Maschinenspannung für die Fernleitungen. Am Verbrauchsort wird durch einen Transformator die Spannung auf die Verbrauchsspannung herabgesetzt (Abb. 578b). Bei Energieübertragung auf große Entfernung und in ausgedehnten Netzen braucht man zur Ersparnis von Leitungskupfer hohe Spannungen (S. 305), deren unmittelbare Erzeugung in Generatoren Schwierigkeiten mit sich bringt. Man setzt deshalb die Spannung für die Fernleitungen in die Höhe und am Verbrauchsort auf die gewünschte Niederspannung herab (Abb. 578a). In Verbrauchsnetzen wird mit Rücksicht auf Lampen eine Spannung von 110/120 oder 220 V gewählt, so daß für Drehstrommotoren die verkettete Spannung von 220 oder 380 V zur Verfügung steht, für Verteilungs- und Mittel-

Abb. 578a. Transformator bei Energieübertragung mit höherer Spannung.

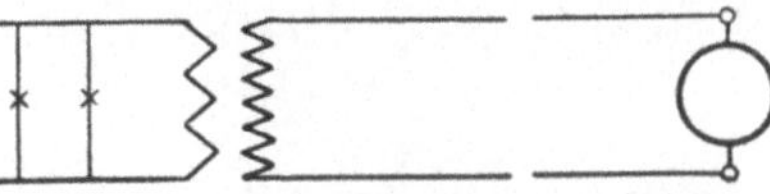

Abb. 578b. Transformatoren bei Energieübertragung mit Maschinenspannung.

spannungsnetze 6000 oder 15000 V und für Fernleitungen bis 220000 V.

Aufstellung der Transformatoren. Sie erfolgt in geschlossenen Räumen oder bei Freiluftstationen im Freien. In Verteilungsnetzen verwendet man besondere Transformatorenhäuschen, in ländlichen Verbrauchsnetzen Masttransformatoren, in städtischen Verbrauchsnetzen bisweilen die Litfaßsäulen, Kellerräume u. a. In allen Fällen ist für hinreichende Abführung der Verlustwärme durch entsprechende Lüftung zu sorgen.

Transformatoren im Baubetrieb werden hauptsächlich verwendet, wenn an Stelle eines eigenen Baukraftwerkes ein Anschluß an ein Hochspannungsnetz z. B. einer Überlandzentrale tritt und die Hochspannung für Licht- und Kraftzwecke auf die Gebrauchsspannung von 220/380 V umgespannt werden muß.

Aufbau. Primär- und Sekundärwicklung sowie den Eisenkörper eines Drehstromtransformators zeigt Abb. 579, Zusammenbau und äußere Ansicht des

Abb. 579.
Aufbau eines Drehstromtransformators.

Transformators im Ölkessel Abb. 580. In dem Eisenkörper des Transformators entstehen infolge des wechselnden magnetischen Feldes Eisenverluste durch Hysteresis und Wirbelströme (S. 252). Um letztere klein zu halten, wird der Eisenkörper aus legierten Blechen (S. 253) von 0,35 bis 0,5 mm Stärke mit Papier- oder Lackisolation zusammengebaut. Man unterscheidet nach dem Eisenkörper Mantel- (Abb. 581 u. 582) und Kerntransformatoren (Abb. 583 u. 584), nach der Phasenzahl Einphasen- (Abb. 581 u. 583) und Drehstromtransformatoren (Abb. 582 u. 584), nach der Kühlung Transformatoren mit Luft-, Wasser- oder Ölkühlung mit und ohne Rückkühlung des Öles durch Wasser oder Luft, und bei den Drehstromtransformatoren nach der Schaltung verschiedene Schaltgruppen (RET 1930, § 8, vgl. S. 278). Es ist zweckmäßig oberspannungsseitig Anzapfungen vorzusehen, so daß das Übersetzungsverhältnis um ± 4 bis 5% geändert werden kann. Hierzu vorgesehene Schalter dürfen nur in spannungslosem Zustande betätigt werden. Bei Regeltransformatoren läßt sich die Spannung um ± 10 bis 15% stufenweise verändern zum Zwecke der Konstanthaltung der Betriebsspannung bei Lastschwankungen, der Lastverteilung u. a. Diese Transformatoren lassen sich unter Last umschalten.

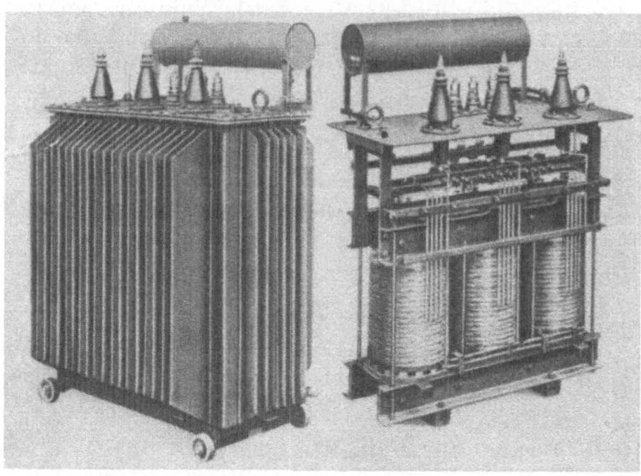
Abb. 580. Drehstromtransformator, 400 kVA, 15000/400 V.

Prüfung und Betrieb. Die „Regeln für die Bewertung und Prüfung von Transformatoren RET", VDE 0532/1930[1], gelten für Transformatoren mit festem Standort, für solche auf Fahrzeugen die REB, VDE 0535/1930[1]. Der Transformator muß Betriebskurzschlüsse, die besonders die Wicklung stark beanspruchen, aushalten. Diese Kurzschlußsicherheit ist Gegenstand einer Probe bei Abnahmeprüfungen nach den RET (§ 57). Der Transformator darf, wie alle elektrischen Maschinen bei Dauerbetrieb mit Nennlast bestimmte Grenztemperaturen nicht überschreiten (§ 42). Auch

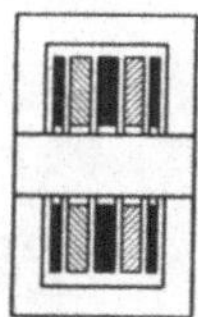

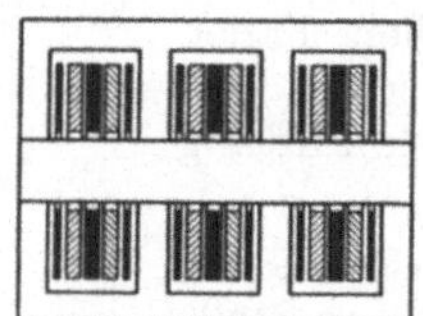

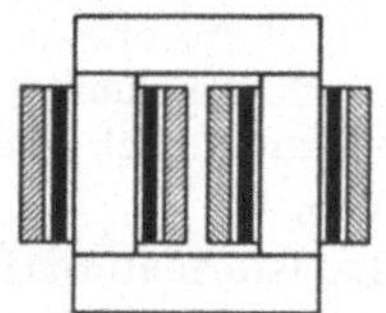

Abb. 581.
Einphasenmanteltransformator
mit Scheibenspulen.

Abb. 582.
Drehstrommanteltransformator
mit Scheibenspulen.

Abb. 583.
Einphasenkerntransformator
mit Zylinderspulen.

bezüglich der Spannungssicherheit muß er bestimmte Vorschriften erfüllen (§ 46 bis 49). Bei Parallelbetrieb, d. h. wenn Transformatoren primär und sekundär parallel geschaltet werden, müssen die Übersetzungsverhältnisse (S. 275) genau und die Kurzschlußspannungen auf ± 10%, bei Drehstrom außerdem die Schaltgruppen (RET, §8) und die Phasenfolge übereinstimmen. Schaltgruppe und Kurzschlußspannung[2] sind auf dem Leistungsschild angegeben. Gegen Überlastung wird der Transformator durch Sicherungen bzw. automatische Schalter geschützt.

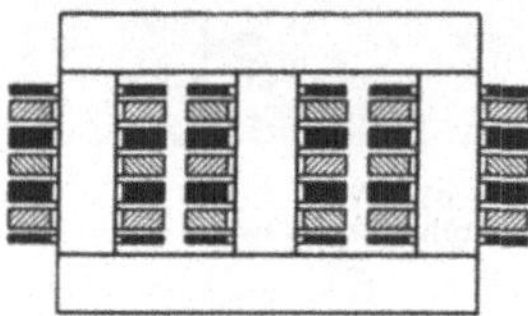

Abb. 584.
Drehstromkerntransformator
mit Scheibenspulen.

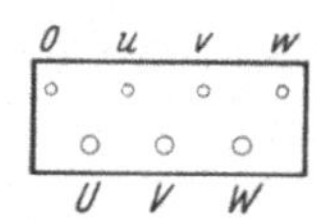

Abb. 585.
Klemmenanordnung bei
Drehstromtransformatoren.

Klemmenbezeichnung und -anordnung soll nach Abb. 585 erfolgen (VDE) (s. auch Abb. 575, S. 275).

Normung. Leistungsgröße von Drehstromtransformatoren DIN VDE 2610. Einheitstransformatoren von 5 bis 100 kVA DIN VDE 2600 bis 2602.

2. Wechselstromgeneratoren.

Allgemeines. Bei den Gleichstromgeneratoren fließt in den einzelnen Ankerspulen ein — allerdings nicht sinusförmiger — Wechselstrom, der durch den

---

[1] Unter dieser Bezeichnung von VDE, Berlin-Charlottenburg, Bismarckstraße 33 zu beziehen.

[2] Das ist die Spannung, die im Kurzschluß die normalen Ströme bei Vollast erzeugt.

umlaufenden Kommutator den feststehenden Bürsten in gleicher Richtung zugeführt wird, so daß in dem äußeren Stromkreis ein Gleichstrom fließt. Verbindet man zwei Punkte der Ankerwicklung mit Schleifringen, so fließt über die feststehenden Bürsten im äußeren Kreis ein Wechselstrom. Verbindet man drei um 120⁰ versetzte Punkte der Ankerwicklung — eine zweipolige Maschine vorausgesetzt — mit Schleifringen, so kann man den Bürsten Drehstrom (S. 260) entnehmen. In dieser Form werden Drehstromgeneratoren bisweilen für kleine Leistungen und niedrige Spannungen ausgeführt. Im allgemeinen wird der stillstehende Anker nach außen (Ständer) und das umlaufende

Abb. 586. Drehstromgenerator mit Gußgehäuse (ältere Konstruktion).

Magnetrad (Läufer, Induktor) nach innen gelegt (Abb. 586), so daß der Wechsel- bzw. Drehstrom feststehenden Klemmen entnommen werden kann, was besonders bei hohen Spannungen konstruktiv leichter ausführbar ist. Die Pole des Magnetrades werden mit Gleichstrom von verhältnismäßig niederer Spannung erregt, der über zwei Schleifringe dem Läufer zugeführt wird, und zwar so, daß abwechselnd Nord- und Südpole entstehen. Dieser Erregerstrom kann unmittelbar angebauten Erregermaschinen (Abb. 587) entnommen werden oder einem besonderen Gleichstromnetz. Die Spannungen der Wechselstromgeneratoren sind genormt (REM 1930, § 9[1]) und liegen bei Hochspannungsmaschinen zwischen 3000 und 15000 V. Die Grenze der Leistung für Drehstromgeneratoren von 50 Hz liegt etwa bei 50000 kVA für Wasserturbinenantrieb und bei 100000 kVA für Dampfturbinenantrieb (Turbogeneratoren). Einphasengeneratoren werden fast nur für Vollbahnen verwendet. Die Frequenz ist dann $16^2/_3$ Hz. Für Baukraftwerke im Baubetriebe kommen Drehstromgeneratoren nicht in Frage, weil die Betriebsführung bei ihnen wesentlich schwieriger ist als bei Gleichstromgeneratoren. Drehstromgeneratoren

---

[1] „Regeln für die Bewertung und Prüfung von elektrischen Maschinen" des VDE.

finden nur in größeren Kraftwerken und Überlandzentralen zur Speisung großer Netze Verwendung.

Belastbarkeit und Antriebsleistung. Die Belastbarkeit (Abgabe) wird in kVA angegeben, da die Erwärmung vom Gesamtstrom I, also von der Scheinleistung (S. 260) abhängt. Außerdem ist die Angabe eines bestimmten $\cos\varphi$ notwendig, da die notwendige Erregung stark von der Phasenverschiebung zwischen Strom und Spannung abhängt.

Die Antriebsleistung folgt aus der elektrischen Leistung und dem Wirkungsgrad. Es ist für Einphasenstrom:

$$N = \frac{U \cdot I \cos\varphi}{\eta\,736}\ \mathrm{PS}, \tag{63}$$

Abb. 587. Drehstromgenerator, 1600 kVA, 525 V, 1000 U/min, mit geschweißtem Gehäuse (moderne Konstruktion).

für Drehstrom:

$$N = \frac{U \cdot I \sqrt{3}\cos\varphi}{\eta\,736}\,\mathrm{PS}. \tag{63a}$$

Größe des Wirkungsgrades η s. unten.

Verluste und Wirkungsgrad. Die Verluste setzen sich zusammen aus den Leerverlusten (Eisenverluste im Ständer und Reibungsverluste) und den Lastverlusten (Stromwärmeverluste im Ständer und Läufer und Zusatzverluste durch Wirbelströme). Der Wirkungsgrad, d. h. das Verhältnis elektrischer Abgabe zu mechanischer Aufnahme ist $\eta = \dfrac{\text{Abgabe}}{\text{Abgabe} + \varSigma\,\text{Verluste}}$. Der Wirkungsgrad für Vollast beträgt je nach Größe und Drehzahl der Generatoren 0,70 bis 0,96.

Aufbau. Im Ständer besteht das Ankereisen der Wirbelströme wegen aus Blechen, die von einem gußeisernen oder aus Blechplatten zusammengeschweißten Gehäuse getragen werden. Zur Abführung der Ständerverlustwärme sind radiale Lüftungsschlitze bzw. axiale Lüftungskanäle vorgesehen. Die Wicklung wird auf dem Innenmantel in Nuten untergebracht. Die Ankerdrähte werden an den Stirnseiten durch Stirnverbindungen so zu Spulen verbunden, daß die induzierten Spulenseiten um eine Polteilung auseinanderliegen, d. h. so, daß ihre Lage zu zwei benachbarten Polen gleichartig ist. Unter sonst gleichen Verhältnissen (gleiche Polteilung, gleiche Nutung im

Ständer) zeigt Abb. 588 die Stirnverbindungen für Einphasen- und Drehstrom. Bei diesem (Abb. 588 a) sind alle Nuten bewickelt, und zwar zwei Nuten je Pol und Phase (Zweilochwicklung), beim Einphasenstrom nur $^2/_3$ der vorhandenen, d. h. vier Nuten je Pol (Abb. 588 b). Sind nur zwei oder ein Leiter je Nut vorhanden, so geht die Spulenwicklung in eine Stabwicklung über. Die Abb. 589 zeigt im Schema eine umlaufende Dreilochwicklung für Drehstrom als Stabwicklung mit einem Stab je Nut ausgeführt. Die Generatoren müssen kurzschlußsicher gebaut sein, daher werden die Stirnverbindungen besonders bei Turbogeneratoren sehr sorgfältig abgestützt, um die durch den Stoßkurzschlußstrom (Stromstoß im ersten Augenblick des Kurzschlusses) bedingten mechanischen Kräfte aufzunehmen.

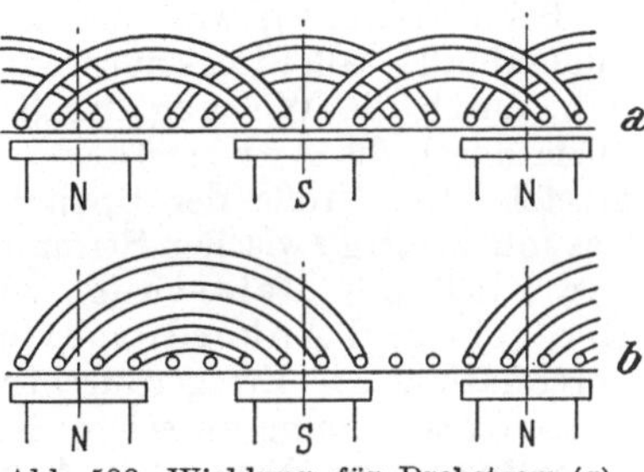

Abb. 588. Wicklung für Drehstrom (a) und für Einphasenstrom (b).

Der Läufer (Induktor, Polrad) trägt auf einem Rade eine der Frequenz und Drehzahl entsprechende Anzahl Pole abwechselnder Polarität. Das Schwungmoment des Läufers kann so groß gemacht werden, daß es bei Kurbelmaschinen das Schwungrad ersetzt. Die Erregerwicklung liegt auf den Polschenkeln, die nach außen zur Verkleinerung des magnetischen Widerstandes und um eine bestimmte Feldform zu bekommen, Polschuhe erhalten (Abb. 588). Der Erregerstrom wird über Schleifringe der Erregerwicklung zugeführt. Bei Turbogeneratoren — Antrieb durch Dampfturbinen — liegt auch die Erregerwicklung in Nuten, die in den zylindrischen Läuferkörper eingefräst sein können, wie Abb. 590 für einen zweipoligen Induktor ($n = 3000$) zeigt.

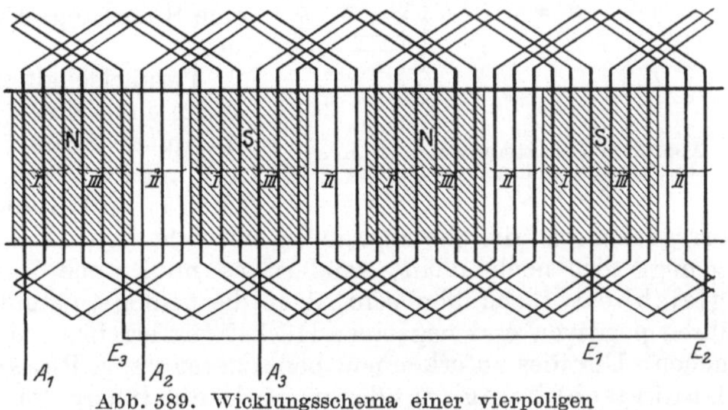

Abb. 589. Wicklungsschema einer vierpoligen Drehstromstabwicklung.

Wirkungsweise des Drehstromgenerators. Bei Leerlauf durchsetzt der vom umlaufenden Polrad und seiner Erregerdurchflutung im magnetischen Kreis des Generators erzeugte Fluß die ruhende Ankerwicklung so, daß er sich mit der Frequenz, die der Pol- und Drehzahl entspricht, von einem positiven Höchstwert über 0 zu einem negativen Höchstwert verändert. Die zeitliche Änderung des Flusses verläuft wie bei einem Transformator nach einem Sinusgesetz, wenn die räumliche Form des Feldes im Luftspalt der Maschine sinusförmig ist. Dann ist nach Gleichung (59) die EMK je Phase: $E = 4{,}44\,f \cdot w \cdot \varPhi$ V

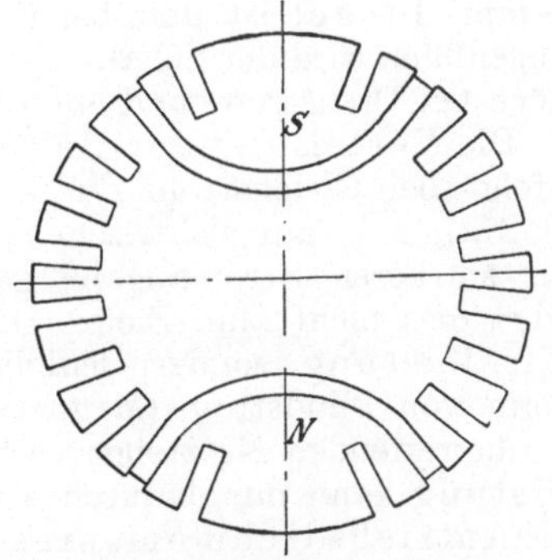

Abb. 590. Zweipoliger Läufer für Turbogenerator.

$\left(4{,}44 = \dfrac{2\,\pi}{\sqrt{2}},\ \text{S. 275}\right)$. Die Abweichung der Feldform von der Sinuskurve und die Verteilung der Wicklung auf mehrere Nuten je Phase verändert den Faktor

4,44 in geringen Grenzen. Man schreibt die Spannungsgleichung daher

$$E = 2\,\varkappa\,f \cdot w\,\Phi\,\text{V},\qquad(64)$$

wo $\varkappa$ zwischen 2,1 und 2,3 schwankt.

Bei Belastung wird die Klemmenspannung durch den Ohmschen Spannungsabfall — allerdings nur wenig — herabgesetzt; durch die Streuspannung, d. h. durch die Wirkung der Selbstinduktion der Streuung (S. 251) und vor allem durch die Ankerrückwirkung des Ständerstromes herauf- oder herabgesetzt. Die Größe der Spannungsänderung ist abhängig von der Phasenverschiebung zwischen Strom und Spannung, d. h. von der Art der Belastung. Der Fluß bei Belastung wird nämlich durch das Zusammenwirken der Erreger- und Ankerdurchflutung erzeugt. Die relative Lage der Ankerdurchflutung zur Erregerdurchflutung, d. h. zum Polrad ist abhängig von der Phasenverschiebung zwischen Strom und Spannung, d. h. von den Belastungsverhältnissen im Netz. Die Ankerdurchflutung kann zur Erregerdurchflutung senkrecht stehen — reine Querstellung bei vorwiegend Ohmscher Last —, sie kann genau entgegenwirken — Gegenstellung bei induktiver Last — oder sie kann die Erregerdurchflutung unterstützen — Längsstellung bei kapazitiver Last —. Der letzte Fall bringt also eine Spannungserhöhung bei Belastung mit sich!

Parallelschalten und Parallelbetrieb. Wenn man einen Gleichstromgenerator an ein unter Spannung stehendes Netz, also mit anderen Maschinen parallel schaltet (S. 271), so läßt man sie leer anlaufen und

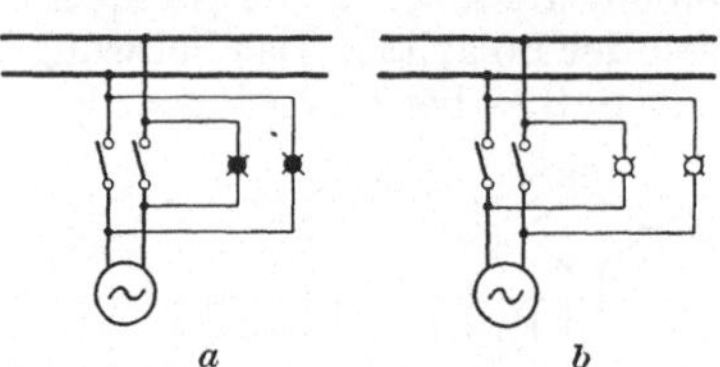

Abb. 591. Phasenlampen in Dunkelschaltung (a) und in Hellschaltung (b).

erregt sie bis die Netzspannung erreicht ist. Bei Wechselstrommaschinen genügt dies noch nicht, sondern es muß auch Frequenz- und Phasengleichheit vorhanden sein, d. h. die beiden Spannungen müssen gleichzeitig ihren positiven und negativen Höchstwert erreichen und gleichzeitig durch Null gehen. Um dies zu erkennen, benutzt man sog. Phasenlampen (Abb. 591) in Dunkelschaltung (a) oder in Hellschaltung (b). Bei gleicher Spannung aber nicht ganz gleicher Frequenz leuchten die Lampen im Takte der Schwebungen auf, die der Differenz der beiden Frequenzen entspricht. Phasengleichheit ist vorhanden, wenn die Spannung zwischen Schaltmesser und Schalterkontakt gleich 0 ist. Dies ist bei Schaltung a der Fall, wenn die Lampe dunkel ist und bei b, wenn die Lampe hell aufleuchtet. In diesem Augenblick wird der Schalter geschlossen: der Generator ist „synchronisiert". Auch bei Drehstrom sind entsprechende Schaltungen anwendbar.

Die Verteilung der Belastung auf mehrere parallellaufende Maschinen erfolgt bei Gleichstrom durch Regelung der Spannung durch die Erregung (S. 272), d. h. auf elektrischem Wege, da die Maschine mit höherer Spannung zur stärkeren Stromabgabe gezwungen wird. Bei Wechselstromgeneratoren führt dies nicht zum Ziele. Hier führt Übererregung nicht zur Abgabe von Wirkleistung, sondern lediglich zur Abgabe von Blindleistung (S. 260) in Form von Blindstrom (Magnetisierungsstrom), durch den der Leistungsfaktor des betreffenden Netzteiles verbessert werden kann. Eine Abgabe von Wirkleistung kann nur dadurch erzwungen werden, daß man durch Vergrößerung des Antriebsdrehmomentes dem Polrad eine Voreilung erteilt, also dadurch, daß man den Regler der Antriebsmaschine verstellt. Dies erfolgt vielfach durch einen kleinen, ferngesteuerten Elektromotor von der Schalttafel bzw. der Schaltwarte aus.

Eine mit einem vorhandenen Netz parallel laufende Synchronmaschine wird durch die Wechselwirkung zwischen Feld und stromdurchflossener Ankerwicklung, d. h. durch die „synchronisierende Kraft" im Synchronismus gehalten. Die momentane Größe dieser Kraft ist abhängig von dem Winkel zwischen dem Polrad und dem synchron damit umlaufenden Drehfeld des Ständers. Diese elastische Kraft ergibt zusammen mit der Schwungmasse des Läufers eine bestimmte Eigenschwingungszahl. Bei Antrieb durch Kolbenkraftmaschinen können die durch die Zylinderzahl u. a. bedingten **Antriebsimpulse** mit dieser Eigenschwingungszahl soweit übereinstimmen, daß die durch Resonanz entstehenden Pendelungen einen Parallelbetrieb unmöglich machen.

Klemmenbezeichnungen nach den VDE-(Normen):

Anker bei verketteter Schaltung. . . . $U, V, W,$
Anker bei offener Schaltung . . . . . $U, V, W, X, Y, Z,$
Nullpunkt (Sternpunkt) . . . . $0,$
Magnetwicklung (Gleichstrom). . . . . $I, K.$

Bewertung und Prüfung. Die Wechselstromgeneratoren und -motoren müssen, wie alle elektrischen Maschinen der Vorschrift des „Verbandes deutscher Elektrotechniker" VDE 0530/1930, den „Regeln für die Bewertung und Prüfung elektrischer Maschinen REM" entsprechen (vgl. S. 269).

Normung S. 269.

3. Wechselstrommotoren.

a) Synchronmotoren.

Aufbau. Der Aufbau ist derselbe wie beim Synchrongenerator. Für den Baubetrieb ist der Synchronmotor ungeeignet, weil die Notwendigkeit, seinen Läufer mit Gleichstrom zu erregen und zu synchronisieren (S. 282), seine Anwendung zu umständlich macht. Er entwickelt nämlich ohne besondere Einrichtung im Stillstande kein Drehmoment und läuft daher nicht von selbst an, sondern muß entweder mit einem Anwurfmotor auf die synchrone Drehzahl gebracht werden oder mit einer in sich geschlossenen Dämpferwicklung in den Polschuhen ausgerüstet werden, so daß er von der Drehstromseite aus asynchron angelassen werden kann. Danach zieht beim Einschalten der Gleichstromerregung die synchronisierende Kraft das Polrad in die richtige Lage und erhält den Synchronismus aufrecht. Nur leerlaufende Synchronmotoren mit Dämpferwicklung gehen auch ohne Erregung der Pole in Tritt.

Änderung der Drehrichtung erfolgt durch Vertauschen zweier Phasen im Ständer, wodurch die Drehrichtung des Ankerdrehfeldes umgekehrt wird; denn diese ist von der Phasenfolge abhängig. Der Synchronmotor wird nur in Sonderfällen verwendet, z. B. beim Drehstrom-Gleichstrom-Umformer, bei dem dann die Gleichstrommaschine das Anwerfen übernehmen kann. Der Vorteil besteht neben der unveränderlichen Drehzahl darin, daß man durch Veränderung der Erregung auch die Phasenverschiebung zwischen Spannung und Strom ändern und durch Übererregung den Leistungsfaktor des Netzes verbessern kann.

Klemmenbezeichnung wie beim Synchrongenerator (s. oben).

b) Asynchronmotoren.

Der **Drehstromasynchronmotor,** kurz Drehstrommotor genannt, hat in der elektrischen Wirkungsweise vieles mit dem Transformator (S. 275) gemein. Er hat infolge der Einfachheit im Aufbau und Betrieb — besonders als Käfigankermotor (s. unten) — die größte Bedeutung unter allen Motoren. Er ist daher der gegebene Motor für den Baubetrieb und dort immer anzuwenden, wenn ein Anschluß an ein Drehstromnetz möglich ist, bei Überlandzentralen gegebenenfalls unter Zwischenschaltung eines Transformators.

Aufbau. Abb. 592 läßt die Teile eines Drehstrommotors mit Schleifringanker erkennen. Eine in Nuten untergebrachte Drehstromwicklung im **Ständer**

(Primäranker), der wie bei einer Synchronmaschine (S. 280) aufgebaut ist, erzeugt ein Drehfeld (S. 262) bzw. einen Drehfluß, der mit der synchronen Drehzahl

$$n_s = \frac{60f}{p} \tag{32b}$$

umläuft und in ihr eine EMK erzeugt, die der Netzspannung das Gleichgewicht

Abb. 592. Drehstrommotor, 75 kW, 380 V, 750 U/min.

hält. Die sechs Enden der unverketteten Wicklung werden zweckmäßigerweise an ein Klemmbrett herausgeführt, damit man sie nach Bedarf in Stern oder in Dreieck (S. 261) schalten kann, entweder um den Motor bei zwei verschiedenen Netzspannungen, z. B. bei 220 und 380 V verwenden zu können

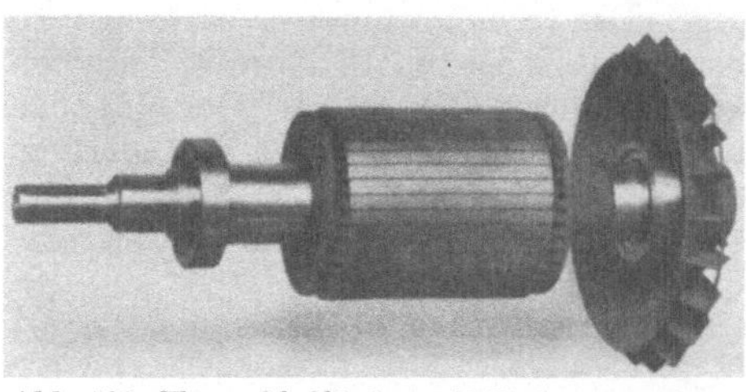
Abb. 593. Kurzschlußläufer mit Lüfter für Motor für 10,5 kW, 380 V, 1430 U/min.

oder um ihn — besonders als Kurzschlußankermotor — mit einem Stern-Dreieckschalter (S. 286) anlassen zu können. In letzterem Falle muß die kleinere Spannung mit der Netzspannung übereinstimmen. Auf dem Leistungsschild des Motors sind beide Spannungen angegeben.

Der Läufer (Sekundäranker) besitzt eine ebenfalls in Nuten untergebrachte Wicklung, die ebenso wie die im Ständer dreiphasig ausgebildet sein kann und im Betriebe über Schleifringe kurzgeschlossen ist (Schleifringanker, Phasenanker, Abb. 592). Die einfachste Läuferwicklung besteht jedoch aus unisolierten Kupferstäben, die an den beiden Stirnseiten miteinander durch je einen Kupferring verbunden sind (Kurzschlußläufer, Käfiganker, Abb. 593).

Das Drehmoment des Drehstrommotors entsteht durch Zusammenwirken des Drehflusses mit den Läuferströmen. Der Drehfluß kann bei gleichbleibender Ständerspannung als Konstant angenommen werden, da er bei Belastung entsprechend dem kleinen Ohmschen Spannungabfall in der Ständerwicklung nur wenig kleiner wird. Ein Strom im Läufer kann nur dann entstehen, wenn die Läuferdrehzahl kleiner oder größer — letzteres nur beim Asynchrongenerator — als die synchrone Drehzahl des Drehfeldes ist, d. h. wenn der Läufer „schlüpft" bzw. asynchron läuft (Asynchronmotor). Nur dann induziert der Drehfluß in der Läuferwicklung — infolge der Relativbewegung zwischen Drehfluß und Läuferstäben — eine Spannung und damit Läuferströme (Induktionsmotor). Bei synchronem Lauf würden die Ankerstäbe bzw. die Spulenseiten der kurzgeschlossenen Spulen des Läufers relativ zum Drehfluß stillstehen und damit die in ihnen induzierte Spannung $e = \mathfrak{B} \cdot l \cdot v = 0$ und infolgedessen auch die Läuferströme und das Drehmoment gleich Null sein.

Die Größe des Drehmoments des Asynchronmotors im Betriebe ist abhängig von der Größe des Flusses und der Wirkkomponente des Läuferstromes (Läuferwirkstrom). Daß nur diese Wirkkomponente zur Drehmomentenbildung beiträgt, ist aus Abb. 594a u. b zu ersehen. Ein Drehfluß mit einer Drehrichtung im Sinne des Uhrzeigers — erzeugt von der Ständer- und Läuferdurchflutung gemäß Abb. 576, S. 276 — induziert in den Ankerleitern Spannungen, die gemäß der Rechten-Hand-Regel (S. 254)[1] wie in Abb. 594a einzutragen sind. Die Wirkkomponente der Läuferströme ist daher phasengleich

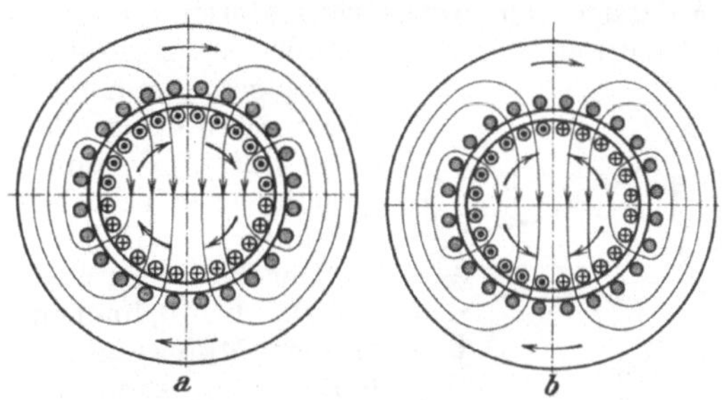

Abb. 594. Drehmomentbildung beim Asynchronmotor. a Strom und EMK im Läufer in Phase. b Strom und EMK im Läufer um 90° phasenverschoben.

mit diesen Spannungen einzutragen, d. h. es gilt für sie dieselbe Abb. 594a. Die Blindkomponente ist um 90° nacheilend verschoben. Der zeitlichen Phasenverschiebung von 90° entspricht im zweipoligen Schema die räumliche Anordnung der Stromverteilung im Läufer nach Abb. 594b. Wie mit der Linken-Hand-Regel (Motor) festgestellt werden kann, addieren sich in den vier Quadranten die Teildrehmomente im Falle der Wirkströme und heben sich auf im Falle der Blindströme.

Im Betriebe als Motor stellen sich nun Läuferströme ein, deren Wirkkomponente dem Ohmschen und deren Blindkomponente dem induktiven Widerstand — dieser durch die Streuung bedingt — des Läuferstromkreises entspricht. Steigt die Belastung, d. h. das Lastdrehmoment, so steigt der Schlupf des Motors soweit, bis die im Läufer induzierte Spannung eine Wirkkomponente des Läuferstromes in der Ankerwicklung erzeugt von solcher Größe, daß eine Angleichung des Motordrehmomentes an das Lastdrehmoment erfolgt. Der Ohmsche Widerstand der Läuferwicklung ist unabhängig von der Frequenz, der induktive ist proportional der Frequenz, also der Schlüpfung. Bei steigendem Schlupf wächst daher der induktive Widerstand bei gleichbleibendem Ohmschen Widerstand. Die Wirkkomponente des Läuferstromes verhält sich nun zur Blindkomponente, wie der Ohmsche zum induktiven Widerstand der Läuferwicklung. Trotz steigender Spannung mit steigendem Schlupf sinkt daher von einem bestimmten Schlupf ab die Wirkkomponente und damit das Drehmoment des Motors. Dieses erreicht also einen Höchstwert. Überschreitet das Lastdrehmoment dessen Betrag, so bleibt der Motor stehen (Kippmoment).

Das Kippmoment mittlerer Drehstrommotoren beträgt bei einer Leistung von 10 bis 200 kW und Drehzahlen von 1000 bis 1500 U/min das 2 bis 2,5fache

---

[1] Die Relativbewegung des Ankerleiters zum Felde ist maßgebend!

des Nenndrehmomentes; bei einer Leistung unter 15 kW und Drehzahlen von 500 bis 750 U/min das 1,6 bis 2fache des Nenndrehmomentes. Das Nenndrehmoment in mkg ist gleich der Nennleistung des Motors in W: synchrone Drehzahl

$$M_d = \frac{N}{n_s}. \tag{65}$$

Die Größe des Schlupfes steigt bei Belastung bis auf etwa 3 bis 5% (beim Nenndrehmoment), d. h. die Drehzahl sinkt nur um diesen geringen Betrag: Der Drehstrommotor besitzt also **Nebenschlußcharakteristik** (S. 274). Abb. 595 zeigt die Drehmomentenkurve, d. h. die Abhängigkeit des Motordrehmomentes von der Schlüpfung: Es steigt schnell an bis zum Kippmoment und nimmt dann ab bis zu dem bei Stillstand (100% Schlupfung) auftretenden **Anlaufdrehmoment**, dessen Größe das Lastdrehmoment — beim Anlauf ohne besondere Hilfsmittel (s. Anlassen) — nicht überschreiten darf.

Anlassen von Asynchronmotoren. Vergrößerung des Drehmomentes und Verkleinerung des Stromstoßes beim Anlauf erfordern besondere Anlaßeinrichtungen. Bei Kurzschlußankermotoren entsteht beim Einschalten ein großer Stromstoß (6 bis 7fache Nennstromstärke), da im Stillstand der Motor wie ein kurzgeschlossener Transformator — allerdings mit größerer Streuung — wirkt.

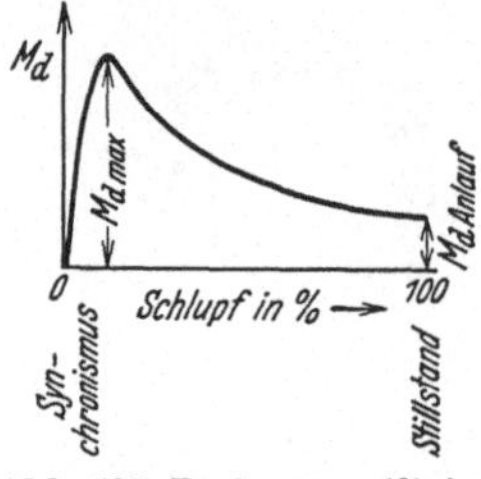

Abb. 595. Drehmomentlinie des Drehstromasynchronmotors.

Der Motor kann dabei gegen ein Drehmoment von der 0,5 bis 0,7fachen Größe des Nennmomentes anlaufen. Muß er gegen ein größeres Drehmoment anlaufen, so kann eine **Fliehkrafttriemenscheibe** angewendet werden, die den Motor erst dann mit der Arbeitsmaschine kuppelt, wenn er in den Bereich höheren Drehmomentes, d. h. etwa auf die Nenndrehzahl gekommen ist. Um den **Stromstoß** beim Anlassen zu verkleinern, kann man die Ständerspannung herabsetzen. Das kann geschehen durch Einschalten von **Anlaßwiderständen** in den Ständerkreis, durch **Anlaßtransformatoren** oder durch **Stern-Dreieckschalter**. In jedem Fall wird aber das Anlaufdrehmoment mit den **Quadrat der Spannung** herabgesetzt, beim Stern-Dreieckschalter also etwa auf $\frac{0,7}{3}$ des Nennmomentes, bei etwa 1,7 bis 2,3fachem Nennstrom.

Durch besondere Ausbildung der Stäbe des Käfigankers läßt sich das Anlaufmoment herauf- und der Anlaufstrom herabsetzen. Im ersten Augenblicke des Anlaufes fließen in den Ankerstäben Ströme mit **Netzfrequenz**, nach erfolgtem Anlauf solche mit der geringen **Schlupffrequenz**. Bei hohen Kupferstäben tritt daher beim Anlauf eine Widerstandserhöhung durch **Stromverdrängung** als Folge der Wirbelströmung und dadurch eine Vergrößerung des Anlaufdrehmomentes infolge Vergrößerung der Wirkkomponente der Ankerströme ein (**Stromverdrängungs-** oder **Wirbelstromläufer**; **Tiefnutmotor**). Ähnlich wirken **Doppelnut-**, **Doppelstab-** bzw. **Doppelkäfigankermotoren**. Der Anlaufkäfig an der Läuferoberfläche ist mit großem Widerstand und kleiner Streuung, der Laufkäfig mit kleinem Widerstand und großer Streuung ausgeführt. Die Stäbe des Laufkäfigs liegen unter denen des Anlaufkäfigs.

Bei **Schleifringankermotoren** mit an drei Schleifringen angeschlossener Phasenwicklung im Läufer — **Phasenanker** — wird beim Anlassen, um die Wirkkomponente der Ankerströme zu vergrößern, ein **Anlaßwiderstand** in den Läuferkreis geschaltet, der stufenweise bis zum Kurzschluß verkleinert wird (Abb. 596). Nach dem Kurzschließen können zur Verminderung der Reibungsverluste und des Verschleißes die Bürsten abgehoben werden. Schleifringankermotoren können bei entsprechender Stufung des Anlaßwiderstandes gegen das Höchstdrehmoment des Motors (S. 285) bei entsprechender Stromaufnahme anlaufen, gegen das Nennmoment bei Nennstrom. Bei großen Motoren wird meist zum Anlassen ein Wasserwiderstand — gegebenenfalls Sodazusatz (S. 313) — benutzt.

Bei schleifringlosen Motoren mit Phasenankern können Fliehkraftschalter die Steuerung des Anlaßvorganges übernehmen, indem diese z. B. in den Läufer eingebaute Anlaßwiderstände nacheinander kurzschließen.

Drehzahlregelung. Asynchronmotoren haben Nebenschlußcharakteristik, d. h. die Drehzahl ist nur wenig von der Belastung abhängig. Bei Schleifringankermotoren ist eine Verkleinerung der Drehzahl durch Einschaltung von Widerständen in den Läuferkreis — Vergrößerung des Schlupfes durch Vergrößerung der Verluste im Läuferkreis — möglich, aber mit so großen Verlusten verbunden, daß sie selten ausgeführt wird. Außerdem verliert der Motor seinen Nebenschlußcharakter, da bei dieser Schlupfregelung die Drehzahl mit zunehmender Belastung stark abfällt. Verlustlose stufenweise Regelung, z. B. mit Stufenzahl 2, 3 oder 4 ist durch Polumschaltung im Ständer und Läufer bei Phasenankern, im Ständer allein bei Kurzschlußankermotoren möglich. Verlustlose stetige Regelung ist nur durch Kaskadenschaltungen möglich, bei denen die Schlupfenergie, die bei Widerstandsregelung in Verlustwärme umgesetzt wird, in einer Hintermaschine — Drehstromasynchron- oder Kommutatormaschine — nutzbar gemacht wird.

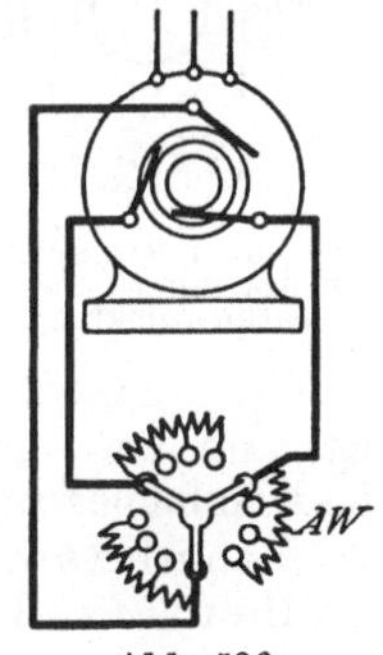

Abb. 596.
Anlasser für
Drehstrommotoren.

Änderung der Drehrichtung beim Drehstrommotor: Vertauschen zweier Anschlüsse im Ständer, wodurch die Drehrichtung des Drehfeldes umgekehrt wird (vgl. S. 262).

Leistungsfaktorverbesserung. Der für den Aufbau des Feldes des Asynchronmotors notwendige Magnetisierungsstrom bringt eine Phasenverschiebung mit sich, d. h. Blindströme, die das Netz nutzlos belasten. Daher wird oft eine Verbesserung des Leistungsfaktors aus wirtschaftlichen Gründen zweckmäßig. Diese kann durch Kondensatoren (S. 258) erfolgen, die allerdings nur das Netz vom Blindstrom entlasten. Drehstromerregermaschinen entlasten Netz und Motor von der magnetisierenden Blindkomponente, indem sie dem Läufer des Motors den notwendigen Magnetisierungsstrom mit der geringen Schlupffrequenz über die Schleifringe zuführen. Kompensierte Asynchronmotoren besitzen einen Kommutator, über den der Magnetisierungsstrom zugeführt wird.

Im allgemeinen finden Drehstromerregermaschinen und kompensierte Motoren selten, im Baubetrieb nie, Verwendung.

Einphaseninduktionsmotoren. Sie sind ähnlich den Drehstrommotoren aufgebaut. Für den Lauf besitzen sie im Ständer eine Einphasenwicklung, für den Anlauf eine oder zwei Hilfsphasenwicklungen, im Läufer eine Käfig- oder eine an Schleifringe angeschlossene Dreiphasenwicklung. Das Anlaufmoment der Einphasenwicklung ist gleich Null, die Drehrichtung vom Stillstand aus unbestimmt. Der Motor läuft in der Richtung weiter, in der er — durch irgendeine mechanische oder elektrische Einrichtung — zum Anlaufen gebracht wird. Dies kann durch die Hilfsphasen erfolgen, die über Widerstände und Induktivitäten bzw. Kapazitäten gespeist werden und zusammen mit der Laufwicklung ein — wenn auch unvollkommenes — Drehfeld erzeugen. Der Leistungsfaktor des Einphaseninduktionsmotors ist wesentlich schlechter als der eines Drehstrommotors, das Kippmoment (S. 285) niedriger. Infolgedessen findet er selten und nur für kleine Leistungen (höchstens bis etwa 50 kW) Verwendung.

Klemmenbezeichnung bei Drehstrommotoren nach VDE-Normen:

Anker bei verketteter Schaltung . . . . *U, V, W,*
Anker bei offener Schaltung. . . . . . *U, V, W, X, Y, Z,*
Nullpunkt (Sternpunkt) 0,
Läufer (dreiphasig) . . . . *u, v, w.*

Bewertung und Prüfung nach den REM S. 269.
Normung S. 269.

Wechselstromkommutatormotoren. Für bestimmte Zwecke kommen ein- und dreiphasige Kommutatormotoren zur Anwendung, besonders dann, wenn es sich um weitgehende verlustlose Drehzahlregelbarkeit oder um hohes Anzugsdrehmoment handelt, wie für Bahnbetrieb und Hebezeuge. Alle diese Motoren haben einen Läufer (Anker) mit Kommutator und einer Wicklung, die der eines Gleichstromankers entspricht, sowie einen aus Blechen geschichteten Ständer mit einer oder mehreren Ständerwicklungen. Wechselstromkommutatormotoren kommen für den Baubetrieb nur sehr selten, als Drehstrommotoren gar

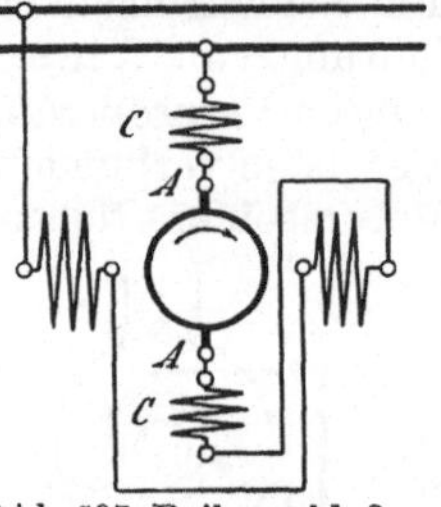

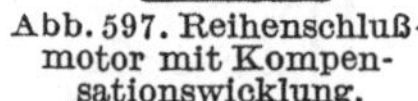

Abb. 597. Reihenschluß-
motor mit Kompen-
sationswicklung.

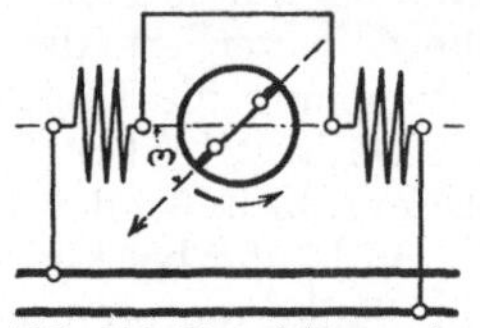

Abb. 598. Repulsionsmotor.

nicht in Frage, weil der Kommutator für rauhe Betriebe etwas empfindlich ist, und der einfache Asynchronmotor wesentlich billiger in der Anschaffung und einfacher und sicherer im Betriebe ist.

Einphasenkommutatormotoren werden für Vollbahnzwecke als Reihenschlußmotoren ausgeführt. Die Frequenz beträgt hier nur $16^2/_3$, damit die Transformatorspannung, die vom Erregerfeld in den durch die Bürsten kurzgeschlossenen Windungen induziert wird, in zulässigen Grenzen bleibt. Die Schaltung (Abb. 597) erfolgt wie beim Gleichstromreihenschlußmotor (S. 273) mit Wendepolen und Kompensationswicklung, d. h. der Strom durchfließt hintereinander die Anker- und die Erregerwicklung. Um die Wirkung des Ankerfeldes aufzuheben, d. h. den Leistungsfaktor des Motors zu verbessern, wird dieses durch eine Kompensationswicklung C (Abb. 597) im Ständer, die den Ankeramperewindungen entgegenwirkt, aufgehoben. Um die Kommutierung zu verbessern, werden in der neutralen Zone Wendepole aus-

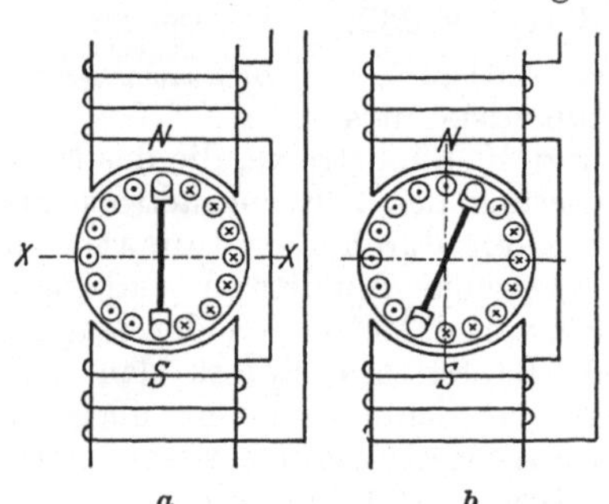

a   b
Abb. 599. Repulsionsmotor. *a* Kurzschlußstellung der verschiebbaren Bürsten.
b Bürstenstellung bei Nennbetrieb.

gebildet. Auch die Kompensations- und Wendepolwicklung liegen mit der Anker- und Erregerwicklung in Reihe. Die Bürsten stehen in der neutralen Zone, das Ankerfeld steht demnach senkrecht zu dem Haupterregerfeld. Da nun bei Wechselstrom die Richtung beider Felder sich gleichzeitig umkehrt, bleibt das Drehmoment stets gleichgerichtet, allerdings pulsierend mit der doppelten Frequenz. Der Wechselstromreihenschlußmotor hat Seriencharakteristik, d. h. dieselben Betriebseigenschaften wie der Gleichstromhauptschlußmotor: große Anzugskraft beim Anfahren und eine mit steigender Belastung abfallende Drehzahl. Die Spannung der Bahnmotoren beträgt etwa 300 V, ihr Leistungsfaktor 0,85 bis 0,92, die Regelung erfolgt verlustlos durch Stufentransformatoren.

Repulsionsmotoren. Nur die einphasige Ständerwicklung wird an das Netz angeschlossen. Er kann daher für Hochspannung ausgebildet werden.

Die Ankerwicklung mit Kommutator wird über verschiebbare Bürsten kurzgeschlossen (Abb. 598). Beide wirken wie die Wicklungen eines Transformators aufeinander. Diese Wirkung ist abhängig von der Bürstenstellung, d. h. vom Bürstenverstellwinkel. Fällt die Bürstenachse und damit die Achse der Ankerwicklung mit der der Ständerwicklung zusammen (Abb. 599a) — Bürstenwinkel gleich Null —, so bildet der Motor einen kurzgeschlossenen Transformator. Das Erregerfeld ist daher klein; die Ankerströme sind zwar groß, ein Drehmoment kann aber nicht entstehen, da vor einem Pol in gleich viel Ankerdrähten der Strom in der einen und in der anderen Richtung fließt. Stehen die Bürsten in der neutralen Zone $X — X$ — Bürstenwinkel gleich 90° —, so ist das Erregerfeld groß, in der Ankerwicklung wird aber keine EMK induziert und also fließt auch kein Strom: Das Drehmoment ist wieder gleich Null. Zwischen diesen beiden Bürstenstellungen — etwa beim Bürstenwinkel 6 bis 10° — ist ein Höchstwert des Drehmomentes vorhanden. Bei Nennbetrieb ist dieser Winkel etwa 15 bis 22° (Abb. 599b). Der Motor hat Hauptstromcharakteristik, d. h. bei steigendem Drehmoment fällt die Drehzahl ab. Durch Verschieben der Bürsten läßt sich die Drehzahl regeln, durch Verschieben der Bürstenachse über die Polachse nach der anderen Seite läßt sich der Motor umsteuern. Anlassen, regeln und umsteuern erfolgt also verlustlos ohne alle Anlaß- und Regelorgane. Der Repulsionsmotor wird verwendet für Antrieb von Werkzeugmaschinen, Hebezeugen u. a. Wegen des geringen Leistungsfaktors wird der Motor nur für kleine Leistungen ausgeführt.

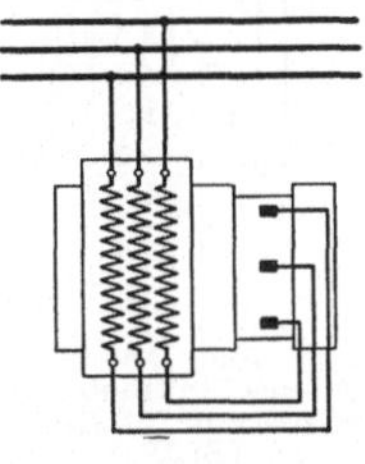

Abb. 600. Drehstromreihenschlußmotor mit verschiebbaren Bürsten.

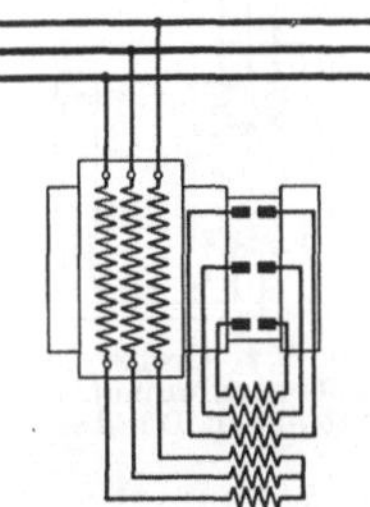

Abb. 601. Drehstromreihenschlußmotor mit doppeltem Bürstensatz (SSW).

Drehstromkommutatormotoren. Ebenso wie der Drehstrom in der Ständerwicklung eines Synchron- oder Asynchronmotors ein Drehfeld erzeugt, erzeugt der einem Gleichstromanker über drei um 120° (elektrische) versetzt angeordnete Bürsten zugeführte Drehstrom im Läufer ein Drehfeld, das unabhängig von der Drehzahl und -richtung des Ankers mit der der Polzahl und Frequenz entsprechenden synchronen Drehzahl $n_s = \dfrac{60\,f}{p}$ umläuft. Befindet sich der so gespeiste Gleichstromanker in einem gleichpoligen und gleichsinnig erregten Drehstromständer, so laufen Ständer- und Läuferfeld synchron um. Ihre Relativgeschwindigkeit ist also gleich Null. Die räumliche gegenseitige Lage ist abhängig von der Stellung der Bürsten.

Beim Drehstromreihenschlußmotor ist der Ständer und Läufer in Reihe geschaltet (Abb. 600). Beide Drehfelder müssen gleiche Drehrichtung haben.

Anlassen und Drehzahlregelung erfolgt verlustlos durch Verschieben der Bürsten aus der Leerlaufstellung. Bei dieser wirken die Windungen des Ständers und Läufers in derselben Richtung: Beide Wicklungen bilden zusammen eine Drehstromdrosselspule. Das Drehmoment ist gleich Null, der aufgenommene Strom ist klein und als Magnetisierungsstrom stark phasenverschoben. Dreht man die Bürsten um 180° (elektrische), so wirken die Windungen gegeneinander: Beide Wicklungen wirken wie ein Ohmscher Widerstand. Das Drehmoment ist gleichfalls gleich Null. Der aufgenommene Strom ist sehr groß. Zwischen diesen beiden äußersten Bürstenstellungen ist ein Drehmoment vorhanden. Bei Nennlast ist der Bürstenverschiebungswinkel etwa gleich 30°. Die Drehrichtung erfolgt in Richtung der Bürstenverschiebung. Für die Kommutierung ist es besser, wenn die Drehrichtung des Drehfeldes mit der des Läufers übereinstimmt. Der Motor hat Seriencharakteristik, d. h. die Drehzahl sinkt stark mit steigender Last. Einen Drehstromreihenschlußmotor mit doppeltem Bürstensatz und Zwischentransformator (SSW) zeigt Abb. 601. Der eine Bürstensatz ist fest, der andere zum Anlassen und Drehzahlregeln beweglich.

Beim **Drehstromnebenschlußmotor** ist Ständer- und Läuferwicklung parallel geschaltet. Beide Drehfelder müssen gleichen Drehsinn haben. Die gegenseitige Lage der Felder ist durch die Stellung der Bürsten bedingt. Diese wird so eingestellt, daß der Leistungsfaktor möglichst gleich Eins ist. **Anlassen und Drehzahlregelung** erfolgt verlustlos durch Veränderung der an den Läufer gelegten Spannung durch einen Regeltransformator bzw. durch entsprechend ausgebildete Wicklungsteile der Ständerwicklung (Abb. 602). Ist diese Spannung gleich Null, d. h. sind die Bürsten kurzgeschlossen, so läuft der Nebenschlußmotor als Asynchronmotor. Übersynchroner Lauf wird dadurch erreicht, daß Spannungen entgegengesetzten Vorzeichens, wie beim untersynchronen Lauf an die Bürsten gelegt werden. Zu diesem Zweck besitzt der Regeltransformator bzw. die Ständerwicklung noch Stufen über den Nullpunkt hinaus (Abb. 602). Der Motor hat bei allen Drehzahlen **Nebenschlußcharakter.**

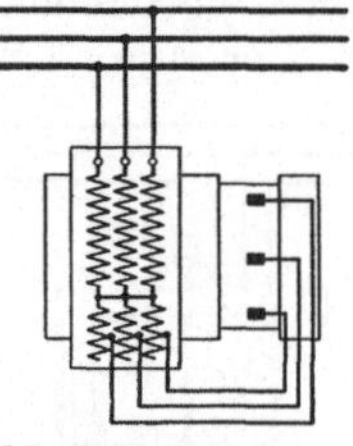
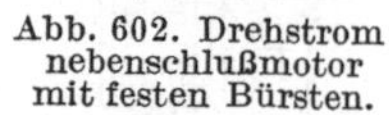

Abb. 602. Drehstrom nebenschlußmotor mit festen Bürsten.

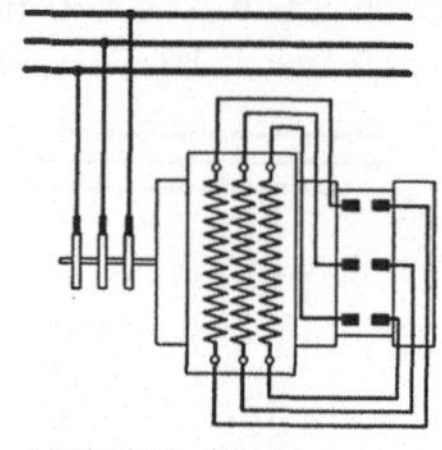

Abb. 603. Drehstromnebenschlußmotor mit doppeltem Bürstensatz (SSW).

Einen über Schleifringe läufergespeisten Drehstromnebenschlußmotor mit doppeltem Bürstensatz (SSW) zeigt Abb. 603. Durch Verschieben eines Bürstensatzes läßt sich die Drehzahl regeln, durch Verschieben beider Sätze läßt sich der Leistungsfaktor auf Eins bringen.

Klemmenbezeichnung ähnlich wie bei Drehstromasynchronmotoren S. 288.
Bewertung und Prüfung nach den REM S. 269.
Normung S. 269.

E. Umformer, Gleichrichter und Stromrichter.

Wechselstrom ist für viele Zwecke nicht geeignet, z. B. für elektrochemische Prozesse, zum Betriebe elektrischer Straßen-, Stadt- und Industriebahnen. In solchen Fällen besteht das Bedürfnis, den zur Verfügung stehenden Wechselstrom in **Gleichstrom** umzuwandeln. Bisweilen wird es auch umgekehrt notwendig, Gleichstrom in Wechselstrom zum Zwecke der **Pufferung** oder **Netzküpplung** umzuformen. Die Notwendigkeit der Umwandlung von Drehstrom in Einphasenstrom und umgekehrt kann eintreten bei Speisung von Bahnnetzen von $16^2/_3$ Hz aus dem 50-periodigem Landesnetz und bei Netzkupplung beider Netze mit gegenseitigen **Lastaustausch.** Dies erfolgt entweder in umlaufenden Maschinen, den **Umformern** oder in ruhenden Apparaten, den **Stromrichtern,** die als **Gleichrichter** Wechselstrom in Gleichstrom, als **Wechselrichter** Gleichstrom in Wechselstrom und als **Umrichter** Wechselstrom in solchen anderer Frequenz und Phasenzahl, also z. B. Drehstrom von 50 Hz in Einphasenstrom von $16^2/_3$ Hz umformen.

Für den **Baubetrieb** kommen zur Zeit nur **Schweißumformer** für Lichtbogenschweißung und **Gleichrichter** für Batterieladung in Frage.

1. Umformer.

Motorgeneratoren. Sie dienen zum Umformen von Gleichstrom in Gleichstrom anderer Spannung, von Gleichstrom in Wechsel- oder Drehstrom (Abb. 604)

und von Wechsel- oder Drehstrom in solchen anderer Frequenz (Perioden-
umformer). In allen Fällen werden entsprechende Motoren mit entsprechenden

Abb. 604. Motorgenerator bestehend aus Drehstromasynchronmotor und Gleichstromgenerator.
1000 kW, 160 V, 6250 A, 950 U/min. Beide Maschinen mit geschweißtem Ständer bzw. Gehäuse.

Generatoren gekuppelt. Die Regelung der Spannung des Generators ist beim
Motorgenerator unabhängig vom Antriebsmotor.

Einankerumformer. Sie dienen nur zur Umformung von Drehstrom in
Gleichstrom. Versieht man den Anker einer Gleichstrommaschine mit drei

Abb. 605. Einankerumformer. 1920 kW, 240 V, 8000 A gleichstromseitig, 375 U/min. Beide
Maschinen mit geschweißtem Ständer bzw. Gehäuse.

um 120° (elektrische) versetzt angeschlossenen Schleifringen, so läßt sie sich
von einem Drehstromnetz aus als Synchronmaschine — mit allen Betriebseigenschaften einer solchen: Synchronisieren, asynchroner Anlauf, Pendeln
usw. — betreiben (S. 279). Am Kommutator kann Gleichstrom abgenommen
werden. Der Wirkungsgrad der Einankerumformer ist größer als der der

19*

Motorgeneratoren. Die Spannungsregelung ist schwieriger und nicht in den weiten Grenzen möglich wie beim Motorgenerator, da die Spannung der Drehstromseite zu der der Gleichstromseite in einem festen Verhältnis steht. Daher muß in den meisten Fällen auf der Wechselstromseite ein Transformator vorgeschaltet werden, insbesondere auch dann, wenn hochgespannter Drehstrom umgeformt werden soll. Alsdann wird dem Einankerumformer der Drehstrom über sechs Schleifringe (Abb. 605) zugeführt entsprechend den sechs Leitungen eines unverketteten Dreiphasenstromes (S. 261).

2. Gleichrichter ohne Steuerung.

Der Quecksilberdampfgleichrichter ist der wichtigste Gleichrichter. Aus ihm hat sich in neuerer Zeit durch Hinzufügen eines Steuergitters (S. 293) der Stromrichter entwickelt. Diese Gleichrichter werden bis etwa 400 A mit Glasgefäß — Glasgleichrichter — und von 1000 bis 20 000 A mit Eisengefäß — Eisen- oder Großgleichrichter — ausgeführt. Die Gleichrichtung beruht auf der Ventilwirkung eines Quecksilberdampflichtbogens zwischen Quecksilber als Kathode und festen Anoden aus Eisen oder Graphit im Hochvakuum, das beim Großgleichrichter durch eine Quecksilberdampf- (Diffusions-) Pumpe erzeugt wird. Der Lichtbogen muß durch eine Zündvorrichtung eingeleitet werden. Dies erfolgt vermittels einer Zündanode, und zwar beim Glasgleichrichter durch Kippen des Kolbens (Abb. 606), bei größeren und beim Eisengleichrichter durch Spritz- oder Tauchzündung, d. h. dadurch, daß entweder Quecksilber elektromagnetisch gegen die Zündanode gespritzt oder diese kurzzeitig in das Quecksilber getaucht wird.

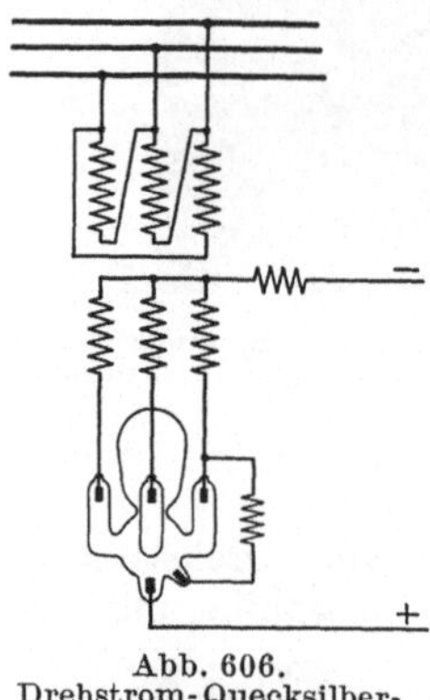

Abb. 606.
Drehstrom-Quecksilber-
dampfgleichrichter.

Damit bei schwacher Last der Lichtbogen nicht erlischt, muß Hilfserregung durch Hilfsanoden vorhanden sein, die entweder mit Wechselstrom oder aus einem Hilfsgleichrichter mit Gleichstrom gespeist werden. Gegebenenfalls lassen sich die Hilfsanoden gleichzeitig als Zündanoden verwenden. Die Mindeststromstärke liegt je nach Größe bei Glasgleichrichtern zwischen 3 bis 5 A, bei Eisengleichrichtern zwischen 10 bis 20 A.

Rückzündung tritt ein, wenn die Anode infolge von Verunreinigung, Überhitzung oder Quecksilberniederschlag Strom in der sonst gesperrten Richtung führt. Die Rückzündung bedeutet einen Kurzschluß für das speisende Netz bzw. Transformator. Arbeitet der Gleichrichter in diesem Falle auf ein noch von anderer Seite gespeistes Gleichstromnetz, so tritt außerdem ein erheblicher Rückstrom auf. Die Wirkung von Rückzündungen und Kurzschlüssen muß durch Schnellschalter auf der Gleichstrom- und Wechselstromseite unschädlich gemacht werden. Bei gesteuerten Gleichrichtern (S. 293) läßt sich dies besonders einfach erreichen. Der Wirkungsgrad ist praktisch in weiten Grenzen von der Belastung unabhängig und besonders bei hohen Betriebsspannungen hoch, bei niederen so niedrig, daß Einankerumformer in Frage kommen können.

Drosselspulen werden angewendet, um die Welligkeit des Gleichstroms, d. h. die Oberwellen abzuschwächen. Spannungsregelung erfolgt beim ungesteuerten Gleichrichter durch Regelung der Drehstromseite durch Stufentransformatoren oder Drehregler, beim gesteuerten Gleichrichter (S. 293) durch Verlegung des Zündmomentes der Anoden mit Hilfe des Steuergitters. Die Gleichrichter können gegebenenfalls unter Verwendung geeigneter Drosselspulen mit jeder anderen Stromquelle parallel arbeiten. Vorteile der

Gleichrichter: Einfache Wartung, Inbetriebsetzung und Bedienung, geringer Platzbedarf und Gewicht, daher keine Fundamente, keine Abnutzung und Geräuschlosigkeit.

Der Oxydglühkathodengleichrichter hat eine elektrisch geheizte Glühkathode im Vakuum, die mit Kalziumoxyd belegt ist. Er wird angewendet für Hochspannung von 3000 bis 10000 V bis 1 A. Für Niederspannung von 20 bis 250 V bis 30 A wird Edelgasfüllung (Akkumulatoren-Fabrik A. G.) und für noch größere Leistungen Quecksilberdampffüllung benutzt. In letzterem Falle können Steuergitter (s. unten) eingebaut werden (AEG-Thyratron) für Spannungsregelung und Verwendung als Stromrichter (s. unten).

Der Trockengleichrichter ist ein Kleingleichrichter für niedrige Spannungen, z. B. für Ladung von Radio-, Telephon- und Signalbatterien. Die Gleichrichtung erfolgt durch die Sperrwirkung der Anordnung Kupfer-Kupferoxydul-Kontaktelektrode beim Kupfergleichrichter und der Anordnung Metall-Selen-Metall beim Selengleichrichter.

3. Stromrichter.

Allgemeines. Die Einführung der Gittersteuerung beim Quecksilberdampfgleichrichter eröffnet diesem ein weites Anwendungsgebiet. Man hat für alle gittergesteuerten Quecksilberdampfventile den neuen Namen „Stromrichter" geprägt. Der neue Begriff umfaßt ihre Anwendung als Gleichrichter, Wechselrichter und Umrichter.

Gesteuerter Gleichrichter. Versieht man die Anoden eines Quecksilberdampfgleichrichters — Glas- oder Großgleichrichters — mit Steuergittern, die die Anoden umschließen, so erzielt man zwar nicht dieselben Wirkungen, wie bei den Hochvakuum-Glühkathodenröhren der Hochfrequenz- (Radio-) Technik, bei denen durch das Gitter der zeitliche Verlauf der Anodenströme beliebig gesteuert werden kann. Immerhin läßt sich der Zeitpunkt des Einsetzens der Anodenströme willkürlich von seinem natürlichen Zeitpunkt durch eine negative Gitterspannung verzögern. Nach der Zündung ist es allerdings nicht möglich einen Anodenstrom durch eine Sperrspannung zu beeinflussen: Er brennt bis zum nächsten Durchgang durch Null bzw. bei Drehstrom bis zur Übernahme des Stromes durch eine andere Anode. Durch die Verzögerung der Zündung wird eine Verkleinerung der mittleren Gleichspannung erreicht, d. h. also eine verlustlose Spannungsregelung der Gleichstromseite in beliebigen Grenzen. Rückzündungen und Kurzschlüsse werden einfach dadurch abgeschaltet, daß durch sie am Gitter eine entsprechende Sperrspannung erzeugt wird, die den Lichtbogen beim nächsten Durchgang durch Null also innerhalb $1/_{100}$ s unterbricht. Angewendet wird der gesteuerte Gleichrichter zur verlustlosen Spannungsregelung in Netzen und beim Batterieladen (S. 265), zur verlustlosen Drehzahlregelung und Anlassen von Gleichstrommotoren bis zu den größten Leistungen.

Wechselrichter. Er dient zur Umformung von Gleichstrom in Wechsel- oder Drehstrom. Bei einer möglichen Anordnung wird hierbei als Taktgeber entweder ein von anderer Seite gespeistes Wechselstromnetz verwendet oder eine besondere Synchronmaschine. Eine synchron umlaufende Kontaktvorrichtung gibt die durch eine negative Gitterspannung gesperrten Anoden in richtiger Reihenfolge frei, so daß in dem zugehörigen Transformator Ströme entstehen, die sich auf der mit dem Drehstromnetz verbundene Seite zu Drehstrom ergänzen. Die vom Netz oder der Synchronmaschine herrührende Gegenspannung an den Anoden sorgt dafür, daß der Strom der betreffenden Anode rechtzeitig erlischt bzw. auf die nächste freigegebenen Anode übergeht. Angewendet kann der Wechselrichter werden zur Netzkupplung zwischen Gleich- und Wechselstromnetzen, ferner um Akkumulatorenbatterien als Energiespeicher in

Wechselstromnetzen benutzen zu können, sowie für **Hochspannungsgleich-strom-Kraftübertragungen**, bei denen die Anwendung von Kabeln für die höchsten Spannungen möglich sein würde, da alle Schwierigkeiten entfallen, die zur Zeit das Überschreiten der bisherigen Spannungen verbieten.

Umrichter. Er dient zur Umformung von beliebigem Wechsel- bzw. Drehstrom in ebensolchen anderer **Frequenz** und **Phasenzahl**. Eine weitere Anwendung von gittergesteuerten Stromrichtern ist die Speisung von besonders ausgebildeten **regelbaren kommutatorlosen Motoren**, z.B. Einphasenmotoren für Lokomotivbetrieb unmittelbar aus einem 50-periodigem Netz, wobei die Steuerungsorgane für die Geschwindigkeitsregelung wesentlich einfacher ausfallen als bei Einphasenkommutatormotoren.

Außer den kurz erwähnten Möglichkeiten gibt es noch eine große Anzahl anderer[1]. Die Entwicklung der Stromrichter ist noch nicht abgeschlossen. Ihre Einführung in die Praxis als Gleichrichter ist schon erfolgt, als Wechsel- und Umrichter ist im Gange.

F. Elektrische Energieübertragung.

1. Zweck und Arten der elektrischen Energieübertragung.

Mit der Erfindung des **dynamoelektrischen** Prinzips der Selbsterregung (Siemens 1867) und der elektrischen Glühlampe waren die Grundlagen für die Entwicklung der **Starkstromtechnik** und der elektrischen **Energieübertragung** für **kleine** Entfernungen, d. h. die **Energieerzeugung** in Kraftwerken und die **Energieverteilung** durch Leitungsnetze gegeben. Mit der Einführung des Wechsel- und **Drehstromes** und der Erfindung des **Transformators** waren die Grundlagen für die Energieübertragung auf große Entfernungen durch Hochspannungsanlagen und Hochspannungsfernleitungen gegeben. Die ersten Anlagen — für Gleichstrom — dienten der Lichtversorgung; ihr schloß sich bald die Energieversorgung des Kleingewerbes und der Fabrikbetriebe an. Wirtschaftliche und technische Gründe führten zu einer immer weiteren Ausdehnung der Energieverteilung und zu immer größeren Entfernungen für die **Energiefernübertragung** durch Hochspannung. Erst durch diese ist die Ausnutzung vieler Wasserkräfte möglich geworden bei denen wegen ihrer ungünstigen Lage oder großen Leistungen eine unmittelbare Verwendung der mechanischen Energie an Ort und Stelle ausgeschlossen ist. Ebenso lassen sich entlegene große Kohlenfelder wirtschaftlich ausnützen auch dann, wenn es sich um geringwertige Brennstoffe wie **Braunkohle** handelt, deren Transport auf größere Entfernungen unwirtschaftlich ist. Weiterhin lassen sich durch Zusammenfassung vieler kleiner Kraftbetriebe zum Großbetrieb oft wirtschaftliche Vorteile erzielen. Andererseits bietet die elektrische Energieübertragung Vorteile auch auf räumlich kleinen Absatzgebieten, wie z. B. im **Baubetrieb**[2]. Hier sind es hauptsächlich die vorzüglichen Betriebseigenschaften des Elektromotors als Gleich- und Drehstrommotor, die den Ausschlag geben. Denn der Elektromotor ist wegen seiner Anpassungsfähigkeit an alle Betriebsverhältnisse, seiner Anspruchslosigkeit an Bedienung und Wartung, seiner Zuverlässigkeit und seines geringen Gewichtes allen anderen Antriebsmaschinen überlegen. In neuzeitlichen Anlagen zieht man den elektrischen Betrieb auch wegen der Möglichkeit der Anwendung des Einzelantriebes der Arbeitsmaschinen vor und wegen der Vorteile, die durch die erheblich bessere Übersichtlichkeit und Möglichkeit der Betriebsüberwachung, Beleuchtung und Belüftung der Arbeitsstätten gegeben sind.

---

[1] Elektrotechn. Z. 1932 S. 761, 1933 S. 987. BBC Nachr. 1932 Heft 1 und 5, 1933 Heft 1, 1934 Heft 3. AEG-Mitt. 1932 Heft 11, 1933 Heft 2 und 3, 1934 Heft 1, 2 und 10.
[2] Elektrotechn. Z. 1921 S. 1281.

Die Betriebsmittel der elektrischen Energieübertragung auf kleine Entfernungen sind bei Gleichstrom (Abb. 607): **Stromerzeuger** (Generator), **Verteilungsnetz** und **Stromverbraucher** (Motor, Lampen u. a.). Bei Energieübertragung auf große Entfernungen durch Wechselstrom treten dazu **Transformatoren** (Abb. 608), die die Spannung für die Fernleitung in die Höhe, für den Verbrauch heruntertransformieren. Der **Stromerzeuger** formt die mechanische Energie seiner Antriebsmaschine in elektrische Energie um. Die **Leitung** — Freileitung oder Kabel — befördert sie zum Stromverbraucher und wenn er ein Motor ist, formt er die elektrische wieder in mechanische Energie

Abb. 607. Elektrische Kraftübertragung mit Gleichstrom.

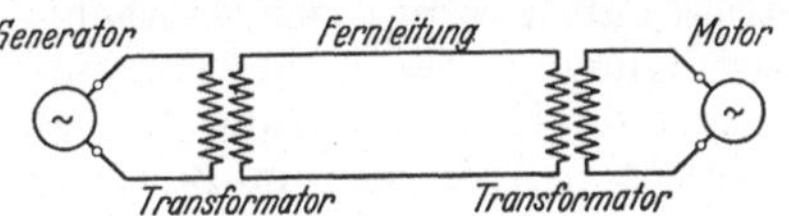

Abb. 608. Elektrische Kraftübertragung mit Wechselstrom.

um. Die zweimalige Umformung ist mit mindestens 10% Verlusten verbunden. Auch in der Leitungsanlage läßt man zur Verminderung zu hoher Anlagekosten 5 bis 10% Verluste zu. Bei kleinen Anlagen und bei besonderen Einrichtungen (Transformatoren, Energiespeicherung durch Akkumulatoren bzw. Pumpspeicheranlagen) sowie bei Bahnanlagen können die Gesamtverluste erheblich größer werden. Sämtliche Verluste werden in Wärme umgesetzt, die eine Erwärmung der Betriebsmittel bedingt.

Niederspannungsanlagen. In den **Verteilungsnetzen**, die die elektrische Energie den Verbrauchern zuführen, ist bei Lichtanlagen die Gebrauchsspannung auf 220 V begrenzt, da bei höheren Spannungen die Gefahren bei Berührung und unzureichender Isolation zu groß sind. Je größer die in Frage kommenden Energiemengen und die zu überbrückenden Entfernungen sind, desto größer werden die **Übertragungsverluste** und desto höher muß die Spannung gewählt werden, um den Leitungsquerschnitt und damit die Kupfermenge in wirtschaftlichen Grenzen zu halten.

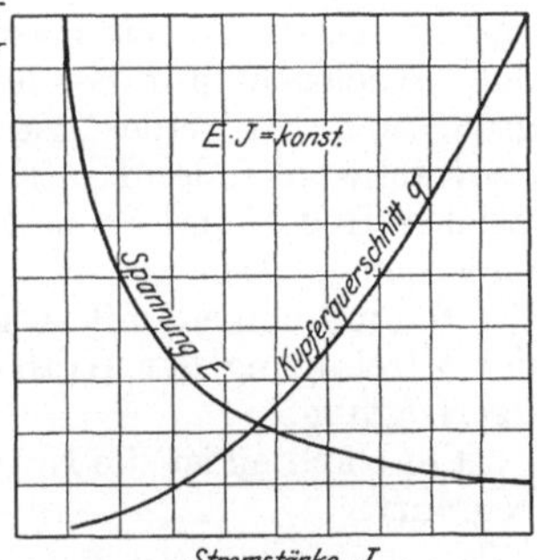

Abb. 609. Leiterquerschnitte für gleichbleibende Leistung E·J bei verschiedener Spannung E.

Auch die Rücksicht auf den **Spannungsabfall** bei Belastung führt zu der Anwendung hoher Übertragungsspannung. Bei Änderung der Belastung können andernfalls, z. B. bei Beleuchtungsanlagen, die bei den Verbrauchern auftretenden Spannungsänderungen, unzulässige Helligkeitsschwankungen hervorrufen. Allgemein sind bei gleichem Spannungsabfall die Leitungsquerschnitte umgekehrt proportional dem Quadrate der Spannungen (S. 305), so daß in Niederspannungsanlagen (bis 220 V) erheblich größere Kupferquerschnitte erforderlich sind als bei Hochspannung (Abb. 609). Gleichspannungen für Kraftübertragungen über 220 V bzw. 2 × 220 V (S. 297) kommen nur bei Bahnbetrieb vor.

Hochspannungsanlagen. Die Notwendigkeit der Anwendung noch höherer Spannungen bei der **Energieübertragung** führt zur Wahl des Wechsel- bzw. Drehstromes (S. 260). Diese Stromart ermöglicht es, durch **Transformatoren** (S. 275) — das sind ruhende Apparate, die keine Wartung erfordern — die Spannung mit gutem Wirkungsgrad beliebig herauf- und herabzusetzen. Die **Generatoren** und **Motoren** werden aus baulichen Gründen nur mit mittleren Spannungen (6000 bis höchstens 15000 V) betrieben. Transformatoren bringen die Fernleitungsspannung auf den erforderlichen Wert, so daß nur die Fernleitung unter Höchstspannung steht. In den Transformatoren entstehen je nach ihrer Größe Verluste von etwa 2 bis 10% bei Vollast, die den Gesamtwirkungsgrad der Übertragung entsprechend herabsetzen.

Bei der ersten Fernübertragung in Deutschland (Lauffen a. N.— Frankfurt a. M. 1891) wurde eine Spannung von etwa 21 600 V bei 177 km Entfernung für etwa 100 kW verwendet; heute sind Anlagen mit 220 000 V bei 1000 km Entfernung im Betrieb. 380 000 V dürfte heute die obere Grenze sein. Einer weiteren erheblichen Steigerung der Spannung stehen Schwierigkeiten im Wege, die vorläufig noch nicht überwunden werden können.

Energieübertragung im Baubetrieb. Die besonderen Verhältnisse im Baubetrieb haben es mit sich gebracht, daß in letzter Zeit die elektrische Energieübertragung immer mehr Eingang findet. Die aus wirtschaftlichen Gründen angestrebte Mechanisierung des Bauens fördert die Einführung des elektromotorischen Antriebes im Baubetrieb. Insbesondere sind es außer den vorher genannten folgende Betriebseigenschaften des Elektromotors, die die elektrische Energieübertragung im Baubetrieb besonders geeignet machen:

Geringes Gewicht und geringer Platzbedarf: Daher Transport und Montage leicht möglich. Leichte Bedienung und Wartung, keine Aufsicht im Lauf notwendig: Daher Betrieb mit ungelernten Arbeitern möglich. Stete Betriebsbereitschaft, schnelles Anlassen und Abstellen: Daher geeignet für den Baubetrieb mit seinen häufigen Unterbrechungen. Unempfindlichkeit gegen Witterungseinflüsse und rauhen Betrieb, sowie leichte Kraftübertragung und Anpassung an die Arbeitsmaschinen: Daher Zusammenbau mit den Baumaschinen ohne Rücksicht auf Betriebsverhältnisse im Freien möglich. Guter Wirkungsgrad auch bei Teillast, keine Verluste bei Stillstand: Daher geeignet für den stark schwankenden Kraftbedarf der Baumaschinen und hohe Wirtschaftlichkeit. Leichte Regel- und Steuerfähigkeit: Daher geeignet für Baumaschinen mit veränderlicher Drehzahl und -richtung. Hohe Überlastbarkeit: Daher geeignet für Baumaschinen mit stoßweisem Kraftbedarf. Dazu kommt die Möglichkeit der Vereinigung der Kraft- und Lichtversorgung bei der elektrischen Energieübertragung.

Ein Nachteil ist die Notwendigkeit der Stromzuführung, die die Freizügigkeit begrenzt.

2. Erzeugung elektrischer Energie.

Allgemeines. Bei der „Erzeugung" elektrischer Energie handelt es sich um die Umformung einer Energieform in elektrische Energie. Die in den Kraftwerken (Dampf- oder Wasserkraftwerken) „erzeugte" elektrische Energie wird je nach der Größe des Versorgungsgebietes dem Verbraucher auf kürzerem oder längerem Wege zugeführt. Die neuzeitliche Entwicklung der Überlandzentralen und Landeskraftwerke für Drehstrom hat die wirtschaftliche Übertragung großer Energiemengen auf weite Entfernungen mit hohen Spannungen möglich gemacht. Die Verteilung der elektrischen Energie zum Verbraucher erfolgt mit Niederspannung (220 V). Die „Umspannung" auf diese erfolgt in Unterwerken bzw. Umspannwerken. Nur in großen Versorgungsgebieten wird ein Mittelspannungsnetz, z. B. von 3000 oder 6000 V dazwischengeschaltet, so daß für Großabnehmer diese Spannung auch für große Motoren zur Verfügung steht.

Wahl der Generatorspannung. Die Spannung der Gleichstromgeneratoren entspricht in kleinen Anlagen (z. B. für Baubetriebe) der der Verteilungsnetze. Bei diesen ist heute 220 V das Normale; 110 bzw. 120 V-Netze werden immer seltener. Das Versorgungsgebiet für 110 V kann einen Radius von 500 bis 700 m, das für 2 × 110 V oder für 220 V einen solchen von 800 bis 1100 m und das für 2 × 220 V einen solchen von 1500 bis 2000 m je nach den Belastungsverhältnissen haben. Bei unmittelbar erzeugtem Gleichstrom ist dies die Spannung des ganzen Netzes, bei Wechselstrom nur die des Verteilungsnetzes.

Die Spannung großer Drehstromgeneratoren ist höher, meist 3000 oder 6000 V. 220 V ist die Grenzspannung für Glühlampen; für Gleichstrommotoren liegt diese Grenze bei Bahnen bei 1500 bzw. 3000 V — für Straßenbahnen ist 550 V, für Vorortbahnen 750 V üblich —. Bei Drehstrommotoren liegt die Grenze bei 6000 bzw. 15000 V je nach der Größe des Motors. Die Betriebsspannungen für Gleichstrom, Drehstrom und Einphasenstrom sind vom VDE genormt (DIN VDE 2).

Wahl zwischen Gleichstrom und Wechselstrom. Für Glühlampen sind beide Stromarten gleich gut. Gleichstrommotoren sind durch ihre Drehzahlregelbarkeit, Drehstromasynchronmotoren durch ihren unerreicht einfachen Aufbau überlegen. Für Gleichstrom spricht die Möglichkeit der unmittelbaren Energiespeicherung durch Akkumulatoren, die neuerdings auch für Wechselstrom mit Hilfe von gesteuertem Gleich- und Wechselrichtern möglich geworden ist (S. 293). Für Wechselstrom spricht die Möglichkeit, die Spannung durch ruhende Apparate — Transformatoren — beliebig herauf- und herabsetzen zu können, was für die wirtschaftliche Übertragung auf weitere Entfernungen ausschlaggebend ist. Ob die Möglichkeit, Gleichstromhochspannungs-Kraftübertragungen mit Hilfe von gesteuerten Gleich- und Wechselrichtern auszuführen (S. 294), in absehbarer Zeit verwirklicht wird, wird die Zukunft lehren.

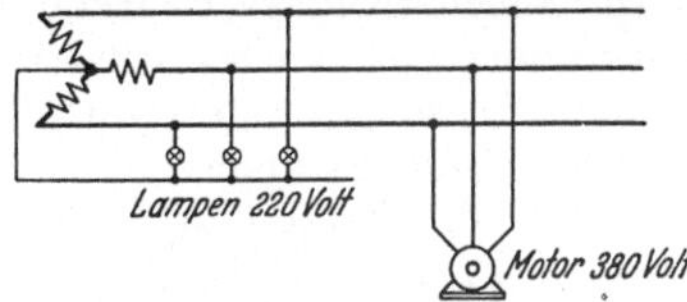

Abb. 610. Elektrische Kraftübertragung mit Drehstrom.

Einphasenstrom wird zur Zeit nur für elektrische Vollbahnen ($16\frac{2}{3}$ Hz) verwendet, in allen anderen Fällen wird Drehstrom (50 Hz) bevorzugt. Er erfordert zwar drei Leitungen, braucht aber trotzdem — auch in den Maschinen — weniger Kupfer als das Einphasensystem. Lampen werden in Drehstromnetzen zweipolig an die Phasenspannungen, Motoren dreipolig an die verkettete Spannung geschaltet (Abb. 610). Das Verhältnis dieser beiden Spannungen ist 120/220 V bzw. 220/380 V.

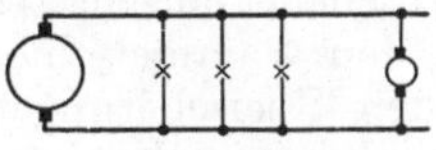

Gleichstromkraftwerke. Sie dienen zur Speisung kleiner Gleichstromnetze für Licht und Kraft, z. B. als Baukraftwerke. Bei Zweileiteranlagen (Abb. 611) beträgt die Spannung 110 oder 220 V, bei Dreileiteranlagen

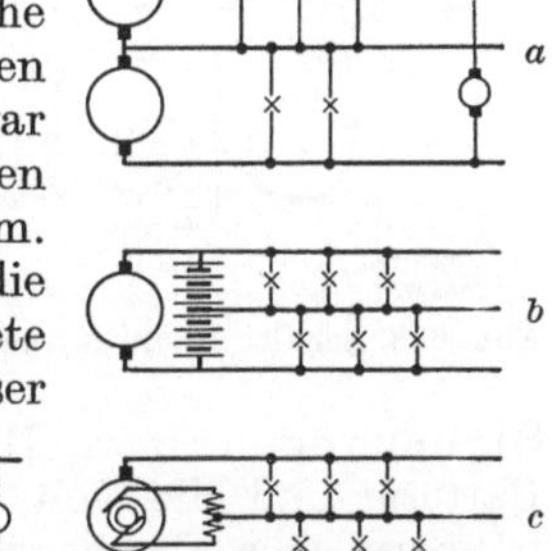

Abb. 611. Zweileiteranlage.

Abb. 612. Dreileiteranlagen.

(Abb. 612 *a*, *b*, *c*) 2×110 oder 2×220 V. In letzteren ist die Verwendung von zwei Maschinen nach Abb. 612 *a* unbequem. Man verwendet daher in diesem Falle entweder eine sog. Dreileitermaschine, die mit einem Spannungsteiler für den Mittelleiter versehen ist (Abb. 612 *c*), oder unterteilt die Spannung durch eine Akkumulatorenbatterie (Abb. 612 *b*).

Für reine Kraftanlagen, z. B. elektrische Straßenbahnen, werden höhere Spannungen, und zwar meist 550 oder 750 V, verwendet. Auch hier kann durch das Dreileitersystem der Aufwand an Leitungskupfer weiter verringert werden.

Als Stromerzeuger dienen Nebenschlußgeneratoren (S. 270), die, falls mehrere erforderlich sind, in Parallelschaltung auf Sammelschienen arbeiten, oder Doppelschlußgeneratoren, die bei Parallelschaltung außerdem eine Ausgleichssammelschiene als Ausgleichsleitung (S. 271) erfordern. Die Doppelschlußgeneratoren sind besonders für Betriebe mit starken Belastungsschwankungen und Überlastungen geeignet, da sie von selbst die Spannung konstant halten. Der Antrieb der Stromerzeuger erfolgt durch Wasser-, Dampf- oder Verbrennungskraftmaschinen. Der Stromerzeuger muß bei Wasserkraftmaschinenantrieb die 1,8 bis 2,6fache, bei Dampf- und Verbrennungskraftmaschinenantrieb die 1,2fache Nenndrehzahl aushalten können. Der Antrieb erfolgt entweder durch unmittelbare elastische bzw. starre Kupplung oder durch Riemenbzw. seltener Seilantrieb. Für den ersten Fall sind besondere Ausführungsformen der Stromerzeuger, die sich auf die Lagerung beziehen, entwickelt worden (s. Normblatt DIN VDE 2950). Das Parallelschalten der Nebenschlußgeneratoren und die Lastverteilung auf die einzelnen Stromerzeuger beim Parallelbetrieb durch entsprechende Einstellung ihrer Erregung erfolgt nach den auf S. 271 beschriebenen Gesichtspunkten.

In Gleichstromkraftwerken können zum Belastungsausgleich, als Energiereserve oder zur Konstanthaltung der Spannung Akkumulatoren verwendet werden. Diese gestatten auch in Zeiten kleiner Belastung, z. B. Nachts ein Stillsetzen der Stromerzeuger und ihrer Antriebsmaschinen, so daß während dieser Zeit die Bedienungskosten entfallen. Damit gleichzeitig geladen und entladen werden kann, sind Doppelzellenschalter (Abb. 553, S. 264) nötig. Der Stromerzeuger lädt dann über den Umschalter (Abb. 613), die untere — Sammelschiene und den Ladezellenschalter die Batterie; diese wird über den Entladezellenschalter, den Ausschalter und die mittlere — Sammelschiene auf das Netz entladen. Die Zellenschalter befinden sich in der Nähe der Batterie, damit die zahlreichen Leitungen möglichst kurz ausfallen. Alle übrigen Hilfsapparate, nämlich die Meß-, Regel- und Schaltgeräte einschließlich der Sicherungen, sind zusammen auf einer Schalttafel, einem Schaltpult oder -wagen untergebracht. Die

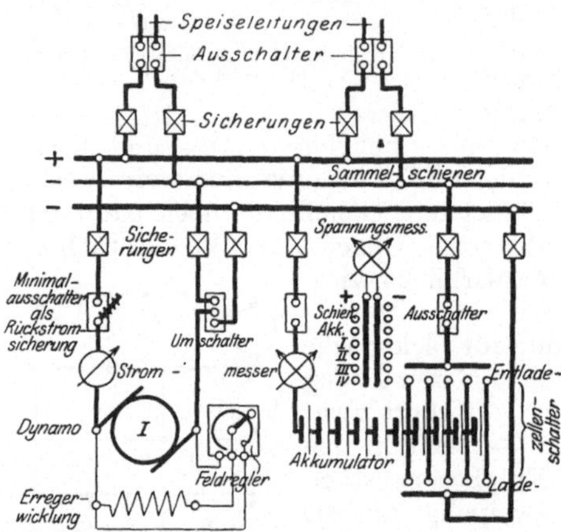

Abb. 613. Schaltbild eines Gleichstromkraftwerkes.

Sicherungen bzw. Höchststromschalter schützen die Stromerzeuger, die Batterie und die von den Sammelschienen zu den Speisepunkten des Verteilungsnetzes abgehenden Speiseleitungen gegen Überlastung. Ein Minimalund Rückstromselbstschalter schaltet den Stromerzeuger von den Sammelschienen ab, wenn dessen Klemmenspannung kleiner als die der Sammelschienen ist und der Generator anfangen würde als Motor zu laufen.

Hebelschalter gestatten, nach Bedarf die Stromerzeuger, die Batterie und die abgehenden Leitungen auf die Sammelschienen zu- und abzuschalten. Als Meßgeräte sind Amperemeter vorzusehen zur Feststellung der Belastung der einzelnen Stromerzeuger, des Lade- und Entladestromes der Batterie und gegebenenfalls der Belastung der einzelnen Stromzweige. Ferner ein Voltmeter zur Feststellung der Sammelschienenspannung und ein umschaltbares Vm, mit dem die Maschinenspannung bzw. Batteriespannung vor dem Parallelschalten mit der Sammelschienenspannung verglichen werden kann. Das Parallelschalten erfolgt, nachdem diese Spannungen auf denselben Wert geregelt worden sind. Hierzu ist ein feinstufiger Feld- bzw. Magnetregler (S. 271) erforderlich.

Die Lage des Gleichstromkraftwerkes soll mit Rücksicht auf den Spannungsabfall im Verteilungsnetz im Mittelpunkt des Stromversorgungsgebietes gewählt werden. Die Größe dieses Gebietes bei den verschiedenen Netzspannungen ist auf S. 296 angegeben.

Drehstromkraftwerke. Sie dienen zur Speisung großer Verteilungsnetze für Licht und Kraft, z. B. als Überlandzentralen, bei denen es sich um die Übertragung großer Energiemengen auf große Entfernungen handelt. Nur selten werden Niederspannungsstromerzeuger zur unmittelbaren Speisung von 220/380 V- oder 500 V-Netzen Verwendung finden. Diese Generatoren haben dann nur eine geringe Leistung. Große Maschinenleistungen bedingen Hochspannungsstromerzeuger, deren Spannung für die Fernleitungen durch Transformatoren noch höher umgespannt werden kann oder die unmittelbar Netze mit 3000, 6000, 10000 oder 15000 V speisen können. Alle angegebenen Spannungen sind die vom VDE genormten Netzspannungen. Die entsprechenden Maschinenspannungen bzw. Klemmenspannungen liegen 5% höher.

Als Stromerzeuger dienen Synchrongeneratoren (S. 279), nur in kleinen untergeordneten, bedienungslosen Zentralen kommen auch Asynchrongeneratoren (S. 285) vor. Im Kraftwerk arbeiten alle Stromerzeuger in Parallelschaltung

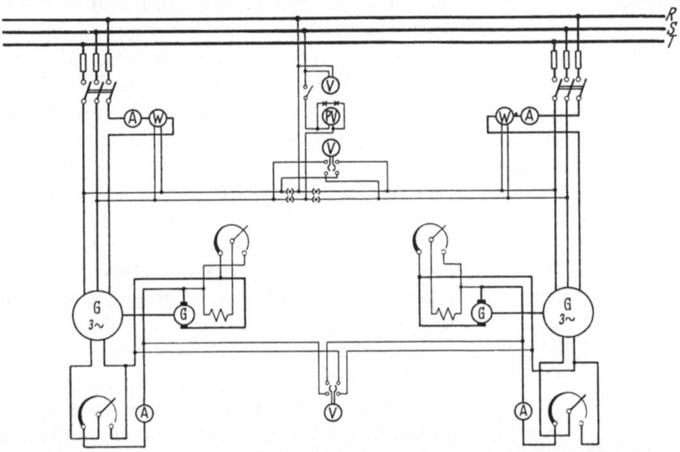

Abb. 614. Schaltbild eines Drehstromkraftwerkes mit zwei parallel arbeitenden Generatoren mit angebauten Erregermaschinen. *G* 3 Drehstromgenerator mit Regelwiderstand; *G* Erregermaschinen mit Regelwiderstand; *A* Amperemeter; *W* Wattmeter; *V* Voltmeter; *PV* Phasenvoltmeter mit Phasenlampen zum Synchronisieren. Außerdem sind eingebaut: Sicherungen, 2 dreipolige Leistungsschalter, 2 Spannungsumschalter für Voltmeter, 2 Steckumschalter für die Synchronisiervorrichtung.

(Abb. 614) auf Sammelschienen, an die entweder entsprechende Hochspannungsnetze unmittelbar angeschlossen sind, oder Transformatoren, die die Spannung für Fernübertragung noch weiter in die Höhe setzen. Da die Synchrongeneratoren eine verhältnismäßig große Spannungsänderung besitzen, die bei Belastung einen großen Spannungsabfall mit sich bringt, so werden in größeren Kraftwerken zur Konstanthaltung der Spannung selbsttätige Schnellregler (z. B. Tirillregler) verwendet. Diese sind unentbehrlich, wenn bei stark schwankender Belastung durch Kraftbedarf auch Glühlampen angeschlossen sind.

Der Antrieb der Stromerzeuger erfolgt durch Wasser- oder Dampfturbinen oder durch Verbrennungskraftmaschinen (Diesel- oder Großgasmaschine). Entsprechend den Durchgangsdrehzahlen der Kraftmaschinen müssen die Generatoren bei Wasserturbinenantrieb die 1,8 bis 2,6fache, bei Dampfturbinenantrieb die 1,25fache und sonst die 1,2fache Nenndrehzahl aushalten können. Der Antrieb erfolgt bei großen Einheiten durch unmittelbare Kupplung. Kleine Turbogeneratoren erhalten ein Vorgelege zwischen Turbine und Generator.

Das Parallelschalten der Synchronmaschinen und die Verteilung der Wirklast durch Einstellung des Antriebsdrehmomentes der Antriebsmaschinen und der Blindlast durch Einstellung der Erregung der Generatoren erfolgt nach den auf S. 282 beschriebenen Gesichtspunkten. Die Erregung der Stromerzeuger durch Gleichstrom erfolgt entweder von den unmittelbar mit ihnen gekuppelten Erregermaschinen oder von einer besonderen Gleichstromanlage aus. Die Erregerspannung beträgt meist 65 oder 110 V. Die Regel-,

Schutz-, Meß- und Schaltgeräte einschließlich der Sicherungen sind bei Niederspannungskraftwerken ähnlich wie bei Gleichstromkraftwerken (S. 298) geschaltet und auf Schalttafeln, Schaltpulten u. a. angeordnet. Als Meßgeräte werden bei Drehstromkraftwerken außer Volt- und Amperemeter auch **Wattmeter** als Leistungsmesser verwendet, die die Leistung $N = U \cdot I \cdot \cos \varphi$ anzeigen, deren Ausschlag also proportional dem Strom, der Spannung und dem cos des Phasen-

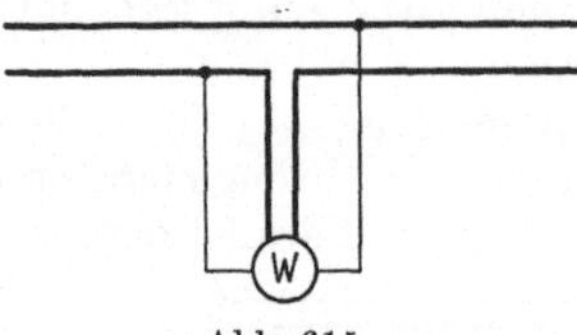

Abb. 615.
Schaltung eines Wattmeters.

verschiebungswinkels φ ist. Wattmeter besitzen daher eine Stromspule und eine Spannungsspule, von denen die erste wie ein Amperemeter, die zweite wie ein Voltmeter geschaltet wird (Abb. 615). Ähnlich aufgebaut und geschaltet sind auch die Leistungsfaktormesser, die Blindstrommesser u. a. Zur Bestimmung der abgegebenen bzw. aufgenommenen elektrischen Arbeit dienen **Zähler**, die den Wert $U I \cos \varphi \cdot t$ unmittelbar angeben. Ferner finden Verwendung Frequenzmesser zur Kontrolle der Frequenz und Synchronisiervoltmeter und Synchronisier- oder Phasenlampen zum Parallelschalten der Synchrongeneratoren in der Schaltung nach Abb. 591, S. 282.

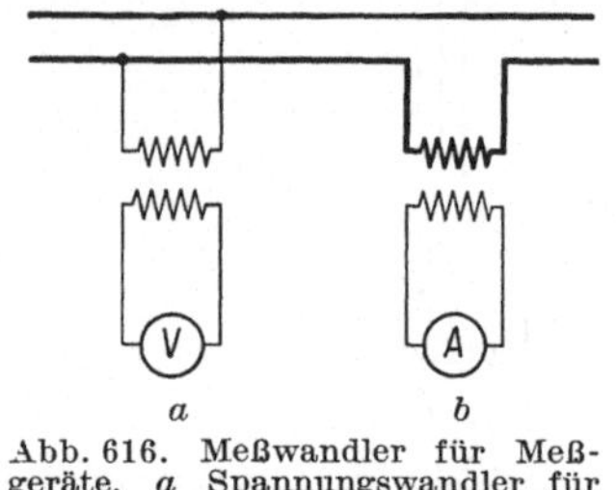

Abb. 616. Meßwandler für Meßgeräte. *a* Spannungswandler für Voltmeter. *b* Stromwandler für Amperemeter.

Bei **Hochspannungskraftwerken** sind die Meßgeräte auf der Schalttafel unter Zwischenschaltung von **Meßwandlern**, d. h. Amperemeter über Stromwandler (Abb. 616 *b*), Voltmeter über Spannungswandler (Abb. 616 *a*) transformatorisch angeschaltet und ebenso die Leistungsmesser, Leistungsfaktormesser u. a., damit an der Schalttafel keine hochspannungsführenden Leitungen und Apparate vorhanden sind, die die Bedienung gefährden können. Aus demselben Grunde werden bei Hochspannung die Schalter meist als fernbetätigte **Ölschalter** ausgeführt, so daß auf der Schalttafel nur Hilfsströme niederer Spannung geschaltet und gemessen werden. Um alle Teile, die betriebsmäßig mit den Hochspannungssammelschienen verbunden sind, also die Generatoren, Transformatoren, abgehenden und ankommenden Leitungen sicher spannungslos machen zu können, z. B. um daran gefahrlos arbeiten zu können, werden in der Nähe der Sammelschienen in die betreffenden Leitungszweige **Trennschalter** eingebaut, die meist an Ort und Stelle von Hand betätigt werden. Teile, an denen gearbeitet wird, müssen außerdem geerdet werden (S. 303). In den Hochspannungsanlagen sind daher **Erdungsleitungen** notwendig, an die sämtliche Eisen-

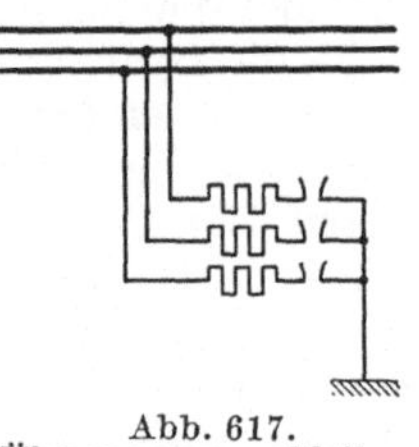

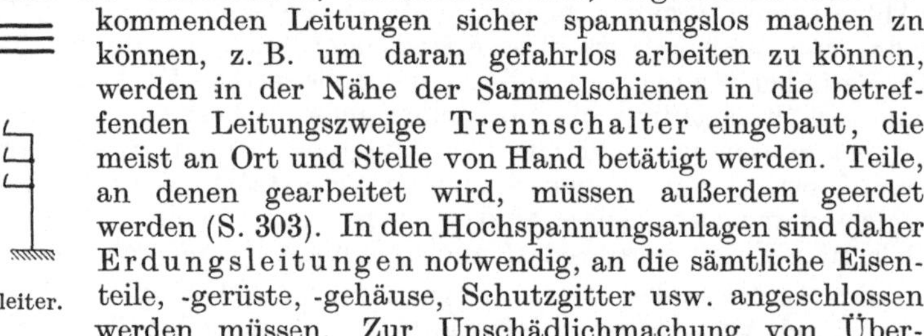

Abb. 617.
Überspannungsableiter.

teile, -gerüste, -gehäuse, Schutzgitter usw. angeschlossen werden müssen. Zur Unschädlichmachung von Überspannungen, die durch atmosphärische Einflüsse zustande kommen, sind **Überspannungsableiter** an die Sammelschienen angeschlossen, z. B. Hörnerfunkenstrecken, die auf eine etwas höhere Spannung als die Betriebsspannung eingestellt sind. Widerstände sorgen beim Ansprechen für eine Begrenzung des Stromes (Abb. 617). Neuerdings werden Mehrfachfunkenstrecken und Widerstände aus spannungsabhängigem Material verwendet. Bei höheren Spannungen sinkt der Widerstand, so daß eine sichere Absenkung der Überspannung erfolgt. Auch die Ableiter müssen durch Trennschalter spannungslos gemacht werden können.

Baukraftwerke. Diese dienen auf großen Baustellen für Tunnel, Brücken, Hafenanlagen, Kraftwerke u. a. zur Erzeugung elektrischer Energie für Beleuchtung und den elektromotorischen Antrieb der Baumaschinen, falls es nicht

möglich ist — was immer angestrebt werden sollte —, diese Energie aus einem
Überlandnetz zu entnehmen. Ein solcher Anschluß an ein Netz kann unter Umständen auch in Verbindung mit einem Baukraftwerk zur Spitzendeckung
und als Reserve zweckmäßig sein. Die Größe des Kraftwerkes richtet sich
nach dem Energiebedarf der angeschlossenen Baumaschinen einschließlich
Beleuchtung. Hierbei ist zu beachten, daß gewisse Baumaschinen dauernd gleichmäßig belastet sind, wie die Pumpen zur Grundwasserabsenkung, die Kompressoren zur Erzeugung von Druckluft u. a. und daß andere Baumaschinen
mit Unterbrechungen und nicht gleichzeitig arbeiten, wie Krane, Aufzüge,
Aufbereitungs- und Betonmaschinen. Energiebedarf einzelner Baumaschinen
S. 314. Der Gleichzeitigkeitsfaktor $= \dfrac{\text{Spitzenbelastung}}{\text{Anschlußwert}}$ erreicht den Wert 0,5.
Der Leistungsfaktor (S. 260) bei Drehstrombetrieb den Wert 0,6. Der Antrieb
der Generatoren erfolgt bei Baukraftwerken meist
durch Lokomobilen, selten durch Dieselmotoren
und nur unter gewissen Umständen durch Wasserkraftmaschinen.

Bei der Wahl des Platzes für Baukraftwerke
ist auf die Möglichkeit der An- und Abfuhr schwerer
Stücke zu achten. Die Nähe von Straßen, Wasser-
wegen oder Bahn ist daher zweckmäßig. Auf Hoch-
wasserfreiheit in der Nähe von Flüssen und Wasser-
läufen auch bei Hochwasserkatastrophen ist zu
achten. Ist das Baukraftwerk, wie es die Regel ist,
ein Gleichstromkraftwerk, so muß es möglichst
im Mittelpunkt des Versorgungsgebietes (S. 298)
liegen.

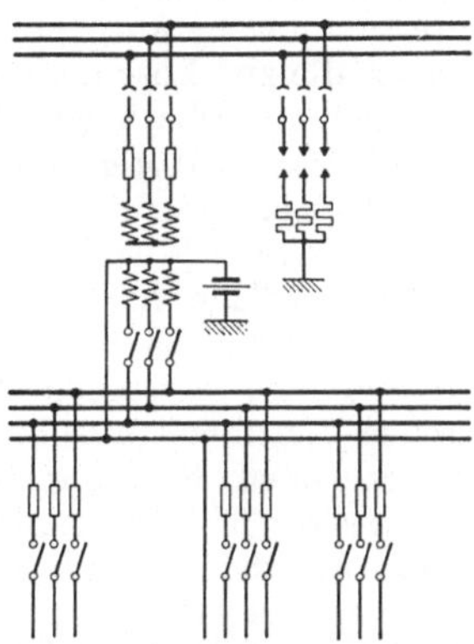

Abb. 618. Schaltschema einer
Transformatorenstation.

Transformatorenstationen. In den Transformatorenstationen sind Transformatoren zum Herauf-
oder Herabsetzen der Spannung mit den notwendi-
gen Schalt-, Meß- und Schutzgeräten zusammengebaut. Abb. 618 zeigt das Schaltschema einer ganz einfachen Transformatorenstation mit Überspannungsschutz,
wie sie auch für den Baubetrieb (s. unten) Verwendung finden könnte. Hochspannungsseitig ist ein Transformator über Sicherungen — bei großen Leistungen über Ölschalter mit Höchststromauslösung — und Trennschalter an
die Hochspannungsleitung angeschlossen. Trennschalter dürfen nicht unter Last
geschaltet werden. Eine mechanische oder elektrische Verriegelung mit dem
Niederspannungsschalter muß dies verhindern. Gleichzeitig schließt bei mehreren
parallel arbeitenden Transformatoren diese Verriegelung ein Rückarbeiten über
die Unterspannung aus, die bei geöffnetem Trennschalter und geschlossenem
Unterspannungsschalter eines Transformators diesen hochspannungsseitig auf
volle Spannung bringt, trotzdem der offene Trennschalter Spannungslosigkeit
vortäuscht. Niederspannungsseitig besitzt der Transformator, wenn er auf ein
Niederspannungsverteilungsnetz arbeitet, im Nullpunkt eine Durchschlagssicherung, die den unbeabsichtigten Übertritt von Hochspannung in dieses
Unterspannungsnetz unschädlich machen soll. Diese Sicherung besteht aus
zwei Kupferstücken, die durch ein gelochtes dünnes Glimmerblättchen voneinander getrennt sind, so daß eine wesentlich höhere Spannung als die Netzspannung die kurze Luftstrecke zwischen den Kupferstücken durchschlägt
und der folgende Lichtbogen diese zusammenschweißt und so eine gute Erdung
schafft. Ist der Nullpunkt niederspannungsseitig betriebsmäßig geerdet, was
sehr häufig der Fall ist, so fällt die Durchschlagssicherung fort. In Abb. 618
gehen von den Sammelschienen zwei Abzweige für Kraft (380 V) und ein
Abzweig für Kraft und Licht (220/380 V, S. 297) ab. Jeder Abzweig enthält
Schalter und Sicherungen.

Von dem stromliefernden Elektrizitätswerk wird im allgemeinen für oberspannungsseitige Schalt- und Meßzwecke — Zähler mit Zubehör — ein besonderer verschließbarer Raum beansprucht. Der Transformatorenraum selbst muß durch Zu- und Abluftöffnungen gut gelüftet sein, damit die Verlustwärme der Transformatoren abgeführt werden kann. Der einzelne Transformator soll von allen Seiten zugänglich aufgestellt, alle hochspannungsführenden Teile des Transformators und der Schaltanlage durch geerdete eiserne Schutzgitter gegen zufällige Berührung abgedeckt sein. Sind mehrere Transformatoren vorhanden, die niederspannungsseitig parallel geschaltet werden, so müssen sie derselben Schaltgruppe (RET § 8)[1] angehören, da sonst Ausgleichsströme einen Parallelbetrieb unmöglich machen. Bei größeren Transformatoren soll wegen der Brandgefahr jeder eine Kammer oder Zelle für sich haben. Oberhalb des Transformators ist ein Träger anzuordnen, damit er an diesem aus dem Ölkasten zur Untersuchung herausgehoben werden kann, unterhalb desselben eine Ölfanggrube, die zur Löschung eines Brandes mit Kies gefüllt ist. Derartige Gruben sind auch unterhalb von Ölschaltern zweckmäßig. In der Schaltanlage und dem Transformatorenraum sollen alle nicht spannungsführenden Metallteile wie Gehäuse, Fassungen, Gestelle usw. an eine durchgehende, blank verlegte, gut geerdete Kupferleitung von 35 mm² angeschlossen sein. Die Beleuchtungsanlage in diesen Räumen soll in Stahlpanzerrohr ausgeführt sein. In jedem Hochspannungsraum soll eine „Betriebsvorschrift" mit Schaltbild und eine „Anleitung zur ersten Hilfeleistung bei Unfällen im elektrischen Betriebe" aushängen. Zum Löschen von Ölbränden soll ein Kasten mit trockenem Sand einschließlich Schaufel oder ein Schaumlöscher vorhanden sein. Ebenso ist für Notbeleuchtung zu sorgen. An den Zugängen sollen Warnungstafeln mit Blitzpfeilen — Mindestgröße 10×15 cm — auf die Gefahren der Hochspannung hinweisen. Hochspannungsräume sind unter sicherem Verschluß zu halten.

Im Baubetrieb erfolgt durch eine mehr oder weniger provisorische Transformatorenstation der Anschluß an ein Überlandnetz zur Energieversorgung größerer Bauplätze. Nur in seltenen Fällen bei kleinen Bauvorhaben wird der Bezug der elektrischen Energie aus einem großen Niederspannungsnetz möglich sein, da die Belastungsstöße der Baumaschinen in kleine Netze eine zu große Beunruhigung bringen würden. Die Schaltanlage wird oberspannungsseitig zweckmäßig in geschlossener Ausführung in Form von Schaltkästen oder Schaltwagen erstellt, niederspannungsseitig, wenn irgendmöglich in gekapselter Ausführung. Beide Ausführungen brauchen wenig Raum und stellen an die Sachkenntnis des Personals geringe Anforderungen. Insbesondere ist das gekapselte Material dem rauhen Betrieb auf dem Bauplatz gewachsen und ist auch gegen Schmutz, Staub, Feuchtigkeit usw. unempfindlich. Eine solche Schaltanlage wird aus einzelnen gekapselten Apparaten zusammengesetzt (Abb. 619). Bei diesen sind Sammelschienen, Schalter, Sicherungen, Trennschalter und, wenn erforderlich, Meßgeräte, z. B. Amperemeter, Voltmeter und Zähler, in gußeiserne Kästen eingebaut, in die die notwendigen Leitungen als Kabel oder in Stahlpanzerrohr durch Anschlußstutzen eingeführt werden. Aus den verschiedenartigen Kästen läßt sich jede Verteilungstafel nach Bedarf zusammensetzen und wenn nötig, durch Ansetzen weiterer Kästen den Betriebsbedürfnissen entsprechend erweitern. Den Hochspannungsanschluß der Baustellen führen von dem betreffenden Elektrizitätswerk zugelassene Installateure aus, den Anschluß von Motoren und Beleuchtungsanlagen an die Niederspannungsseite die Bauleitung. Bei der Wahl des Platzes sind dieselben Gesichtspunkte maßgebend, wie bei den Kraftwerken (S. 301).

Schutzerdungen in Hochspannungsanlagen. Die Bauleitung ist für das Leben und die Gesundheit der auf der Baustelle beschäftigten Arbeiter verantwortlich.

---

[1] VDE 0532/1930.

Die Kenntnis der diesbezüglichen Vorschriften und Leitsätze des Verbandes deutscher Elektrotechniker (VDE) ist daher erforderlich. Für Hochspannungsanlagen sind die „Leitsätze für Schutzerdungen in Hochspannungsanlagen" VDE 0141/1924[1] maßgebend. Zu erden sind alle Metallteile, die betriebsmäßig spannungslos sind, aber bei Übertritt von Hochspannung eine gefährliche Spannung annehmen können. Hierzu gehören: Gehäuse von Maschinen, Transformatoren, Meßwandlern, Schaltern und Apparaten. Sekundärwicklungen von Meßwandlern, soweit es die Schaltung erlaubt. Gerüste von Schaltanlagen, Flansche, Isolatorenfüße, Kabelarmaturen, Metallteile, die betriebsmäßig mit den Händen umfaßt werden: Handräder, Hebel, Kurbeln, Schutzgitter u. a.

Isolatorenstützen an Holzmasten sollen nur an verkehrsreichen Wegen geerdet werden, die Erdungsleitungen im Handbereich sollen durch Holz abgedeckt werden. Eisenmaste mit Stützisolatoren sind zu erden; Ausführung siehe VDE 0141. Die Erdung muß zuverlässig und von Witterungseinflüssen (Trockenheit im Sommer!) unabhängig sein. Als Erder, d. h. als metallene Leiter, die mit dem Erdreich in unmittelbarer Berührung stehen und den Stromübergang an vorgeschriebener Stelle vermitteln, benutzt man

a) Erdplatten, wenn der Grundwasserstand nicht tiefer als 2 bis 3 m ist und keine zu großen Schwankungen aufweist. Die verzinkten eisernen Platten sollen mindestens 3 mm dick und 0,5 m² groß sein, in senkrechter

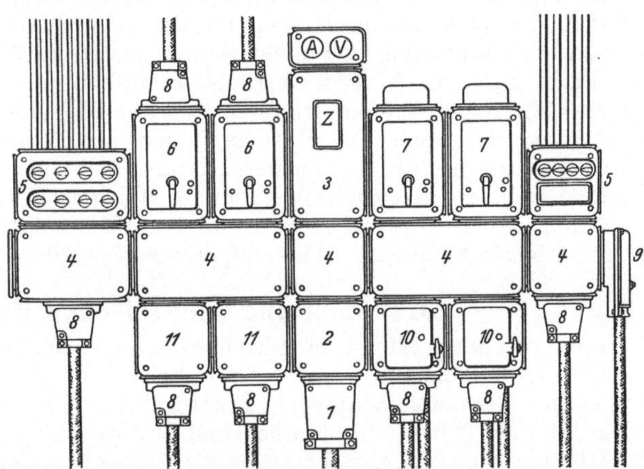

Abb. 619. Gußgekapselte Verteilungsanlage. *1* Kabelstutzen für ankommendes Kabel; *2* gekapselter Stromwandler für Zähler; *3* Zählereinbaugehäuse mit aufgebautem Strom- und Spannungsmesser; *4* Sammelschienenkästen; *5* Licht- oder Kraftverteilungskästen mit Drehschaltern, Sicherungen und abgehenden Kabeln; *6* Hebelschalter mit Sicherungen oder Selbstschaltern nebst Kabelstutzen für abgehende Kabel; *7* Hebelschalter mit Sicherungen oder Selbstschaltern nebst Zwischenkästen für rückwärtige Leitungsführung; *8* Kabelstutzen für abgehende Kabel; *9* Winkelkabelstutzen für abgehendes Kabel; *10* Selbstschalter für abgehende Kabel; *11* Sicherungskästen für abgehende Kabel.

Lage 1 m unter Grundwasserspiegel liegen und 3 mm dicke Zuleitungen haben. Alte Kesselbleche, Eisenbahnschienen können ebenfalls verwendet werden, falls sie genügend Oberfläche aufweisen. Platten von 1 m² einseitiger Oberfläche haben unter normalen Verhältnissen (Ackerboden-Lehmboden) einen Übergangswiderstand von ungefähr 20 bis 30 Ω, in Sand und Kies ein Vielfaches davon. Um den Widerstand von der Trockenheit unabhängig zu machen, empfiehlt es sich, durch ein miteingegrabenes Tonrohr von etwa 10 cm lichter Weite, das etwa 20 cm aus der Erde herausragt, eine Anfeuchtungsmöglichkeit der Platte und des Erdreiches zu schaffen. Eingeschüttetes Kochsalz kann den Übergangswiderstand wesentlich herabsetzen. Eine dauernde Überwachung der Erder ist notwendig.

b) Draht- und Banderder sollen mindestens 30 cm unter der Erdoberfläche liegen. Der Querschnitt soll mindestens 50 mm², bei Runddraht der Durchmesser also 8 mm betragen. Oft wird verzinktes Eisenband von 3×25 mm

---

[1] Unter dieser Bezeichnung zu beziehen vom VDE, Berlin-Charlottenburg, Bismarckstraße 33.

Querschnitt verwendet. Die Mindestlänge ist 10 m. Bei normalem **Acker-boden (Lehmboden)** ergeben sich folgende Widerstandswerte:

Länge in m	10	20	30	50	100
Widerstand in Ω	25	10	7	5	3

Bei feuchtem **Sandboden** kann mit den doppelten Werten gerechnet werden.

c) **Rohrerder.** Verzinkte Eisenrohre von 1 bis 2 Zoll lichter Weite und 3 m Länge verwendet man, wenn das Grundwasser nicht tiefer als 2 m steht. Der Widerstand eines Rohres beträgt bei normalem Ackerboden (Lehmboden) etwa 30 bis 50 Ω. Er kann durch Kochsalz, das um den Kopf des Rohres herumgeschüttet wird, vermindert werden. Ein miteingegrabenes, über die Erdoberfläche ragendes Tonrohr kann auch hier für die Anfeuchtung des Erdreiches in der Nähe des Rohrerders verwendet werden. Es empfiehlt sich zwei bis drei Rohre in einem Mindestabstand von 3 m zu verwenden.

Erdungsleitungen, das sind die zum Erder führenden Leitungen, soweit sie nicht in der Erde liegen, müssen für die volle Stromstärke bei Erdschluß bemessen sein, brauchen aber nicht stärker als 50 mm² bei Kupfer und 100 mm² bei Eisen zu sein. In Betriebsräumen muß mindestens 16 mm² Kupfer oder 35 mm² Eisen, in anderen Räumen mindestens 4 mm² Kupfer verlegt werden. Verbindung mit dem Erder ist besonders sorgfältig auszuführen, am besten durch Vernieten mit Kupfernieten und Verlöten. Schutz gegen Oxydation durch Verzinnen mit nachfolgendem Anstrich ist zweckmäßig.

Hochspannungserdungen und **Nulleitererdungen** müssen unbedingt getrennt verlegt werden. Abstand mindestens 20 m.

3. Verteilung elektrischer Energie.

Die Verteilung erfolgt in Gleichstrom- oder in Drehstromanlagen.

Gleichstromanlagen. Man unterscheidet **Zweileiter-** und **Dreileiteranlagen.** Bei dem Zweileitersystem (Abb. 611, S. 297) beträgt die Spannung 110 oder 220 V, Glühlampen und Motoren werden einzeln geschaltet. Das **Dreileitersystem** entsteht aus einer Hintereinanderschaltung von zwei Zweileiteranlagen derart, daß zwei Leiter zu einem gemeinsamen, den sog. **Mittelleiter,** vereinigt werden (Abb. 612, S. 297). Zwischen den Außenleitern herrscht die doppelte Spannung (220 oder 440 V), wie zwischen jedem Außenleiter und Mittelleiter (110 bzw. 220 V). Das Ganze ist also ein Leitungssystem von der doppelten Spannung einer Zweileiteranlage, die aber durch den Mittelleiter auf die halbe Spannung unterteilt ist. Der Mittelleiter führt nur den Unterschied der Ströme in den Außenleitern und wird bei genügend gleichmäßiger Verteilung der Stromnehmer auf die beiden Netzhälften nur schwach belastet, so daß unter Berücksichtigung der höheren Spannung und kleinen Ströme in den Außenleitern die ganze Leitungsanlage billiger wird als beim Zweileitersystem. Die angegebenen Spannungen sind vom VDE genormt.

Drehstromanlagen. Bei Drehstrom unterscheidet man die Phasenspannung und die verkettete Spannung (S. 261). In Verteilungsnetzen mit mitgeführtem Nulleiter hat man daher zwei Spannungen zur Verfügung: 220 V für Glühlampen und 380 V für Motoren. Für ausgedehnte Fabriknetze kann für große Motoren die Spannung von 380 V unwirtschaftlich werden. Es gibt daher bisweilen noch Verteilungsnetze für 500 V. Alsdann ist für die Beleuchtung ein besonderer Lichttransformator notwendig, der für die Glühlampen die Spannung von 500 auf 220 V herabsetzt. Die Möglichkeit der Transformierbarkeit des Drehstromes für Fernleitungszwecke hat die Gleichstromanlagen immer mehr zugunsten des Drehstromes zurücktreten lassen und seine Anwendung auf Sondergebiete beschränkt. Die Verteilungs- und Übertragungsspannungen für **Drehstrom** sind vom VDE genormt zu

125, **220, 380,** 500, 1000, 3000, **6000,** 10000, **15000,** 20000, **30000, 60000,** 80000, **100000,** 150000, **200000,** 300000 V.

Es sollen möglichst nur die fettgedruckten Spannungen verwendet werden. Die Nennspannungen von Generatoren und Transformatoren auf der Sekundärseite liegen um 5% höher.

Leitungen. Diese werden im Freien — für Hoch- und Niederspannung — als Freileitungen oder in der Erde als Kabel verlegt, in Gebäuden — für Niederspannung — als isolierte Leitungen in Isolierrohr oder Stahlpanzerrohr auf oder unter Putz, als Rohrdraht oder als Kabel und in untergeordneten Räumen und dort, wo Feuchtigkeit und ätzende Dämpfe vorhanden sind, offen auf Porzellanrollen oder -glocken. Als Baustoff für die isolierten Leiter wird Kupfer, für Freileitungen auch Bronze und Aluminium und seine Legierungen verwendet. Die mit Rücksicht auf die zulässige Erwärmung der Leiter notwendigen Querschnitte in Abhängigkeit von der Stromstärke können den Tabellen auf S. 305f. entnommen werden. Die Stromstärke läßt sich gemäß Gleichung (11), S. 247 und Gleichung (49), S. 262 aus der zu übertragenden Leistung bestimmen.

Tabelle für die Belastung isolierter Kupferleitungen.

Quer-schnitt	Dauerbetrieb		Aussetzender Betrieb	Quer-schnitt	Dauerbetrieb		Aussetzender Betrieb
	Höchst-strom	Nennstrom der Siche-rung	Höchststrom		Höchst-strom	Nennstrom der Siche-rung	Höchststrom
mm^2	A	A	A^1	mm^2	A	A	A^1
1	11	6	11	95	240	200	335
1,5	14	10	14	120	280	225	400
2,5	20	15	20	150	325	260	460
4	25	20	25	185	380	300	530
6	31	25	31	240	450	350	630
10	43	35	60	300	525	430	730
16	75	60	105	400	640	500	900
25	100	80	140	500	760	600	—
35	125	100	175	625	880	700	—
50	160	125	225	800	1050	850	—
70	200	160	280	1000	1250	1000	—

[1] Dauer der Einschaltung nicht größer als 4 min!

Die Berechnung der Leitung muß aber auch auf Energieverlust, der den Wirkungsgrad der Übertragung beeinflußt, und auf Spannungsabfall, der sich bei Licht- und Kraftbetrieb unangenehm bemerkbar machen kann, erfolgen. Bei größeren Entfernungen läßt man einen Spannungsabfall von 5 bis 10% zu und kann alsdann den Widerstand bestimmen, den die Leitung haben darf. Läßt man z. B. bei 500 V Spannung 10% oder 50 V Spannungsabfall in der Leitung zu, so darf diese bei einer Stromstärke von 100 A einen Widerstand haben von

$$R = \frac{E}{I} = \frac{50}{100} = 0,5\,\Omega.$$

Bei bekannter Länge ist der Querschnitt aus Gleichung (3) zu bestimmen. Dieser darf den aus den Tabellen auf S. 305f. entnommenen Querschnitt nicht unterschreiten, da der Leiter andernfalls eine zu hohe Temperatur annehmen würde. Wählt man für die gleiche Energieübertragung (50 000 W) die Spannung zu 5000 V, so sind nur 10 A zu übertragen, während der zugelassene Spannungsabfall auf 500 V steigt. Demnach ist ein Leitungswiderstand zulässig von

$$R = \frac{E}{I} = \frac{500}{10} = 50\,\Omega.$$

Da die Widerstände dem Leiterquerschnitt umgekehrt proportional sind, so sinkt bei der hohen Spannung der Leiterquerschnitt auf $^1/_{100}$ des ersten

Tabelle für die Belastung von Papierbleikabeln.

Quer-schnitt	Einleiter-kabel bis	Verseilte Zweileiter-kabel bis	Verseilte Dreileiterkabel bis							Verseiltes Vierleiter-kabel bis
mm²	1 kV	1 kV	1 kV	3 kV	6 kV	10 kV	15 kV	20 kV	30 kV	1 kV
1,5	31	25	22	—	—	—	—	—	—	20
2,5	41	34	30	29	—	—	—	—	—	26
4	55	44	38	37	—	—	—	—	—	35
6	70	55	49	47	—	—	—.	—	—	45
10	95	75	67	65	62	60	—	—	—	60
16	130	100	90	85	82	80	—	---	—	80
25	170	130	113	110	107	105	100	98	—	105
35	210	155	138	135	132	125	120	118	—	125
50	260	195	170	165	162	155	145	140	135	155
70	320	235	206	200	196	190	180	175	165	190
95	385	280	246	240	235	225	215	210	200	225
120	450	320	285	275	270	260	250	245	230	255
150	510	365	325	315	308	300	285	280	260	295
185	575	410	370	360	350	340	325	315	295	335
240	670	475	430	420	410	400	385	370	—	390
300	760	535	485	475	465	455	440	—	—	435
400	910	640	580	570	—	—	—	—	—	—
500	1035	—	—	—	—	—	—	—	—	—
625	1190	—	—	—	—	—	—	—	—	—
800	1380	—	—	—	—	—	—	—	—	—
1000	1585	—	—	—	—	—	—	—	—	—

Bei Verlegung in Luft soll die Belastung nur 75% der angegebenen Werte betragen.
Bei Verlegung in Kanälen oder in Rohren nur 65% der angegebenen Werte.
Bei Verlegung mehrerer Kabel in Kanälen oder Rohrblöcken beträgt bei
der Anzahl der Kabel 2   4   6   8
der Prozentsatz 90   80   75   70

Wertes. Bei langen Leitungen treten dadurch erhebliche Ersparnisse an Leitungsmaterial ein.

Hinsichtlich der Isolation unterscheidet man:

a) Blanke Leitungen. Für Freileitungen als Draht und Seil aus Kupfer oder Aluminium ausgeführt.

b) Umhüllte Leitungen. Sie haben keine Isolation, sondern nur eine Umhüllung als Schutz gegen chemische Einflüsse. Wetterfeste Leitungen (rot) im Freien und in Räumen, Nulleiterdrähte (grau) baumwollumhüllt in Räumen, Nulleiterdrähte (schwarz) juteumhüllt im Erdboden.

c) Isolierte Leitungen. Sie haben eine Isolation aus nahtlos umpreßtem Gummi und verschiedenartigen Schutz gegen mechanische Beschädigung:

1. Für ortsfeste Verlegung:

Gummiaderleitungen für Hausinstallation u. a.

Kabelähnliche Leitungen für Feuchträume (nicht im Erdboden).

2. Für ortsveränderliche Verbraucher:

Gummiaderschnüre in trockenen Räumen.

Gummischlauchleitungen in feuchten Räumen, Küchen, Werkstätten.

In schwerer Ausführung auch zum Anschluß größerer Motoren.

3. Für Beleuchtungskörper:

Fassungsader für Beleuchtungskörper.

Pendelschnüre zur Aufhängung von Beleuchtungskörpern.

d) Kabel in Räumen und im Erdboden.

1. Gummibleikabel ohne Endverschlüsse verwendbar. Bis 750 V.

2. Papierbleikabel nur mit Endverschlüssen. Bis zu den höchsten Spannungen.

Die isolierten Leiter und Kabel müssen folgenden VDE-Vorschriften[1] entsprechen:
VDE 0250/1931, Vorschriften für isolierte Leitungen in Starkstromanlagen V.I.L.
VDE 0252/1931, Vorschriften für umhüllte Leitungen.
VDE 0255/1928, Vorschriften für Bleikabel in Starkstromanlagen V.S.K.
Freileitungen können mit blanken, umhüllten oder isolierten Leitern ausgeführt werden. Die Verlegung darf nur auf Porzellanglocken oder gleichwertigen Vorrichtungen erfolgen. Die Freileitungen unterliegen folgenden Vorschriften des VDE:
VDE 0210/1930, Vorschriften für den Bau von Starkstromfreileitungen V.S.F.
VDE 0100/1930, Vorschriften für die Errichtung von Starkstromanlagen unter 1000 V V.E.S. 1.
VDE 0101/1930, Vorschriften für die Errichtung von Starkstromanlagen über 1000 V V.E.S. 2.
Über die übliche Verlegung von isolierten Leitungen in Gebäuden und von Freileitungen geben die Firmen-Handbücher[2] Aufschluß. Bei größeren Hoch- und Industriebauvorhaben ist es notwendig, möglichst frühzeitig den Elektrotechniker zu Rate zu ziehen, damit dieser seine Wünsche hinsichtlich der Leitungsführung usw. äußern kann. Dies ist besonders wichtig bei Eisenbetonbauten, bei denen ein nachträglicher Einbau von Leitungen nur mit großen Kosten möglich ist.
Die Leitungsverlegung auf Baustellen weicht von der üblichen nur wenig, dem vorübergehenden Betrieb auf denselben entsprechend, ab. Zu beachten ist, daß man dem durch das Fortschreiten des Baues entsprechenden veränderlichen Bedarf an elektrischer Energie Rechnung tragen und daher auch für möglichst reichliche Anschlußmöglichkeiten für Licht und Kraft sorgen muß. Von den Verlegungsarten kommen nur die in Frage, die dem rauhen Betriebe auf den Baustellen mechanisch gewachsen sind und sich auch dem vorübergehenden Einbau anpassen. Immer muß der Gesichtspunkt der Betriebssicherheit im Vordergrunde stehen und auch bei behelfsmäßigen Anlagen müssen die vorgeschriebenen Schutzmaßnahmen (S. 308) getroffen sein, damit die auf Baustellen besonders leicht vorkommenden elektrischen Unfälle vermieden werden. An Baumaschinen mit elektrischem Antrieb werden die Leitungen in Stahlpanzerrohr oder als Panzerader- bzw. als Bandpanzerleitung, d. h. mit einem unmittelbar auf die Gummiader aufgebrachten beweglichen Metallschlauch umgeben, oder als Kabel, wenn nicht zu viel Endverschlüsse nötig sind, ausgeführt. Auf leichte Montage und Demontage soll geachtet werden.
Die Stromzufuhr zu bewegten Baumaschinen, wie z. B. Baggern u. a. erfolgt entweder durch bewegliche Kabel oder durch Fahrleitungen. Bewegliche Kabel gewähren einen kleineren Aktionsradius als Fahrleitungen. Außerdem sind sie leichter Beschädigungen ausgesetzt. Andererseits sind sie billiger und bei Vorhandensein einer Anschlußmöglichkeit, sofort betriebsbereit. Gegebenenfalls kann das Kabel von einer Kabeltrommel ablaufen. Die Stromzuführung erfolgt dann über feststehende Bürsten, die auf Schleifringen schleifen, an die der Anfang des Kabels angeschlossen ist. Eine Spannvorrichtung, die auf die Trommel wirkt, hält das Kabel gespannt. Diese Stromzuführung findet man häufig bei Löffelbaggern, deren Arbeitsbereich daher beschränkt ist, wenn man nicht zu Sonderausführungen von Kabeltrommeln mit motorischer Spannvorrichtung, deren Preis aber höher ist, greifen will. Bei diesen kann man bis 500 m Kabel aufwickeln. Bei Eimerkettenbaggern dagegen herrscht die Fahrleitung vor. Bei 500 V Drehstrom Fahrdrahtspannung genügen 95 mm² Fahrleitungen, um ein normales Baggerfeld von 300 bis 400 m zu befahren.

---

[1] Unter diesen Bezeichnungen zu beziehen vom VDE.
[2] Z. B. AEG-Hilfsbuch für elektrische Licht- und Kraftanlagen; Siemens-Handbuch, Elektrische Installation für Licht und Kraft.

Schutzmaßnahmen in Starkstromanlagen. Die Bauausführung und Betriebsführung von Starkstromanlagen, besonders aber von Hochspannungsanlagen (S. 302) ist mit großer Verantwortung für den Bau- bzw. Betriebsleiter verbunden, weil Leben und Gesundheit der in diesen Anlagen beschäftigten und daher seiner Obhut anvertrauten Personen durch die Einwirkung des elektrischen Stromes stark gefährdet sind. Schon Wechselspannung von 220 V wirkt unbedingt tödlich, wenn, wie es im Baubetriebe meist der Fall ist, der Erdboden durchnäßt und auch der Körper feucht ist. Daher ist die genaue Kenntnis der Betriebs- und Schutzvorschriften des VDE erforderlich:

VDE 0105/1932, Vorschriften für den Betrieb von Starkstromanlagen V.B.S.

VDE 0140/1932, Schutzmaßnahmen in Starkstromanlagen unter 1000 V L.E.S. 1.

VDE 0141/1924, Leitsätze für Schutzerdungen in Hochspannungsanlagen.

Abb. 620. Handlampentransformator. 220/24 V, 2,1 A.

Im Baubetrieb kommen bei Benutzung von Spannungen von 220 V bzw. 220/380 V folgende Maßnahmen nach V.B.S. in Frage.

1. Isolierung. a) Isolierung des Menschen von den Anlageteilen. Sämtliche Anlageteile werden mit Isolation umhüllt (z. B. isolierende Umpressung von Schaltergriffen, Handrädern u. a.).

b) Isolierung des Menschen von der Erde. Der Standort der Bedienung wird isoliert (z. B. Anwendung von Isolierfußboden, -rosten u. a.).

2. Kleinspannung. Die Spannung wird in besonders gefährdeten Betrieben auf einen ungefährlichen Betrag durch Transformatoren oder Umformer herabgesetzt. Obere Grenze der Kleinspannung: 42 V. Bei Handleuchten in Kesseln und ähnlichen engen Räumen mit gut leitenden Bauteilen kommt als Schutzmaßnahme nur Kleinspannung in Frage (Handlampentransformator Abb. 620, Handlampenumformer Abb. 621).

Abb. 621. Handlampenumformer. 220/24 V, 2 A.

3. Schutzerdung. Anschluß der zu schützenden Metallteile der Anlage an in die Erde gebettete metallene Leiter (z. B. Platten, Rohre, Wasserleitung. Vgl. Schutzerdungen in Hochspannungsanlagen S. 302).

4. Nullung. Für Verteilungsanlagen mit geerdetem Nulleiter. Die zu schützenden Teile der Anlage werden mit dem Nulleiter, der in der Anlage überall mitgeführt wird, gut leitend verbunden.

5. Schutzschaltung. Hierbei werden Schalter verwendet, die beim Auftreten einer zu hohen Berührungsspannung an dem zu schützenden Metallteil — d. h. Spannung gegen Erde im Störungsfalle — die Fehlerstelle selbsttätig in kurzer Zeit abschalten.

Bei beweglichen Anschlüssen mit Stecker muß dieser bei 3. bis 5. mit einem Schutzkontakt und das Kabel mit einem weiteren Leiter ausgerüstet sein, der mit dem zu schützenden Metallteil verbunden ist, so daß der Fehlerstrom von dem zu schützenden Teil über den Leiter und den Schutzkontakt zum Erdleiter, Nulleiter oder dem Auslöseleiter des Schutzschalters fließen kann.

4. Elektromotorischer Antrieb.

Das Drehmoment der Arbeitsmaschine und des Antriebsmotors. Im stationären Betriebe ist das Drehmoment der Arbeitsmaschine (Lastdrehmoment) und das des Motors im allgemeinen abhängig von der Drehzahl. Diese Abhängigkeit wird durch Drehmomentenkennlinien gekennzeichnet. Diese sind für die hauptsächlichsten Motoren in Abb. 622 zusammengestellt: *1* zeigt im rechten Teil eine Nebenschlußkennlinie (Abb. 573, S. 274), im Gesamtverlauf eine Drehstrommotorkennlinie (Abb. 595, S. 286), *2* zeigt eine Reihenschlußkennlinie (S. 274). Zwei typische Kennlinien von Arbeitsmaschinen sind in Abb. 623 dargestellt: *1* zeigt eine Gerade, die besagt, daß das Drehmoment der Arbeitsmaschine (Lastdrehmoment) unabhängig von der

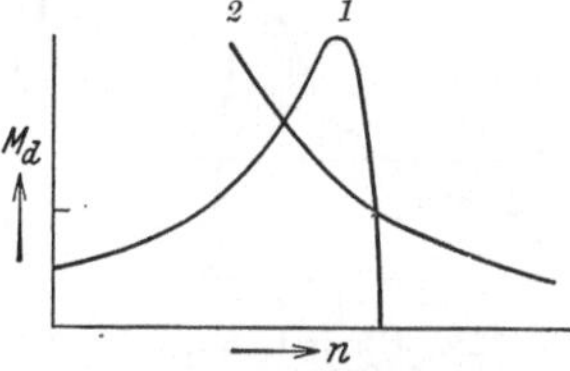

Abb. 622. Motorkennlinien.
1 Nebenschlußkennlinien (rechter Teil). Im Gesamtverbrauch Kennlinie eines Drehstrommotors.
2 Hauptstromkennlinie.

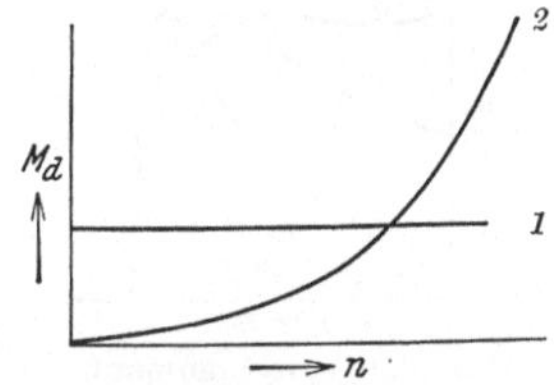

Drehzahl ist, wie z. B. bei Hebemaschinen; *2* zeigt eine parabelartige Kurve, die besagt, daß das Drehmoment der Arbeitsmaschine bei kleinen Drehzahlen sehr klein ist und mit steigender Drehzahl sehr schnell zunimmt, wie bei Ventilatoren, Kreiselpumpen u. a. Ist z. B. ein Antriebsmotor mit Nebenschlußkennlinie mit einer Kreiselpumpe gekuppelt, so stellt sich im stationären Betrieb die Drehzahl auf den Schnittpunkt beider Drehmomentenkennlinien ein (Abb. 624 rechts).

Beim Anlauf muß Motor und Arbeitsmaschine beschleunigt werden. Dazu ist ein Überschuß- (Beschleunigungs-) Drehmoment notwendig, das während der Anlaufzeit wirkt, bis der Betrieb dem vorher gekennzeichneten Schnittpunkt entspricht. Die Größe

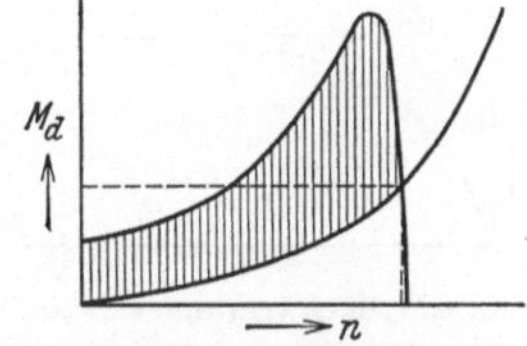

Abb. 623. Kennlinien von Arbeitsmaschinen.

des Überschußdrehmomentes bedingt die Anlaufzeit. Die Anlaßvorrichtungen und -verfahren sollen einerseits die Anlaßströme begrenzen (Gleichstrommotoren S. 273) und andererseits das Anlaßdrehmoment vergrößern (Drehstrommotoren S. 286). Ist z. B. ein Drehstrommotor mit einer Kreiselpumpe gekuppelt (Abb. 624), so stehen zur Beschleunigung bei direktem Einschalten (also ohne Anlasser) die durch Schraffur gekennzeichneten Beschleunigungsdrehmomente zur Verfügung. Ist derselbe Motor mit einer Arbeitsmaschine mit gleichbleibendem Drehmoment gekuppelt (Abb. 625), so ist ein Anlauf gegen dieses Lastdrehmoment ohne Anlasser überhaupt nicht möglich. Durch einen **Anlasser im Läuferstromkreis** (S. 286) kann das Anlaufdrehmoment bis auf den Höchstwert vergrößert werden, so daß schon bei

Abb. 624. Überschußdrehmoment bei Kupplung eines Drehstrommotors mit einer Kreiselpumpe.

der Drehzahl Null ein beschleunigendes Überschußdrehmoment auftritt. Oder es wird eine **Fliehkraftkupplung** zwischen Kurzschlußanker, Motor und Arbeitsmaschine eingebaut, die die Kupplung erst dann vornimmt, wenn die Drehzahl dem hohen Drehmoment entspricht (S. 286). Eine dritte Möglichkeit ist die Verwendung von Sonderausführungen von Kurzschlußankermotoren, den **Doppelstabanker-** (S. 286) und den **Tiefnutmotoren** (S. 286). Abb. 626 zeigt die grundsätzliche Veränderung der Anlaufdrehmomente und des Verlaufes der Drehmomentenkennlinie bei diesen Motoren gegenüber den gewöhnlichen Drehstrommotoren. Bei den Doppelstabankermotoren liegt das Anlaufdrehmoment und -strom so hoch, daß zur Verkleinerung des Anlaufstromes Sterndreieckschaltung angewendet werden kann.

Betriebsarten. Nach den „Regeln für die Bewertung und Prüfung elektrischer Maschinen" (REM, § 19a) werden unterschieden:

Dauerbetrieb (DB): Die Betriebszeit ist so lang, daß der Motor im Beharrungszustande die Endtemperatur erreicht (z. B. Ventilatoren, Kompressoren, Pumpen u. a.). Die Kurve, die die Abhängigkeit der Temperatur vor der Zeit darstellt, heißt Erwärmungskurve (Abb. 627).

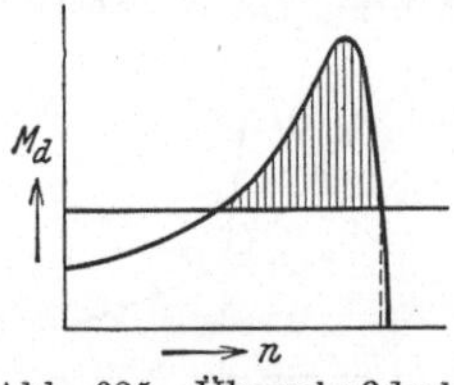

Abb. 625. Überschußdrehmoment bei Kupplung eines Drehstrommotors mit Hebemaschine und Anlauf ohne Anlaßwiderstand nicht möglich.

Kurzzeitiger Betrieb (KB): Die vereinbarte Betriebszeit ist so kurz, daß der Motor die Beharrungstemperatur nicht erreicht, die Betriebspause so lang, daß der Motor Raumtemperatur annimmt. Während der Pause ist der Motor spannungslos (z. B. Klappbrückenmotor).

Dauerbetrieb mit kurzzeitiger Belastung (DKB): Die vereinbarte Belastungszeit ist so kurz, daß der Motor die Beharrungstemperatur nicht erreicht, die Belastungspause so lang, daß die Beharrungstemperatur bei Leerlauf erreicht wird.

Aussetzender Betrieb (AB): Die spannungslosen Pausen nach den Einschaltzeiten sind so kurz, daß der Motor die Raumtemperatur nicht erreicht (z. B. Kranmotoren).

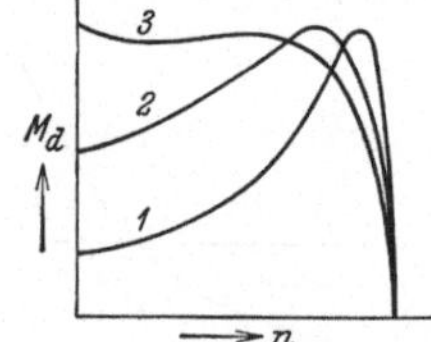

Abb. 626. Drehmomentlinien. _1_ Gewöhnlicher Motor; _2_ Tiefnutmotor; _3_ Doppelstabankermotor.

Dauerbetrieb mit aussetzender Belastung (DAB): Die Leerlaufpausen nach den Belastungszeiten sind so kurz, daß der Motor die Raumtemperatur nicht erreicht.

Die Betriebsarten AB und DAB werden durch die relative Einschaltdauer gekennzeichnet. Sie ist das Verhältnis Einschalt- bzw. Belastungszeit zu Spieldauer. Die Spieldauer ist die Summe von Einschaltzeit und spannungsloser Pause bzw. von Belastungszeit und Leerlaufpause.

Normale Werte der relativen Einschaltdauer sind 15, 25 und 40%. Die Spielzeit soll 10 min nicht überschreiten.

Bei allen Betriebsarten darf der Motor die in den REM § 39 festgelegten Grenztemperaturen nicht überschreiten und er muß das von der Arbeitsmaschine verlangte Drehmoment hergeben. Bei Dauerbetrieb begrenzt die Erwärmung die Leistung eines Motors, bei kurzzeitigem und aussetzendem Betrieb oft das Drehmoment.

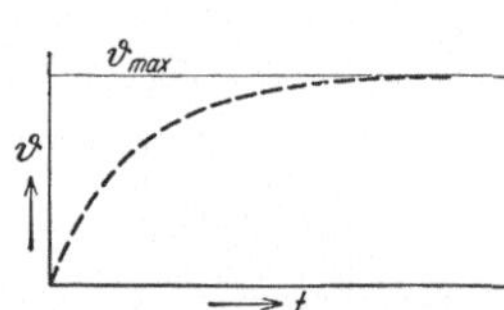

Abb. 627. Erwärmungskurve.

Kühlungs- und Schutzarten bei Motoren. Hinsichtlich der Kühlung werden nach den REM unterschieden: Selbstkühlung, Eigenlüftung, Fremdlüftung und Wasserkühlung; letztere nur selten, wenn Kühlwasser zur Verfügung steht, z. B. bei Antrieb von Pumpen. Hinsichtlich der Schutzarten werden unterschieden: Offene, geschützte und geschlossene Maschinen. Bei Selbstkühlung wird die Kühlluft durch die umlaufenden Teile der Maschine, bei Eigenlüftung durch einen am Läufer angebrachten Lüfter, bei Fremdlüftung durch einen solchen mit besonderem Antriebsmotor bewegt. Bei offenen Maschinen ist die Berührung Strom führender und umlaufender Teile möglich, bei geschützten Maschinen erschwert und bei geschlossenen unmöglich.

Der offene Motor (Abb. 628) mit Selbstkühlung oder neuerdings stets mit Eigenlüftung ist die billigste Ausführung. Er kann nur in geschlossenen trockenen Räumen mit staubfreier Luft verwendet werden. Der geschützte

Abb. 628. Offener Gleichstrommotor.

Abb. 629. Geschützter Gleichstrommotor.

Motor (Abb. 629) bietet Schutz gegen Berührung und gegen das Eindringen von Fremdkörpern. Er ist in Werkstätten und ähnlichen Betrieben am Platz. Der tropfwassergeschützte Motor ist außerdem gegen senkrechtfallende Wassertropfen, der spritz- oder schwallwassergeschützte Motor (Abb. 630) gegen

Abb. 630. Schwallwassergeschützter Gleichstrommotor.

Abb. 631. Geschlossener Drehstrommotor mit Rohranschlüssen für Zu- und Abluft.

Wasserstrahlen aus beliebiger Richtung geschützt. Staubige, feuchte und mit ätzenden Gasen vermischte Luft verträgt nur der geschlossene Motor. Er kann ausgeführt sein mit Rohranschlüssen für die Zu- und Abluft (Abb. 631), mit Mantelkühlung (Abb. 632), bei der ein besonderer Lüfter Kühlluft über die äußere Manteloberfläche bläst, und sehr selten mit Wasserkühlung. Der gekapselte Motor ist allseitig abgeschlossen, so daß die Verlustwärme lediglich durch Strahlung und natürliche Luftbewegung abgeführt wird. Dadurch fällt er wesentlich größer und teurer aus als offene und geschützte Motoren.

In Räumen mit Explosionsgefahr durch Gase müssen schlagwettergeschützte Motoren Verwendung finden.

Abb. 632. Geschlossener Gleichstrommotor mit Mantelkühlung.

Diese müssen den „Vorschriften für die Ausführung schlagwettergeschützter elektrischer Maschinen, Transformatoren und Geräte" VSS, VDE 0170, entsprechen. Der Schutz besteht in einer druckfesten Kapselung, die den Überdruck einer inneren Explosion aushält.

Schutzeinrichtungen für Motoren. Die Motoren müssen geschützt werden 1. dagegen, daß bei stoßweiser Überlastung die mechanische Beanspruchung des Läufers zu groß wird, 2. dagegen, daß nach Ausbleiben der Spannung bei ihrer Wiederkehr der Motor ohne Anlasser anlaufen muß, 3. dagegen, daß kurzzeitige große und 4. dagegen, daß lange kleine Überlastungen den Motor zu warm werden lassen.

1. Rutschkupplungen schützen den Motor gegen mechanische Überlastungen. Beim Überschreiten eines durch veränderliche Federkraft einstellbaren Drehmomentes fängt die Kupplung an zu gleiten, so daß stoßweise auftretende Überlastungen durch die Arbeitsmaschine im Motorläufer keine entsprechenden Kräfte und Beanspruchungen mit sich bringen, sondern diese auf einen unschädlichen Höchstwert begrenzt werden.

2. Nullspannungsschalter oder Spannungsrückgangsschalter schalten beim Ausbleiben der Spannung den Hauptschalter aus oder lassen den Anlasser von der Kurzschlußstellung auf die Anfangsstellung durch Federkraft zurückfallen. Diese Bewegung wird durch eine Spannungsspule ausgelöst, die den Schalter oder den Anlasser in der Kurzschlußstellung festhält, ihn aber beim Ausbleiben der Spannung freigibt, so daß er in die Anfangsstellung zurückfallen kann.

3. Schmelzsicherungen. Sie bestehen aus dem Sicherungskörper und dem Schmelzeinsatz, der Sicherungskörper aus Sockel, Klemmen und Kontaktstück. Man unterscheidet offene Sicherungen mit Streifeneinsatz und geschlossene Sicherungen mit Patroneneinsatz. Schmelzeinsätze enthalten oder bestehen aus Metallstreifen oder -drähten, die bei steigender Stromstärke schließlich durchschmelzen. Sie sollen folgende Forderungen erfüllen:

	Sollen in 1 h durchschmelzen	Dürfen in 1 h nicht durchschmelzen
Schmelzstreifen	bei 1,8 × Nennstrom	bei 1,6 × Nennstrom
Patronen { 6 und 10 A . .	„ 2,1 × „	„ 1,5 × „
15 und 25 A . .	„ 1,75 × „	„ 1,4 × „
35 und mehr . .	„ 1,6 × „	„ 1,3 × „

Die geschlossenen Patronensicherungen sind bis 60 A vorgeschrieben, weil sie beim Durchschmelzen und daher auch beim Auswechseln vollkommen ungefährlich sind. Sie werden bis 200 A gebaut. Darüber hinaus kommen nur Streifensicherungen in Frage.

Die Verwendung geflickter oder überbrückter Sicherungen ist wegen den damit verbundenen Gefahren streng verboten!

Bei Sicherungen von 6 bis 60 A muß die fahrlässige oder irrtümliche Verwendung von Schmelzeinsätzen für zu hohe Stromstärken durch ihre Bauart ausgeschlossen sein. Die Nennstromstärke zur Sicherung von Leitungen s. S. 305.

Bei der Sicherung von Motoren ist zu beachten, daß der Motor im Dauerbetrieb nur seinen Nennstrom, der auf dem Leistungsschild angegeben ist, verträgt, daß aber eine Sicherung einen 40 bis 70% höheren Strom als ihren Nennstrom dauernd aushält. Wählt man nun eine entsprechend kleinere Sicherung, so schmilzt diese durch die hohen Anlaßströme durch, wählt man eine entsprechend größere, so ist der Motor im Dauerbetrieb nicht vor Überlastung geschützt. Dieses wirkt sich besonders bei Drehstrommotoren mit Kurzschlußläufern aus, bei denen ein hoher Anlaufstrom zugelassen werden muß. Diese Unmöglichkeit einen Motor mit Sicherungen gegen Dauerüberlastung zu schützen hat zur Entwicklung von Motorschutzschaltern geführt.

Diese sind Sonderausführungen der Überstromselbstschalter. Ihre Auslösestromstärke läßt sich nach Bedarf einstellen. In kleineren Ausführungen haben sie feste Auslösestromstärken und können in Form von Kleinautomaten an Stelle von Schmelzsicherungen eingebaut werden. Eine Sonderausführung in Stöpselform gestattet das Einschrauben in Stöpselsicherungen an Stelle der Schmelzpatronen. Der Vorteil der Überstromschalter ist, daß der Ersatz der Schmelzeinsätze in Fortfall kommt. Alle Überstromschalter müssen Freiauslösung haben, d. h. sie müssen auch dann ausschalten, wenn man den Handhebel in der Einschaltstellung festhält. Größere Überstromselbstschalter können mit einer Nullspannungs- oder Rückstromauslösung ausgerüstet werden.

Motorschutzschalter unterbrechen stets allpolig und vereinigen folgende Schutzeinrichtungen, die zum Schutze von Motoren notwendig sind:

1. Eine unverzögerte magnetische Schnellauslösung zum Schutze gegen Kurzschlüsse, Erdschlüsse und Bedienungsfehler.

2. Eine verzögerte einstellbare thermische Überstromauslösung durch Bimetall zum Schutze gegen Überlastung der Motoren bei jedem Betrieb und bei Ausbleiben einer Phase (S. 312). Bimetall besteht aus zwei aufeinander gelöteten Metallstreifen mit verschiedener Wärmeausdehnung. Bei Erwärmung biegt es sich stark durch und löst den Schalter mechanisch aus.

3. Eine Nullspannungs- oder Unterspannungsauslösung zum Schutze gegen Anlauf ohne Anlasser nach Störungen bei Wiederkehr der Netzspannung.

4. Eine Fehlerstromauslösung zum Schutze gegen zu hohe Berührungsspannung (S. 308).

Anlasser für Motoren. Die Anlasser für Gleichstrommotoren und Drehstrommotoren müssen den „Regeln für Anlasser und Steuergeräte REA", VDE 0650/1928 entsprechen. Ähnlich wie bei den Maschinen werden folgende Schutzarten unterschieden: offen, geschützt, geschlossen, gekapselt, ölgeschützt und explosionssicher (vgl. REA, § 7). Nach dem Aufbau unterscheidet man

Flachbahnanlasser mit feststehenden Kontaktstücken in einer Ebene — befestigt z. B. auf einer Schieferplatte —, die von einem beweglichen Kontaktstück bestrichen werden. Durch die Schieferplatte mit den Kontakten — die Kontaktbahn — sind die eigentlichen Widerstände aus Metall abgedeckt. Die Kühlung der Widerstände erfolgt entweder durch Luft, Öl oder Sand, letzteres nur bei niederen Spannungen. Wenn auch die Kontaktbahn unter Öl liegt, so sind diese Anlasser besonders geeignet für feuchte, staub- und schmutzhaltige Räume sowie solche mit Explosionsgefahr. Flachbahnanlasser sollen nur für feststehende Motoren verwendet werden, ebenso die

Flüssigkeitsanlasser, die nur für größere Leistungen gebraucht werden. Bei ihnen werden sichelförmige Eisenplatten in eine 10 bis 15%ige Pottasche- oder Sodalösung gesenkt, der man als Schutz gegen Einfrieren etwa 300 cm^3 Glyzerin je Liter zusetzt. Am Ende des Anlaßvorganges schalten Kontakte den Anlasser kurz. Die Möglichkeit der Knallgasentwicklung auch bei Verwendung als Läuferanlasser von Drehstrommotoren mahnt zur Vorsicht!

Walzenbahnanlasser besitzen feststehende Kontaktfinger, die auf Kreisringsegmenten schleifen. Diese sind auf einer drehbaren Walze isoliert befestigt, die mittels Kurbel, Handrand oder Hebel gedreht werden kann. Rasten sorgen für die richtige Lage der Kontakte zu den Ringsegmenten. Die Metallwiderstände können vom Anlasser getrennt untergebracht werden und durch Luft, Öl oder Sand gekühlt werden — durch Sand nur bei den niedrigen Spannungen bei Läuferanlassern —. Auch bei diesen kann die Schaltwalze unter Öl liegen, so daß dann der Anlasser für feuchte, staub- und schmutzhaltige Räume sowie für solche mit Explosionsgefahr geeignet ist. Bisweilen wird ein Schaltwalzenanlasser mit eingebauten Widerständen unmittelbar an einen Schleifringankermotor angebaut und mit der Kurzschluß- und Bürstenabhebevorrichtung so verbunden, daß eine falsche Bedienung ausgeschlossen ist und er daher von ungeschultem Personal bedient werden kann. Walzenbahnanlasser sind vollkommen gekapselt und infolge ihrer derben Bauart für rauhe und schwere Betriebe auch im Freien und für ortsveränderliche Motoren geeignet. Man wird sie daher auch im Baubetrieb vorzugsweise anwenden. Für Kranbetrieb erhalten die Schaltwalzen Segmente für Vorwärts- und für Rückwärtsfahrt, so daß die gesamte Steuerung mit der Schaltwalze erfolgt, bei Bahnbetrieb wird eine kleine Umschaltwalze angebracht, die bei Rückwärtsfahrt die Umsteuerung vornimmt, wie vom Straßenbahnbetrieb her bekannt ist.

Steuerschalter bestehen aus einer Reihe von Einzelschaltern, die mechanisch durch eine Nockenwelle geschaltet werden. Sie werden bei größeren Leistungen und höherer Schalthäufigkeit angewendet.

Schützensteuerungen bestehen aus einer Reihe von Schützen, das sind Schalter für große Leistungen, die pneumatisch oder elektromagnetisch betätigt werden. Schützensteuerungen werden bei größten Leistungen und höchster Schalthäufigkeit angewendet, z. B. bei elektrischen Vollbahnlokomotiven u. a.

Der Energiebedarf von Baumaschinen schwankt sehr stark und richtet sich nach der Größe und Leistungsfähigkeit derselben. Daher lassen sich die Angaben der Tabelle (s. unten) nur als Anhalt benutzen. Zur Vereinfachung der Betriebsführung und der Lagerhaltung soll man eine Normung der Motorgrößen anstreben. Nach DIN VDE 2000 sind die Normleistungen bei Gleichstrommotoren: 0,2, 0,7, 1,0, 5,0, 10, 50, 80, 100 kW mit den Normdrehzahlen 2800, 2000, 1400, 950, 750, 600, 500 U/min, nach DIN VDE 2650/2651 sind die Normleistungen bei mittleren Drehstrommotoren 7,5, 15, 30, 50, 100, 200, 250 kW mit den Normdrehzahlen (ohne Schlupf S. 285) 3000, 1500, 1000, 750, 600, 500 U/min. Für kleine Motoren kann man rechnen mit 0,5, 1,5, 3,0, 4,0, 5,5 kW. Zu den mittleren Motoren tritt meist noch 70 und 150 kW. Bei der außerordentlichen Vielseitigkeit der Baumaschinen wird man nicht immer mit diesen Leistungen auskommen.

Energiebedarf von Baumaschinen.

Arbeitsmaschine	für	Leistung	Energiebedarf
Kolbenpumpen	Preßwasser von 250 at		0,6 kW je m³/min
,.	Förderhöhe von 300 m		65 kW je m³/min
,,	Förderhöhe bis 600 m	je 10 m Förderhöhe	2,4 kW je m³/min
Einstufige Kreiselpumpen	Förderhöhe bis 30 m	0,5 m³/min	0,15— 0,2 kW ⎫
,,	,,	1,5 m³/min	0,4 — 0,5 kW ⎬ je 1 m Förderhöhe
,,	,,	10,0 m³/min	2,4 — 3,3 kW
,,	,,	20,0 m³/min	4,5 — 5,0 kW ⎭
Mehrstufige Kreiselpumpen	Förderhöhe bis 120 m	0,5 m³/min	1,4 — 1,6 kW ⎫
,,	,,	1,5 m³/min	4,0 — 4,3 kW ⎬ je 10 m Förderhöhe
,,	,,	10,0 m³/min	23 —27 kW
,,	,,	20,0 m³/min	45 —47 kW ⎭
Kompressoren	Drucklufterzeugung 6 at		5 kW je m³/min
,,	Druckluft von 1,5 bis 3,5 at für Torkretspritzbeton		10, 50 u. 100 kW
Exhaustoren	Staubabsaugung u. a.	5 m³/min	0,15 kW
,,	,,	70 m³/min	1,5 kW
,,	,,	160 m³/min	3,0 kW
,,	,,	300 m³/min	5,0 kW

Energiebedarf von Baumaschinen (Fortsetzung).

Arbeitsmaschine	für	Leistung	Energiebedarf
Schraubenrad-ventilatoren	Lüftung u. a.	200 m³/min	1 kW
,,	,,	680 m³/min	3 kW
,,	,,	1300 m³/min	5 kW
,,	,,	2800 m³/min	10 kW
,,	,,	4600 m³/min	15 kW
Backenbrecher	Schotterbereitung	1 m³/h	3 kW
,,	,,	2 m³/h	5 kW
,,	,,	4,5 m³/h	10 kW
,,	,,	8 m³/h	15 kW
,,	,,	20 m³/h	30 kW
Walzenbrecher	Kiesbereitung	1 t/h	1,5 kW
,,	,,	5 t/h	7,5 kW
,,	,,	10 t/h	11 kW
,,	,,	15 t/h	15 kW
Kugelmühlen	Sandaufbereitung	1 t/h	1,5 kW
Mischmaschinen	Mörtel- u. Betonbereitung	3 m³/h	1,5 kW
,,	,,	10 m³/h	4,5 kW
,,	,,	19 m³/h	7,5 kW
,,	,,	25 m³/h	10,0 kW
,,	,,	40 m³/h	15,0 kW
Eimerkettenbagger	Naß- u. Trockenbaggerung	200 m³/h	50 kW
,,	,,	300 m³/h	110 kW + 7,5 kW + 5 kW [1]
,,	,,	bis 1000 m³/h	0,3—0,6 kW je m³/h [1]

G. Elektrische Beleuchtung.

Grundbegriffe. Die Lichtstärke (I) einer Lichtquelle in einer bestimmten Richtung wird in Hefner-Kerzen (HK) gemessen. Im allgemeinen ist diese Lichtstärke in verschiedenen Richtungen verschieden. Der Mittelwert der Lichtstärken nach allen Richtungen im Raume ist die mittlere räumliche Lichtstärke (I_0). Der Lichtstrom (Φ) einer Lichtquelle ist das gesamte von ihr ausgehende Licht und wird in Lumen (Lm) angegeben. Es ist der Lichtstrom $\Phi = 4 \pi I_0 = 12,6 I_0$. Die Beleuchtungsstärke (E) gemessen an einem bestimmten Punkte bzw. in einer bestimmten Ebene — meist 1 m über dem Boden gemessen — wird in Lux (Lx) angegeben. Es ist die Beleuchtungsstärke $E = \dfrac{\Phi}{F} = \dfrac{I}{r^2}$, wenn der Lichtstrom Φ auf eine Fläche von F m² fällt und die Entfernung des betrachteten Punktes r m beträgt. Je nach der Bestimmung des Raumes bzw. Platzes ist die erforderliche Beleuchtungsstärke verschieden [2]. Mittlere Werte der Beleuchtungsstärke für Allgemeinbeleuchtung gibt die Zusammenstellung auf S. 316. Für Arbeitsplatzbeleuchtung gelten 3 bis 10fache Werte. Oft genügen hierfür Handleuchten, die aber unbedingt den VES 1 § 18c entsprechen müssen! Alle anderen müssen aus dem Betriebe entfernt werden, da sie eine dauernde Bedrohung des Bedienungspersonals bilden! Reichlich Anschlußdosen vorsehen!

Bei geschlossenen Räumen unterscheidet man die direkte, halbindirekte und indirekte Beleuchtung, je nach dem, ob das Licht unmittelbar von der Lichtquelle den beleuchteten Gegenstand trifft, oder zum Teil erst nach Reflexion

---

[1] Einschließlich Hilfsmaschinen.

[2] Ein bestimmter Wert ist notwendig mit Rücksicht auf die Gesundheit, Sicherheit und Leistungsfähigkeit der dort Beschäftigten. Die Aufhängehöhe in geschlossenen Räumen beträgt etwa $2^1/_2$ m, im Freien sind Masthöhen von 8, 10, 12 und 14 m üblich.

	0,5	1,0	1,5	3,0	5	10	15	20	25	30	35	50	60	80	100 Lx
Straßen und Plätze	Nebenstraßen mit schwachem Verkehr		Straßen mit mittlerem Verkehr	Hauptstraßen mit starkem Verkehr											
Baubetrieb	Lagerplätze		Bauplätze				Maschinenhaus des Baukraftwerkes								
Geschlossene Räume						Lagerräume	Wohnräume		Büros		Rechen- und Schreibbüros		Zeichenbüros		
Fabriken und Werkstätten	Fabrikhöfe mit schwachem Verkehr		Fabrikhöfe mit starkem Verkehr		Fabrikflure Nebenräume		Werkstätten für einfache Arbeiten, z. B. Schmiede			Werkstätten für feine Arbeiten, z. B. Tischlerei		Werkstätten für Feinmechanik			

an der Decke oder den Wänden des Raumes, oder nur nach Reflexion an solchen. Die Lichtquelle, z. B. elektrische Glühlampe, befindet sich meist in einem Beleuchtungskörper (Innen- oder Außenleuchte), der je nach seinem Verwendungszweck dem Lichtstrom eine bestimmte Richtung erteilt. Man unterscheidet Tiefstrahler für Fabriken, Montagehallen, Straßen, große Plätze, Bauplätze u. a., Breitstrahler für Räume mit hellen Wänden, Baubetrieb u. a., Hochstrahler für Büros, Zeichensäle u. a.

Für die Allgemeinbeleuchtung im Baubetrieb verwendet man meist 100 bis 500 W-Lampen und nach Bedarf noch größere an Masten von 6 bis 8 m.

An die Stelle von Tiefstrahlern treten neuerdings — besonders als Baustellen-, Gleis-, Platz-, Hofbeleuchtung und bei Bagger- und Bergwerksbetrieben im Tagebau — auch Flutlichtgeräte, die ursprünglich zum Anstrahlen von Gebäuden usw. benützt wurden. Nach Angaben der AEG braucht man, um eine mittlere Beleuchtungsstärke von etwa 2 Lx zu erzielen, bei Verwendung von Tiefstrahlern etwa 0,3 W/m² Bodenfläche, bei Flutlichtgeräten etwa 0,2 W/m². Für ein Flutlichtgerät mit 30° Streuung an Masten verschiedener Höhe mit verschiedener Geräteneigung (30°, 45°, 60°) gilt folgende Tabelle (AEG):

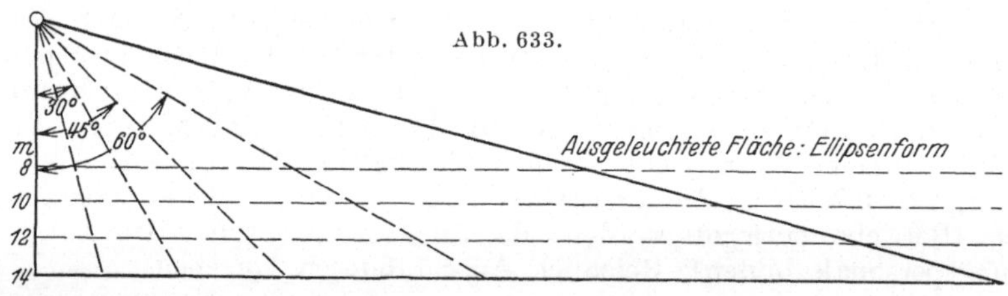

Mast-höhe	Ausgeleuchtete Fläche in m bei 30° Streuung			Horizontalbeleuchtungsstärke in Lx bei 1000 Lm		
m	30°	45°	60°	30°	45°	60°
8	6 × 5	9,3 × 6	21,5 × 8,6	9	4,8	1,8
10	7,3 × 6,2	11,5 × 7,5	27 × 10,8	5,4	2,9	1,1
12	9 × 7,5	14 × 9	32,5 × 13	3,64	1,96	0,75
14	10 × 8,5	16 × 10,5	38 × 15	2,6	1,4	0,54

Die Tabelle enthält Länge und Breite der ausgeleuchteten Ellipse und die Beleuchtungsstärke in 1 m Höhe über dem Erdboden für verschiedene Masthöhen (Abb. 633).

Ermittlung der Lampengröße. 1. Für einen Bauplatz sei eine bestimmte mittlere Beleuchtungsstärke E_m bei direkter Beleuchtung mit Breitstrahlern gefordert. Gegeben die Lichtverteilungskurve der verwendeten Leuchte. Aus dieser ergibt sich punktweise nach Abb. 634 die Beleuchtungsstärke, z. B. für den Punkt B

$$E = \frac{I \cos \alpha}{r^2} = \frac{I \cos^3 \alpha}{h^2},$$

wenn $r = O_1 B$ und $h = O_1 A$ ist. Die Beleuchtungsstärken benachbarter Leuchten in demselben Punkte werden addiert und geben die wirkliche Beleuchtungsstärke. Hieraus fin-

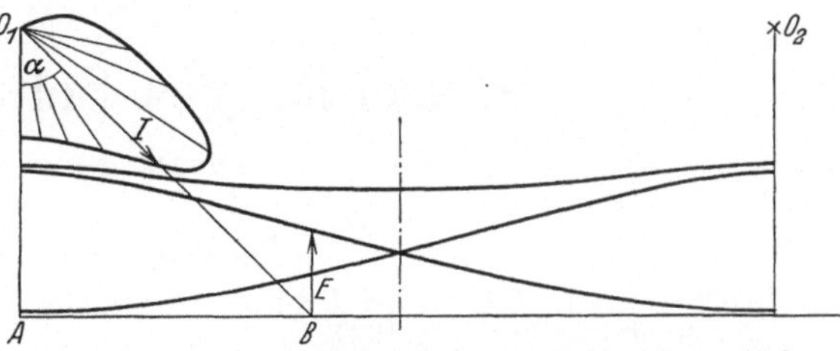

Abb. 634. Punktweise Ermittlung der Beleuchtungsstärke aus der Lichtverteilungskurve. In den Punkten O_1 und O_2 sind zwei gleiche Leuchten angenommen.

det man schließlich die mittlere Beleuchtungsstärke. Je nach dem Resultat muß man die Größe der Lichtquelle (Glühlampe), die Aufhängehöhe bzw. den Abstand der Leuchten voneinander ändern.

2. Für einen geschlossenen Raum mit der Grundfläche F sei eine bestimmte mittlere Beleuchtungsstärke E_m in 1 m Höhe über dem Boden gefordert. Hieraus ergibt sich der notwendige Nutzlichtstrom $\Phi_N = E_m F$; die Leuchte muß einen größeren Lichtstrom Φ_L erzeugen entsprechend den Verlusten durch Reflexion an Decken und Wänden usw. Das Verhältnis $\dfrac{\Phi_N}{\Phi_L} = \eta$ heißt der Wirkungsgrad der Beleuchtung. Dieser ist am geringsten für dunkle Wände, nämlich etwa 0,1 und am besten für helle Wände und halbindirekte Beleuchtung, nämlich etwa 0,5. Aus dem verlangten Nutzlichtstrom ergibt sich der notwendige Lichtstrom der Leuchte zu $\Phi_L = \Phi_N : \eta$. Die Gleichmäßigkeit der Beleuchtung hängt von der Anzahl der verwendeten Leuchten ab. Ist diese festgelegt worden, so läßt sich die Lampengröße aus der Lichtausbeute der verwendeten Lampen ermitteln, d. h. aus dem Lichtstrom/W. Diese beträgt bei kleinen Lampen etwa 10 Lm/W und steigt bei großen Lampen bis 20 Lm/W.

Einschlägiges Schrifttum.

(Auszug.)

Zur Einführung.

v. Hanffstengel: Technisches Denken und Schaffen, 4. Aufl., 228 Seiten mit 175 Abb. Berlin: Julius Springer 1927.

C. Volk: Das Maschinenzeichnen des Konstrukteurs, 3. Aufl., 76 Seiten mit 250 Abb. Berlin: Julius Springer 1929.

Sammelwerke.

Dubbel: Taschenbuch für den Maschinenbau, 6. Aufl., 2 Bände, 900 Seiten mit 3000 Abb. Berlin: Julius Springer 1935.

Freytag: Hilfsbuch für den Maschinenbau, 8. Aufl., 1560 Seiten mit 2670 Abb. Berlin: Julius Springer 1930.

Hütte: Des Ingenieurs Taschenbuch, 26. Aufl. Berlin: Ernst & Sohn 1931.
    I. Band: Mathematik, Mechanik, Techn. Physik, Wärme, Festigkeitslehre, Stoffkunde, Meßkunde; 1046 Seiten.
    II. Band: Maschinenteile, Kraftmaschinen, Arbeitsmaschinen, Beleuchtung, Elektrotechnik; 1135 Seiten.

Maschinenelemente.

Rötscher: Die Maschinenelemente, 2 Bände, 1330 Seiten mit 2296 Abb. Berlin: Julius Springer 1927/29.

Laudin-Edert-Quanz: Maschinenelemente, 2 Bände. 5. Aufl., 1200 Seiten mit 2245 Abb. Leipzig: Max Jänecke 1931/33.

Volk: Einzelkonstruktionen aus dem Maschinenbau, Heft 1—8, 10 u. 11. Dampfzylinder; Kolben; Zahnräder; Wälzlager; Schubstangen und Kreuzköpfe; Sperrwerke und Bremsen; Gleitlager; Bauteile der Dampfturbinen; Wellenkupplungen und Wellenschalter. Berlin: Julius Springer.

Wasserkraftmaschinen.

Camerer: Vorlesungen über Wasserkraftmaschinen, 2. Aufl., 515 Seiten mit 645 Abb. und 42 Tafeln. Leipzig: Engelmann 1924.

Thomann: Wasserturbinen, 3. Aufl., 2 Bände, 327 Seiten mit 850 Abb. und 50 Tafeln. Stuttgart: Wittwer 1924.

Kaplan-Lechner: Theorie und Bau von Turbinen-Schnelläufern, 300 Seiten mit 219 Abb. München: Oldenbourg 1931.

Lawaczeck: Turbinen und Pumpen, 208 Seiten mit 200 Abb. Berlin: Julius Springer 1932.

Spannhake: Kreiselräder als Pumpen und Turbinen, 317 Seiten mit 182 Abb. Berlin: Julius Springer 1931.

H. Schaefer: Kreiselmaschinen, 132 Seiten mit 150 Abb. Berlin: Julius Springer 1930.

Quantz: Wasserkraftmaschinen, 7. Aufl., 149 Seiten mit 212 Abb. Berlin: Julius Springer 1929.

Wärmetechnik.

Schüle, W.: Leitfaden der technischen Wärmemechanik, 5. Aufl., 323 Seiten mit 132 Abb. Berlin: Julius Springer 1928.

Netz: Wärmewirtschaft, 92 Seiten mit 86 Abb. Leipzig: Teubner 1935.

Dampfkessel.

Spalckhaver-Rüster: Die Dampfkessel, 2 Bände, 671 Seiten mit 1148 Abb. u. 2 Tafeln. Berlin: Julius Springer 1924/34.

Münzinger: Dampfkraft, 2. Aufl., 350 Seiten mit 566 Abb. Berlin: Julius Springer 1933.

Netz: Dampfkessel, 105 Seiten mit 68 Abb. Leipzig: Teubner 1934.

Dampfmaschinen und Dampfturbinen.

Dubbel: Dampfkraftmaschinen (Kolbendampfmaschinen und Dampfturbinen), 120 Seiten mit 64 Abb. Berlin: Julius Springer 1928.

Flügel: Dampfturbinen, 320 Seiten mit 297 Abb. Leipzig: Ambrosius Barth 1931.

Zietemann: Dampfturbinen, 450 Seiten mit 468 Abb. Berlin: Julius Springer 1930.

Verbrennungskraftmaschinen.

Dubbel: Öl- und Gasmaschinen, 445 Seiten mit 519 Abb. Berlin: Julius Springer 1926.

Körner: Der Bau des Dieselmotors, 530 Seiten mit 744 Abb. Berlin: Julius Springer 1927.

Magg: Dieselmaschinen, 275 Seiten mit 355 Abb. Berlin: VDI-Verlag 1928.

Sass: Kompressorlose Dieselmaschinen, 400 Seiten mit 328 Abb. Berlin: Julius Springer 1929.

Pumpen und Verdichter.

Berg: Kolbenpumpen, 3. Aufl., 440 Seiten mit 556 Abb. u. 12 Tafeln. Berlin: Julius Springer 1926.

Pfleiderer: Die Kreiselpumpen, 2. Aufl., 450 Seiten mit 338 Abb. Berlin: Julius Springer 1932.

Quantz: Kreiselpumpen, 3. Aufl., 115 Seiten mit 149 Abb. Berlin: Julius Springer 1930.

Ostertag: Kolben- und Turbokompressoren, 295 Seiten mit 300 Abb. Berlin: Julius Springer 1919.

Hebemaschinen.

Aumund: Hebe- und Förderanlagen, 2. Aufl., 2 Bände, 924 Seiten mit 720 Abb. Berlin: Julius Springer 1926.

Bethmann: Hebezeuge, 8. Aufl., 700 Seiten mit 1274 Abb. Braunschweig: Vieweg 1930.

Hänchen: Winden und Kranbau, 6 Einzelhefte, 495 Seiten mit 1018 Abb. Berlin: Julius Springer 1932.

Elektrotechnik.

Verband Deutscher Elektrotechniker: Vorschriftenbuch des Verbandes Deutscher Elektrotechniker, 19. Aufl. Berlin: Selbstverlag 1933.

Kosack: Elektrische Starkstromanlagen, 7. Aufl., 342 Seiten mit 308 Abb. Berlin: Julius Springer 1928.

Klingenberg: Bau großer Elektrizitätswerke, 2. Aufl., 608 Seiten mit 770 Abb. u. 13 Tafeln. Berlin: Julius Springer 1926.

Kyser: Die elektrische Kraftübertragung, 3 Bände, 3. Aufl. Berlin: Julius Springer 1929/32.

Lehmann: Elektrotechnik und elektromotorische Antriebe, 2. Aufl., 302 Seiten mit 701 Abb. Berlin: Julius Springer 1933.

Moeller und Bolz: Leitfaden der Elektrotechnik, 3 Bände. I: Gleichstrom und magnetisches Feld, 137 Seiten mit 89 Abb. II: Grundlagen der Wechselstromtechnik, 94 Seiten mit 75 Abb.; III: Gleichstrommaschinen, 84 Seiten mit 65 Abb. Berlin: Teubner 1933/34.

Schönberg und Glunk: Landeselektrizitätswerke, 390 Seiten mit 144 Abb. und 4 Tafeln. München u. Berlin: Oldenbourg 1926.

Strecker: Hilfsbuch für die Elektrotechnik, 10. Aufl., Starkstromausgabe, 739 Seiten mit 560 Abb. Berlin: Julius Springer 1925.

Thomälen: Kurzes Lehrbuch der Elektrotechnik, 10. Aufl., 359 Seiten mit 581 Abb. Berlin: Julius Springer 1929.

Rzika und Seidener: Starkstromtechnik, 7. Aufl., 2 Bände; I: 1039 Seiten mit 1115 Abb.; II: 1034 Seiten mit 1080 Abb. Berlin: Ernst & Sohn 1931.

AEG: Hilfsbuch für elektrisches Licht und Kraftanlagen, 3. Aufl., 460 Seiten mit vielen Abb. Berlin: Selbstverlag der AEG.

Handbuch des Maschinenwesens beim Baubetrieb. In 7 Bänden.
Herausgegeben von Prof. Dr. **Georg Garbotz,** Berlin.

I. Band. Erster Teil: Die Einrichtung und der Betrieb maschinell arbeitender Baustellen. Von Oberingenieur Privatdozent Dr.-Ing. **Otto Walch,** Berlin. Zweiter Teil: Die Verwaltung und Instandhaltung der Geräte und Baustoffe. Von Professor Dr. **Georg Garbotz,** Berlin. Mit 313 Textabbildungen. VIII, 448 Seiten. 1931.
Gebunden RM 58.—

… Garbotz und Walch beschränken sich in erfreulicher Weise nicht auf die Beschreibung und trockene Aufzählung von Baustelleneinrichtungen und Baugeräten, sondern gehen in ihrer klaren Gliederung auf die einzelnen Kernfragen ein. Besonders hervorzuheben sind im ersten Teil die übersichtlichen graphischen Darstellungen über die Baubedarfsmittel und die Bauausführung, die Zusammenhänge zwischen Baueinrichtung und Bauausführung, die Hervorkehrung der Hauptgesichtspunkte für die Bearbeitung von Angeboten, von Einrichtung und Durchführung von Baustellen, ferner die vielseitige Anwendung der Arbeitsmaschinen und die Beispiele von größeren Baueinrichtungen, im zweiten Teil die Anwendung der Maschine im Baubetrieb als Funktion des organisatorischen Aufbaues der Unternehmung, die Arbeitsteilung in der Geräteverwaltung nach der technischen und kaufmännischen Seite, und die Anforderungen, die an Lagerplatz, Werkstätten und Magazine zu stellen sind, alles durchsetzt mit übersichtlichen Lageplänen und Tabellen. Ich kann dem Buche im Interesse der Heranbildung unseres Nachwuchses sowohl wie der Weiterentwicklung unserer Bauindustrie nur die weiteste Verbreitung wünschen …

„Die Bautechnik"

Die Grundbautechnik und ihre maschinellen Hilfsmittel.
Von Baurat Dipl.-Ing. **G. Hetzell,** Hamburg, und Oberbaurat Dipl.-Ing. **O. Wundram,** Hamburg. Mit 436 Textabbildungen. VI, 399 Seiten. 1929.
Gebunden RM 35.—*

Geusen, Leitfaden für Baukunde, insbesondere für Stahlbau zum Gebrauche an maschinentechnischen Lehranstalten. Dritte, völlig umgearbeitete und vermehrte Auflage von Studienrat Dipl.-Ing. **Erich Wichmann,** vorm. Oberingenieur, Berlin. Mit 275 Abbildungen und 7 Tafeln im Text. VI, 100 Seiten. 1932.
RM 5.60

A. zur Megede, Wie fertigt man technische Zeichnungen?
Leitfaden zur Herstellung technischer Zeichnungen für Schule und Praxis, mit besonderer Berücksichtigung des Bauzeichnens, des Maschinenzeichnens und des topographischen Zeichnens. Achte Auflage. Neu bearbeitet und erweitert von Regierungsbaumeister **M. Weßlau.** Mit 5 Abbildungen im Text und 4 lithographischen Tafeln. VI, 110 Seiten. 1926.
Gebunden RM 4.80*

Die maschinentechnischen Bauformen und das Skizzieren in Perspektive. Von Prof. Dipl.-Ing. **Carl Volk,** Berlin. Zugleich 5. Auflage des Buches „Das Skizzieren von Maschinenteilen in Perspektive". Mit 100 in den Text gedruckten Skizzen. VI, 49 Seiten. 1930.
RM 2.60*

Das Maschinenzeichnen des Konstrukteurs. Von Prof. Dipl.-Ing. **Carl Volk,** Berlin. Dritte, verbesserte Auflage. Mit 250 Abbildungen. V, 76 Seiten. 1929.
RM 3.—*

Dubbel, Taschenbuch für den Maschinenbau. Bearbeitet von zahlreichen Fachgelehrten. Herausgegeben von Professor **H. Dubbel,** Ingenieur, Berlin. Sechste, völlig neubearbeitete Auflage. Mit etwa 3000 Textfiguren. Zwei Bände: X, 818 und 902 Seiten. 1935.
Gebunden RM 22.50

---

* Abzüglich 10% Notnachlaß.

Die Bagger und die Baggereihilfsgeräte. Ihre Berechnung und
ihr Bau. Von Reg.- und Baurat **M. Paulmann**, Emden, und Reg.-Baumeister **R. Blaum**,
Direktor der Atlas-Werke A.-G., Bremen. Erster Band: Die Naßbagger und die
dazu gehörenden Hilfsgeräte. Bearbeitet von **M. Paulmann** und **R. Blaum**. Zweite,
vermehrte Auflage. Mit 598 Textabbildungen und 10 Tafeln. VIII, 281 Seiten. 1923.
Gebunden RM 32.—*

Winden und Krane. Aufbau, Berechnung und Konstruktion. Für Studierende und
Ingenieure bearbeitet von Dipl.-Ing. **Richard Hänchen**, Berlin. Mit 1018 Textabbildungen.
X, 495 Seiten. 1932. Gebunden RM 48.—
Ist auch in einzelnen Heften, die in sich abgeschlossen sind, lieferbar:

Erstes Heft: Allgemeines und Maschinenteile der Winden und Krane
(1. Teil). Mit 156 Textabbildungen. 66 Seiten. 1932. RM 6.60

Zweites Heft: Maschinenteile der Winden und Krane (2. Teil). Mit 175 Textabbildungen. 72 Seiten. 1932. RM 7.20

Drittes Heft: Lastaufnahmemittel. Elektrische Ausrüstung der Winden
und Krane. Ortsfeste und tragbare Winden. Mit 154 Textabbildungen. 82 Seiten.
1932. RM 7.75

Viertes Heft: Laufkatzen und Laufkrane. Mit 158 Textabbildungen. 86 Seiten.
1932. RM 8.—

Fünftes Heft: Torkrane (Bockkrane). — Verladebrücken. — Konsolkrane. —
Ortsfeste Drehkrane. Mit 248 Textabbildungen. 94 Seiten. 1932. RM 8.—

Sechstes Heft: Fahrbare Drehkrane. — Schwimmkrane und Sonderkrane.
Mit 123 Textabbildungen. 95 Seiten. 1932. RM 8.—
Einbanddecke zu Heft 1—6 RM 2.—

Hebe- und Förderanlagen. Ein Lehrbuch für Studierende und Ingenieure.
Von Professor Dr.-Ing. e. h. **H. Aumund**, Berlin. Zweite, vermehrte Auflage.

Erster Band: Allgemeine Anordnung und Verwendung. Mit 414 Abbildungen
im Text. XX, 444 Seiten. 1926. Gebunden RM 33.—*

Zweiter Band: Anordnung und Verwendung für Sonderzwecke. Mit 306 Abbildungen im Text. XVIII, 480 Seiten. 1926. Gebunden RM 42.—*

Kraft- und Wärmewirtschaft in der Industrie. In zwei Bänden.
Erster Band: Allgemeine Grundlagen der Kraft- und Wärmewirtschaft in
der Industrie. Von Dr.-Ing. **Ernst Reutlinger**, Vorstand der Ingenieurgesellschaft
für Wärmewirtschaft A.-G., Köln, unter Mitwirkung von Oberbaurat Ing. **M. Gerbel**,
beh. aut. Zivilingenieur für Maschinenbau und Elektrotechnik, Wien. Gleichzeitig
dritte, vollständig erneuerte und erweiterte Auflage von Urbahn-Reutlinger, Ermittlung der billigsten Betriebskraft für Fabriken. Mit 109 Textabbildungen
und 53 Zahlentafeln. V, 264 Seiten. 1927. Gebunden RM 16.50*

Zweiter Band: Spezielle Kraft- und Wärmewirtschaft in den einzelnen
Industrien. Von Oberbaurat Ing. **M. Gerbel**, beh. aut. Zivilingenieur für Maschinenbau und Elektrotechnik, Wien, unter Mitwirkung von Dr.-Ing. **Ernst Reutlinger**, Vorstand der Ingenieurgesellschaft für Wärmewirtschaft A.-G., Köln. Gleichzeitig dritte,
vollständig erneuerte und erweiterte Auflage von Gerbel, Kraft- und Wärmewirtschaft in der Industrie (Abfallenergie-Verwertung). Mit 102 Textabbildungen und
33 Zahlentafeln. VII, 338 Seiten. 1930. Gebunden RM 20.—*

Der Industriebau. In zwei Bänden.
Erster Band: Die bauliche Gestaltung von Gesamtanlagen und Einzel-
gebäuden. Von Professor Dr.-Ing. **Hermann Maier-Leibnitz**, Stuttgart. Mit 564 Textabbildungen. VIII, 308 Seiten. 1932. Gebunden RM 55.50

Zweiter Band: Planung und Ausführung von Fabrikanlagen unter ein-
gehender Berücksichtigung der allgemeinen Betriebseinrichtungen. Von **Erich Heideck**
und **Otto Leppin**, Allgemeine Elektricitätsgesellschaft, Bau- und maschinentechnische
Abteilung der Fabriken Oberleitung. Mit 470 Textabbildungen und 88 Zahlentafeln.
VII, 309 Seiten. 1933. Gebunden RM 52.—

* Abzüglich 10% Notnachlaß.